Sibylla Prieß-Crampe

Angeordnete Strukturen

Gruppen, Körper, projektive Ebenen

Springer-Verlag
Berlin Heidelberg New York Tokyo 1983

Prof. Dr. Sibylla H. G. Prieß-Crampe
Mathematisches Institut
der Universität München
Theresienstraße 39
8000 München 2

ISBN 3-540-11646-X Springer-Verlag Berlin Heidelberg New York
ISBN 0-387-11646-X Springer-Verlag New York Heidelberg Berlin

CIP-Kurztitelaufnahme der Deutschen Bibliothek
Prieß-Crampe, Sibylla: Angeordnete Strukturen: Gruppen, Körper, projektive Ebenen / Sibylla Prieß-Crampe. – Berlin; Heidelberg; New York: Springer 1983.
(Ergebnisse der Mathematik und ihrer Grenzgebiete; 98)
NE: GT

Satz: Daten- und Lichtsatz-Service, Würzburg
Druck und Einband: Konrad Triltsch GmbH, 8700 Würzburg
2141/3020-543210

Ergebnisse der Mathematik und ihrer Grenzgebiete 98

A Series of Modern Surveys in Mathematics

In Memoriam
Reinhold Baer

Vorwort

Die Theorie angeordneter Strukturen hat sich in diesem Jahrhundert entwickelt. Sie beginnt mit den wichtigen Arbeiten von Hölder, Hahn und Hausdorff: In seiner Arbeit über „Die Axiome der Quantität und die Lehre vom Maß" hat Hölder 1901 bewiesen, daß sich jede archimedisch angeordnete Gruppe ordnungstreu in die additive Gruppe von $\mathbb{R}$ einbetten läßt. Hölder gewinnt eine solche Abbildung mittels der von Dedekind eingeführten Schnitte in $\mathbb{Q}$. Hahn leitet (1907) einen sehr viel allgemeineren Einbettungssatz her: Er zeigt, daß sich jede angeordnete abelsche Gruppe als Untergruppe eines lexikographisch geordneten reellen Funktionenraumes auffassen läßt. Ist der Definitionsbereich der reellwertigen Funktionen insbesondere eine angeordnete abelsche Gruppe, so erweist sich der lexikographisch geordnete Funktionenraum als ein Körper. Er ist ein Körper von formalen Potenzreihen nach heutiger Bezeichnungsweise, ein „System reeller Komplexe" nach damaliger. In Hahns Arbeit tritt dieser Begriff bereits auf, und in Hausdorffs „Grundzüge der Mengenlehre" von 1914 sind bereits alle Körpereigenschaften eines solchen Systems hergeleitet. Hausdorff arbeitet dabei – ohne es natürlich explizit zu erwähnen – mit dem Begriff der Pseudokonvergenz, der 20 Jahre später von Ostrowski formuliert wurde. In Hausdorffs Buch ist ein weiterer wichtiger Ansatz für spätere Untersuchungen zu finden: Hausdorff verfeinert den Begriff der Dichtebeziehung von $\mathbb{Q}$ zu $\mathbb{R}$ zum Begriff der η_α-Menge und beweist deren Universalität in der Klasse der angeordneten Mengen. Von Erdös, Gillman, Henriksen, Jerison und Alling wird diese Idee in den Jahren 1955 bis 1962 fortgeführt, um zu einer dem Steinitzschen Satz verwandten Charakterisierung reell abgeschlossener Körper zu kommen und die Universalität der reell abgeschlossenen η_α-Körper wie auch der teilbaren abelschen η_α-Gruppen in der Klasse angeordneter Körper bzw. angeordneter abelscher Gruppen zu beweisen.

Innerhalb der Auseinandersetzung mit Hilberts 17. Problem entwickelten Artin und Schreier (1927) ihre Theorie der formal reellen Körper. Etwa gleichzeitig hat Baer die verschiedenen „Größenordnungen" in angeordneten Körpern untersucht. Baers Arbeit gab Impulse für Krulls Untersuchungen (1932) über allgemeinere Bewertungen, für welche die reellen Zahlen als Wertebereich nun durch angeordnete abelsche Gruppen ersetzt wurden. Krull vermutete hier schon die Körper von formalen Potenzreihen als universelle Strukturen, explizit wurde das 1942 von Kaplansky in seiner Arbeit über „Maximal fields with valuations" gezeigt. Als erster hat Hilbert in seinen „Grundlagen der Geometrie" (1899) Körper von formalen Potenzreihen betrachtet, um einen echten angeordneten Schiefkörper zu konstruieren. Angeregt durch die von Kaplansky definierten Körper von formalen Potenzreihen mit Faktorensystem konstruiert B. H. Neumann 1949 Schiefkörper von formalen Potenzreihen, über die man viele Beispiele für die Klassifizierung projektiver Ebenen gewonnen hat.

Der Bewertungsbegriff, die Vervollständigung von $\mathbb{Q}$ durch Dedekindsche Schnitte und die fortgeschrittene Entwicklung topologischer Strukturen legten Untersuchungen über Vervollständigungen nahe. Für bewertete Körper sind solche Untersuchungen von Kürschák 1913, Rychlik 1924 und Kaplansky 1947 durchgeführt worden; für angeordnete Gruppen findet man die ersten Antworten zu Vervollständigungsfragen bei Baer 1929, dann folgen Arbeiten von Everett, Ulam, Cohen, Goffman and Banaschewski aus den Jahren 1945 bis 1957. Ohne Bezugnahme auf Bewertungstheorie wurde die Vervollständigung von angeordneten Körpern 1967–70 durch Baer, Hauschild, Massaza und Scott untersucht.

Der Hahnsche Beweis für die Einbettbarkeit angeordneter abelscher Gruppen in einen reellen Funktionenraum war sehr schwer lesbar und forderte zu Vereinfachungen, neuen Beweisen und Verallgemeinerungen heraus. Ein erster neuer und gleich sehr viel allgemeinerer Beweis wurde von Conrad 1953 gegeben, und etwa gleichzeitig folgten andere Beweise von Hausner-Wendel, Gravett und Banaschewski. In Conrads wie auch in Gravetts Arbeit werden dabei bewertungstheoretische Konzepte für angeordnete abelsche Gruppen entwickelt.

In den vierziger und fünfziger Jahren setzt eine intensive Untersuchung angeordneter und teilweise geordneter Gruppen ein. Es wird nach Kriterien für die Anordnungsfähigkeit von Gruppen gesucht. Rieger, Iwasawa und Mal'cev erkennen die Bedeutung der Kette der konvexen Untergruppen für diese Frage. Es erweisen sich ganze Klassen von Gruppen als anordnungsfähig, unter ihnen die torsionsfreien abelschen (Levi 1913), die torsionsfreien nilpotenten (Mal'cev 1951) und die freien (Birkhoff, Iwasawa, B. H. Neumann 1948/49). Die Verbandsgruppen entwickeln sich (unter Birkhoff, Iwasawa, Lorenzen, Conrad) zu einem selbständigen Zweig und bilden noch heute ein aktuelles Forschungsgebiet (s. hierzu: Bigard – Keimel – Wolfenstein 1977).

Seit Mitte der sechziger Jahre hat eine rege Forschungsarbeit, erneut von Hilberts 17. Problem und quadratischen Formen ausgehend, über die Vielfalt der Anordnungen von Körpern und deren Zusammenhang mit Wittringen begonnen (zu Literatur hierzu s. Knebusch 1980 und Lam 1980, 1983). Wir gehen in diesem Buch auf diese Frage nicht weiter ein, weil die Vielfalt von Anordnungen eines Körpers nicht in den Rahmen der von uns angestrebten zentralen Frage – die Anordnung projektiver Ebenen – gehört.

Von den Grundlagen der Geometrie herkommend und durch Ideen aus der Theorie angeordneter und topologischer Körper angeregt, sind in den fünfziger Jahren die ersten Untersuchungen über angeordnete und topologische projektive Ebenen entstanden (Wyler, Sperner, Skornjakov, Pickert). Inzwischen gibt es eine umfangreiche Theorie topologischer projektiver Ebenen durch Salzmann und seine Schüler, und über angeordnete projektive Ebenen liegen einzelne wichtige Ergebnisse vor (z. B. die Anordnungsfähigkeit der Freien Ebenen durch Joussen).

Die Anregung, ein Buch über angeordnete Strukturen zu schreiben, habe ich von Reinhold Baer erhalten: Vor etwa 10 Jahren versuchte er, mich für diesen Plan zu gewinnen. Baer dachte dabei an angeordnete Gruppen, angeordnete Körper, deren Verallgemeinerungen und angeordnete Geometrie als der „Urmutter" all dieser Disziplinen. Dieses Ziel habe ich bei der Auswahl des Materials und Abfassung des Manuskriptes stets vor Augen gehabt. Mich interessierten Sätze, die sowohl in der Theorie angeordneter Gruppen als auch in der Theorie angeordneter Körper eine zentrale Rolle spielen, und welche man – oder zumindest eine zu ihnen führende Methodik –

in dem Gebiet der angeordneten projektiven Ebenen wiederfinden kann. Dieser Gesichtspunkt soll die Auswahl des Stoffes und die Art der Darstellung erklären. Obwohl es sich um ein Buch aus der Reihe der Ergebnisse handelt, habe ich mich bei zentralen Sätzen um eine geschlossene Darstellung bemüht und mich nur bei Fragen aus angrenzenden Themen auf Zitate oder Literaturhinweise beschränkt.

In diesem Buch werden stets lineare Anordnungen betrachtet; teilweise Ordnungen habe ich nicht behandelt, weil sie einfach nicht in den Rahmen der hier gesetzten Fragestellung gehören. Der Schwerpunkt bei der Auswahl der Sätze liegt bei den Klassifizierungssätzen angeordneter Strukturen. Ich habe herausstellen wollen, als wie wesentlich für die weitere Entwicklung der Theorie sich die Ergebnisse von Hölder, Hahn und Hausdorff erwiesen haben.

Für einige Bereiche waren Abgrenzungen notwendig. Der Begriff der „Größenordnung", also der archimedischen Klasse, für angeordnete Körper führt auf Krullsche Bewertungen. Ich habe hier nur die für Anordnungsfragen wichtigen Ergebnisse gebracht und die Kaplanskyschen Sätze über maximal bewertete Körper unter diesem Aspekt zu vereinfachen versucht. Dem Bewertungsbegriff für Körper entspricht der Begriff des Homomorphismus für projektive Ebenen. Weil über Homomorphismen projektiver Ebenen erst wenige Ergebnisse vorliegen, habe ich mich darum bemüht, einen Überblick hierüber in Kapitel V, § 5 zu geben.

Ein weiteres Grenzgebiet, für das Abgrenzungen erforderlich waren, sind die topologischen Strukturen. Angeordnete Strukturen sind mit ihren Intervallen als Basis topologische Strukturen. Die Grundbegriffe über topologische Gruppen und Körper gehören inzwischen zur mathematischen Allgemeinbildung, das gilt aber nicht für die Grundbegriffe über topologische projektive Ebenen. Darum habe ich diese ausführlicher in Kapitel V, § 2 dargestellt.

Ich möchte zum Schluß all denen danken, die mir beim Entstehen dieses Buches mitgeholfen haben: Ganz besonders gilt mein Dank Reinhold Baer, mit dem ich über Fragen des Buches bis zu seiner Fertigstellung diskutiert und Briefe gewechselt habe. Weiter möchte ich Niels Schwartz für das Durchsehen des gesamten Manuskriptes und seine vielen kritischen Bemerkungen danken, ebenfalls Reiner Salzmann, der einige Kapitel sorgfältig angesehen hat, Günter Pickert für die kritische Durchsicht von Kapitel V, § 5 und Peter Hartmann für das Mitlesen der Korrekturen. Ich möchte nicht vergessen, meinen Studenten zu danken, die mir in Zulassungs-, Diplom- und Doktorarbeiten bei der Durchsicht der Literatur, Zusammenstellungen und Beweisvereinfachungen geholfen haben; dies gilt ganz besonders für Dagmar Einert, Heinz-Jörg Hüper, Ilse Müller-Fleck, Dietmar Panek, Gerhard Steinbach und Karin Wachten-Kuhn.

München, im Februar 1983

Sibylla Prieß-Crampe

Inhaltsverzeichnis

I Angeordnete Additionen

§ 1 Grundbegriffe

Unter einer „Anordnung“ wird in diesem Buch eine sonst auch als „lineare Anordnung“ bezeichnete Relation verstanden, also über die Reflexivität, Antisymmetrie und Transitivität hinaus wird stets die Vergleichbarkeit zweier Elemente verlangt. Wie üblich schreiben wir $a < b$, wenn $a \leqslant b$ und $a \neq b$ gilt. Eine reflexive, antisymmetrische und transitive Relation auf M nennen wir eine *teilweise Ordnung* auf M.

An angeordneten algebraischen Strukturen betrachten wir in diesem ersten Kapitel Gruppen und, soweit das ohne größeren Aufwand sinnvoll erscheint, auch gleich Loops. Wir bringen hier nur die wichtigsten Eigenschaften angeordneter Gruppen, besonders jene, die für die angeordneten Körper von Bedeutung sind. Als speziellere Literatur über angeordnete Gruppen sei auf Fuchs 1966, Kokorin-Kopytov 1974, Mura-Rhemtulla 1977, Ribenboim 1964 und den Übersichtsartikel mit ausführlichem Literaturverzeichnis von Vinogradov 1969 verwiesen und als Literatur über Loops auf Bruck 1958. Eine nichtleere Menge L, über der eine binäre Verknüpfung $+$ erklärt ist, heißt eine *Loop*, wenn es in L ein Element 0 mit $a + 0 = 0 + a = a$ für alle $a \in L$ gibt, und wenn für alle $a, b \in L$ die Gleichungen $x + a = b$ und $a + y = b$ stets eindeutig in L nach x bzw. y auflösbar sind. Eine assoziative Loop ist also eine Gruppe.

Eine *Loop* $(L, +)$ heißt *angeordnet* (*teilweise geordnet*), wenn über L eine Anordnung (teilweise Ordnung) $\leqslant$ erklärt ist, so daß für alle $a, b, c \in L$ aus $a < b$ stets $a + c < b + c$ und $c + a < c + b$ folgt.

Eine *Gruppe* nennen wir *angeordnet* (*teilweise geordnet*), wenn sie eine angeordnete (teilweise geordnete) Loop ist. Es reicht nicht, für Loops oder auch für Gruppen nur die Invarianz der Anordnung gegenüber Rechtstranslationen zu fordern, wie das folgende Beispiel zeigt:

Wir betrachten eine Untergruppe G der Gruppe der nichtsingulären zweireihigen Matrizen über $\mathbb{R}$, und zwar sei

$$G = \left\{ \begin{pmatrix} 1 & a_{12} \\ 0 & a_{22} \end{pmatrix} : a_{12}, a_{22} \in \mathbb{R} \quad \text{und} \quad 0 < a_{22} \right\}.$$

Durch

$$\begin{pmatrix} 1 & a_{12} \\ 0 & a_{22} \end{pmatrix} < \begin{pmatrix} 1 & b_{12} \\ 0 & b_{22} \end{pmatrix} \Leftrightarrow a_{12} < b_{12} \vee (a_{12} = b_{12} \wedge a_{22} < b_{22})$$

ist eine Anordnung über G definiert, die gegenüber Rechts-, nicht aber gegenüber Linkstranslationen invariant ist.

Aus der Definition einer angeordneten Loop bzw. Gruppe erhält man sofort die folgenden Eigenschaften:

Satz 1. *Ist* $(L, +, \leqslant)$ *eine angeordnete Loop (Gruppe), so auch die zu L bezüglich* $\preceq$ *dual angeordnete Struktur* $(L, +, \preceq)$.

Satz 2. *Eine angeordnete Gruppe ist torsionsfrei.*

Diese letzte Aussage ist in Sklifos 1970 auch für Loops formuliert, wobei eine Loop torsionsfrei genannt wird, wenn für beliebige Klammersetzung die n-fache Summe eines von Null verschiedenen Elementes stets ungleich Null ist.

Ein Element a einer teilweise geordneten Loop $(L, +, \leqslant)$ heißt *positiv*, wenn $a > 0$ gilt, und a heißt *negativ*, wenn $a < 0$ ist. Die Menge $P = \{a \in L \colon a > 0\}$ wird *Positivbereich* von L genannt. In dem folgenden Satz wird ein Kriterium dafür angegeben, wann eine Teilmenge einer Loop Positivbereich für eine geeignete Anordnung über L ist:

Satz 3. *Eine Loop* $(L, +)$ *mit* $L \neq \{0\}$ *ist genau dann anordnungsfähig, wenn L zwei nichtleere Teilmengen P, N mit folgenden Eigenschaften enthält:*

(a) $\{0\} \cup P \cup N = L,\ P \cap N = \emptyset,\ 0 \notin P,\ 0 \notin N$;
(b) $P + P \subseteq P,\ N + N \subseteq N$;
(c) P *(und folglich auch* N*) ist normal in* L.

Für den einfachen Beweis dieses Satzes sei auf Bruck 1958, S. 109, verwiesen. Hat eine Teilmenge P einer Loop L die in (a), (b), (c) angeführten Eigenschaften, so ist durch $a < b \Leftrightarrow b \in a + P$ die Anordnung über L definiert, deren Positivbereich P ist. Für den Fall einer Gruppe $(G, +)$ ist $N = -P = \{a \in G : -a \in P\}$, und die additive Abgeschlossenheit von N folgt daher aus der additiven Abgeschlossenheit der Menge der positiven Elemente. (Für eine multiplikativ geschriebene Gruppe gebrauchen wir die Bezeichnung P^{-1} statt $-P$.) Für Gruppen lautet damit der eben angeführte Satz:

Satz 4. *Eine Gruppe* $(G, +)$ *ist genau dann anordnungsfähig, wenn G eine Teilmenge P mit den folgenden Eigenschaften enthält:*

(a) $\{0\} \cup P \cup -P = G,\ P \cap -P = \emptyset$;
(b) $P + P \subseteq P$;
(c) P *ist normal in* G.

Läßt man in diesem Satz die Bedingungen (b) und (c) unverändert und streicht in der Aussage (a) die Forderung $\{0\} \cup P \cup -P = G$, so erhält man ein Kriterium, wann eine Gruppe teilweise geordnet ist.

In Zelinsky 1948c oder auch in Sklifos 1971 sind Beispiele angeordneter Loops zu finden, die keine Gruppen sind; wir geben im Zusammenhang mit angeordneten Ternärkörpern Beispiele in Kap. V, § 5.

An die Stelle von Homomorphismen bei algebraischen Strukturen treten ordnungstreue Homomorphismen bei angeordneten algebraischen Strukturen. Unter einem *ordnungstreuen Homomorphismus* φ (*o-Homomorphismus*) von einer angeordneten Loop L in eine angeordnete Loop L' verstehen wir einen Homomorphismus φ: $L \to L'$, für den aus $a < b$ stets $\varphi(a) \leqslant \varphi(b)$ folgt. Einen bijektiven o-Homomorphismus nennen wir einen *o-Isomorphismus*. Für *o*-isomorph schreiben wir $\simeq_o$. Eine Teilmenge B einer angeordneten Menge A heißt *konvex* (in A), wenn man aus $b_1, b_2 \in B$, $a \in A$ und $b_1 < a < b_2$ stets $a \in B$ erhält. Ist φ ein *o*-Homomorphismus einer angeordneten Loop, so ist Kern φ eine konvexe Menge; Kern φ ist also eine konvexe normale Unterloop. Geht man umgekehrt von einer konvexen normalen Unterloop H einer angeordneten Loop L (mit dem Positivbereich P) aus, so ist $P(L/H) = \{a + H : \exists_{p \in P \setminus H}\ p + H = a + H\}$ ein Positivbereich für die Faktorstruktur L/H, und der kanonische Epimorphismus: $L \to L/H$ ist bezüglich dieser Anordnung ordnungstreu. Wir nennen diese Anordnung auf L/H die durch H *induzierte*.

Es seien nun L und L' angeordnete Loops und φ: $L \to L'$ ein *o*-Epimorphismus. $H =$ Kern φ ist dann eine konvexe normale Unterloop von L. Wir versehen L/H mit der eben beschriebenen Anordnung. Nach dem Homomorphiesatz ist die Abbildung $a + H \mapsto \varphi(a)$: $L/H \to L'$ ein Isomorphismus, und dieser ist offensichtlich ordnungstreu.

Wir fassen diese Ergebnisse zusammen:

Satz 5.

1) *Für angeordnete Loops ist der Kern eines o-Homomorphismus eine konvexe normale Unterloop.*
2) *Ist H eine konvexe normale Unterloop einer angeordneten Loop L mit dem Positivbereich P, so ist L/H mit dem Positivbereich*

$$P(L/H) = \{a + H : \exists_{p \in P \setminus H}\ p + H = a + H\}$$

eine angeordnete Loop, und der kanonische Epimorphismus: $L \to L/H$ ist ordnungstreu.

3) *Ist φ ein o-Epimorphismus von einer angeordneten Loop L auf eine angeordnete Loop L′, so ist L/*Kern φ *(bezüglich der induzierten Anordnung) o-isomorph zu L′.*

Eine abelsche Gruppe $(G, +)$ heißt *teilbar* (in multiplikativer Schreibweise *radizierbar*), wenn zu jedem $a \in G$ und $n \in \mathbb{N}$ ein Element $b \in G$ mit $n \cdot b = a$ existiert.

Satz 6.

1) *Eine torsionsfreie abelsche Gruppe $(G, +)$ ist bis auf Isomorphie in genau einer minimalen teilbaren abelschen Gruppe $(\bar{G}, +)$ enthalten. $\bar{G}$ heißt die teilbare Hülle von G.*
2) *Ist H eine Untergruppe von G, so enthält $\bar{G}$ eine teilbare Hülle $\bar{H}$ von H.*
3) *Ist G angeordnet, so läßt sich die Anordnung von G eindeutig zu einer Anordnung von $\bar{G}$ fortsetzen. Die angeordnete teilbare Hülle einer angeordneten abelschen Gruppe ist also bis auf o-Isomorphie eindeutig bestimmt.*

Beweis.

Zu 1): Es sei $\bar{G}$ die Menge der Paare (x, n) mit $x \in G$, $n \in \mathbb{N}$, wobei $(x, n) = (y, m)$ für $mx = ny$ gelte. Durch $(x, n) + (y, m) = (mx + ny, mn)$ ist eine Addition über $\bar{G}$ erklärt, bezüglich der $\bar{G}$ eine teilbare, torsionsfreie, abelsche Gruppe ist. Die Abbildung $a \mapsto (a, 1)$: $G \to \bar{G}$ ist eine Einbettung von G in $\bar{G}$. Sei nun G^* eine teilbare Obergruppe von G. Dann ist $\mathbb{Q} \cdot G = \{q \cdot x : q \in \mathbb{Q}, x \in G\}$ eine minimale teilbare Untergruppe von G^*, die G enthält. Durch $(a, n) \mapsto \frac{1}{n} \cdot a$ ist ein Isomorphismus von $\bar{G}$ auf $\mathbb{Q} \cdot G$ definiert.

Die Aussage 2) ergibt sich sofort aus der Konstruktion von $\bar{G}$.

Zu 3): Es sei $P(G)$ der Positivbereich von G und $P(\bar{G}) = \{(x, n): x \in P(G)\}$. Dann ist $P(\bar{G})$ ein Positivbereich von $\bar{G}$, un die Einbettung $a \mapsto (a, 1)$: $G \to \bar{G}$ ist ordnungstreu. Für eine angeordnete teilbare abelsche Obergruppe G^* von G ist die Abbildung $(a, n) \mapsto \frac{1}{n} \cdot a$: $\bar{G} \to G^*$ ordnungstreu und daher $(a, n) \mapsto \frac{1}{n} \cdot a$: $\bar{G} \to \mathbb{Q} \cdot G \subseteq G^*$ ein o-Isomorphismus. □

§ 2 Lexikographische Erweiterungen

Es sei Γ eine angeordnete Menge, und für jedes $\gamma \in \Gamma$ sei $(G_\gamma, +)$ eine angeordnete Gruppe. $\prod_{\gamma \in \Gamma} G_\gamma$ sei das (vollständige) direkte Produkt der Gruppen G_γ. Für $f \in \prod_{\gamma \in \Gamma} G_\gamma$ bezeichne $s(f)$ den Träger von f, also $s(f) = \{\gamma \in \Gamma: f(\gamma) \neq 0\}$.

Die Menge $\prod_{\gamma \in \Gamma}^{\text{Lex}} G_\gamma$ der Elemente aus $\prod_{\gamma \in \Gamma} G_\gamma$, deren Träger in der Anordnung von Γ antiwohlgeordnet*) ist, ist eine Untergruppe von $\prod_{\gamma \in \Gamma} G_\gamma$ und $P = \{f \in \prod_{\gamma \in \Gamma}^{\text{Lex}} G_\gamma$: $f(\operatorname{Max} s(f)) > 0\}$ ist ein Positivbereich für $\prod_{\gamma \in \Gamma}^{\text{Lex}} G_\gamma$. Die auf diese Weise angeordnete Gruppe $\prod_{\gamma \in \Gamma}^{\text{Lex}} G_\gamma$ heißt das *lexikographische Produkt* der Gruppen G_γ, $\gamma \in \Gamma$. Es sei Λ eine untere Klasse von Γ, d.h. mit γ sei auch jedes $\alpha < \gamma$, $\alpha \in \Gamma$, ein Element von Λ. Dann ist (bis auf o-Isomorphie) $\prod_{\gamma \in \Lambda}^{\text{Lex}} G_\gamma$ eine konvexe Untergruppe von $\prod_{\gamma \in \Gamma}^{\text{Lex}} G_\gamma$. Für $f \in \prod_{\gamma \in \Lambda}^{\text{Lex}} G_\gamma$ und $g \in \prod_{\gamma \in \Gamma}^{\text{Lex}} G_\gamma$ ist $s(f) = s(-g + f + g)$; folglich ist $\prod_{\gamma \in \Lambda}^{\text{Lex}} G_\gamma$ ein Normalteiler von $\prod_{\gamma \in \Gamma}^{\text{Lex}} G_\gamma$. Die Faktorgruppe $\prod_{\gamma \in \Gamma}^{\text{Lex}} G_\gamma / \prod_{\gamma \in \Lambda}^{\text{Lex}} G_\gamma$ ist bezüglich der induzierten Anordnung o-isomorph zu $\prod_{\gamma \in \Gamma \setminus \Lambda}^{\text{Lex}} G_\gamma$.

Die Schreiersche Theorie der Erweiterung von Gruppen hat ein Analogon in der Theorie angeordneter Gruppen. Es seien $(G, \cdot)$ und $(B, \cdot)$ angeordnete Gruppen, und A sei ein konvexer Normalteiler von G. Ist G/A bezüglich der induzierten Anordnung o-isomorph B, so heißt G eine *lexikographische Erweiterung* von A durch B. Mit den Bezeichnungen von oben ist für jede untere Klasse Λ der angeordneten Menge Γ das lexikographische Produkt $\prod_{\gamma \in \Gamma}^{\text{Lex}} G_\gamma$ eine lexikographische Erweiterung von $\prod_{\gamma \in \Lambda}^{\text{Lex}} G_\gamma$ durch $\prod_{\gamma \in \Gamma \setminus \Lambda}^{\text{Lex}} G_\gamma$.

Das folgende Lemma gibt Auskunft darüber, wann man auf einer Gruppe G, die zunächst nur eine Gruppenerweiterung der angeordneten Gruppe A durch die angeordnete Gruppe B ist, eine solche Anordnung finden kann, daß G eine lexikographische Erweiterung von A durch B ist:

Lemma 1 (Levi 1943, Iwasawa 1948). *Es sei $(G, \cdot)$ eine Gruppe und A ein Normalteiler von G. Weiter seien A und die Faktorgruppe G/A angeordnet. Ist der Positivbereich $P(A)$ von A gegenüber inneren Automorphismen von G invariant, so läßt sich die Anordnung von A so zu einer Anordnung von G fortsetzen, daß die durch A induzierte Anordnung von G/A dann mit der gegebenen Anordnung von G/A übereinstimmt. Die Anordnung von G ist hierbei durch die Anordnungen von A und G/A eindeutig bestimmt.*

*) = dualer Begriff zu „wohlgeordnet"

Beweis.
Es sei $P(G/A)$ der Positivbereich von G/A und $P = P(A) \cup \{g \in G: gA \in P(G/A)\}$. Wir zeigen, daß P ein Positivbereich für G ist: Offensichtlich ist P multiplikativ abgeschlossen und normal in G. Sei $e \neq g \in G$ und $g \notin P$, also $g \notin P(A)$ und $gA \notin P(G/A)$. Ist $g \in A$, so erhält man $g^{-1} \in P(A)$, und für $g \notin A$ ist $g^{-1}A \in P(G/A)$; folglich gilt: $G = P \cup P^{-1} \cup \{e\}$. Sei nun $h \in P \cap P^{-1}$. Dann ist $h \notin A$ und daher $hA \in P(G/A)$ und $h^{-1}A \in P(G/A)$. Damit erhält man den Widerspruch $A = (hA)(h^{-1}A) \in P(G/A)$. Nach Satz 4 ist also G mit P als Positivbereich eine angeordnete Gruppe. Wegen $P(A) \subseteq P$ ist die Anordnung von G eine Fortsetzung der Anordnung von A. Der kanonische Epimorphismus $G \to G/A$ bildet die Elemente aus P auf Elemente aus $P(G/A) \cup \{A\}$ ab, ist also ordnungstreu; folglich ist A konvex in G und $P(G/A)$ Positivbereich der durch A auf G/A induzierten Anordnung. Daß der Positivbereich P von G eindeutig durch $P(A)$ und $P(G/A)$ bestimmt ist, ergibt sich aus der Definition von P. ▯

Die Begriffe „lexikographisches Produkt" und „lexikographische Erweiterung" und das gerade gebrachte Lemma lassen sich völlig analog für Loops formulieren. Eine genaue Ausführung findet man in Sklifos 1970. Wir bringen nun die Übertragung des Schreierschen Verfahrens zur Erweiterung von Gruppen auf angeordnete Gruppen:

Satz 2. *Die Gruppen $(A, \cdot)$ und $(B, \cdot)$ seien angeordnet. Für jedes $\varrho \in B$ sei ein o-Automorphismus $a \mapsto a^\varrho$: $A \to A$ gegeben und für jedes Tupel $(\varrho, \sigma) \in B \times B$ ein Element $f_{\varrho,\sigma} \in A$, so daß die folgenden Eigenschaften erfüllt seien:*

1) $f_{\varepsilon,\varrho} = f_{\varrho,\varepsilon} = e$, (*mit ε ist das neutrale Element von B bezeichnet*),
2) $a^\varepsilon = a$,
3) $(a^\varrho)^\sigma = f_{\varrho,\sigma}^{-1} \cdot a^{\varrho\sigma} \cdot f_{\varrho,\sigma}$,
4) $f_{\varrho\sigma,\tau} \cdot f_{\varrho,\sigma}^\tau = f_{\varrho,\sigma\tau} \cdot f_{\sigma,\tau}$ *für alle $a \in A$ und $\varrho, \sigma, \tau \in B$.*

Dann gibt es eine lexikographische Erweiterung G von A durch B und in G ein Repräsentantensystem $\{g_\varrho: \varrho \in B\}$ von G/A, so daß bei dem o-Isomorphismus $G/A \to B$ das Element g_ϱ auf ϱ abgebildet wird, hierbei $g_\varepsilon = e$ ist und weiter die Automorphismen $a \mapsto a^\varrho$ von A und die Faktoren $f_{\varrho,\sigma} \in A$ in folgender Beziehung zu den Elementen g_ϱ, $\varrho \in B$, stehen: $a^\varrho = g_\varrho^{-1} \cdot a \cdot g_\varrho$, $f_{\varrho,\sigma} = g_{\varrho\sigma}^{-1} \cdot g_\varrho \cdot g_\sigma$.

Beweis.
Es sei $G = \{(\varrho, a): \varrho \in B, a \in A\}$, und eine Multiplikation sei für G durch $(\varrho, a)(\sigma, b) = (\varrho\sigma, f_{\varrho,\sigma} \cdot a^\sigma \cdot b)$ definiert. In Kurosch Gruppentheorie I, § 48 z.B. ist ausgeführt, daß G dann eine Gruppenerweiterung von A durch B ist und in G ein Repräsentantensystem $\{g_\varrho: \varrho \in B\}$ mit den in der Behauptung angegebenen Eigenschaften existiert; A ist mit der Untergruppe $\{(\varepsilon, a): a \in A\}$ von G zu identifizieren. Aufgrund des vorhergehenden Lemmas ist nur noch zu zeigen, daß der Positivbereich $P(A)$ von A gegenüber inneren Automorphismen von G invariant ist: Es sei $(\varepsilon, p) \in P(A)$. Wir betrachten das Bild von (ε, p) unter dem inneren Automorphismus $g \mapsto (\varrho, a)^{-1} g (\varrho, a)$: $G \to G$. Wegen $(\varrho, a)^{-1} = (\varrho^{-1}, (g_{\varrho^{-1}})^{-1} \cdot a^{-1} \cdot (g_\varrho)^{-1})$ und $(\varepsilon, p)(\varrho, a) = (\varrho, p^\varrho \cdot a)$ erhält man

$$(\varrho, a)^{-1} (\varepsilon, p) (\varrho, a) = (\varepsilon, f_{\varrho^{-1},\varrho} ((g_\varrho \cdot a \cdot g_{\varrho^{-1}})^{-1})^\varrho \cdot p^\varrho \cdot a)$$

und hieraus $(\varrho, a)^{-1} (\varepsilon, p) (\varrho, a) = (\varepsilon, a^{-1} \cdot p^\varrho \cdot a)$. Nun ist $a^{-1} \cdot p^\varrho \cdot a$ das Bild von p unter dem nach Voraussetzung ordnungstreuen Automorphismus $x \mapsto x^\varrho: A \to A$ und einem inneren Automorphismus von A, dieser letztere ist natürlich ordnungstreu. Folglich gilt $(\varepsilon, a^{-1} \cdot p^\varrho \cdot a) \in P(A)$ und damit auch $(\varrho, a)^{-1}(\varepsilon, p)(\varrho, a) \in P(A)$. □

Für weitere Literatur zur Frage der Erweiterung angeordneter Gruppen sei auf Fuchs 1966, S. 37, und die dort genannte Literatur verwiesen.

§ 3 Archimedische Anordnung

Für eine Loop $(L, +)$ sei $n \cdot a$, $n \in \mathbb{N}_0$, rekursiv definiert durch $0 \cdot a = 0$ und $n \cdot a = a + (n-1) \cdot a$, $n \in \mathbb{N}$. Eine angeordnete Loop $(L, +)$ heißt *(links-)archimedisch*, wenn zu Elementen $a, b, a', b' \in L$ mit $0 < a < b$ und $b' < a' < 0$ stets natürliche Zahlen n, n' mit $b < n \cdot a$ und $n' \cdot a' < b'$ existieren. Für eine angeordnete Gruppe folgt die Bedingung für die negativen Elemente aus der für die positiven, und man erhält: Eine Gruppe $(G, +)$ heißt *archimedisch*, wenn es zu Elementen $a, b \in G$ mit $0 < a < b$ stets ein $n \in \mathbb{N}$ mit $b < n \cdot a$ gibt. Wir nennen eine angeordnete Loop $(L, +)$ *archimedisch über* ihrer Unterloop U, wenn U konfinal und koinitial in L ist. Ist die Loop $(L, +)$ archimedisch, so ist L über jeder Unterloop $\neq \{0\}$ archimedisch, also hat L dann keine von $\{0\}$ und L verschiedenen konvexen Unterloops. Für eine potenzassoziative Loop*) $(L, +)$ ist für jedes $a \in L$ die Menge $\{g \in L\colon \underset{n, m \in \mathbb{Z}}{\exists}\ m \cdot a \leqslant g \leqslant n \cdot a\}$ eine konvexe Unterloop. Eine angeordnete potenzassoziative Loop, die keine konvexen Unterloops außer $\{0\}$ und sich selbst besitzt, ist folglich archimedisch. Wir erhalten:

Satz 1. *Für eine angeordnete potenzassoziative Loop $(L, +)$ sind die folgenden Eigenschaften äquivalent:*

(1) *L ist archimedisch.*
(2) *L ist archimedisch über jeder Unterloop $\neq \{0\}$.*
(3) *L hat keine konvexen Unterloops außer $\{0\}$ und sich selbst.*

Man kann diesen Satz 1 unter Verzicht auf die Potenzassoziativität noch folgendermaßen verschärfen, wie in Sklifos 1970 ausgeführt ist: Für eine Loop $(L, +)$ sei für alle $a \in L$ und $n \in \mathbb{N}$ mit $n * a$ die n-fache Summe von a bez. irgendeiner Klammersetzung verstanden. Sklifos beweist nun, daß eine angeordnete Loop $(L, +)$ genau dann ohne echte konvexe Unterloops ist, wenn in L die folgende Bedingung erfüllt ist: Zu $a, b \in L$ mit $0 < a$, $0 < b$ existieren stets $m, n \in \mathbb{N}$ mit $n * a > b$ und $m * b > a$.

Für eine angeordnete Loop ist der Kern eines o-Homomorphismus eine konvexe normale Unterloop. Damit ergibt sich weiter:

Satz 2. *Ein o-Epimorphismus einer archimedischen Loop ist die Abbildung auf $\{0\}$ oder ein o-Isomorphismus.*

Wir werden mit den folgenden, für Gruppen auf Hölder 1901 zurückgehenden Sätzen sehen, daß archimedische potenzassoziative Loops der Struktur nach nichts anderes als Untergruppen der additiven Gruppe von $\mathbb{R}$ sind.

---

*) das ist eine Loop, in der jede aus einem Element erzeugte Unterloop assoziativ, also eine Untergruppe, ist. Für $a \in L$ und $n \in \mathbb{Z} \setminus \mathbb{N}_0$ ist dann wie für Gruppen $n \cdot a$ durch $n \cdot a = -(-n) \cdot a$ definiert.

Satz 3 (Pickert 1955). *Eine archimedische potenzassoziative Loop $(L, +)$ ist eine abelsche Gruppe.*

Beweis.
1. Fall: L habe ein kleinstes positives Element z. Die aus z erzeugte Unterloop $\langle z\rangle$ von L ist aufgrund der Potenzassoziativität von L eine abelsche Gruppe. Sei $b \in L$ und $0 < b$. Weil L archimedisch ist, gibt es eine natürliche Zahl n mit $(n-1)\cdot z \leqslant b < n \cdot z$. Wir bezeichnen die Abbildung $y \mapsto x + y$: $L \to L$ mit λ_x; diese Abbildung ist bijektiv und ordnungstreu, also auch die zu λ_x inverse Abbildung λ_x^{-1}. Damit gilt

$$0 = \lambda_{(n-1)\cdot z}^{-1}((n-1)\cdot z) \leqslant \lambda_{(n-1)\cdot z}(b) < \lambda_{(n-1)\cdot z}^{-1}(n \cdot z) = z\,.$$

Weil z das kleinste positive Element aus L ist, folgt hieraus $0 = \lambda_{(n-1)\cdot z}^{-1}(b)$; also $b = (n-1)\cdot z$ und daher $L = \langle z\rangle$.

2. Fall: L habe kein kleinstes positives Element. Dann gibt es zwischen zwei Elementen aus L stets ein weiteres Element. Zu $x \in L$ mit $0 < x$ existiert also ein $c \in L$ mit $0 < c < x$. Es ist $x = \lambda_c \lambda_c^{-1}(x) = \mathrm{c} + \lambda_c^{-1}(x)$, woraus wegen $c < x$ somit $0 < \lambda_c^{-1}(x)$ folgt. Sei $0 < d' \in L$ und $d' \leqslant \mathrm{Min}\,\{c, \lambda_c^{-1}(x)\}$. Dann ist $0 < d' < 2 \cdot d' \leqslant c + \lambda_c^{-1}(x) = x$. Zu $0 < x \in L$ gibt es also ein Element $d' \in L$ mit $0 < 2 \cdot d' \leqslant x$, folglich auch ein Element $d \in L$ mit $0 < 3 \cdot d \leqslant x$.

Angenommen, L ist nicht assoziativ. Dann existieren Elemente $a, b, c \in L$ mit $(a+b)+c < a+(b+c)$ oder $a+(b+c) < (a+b)+c$. O.E.d.A. können wir uns auf die Betrachtung der ersten Möglichkeit beschränken. Es sei $s \in L$ durch $s + ((a+b)+c) = 0$ bestimmt. Wir erhalten $0 < s + (a + (b + c))$. Wie gerade ausgeführt, existiert ein $d \in L$ mit $0 < 3 \cdot d \leqslant s + (a + (b + c))$. Weil L archimedisch ist, gibt es ganze Zahlen n_1, n_2, n_3 mit $n_1 \cdot d \leqslant a < (n_1 + 1)\cdot d$, $n_2 \cdot d \leqslant b < (n_2+1)\cdot d$ und $n_3 \cdot d \leqslant c < (n_3 + 1)\cdot d$. Dann gilt

$$(n_1 + n_2 + n_3)\cdot d \leqslant a + (b + c) < (n_1 + n_2 + n_3)\cdot d + 3\,d$$

und

$$(n_1 + n_2 + n_3)\cdot d \leqslant (a + b) + \mathrm{c} < (n_1 + n_2 + n_3)\cdot d + 3\,d\,.$$

Aus der letzten Ungleichung folgt

$$-(n_1 + n_2 + n_3)\cdot d - 3\,d < s \leqslant -(n_1 + n_2 + n_3)\cdot d$$

und damit ergibt sich

$$s + (a + (b + c)) < 3 \cdot d \quad \text{im Widerspruch zur Wahl von } d\,.$$

Ganz entsprechend weist man nach, daß L kommutativ ist; wir übergehen deshalb die genaue Ausführung. □

Es gibt archimedische Loops, die echte Loops, also keine Gruppen, sind. Beispiele hierfür lassen sich durch die Koordinatenstrukturen archimedisch geordneter projektiver Ebenen gewinnen (vgl. Kap. V, § 5). Wir nennen hier ein solches Beispiel aus Hughes 1955: Die Loop $(L, \dotplus)$ werde folgendermaßen aus der additiven Gruppe

$(\mathbb{R}, +)$ der reellen Zahlen gebildet: Es sei $L = \mathbb{R}$ und die Addition $\dot{+}$ erklärt durch:

$$a \dot{+} b = \begin{cases} a + b & \text{für } ab \geqslant 0, \\ a + rb & \text{für } ab \leqslant 0 \text{ und } |a| \geqslant r \cdot |b|, \\ r^{-1}a + b & \text{für } ab \leqslant 0 \text{ und } |a| \leqslant |rb|, \end{cases}$$

wobei r eine positive reelle Zahl $\neq 1$ sei. Der Positivbereich für die natürliche Anordnung der reellen Zahlen ist auch ein Positivbereich für $(L, \dot{+})$, und $(L, \dot{+})$ ist offensichtlich bezüglich dieser Anordnung archimedisch. $(L, \dot{+})$ ist aber nicht assoziativ, es ist z.B. $((-r) \dot{+} 1) \dot{+} (-r^{-1}) = -r^{-1} \neq -r = (-r) \dot{+} (1 \dot{+} (-r^{-1}))$. In Sklifos 1972 findet man Beispiele angeordneter echter Loops, die ohne echte konvexe Unterloops sind.

In Iséki 1951a ist bewiesen, daß eine archimedische Loop mit einem kleinsten positiven Element eine Gruppe ist, und zwar ist eine solche Loop o-isomorph zur angeordneten Gruppe der ganzen Zahlen. Wir zeigen nun, daß sich archimedische Gruppen ordnungstreu in die additive Gruppe von $\mathbb{R}$ einbetten lassen:

Satz 4 (Hölder 1901). *Eine archimedische potenzassoziative Loop $(L, +)$ ist einer Untergruppe der additiven Gruppe von $\mathbb{R}$ o-isomorph.*

Beweis.
Nach Satz 3 ist $(L, +)$ eine abelsche Gruppe. Es sei e ein positives Element aus L. Für $a \in L$ sei $S(a) = \left\{\frac{m}{n} : me < na, m \in \mathbb{Z}, n \in \mathbb{N}\right\}$ und $D(a) = \left\{\frac{m}{n} : me \geqslant na, m \in \mathbb{Z}, n \in \mathbb{N}\right\}$. Man rechnet nach, daß die Mengen $S(a)$, $D(a)$ einen Dedekindschen Schnitt in $\mathbb{Q}$ bilden, dieser bestimme das Element $\sigma(a) \in \mathbb{R}$. Die Abbildung $\sigma = a \mapsto \sigma(a)$: $L \to \mathbb{R}$ ist ein ordnungstreuer Homomorphismus. Wegen $\sigma(e) = 1$ ist Bild $\sigma \neq \{0\}$; nach Satz 2 ist σ deshalb injektiv. □

Weitere Beweise des Satzes von Hölder findet man in Cartan 1939, Baer 1929, Rieger 1946, Loonstra 1946, Iséki 1951b, Levi 1942, vgl. hierzu auch Chehata 1958.

Eine Verallgemeinerung des Hölderschen Satzes — die Anordnungsaxiome sind durch gewisse Maximalitätsforderungen ersetzt — ist in Wright 1957 bewiesen. Viswanathan 1969 bringt eine andere Verallgemeinerung: Er gibt ein Kriterium an, wann ein angeordneter Modul M über einem angeordneten Integritätsring A einem A-Untermodul der topologischen Vervollständigung des Quotientenkörpers von A o-isomorph ist. Auf weitere Verallgemeinerungen des Satzes von Hölder gehen wir im Zusammenhang mit archimedischen Ringen ein (vgl. die Fußnote zu Satz 3, § 3, II).

Wir untersuchen nun zum Abschluß dieses Paragraphen die Gruppe der ordnungstreuen Automorphismen einer archimedischen Gruppe.

Satz 5 (Hion 1954). *Es seien $(A, +)$ und $(B, +)$ Untergruppen der natürlich geordneten additiven Gruppe der reellen Zahlen, und φ: $A \to B$ sei ein o-Homomorphismus. Dann gibt es eine nichtnegative reelle Zahl r mit $\varphi(a) = r \cdot a$ für alle $a \in A$, wobei das Produkt $r \cdot a$ im Körper der reellen Zahlen gebildet ist.*

Beweis.
Nach Satz 2 ist φ injektiv oder Bild $\varphi = \{0\}$. Im letzteren Falle gilt offensichtlich $\varphi(a) = r \cdot a$ für $r = 0$. Sei also nun φ injektiv. Dann sind mit a_1, a_2 auch $\varphi(a_1)$ und

$\varphi(a_2)$ positiv. Wäre $\dfrac{\varphi(a_1)}{\varphi(a_2)} \neq \dfrac{a_1}{a_2}$, so gäbe es eine rationale Zahl $\dfrac{m}{n}$ mit $m, n \in \mathbb{N}$ zwischen $\dfrac{\varphi(a_1)}{\varphi(a_2)}$ und $\dfrac{a_1}{a_2}$, und danach bestände zwischen $\varphi(n \cdot a_1)$ und $\varphi(m \cdot a_2)$ die umgekehrte Größenbeziehung wie zwischen $n \cdot a_1$ und $m \cdot a_2$ im Widerspruch zur Ordnungstreue von φ. Folglich ist $\dfrac{\varphi(a_1)}{\varphi(a_2)} = \dfrac{a_1}{a_2}$, und damit gilt $\dfrac{\varphi(a)}{a} = \dfrac{\varphi(a_1)}{a_1}$ für alle positiven $a \in A$. Ist $a < 0$, so ist $-a > 0$ und $\dfrac{\varphi(a)}{a} = \dfrac{\varphi(-a)}{-a} = \dfrac{\varphi(a_1)}{a_1}$. Mit $r = \dfrac{\varphi(a_1)}{a_1}$ erhält man also $\varphi(a) = r \cdot a$ für alle $a \in A$. □

Als Folgerung aus diesem Satz ergibt sich:

Satz 6. *Die Gruppe der o-Automorphismen einer archimedischen Gruppe ist einer Untergruppe der multiplikativen Gruppe der positiven reellen Zahlen isomorph.*

Zu Beginn dieses Paragraphen hatten wir gezeigt, daß eine archimedische Gruppe keine konvexen Untergruppen außer sich selbst und der trivialen enthält. Eine Gruppe $(G, +)$, die $\{0\}$ und G als einzige konvexe Normalteiler hat, heißt *o-einfach*. Archimedische Gruppen sind also abelsche *o*-einfache Gruppen. Für Beispiele nicht abelscher *o*-einfacher Gruppen sei auf Fuchs 1966, S. 34 und die dort angegebene Literatur verwiesen.

§ 4 Archimedische Klassen, Bewertungen und Bedingungen für die Anordnungsfähigkeit von Gruppen

Es sei $(G, +)$ eine angeordnete Gruppe. Für $a \in G$ heißt $|a| = \operatorname{Max}\{a, -a\}$ der *absolute Betrag* von a. Zwei Elemente $a, b \in G$ nennt man *archimedisch äquivalent*, wenn es natürliche Zahlen n, m mit $|b| \leqslant n \cdot |a|$ und $|a| \leqslant m \cdot |b|$ gibt, und die zu dieser Äquivalenzrelation gehörenden Klassen heißen *archimedische Klassen*. Mit $[x]$ bezeichnen wir die archimedische Klasse, in der das Element $x \in G$ liegt, und mit $[G]$ die Gesamtheit der archimedischen Klassen von G. Für eine nichttriviale archimedische Gruppe erhält man also zwei archimedische Klassen, in der einen Klasse liegt das Nullelement und in der anderen alle Elemente $\neq 0$. Durch $[a] < [b] \Leftrightarrow \underset{n \in \mathbb{N}}{\forall}\, n \cdot |a| < |b|$ ist eine Anordnung auf $[G]$ gegeben. Gilt $[a] < [b]$ für zwei Elemente $a, b \in G$, so nennen wir *a unendlich klein* gegenüber *b* oder *b unendlich groß* gegenüber *a* und schreiben dafür $a \ll b$ bzw. $b \gg a$.

Lemma 1. *Es sei $(G, +)$ angeordnet und $a, b \in G$. Dann gilt:*

(1) $|a + b| \leqslant \operatorname{Max}\{|a| + |b|, |b| + |a|\} \leqslant |a| + |b| + |a|$.
(2) (Kalman 1960) *G ist genau dann abelsch, wenn $|a + b| \leqslant |a| + |b|$ für alle $a, b \in G$.*
(3) $[a + b] \leqslant \operatorname{Max}\{[a], [b]\}$.

Beweis.
(1) ergibt sich sofort wegen $|a| = \operatorname{Max}\{a, -a\}$, $|b| = \operatorname{Max}\{b, -b\}$ und daher $|a| + |b| \geqslant a + b$ und $|b| + |a| \geqslant -b - a = -(a + b)$.

Für (2) ist nur nachzuweisen, daß aus $|a + b| \leq |a| + |b|$ für alle $a, b \in G$ die Kommutativität von G folgt. Es seien a wie b positiv. Dann ist $a + b = |a + b|$

$= |-b-a| \leqslant |b| + |a| = b + a$ und aus Symmetriegründen also auch $b + a \leqslant a + b$ und daher $a + b = b + a$. Durch Übergang zu den Negativen erhält man $a + b = b + a$ für $a < 0$, $b < 0$. Sei nun $a \leqslant 0$ und $b > 0$. Dann ist $a + b - a = a + (-a + b) = b$ und damit ebenfalls $a + b = b + a$.

Für den Nachweis von (3) setzen wir $[a] \leqslant [b]$ voraus. Folglich gibt es eine natürliche Zahl n mit $|a| \leqslant n \cdot |b|$, woraus man mit (1) weiter $|a + b| \leqslant (n + 1) \cdot |b|$ und somit $[a + b] \leqslant [b] = \operatorname{Max}\{[a], [b]\}$ erhält. □

Die Abbildung $a \mapsto [a]$: $G \to [G]$ fällt unter einen allgemeineren Begriff, unter den der Bewertung von Gruppen. Es sei Γ eine angeordnete Menge mit 0 als kleinstem Element und $(G, +)$ eine Gruppe. Eine surjektive Abbildung v: $G \to \Gamma$ heißt eine *Bewertung* von G mit der *Wertemenge* Γ, wenn die folgenden Bedingungen erfüllt sind:

(1) $v(x) = 0 \Leftrightarrow x = 0$,
(2) $v(x) = v(-x)$ für alle $x \in G$,
(3) $v(x + y) \leqslant \operatorname{Max}\{v(x), v(y)\}$ für $x, y \in G$.

Zwei Bewertungen v, v' auf G mit den Wertemengen Γ bzw. Γ' heißen *äquivalent*, wenn eine ordnungstreue Bijektion σ: $\Gamma \to \Gamma'$ existiert, so daß das folgende Diagramm kommutiert:

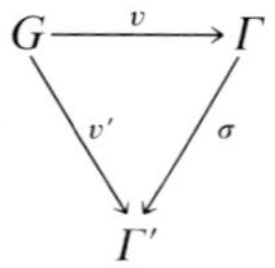

Ist $(G, +)$ eine angeordnete Gruppe, so heißt die Abbildung $a \mapsto [a]$: $G \to [G]$ die *natürliche Bewertung*. Wir bringen noch ein weiteres Beispiel einer bewerteten Gruppe: Es sei $\Gamma \cup \{0\}$ eine angeordnete Menge mit kleinstem Element 0, die Gruppen $(G_\gamma, +)$, $\gamma \in \Gamma$, seien angeordnet, und es sei $G = \prod_{\gamma \in \Gamma}^{\text{Lex}} G_\gamma$. Für $f \in G$ bezeichne $s(f)$ den Träger von f. Dann ist $\left.\begin{matrix} f \mapsto \operatorname{Max} s(f) \\ 0 \mapsto 0 \end{matrix}\right\}$: $G \to \Gamma \cup \{0\}$ eine Bewertung von G mit der Wertemenge $\Gamma \cup \{0\}$.

Wir stellen einige einfache Eigenschaften von Bewertungen zusammen:

Lemma 2. *Es sei $(G, +)$ eine Gruppe und v: $G \to \Gamma$ eine Bewertung. Dann gilt:*

(1) *Aus $v(a) \neq v(b)$ folgt $v(a + b) = \operatorname{Max}\{v(a), v(b)\}$.*
(2) *Es ist $v\left(\sum_{i=1}^{n} a_i\right) \leqslant \operatorname{Max}\{v(a_i): i = 1, \ldots, n\}$ und $v\left(\sum_{i=1}^{n} a_i\right) = \operatorname{Max}\{v(a_i): i = 1, \ldots, n\}$, falls es genau einen Index $k \in \{1, \ldots, n\}$ mit $v(a_k) = \operatorname{Max}\{v(a_i): i = 1, \ldots, n\}$ gibt.*

Beweis.
Zu (1): Es sei $v(a) < v(b)$. Wäre $v(a + b) < \operatorname{Max}\{v(a), v(b)\}$, so erhielte man $v(b) = v(-a + a + b) \leqslant \operatorname{Max}\{v(a), v(a + b)\} < v(b)$, was unmöglich ist; somit ist $v(a + b) = \operatorname{Max}\{v(a), v(b)\}$.

Zu (2): Durch vollständige Induktion ergibt sich der erste Teil der Aussage, also $v\left(\sum_{i=1}^{n} a_i\right) \leqslant \operatorname{Max}\{v(a_i): i = 1, \ldots, n\}$, aus der Definition einer Bewertung. Für den

Nachweis des zweiten Teiles von (2) nehmen wir $k = 1$ an. Nach (1) ist dann $v(a_1 + a_2) = v(a_1)$, und damit folgt durch vollständige Induktion

$$v\left(\sum_{i=1}^{n} a_i\right) = v\left((a_1 + a_2) + \sum_{i=3}^{n} a_i\right) = v(a_1 + a_2)$$
$$= \operatorname{Max}\{v(a_i): i = 1, \ldots, n\}. \quad \square$$

Der Begriff der archimedischen Klasse wurde von Iwasawa 1948 eingeführt. Weitere Eigenschaften archimedischer Klassen sind bei Loonstra 1950 und eine Verallgemeinerung für teilweise geordnete Gruppen bei Loonstra 1951 zu finden.

Es sei $(G, +)$ eine Gruppe, U eine Untergruppe von G und $g \in G$. Mit U^g bezeichnen wir die durch $x \mapsto -g + x + g$ zu U konjugierte Untergruppe von G.

Eine bezüglich der Inklusion linear geordnete Menge Σ von Untergruppen von G heißt *vollständig*, wenn die Vereinigungs- und Durchschnittsmenge beliebig vieler Untergruppen aus Σ wieder zu Σ gehört. Σ heißt *infrainvariant*, wenn Σ vollständig ist, die Gruppen $\{0\}$ und G enthält, und mit U auch U^g in Σ ist für jedes $g \in G$. Unter einem *Sprung* $A \Subset B$ in einem vollständigen System Σ versteht man ein Paar von Untergruppen A, B aus Σ, so daß es zwischen A und B keine weitere Untergruppe aus Σ gibt. Jedes Element $0 \neq x \in G$ bestimmt einen Sprung $A \Subset B$ in Σ: Es sei A die Vereinigung aller Untergruppen aus Σ, die x nicht enthalten, und B der Durchschnitt aller Untergruppen aus Σ, die x enthalten. Ist $A \Subset B$ ein Sprung in einem infrainvarianten System Σ, so ist A normal in B und der Normalisator $N(A)$ von A gleich dem Normalisator $N(B)$ von B; dieses letztere ergibt sich wegen $A^g \Subset B^g$ für jedes $g \in G$.

Satz 3 (Iwasawa 1948, Mal'cev 1949). *Die Menge Σ aller konvexen Untergruppen einer angeordneten Gruppe $(G, +)$ ist infrainvariant. Ist $A \Subset B$ ein Sprung in Σ, so ist die Faktorgruppe B/A (bez. der induzierten Ordnung) einer Untergruppe der additiven Gruppe der reellen Zahlen o-isomorph; die Gruppe all der Automorphismen von B/A, die durch innere Automorphismen von $N(A)/A$ erzeugt sind, ist einer Untergruppe der multiplikativen Gruppe der positiven reellen Zahlen isomorph.*

Beweis.
Man rechnet nach, daß Σ infrainvariant ist. Ist $A \Subset B$ ein Sprung, so hat B/A keine konvexen Untergruppen außer $\{0\}$ und sich selbst und ist daher nach Satz 1, § 3 archimedisch, nach dem Satz von Hölder (Satz 4, § 3) also einer Untergruppe der additiven Gruppe der reellen Zahlen o-isomorph. Wegen $N(A) = N(B)$ und $A \trianglelefteq B$ ist für $g \in N(A)$ und $b \in B$ durch $b + A \mapsto (b + A)^{g+A} = -g + A + (b + A) + g + A$ ein Automorphismus von B/A gegeben, und dieser ist ordnungstreu. Damit erhält man den letzten Teil der Behauptung nach Satz 6, § 3. $\square$

Die Menge der konvexen Untergruppen einer angeordneten Gruppe bildet also ein normales System mit abelschen Faktoren (vgl. hierzu Kurosch, Gruppentheorie II, S. 28). Damit gilt:

Satz 4. *Eine angeordnete Gruppe ist eine AN-Gruppe* (im Sinne von Kurosch, Gruppentheorie II, S. 28).

Es sei $A \Subset B$ ein Sprung in der Kette Σ der konvexen Untergruppen einer angeordneten Gruppe $(G, +)$. Dann gibt es also ein $x \in G$ mit $x \in B \setminus A$. Die Untergruppen

$G^{[x]} = \{g \in G\colon [g] \leqslant [x]\}$ und $G_{[x]} = \{g \in G\colon [g] < [x]\}$ sind konvex und bilden einen Sprung $G_{[x]} \Subset G^{[x]}$ in Σ. Es ist $G^{[x]} \subseteq B$ und $A \subseteq G_{[x]}$, und wegen $A \Subset B$ gilt damit $A = G_{[x]}$, $B = G^{[x]}$. Ordnet man die Menge Γ' der Sprünge in Σ durch $A \Subset B < A' \Subset B' \Leftrightarrow A \subsetneqq A'$ und fügt das Element 0 als kleinstes Element zu Γ' hinzu, so ist $\Gamma' \cup \{0\}$ o-bijektiv zur Menge $[G]$ der archimedischen Klassen von G. Die Abbildung $\left.\begin{matrix} g \mapsto G_{[g]} \Subset G^{[g]} \\ 0 \mapsto 0 \end{matrix}\right\}\colon G \to \Gamma' \cup \{0\}$ ist also eine Bewertung von G, die zur natürlichen Bewertung äquivalent ist.

Ist σ ein innerer Automorphismus von G, so induziert σ durch $[g] \mapsto [\sigma(g)]$ eine o-bijektive Abbildung von $[G]$. Aus $[g] < [\sigma(g)]$ folgt damit

$$\ldots < [\sigma^{-2}(g)] < [\sigma^{-1}(g)] < [g] < [\sigma(g)] < [\sigma^2(g)] < \ldots .$$

Erfüllt $[G]$ die Maximalbedingung oder die Minimalbedingung, so gilt also $[g] = [\sigma(g)]$ für jeden inneren Automorphismus σ von G, und daher sind dann alle konvexen Untergruppen Normalteiler von G. Folglich gilt:

Satz 5. *Erfüllt die Menge der archimedischen Klassen einer angeordneten Gruppe G die Maximalbedingung oder die Minimalbedingung, so ist G eine AI-Gruppe* (im Sinne von Kurosch, Gruppentheorie II, S. 28).

Weiter ergibt sich:

Satz 6. *Eine angeordnete Gruppe mit endlich vielen archimedischen Klassen ist auflösbar.*

In Chehata 1958 ist bewiesen, daß in einer angeordneten Gruppe $(G, +)$ die archimedische Klasse des Kommutators $[a, b]$ zweier Elemente $a, b \in G$ stets echt kleiner als $\operatorname{Max}\{[a], [b]\}$ ist. Ist G nilpotent, so erhält man $[[a, b]] < \operatorname{Min}\{[a], [b]\}$ (vgl. Kokorin-Kopytov 1974). Weitere Ergebnisse hierzu findet man in Chehata 1964, Kokorin-Kopytov 1974 und Prieß-Crampe 1970.

Eine anordnungsfähige Gruppe heißt eine *O-Gruppe*. Ist G eine angeordnete Gruppe mit dem Operatorenbereich Ω, so heißt die Anordnung von G eine *Ω-Anordnung*, falls aus $a \leqslant b$ für $\omega \in \Omega$ stets $a^\omega \leqslant b^\omega$ folgt.

Wir stellen nun einige Kriterien für die Anordnungsfähigkeit von Gruppen zusammen:

Satz 7 (Levi 1913). *Eine abelsche Gruppe ist genau dann eine O-Gruppe, wenn sie torsionsfrei ist.*

Beweis.
Nach Satz 2, § 1 ist eine angeordnete Gruppe torsionsfrei. Es ist also nur noch zu beweisen, daß sich eine torsionsfreie abelsche Gruppe $(G, +)$ anordnen läßt. Die teilbare Hülle $\bar{G}$ von G ist ein Vektorraum über $\mathbb{Q}$. Es sei B eine Basis von $\bar{G}$. Wir wählen eine Anordnung auf B (die gibt es z. B. nach dem Wohlordnungssatz); $\bar{G}$ läßt sich damit als Untergruppe des lexikographischen Produktes $\prod_{b \in B}^{\text{Lex}} G_b$ mit $G_b = \mathbb{Q}$ für alle $b \in B$ auffassen. Folglich kann man $\bar{G}$ und damit auch G anordnen. □

Satz 8 (Kokorin 1966). *Eine Gruppe* $(G, +)$ *ist genau dann eine O-Gruppe, wenn sie ein infrainvariantes System Σ von Untergruppen hat, welche die folgende Bedingung erfül-*

len: Ist $A \subset B$ ein Sprung in Σ, so ist die Faktorgruppe B/A eine O-Gruppe mit einer $N(A)/A$-Anordnung ($N(A)$ ist der Normalisator von A). *Weiter gestattet G eine solche Anordnung, daß bezüglich dieser Anordnung alle Untergruppen aus Σ konvex sind.*

Beweis.
Ist G angeordnet, so ist die Menge der konvexen Untergruppen von G nach Satz 3 ein infrainvariantes System mit den in der Behauptung formulierten Eigenschaften.

Sei nun umgekehrt G eine Gruppe mit einem System Σ von Untergruppen mit den oben angegebenen Eigenschaften. Wir unterteilen die Menge aller Sprünge $H_\alpha \subset H_{\alpha+1}$ in Σ in disjunkte Klassen $\{H_\alpha^g \subset H_{\alpha+1}^g : g \in G\}$ von konjugierten Sprüngen. Aus jeder Klasse sei ein Vertreter $H_\alpha^* \subset H_{\alpha+1}^*$, $\alpha \in I$, gewählt. Es sei $\bar{P}_\alpha^*$ der Positivbereich von $H_{\alpha+1}^*/H_\alpha^*$ für eine $N(H_\alpha^*)/H_\alpha^*$-Anordnung, P_α^* das Urbild von $\bar{P}_\alpha^*$ in $H_{\alpha+1}^*$ und $P_\alpha = \bigcup_{g \in G} (-g + P_\alpha^* + g)$. Wir zeigen, daß $P = \bigcup_{\alpha \in I} P_\alpha$ ein Positivbereich für G ist: Offensichtlich ist P normal in G. Sei $0 \neq x \in G \backslash P$, und x bestimme in Σ den Sprung $-g + H_\alpha^* + g \subset -g + H_{\alpha+1}^* + g$. Dann ist $g + x - g \in H_{\alpha+1}^* \backslash P_\alpha^*$ und darum $g - x - g + H_\alpha^* \in \bar{P}_\alpha^*$, also $g - x - g \in P_\alpha^*$ und folglich $-x \in P$. Daher gilt $P \cup -P \cup \{0\} = G$. Sei nun $x \in P \cap -P$, und x bestimme in Σ den Sprung $-g + H_\alpha^* + g \subset -g + H_{\alpha+1}^* + g$. Also ist auch $-x \in -g + H_{\alpha+1}^* + g \backslash -g + H_\alpha^* + g$ und damit $g + x - g + H_\alpha^* \in \bar{P}_\alpha^*$ wie $g - x - g + H_\alpha^* \in \bar{P}_\alpha^*$, was nicht möglich ist. Folglich gilt $P \cap -P = \emptyset$. Es seien $x, y \in P$, x bestimme in Σ den Sprung $-g + H_\alpha^* + g \subset -g + H_{\alpha+1}^* + g$ und y den Sprung $-g' + H_\beta^* + g' \subset -g + H_{\beta+1}^* + g'$. Es sei $-g + H_{\alpha+1}^* + g \subseteq -g' + H_{\beta+1}^* + g'$ vorausgesetzt. Im Falle $-g' + H_{\beta+1}^* + g' = -g + H_{\alpha+1}^* + g$ erhält man $\alpha = \beta$ und damit $x \in -g + P_\alpha^* + g, y \in -g' + P_\alpha^* + g'$. Wegen $-(g'-g) + H_{\alpha+1}^* + g' - g = H_{\alpha+1}^*$ ist $g' - g \in N(H_{\alpha+1}^*) = N(H_\alpha^*)$ (wie auf S. 11 ausgeführt). Weil $\bar{P}_\alpha^*$ nach Voraussetzung eine $N(H_\alpha^*)/H_\alpha^*$-Anordnung ist, folgt somit $(g' - g) + g + x - g - (g' - g) \in P_\alpha^*$, d.h. $g' + x - g' \in P_\alpha^*$, was mit $g' + y - g' \in P_\alpha^*$ nunmehr $g' + x + y - g' \in P_\alpha^*$ und folglich $x + y \in P$ ergibt. Im Falle $-g + H_{\alpha+1}^* + g \subsetneqq -g' + H_{\beta+1}^* + g'$ ist $-g + H_{\alpha+1}^* + g \subset -g' + H_\beta^* + g'$ und daher $x \in -g' + H_\beta^* + g'$. Damit ist $x + y - g' + h_\beta^* + g' = y$, $h_\beta^* \in H_\beta^*$. Wegen $g' + y - g' \in P_\beta^*$ ist also $g' + x + y - g' + h_\beta^* + g' - g' = g' + x + y - g' + h_\beta^* \in P_\beta^*$, somit $g' + x + y - g' \in P_\beta^*$ und folglich $x + y \in P$. Also ist P additiv abgeschlossen. Wir zeigen nun, daß bezüglich der durch P gegebenen Anordnung alle Untergruppen aus Σ konvex sind: Für $\gamma \in I$ ist aufgrund der Wahl von P_γ^* der kanonische Epimorphismus $\pi_\gamma: H_{\gamma+1}^* \to H_{\gamma+1}^*/H_\gamma^*$ ordnungstreu und folglich H_γ^* als Kern dieses Epimorphismus konvex in $H_{\gamma+1}^*$. Damit ist für jedes $y \in G$ dann auch H_γ^{*y} konvex in $H_{\gamma+1}^{*y}$. Also ist H_α konvex in $H_{\alpha+1}$ für jeden Sprung $H_\alpha \subset H_{\alpha+1}$ in Σ. Sei nun $0 < g < h_\alpha \in H_\alpha \subset H_{\alpha+1}$, $g \in G$, und g bestimme in Σ den Sprung $H_\beta \subset H_{\beta+1}$. Im Falle $H_\alpha \subseteq H_\beta$ erhält man $h_\alpha \in H_\beta$, $g \in H_{\beta+1} \backslash H_\beta$ und $0 < g < h_\alpha$, was der Konvexität von H_β in $H_{\beta+1}$ widerspricht. Also ist nur der Fall $H_\beta \subsetneqq H_\alpha$ möglich, und man erhält $g \in H_\alpha$. Damit ist gezeigt, daß von den beiden Untergruppen eines Sprunges in Σ jeweilig die kleinere konvex in G ist. Für $x \in G$ bezeichne U_x die maximale Untergruppe aus Σ mit $x \notin U_x$. Weil U_x die kleinere Untergruppe eines Sprunges ist, ist U_x also konvex. Eine beliebige Untergruppe $H_\gamma \in \Sigma$ läßt sich darstellen als $H_\gamma = \bigcap_{x \in G \backslash H_\gamma} U_x$. Der Durchschnitt konvexer Untergruppen ist konvex, folglich ist H_γ konvex. □

Satz 9 (Iwasawa 1948). *Eine Gruppe G ist genau dann eine O-Gruppe, wenn sie ein infrainvariantes System Σ von Untergruppen mit folgenden Eigenschaften hat: Ist*

$A \subset B$ ein Sprung in Σ, so ist B/A einer Untergruppe der additiven Gruppe der reellen Zahlen isomorph, und die Gruppe der Automorphismen von B/A, welche durch die inneren Automorphismen von $N(A)/A$ erzeugt sind, ist isomorph zu einer Untergruppe der multiplikativen Gruppe der positiven reellen Zahlen.

G gestattet eine solche Anordnung, daß Σ bezüglich dieser Anordnung die Menge aller konvexen Untergruppen von G ist.

Beweis.
In Anbetracht der Sätze 3 und 8 haben wir nur noch zu zeigen, daß Σ für eine wie in Satz 8 definierte Anordnung von G die Menge aller konvexen Untergruppen von G ist. Sei also H eine nichttriviale konvexe Untergruppe von G. In Σ existiert eine maximale Untergruppe A mit $A \subseteq H$ und eine minimale Untergruppe B mit $H \subseteq B$. Angenommen, es gälte $A \subsetneqq H \subsetneqq B$. Für eine Untergruppe $C \in \Sigma$ mit $A \subsetneqq C \subseteq B$ erhält man aufgrund der Maximalität von A und der Minimalität von B dann $C = B$. Folglich bildet $A \subset B$ einen Sprung in Σ. Wegen $A \subsetneqq H \subsetneqq B$ gibt es Elemente $0 < h \in H \backslash A$ und $0 < b \in B \backslash H$. Damit ist aber $n \cdot (h + A) < b + A$ für alle $n \in \mathbb{N}$ im Widerspruch dazu, daß B/A als Untergruppe von $(\mathbb{R}, +)$ archimedisch ist. □

Wir wollen kurz auf die Frage eingehen, wann man eine teilweise Ordnung einer Gruppe zu einer Anordnung erweitern kann. Es sei $(G, \cdot)$ eine teilweise geordnete Gruppe mit dem Positivbereich P, und es sei $\hat{P} = P \cup \{e\}$. Für $a_1, \ldots, a_n \in G$ sei mit $S(a_1, \ldots, a_n)$ die durch $a_1, \ldots, a_n$ in G erzeugte normale Halbgruppe bezeichnet. In Kokorin-Kopytov 1974, S. 8, oder in Fuchs 1966, S. 56, findet man den Beweis des folgenden Satzes:

Satz 10 (Fuchs 1958). *Eine teilweise Ordnung einer Gruppe $(G, \cdot)$ mit dem Positivbereich P läßt sich genau dann zu einer Anordnung von G erweitern, wenn man zu je endlich vielen, vom Einselement verschiedenen Elementen $a_1, \ldots, a_n \in G$ stets eine Folge $\varepsilon_1, \ldots, \varepsilon_n$ mit $\varepsilon_i = \pm 1$ wählen kann, so daß $\hat{P} \cap S(a_1^{\varepsilon_1}, \ldots, a_n^{\varepsilon_n}) = \emptyset$ ist.*

Mit $P = \emptyset$, also $\hat{P} = \{e\}$, erhält man:

Satz 11 (Ohnishi 1952, Łos 1954). *Eine Gruppe $(G, \cdot)$ ist genau dann eine O-Gruppe, wenn zu je endlich vielen, vom Einselement verschiedenen Elementen $a_1, \ldots, a_n \in G$ eine Folge $\varepsilon_1, \ldots, \varepsilon_n$ mit $\varepsilon_i = \pm 1$ existiert mit $e \notin S(a_1^{\varepsilon_1}, \ldots, a_n^{\varepsilon_n})$.*

In einer Gruppe $(G, \cdot)$ ist der Durchschnitt der 2^n Unterhalbgruppen $S(a_1^{\varepsilon_1}, \ldots, a_n^{\varepsilon_n})$ für feste $a_1, \ldots, a_n \in G$, $a_i \neq e$, und verschiedene $\varepsilon_1, \ldots, \varepsilon_n$ entweder eine Untergruppe oder leer.

Damit folgt nach Satz 11:

Satz 12 (Lorenzen 1949). *Eine Gruppe $(G, \cdot)$ ist dann und nur dann eine O-Gruppe, wenn für je endlich viele $a_1, \ldots, a_n \in G$ mit $a_i \neq e$ der Durchschnitt der 2^n Halbgruppen $S(a_1^{\varepsilon_1}, \ldots, a_n^{\varepsilon_n})$, die sich beim Einsetzen von ± 1 für $\varepsilon_1, \ldots, \varepsilon_n$ ergeben, leer ist.*

Ist jede endlich erzeugte Untergruppe einer Gruppe G eine O-Gruppe, so ist G selbst eine O-Gruppe; denn sonst müßte es nach Satz 12 Elemente $a_1, \ldots, a_n \in G$ mit $a_i \neq e$ und $\bigcap S(a_1^{\varepsilon_1}, \ldots, a_n^{\varepsilon_n}) \neq \emptyset$ geben, und damit gäbe es eine endlich erzeugte Untergruppe von G, in der der entsprechend gebildete Durchschnitt nicht leer wäre, was der Anordnungsfähigkeit dieser Untergruppe widerspräche. Also gilt:

Satz 13 (Mal'cev 1951, B. H. Neumann 1954). *Eine Gruppe ist genau dann eine O-Gruppe, wenn jede endlich erzeugte Untergruppe eine O-Gruppe ist.*

Als letzte Ergebnisse in diesem Paragraphen wollen wir nun bringen, daß nilpotente torsionsfreie Gruppen und freie Gruppen anordnungsfähig sind, und daß jede angeordnete Gruppe das *o*-epimorphe Bild einer angeordneten freien Gruppe ist.

Es sei G eine Gruppe und Σ ein infrainvariantes System von Normalteilern von G. Gilt für jeden Sprung $A \subset B$ in Σ, daß B/A im Zentrum von G/A liegt, so heißt Σ ein *zentrales System*. Ein zentrales System ist also eine Verallgemeinerung der aufsteigenden Zentralreihe. Unter einer *transfiniten absteigenden Zentralreihe* versteht man eine mit Ordinalzahlen indizierte Kette $G = G_0 \supseteq G_1 \supseteq \ldots \supseteq G_\alpha \supseteq G_{\alpha+1} \supseteq \ldots$ von Normalteilern G_α der Gruppe G, wobei G_α definiert ist durch $G_0 = G$, $G_{\alpha+1} = [G_\alpha, G]$ und $G_\alpha = \bigcap_{\beta<\alpha} G_\beta$, falls α eine Limeszahl ist.

Satz 14 (Schimbirewa 1947, Neumann 1949).

(1) *Eine Gruppe mit einem zentralen System mit torsionsfreien Faktoren* (*d.h. für jeden Sprung $A \subset B$ ist B/A torsionsfrei*) *ist eine O-Gruppe.*

(2) *Eine Gruppe mit einer absteigenden* (*eventuell transfiniten*) *Zentralreihe, die für eine Ordinalzahl τ mit $G_\tau = \{e\}$ endet und für die alle Faktorgruppen $G_\alpha/G_{\alpha+1}$ torsionsfrei sind, ist eine O-Gruppe.*

Beweis.
Im Fall (1) wie im Fall (2) gilt für einen Sprung $A \subset B$ der betrachteten normalen Systeme, daß B/A abelsch und torsionsfrei und damit nach Satz 7 eine O-Gruppe ist. Weiter liegt in beiden Fällen B/A im Zentrum von G/A; also ist eine Anordnung von B/A offensichtlich eine G/A-Anordnung und wegen $N(A) = G$ somit eine $N(A)/A$-Anordnung. Ein zentrales System ist infrainvariant, und weil die in (2) vorausgesetzte absteigende Zentralreihe mit $G_\tau = \{e\}$ endet, ist auch diese infrainvariant. Damit erhält man die Behauptung nach Satz 8. ▯

Eine nilpotente torsionsfreie Gruppe hat eine endliche aufsteigende Zentralreihe mit torsionsfreien Faktoren (s. Kurosch, Gruppentheorie II, S. 78 und S. 79). Folglich gilt (bei Berücksichtigung von Satz 13):

Satz 15. *Eine torsionsfreie lokalnilpotente Gruppe ist eine O-Gruppe.*

Nach einem Satz von Magnus-Witt*) hat eine freie Gruppe G eine absteigende Zentralreihe $G = C_0 \supset C_1 \supset \ldots \supset C_n \supset C_{n+1} \supset \ldots \supset C_\omega = \{e\}$ (wobei ω = erste unendliche Ordinalzahl) mit torsionsfreien Faktoren. Damit ergibt sich:

Satz 16 (Iwasawa 1948, Neumann 1949). *Eine freie Gruppe ist eine O-Gruppe.*

Ist nun G eine angeordnete Gruppe, so ist G zunächst gruppentheoretisch das epimorphe Bild einer freien Gruppe F, also $G \simeq F/N$. Wir übertragen die Anordnung von G mittels dieses Isomorphismus auf F/N. Nach Satz 16 ist F anordnungsfähig; wir können also eine Anordnung für N wählen, die gegenüber inneren Automorphismen von F invariant ist. Nach Lemma 1, § 2 gibt es dann eine Fortsetzung der Anordnung von N auf F, so daß die durch N induzierte Anordnung von F/N mit der von G auf F/N übertragenen übereinstimmt. Also ist $F/N \simeq_o G$. Wir formulieren dieses Ergebnis:

---

*) W. Magnus, Math. Annalen 111 (1935), 259–280; E. Witt, J. Reine u. Angew. Math. 177 (1937), 152–160

Satz 17 (Iwasawa 1948, Neumann 1949). *Eine angeordnete Gruppe ist das o-epimorphe Bild einer angeordneten freien Gruppe.*

Für weitere Ergebnisse über O-Gruppen verweisen wir auf Fuchs 1966 und Kokorin-Kopytov 1974 und die dort angegebene Literatur. Satz 14 ist von Bruck 1958 und Satz 17 von Sklifos 1970 für Loops bewiesen. Der Begriff der archimedischen Klasse, die Eigenschaften des Systems der konvexen Untergruppen einer angeordneten Gruppe (im Sinne von Satz 3, bis auf die über die Automorphismen von B/A) und damit auch die Sätze 4, 5, 6 lassen sich auf Moufang-Loops (das sind Loops, für die $(xy)(zx) = (x(yz))x$ ist; solche Loops sind disassoziativ; s. Bruck 1958, S. 58, 117) übertragen. Sklifos 1971 untersucht allgemein für angeordnete Loops das System der konvexen Unterloops. Er beweist, daß die in Satz 8 gegebene Bedingung für die Anordnungsfähigkeit einer Loop zwar hinreichend, aber nicht notwendig ist; das System der konvexen Unterloops einer angeordneten Loop braucht nicht infrainvariant zu sein.

§ 5 Der Hahnsche Einbettungssatz

Wie wir in § 3 gesehen haben, sind archimedische Gruppen abelsch und ihrer algebraischen wie Ordnungsstruktur nach Untergruppen der additiven Gruppe der reellen Zahlen. Für nicht archimedisch geordnete abelsche Gruppen erhält man eine Verallgemeinerung dieses Einbettungssatzes:

An die Stelle von $(\mathbb{R}, +)$ tritt ein spezieller reeller Funktionenraum, eine Hahn-Gruppe. Unter einer *Hahn-Gruppe* $H(\Gamma, G_\gamma)$ versteht man das lexikographische Produkt $\prod_{\gamma \in \Gamma}^{\mathrm{Lex}} G_\gamma$, für das jede Gruppe G_γ, $\gamma \in \Gamma$, eine Untergruppe von $(\mathbb{R}, +)$ ist. Ist hierbei $G_\gamma = \mathbb{R}$ für jedes $\gamma \in \Gamma$, so bezeichnen wir die Hahn-Gruppe mit $H(\Gamma, \mathbb{R})$. Es gibt inzwischen verschiedene einfache Beweise dieses ursprünglich von Hahn 1907 bewiesenen Einbettungssatzes: Als erster hat Conrad 1953 einen solchen Beweis geliefert, etwa gleichzeitig bringen Hausner und Wendel 1952 einen Beweis dieses Satzes für Vektorräume und Clifford 1954 überträgt diesen auf abelsche Gruppen. Gravett 1955, 1956 führt den Beweis mit bewertungstheoretischen Methoden. Weitere Beweise bzw. Verallgemeinerungen findet man in Conrad 1958, Ribenboim 1957, Banaschewski 1956, einen sehr kurzen in Wolfenstein 1966 und eine Verallgemeinerung für verbandsgeordnete Gruppen in Conrad, Harvey und Holland 1963. Wir bringen hier den Beweis von Banaschewski.

Lemma 1 (Banaschewski 1956). *Es sei V ein Vektorraum und $S(V)$ die Menge der Unterräume von V. Dann gibt es eine Abbildung σ: $S(V) \to S(V)$ mit den folgenden Eigenschaften für alle $U, W \in S(V)$:*

(1) *Aus $U \subseteq W$ folgt $\sigma(U) \supseteq \sigma(W)$;*
(2) $V = W \oplus \sigma(W)$.

Beweis (nach R. Bleier).
Es sei $\{x_\alpha: \alpha < \varrho\}$ eine wohlgeordnete Basis für V. Die lineare Hülle einer Teilmenge M von V bezeichnen wir mit $[M]$. Für $W \in S(V)$ sei $T_W = \{x_\lambda: x_\lambda \notin [W \cup \{x_\alpha: x_\alpha < x_\lambda\}]\}$. Wir zeigen, daß wir als σ die Abbildung $W \mapsto [T_W]$ wählen können: Es ist

$W \cap [T_W] = \{0\}$; denn sonst erhielte man für ein $w \in W$ mit $w \neq 0$ die Darstellung $w = \sum_{i=1}^{n} a_i x_{\alpha_i}$ mit $x_{\alpha_i} \in T_W$ und $0 \neq a_i$ aus dem Skalarenkörper und damit folgte für das größte Element x_β der Basiselemente $x_{\alpha_1}, \ldots, x_{\alpha_n}$ also $x_\beta \in [W \cup \{x_\alpha\colon x_\alpha < x_\beta\}]$ im Widerspruch zur Definition von T_W. Daher ist W Teilraum eines zu $[T_W]$ komplementären. Mit transfiniter Induktion ergibt sich $x_\alpha \in W + [T_W]$ für alle $\alpha < \varrho$; folglich ist $V = W \oplus [T_W]$. Aus $U \subseteq W$ und $x_\lambda \in T_W$, also $x_\lambda \notin [W \cup \{x_\alpha\colon x_\alpha < x_\lambda\}]$, erhält man $x_\lambda \notin [U \cup \{x_\alpha\colon x_\alpha < x_\lambda\}]$, d.h. $x_\lambda \in T_U$; damit hat $\sigma = W \mapsto [T_W]\colon S(V) \to S(V)$ auch die Eigenschaft (1). □

Es sei $(G, +)$ eine angeordnete abelsche Gruppe und $\Gamma = [G] \setminus \{[0]\}$. Wie in §4 ausgeführt wurde, bilden für $\gamma \in \Gamma$ die konvexen Untergruppen $G_\gamma = \{x \in G\colon [x] < \gamma\}$ und $G^\gamma = \{x \in G\colon [x] \leqslant \gamma\}$ einen Sprung $G_\gamma \Subset G^\gamma$ in der Menge der konvexen Untergruppen von G, und jedes Element $0 \neq g \in G$ bestimmt durch $g \in G^{[g]} \setminus G_{[g]}$ einen solchen Sprung. Der folgende Satz ist bereits eine Darstellungsmöglichkeit des Hahnschen Einbettungssatzes:

Satz 2 (Banaschewski 1956). $(G, +)$ *sei eine angeordnete teilbare abelsche Gruppe und* $\Gamma = [G] \setminus \{[0]\}$. *Es gibt einen o-Monomorphismus* $\varphi\colon G \to \prod_{\gamma \in \Gamma}^{\mathrm{Lex}} G^\gamma / G_\gamma$, *so daß gilt: genau dann ist* $g \in G^\gamma \setminus G_\gamma$, *wenn* γ *das Maximum des Trägers von* $\bar{g} = \varphi(g)$ *ist; es ist dann* $\bar{g}(\gamma) = g + G_\gamma$.

Beweis.

Als teilbare abelsche Gruppe ist G ein Vektorraum über $\mathbb{Q}$. Eine konvexe Untergruppe von G ist teilbar und damit ein Unterraum von G. Es sei $S(G)$ die Menge der Unterräume von G und $\sigma\colon S(G) \to S(G)$ eine Abbildung mit den in Lemma 1 angegebenen Eigenschaften. Für jedes $\gamma \in \Gamma$ läßt sich G also zerlegen in $G = G^\gamma \oplus \sigma(G^\gamma)$, und $g \in G$ habe hierbei die Darstellung $g = g_\gamma + g_\gamma^\sigma$ mit $g_\gamma \in G^\gamma$, $g_\gamma^\sigma \in \sigma(G^\gamma)$. Wir bilden G monomorph in das direkte Produkt $\prod_{\gamma \in \Gamma} G^\gamma / G_\gamma$ ab durch $\varphi = g \mapsto \bar{g}\colon G \to \prod_{\gamma \in \Gamma} G^\gamma / G_\gamma$ mit $\bar{g}(\gamma) = g_\gamma + G_\gamma$, $\gamma \in \Gamma$. Es soll nun gezeigt werden, daß das Bild von G unter φ bereits in $\prod_{\gamma \in \Gamma}^{\mathrm{Lex}} G^\gamma / G_\gamma$ liegt, daß also für jedes $g \in G$ der Träger $s(\bar{g})$ von $\bar{g} = \varphi(g)$ antiwohlgeordnet ist: Sei dafür $\emptyset \neq T \subseteq s(\bar{g}) = \{\gamma \in \Gamma\colon g_\gamma + G_\gamma \neq G_\gamma\}$. Die Untergruppe $G^T = \bigcup_{\gamma \in T} G^\gamma$ ist konvex und folglich ein Unterraum von G. Bezüglich der Zerlegung $G = G^T \oplus \sigma(G^T)$ habe g die Darstellung $g = x + y$, $x \in G^T$, $y \in \sigma(G^T)$. Wegen $x \in G^T$ gibt es ein $\beta \in T$ mit $x \in G^\beta$. Für jedes $\gamma \in T$ erhält man aus $G^\gamma \subseteq G^T$ nach Lemma 1 (1) $\sigma(G^\gamma) \supseteq \sigma(G^T)$. Also ist $y \in \sigma(G^T) \subseteq \sigma(G^\gamma)$ für $\gamma \in T$ und damit $y_\gamma = 0$ für alle $\gamma \in T$. Wegen $g_\gamma = x_\gamma + y_\gamma$ ist daher $g_\gamma = x_\gamma$ für $\gamma \in T$ und damit insbesondere $x = x_\beta = g_\beta \in G^\beta \setminus G_\beta$. Für $\gamma \in T$ und $\gamma \geqslant \beta$ ist $x \in G^\beta \subseteq G^\gamma$, also $x_\gamma = x$ und daher $g_\gamma = x = g_\beta$. Folglich ist β das größte Element von T. Die Abbildung φ ist also ein Monomorphismus von G in $\prod_{\gamma \in \Gamma}^{\mathrm{Lex}} G^\gamma / G_\gamma$.

Ist $g \in G^\gamma \setminus G_\gamma$, so ist $g = g_\alpha$ für alle $\alpha \in \Gamma$ mit $\alpha \geqslant \gamma$ und $g \in G_\alpha$ für alle $\alpha \in \Gamma$ mit $\alpha > \gamma$. Daher ist $\gamma = \operatorname{Max}\{\alpha \in \Gamma\colon g_\alpha + G_\alpha \neq G_\alpha\}$, also γ das Maximum des Trägers von $\bar{g} = \varphi(g)$, und es ist $\bar{g}(\gamma) = g + G_\gamma$. Ist umgekehrt $\gamma = \operatorname{Max} s(\bar{g})$, so ist $g_\alpha \in G_\alpha$ für alle $\alpha \in \Gamma$ mit $\alpha > \gamma$ und $g_\gamma \in G^\gamma \setminus G_\gamma$; folglich ist $[g] = \gamma$ und daher $g \in G^\gamma \setminus G_\gamma$. Wir haben nur noch die Ordnungstreue von φ zu zeigen: Es sei $0 < g \in G$ und $g \in G^\gamma \setminus G_\gamma$. Dann ist

$G_\gamma < g + G_\gamma = g_\gamma + G_\gamma$ und γ das Maximum des Trägers von $\varphi(g)$; also ist $\varphi(g)$ positiv. □

Bezüglich der natürlichen Bewertungen von G bzw. $\prod_{\gamma\in\Gamma}^{\text{Lex}} G^\gamma/G_\gamma$ ist die in Satz 2 angegebene Abbildung φ auch werteerhaltend; denn aus $[g]=\gamma$, $g\in G$, folgt $[\varphi(g)] = \operatorname{Max} s(\varphi(g)) = \gamma$. Die Gruppen G^γ/G_γ sind archimedisch, also o-isomorph zu Untergruppen der additiven Gruppe von $\mathbb{R}$. Folglich gibt es eine ordnungstreue Einbettung τ von $\prod_{\gamma\in\Gamma}^{\text{Lex}} G^\gamma/G_\gamma$ in die Hahn-Gruppe $H(\Gamma,\mathbb{R})$.

Es sei nun $(A, +)$ eine angeordnete abelsche Gruppe. Nach Satz 6, § 1, hat A eine bis auf o-Isomorphie eindeutig bestimmte angeordnete teilbare Hülle G, deren Anordnung die von A fortsetzt. Die Menge der archimedischen Klassen von A ist o-bijektiv zur Menge der archimedischen Klassen von G; wir identifizieren diese deshalb miteinander. Damit erhalten wir die folgende Folge von ordnungstreuen Einbettungen: $A \hookrightarrow G \overset{\varphi}{\hookrightarrow} \prod_{\gamma\in\Gamma}^{\text{Lex}} G^\gamma/G_\gamma \overset{\tau}{\hookrightarrow} H(\Gamma,\mathbb{R})$. Also gilt:

Satz 3 (Hahnscher Einbettungssatz, Hahn 1907). *Eine angeordnete abelsche Gruppe A läßt sich ordnungstreu in die Hahn-Gruppe $H(\Gamma,\mathbb{R})$ einbetten, wobei $\Gamma = [A]\backslash\{[0]\}$ ist.*

Bricht man die oben angegebene Folge von ordnungstreuen Einbettungen nach $\prod_{\gamma\in\Gamma}^{\text{Lex}} G^\gamma/G_\gamma$ ab, so erhält man analog zu Satz 2 die o-Einbettbarkeit einer nicht notwendig teilbaren angeordneten abelschen Gruppe A in das lexikographische Produkt $\prod_{\gamma\in\Gamma}^{\text{Lex}} G^\gamma/G_\gamma$. Wichtig ist hierbei aber, daß die Untergruppen G^γ, G_γ Untergruppen der teilbaren Hülle von A, also im allgemeinen keine Untergruppen von A, sind. Die Aussage des Satzes 2 bleibt nicht richtig, wenn man auf die Voraussetzung der Teilbarkeit der Gruppe verzichtet, wie ein in Clifford 1954, S. 862, angegebenes Beispiel zeigt.

II Angeordnete Additionen und Multiplikationen

§ 1 Grundbegriffe

An angeordneten Strukturen mit zwei Verknüpfungen betrachten wir in erster Linie (kommutative) Körper. In diesem Kapitel bringen wir die grundlegenden Eigenschaften angeordneter Körper. Nichtarchimedisch angeordnete Körper werden im Zusammenhang mit o-bewerteten Körpern eingehender in den Paragraphen 2 und 3 im Kapitel III behandelt.

Ein (nicht notwendig assoziativer) *Ring* $(R, +, \leqslant)$ heißt *angeordnet*, wenn $(R, +, \leqslant)$ eine angeordnete Gruppe ist und außerdem das folgende Monotoniegesetz gilt:

$$\text{aus } a < b \text{ und } 0 < c \text{ folgt } ac < bc \text{ und } ca < cb \text{ für alle } a, b, c \in R.$$

Ein angeordneter Ring R ist also nullteilerfrei, und aus $0 \neq a \in R$ folgt stets $0 < a^2$; also ist R mit der dualen Anordnung kein angeordneter Ring, falls $R \neq \{0\}$ ist.

Wie bei Loops und Gruppen kann man die Anordnungsfähigkeit eines Ringes durch Eigenschaften seines Positivbereichs beschreiben (siehe z.B. Fuchs 1966, S. 163):

Satz 1. *Ein Ring* $(R, +, \cdot)$ *ist genau dann anordnungsfähig, wenn* R *eine Teilmenge* P *mit den folgenden Eigenschaften enthält:*

(a) $\{0\} \cup P \cup -P = R$, $P \cap -P = \emptyset$;
(b) $P + P \subseteq P$;
(c) $P \cdot P \subseteq P$.

Ein *Schiefkörper* oder *Körper* heißt *angeordnet*, wenn er ein angeordneter Ring ist. Die additive Gruppe eines Schiefkörpers ist eine angeordnete Gruppe und damit torsionsfrei; also hat ein angeordneter Schiefkörper die Charakteristik 0 und folglich einen zum Körper der rationalen Zahlen o-isomorphen Primkörper.

Es sei B eine angeordnete Menge; eine *Teilmenge* A von B wird *dicht in* B genannt, wenn es zu $b, b' \in B$ mit $b < b'$ stets ein Element $a \in A$ mit $b < a < b'$ gibt; ist B dicht in sich selbst, so heißt B *in sich dicht geordnet*. Ein angeordneter Schiefkörper K ist in sich dicht geordnet; denn sind $a, b \in K$ mit $0 < a < b$, so liegt zum Beispiel $x = \frac{a}{2} + \frac{b}{2} \in K$ zwischen a und b.

Wir fassen diese Ergebnisse zusammen:

Satz 2. *Es sei* K *ein angeordneter Schiefkörper. Dann hat* K *die Charakteristik* 0, *also einen zu* $\mathbb{Q}$ *o-isomorphen Primkörper.* K *ist in sich dicht geordnet.*

Das Prinzip der Fortsetzung der Anordnung des Ringes $\mathbb{Z}$ der ganzen Zahlen auf den Körper $\mathbb{Q}$ läßt sich verallgemeinern: Ist R ein angeordneter (kommutativer) Integritätsring und Q Quotientenkörper von R, so erhält man eine Fortsetzung der Anordnung von R auf Q, indem man ein Element $\frac{a}{b} \in Q$ mit $a, b \in R$ als positiv definiert, falls a, b in R entweder beide positiv oder beide negativ sind. Offensichtlich ist die Anordnung von Q eindeutig durch die Anordnung von R bestimmt. Also gilt:

Satz 3. *Die Anordnung eines Integritätsringes R läßt sich eindeutig auf den Quotientenkörper von R fortsetzen.*

Verallgemeinerungen dieses Satzes — wie die Fortsetzbarkeit der Anordnung eines assoziativen Ringes auf einen Quotientenring oder auf den Rechtsquotientenkörper (im Sinne von Ore) — sind von Fuchs 1961, Albert 1957 und Neumann 1949 bewiesen. Man vergleiche hierzu Fuchs 1966, S. 168. An die Stelle der konvexen Normalteiler für angeordnete Gruppen treten für angeordnete Ringe konvexe Ideale. Wir erhalten mit völlig analogen Überlegungen wie in Kapitel I, § 1 für Gruppen ausgeführt:

Satz 4.

(1) *Für angeordnete Ringe ist der Kern eines o-Homomorphismus ein konvexes Ideal.*
(2) *Ist A ein konvexes Ideal eines angeordneten Ringes R mit dem Positivbereich P, so ist R/A mit dem Positivbereich $P(R/A) = \{x + A\colon \underset{p \in P}{\exists}\ p + A \underset{A}{=} x + A\}$ ein angeordneter Ring (induzierte Anordnung), und der kanonische Epimorphismus: $R \to R/A$ ist ordnungstreu.*
(3) *Ist φ ein o-Epimorphismus von einem angeordneten Ring R auf einen angeordneten Ring R', so ist $R/\mathrm{Kern}\,\varphi$ (bezüglich der induzierten Anordnung) o-isomorph R'.*

Nach dem Satz von Steinitz ist ein algebraisch abgeschlossener Körper durch seine Charakteristik und seinen absoluten Transzendenzgrad bis auf Isomorphie eindeutig bestimmt. Es gibt keine diesem Satz vergleichbare Charakterisierung angeordneter Körper. Die besten Antworten auf diese Frage hat man für reell abgeschlossene η_α-Körper, mit denen wir uns im 4. Kapitel beschäftigen. Wir bringen ein erstes Ergebnis zu dieser Frage in Satz 6, für dessen Beweis wir das folgende Lemma brauchen:

Lemma 5 (Erdös, Gillman, Henriksen 1955). *Enthält ein Unterkörper E eines angeordneten Körpers K ein Intervall $]a, b[$ von K, so ist E gleich K.*

Beweis.
Wir wählen Elemente $e_1, e_2 \in E$ mit $a < e_1 < e_2 < b$. Weil $]a, b[$ eine Teilmenge von E ist, liegt also das Intervall $[0, e_2 - e_1]$ in E. Folglich ist $\left\{x \in K\colon \frac{1}{e_2 - e_1} \leqslant x\right\}$ eine Teilmenge von E und daher auch die sich durch Subtraktion von $\frac{1}{e_2 - e_1}$ hieraus ergebende Menge $\{x \in K\colon 0 \leqslant x\}$. Also liegen alle positiven Elemente aus K in E, und man erhält $E = K$. ▯

Satz 6 (Erdös, Gillman, Henriksen 1955). *Es sei K ein überabzählbarer angeordneter Körper. Dann hat K eine Transzendenzbasis über seinem Primkörper, die in K dicht ist.*

Beweis.
I sei die Menge aller offenen Intervalle $]a, b[$ mit $a, b \in K$, $a < b$. Weil die Abbildungen $]a, b[\mapsto (a, b)$: $I \to K \times K$ und $a \mapsto]a, a+1[$: $K \to I$ injektiv sind, hat I die gleiche Kardinalität wie K. Sei $\aleph_\beta$, $\beta > 0$, die Kardinalität von K. Wir wählen eine Wohlordnung auf I, sei also $I = \{J_\xi : \xi < \omega_\beta\}$. Es sei P der Primkörper von K. Mit transfiniter Induktion definiert man nun eine Folge $(s_\xi)_{\xi < \omega_\beta}$ von über P unabhängigen transzendenten Elementen $s_\xi \in K$ mit $s_\xi \in J_\xi$ für jedes $\xi < \omega_\beta$: Sei also $\delta < \omega_\beta$ und $(s_\xi)_{\xi < \delta}$ bereits gegeben. Wir können uns auf den Fall $\delta = \delta_0 + 1$ beschränken. Es sei F_{δ_0} der algebraische Abschluß von $P(\{s_\xi : \xi < \delta_0\})$ in K. Wegen card $F_{\delta_0} = \aleph_0 \cdot \operatorname{card} \delta_0 < \aleph_\beta$ ist F_{δ_0} ein echter Unterkörper von K. Nach Lemma 5 liegt daher J_{δ_0} nicht in F_{δ_0}; also gibt es ein Element $s_{\delta_0} \in J_{\delta_0}$ mit $s_{\delta_0} \notin F_{\delta_0}$. Die Elemente s_ξ, $\xi < \omega_\beta$, bilden eine in K dichte Transzendenzbasis von K über P. □

Wir bringen nun einige Beispiele angeordneter Körper:

(1) Jeder Unterkörper von $\mathbb{R}$ ist ein angeordneter Körper.

(2) $K[x]$ sei der Polynomring über dem angeordneten Körper K. Erklärt man ein Polynom $0 \neq f \in K[x]$ als positiv, falls der Leitkoeffizient von f positiv ist, so erhält man eine Anordnung für $K[x]$, diese läßt sich eindeutig auf den Quotientenkörper K (x) von $K[x]$ fortsetzen. Wegen $K(x) = K(x^{-1})$ kann man $K(x)$ auch so anordnen, daß ein Polynom $0 \neq f \in K[x]$ genau dann positiv ist, falls der zur kleinsten x-Potenz von $f = \sum_{i=i_0}^{n} a_i x^i$, $a_i \in K$, $a_{i_0} \neq 0$, gehörende Koeffizient positiv ist.

$K[x]$ ist als additive Gruppe in beiden Fällen einer Untergruppe der Hahnschen Summe $H(\mathbb{Z}, K)$ o-isomorph, im ersten Fall trägt $\mathbb{Z}$ die (durch $\mathbb{Q}$) induzierte Anordnung, im zweiten Fall die hierzu duale.

(3) Eine einfache transzendente Erweiterung $K(z)$ über einem Körper K kann man also, wie in (2) angegeben, anordnen. Für einen reell abgeschlossenen Körper K (vgl. § 2) erhält man viele weitere Möglichkeiten für die Anordnung von $K(z)$ nach Lemma 18, § 5.

(4) Zahlreiche Beispiele angeordneter Körper lassen sich aus Körpern von formalen Potenzreihen gewinnen. Wir gehen auf diese im Paragraphen 5 ein.

(5) Es sei M eine angeordnete Menge; die kleinste mit M konfinale Ordinalzahl heißt der *Konfinalitätstyp* $\varkappa(M)$ von M. Die Ordinalzahl $\varkappa(M)$ ist also regulär und eine Anfangszahl, falls M ohne größtes Element ist. In Hauschild und Pollák 1965 und in Hauschild 1967, S. 64, ist bewiesen, daß es zu jeder Mächtigkeit $\aleph_\beta \geqslant \aleph_0$ und jeder unendlichen regulären Anfangszahl ω_α mit $\aleph_\alpha = \operatorname{card} \omega_\alpha \leqslant \aleph_\beta$ einen angeordneten Körper gibt, dessen Mächtigkeit gleich $\aleph_\beta$ und dessen Konfinalitätstyp gleich ω_α ist. Hauschild geht hierfür von einem angeordnetem Körper K der Mächtigkeit $\aleph_\beta$ aus und bildet über K und der Menge Ω_α von mit Ordinalzahlen indizierten Unbestimmten x_ν, $\nu < \omega_\alpha$, den Polynomring $K[\Omega_\alpha]$. Über $K[\Omega_\alpha]$ definiert er folgendermaßen eine Anordnung: Für $\nu_1 > \nu_2 > \ldots > \nu_n$ und $k_i, l_i \in \mathbb{N}_0$ sei $x_{\nu_1}^{k_1} \cdot x_{\nu_2}^{k_2} \cdot \ldots \cdot x_{\nu_n}^{k_n} < x_{\nu_1}^{l_1} \cdot x_{\nu_2}^{l_2} \cdot \ldots \cdot x_{\nu_n}^{l_n}$, wenn für ein $i \in \{1, \ldots, n\}$ gilt $k_1 = l_1, \ldots, k_{i-1} = l_{i-1}$ und $k_i > l_i$. Ein Element $\sum_{i=0}^{n} a_i x_{\nu_{i,1}}^{j_1} \cdot \ldots \cdot x_{\nu_{i,n_i}}^{j_{n_i}} \in K[\Omega_\alpha]$ mit $a_i \in K$, $x_{\nu_{i,m}} \in \Omega_\alpha$ sei positiv, falls der Koeffizient des im obigen Sinne größten Gliedes unter den $x_{\nu_{i,1}}^{j_1} \cdot \ldots \cdot x_{\nu_{i,n_i}}^{j_{n_i}}$,

$i = 0, \ldots, n$, positiv ist. Der Quotientenkörper von $K[\Omega_\alpha]$ ist ein angeordneter Körper der Mächtigkeit $\aleph_\beta$ und hat den Konfinalitätstyp ω_α. Der reelle Abschluß (s. § 2) dieses Quotientenkörpers ist ein reell abgeschlossener Körper mit diesen Eigenschaften.

Beispiele angeordneter Körper von vorgegebener Kardinalität und vorgegebenem Konfinalitätstyp lassen sich auch aus Körpern von formalen Potenzreihen gewinnen (s. IV, § 1).

Das erste Beispiel eines angeordneten echten Schiefkörpers wurde von Hilbert 1899 angegeben. Es gibt nur wenige Arbeiten über angeordnete Schiefkörper; wir verweisen auf die folgenden: In Moufang 1937 ist die Einbettbarkeit des Gruppenringes der freien metabelschen Gruppen von zwei Erzeugenden in einen angeordneten Schiefkörper bewiesen. Neumann 1949b beweist allgemeiner, daß sich jede angeordnete Gruppe in einen angeordneten Schiefkörper einbetten läßt. Weiter ist im zweiten Teil dieser Arbeit von Neumann gezeigt, daß sich jeder angeordnete Schiefkörper unter Erhaltung seiner Anordnung so erweitern läßt, daß in seinem Zentrum die reellen Zahlen liegen. Jaeger 1952 führt diese Frage fort, indem er $\mathbb{R}$ durch topologische Abschlüsse (bez. der Ordnungstopologie) von Unterkörpern des betrachteten Schiefkörpers ersetzt. In Albert 1940 ist bewiesen, daß jede angeordnete assoziative Algebra von endlichem Rang über ihrem Zentrum ein kommutativer Körper ist. Szele 1952 überträgt den Begriff „formal reell" auf Schiefkörper, und in Conrad 1954 werden einige Konsequenzen aus dem Hahnschen Einbettungssatz (Satz 2 und Satz 3 aus I, § 5) für natürlich bewertete Schiefkörper (vgl. § 4) und die Anordnungsfähigkeit von Schiefkörpern gezogen.

§ 2 Artin-Schreiersche Theorie der formal reellen Körper

In den reellen algebraischen Zahlkörpern ist -1 nicht als Summe von Quadraten darstellbar. Diese Eigenschaft nahmen Artin und Schreier zum Ausgangspunkt einer algebraischen Theorie angeordneter Körper. Sie zeigten, daß sich jeder Körper, in dem -1 nicht als Summe von Quadraten darstellbar ist, auch anordnen läßt, und nannten diese Körper formal reell. Unter den formal reellen Körpern spielen die reell abgeschlossenen — das sind formal reelle Körper, die keine formal reellen, echten algebraischen Erweiterungen haben — eine besondere Rolle. Reell abgeschlossene Körper stehen in enger Beziehung zu den algebraisch abgeschlossenen Körpern: Ist K reell abgeschlossen, so ist $K(i)$ mit $i^2 = -1$ algebraisch abgeschlossen; und hat ein selbst nicht algebraisch abgeschlossener Körper K einen algebraischen Abschluß von endlichem Grad über K, so ist K reell abgeschlossen. Reell abgeschlossene Körper lassen sich auf nur eine Weise anordnen. Zu jedem angeordneten Körper K gibt es bis auf o-Isomorphie genau einen über K algebraischen, reell abgeschlossenen Körper, dessen Anordnung eine Fortsetzung der Anordnung von K ist (reeller Abschluß von K). Die im folgenden dargestellten Ergebnisse sind in den Arbeiten 1927a und 1927b von Artin und Schreier zu finden. Wir halten uns im Aufbau der Beweise an Jacobson, Lectures in Abstract Algebra, Vol. 3, van der Waerden, Algebra I und Bourbaki, Algèbre Commutative, Chap. 6. Falls wir einen inzwischen neu veröffentlichten, in diesen Büchern noch nicht verwandten Beweis bringen, verweisen wir an entsprechender Stelle auf die Literatur.

Ein Körper K heißt *formal reell*, wenn aus $\sum_{i=1}^{n} a_i^2 = 0$, $a_i \in K$, stets $a_i = 0$, $i = 1, \ldots, n$, folgt. In einem formal reellen Körper ist also -1 nicht als eine Summe von Quadraten darstellbar, und ein formal reeller Körper hat die Charakteristik 0.

Wir wollen zeigen, daß ein formal reeller Körper sich anordnen läßt und beweisen dafür das folgende Lemma:

Lemma 1 (Serre 1949). *Es sei E ein Oberkörper des angeordneten Körpers K. Die Anordnung von K läßt sich genau dann zu einer Anordnung von E fortsetzen, wenn gilt:*

(*) *Aus $\sum_{i=1}^{n} p_i x_i^2 = 0$ folgt $x_1 = \ldots = x_n = 0$ für jede endliche Folge von Paaren (p_i, x_i) mit $0 < p_i \in K$, $x_i \in E$.*

Beweis.
Die Bedingung (*) ist offensichtlich notwendig. Wir haben also nur noch zu zeigen, daß sie auch hinreichend ist. Sei P_K der Positivbereich von K, weiter $\bar{P}_K = P_K \cup \{0\}$ und $A = \{a^2 \colon a \in E\}$. Wir betrachten die Menge

$$\mathfrak{M} = \{\bar{P}_E \colon A \subseteq \bar{P}_E,\ \bar{P}_K \subseteq \bar{P}_E,\ \bar{P}_E + \bar{P}_E \subseteq \bar{P}_E,\ \bar{P}_E \bar{P}_E \subseteq \bar{P}_E,\ \bar{P}_E \cap -\bar{P}_E = \{0\}\}.$$

Wegen (*) ist $\bar{P}_0 = \left\{\sum_{i=1}^{n} p_i x_i^2 \colon n \in \mathbb{N},\ p_i \in \bar{P}_K,\ x_i \in E\right\}$ ein Element von $\mathfrak{M}$, also $\mathfrak{M}$ nicht leer. $\mathfrak{M}$ ist bezüglich der Inklusion induktiv geordnet und enthält daher nach dem Zornschen Lemma ein maximales Element $\bar{P}$. Damit durch $\bar{P}$ als Menge der nichtnegativen Elemente eine Anordnung über E definiert wird, ist nur noch zu zeigen, daß $\bar{P} \cup -\bar{P} = E$ ist. Angenommen, es wäre $\bar{P} \cup -\bar{P} \subsetneqq E$. Sei dann $x \in E$ und $x \notin \bar{P} \cup -\bar{P}$. Wir setzen $\bar{Q} = \bar{P} + x\bar{P}$. Wegen $0, 1 \in \bar{P}$ ist $x \in \bar{Q}$ und $\bar{P} \subseteq \bar{Q}$. Weiter ist $\bar{Q}$ additiv wie multiplikativ abgeschlossen. Aus $p + xq = -(r + xs)$, $p, q, r, s \in \bar{P}$, erhält man $p + r = -x(q + s)$. Im Falle $q + s \neq 0$ folgt hieraus $-x = (q + s)^{-2}(q + s)(p + r)$, also $-x \in \bar{P}$, was ausgeschlossen war. Damit ist nur der Fall $q + s = 0$ möglich, woraus man wegen $\bar{P} \cap -\bar{P} = \{0\}$ somit $q = s = 0$ und folglich $p = r = 0$, also $\bar{Q} \cap -\bar{Q} = \{0\}$, erhält. $\bar{Q}$ wäre demnach ein Element aus $\mathfrak{M}$ im Widerspruch zur Maximalität von $\bar{P}$. Also ist $\bar{P} \cup -\bar{P} = E$, und durch $P = \bar{P} \setminus \{0\}$ ist eine Fortsetzung der Anordnung von K auf E gegeben. □

Ist K ein formal reeller Körper, so ist der Primkörper von K isomorph zu $\mathbb{Q}$; wir identifizieren diesen mit $\mathbb{Q}$. Aus einer Beziehung der Form $\sum_{i=1}^{k} q_i x_i^2 = 0$, $0 < q_i \in \mathbb{Q}$, erhält man wegen $q_i = \frac{m_i}{n_i}$ mit $m_i, n_i \in \mathbb{N}$ durch Multiplikation mit $\prod_{i=1}^{k} n_i$ die Relation $\sum_{i=1}^{k} m_i' x_i^2 = 0$, $m_i' \in \mathbb{N}$. Weil K formal reell ist, folgt hieraus $x_1 = x_2 = \ldots = x_k = 0$. Die Körper K, $\mathbb{Q}$ erfüllen damit die Bedingung (*) des vorhergehenden Lemmas, und daher läßt sich nach diesem Lemma die Anordnung von $\mathbb{Q}$ zu einer Anordnung von K fortsetzen. Wir haben damit bewiesen:

Satz 2. *Ein Körper ist genau dann formal reell, wenn er sich anordnen läßt.*

Wir wollen uns nun mit reell abgeschlossenen Körpern befassen. Ein Körper heißt *reell abgeschlossen*, wenn er formal reell ist, aber keine echte algebraische Erweiterung hat, die formal reell ist. Der Körper der reellen Zahlen oder der Körper der reellen algebraischen Zahlen sind Beispiele reell abgeschlossener Körper. Ist der Körper K formal reell und $\bar{K}$ ein reell abgeschlossener Oberkörper von K, der algebraisch über K ist, so nennt man $\bar{K}$ einen *reellen Abschluß* von K.

Satz 3. *Ein formal reeller Körper K hat einen reellen Abschluß.*

Beweis.
Es sei A der algebraische Abschluß von K und $\mathfrak{L}$ die Menge der formal reellen Zwischenkörper zwischen K und A. Bezüglich der Inklusion ist $\mathfrak{L}$ induktiv geordnet und enthält daher nach dem Zornschen Lemma ein maximales Element $\bar{K}$. Wäre $\bar{K}$ nicht reell abgeschlossen, so gäbe es also eine echte algebraische formal reelle Erweiterung von $\bar{K}$, diese wäre auch algebraisch über K und damit (bis auf Isomorphie) ein Element aus $\mathfrak{L}$ im Widerspruch zur Maximalität von $\bar{K}$. Also ist $\bar{K}$ reell abgeschlossen und somit ein reeller Abschluß von K. □

Ein formal reeller Körper ist anordnungsfähig, aber im allgemeinen auf viele Arten. Mit dem gerade bewiesenen Satz ist also nur gezeigt, daß ein angeordneter Körper K einen reellen Abschluß $\bar{K}$ hat; es ist aber noch nicht bewiesen, daß man auf $\bar{K}$ eine solche Anordnung wählen kann, daß diese die Anordnung von K fortsetzt. Wir werden das (in Satz 9) zeigen, nachdem wir zunächst nachgewiesen haben, daß ein reell abgeschlossener Körper sich auf nur eine Weise anordnen läßt. Wichtigster Hilfssatz hierfür ist das folgende Lemma:

Lemma 4. *Der Körper K sei angeordnet. f sei ein irreduzibles Polynom aus* $K[x]$, *zu dem es Elemente* $a, b \in K$ *mit* $f(a)f(b) < 0$ *gibt. Dann läßt sich die Anordnung von K auf* $K[x]/(f)$ *fortsetzen (wobei K mit seinem monomorphen Bild in* $K[x]/(f)$ *identifiziert wurde).*

Beweis.
Man beweist dieses Lemma mit vollständiger Induktion nach $n = \operatorname{grad} f$. Für $n = 1$ ist $K[x]/(f) = K$, und damit gilt die Aussage trivialerweise. Sei also nun $n \geqslant 2$. Angenommen, die Anordnung von K läßt sich nicht auf $K[x]/(f)$ fortsetzen. Dann gibt es nach Lemma 1 Elemente $0 < p_i \in K$ und Polynome $f_i \in K[x]$ vom Grade $\leqslant n-1$, $i = 1, \ldots, m$, so daß gilt: $1 + \sum_{i=1}^{m} p_i f_i^2 \equiv 0 \bmod f$. Also ist $1 + \sum_{i=1}^{m} p_i f_i^2 = hf$ mit $h \in K[x]$. Weil die linke Seite dieser Gleichung unter dem Substitutionshomomorphismus $x \mapsto c$: $K[x] \to K$ stets positiv ist, während $f(a)f(b) < 0$ ist, erhält man $h(a)h(b) < 0$. Folglich gibt es einen irreduziblen Faktor g von h mit $g(a)g(b) < 0$. Das Polynom h und damit auch g hat einen Grad $\leqslant n-2$. Daher ist die Anordnung von K nach Induktionsvoraussetzung auf $K[x]/(g)$ fortsetzbar. Das steht aber laut Lemma 1 im Widerspruch zu $1 + \sum_{i=1}^{m} p_i f_i^2 \equiv 0 \bmod g$. Also gibt es eine Fortsetzung der Anordnung von K auf $K[x]/(f)$. □

Als Folgerung aus diesem Lemma erhält man:

Lemma 5. *Der Körper K sei angeordnet, es sei* $0 < c \in K$ *und* γ *eine Nullstelle von* $x^2 - c$. *Dann gibt es eine Fortsetzung der Anordnung von K auf* $K(\gamma)$.

Beweis.
Ist $x^2 - c$ reduzibel, so ist $K(\gamma) = K$. Ist $f(x) = x^2 - c$ irreduzibel, so folgt die Aussage nach dem vorhergehenden Lemma wegen $f(0) < 0$ und $f(c+1) > 0$. □

Auch das nächste Lemma ist eine Folgerung aus Lemma 4:

Lemma 6. *Der Körper K sei angeordnet und L eine Erweiterung ungeraden Grades über K. Dann gibt es eine Fortsetzung der Anordnung von K auf L.*

Beweis.
$[L:K]$ ist endlich, und K hat die Charakteristik 0, folglich ist L eine endliche separable Erweiterung über K. Damit gibt es ein $\alpha \in L$ mit $L = K(\alpha)$. Das Minimalpolynom f von α über K hat ungeraden Grad n. Sei $f = x^n + \sum_{i=0}^{n-1} a_i x^i$. Mit

$$d = \operatorname{Max}\{1, |a_0| + \ldots + |a_{n-1}|\}$$

gilt für $|c| > d$, $c \in K$, die Abschätzung

$$\left|\sum_{\nu=1}^{n} a_{n-\nu} c^{-\nu}\right| < \sum_{\nu=1}^{n} |a_{n-\nu}| d^{-\nu} \leqslant \sum_{\nu=1}^{n} |a_{n-\nu}| d^{-1} \leqslant 1 .$$

Also ist $1 + \sum_{\nu=1}^{n} a_{n-\nu} c^{-\nu} > 0$ für $|c| > d$, und damit ist $f(c) = c^n \left(1 + \sum_{\nu=1}^{n} a_{n-\nu} c^{-\nu}\right)$ für ein $c \in K$ mit $c < -d$ negativ und für ein $c \in K$ mit $c > d$ positiv. Nach Lemma 4 gibt es daher eine Fortsetzung der Anordnung von K auf $K(\alpha)$. □

(Eine Untersuchung — und einheitliche Darstellung bekannter Ergebnisse — über die Fortsetzungsmöglichkeit der Anordnung eines Körpers auf endliche Erweiterungen findet man in Ware 1975.) Mit den Lemmata 5 und 6 erhält man für einen reell abgeschlossenen Körper:

Lemma 7. *In einem reell abgeschlossenen Körper K hat jedes positive Element eine Quadratwurzel in K und jedes Polynom ungeraden Grades mit Koeffizienten aus K eine Nullstelle in K.*

Also besteht der Positivbereich eines reell abgeschlossenen Körpers K gerade aus den Quadraten der von 0 verschiedenen Elemente von K. Folglich gilt:

Satz 8. *Ein reell abgeschlossener Körper läßt sich auf genau eine Weise anordnen.*

Wir können nun eine Verschärfung der Aussage des Satzes 3 beweisen:

Satz 9. *Ein angeordneter Körper K hat einen reellen Abschluß, dessen Anordnung eine Fortsetzung der Anordnung von K ist.*

Beweis.
Es sei A ein algebraischer Abschluß von K und L der kleinste Unterkörper von A, der alle Quadratwurzeln aus positiven Elementen von K enthält. Also ist $L = K(S)$ mit $S = \{\gamma \in A \colon \underset{0 < c \in K}{\exists} \gamma^2 = c\}$. Wir nehmen an, daß sich die Anordnung von K nicht zu einer Anordnung von L fortsetzen läßt. Dann gibt es nach Lemma 1 positive Elemente

$p_1, \dots, p_n \in K$ und von 0 verschiedene Elemente $x_1, \dots, x_n \in L$, so daß gilt: $\sum_{i=1}^{n} p_i x_i^2 = 0$. Weil $[K(x_1, \dots, x_n):K]$ endlich ist, existieren endlich viele $\gamma_1, \dots, \gamma_r \in S$ mit $K(x_1, \dots, x_n) \subseteq K(\gamma_1, \dots, \gamma_r)$. Nach Lemma 5 läßt sich die Anordnung von K zu einer Anordnung von $K(\gamma_1, \dots, \gamma_r)$ fortsetzen, also auch zu einer Anordnung von $K(x_1, \dots, x_n)$. Das steht aber wegen Lemma 1 im Widerspruch zu $\sum_{i=1}^{n} p_i x_i^2 = 0$. Also gibt es eine Fortsetzung der Anordnung von K auf L. Zu L gibt es, wie im Beweis von Satz 3 gezeigt wurde, einen reellen Abschluß $\bar{K}$, der Unterkörper von A ist. $\bar{K}$ ist algebraisch über K und damit ein reeller Abschluß von K. Als reell abgeschlossener Körper hat $\bar{K}$ genau eine Anordnung und zwar die mit dem Positivbereich $P = \{c^2: c \in \bar{K}\}$. Weil jedes bezüglich der vorgegebenen Anordnung P_K von K positive Element aus K Quadrat eines Elementes aus $L \subseteq \bar{K}$ ist, ist $P_K \subseteq P$ und folglich die Anordnung von $\bar{K}$ eine Fortsetzung der Anordnung von K. □

Da der Positivbereich eines reell abgeschlossenen Körpers K gerade die Menge der Quadrate von Elementen aus K ist, erhält man für die Isomorphismen zwischen reell abgeschlossenen Körpern:

Satz 10. *Jeder Isomorphismus zwischen zwei reell abgeschlossenen Körpern ist ordnungstreu.*

Wir wollen nun den Zusammenhang zwischen reell abgeschlossenen und algebraisch abgeschlossenen Körpern untersuchen.

Satz 11. *Für einen angeordneten Körper K sind die folgenden drei Eigenschaften äquivalent:*

(a) *$K(i)$ ist algebraisch abgeschlossen (mit i ist eine Nullstelle von $x^2 + 1 = 0$ bezeichnet).*

(b) *K ist reell abgeschlossen.*

(c) *Jedes positive Element von K ist ein Quadrat, jedes Polynom ungeraden Grades mit Koeffizienten aus K hat eine Nullstelle in K.*

Beweis.

(a) ⇒ (b): Eine algebraische Erweiterung L über K ist bis auf K-Isomorphie ein Unterkörper des algebraisch abgeschlossenen Körpers $K(i)$. Also ist $[L:K]$ ein Teiler von 2 und damit $L = K$ oder $L = K(i)$. Folglich ist $K(i)$ (bis auf K-Isomorphie) die einzige echte algebraische Erweiterung von K, und diese ist wegen $1^2 + i^2 = 0$ nicht formal reell. Also ist K reell abgeschlossen.

(b) ⇒ (c) ist die Aussage des Lemmas 7.

(c) ⇒ (a): Wir zeigen zunächst, daß jedes Polynom 2. Grades mit Koeffizienten aus $K(i)$ eine Nullstelle in $K(i)$ hat. Wegen $x^2 + \alpha_1 x + \alpha_0 = \left(x + \frac{\alpha_1}{2}\right)^2 + \alpha_0 - \frac{\alpha_1^2}{4}$ können wir uns darauf beschränken, in $K(i)$ die Existenz von Quadratwurzeln aus Elementen von $K(i)$ nachzuweisen. Sei also $0 \neq \alpha = a + bi \in K(i)$ mit $a, b \in K$. Wir bezeichnen für $\gamma \in K(i)$ mit $\sqrt{\gamma}$ eine Nullstelle von $x^2 - \gamma$ und für $0 < c \in K$ mit $\sqrt[+]{c}$ die positive Nullstelle von $x^2 - c$. Man bestätigt durch Quadrieren die folgende Identität:

$$\sqrt{a + bi} = \sqrt{\tfrac{1}{2}(a + \sqrt[+]{a^2 + b^2})} + i\sqrt{\tfrac{1}{2}(-a + \sqrt[+]{a^2 + b^2})}\,.$$

Die Elemente $\frac{1}{2}(a + \sqrt[+]{a^2 + b^2})$ und $\frac{1}{2}(-a + \sqrt[+]{a^2 + b^2})$ sind aus K und positiv, folglich haben sie Quadratwurzeln in K, und damit gibt es eine Quadratwurzel von $a + bi$ in $K(i)$. Wir wollen nun nachweisen, daß ein Polynom aus $K(i)[x]$ stets eine Nullstelle in $K(i)$ hat. Man kann sich darauf beschränken, dies für ein Polynom aus $K[x]$ zu zeigen; denn bezeichnet $\bar{f}$ das Bildpolynom von f unter der Konjugation $a + bi \mapsto \overline{a + bi} = a - bi$: $K(i) \to K(i), a, b \in K$, so erhält man wegen $f\bar{f}(\alpha) = f(\alpha)\bar{f}(\alpha)$, daß α oder $\bar{\alpha}$ eine Nullstelle von f ist, falls α eine Nullstelle von $f\bar{f} \in K[x]$ ist.

Sei also $f \in K[x]$ und $\operatorname{grad} f = n = 2^l q$, $2 \nmid q$. Wir zeigen mit vollständiger Induktion nach l, daß f eine Nullstelle in $K(i)$ hat. Für $l = 0$ ist das nach Voraussetzung der Fall. Sei also nun $l \geqslant 1$. Es sei L der Zerfällungskörper von f über K. Dann läßt sich f in $L[x]$ darstellen als $f = a \prod_{i=1}^{n} (x - \alpha_i)$ mit $a \in K$, $\alpha_i \in L$. Für $c \in K$ sei $\beta_{jk} = \alpha_j + \alpha_k - c\alpha_j\alpha_k$, $1 \leqslant j < k$ und $h = \prod_{1 \leqslant j < k \leqslant n} (x - \beta_{jk})$. Das Polynom h hat den Grad $\binom{n}{2} = \frac{n}{2}(n-1) = 2^{l-1} q'$, $2 \nmid q'$. Weil K die Charakteristik 0 hat, ist L separabel über K, also galoissch. Die Koeffizienten von h werden von der Galoisgruppe von L über K festgelassen und liegen deshalb in K. Also ist h ein Polynom vom Grade $2^{l-1} q'$, $2 \nmid q'$, und hat damit nach Induktionsvoraussetzung eine Nullstelle in $K(i)$. Diese Überlegung gilt für jedes $c \in K$. Weil K unendlich viele Elemente enthält, gibt es daher ein Indexpaar j, k und Elemente $c_1, c_2 \in K$ mit $c_1 \neq c_2$, so daß gilt: $\alpha_j + \alpha_k - c_1 \alpha_j \alpha_k \in K(i)$ und $\alpha_j + \alpha_k - c_2 \alpha_j \alpha_k \in K(i)$. Folglich sind $\alpha_j + \alpha_k \in K(i)$ und $\alpha_j \alpha_k \in K(i)$. Als Nullstelle eines Polynoms 2. Grades über $K(i)$ liegt damit α_j oder α_k in $K(i)$. Also hat f eine Nullstelle in $K(i)$. ☐

Als Folgerung aus diesem Satz ergibt sich:

Satz 12. *Sei L ein reell abgeschlossener Erweiterungskörper des Körpers K. Dann ist die Menge A der über K algebraischen Elemente aus L ein reell abgeschlossener Unterkörper von L, also ein reeller Abschluß von K.*

Beweis.
Offensichtlich ist A ein Unterkörper von L. Als reell abgeschlossener Körper trägt L nach Satz 8 genau eine Anordnung; wir versehen A mit der Einschränkung dieser Anordnung. Daß A reell abgeschlossen ist, folgt nun nach der Bedingung (c) von Satz 11; denn ein positives Element aus A hat (wegen der reellen Abgeschlossenheit von L) eine Quadratwurzel in L und weil A in L algebraisch abgeschlossen ist, liegt diese bereits in A; genauso ergibt sich, daß jedes Polynom ungeraden Grades mit Koeffizienten aus A eine Nullstelle in A hat. A ist reell abgeschlossen und algebraisch über K; folglich ist A ein reeller Abschluß von K. ☐

Eine entscheidende Verschärfung des Satzes 11 ist der folgende Satz. Er zeigt, daß man bei der Implikation von (a) nach (b) in Satz 11, nicht die Anordnungsfähigkeit von K vorauszusetzen braucht. (Ein zu Satz 13 verwandtes Ergebnis, für den Sonderfall des algebraischen Abschlusses von $\mathbb{Q}$, ist bereits in Artin 1924 bewiesen.)

Satz 13. *Ein Körper K ist genau dann reell abgeschlossen, wenn K nicht algebraisch abgeschlossen ist und der algebraische Abschluß von K endlichen Grad über K hat.*

Beweis (Leicht 1966).
Sei A der algebraische Abschluß von K.

1. K ist vollkommen. Anderfalls hätte K die Charakteristik p, und es wäre $K^p \subsetneqq K$. Dann gäbe es ein $a \in K \setminus K^p$ und zu diesem ein $\alpha \in A \setminus K$ mit $\alpha^p = a$. Es wäre K ein echter Unterkörper von $K(\alpha) = K_1$. Zu α gäbe es auch kein $\beta \in K_1$ mit $\beta^p = \alpha$; denn sonst wäre (mit der Norm $N = N_{K_1/K}$) $N(\beta)^p = N(\alpha) = (-1)^p(-a) = (-1)^{p+1} a$, und $b = N(\beta)$ wäre ein Element aus K mit $b^p = a$ entgegen $a \in K \setminus K^p$. Also ist K_1 ein echter Unterkörper von $K_1(\beta)$. Wiederholung dieses Schlusses liefert eine echte Kette aufsteigender Zwischenkörper zwischen K und A, was der Endlichkeit des Grades von A über K widerspricht.

2. Es ist also Char $K = 0$ oder Char $K = p$ und $K = K^p$. Als algebraische Erweiterung über K ist somit A separabel und folglich galoissch über K. Sei G die Galoisgruppe von A über K und q ein Primteiler von $|G|$. Dann gibt es nach dem Satz von Cauchy eine Untergruppe U von G der Ordnung q. Sei H Fixkörper von U. Es ist also A über H zyklisch und $[A:H] = q$. Angenommen, es wäre $q = p$. Dann wäre $A = H(\gamma)$ mit γ als Nullstelle eines irreduziblen Polynoms $x^p - x - c \in H[x]$ (s. z.B. Lang S. 215). Die Abbildung $\psi = \xi \mapsto \xi^p - \xi \colon A \to A$ ist surjektiv, nicht aber ihre Einschränkung $\psi \mid H$; denn $x^p - x - c = 0$ hat keine Lösung in H. Für die Spurabbildung $\mathrm{Tr} = \mathrm{Tr}_H^A$ erhält man

$$\begin{aligned}\mathrm{Tr} \circ \psi(\xi) &= \mathrm{Tr}(\xi^p - \xi) = \sum_j (\xi_j^p - \xi_j) = (\sum_j \xi_j)^p - \sum_j \xi_j \\ &= \mathrm{Tr}(\xi)^p - \mathrm{Tr}(\xi) = \psi \mid H \circ \mathrm{Tr}(\xi),\end{aligned}$$

wobei mit ξ_j die Konjugierten von ξ bezeichnet wurden. Also ist $\mathrm{Tr} \circ \psi = \psi \mid H \circ \mathrm{Tr}$. Das ist jedoch unmöglich, weil die Abbildungen Tr und ψ surjektiv sind, während $\psi \mid H$ es nicht ist. Also ist $q \neq p$.

3. Es gibt $q - 1$ primitive q-te Einheitswurzeln; diese sind Nullstellen von $x^{q-1} + x^{q-2} + \ldots + x + 1 \in H[x]$. Weil irreduzible Polynome über H den Grad 1 oder q haben, liegen die q-ten Einheitswurzeln also in H. Somit ist $A = H(\alpha)$, wobei α eine Nullstelle von $x^q - a$ mit $a \in H \setminus H^q$ ist. Weil A algebraisch abgeschlossen ist, gibt es ein $\beta \in A$ mit $\beta^q = \alpha$. Für die Norm $N = N_H^A$ erhält man damit $N(\beta)^q = N(\alpha) = (-1)^{q+1} a$, woraus wegen $N(\beta) \in H$ und $a \notin H^q$ somit $(-1)^{q+1} a \neq a$, also $q = 2$, folgt.

Wäre $i \in H$ mit $i^2 = -1$, so wäre $a = (i \cdot N(\beta))^2 \in H^2$, was ausgeschlossen wurde. Somit ist $i \notin H$ und damit auch $i \notin K$.

Wäre $K(i) \neq A$, so führe man den gesamten bisherigen Beweis für $K(i)$ und A an Stelle von K und A aus und erhielte, wie gerade gezeigt wurde, $i \notin K(i)$, was unmöglich ist. Also ist $K(i) = A$ und $i \notin K$.

4. Um mit Satz 11 den Beweis beenden zu können, haben wir nur noch zu zeigen, daß K formal reell ist. Sei dafür $0 \neq a, b \in K$ und $f = (x^2 - a)^2 + b^2$. Das Polynom f hat die positive und die negative Quadratwurzel aus $a \pm bi$ als Nullstellen, wegen $i \notin K$ kann keine hiervon in K liegen. Also sind die irreduziblen Faktoren von f vom Grade 2. Als konstantes Glied eines solchen irreduziblen Faktors kommt $\sqrt{a^2 + b^2}$ oder $\pm (a \pm bi)$ infrage, wegen $i \notin K$ also nur $\sqrt{a^2 + b^2}$. Dann ist $\sqrt{a^2 + b^2} \in K$ und folglich $a^2 + b^2 = c^2$ mit $c \in K$. Durch vollständige Induktion erhält man, daß die Summe von Quadraten aus K wieder ein Quadrat in K ist. Weil -1 kein Quadrat in K ist, ist damit eine Summe von Quadraten aus K stets ungleich -1, also K formal reell. $\square$

Der hier dargestellte Beweis von Leicht des Satzes 13 ist einfacher und kürzer als der ursprüngliche von Artin und Schreier. Er vermeidet die Theorie der Kreisteilungskörper.

Wir haben in Satz 9 gezeigt, daß jeder angeordnete Körper K einen reellen Abschluß hat, dessen Anordnung eine Fortsetzung der Anordnung von K ist. Wir haben aber noch nicht gezeigt, daß ein solcher reeller Abschluß bis auf ordnungstreue K-Isomorphie eindeutig bestimmt ist. Der von Artin und Schreier geführte Beweis hierfür verwendet den Sturmschen Satz. Es gibt inzwischen zwei neue Beweise, in denen der Sturmsche Satz nicht gebraucht wird: Der eine von Gross und Hafner 1969 wird unter Anwendung des Weierstraßschen Nullstellensatzes (Satz 14) geführt, und der andere von Knebusch 1972 (und in vereinfachter Darstellung von Becker-Spitzlay 1975) verwendet Schlüsse über quadratische Formen. Wir bringen den Beweis von Gross und Hafner 1969. Zunächst haben wir dafür einige einfache Sätze zu beweisen, die wegen ihrer Analogie zu gewissen Sätzen der Analysis gleichlautende Namen wie diese tragen.

Satz 14 (*Weierstraßscher Nullstellensatz*). *Sei K ein reell abgeschlossener Körper, $f \in K[x]$, und seien a, b Elemente aus K mit $f(a) < 0 < f(b)$. Dann gibt es zwischen a und b ein Element $c \in K$ mit $f(c) = 0$.*

Beweis.
Nach Satz 11 ist $K(i)$ mit $i^2 = -1$ algebraisch abgeschlossen, und es ist $i \notin K$. Damit haben irreduzible Polynome über K den Grad 1 oder 2. Weil man in K aus positiven Elementen die Quadratwurzel ziehen kann, sind normierte irreduzible Polynome vom Grade 2 aus $K[x]$ von der Form $x^2 + bx + c$ mit $b^2 - 4c < 0$, $b, c \in K$. Wegen $x^2 + bx + c = \left(x + \frac{b}{2}\right)^2 + \frac{1}{4}(4c - b^2)$ sind diese, egal welche Elemente aus K man für x einsetzt, stets positiv. f habe in $K[x]$ die Zerlegung $f = \prod_{j=1}^{m} (x - \alpha_j) \cdot g$, wobei $\alpha_j \in K$ und $g \in K[x]$ das Produkt der irreduziblen Faktoren von f vom Grade 2 sei; enthält f nur lineare Faktoren, so sei $g \in K$. Weil nun $g(a)$ wie $g(b)$ positiv sind, während $f(a)f(b) < 0$ ist, gibt es ein $j \in \{1, \ldots, m\}$ mit $(a - \alpha_j)(b - \alpha_j) < 0$. Also liegt α_j zwischen a und b. ▯

Als direkte Folgerung aus diesem Satz erhält man:

Satz 15 (*Zwischenwertsatz*). *Es sei K ein reell abgeschlossener Körper, $f \in K[x]$, und a, b, t seien Elemente aus K mit $f(a) < t < f(b)$. Dann gibt es zwischen a und b ein Element $c \in K$ mit $f(c) = t$.*

Beweis.
Für $g = f - t$ ist $g(a) < 0$ und $g(b) > 0$. Damit existiert nach dem vorhergehenden Satz zwischen a und b ein $c \in K$ mit $g(c) = 0$, also $f(c) = t$. ▯

Für ein Polynom $f = \sum_{j=0}^{n} a_j x^j$ über einem Körper K sei f' die formale Ableitung von f, also $f' = \sum_{j=1}^{n} j a_j x^{j-1}$.

Auch der nächste Satz ist eine Folgerung aus dem Weierstraßschen Nullstellensatz.

Satz 16 (*Satz von Rolle*). *Sei K ein reell abgeschlossener Körper, $f \in K[x]$, und seien $a, b \in K$ zwei aufeinander folgende Nullstellen von f. Dann gibt es zwischen a und b ein Element $c \in K$ mit $f'(c) = 0$.*

Beweis.
Weil $a, b \in K$ Nullstellen von f sind, hat f über K eine Zerlegung der Form $f = (x-a)^l (x-b)^m g$ mit $l, m \in \mathbb{N}$ und $g \in K[x]$, $g(a) \neq 0$, $g(b) \neq 0$. Zwischen a und b hat f und folglich auch g keine Nullstelle, daher ist nach dem Weierstraßschen Nullstellensatz $g(a)g(b) > 0$. Es ist $f' = (x-a)^{l-1}(x-b)^{m-1} h$ mit $h = l(x-b)g + m(x-a)g + (x-a)(x-b)g'$. Wegen $h(a)h(b) < 0$ hat h zwischen a und b eine Nullstelle $c \in K$. Folglich ist $f'(c) = 0$. ▯

Aus Satz 16 erhält man als Folgerung:

Satz 17 (*Mittelwertsatz der Differentialrechnung*). *K sei ein reell abgeschlossener Körper, $f \in K[x]$, und die Elemente a, b mit $a < b$ seien aus K. Dann gibt es zwischen a und b ein Element $c \in K$ mit $\frac{f(b)-f(a)}{b-a} = f'(c)$.*

Beweis.
Man wende den vorhergehenden Satz auf $g = f - f(a) - \frac{f(b)-\mathrm{f}(a)}{b-a}(x-a)$ an. ▯

Der folgende Satz läßt sich als Umkehrung des Weierstraßschen Nullstellensatzes auffassen:

Satz 18. *Der Körper K sei reell abgeschlossen, und das Polynom $f \in K[x]$ habe $c \in K$ als einzige und einfache Nullstelle zwischen $a, b \in K$ mit $a < b$, und es sei $f(a) \neq 0, f(b) \neq 0$. Dann ist $f(a)f(b) < 0$.*

Beweis.
Weil c eine einfache Nullstelle ist, ist $f'(c) \neq 0$. Weiter hat f' nur endlich viele Nullstellen in K. Also gibt es Elemente $e, d \in K$ mit $a < e < c < d < b$, so daß f' zwischen e und d keine Nullstelle hat. Es ist $f(a)f(e) > 0$ und $f(d)f(b) > 0$; denn sonst hätte f nach Satz 14 neben c eine weitere Nullstelle zwischen a und b. Wir nehmen nun an, es wäre $f(a)f(b) > 0$. Dann wäre also auch $f(e)f(d) > 0$. O.B.d.A. können wir $f(e) > 0$ und $f(d) > 0$ voraussetzen. Nach Satz 17 gibt es Elemente $c_1, c_2 \in K$ mit $e < c_1 < c$ und $c < c_2 < d$, für die gilt $f'(c_1) = \frac{f(c)-f(e)}{c-e}$ und $f'(c_2) = \frac{f(d)-f(c)}{d-c}$. Damit wäre $f'(c_1) < 0$ und $f'(c_2) > 0$ und f' hätte nach Satz 14 eine Nullstelle zwischen c_1 und c_2, also auch zwischen e und d, was ausgeschlossen wurde. Folglich ist $f(a)f(b) < 0$. ▯

Wir bringen nun den Beweis von Gross und Hafner für die (im wesentlichen) eindeutige Bestimmtheit des reellen Abschlusses eines angeordneten Körpers. Die entscheidenden Überlegungen stecken in dem folgenden Lemma.

Lemma 19 (Gross und Hafner 1969). *K_1, K_2 seien angeordnete Körper und R_1 bzw. R_2 ihre reellen Abschlüsse. $\sigma\colon K_1 \to K_2$ sei ein o-Isomorphismus. Das Polynom $f \in K_1[x]$ habe eine Nullstelle in R_1. Dann gilt:*

(1) $f^\sigma \in K_2[x]$ *(das Bildpolynom von f unter* σ*) hat eine Nullstelle in* R_2.
(2) *Ist f irreduzibel, so gibt es Nullstellen* $\alpha \in R_1$, $\beta \in R_2$ *von f bzw.* f^σ*, so daß der Isomorphismus* φ: $K_1(\alpha) \to K_2(\beta)$ *mit* $\varphi | K_1 = \sigma$ *und* $\varphi(\alpha) = \beta$ *ordnungstreu ist.*

Beweis.
Die Aussage (2) gilt auch für ein reduzibles Polynom f und ist nur wegen einer übersichtlicheren Beweisform so formuliert. Wir beweisen das Lemma mit vollständiger Induktion nach $n = \operatorname{grad} f$. Für $n = 1$ gilt die Aussage des Lemmas trivialerweise. Sei also nun $n \geqslant 2$ und das Lemma bereits bewiesen für alle Polynome vom Grad $\leqslant n-1$. Wir ziehen daraus einige Folgerungen:

a) Ist h ein Polynom aus $K_1[x]$ vom Grade $\leqslant n-1$ und sind $\alpha_1, \ldots, \alpha_r$ die verschiedenen Nullstellen von h in R_1 und $\beta_1, \ldots, \beta_s$ die verschiedenen Nullstellen von h^σ in R_2, so gilt:

I) $r = s$;
II) es gibt einen o-Isomorphismus: $K_1(\alpha_1, \ldots, \alpha_r) \to K_2(\beta_1, \ldots, \beta_r)$, der σ fortsetzt.

b) f' hat den Grad $n-1$. Nach a) folgt daher, falls $\alpha_1, \ldots, \alpha_r$ die verschiedenen Nullstellen von f' in R_1 sind, daß f'^σ genau r verschiedene Nullstellen in R_2 hat — seien dies $\beta_1, \ldots, \beta_r$ — und daß es einen o-Isomorphismus τ: $\tilde{K}_1 = K_1(\alpha_1, \ldots, \alpha_r) \to \tilde{K}_2 = K_2(\beta_1, \ldots, \beta_r)$ mit $\tau | K_1 = \sigma$ gibt.

c) Es werde nun zusätzlich vorausgesetzt, daß f irreduzibel über K_1 ist und daß f^σ eine Nullstelle in R_2 hat. $\alpha \in R_1$ bzw. $\beta \in R_2$ sei die größte Nullstelle von f bzw. f^σ. $\hat{K}_i$ sei ein Zwischenkörper von $\tilde{K}_i$ und R_i, $i = 1, 2$. In $\hat{K}_1$ sei $S_1 = \{c \in \hat{K}_1 : c \leqslant \alpha\}$ und $D_1 = \{c \in \hat{K}_1 : c > \alpha\}$, analog seien S_2, D_2 in $\hat{K}_2$ durch β bestimmt. Weiter gebe es einen o-Isomorphismus $\varkappa$: $\hat{K}_1 \to \hat{K}_2$, der eine Fortsetzung von τ (und damit von σ) ist.

Dann ist $\varkappa(S_1) = S_2$ und $\varkappa(D_1) = D_2$.

Beweis dieser Teilaussage:

Wir zeigen, daß $\varkappa(D_1) \cap S_2 = \emptyset$ ist; denn dann gilt aus Symmetriegründen auch $\varkappa^{-1}(D_2) \cap S_1 = \emptyset$ und damit $\varkappa(D_1) = D_2$, $\varkappa(S_1) = S_2$. Das Polynom $f \in K_1[x]$ kann als normiert vorausgesetzt werden. Weil α die größte Nullstelle von f in R_1 ist, erhält man aufgrund des Weierstraßschen Nullstellensatzes $f(\zeta) > 0$ für alle $\zeta \in D_1$. Falls f'^σ eine Nullstelle in S_2 hat, so sei γ die größte Nullstelle von f'^σ, die $\leqslant \beta$ ist, andernfalls sei γ irgendein Element aus S_2. Als irreduzibles Polynom hat f^σ nur einfache Nullstellen. Weiter liegen alle Nullstellen von f'^σ in $\hat{K}_2$. Damit gilt bei Berücksichtigung des Satzes von Rolle und des Satzes 18 $f^\sigma(\eta) \leqslant 0$ für alle $\eta \in [\gamma, \beta] \subseteq \hat{K}_2$. Falls es nun ein $\xi' \in D_1$ gibt mit $\varkappa(\xi') \in S_2$, so gibt es auch ein $\xi \in D_1$ mit $\varkappa(\xi) \in [\gamma, \beta]$, nämlich $\xi = \xi'$ oder $\xi = \varkappa^{-1}(\gamma)$. Also erhält man $f(\xi) > 0$ und $f^\sigma(\varkappa(\xi)) \leqslant 0$ im Widerspruch dazu, daß $\varkappa$: $\hat{K}_1 \to \hat{K}_2$ eine ordnungstreue Fortsetzung von τ und σ ist. Die Teilaussage (c) ist damit bewiesen.

Wir kehren zum Induktionsbeweis zurück:

Zu 1): Ist der Grad von f ungerade, so hat f^σ eine Nullstelle in R_2, weil R_2 reell abgeschlossen ist. Ist der Grad von f gerade, so hat f nach Satz 18 mindestens zwei (eventuell zusammenfallende) Nullstellen in R_1, da es ja nach Voraussetzung wenigstens eine Nullstelle in R_1 hat. Dann hat also f' mindestens eine Nullstelle in $\tilde{K}_1$. Es sei θ die größte Nullstelle von f', zu der es eine Nullstelle $\pi \in R_1$ von f mit $\theta \leqslant \pi$ gibt. Wegen $f(\zeta) > 0$ für $\zeta > \pi$ ($f \in K_1[x]$ wird als normiert vorausgesetzt) gilt somit $f(\theta) \leqslant 0$, woraus man wegen $\theta \in \tilde{K}_1$ also $f^\sigma(\tau(\theta)) \leqslant 0$ erhält. Damit ist $f^\sigma(\tau(\theta)) = 0$

oder $f^\sigma(\tau(\theta)) < 0$; im letzteren Falle folgt die Existenz einer Nullstelle von f^σ nach dem Weierstraßschen Nullstellensatz.

Zu 2): Sei nun f irreduzibel über K_1 und α die größte Nullstelle von f in R_1. Nach 1) hat f^σ eine Nullstelle in R_2. Sei β die größte Nullstelle von f^σ in R_2. Im Falle $[\tilde{K}_1(\alpha):\tilde{K}_1] \leqslant n-1$ erhält man nach Induktionsvoraussetzung einen o-Isomorphismus ϱ: $\tilde{K}_1(\alpha) \to \tilde{K}_2(\beta)$ mit $\varrho(\alpha) = \beta$ und $\varrho|\tilde{K}_1 = \tau$. Ist $[\tilde{K}_1(\alpha):\tilde{K}_1] = n$, so ist f auch über $\tilde{K}_1$ irreduzibel, und ϱ: $\tilde{K}_1(\alpha) \to \tilde{K}_2(\beta)$ ist ein Isomorphismus mit $\varrho(\alpha) = \beta$ und $\varrho|\tilde{K}_1 = \tau$. Wäre ϱ nicht ordnungstreu, so gäbe es ein $\omega = \sum_{i=0}^{n-1} a_i \alpha^i \in \tilde{K}_1(\alpha)$ mit $0 < \omega$ und $\varrho(\omega) = \sum_{i=0}^{n-1} \tau(a_i)\beta^i < 0$. Für das Polynom $p = \sum_{i=0}^{n-1} a_i x^i \in \tilde{K}_1[x]$ ist $p(\alpha) > 0$ und $p^\tau(\beta) < 0$. Folglich hat p einen irreduziblen Faktor p_0 mit $p_0(\alpha) > 0$ und $p_0^\tau(\beta) < 0$. Es seien $\delta_1, \ldots, \delta_t$ alle Nullstellen von p_0 in R_1. Nach a) hat p_0^τ dann t Nullstellen in R_2 — seien dies $\varepsilon_1, \ldots, \varepsilon_t$ — und es gibt zu $\hat{K}_1 = \tilde{K}_1(\delta_1, \ldots, \delta_t)$ und $\hat{K}_2 = K_2(\varepsilon_1, \ldots, \varepsilon_t)$ einen o-Isomorphismus $\varkappa$: $\hat{K}_1 \to \hat{K}_2$ mit $\varkappa|\hat{K}_1 = \tau$. Wir bilden S_1, D_1 und S_2, D_2, wie unter c) angegeben, bezüglich α und β. Die Anzahl der Nullstellen von p_0 in D_1 ist aber ungleich der Anzahl der Nullstellen von p_0^τ in D_2; denn hat p_0 einen positiven Koeffizienten der höchsten x-Potenz, so ist wegen $p_o(\alpha) > 0$ die Anzahl der Nullstellen von p_0 in D_1 gerade, während die Anzahl der Nullstellen von p_0^τ in D_2 wegen $p_0^\tau(\beta) < 0$ ungerade ist. Folglich gilt $\varkappa(D_1) \neq D_2$ im Widerspruch zur Folgerung c). Also ist ϱ: $\hat{K}_1 \to \hat{K}_2$ ordnungstreu. ▯

Die eindeutige Bestimmtheit des reellen Abschlusses eines angeordneten Körpers K bis auf ordnungstreue K-Isomorphie ergibt sich aus dem folgenden Satz:

Satz 20. *K_1, K_2 seien angeordnete Körper und R_1, R_2 ihre reellen Abschlüsse. Ein o-Isomorphismus σ: $K_1 \to K_2$ läßt sich zu einem o-Isomorphismus τ: $R_1 \to R_2$ fortsetzen.*

Beweis.
Nach dem Zornschen Lemma gibt es maximale Zwischenkörper L_1, L_2 zwischen K_1, R_1 bzw. K_2, R_2, auf die sich σ ordnungstreu fortsetzen läßt, und nach dem vorhergehenden Lemma können L_1 und L_2 nur maximal sein, wenn $L_1 = R_1$ und $L_2 = R_2$ ist. ▯

In den Sätzen 11 und 13 hatten wir Kriterien für die reelle Abgeschlossenheit eines Körpers gebracht. Der Weierstraßsche Nullstellensatz liefert ein weiteres solches Kriterium. Wir bringen in dem folgenden Satz eine Zusammenstellung von Bedingungen, die mit der Eigenschaft reell abgeschlossen gleichwertig sind:

Satz 21. *Es sei K ein Körper. Die folgenden Eigenschaften sind äquivalent:*

(1) *K ist reell abgeschlossen.*
(2) *K ist ein angeordneter Körper; ist $f \in K[x]$ und sind $a, b \in K$ mit $f(a)f(b) < 0$, so gibt es zwischen a und b ein $c \in K$ mit $f(c) = 0$ (Weierstraßscher Nullstellensatz).*
(3) *K ist ein angeordneter Körper; jedes positive Element aus K ist ein Quadrat, und Polynome ungeraden Grades über K haben eine Nullstelle in K.*
(4) *K ist nicht algebraisch abgeschlossen; aber $K(i)$ mit $i^2 + 1 = 0$ ist algebraisch abgeschlossen.*
(5) *K ist nicht algebraisch abgeschlossen, und die Grade über K irreduzibler Polynome sind 1 und 2.*

(6) *K ist nicht algebraisch abgeschlossen, und die Grade der über K irreduziblen Polynome sind beschränkt.*

(7) *K ist nicht algebraisch abgeschlossen, und der algebraische Abschluß von K hat endlichen Grad über K.*

(8) *Jede endliche Teilmenge von K ist in einem reell abgeschlossenen Unterkörper von K enthalten.*

Beweis.

In Anbetracht der Sätze 11 und 13 sind innerhalb der Kette von Implikationen (1) ⇒ (2) ⇒ (3) ⇒ (1) ⇒ (4) ⇒ (5) ⇒ (6) ⇒ (7) ⇒ (1) ⇒ (8) ⇒ (5) nur die folgenden zu beweisen:

(1) ⇒ (2): Nach Satz 14.

(2) ⇒ (3): Aus dem Weierstraßschen Nullstellensatz folgt der Zwischenwertsatz (Satz 15). Mit diesem beweist man (3).

(6) ⇒ (7) (Baer 1970): Zunächst ist K vollkommen; denn sonst hätte K die Charakteristik p und es gäbe ein $a \in K \setminus K^p$, und alle Polynome der Form $x^{p^i} - a$, $i \in \mathbb{N}$, wären irreduzibel über K (vgl. van der Waerden, Algebra I, S. 179), was wegen (6) nicht möglich ist. Jede algebraische Erweiterung von K ist also separabel, und damit ist jede endliche Erweiterung von K einfach. Die Grade der über K endlichen Erweiterungen sind folglich beschränkt. Daher gibt es eine endliche Erweiterung M maximalen Grades über K. Sei A ein algebraischer Abschluß von M. Ist $a \in A$, so ist $M(a)$ algebraisch und endlich über M, also auch über K, und wegen der Maximalität von M ist somit $a \in M$. Folglich ist M algebraisch abgeschlossen.

(8) ⇒ (5): $x^2 + 1 = 0$ hat in keinem reell abgeschlossenen Körper eine Lösung und hat deshalb keine Lösung in K. Also ist K nicht algebraisch abgeschlossen. Sei f ein über K irreduzibles Polynom. Die Koeffizienten von f liegen in einer endlichen Teilmenge von K und damit in einem reell abgeschlossenen Unterkörper U von K. Als irreduzibles Polynom aus $U[x]$ hat f einen Grad $\leqslant 2$. ▯

Wir verweisen zum Abschluß dieses Paragraphen auf Arbeiten, die sich mit Verallgemeinerungen der Artin-Schreier Theorie oder eng mit diesem Gebiet zusammenhängenden Fragen befassen:

Eine Übertragung des Begriffes „formal reell" auf Schiefkörper ist in Szele 1952 dargestellt und in Fuchs 1958 (oder s. auch Fuchs 1966, S. 175) eine entsprechende Formulierung für nicht notwendig assoziative Ringe. Eine Verallgemeinerung des Satzes 13 für Divisionsringe, nämlich die Charakterisierung der Divisionsringe mit endlichem (Links-)Rang über einem reell abgeschlossenen Unterkörper ist von Gerstenhaber und Yang 1960 bewiesen.

In Knebusch-Rosenberg-Ware 1973 und in Knebusch 1975a sind die wesentlichen Aussagen der Artin-Schreier Theorie auf semilokale Ringe übertragen, und in Knebusch 1975b, 1976 wird ein dem reellen Abschluß entsprechender Begriff für kommutative Ringe untersucht.

Verwandte Begriffe und Sätze zu denen für reell abgeschlossene Körper leitet Becker 1974 für Euklidische Körper her (Man vgl. hierzu auch Diller-Dress 1965, Whaples 1957) und Ribenboim 1967 unter Betrachtung des Negativbereichs für Körper. Eine interessante Weiterführung der Artin-Schreier Theorie sind Beckers Ordnungen von höherer Stufe (Becker 1978, 1979). Kochen 1967 entwickelt in Analogie zur Theorie der formal reellen und reell abgeschlossenen Körper eine Theorie für formal p-adische und p-adisch abgeschlossene Körper; mit dieser Theorie wie auch mit weiterführenden Fragen befassen sich Basarab 1980, Jarden-Roquette 1980, Roquette 1971, 1973, 1977, 1978 und Transier 1977, 1981. In Bredihin-Eršov-Kal'nei 1970 werden mit der Artin-Schreier Theorie verwandte Ergebnisse für Körper mit zwei Anordnungen hergeleitet.

In Baer 1970b wird die Automorphismengruppe algebraisch abgeschlossener Körper der Charakteristik 0 untersucht (s. hierzu auch Dieudonné 1974).

Auf die Vervollständigung reell abgeschlossener Körper und in diesen Fragenkreis gehörende Literatur gehen wir in III, § 1 ein.

§ 3 Archimedische Anordnung

Ein angeordneter Ring $(R, +, \cdot)$ heißt *archimedisch*, wenn $(R, +)$ bezüglich der Anordnung von R eine archimedische Gruppe ist. Für archimedische Ringe erhalten wir völlig analoge Ergebnisse wie für archimedische Gruppen. (Man vgl. die folgenden Sätze mit den Sätzen 1 bis 4 aus Kap. I, § 3.) Das wichtigste Ergebnis dieses Paragraphen ist Satz 3, in dem gezeigt wird, daß ein archimedischer Ring einem Unterring des Körpers der reellen Zahlen o-isomorph ist.

Weil ein archimedischer Ring R bez. der Addition eine archimedische Gruppe ist, ist ein archimedischer Ring (nach Satz 1, § 1) ohne echte konvexe Unterringe. Wir zeigen, daß, falls R ein Einselement e enthält, auch die Umkehrung dieser Aussage gilt: Ist $0 < a$ ein Element aus R, zu dem es ein $k \in \mathbb{N}$ mit $a \leqslant ke$ gibt, so bildet die Menge $U(a) = \{r \in R\colon \underset{n \in \mathbb{N}}{\exists}\ |r| < n \cdot a\}$ einen konvexen Unterring R; denn $U(a)$ ist konvexe Untergruppe von $(R, +)$ und für $r, s \in U(a)$ mit $|r| < n \cdot a$, $|s| < m \cdot a$ ist $|rs| < n \cdot am \cdot a \leqslant n \cdot am \cdot k \cdot e = nmk \cdot a$ und daher $rs \in U(a)$. Es seien nun a, b Elemente aus R mit $0 < a < b$. Falls zu a ein $k \in \mathbb{N}$ mit $a \leqslant k \cdot e$ existiert, ist $U(a)$ ein konvexer Unterring $\neq \{0\}$ von R; also ist dann $U(a) = R$, und damit gibt es zu b ein $n \in \mathbb{N}$ mit $b < n \cdot a$. Ist dagegen $k \cdot e < a$ für alle $k \in \mathbb{N}$, so ist $U(e)$ ein von $\{0\}$ und R verschiedener konvexer Unterring von R, was aufgrund von unserer Voraussetzung nicht gelten kann.

Wir erhalten somit:

Satz 1. *Ein angeordneter Ring R mit Einselement ist genau dann archimedisch, wenn R keinen konvexen Unterring außer* 0 *und sich selbst hat.*

Der Kern eines ordnungstreuen Ringhomomorphismus ist ein konvexes Ideal; also gilt:

Satz 2. *Ein o-Epimorphismus eines archimedischen Ringes ist die Abbildung auf* $\{0\}$ *oder ein o-Isomorphismus.*

Der folgende Satz ist eine Übertragung des Hölderschen Satzes (Satz 4, § 3, I) auf Ringe, er wurde zunächst für archimedische Schiefkörper in Hilbert 1899 bewiesen.

Satz 3 (Pickert 1951, Hion 1954, Tallini 1955). *Ein archimedischer Ring ist kommutativ und assoziativ und einem eindeutig bestimmten Unterring des Körpers der reellen Zahlen o-isomorph.**)

Beweis.
Die additive Gruppe des archimedischen Ringes R ist nach Satz 4, § 3, I einer Untergruppe von $\mathbb{R}$ o-isomorph. Wir fassen deshalb R bezüglich der Addition als Untergruppe von $\mathbb{R}$ auf. Mit $\circ$ sei die Multiplikation in unserem Ring R bezeichnet und mit $\cdot$ die Multiplikation im Körper der reellen Zahlen. Für $0 \leqslant a \in R$ ist die Abbildung $x \mapsto x \circ a$: $R \to R$ ein o-Homomorphismus bezüglich der Addition; folglich gibt es nach Satz 5, § 3, I eine nichtnegative reelle Zahl r_a mit $x \circ a = x \cdot r_a$ für alle $x \in R$. Für $0 > a \in R$ betrachtet man den o-Monomorphismus: $x \mapsto x \circ a \mapsto -x \circ a$: $R \to R$ und erhält damit für $a < 0$ eine negative reelle Zahl r_a mit $x \circ a = x \cdot r_a$ für alle $x \in R$. Wir zeigen nun, daß die Abbildung $a \mapsto r_a$: $R \to \mathbb{R}$ ein o-Monomorphismus bezüglich der Addition wie Multiplikation ist: Wegen $x \circ (a + b) = x \cdot r_{a+b} = x \circ a + x \circ b = x \cdot r_a + x \cdot r_b = x \cdot (r_a + r_b)$ für alle $x \in R$ ist $r_{a+b} = r_a + r_b$. Also ist $a \mapsto r_a$: $R \to \mathbb{R}$ ein o-Homomorphismus, und damit gibt es nach Satz 5, § 3, I eine nichtnegative reelle Zahl s mit $r_a = a \cdot s$ für alle $a \in R$. Weil $r_a = 0$ nur für $a = 0$ gilt, ist $s \neq 0$. Es ist $x \circ a = x \cdot r_a = x \cdot a \cdot s$ für alle $x \in R$, und damit gilt $x \circ (a \circ b) = x \cdot r_{a \circ b} = x \cdot (a \circ b) \cdot s = x \cdot (a \cdot b \cdot s) \cdot s = x \cdot r_a \cdot r_b$, also $x \cdot r_{a \circ b} = x \cdot r_a \cdot r_b$ für alle $x \in R$; folglich ist $r_{a \circ b} = r_a \cdot r_b$. Also ist $a \mapsto r_a$: $R \to \mathbb{R}$ ein o-Monomorphismus. Daß der zu R o-isomorphe Unterring von $\mathbb{R}$ eindeutig bestimmt ist, ergibt sich aus dem folgenden Lemma. □

Lemma 4. *A, B seien Unterringe von $\mathbb{R}$ und φ: $A \to B$ ein o-Isomorphismus. Dann ist $A = B$ und $\varphi = \mathrm{id}$.*

Beweis.
Nach Satz 5, § 3, I gibt es eine positive reelle Zahl r mit $\varphi(a) = ar$ für alle $a \in A$. Für $a_1, a_2 \in A \neq \{0\}$ folgt damit $\varphi(a_1)\varphi(a_2) = a_1 r a_2 r = a_1 a_2 r^2 = \varphi(a_1 a_2) = a_1 a_2 r$; also ist $r = 1$ und daher $\varphi = \mathrm{id}$, $B = A$. □

---

*) Wir bringen hier den Beweis von Hion. Es gibt verschiedene Verallgemeinerungen des Satzes 3: In Pickert 1955 ist bewiesen, daß ein archimedischer Quasikörper (von den Verknüpfungsgesetzen eines Schiefkörpers können ein Distributivgesetz und die Assoziativität der Multiplikation fehlen) einem Unterkörper von $\mathbb{R}$ o-isomorph ist; wir gehen darauf im Zusammenhang mit archimedisch angeordneten projektiven Ebenen in Kapitel V ein. Hofmann 1959 hat archimedisch angeordnete, einseitig distributive Doppelloops (dazu gehören z.B. Quasikörper ohne assoziative und abelsche Addition) untersucht und gezeigt, daß diese im allgemeinen nur bezüglich der Multiplikation einer Untergruppe der multiplikativen Gruppe der reellen Zahlen o-isomorph sind; verlangt man jedoch weiter, daß die Addition einer solchen archimedischen Doppelloop potenzassoziativ ist, so ist sie einem Unterkörper von $\mathbb{R}$ o-isomorph. Von Kerby 1966, 1968 wurden archimedische Fastkörper (den Quasikörpern verwandte Strukturen) untersucht, für die sich wieder ihre o-Isomorphie mit einem Unterkörper von $\mathbb{R}$ zeigen ließ. Wagner 1937 beweist einen Kommutativitätssatz folgender Art: Ein angeordneter assoziativer Ring, der in seinem Zentrum einen Unterkörper der reellen Zahlen enthält, ist kommutativ, falls er eine nichttriviale Polynomidentität erfüllt. Einen einfacheren Beweis dieses Satzes findet man in Albert 1957. In Felgner 1976 wird das Problem von Souslin für angeordnete algebraische Strukturen (Gruppen, Ringe, Fastkörper, reguläre Halbgruppen) untersucht.

Als Folgerung aus diesem Lemma erhält man:

Satz 5. *Ein archimedischer Ring hat nur die identische Abbildung als o-Automorphismus.*

Wie wir gesehen haben, ist ein archimedischer Körper bis auf o-Isomorphie ein Unterkörper von $\mathbb{R}$, und umgekehrt ist natürlich auch jeder Unterkörper von $\mathbb{R}$ archimedisch. Weil der Körper $\mathbb{Q}$ dicht in $\mathbb{R}$ ist, ist damit ein angeordneter Körper genau dann archimedisch, wenn sein Primkörper in ihm dicht ist. Offensichtlich ist ein angeordneter Körper bereits dann archimedisch, wenn er archimedisch über seinem Primkörper ist. Satz 5 besagt, daß die Gruppe der o-Automorphismen eines archimedischen Körpers trivial ist. Wir untersuchen, wie wir durch diese Eigenschaft der o-Automorphismen die Archimedizität eines angeordneten Körpers charakterisieren können.

Lemma 6. *Der angeordnete Körper L sei algebraisch über seinem Unterkörper K. Dann ist L über K archimedisch. Ist also K archimedisch, so auch L.*

Beweis (Pickert 1951).
Genügt $\alpha \in L$ der Gleichung $f(\alpha) = \alpha^m + a_1 \alpha^{m-1} + \ldots + a_m = 0$ mit $a_j \in K$ für $j = 1, \ldots, m$, so sei $c \in K$ derart gewählt, daß $c > 0$ und $c \geqslant 1 - a_j$ für $j = 1, \ldots, m$. Dann ist $\alpha \geqslant c$ unmöglich, da hieraus $a_j \geqslant 1 - \alpha$ und damit

$$f(\alpha) \geqslant \alpha^m + (1 - \alpha)(\alpha^{m-1} + \ldots + 1) = 1$$

folgen würde. Also ist $c > \alpha$ und folglich L archimedisch über K. Ist K archimedisch, so ist K archimedisch über seinem Primkörper; also ist dann auch L archimedisch über seinem Primkörper und somit nach dem zuvor Bemerkten archimedisch.

Der zweite Teil der Behauptung in Lemma 6 ist in Banaschewski 1956 für halbeinfache Algebren über K bewiesen (vgl. hierzu die Bemerkung nach Satz 2, § 4).

Lemma 7 (Baer 1970). *Ist der angeordnete Körper K über seinem Unterkörper U nicht archimedisch, so gibt es einen Zwischenkörper Z mit $U \subset Z \subseteq K$ und einen von* id *verschiedenen, die Elemente aus U fixierenden, ordnungserhaltenden Automorphismus von Z.*

Beweis.
Da K über U nicht archimedisch ist, gibt es ein Element $w \in K$ mit $u < w$ für jedes $u \in U$. Nach Lemma 6 ist w transzendent über U. Also ist $U(w)$ der Körper aller rationalen Funktionen in w mit Koeffizienten aus U, und es gilt $U \subset U(w) = Z \subseteq K$. Es gibt genau einen Automorphismus σ von Z mit $\sigma | U = \mathrm{id}$ und $\sigma(w) = 2w$. Das Element $p = \sum_{i=0}^{n} u_i w^i$ mit $u_n \neq 0$ und $u_i \in U$ ist (wegen $u < w$ für jedes $u \in U$) genau dann positiv, wenn $u_n > 0$ ist, wegen $2^n u_n > 0$ ist dann auch $\sigma(p) > 0$; folglich ist σ ordnungstreu. Also ist σ ein die Elemente aus U fixierender, nichttrivialer o-Automorphismus von Z. □

Mit Satz 5 und Lemma 7 erhalten wir damit: Ein angeordneter Körper K ist genau dann archimedisch, wenn für jeden Unterkörper U von K gilt, daß id der einzige o-Automorphismus von U ist.

Sei nun K ein archimedischer Körper, und seien $a, b \in K$ mit $1 < a < b$. Dann ist $a = 1 + c$ mit $0 < c \in K$, und aufgrund der archimedischen Anordnung von K gibt es ein $n \in \mathbb{N}$ mit $n \cdot c > b$; folglich ist $a^n = (1 + c)^n \geqslant 1 + n \cdot c > b$. Die multiplikative Gruppe der positiven Elemente eines archimedischen Körpers ist also archimedisch. Daß auch die Umkehrung dieser Aussage gilt, zeigt das folgende Lemma.

Lemma 8 (Vaida 1959). *Ist die multiplikative Gruppe der positiven Elemente eines angeordneten Körpers K archimedisch, so ist K ein archimedischer Körper.*

Beweis.
Angenommen, für $0 \leqslant a \in K$ ist $n \cdot a \leqslant 1$ für jedes $n \in \mathbb{N}$. Dann ist $0 < (1 + a)^m \leqslant \left(1 + \frac{1}{m}\right)^m$ für jedes $m \in \mathbb{N}$. Wie im Körper der rationalen Zahlen folgt, daß $\left(1 + \frac{1}{m}\right)^m < 3$ für alle $m \in \mathbb{N}$ ist. Also ist auch $(1 + a)^m < 3$ für alle $m \in \mathbb{N}$, woraus man aufgrund der Archimedizität der multiplikativen Gruppe der positiven Elemente von K somit $1 + a = 1$ und damit $a = 0$ erhält. Folglich ist K archimedisch. ▯

Wir fassen die verschiedenen Charakterisierungsmöglichkeiten der Archimedizität eines angeordneten Körpers zusammen:

Satz 9. *Für einen angeordneten Körper K sind die folgenden Bedingungen äquivalent:*

(1) *K ist archimedisch.*
(2) *Der Primkörper von K ist dicht in K.*
(3) *K ist über seinem Primkörper archimedisch.*
(4) *Die multiplikative Gruppe der positiven Elemente von K ist archimedisch.*
(5) *K ist einem Unterkörper von* $\mathbb{R}$ *o-isomorph.*
(6) *Ist U ein Unterkörper von K, so ist* id *der einzige o-Automorphismus von U.*

Die Exponentialfunktion vermittelt einen o-Isomorphismus der additiven Gruppe des Körpers $\mathbb{R}$ der reellen Zahlen auf die multiplikative Gruppe $\mathbb{R}^{>}$ der positiven Elemente von $\mathbb{R}$. In Verallgemeinerung dieses Zusammenhangs wird in Alling 1962b ein angeordneter Körper K *exponentiell abgeschlossen* genannt, wenn es einen o-Isomorphismus f von der additiven Gruppe von K auf die Gruppe $K^{>}$ der positiven Elemente von K gibt und weiter zu f eine natürliche Zahl n mit $1 + \frac{1}{n} < f(1) < n$; es werden in dieser Arbeit notwendige und andererseits hinreichende Bedingungen angegeben, daß ein angeordneter Körper exponentiell abgeschlossen ist.

§ 4 Grundlagen der Bewertungstheorie

Es sei $(\Gamma, \cdot)$ eine angeordnete abelsche Gruppe und $\bar{\Gamma} = \Gamma \cup \{0\}$ mit $0 < \gamma$ und $0 \cdot \gamma = \gamma \cdot 0 = 0 \cdot 0 = 0$ für alle $\gamma \in \Gamma$. Unter einer *Bewertung* des Körpers K versteht man eine Abbildung v: $K \to \bar{\Gamma}$ mit den folgenden drei Eigenschaften:

(1) $v(a) = 0 \Leftrightarrow a = 0$,
(2) $v(ab) = v(a)\, v(b)$ für alle $a, b \in K$,
(3) $v(a + b) \leqslant \operatorname{Max}\{v(a), v(b)\}$ für alle $a, b \in K$.

Man bestätigt sofort, daß $v(1) = \varepsilon$ ist, wobei mit ε grundsätzlich das neutrale Element von Γ bezeichnet werden soll, und daß $v(-a) = v(a)$ für alle $a \in K$ gilt. v ist also insbesondere eine Bewertung der additiven Gruppe von K (vgl. Kap. I, § 4).

Die Bildgruppe von $K \setminus \{0\}$ unter v heißt die *Wertegruppe* von v. Statt $\bar{\Gamma}$ werden wir im allgemeinen nur die Gruppe Γ für eine Bewertung v: $K \to \bar{\Gamma}$ angeben. Zwei Bewertungen v, v' des Körpers K mit den Wertegruppen Γ bzw. Γ' heißen *äquivalent*, wenn es einen o-Isomorphismus σ: $\Gamma \to \Gamma'$ gibt, so daß das folgende Diagramm kommutiert:

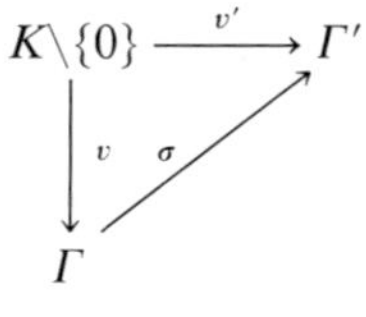

(K, v) und (K', v') seien zwei bewertete Körper mit den Wertegruppen Γ bzw. Γ'. Ein Isomorphismus φ: $K \to K'$ heißt ein *Bewertungsisomorphismus* oder ein *werteerhaltender Isomorphismus*, wenn es einen o-Isomorphismus σ: $\Gamma \to \Gamma'$ gibt, so daß das folgende Diagramm kommutiert:

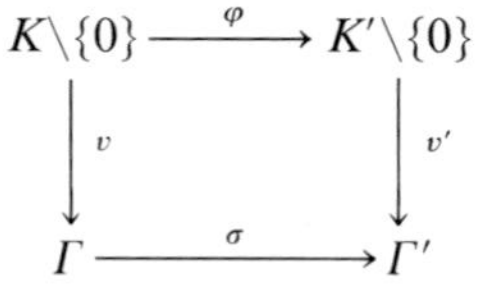

Es sei nun R ein angeordneter Ring und $[R]$ die Menge der archimedischen Klassen (vgl. I, § 4) der additiven Gruppe von R. Durch $[a][b] = [ab]$ ist eine Multiplikation über $[R]$ definiert und durch $[a] < [b] \Leftrightarrow \underset{n \in \mathbb{N}}{\forall}\, n \cdot |a| < |b|$ eine Anordnung über $[R]$ gegeben. Wir nennen ein Gruppoid (vgl. z. B. Kurosch, Vorlesungen über Allgemeine Algebra), über dem eine Anordnung erklärt ist, ein *angeordnetes Gruppoid*, wenn das links- wie rechtsseitige Monotoniegesetz gelten. Die Menge $[R]$ der archimedischen Klassen eines angeordneten Ringes R bildet also ein angeordnetes Gruppoid. Ist R ein Schiefkörper, so bildet $\Gamma = [R] \setminus \{[0]\}$ mit der oben für $[R]$ erklärten Multiplikation und Anordnung eine angeordnete Gruppe; ist R weiter nicht archimedisch, so ist Γ nicht trivial und enthält damit unendlich viele Elemente; ein nicht archimedisch angeordneter Schiefkörper hat also unendlich viele archimedische Klassen. Wir fassen zusammen:

Satz 1. *Die Menge $[R]$ der archimedischen Klassen eines angeordneten Ringes bildet mit der Multiplikation $[a][b] = [ab]$ ein angeordnetes Gruppoid. Ist R ein Schiefkörper, so ist $\Gamma = [R] \setminus \{[0]\}$ eine angeordnete Gruppe.*

Für einen angeordneten Körper ist also die Abbildung $a \mapsto [a]$: $K \to [K]$ eine Bewertung mit der Wertegruppe $\Gamma = [K] \setminus \{[0]\}$; wie im Falle von angeordneten Gruppen heißt diese Bewertung die *natürliche Bewertung*.

Es sei K ein nicht archimedisch angeordneter Schiefkörper. Dann ist also K nicht archimedisch über seinem Primkörper P, und es gibt daher ein $z \in K \setminus P$ mit $[p] < [z]$

für alle $p \in P$. Folglich ist $[1] < [z] < [z^2] < [z^n]$ für alle $3 \leqslant n \in \mathbb{N}$. Damit ist $\{z^n: n \in \mathbb{N}\}$ linear unabhängig über P; denn aus einer Beziehung $\sum_{i=0}^{n} p_i z^i = 0$ mit $p_i \in P$, $0 \neq p_n$ würde nach Lemma 2, § 4, I $[0] = \left[\sum_{i=0}^{n} p_i z^i\right] = [z^n]$ folgen, was nicht möglich ist. Somit gilt:

Satz 2. *Ein nicht archimedisch angeordneter Schiefkörper hat unendlichen Rang über seinem Primkörper.*

Für Körper folgt dieser Satz natürlich sofort aus Lemma 6, § 3. Der hier für Satz 2 gebrachte Beweis ist der im Anschluß an Lemma 6, § 3 erwähnte Beweis von Banaschewski 1956. In Albert 1940 ist ein hiermit verwandter, jedoch allgemeinerer Satz bewiesen: Eine angeordnete assoziative Algebra von endlichem Range über ihrem Zentrum ist ein kommutativer Körper.

K sei ein Unterkörper des bewerteten Körpers (L, v). Die Einschränkung von v auf K ist dann eine Bewertung von K, die wir wieder mit v bezeichnen wollen. Die Wertegruppe Γ_K von K bez. v identifizieren wir mit einer Untergruppe der Wertegruppe Γ_L von L bez. v.

Lemma 3. *Der bewertete Körper (L, v) sei algebraisch über seinem Unterkörper K. Dann ist die Wertegruppe Γ_L von L eine Untergruppe der radizierbaren Hülle der Wertegruppe Γ_K von K.*

Beweis.
Sei $\alpha \in \Gamma_L \setminus \Gamma_K$ und $l \in L$ mit $v(l) = \alpha$. Weil L algebraisch über K ist, genügt l einer Gleichung $\sum_{i=0}^{n} a_i l^i = 0$ mit $a_i \in K$, $0 \neq a_n$. Dann ist $v\left(\sum_{i=0}^{n} a_i l^i\right) = v(0) = 0$. Folglich gibt es nach Lemma 2, § 4, I zwei Indices $i, j \in \{0, \ldots, n\}$, $i < j$, mit $0 \neq v(a_j l^j) = v(a_i l^i)$. Damit ist $v(l)^{j-i} = \frac{v(a_i)}{v(a_j)}$, also $\alpha = v(l)$ ein Element der radizierbaren Hülle von Γ_K. □

Hat eine Bewertung v eines angeordneten Körpers K die Eigenschaft, daß für $a, b \in K$ aus $0 < a < b$ stets $v(a) \leqslant v(b)$ folgt, so nennen wir v *ordnungsverträglich* (oder eine *o-Bewertung*). Wir beschäftigen uns eingehender in den Paragraphen 2 und 3 des Kapitels III mit o-Bewertungen. Die natürliche Bewertung eines angeordneten Körpers ist zum Beispiel eine ordnungsverträgliche Bewertung.

Bewertungen von Körpern lassen sich auch durch spezielle Ringe, die Bewertungsringe, und durch kanonische Abbildungen von diesen, die Stellen, beschreiben. Wir erläutern im folgenden diese Begriffe und ihren Zusammenhang. Man nennt einen Unterring A eines Körpers K einen *Bewertungsring*, wenn für jedes $a \in K$ gilt $a \in A$ oder $a^{-1} \in A$. Ist (K, v) ein bewerteter Körper, so ist $A = \{a \in K: v(a) \leqslant \varepsilon\}$ offensichtlich ein Bewertungsring. Wir zeigen nun, daß man umgekehrt von einem Bewertungsring A eines Körpers K auch zu einer Bewertung von K kommt. Die Menge U der Einheiten von A ist eine Untergruppe der multiplikativen Gruppe K^* von K. Es sei $\Gamma' = K^*/U$. Man überzeugt sich leicht, daß $P(\Gamma') = \{aU \in \Gamma': a^{-1} \in A\} \setminus \{U\}$ ein Positivbereich von Γ' ist. Wir versehen Γ' mit der durch $P(\Gamma')$ gegebenen Anordnung. Dann ist $v = a \mapsto aU: K^* \to \Gamma'$ und $v(0) = 0$ eine Bewertung von K, und es ist $A = \{a \in K: v(a) \leqslant \varepsilon\}$. Die auf diese Weise durch einen Bewertungsring A definierte Bewertung nennen wir die *kanonische Bewertung* zu A. Es sei nun v eine Bewertung des Körpers

K mit der Wertegruppe Γ, weiter $A = \{a \in K\colon v(a) \leqslant \varepsilon\}$ Bewertungsring von K zu v und v' die kanonische Bewertung zu A. Dann ist $v|K^*\colon K^* \to \Gamma$ ein Epimorphismus mit der Gruppe U der Einheiten von A als Kern, und folglich ist $v(a) \mapsto aU\colon \Gamma \to K^*|U$ ein Isomorphismus. Dieser ist ordnungstreu, weil für $a \in K$ aus $v(a) > \varepsilon$ somit $v(a^{-1}) < \varepsilon$, also $a^{-1} \in A$ und damit $aU \in P(K^*/U)$ folgt. Die Bewertungen v und v' sind also äquivalent. Wir haben damit bewiesen:

Satz 4.

1) *Ist v eine Bewertung des Körpers K, so ist $A = \{a \in K\colon v(a) \leqslant \varepsilon\}$ ein Bewertungsring von K.*
2) *Ist A ein Bewertungsring des Körpers K, so gibt es eine Bewertung v von K, so daß A Bewertungsring von K zu v ist, d.h. es ist $A = \{a \in K\colon v(a) \leqslant \varepsilon\}$.*
3) *Zwei Bewertungen des Körpers K sind genau dann äquivalent, wenn sie den gleichen Bewertungsring von K bestimmen.*

Es sei (K, v) ein bewerteter Körper und A ein Bewertungsring von K zu v. Dann ist $M = \{a \in K\colon v(a) < \varepsilon\}$ offensichtlich ein Ideal von A und sogar das einzige maximale; dieses Ideal von A heißt das *Bewertungsideal* von K zu v. Der Körper $K_v = A/M$ heißt *Restklassenkörper* der Bewertung v.

Es sei F ein Körper. Für $F \cup \{\infty\}$ sei $f \pm \infty = \infty$ für alle $f \in F$, weiter $f \cdot \infty = \infty$ für $0 \neq f \in F$ und $\infty \cdot \infty = \infty$, $\frac{1}{0} = \infty$, $\frac{1}{\infty} = 0$. Die Ausdrücke $\infty \pm \infty$, $0 \cdot \infty$, $\frac{0}{0}$ und $\frac{\infty}{\infty}$ sind also nicht definiert. Unter einer *Stelle* λ von einem Körper K in den Körper F versteht man eine Abbildung $\lambda\colon K \to F \cup \{\infty\}$, die bezüglich der Addition und Multiplikation von K ein Homomorphismus ist, sofern die Summe bzw. das Produkt der Bilder unter λ definiert ist. Ist diese Abbildung $\lambda\colon K \to F \cup \{\infty\}$ surjektiv, so heißt auch die Stelle surjektiv. Zwei surjektive *Stellen* $\lambda\colon K \to F \cup \{\infty\}$ und $\lambda'\colon K \to F' \cup \{\infty\}$ nennt man *äquivalent*, wenn es einen Isomorphismus $\sigma\colon F \cup \{\infty\} \to F' \cup \{\infty\}$ mit $\sigma(\infty) = \infty$ gibt, so daß das folgende Diagramm kommutiert:

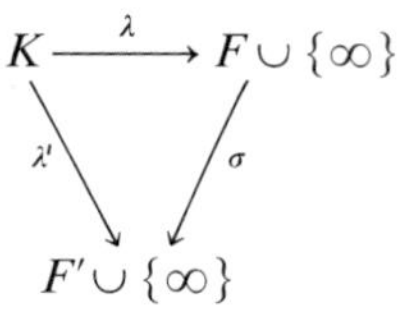

Häufig schreiben wir für eine Stelle $\lambda\colon K \to F \cup \{\infty\}$ auch einfach nur $\lambda\colon K \to F$. Der Zusammenhang zwischen Stellen und Bewertungsringen wird durch den folgenden Satz gegeben:

Satz 5.

1) *Es sei $\lambda\colon K \to F \cup \{\infty\}$ eine Stelle des Körpers K. Dann ist $A = \{a \in K\colon \lambda(a) \in F\}$ ein Bewertungsring von K.*
2) *A sei Bewertungsring des Körpers K, M das maximale Ideal von A und $F' = A/M$. Dann gibt es eine surjektive Stelle $\lambda'\colon K \to F' \cup \{\infty\}$, so daß gilt: $A = \{a \in K\colon \lambda'(a) \in F'\}$, diese Stelle λ' heißt die kanonische Stelle zu A.*

3) *λ: $K \to F \cup \{\infty\}$ sei eine surjektive Stelle des Körpers K, und es sei λ' die kanonische Stelle zu $A = \{a \in K\colon \lambda(a) \in \mathrm{F}\}$. Dann sind λ und λ' äquivalent.*

Beweis.
1) beweist man, indem man für $c \in K \backslash A$ zeigt, daß dann $c^{-1} \in A$ ist.

Zu 2): Sei π der kanonische Epimorphismus: $A \to F'$. Dann ist durch $\lambda' \mid A = \pi$ und $\lambda'(c) = \infty$ für $c \in K \backslash A$ eine surjektive Stelle von K mit $A = \{a \in K\colon \lambda'(a) \in F'\}$ definiert.

Zu 3): Der Epimorphismus $\lambda \mid A$: $A \to F$ hat das maximale Ideal M von A als Kern. Folglich ist F zu $F' = A/M$ isomorph, und damit ist λ zur Stelle λ': $K \to F'$ äquivalent. □

Die Ordnungsverträglichkeit einer Bewertung läßt sich als Eigenschaft des Bewertungsringes bzw. der kanonischen Stelle folgendermaßen beschreiben:

Satz 6. *v sei eine Bewertung des angeordneten Körpers K. Dann sind die folgenden Aussagen äquivalent:*

(1) *v ist ordnungsverträglich.*
(2) *Das Bewertungsideal M zu v ist in K konvex.*
(3) *Der Bewertungsring A zu v ist in K konvex.*
(4) *Die kanonische Stelle λ: $A \to K_v$ ist ordnungstreu.*

Beweis.
Aus (1) folgt offensichtlich (2).

(2) ⇒ (3): Für $x \in K$ und $a \in A \backslash M$ gelte $0 < x < a$. *Aus* $x \notin A$ folgt $x^{-1} \in M$, wegen $a^{-1} < x^{-1}$ erhielte man damit $a^{-1} \in M$ im Widerspruch zu $a \in A \backslash M$; also ist $x \in A$.

(3) ⇒ (1): Aus $0 < x < a$ in K ergibt sich $a^{-1}x < 1$ in A, wegen (3) folglich $v(a^{-1}x) \leqslant \varepsilon$ und somit $v(x) \leqslant v(\mathrm{a})$.

Die Aussagen (1), (2) und (3) sind also äquivalent.

(1) ⇒ (4): Ist v ordnungsverträglich, so ist M konvex in K, also auch in A. Nach Satz 4, § 1 ist somit λ: $A \to A/M$ bezüglich der induzierten Anordnung ordnungstreu.

(4) ⇒ (2): Aus der Ordnungstreue von λ erhält man nach Satz 4, § 1, daß M konvex in A ist. Wegen $1 \in A \backslash M$ gilt damit $m < 1$ für jedes $m \in M$. Für $k \in K$ und $0 < k \leqslant m \in M$ ist daher $k \leqslant m < 1$, also $k < 1$. Wäre $k \notin A$, so wäre $k^{-1} \in M$, was wegen $k^{-1} > 1$ nicht möglich ist. Also ist $k \in A$ und aufgrund der Konvexität von M in A somit $k \in M$. Folglich ist M konvex in K. □

Bewertete und angeordnete Körper tragen auf natürliche Weise eine Topologie. Wir wollen diese Topologien kurz beschreiben. Ist $(G, +)$ eine angeordnete Gruppe, so ist durch die offenen Intervalle $]a, b[$ mit $a, b \in G$ als Basis eine Topologie, die *Ordnungstopologie*, auf G gegeben. Diese Topologie ist hausdorffsch, und G ist bezüglich dieser Topologie eine topologische Gruppe. (Als Literatur über die Ordnungstopologie angeordneter Gruppen verweisen wir auf Kokorin-Kopytov 1974, Salzmann 1973, weiter auf Baer 1929, Cohen-Goffman 1949 und ferner auf die von uns im Zusammenhang mit der Vervollständigung von Gruppen in Kap. III, § 4 genannte Literatur. In Zelinsky 1948b ist bewiesen, daß eine angeordnete Loop bez. der Ordnungstopologie eine topologische Loop ist; man vgl. hierzu auch Iséki 1951a.) Ist R ein angeordneter Ring, so ist R mit der eben erklärten Ordnungstopologie für $(R, +)$ im allgemeinen kein topologischer Ring, wie das folgende Beispiel zeigt: Wir betrachten den Polynomring $\mathbb{Q}[x]$ über $\mathbb{Q}$. Ein Polynom $0 \neq f \in \mathbb{Q}[x]$ sei positiv, falls der Koeffizient der höchsten x-Potenz von f positiv ist. $\mathbb{Q}[x]$ ist mit dieser Anordnung ein nicht archimedisch angeordneter Ring, weil $n \cdot 1 < x$ ist für alle $n \in \mathbb{N}$. Wir zeigen, daß bezüglich der Ordnungstopologie die Abbildung $f \mapsto xf$: $\mathbb{Q}[x] \to \mathbb{Q}[x]$ nicht stetig ist. Für $f = 0$ ist $xf = 0$. Weil aber für jedes $0 \neq f \in \mathbb{Q}[x]$ die archimedische Klasse $[xf] = [x][f] \geqslant [x] > [1]$ ist, gibt es in $\mathbb{Q}[x]$ keine Umgebung der Null, so daß alle Elemente aus dieser in die Nullumgebung $]-1, 1[$ abgebildet werden. $\mathbb{Q}[x]$ ist bezüglich der Ordnungstopologie also nur eine topologische Gruppe und kein topologischer Ring. Im Falle eines angeordneten Schiefkörpers K liefert die Ordnungstopologie von $(K, +)$ jedoch einen topologischen Schiefkörper. Mit dem Umgebungssystem der Null als Nachbarschaften trägt ein angeordneter Schiefkörper oder eine angeordnete, abelsche Gruppe somit eine uniforme Struktur, welche als Topologie gerade die Ordnungstopologie liefert. Auf die uniforme Struktur angeordneter, nicht abelscher Gruppen gehen wir in Kapitel III, § 4 ein. Es sei nun (G, v) eine nicht trivial bewertete, abelsche Gruppe mit der Wertemenge $\Gamma \cup \{0\}$, wobei mit 0 das kleinste Element von $\Gamma \cup \{0\}$ bezeichnet sei („nicht trivial bewertet" heißt $\Gamma \neq \emptyset$, also $G \neq \{0\}$). Die Menge der $V_\gamma = \{c \in G: v(c) < \gamma\}$ mit $\gamma \in \Gamma$ bildet eine Umgebungsbasis der Null, und G ist mit der hierdurch gegebenen uniformen Struktur eine topologische Gruppe. Ein bewerteter Körper (K, v) mit der Wertegruppe Γ ist mit der durch v für seine additive Gruppe gegebenen Topologie ein topologischer Körper. Die durch eine nichttriviale Bewertung einer abelschen Gruppe gegebene Topologie nennt man *Bewertungstopologie*. Man bestätigt leicht das folgende Lemma:

Lemma 7. *$\Gamma \cup \{0\}$ sei die Wertemenge einer nichttrivial bewerteten abelschen Gruppe (G, v), und die Teilmenge $\Delta \subseteq \Gamma$ sei in Γ koinitial. Für $\gamma \in \Gamma$ sei $V_\gamma = \{g \in G: v(g) < \gamma\}$. Dann bildet die Menge der V_γ mit $\gamma \in \Delta$ eine Nullumgebungsbasis der Bewertungstopologie von G. Die durch $\{V_\gamma: \gamma \in \Gamma\}$ bzw. $\{V_\gamma: \gamma \in \Delta\}$ gegebenen Nachbarschaftsbasen bestimmen die gleiche uniforme Struktur auf G.*

Für einen bewerteten Körper oder eine bewertete, abelsche Gruppe beziehen sich die Begriffe Cauchyfilter, Konvergenz oder Limes stets auf die zur Bewertungstopologie gehörende uniforme Struktur. Äquivalente Bewertungen definieren offenbar dieselbe Topologie. Im Falle eines nicht archimedisch angeordneten Körpers K stimmt die Ordnungstopologie dieses Körpers mit der durch die natürliche Bewertung gegebenen überein, und wir werden in § 2, Kap. III sehen, daß man diese Topologie durch jede ordnungsverträgliche Bewertung von K erhält. Wir gehen hier nicht auf die Frage ein, wann die Topologie eines Körpers bzw. Schiefkörpers durch eine Bewertung induziert ist. Antworten auf diese Frage geben die folgenden Arbeiten: Kaplansky 1947, Zelinsky 1948a, Kowalsky-Dürbaum 1953, Fleischer 1953. Als Fortführung dieser Frage sei auf Wieslaw 1974, Weber 1979 und die in diesen Arbeiten angegebene Literatur verwiesen. In Prestel-Ziegler 1978 findet man eine Charakterisierung der durch eine Anordnung eines Körpers induzierten Topologie.

Es sei (G, v) eine nichttrivial bewertete abelsche Gruppe mit der Wertemenge $\Gamma \cup \{0\}$. Eine mit Ordinalzahlen indizierte Folge $(g_\delta)_{\delta < \varrho}$ von Elementen $g_\delta \in G$ heißt *Cauchyfolge*, wenn es zu jedem $\pi \in \Gamma$ ein $\sigma_0 < \varrho$ gibt, so daß $v(g_\sigma - g_\tau) < \pi$ für alle $\sigma, \tau < \varrho$ mit $\sigma, \tau > \sigma_0$ ist. Ein Element $g \in G$ heißt *Limes der Cauchyfolge* $(g_\delta)_{\delta < \varrho}$, falls zu jedem $\pi \in \Gamma$ ein $\sigma_0 < \varrho$ mit $v(g - g_\sigma) < \pi$ für alle $\sigma < \varrho$ mit $\sigma > \sigma_0$ existiert.

Lemma 8. *Die nichttrivial bewertete abelsche Gruppe G ist bezüglich der durch die Bewertungstopologie gegebenen uniformen Struktur genau dann vollständig, wenn jede Cauchyfolge aus G einen Limes in G hat.*

Beweis.

1. Sei G bez. der uniformen Struktur vollständig: Der durch die nichtleeren „Endstücke" einer Cauchyfolge als Basis gegebene Filter ist ein Cauchyfilter und ein Limes dieses Filters ist ein Limes der Cauchyfolge.

2. Jede Cauchyfolge aus G habe einen Limes in G: Sei $\mathfrak{F}$ ein Cauchyfilter auf G. Die Menge $\{\pi_\delta\colon \delta < \varrho\}$ sei antiwohlgeordnet und koinitial in Γ; wir können ihre Elemente also mit Ordinalzahlen indizieren. $\{V_{\pi_\delta}\colon \delta < \varrho\}$ mit $V_{\pi_\delta} = \{g \in G\colon v(g) < \pi_\delta\}$ ist eine Basis der Nullumgebungen und durch $\{D_\delta\colon \delta < \varrho\}$ mit $D_\delta = \{(x, y) \in G \times G\colon x - y \in V_{\pi_\delta}\}$ ist eine Basis der Nachbarschaften auf G gegeben. Weil $\mathfrak{F}$ ein Cauchyfilter ist, gibt es zu jedem $\delta < \varrho$ eine Menge $E_\delta \in \mathfrak{F}$ mit $E_\delta \times E_\delta \subseteq D_\delta$. Für jedes $\delta < \varrho$ wählen wir ein Element $g_\delta \in E_\delta$. Wir zeigen, daß die Folge $(g_\delta)_{\delta<\varrho}$ eine Cauchyfolge ist: Zu $\pi \in G$ bestimme man $\delta_0 < \varrho$ mit $\pi_{\delta_0} \leqslant \pi$. Für $\delta_0 < \sigma < \tau < \varrho$ ist dann $(g_\sigma, g_\tau) \in E_\sigma \times E_\tau$, und für ein Element $h \in E_\sigma \cap E_\tau$ gilt folglich $v(g_\sigma - h) < \pi_\sigma$, $v(h - g_\tau) < \pi_\tau$ und damit $v(g_\sigma - g_\tau) \leqslant \operatorname{Max}\{v(g_\sigma - h), v(h - g_\tau)\} < \pi$. Also ist $(g_\delta)_{\delta<\varrho}$ eine Cauchyfolge. Ein Limes dieser Cauchyfolge ist ein Limes von $\mathfrak{F}$. □

Eine Verallgemeinerung des Begriffs der Konvergenz für bewertete Körper ist der von Ostrowski 1935 eingeführte Begriff der Pseudokonvergenz. Wir bringen einige hierher gehörende Begriffe gleich für bewertete, abelsche Gruppen. Es sei also (G, v) eine bewertete, abelsche Gruppe mit der Wertemenge $\Gamma \cup \{0\}$, wobei mit 0 das kleinste Element von $\Gamma \cup \{0\}$ bezeichnet sei. Wir betrachten eine mit Ordinalzahlen indizierte Folge $(g_\delta)_{\delta<\varrho}$ von Elementen $g_\delta \in G$, wobei ϱ eine Limeszahl $\neq 0$ sei. ϱ heißt die *Länge* der Folge $(g_\delta)_{\delta<\varrho}$. Die Folge $(g_\delta)_{\delta<\varrho}$ wird *pseudokonvergent* genannt, wenn für alle α, β, γ mit $\alpha < \beta < \gamma < \varrho$ gilt, daß $v(g_\gamma - g_\beta) < v(g_\beta - g_\alpha)$ ist.

Lemma 9. *(G, v) sei eine bewertete, abelsche Gruppe und $(g_\delta)_{\delta<\varrho}$ eine pseudokonvergente Folge von Elementen $g_\delta \in G$.*

1) *Dann gilt entweder*

(I) $\forall_{\beta<\gamma<\varrho}\ v(g_\beta) > v(g_\gamma)$ *oder*

(II) $\exists_{\alpha<\varrho}\ \forall_{\alpha\leqslant\beta<\gamma<\varrho}\ v(g_\gamma) = v(g_\beta)$.

2) *Für $\alpha < \beta < \varrho$ ist $v(g_\beta - g_\alpha) = \pi_\alpha$, wobei $v(g_{\alpha+1} - g_\alpha) = \pi_\alpha$ gesetzt wurde. Die Folge $(\pi_\delta)_{\delta<\varrho}$ ist streng monoton fallend.*

Beweis.

Zu 1): Gilt nicht (I), so gibt es $\alpha < \beta < \varrho$ mit $v(g_\alpha) \leqslant v(g_\beta)$. Für alle γ mit $\beta < \gamma < \varrho$ ist dann aber $v(g_\gamma) = v(g_\beta)$, weil man sonst nach Lemma 2, § 4, I $v(g_\gamma - g_\beta) = \operatorname{Max}\{v(g_\gamma), v(g_\beta)\} \geqslant v(g_\beta)$ erhielte, was im Widerspruch zu

$$v(g_\gamma - g_\beta) < v(g_\beta - g_\alpha) \leqslant \operatorname{Max}\{v(g_\beta), v(g_\alpha)\} \leqslant v(g_\beta),$$

also $v(g_\gamma - g_\beta) < v(g_\beta)$, steht.

Zu 2): Für $\beta > \alpha + 1$ ist $v(g_\beta - g_{\alpha+1}) < v(g_{\alpha+1} - g_\alpha)$ und damit (nach Lemma 2, § 4, I)

$$\begin{aligned} v(g_\beta - g_\alpha) &= v(g_\beta - g_{\alpha+1} + g_{\alpha+1} - g_\alpha) \\ &= \operatorname{Max}\{v(g_\beta - g_{\alpha+1}), v(g_{\alpha+1} - g_\alpha)\} = v(g_{\alpha+1} - g_\alpha) = \pi_\alpha. \end{aligned}$$

Daß $(\pi_\delta)_{\delta<\varrho}$ eine streng monoton fallende Folge ist, ergibt sich sofort aus der Pseudokonvergenz der Folge $(g_\delta)_{\delta<\varrho}$. □

Ein Element g aus der bewerteten, abelschen Gruppe (G, v) heißt ein *Pseudolimes* der pseudokonvergenten Folge $(g_\delta)_{\delta<\varrho}$ aus G, wenn $v(g-g_\delta) = v(g_{\delta+1}-g_\delta) = \pi_\delta$ für alle $\delta<\varrho$ gilt. Die Menge $B = \{a \in G\colon v(a) < \pi_\delta$ für alle $\delta < \varrho\}$ nennt man die *Breite* der pseudokonvergenten Folge $(g_\delta)_{\delta<\varrho}$. Sie ist offensichtlich eine Untergruppe von G und im Falle eines bewerteten Körpers ein gebrochenes Ideal des Bewertungsringes. Wir untersuchen in den folgenden beiden Sätzen, wie sich die Pseudokonvergenz in einer bewerteten, abelschen Gruppe G als Konvergenz in gewissen Faktorgruppen von G beschreiben läßt.

Lemma 10. *(G, v) sei eine bewertete, abelsche Gruppe mit der Wertemenge $\Gamma \cup \{0\}$. Dann gilt:*

Ist B eine Breite von G, so ist $\Sigma = v(B\setminus\{0\})$ eine untere Klasse von Γ, weiter ist $\Gamma\setminus\Sigma$ nicht leer und ohne kleinstes Element. Ist umgekehrt Σ eine untere Klasse von Γ, $\Gamma\setminus\Sigma \neq \emptyset$ und $\Gamma\setminus\Sigma$ ohne kleinstes Element, so ist $B = \{g\in G\colon v(g)\in\Sigma\}\cup\{0\}$ eine Breite von G.

Beweis.
1. Sei B eine Breite von G zu der pseudokonvergenten Folge $(g_\delta)_{\delta<\varrho}$ aus G. Dann ist Σ offensichtlich eine untere Klasse von Γ, und weil $\{\pi_\delta\colon \delta<\varrho\}$ mit $\pi_\delta = v(g_\delta - g_{\delta+1})$ koinital in $\Gamma\setminus\Sigma$ und ϱ eine Limeszahl $\neq 0$ ist, ist $\Gamma\setminus\Sigma$ nicht leer und ohne kleinstes Element.

2. Sei nun Σ eine untere Klasse von Γ, weiter $\Gamma\setminus\Sigma\neq\emptyset$ und ohne kleinstes Element. Die Menge $\{\pi_\delta\colon\delta<\varrho\}$ sei antiwohlgeordnet und koinitial in $\Gamma\setminus\Sigma$; wir können ihre Elemente also mit Ordinalzahlen $\delta<\varrho$ indizieren, wobei ϱ eine Limeszahl ist. Zu jedem $\delta<\varrho$ wählen wir ein Element $g_\delta\in G$ mit $v(g_\delta)=\pi_\delta$. Dann ist die Folge $(g_\delta)_{\delta<\varrho}$ pseudokonvergent und für ihre Breite B gilt: $B=\{g\in G\colon v(g)\in\Sigma\}\cup\{0\}$. □

Lemma 11. *(G, v) sei eine bewertete, abelsche Gruppe mit der Wertemenge $\Gamma\cup\{0\}$. Der Koinitialitätstyp ϱ von Γ sei eine Limeszahl $\neq 0$, und $(g_\delta)_{\delta<\varrho}$ sei eine nicht konstante Cauchyfolge in G. Dann enthält $(g_\delta)_{\delta<\varrho}$ eine pseudokonvergente Teilfolge der Breite $\{0\}$.*

Beweis.
Die Menge $\{\pi_\delta\colon \delta<\varrho\}$ sei antiwohlgeordnet und koinitial in Γ. Für $\alpha<\varrho$ sei $T_\alpha = \{g_\xi\colon \xi<\varrho, \underset{\xi<\delta_0<\varrho}{\exists}\ \underset{\delta_0\leqslant\delta<\varrho}{\forall}\ v(g_\xi - g_\delta)<\pi_\alpha\}$. Es ist $T_\beta\subseteq T_\alpha$ für $\alpha<\beta<\varrho$, und zu $\alpha<\varrho$ existiert ein $\delta_\alpha<\varrho$, $\alpha<\delta_\alpha$ mit $T_{\delta_\alpha}\subsetneqq T_\alpha$; denn in T_α gibt es ein $g\neq\lim\limits_{\delta<\varrho} g_\delta$ und damit zu diesem ein T_{δ_α} mit $g\notin T_{\delta_\alpha}$. Wir können deshalb aus der Folge $(T_\delta)_{\delta<\varrho}$ eine bezüglich der Inklusion streng monoton fallende Teilfolge der Länge ϱ auswählen, und setzen deshalb diese Eigenschaft gleich für unsere Folge $(T_\delta)_{\delta<\varrho}$ voraus. Für jedes $\alpha<\varrho$ wählen wir ein $g'_\alpha\in T_\alpha\setminus T_{\alpha+1}$. Wir zeigen, daß die Folge $(g'_\alpha)_{\alpha<\varrho}$ pseudokonvergent ist: Für $\alpha<\beta<\varrho$ sind $g'_\alpha, g'_\beta\in T_\alpha$, und daher gibt es ein $\delta<\varrho$ mit $v(g'_\alpha-g'_\delta)<\pi_\alpha$ und $v(g'_\beta-g'_\delta)<\pi_\alpha$. Folglich ist

$$v(g'_\alpha-g'_\beta) = v(g'_\alpha-g'_\delta+g'_\delta-g'_\beta)\leqslant \operatorname{Max}\{v(g'_\alpha-g'_\delta), v(g'_\beta-g'_\delta)\}<\pi_\alpha.$$

Wegen $g'_\beta\in T_\beta$ existiert ein $\delta_0<\varrho$, so daß $v(g'_\beta-g'_\delta)<\pi_\beta$ für alle $\delta_0\leqslant\delta<\varrho$ ist. Weil $g'_\alpha\notin T_\beta$ ist, gibt es zu δ_0 ein $\delta<\varrho$, $\delta\geqslant\delta_0$ mit $v(g'_\alpha-g'_\delta)\geqslant\pi_\beta$; also existiert ein $\delta<\varrho$

mit $v(g'_\beta - g'_\delta) < \pi_\beta$ und $v(g'_\alpha - g'_\delta) \geqslant \pi_\beta$. Wäre $v(g'_\alpha - g'_\beta) < \pi_\beta$, so wäre für dieses $\delta < \varrho$ jedoch

$$v(g'_\alpha - g_\delta) = v(g'_\alpha - g'_\beta + g'_\beta - g'_\delta) \leqslant \operatorname{Max}\{v(g'_\alpha - g'_\beta), v(g'_\beta - g'_\delta)\} < \pi_\beta,$$

was nicht der Fall ist. Also ist $v(g'_\alpha - g'_\beta) \geqslant \pi_\beta$, und nach dem zuvor Ausgeführten ist $v(g'_\alpha - g'_\beta) < \pi_\alpha$. Für $\alpha < \beta < \gamma < \delta$ gilt damit $v(g'_\beta - g'_\gamma) < \pi_\beta \leqslant v(g'_\alpha - g'_\beta)$; folglich ist $(g'_\delta)_{\delta<\varrho}$ pseudokonvergent. Wegen $v(g'_\alpha - g'_\beta) < \pi_\alpha$ für $\alpha < \beta < \varrho$ ist $\{v(g'_\alpha - g'_{\alpha+1})$: $\alpha < \varrho\}$ koinitial in Γ; also hat $(g'_\alpha)_{\alpha<\varrho}$ die Breite $\{0\}$. □

Satz 12. *(G, v) sei eine abelsche, bewertete Gruppe mit der Wertemenge $\Gamma \cup \{0\}$. Es sei B eine Breite von G und Σ die Wertemenge von $B \backslash \{0\}$ unter v.*

Dann ist durch

$$w(g + B) = \begin{cases} v(g), & \text{falls } g \notin B \\ 0, & \text{sonst} \end{cases}$$

eine Bewertung w auf G/B mit der Wertemenge $\Gamma' \cup \{0\}$, wobei $\Gamma' = \Gamma \backslash \Sigma$, definiert. ($w$ heißt die durch v induzierte Bewertung.) Ist $(g_\delta)_{\delta<\varrho}$ eine pseudokonvergente Folge aus G mit der Breite B, so ist $(g_\delta + B)_{\delta<\varrho}$ eine Cauchyfolge (bez. der durch w gegebenen uniformen Struktur) in G/B. Ist umgekehrt $(g_\delta + B)_{\delta<\varrho}$ eine nicht konstante Cauchyfolge in G/B und ϱ der Koinitialitätstyp von Γ', so enthält die Folge $(g_\delta)_{\delta<\varrho}$ aus G eine pseudokonvergente Teilfolge der Länge ϱ und Breite B. Es ist $g \in G$ genau dann ein Pseudolimes der pseudokonvergenten Folge $(g_\delta)_{\delta<\varrho}$, wenn $g + B \in G/B$ ein Limes von $(g_\delta + B)_{\delta<\varrho}$ ist.

Beweis.
Daß w eine Bewertung von G/B mit der Wertemenge $\Gamma' \cup \{0\}$, $\Gamma' = \Gamma \backslash \Sigma$ ist, ist offensichtlich. Sei nun $(g_\delta)_{\delta<\varrho}$ eine pseudokonvergente Folge aus G mit der Breite B. Dann ist $\{\pi_\delta: \delta < \varrho\}$ mit $\pi_\delta = v(g_\delta - g_{\delta+1})$ koinitial in $\Gamma' = \Gamma \backslash \Sigma$. Zu $\pi \in \Gamma'$ gibt es daher ein $\delta_0 < \varrho$ mit $\pi_{\delta_0} < \pi$; folglich gilt für alle σ, τ mit $\delta_0 < \sigma < \tau < \varrho$, daß $v(g_\sigma - g_\tau) = \pi_\sigma < \pi$ und damit $w(g_\sigma + B - g_\tau + B) = \pi_\sigma < \pi$ ist. Also ist $(g_\delta + B)_{\delta<\varrho}$ eine Cauchyfolge in G/B.

Ist $(g_\delta + B)_{\delta<\varrho}$ eine nicht konstante Cauchyfolge in G/B und ϱ der Koinitialitätstyp von Γ', so enthält nach dem vorhergehenden Lemma die Folge $(g_\delta + B)_{\delta<\varrho}$ eine in G/B (bezüglich der Bewertung w) pseudokonvergente Teilfolge der Breite $\{0\}$. Also ist die Länge dieser Teilfolge ϱ, und wir können sie mit $(g'_\delta + B)_{\delta<\varrho}$ bezeichnen. Weil $(g'_\delta + B)_{\delta<\varrho}$ in G/B pseuokonvergent ist und die Breite $\{0\}$ hat, ist $\{\pi_\delta = w(g'_\delta + B - g'_{\delta+1} + B)$: $\delta < \varrho\}$ koinitial in $\Gamma' = \Gamma \backslash \Sigma$. Wegen $v(g'_\delta - g'_\sigma) = w(g'_\delta - g'_\sigma + B) = \pi_\delta$ für $\delta < \sigma < \varrho$ ist $(g'_\delta)_{\delta<\varrho}$ in G pseudokonvergent und hat die Breite B. Sei nun $g \in G$ ein Pseudolimes der pseudokonvergenten Folge $(g_\delta)_{\delta<\varrho}$ aus G. Dann ist also $v(g - g_\delta) = \pi_\delta$ für alle $\delta < \varrho$ und folglich $w(g + B - g_\delta + B) = \pi_\delta$ für alle $\delta < \varrho$. Weil $\{\pi_\delta: \delta < \varrho\}$ koinitial in $\Gamma' = \Gamma \backslash \Sigma$ ist, gibt es daher zu $\gamma' \in \Gamma'$ ein $\delta_0 < \varrho$, so daß $\pi_{\delta_0} < \gamma'$ und damit $w(g + B - g_\delta + B) < \gamma'$ für alle $\delta_0 < \delta < \varrho$ ist; also ist $g + B$ der Limes der Cauchyfolge $(g_\delta + B)_{\delta<\varrho}$.

Ist umgekehrt $g + B$ der Limes der (zur pseudokonvergenten Folge $(g_\delta)_{\delta<\varrho}$ gehörenden) Cauchyfolge $(g_\delta + B)_{\delta<\varrho}$, so wählen wir zu $\pi_\delta = v(g_{\delta+1} - g_\delta)$ ein $\gamma \in \Gamma \backslash \Sigma$ mit $\gamma < \pi_\delta$. Dann gibt es ein $\sigma_0 < \varrho$, so daß $w(g - g_\sigma + B) < \gamma$ für alle $\sigma_0 < \sigma < \varrho$ ist. Für ein $\sigma < \varrho$ mit $\sigma > \operatorname{Max}\{\delta, \sigma_0\}$ ist $v(g - g_\sigma) = w(g - g_\sigma + B) < \gamma$ und $v(g_\sigma - g_\delta)$

$= \pi_\delta > \gamma$; folglich ist $v(g - g_\delta) = \operatorname{Max}\{v(g - g_\sigma), v(g_\sigma - g_\delta)\} = \pi_\delta$. Damit ist $v(g - g_\delta) = \pi_\delta$ für alle $\delta < \varrho$ und somit $g \in G$ ein Pseudolimes der pseudokonvergenten Folge $(g_\delta)_{\delta<\varrho}$. □

Aus diesem Satz folgt also insbesondere, daß eine pseudokonvergente Folge aus G mit der Breite $\{0\}$ eine Cauchyfolge ist und daß die Gesamtheit der Pseudolimites einer pseudokonvergenten Folge, falls diese die Breite B und einen Pseudolimes g hat, durch die Menge $g + B$ gegeben ist.

Die durch die induzierte Bewertung auf G/B definierte Topologie ist im allgemeinen nicht die Quotiententopologie von G auf G/B, letztere ist feiner.

In dem folgenden Satz erläutern wir, was die „Vervollständigung" einer bewerteten, abelschen Gruppe bez. der Pseudokonvergenz topologisch bedeutet.

Satz 13. (G, v) *sei eine bewertete abelsche Gruppe mit der Wertemenge* $\Gamma \cup \{0\}$. *Dann sind die folgenden beiden Aussagen äquivalent:*

(1) *Jede pseudokonvergente Folge von Elementen aus G hat einen Pseudolimes in G.*
(2) *Für jede Breite B von G ist G/B bezüglich der durch die induzierte Bewertung gegebenen uniformen Struktur vollständig.*

Beweis.
(1) ⇒ (2): Sei B eine Breite von G. Dann ist $\Gamma' = \Gamma \setminus v(B\setminus\{0\})$ ohne kleinstes Element. Also ist der Koinitialitätstyp ϱ von Γ' eine Limeszahl. Zu einer nicht konstanten Cauchyfolge aus G/B gibt es eine mit ihr grenzwertgleiche Teilfolge der Länge ϱ. Wir haben daher nur zu zeigen, daß jede nicht konstante Cauchyfolge der Länge ϱ aus G/B einen Limes in G/B hat. Das folgt nun nach Satz 12 aus der Bedingung (1) unseres Satzes.

(2) ⇒ (1): Sei $(g_\delta)_{\delta<\varrho}$ eine pseudokonvergente Folge aus G und B die Breite dieser Folge. Nach Satz 12 ist dann $(g_\delta + B)_{\delta<\varrho}$ eine Cauchyfolge in G/B und ein Limes $g + B$, $g \in G$, dieser Cauchyfolge liefert mit g einen Pseudolimes von $(g_\delta)_{\delta<\varrho}$. □

Der Begriff der Pseudokonvergenz für bewertete Körper hängt mit einem anderen Begriff der Bewertungstheorie eng zusammen, mit dem der maximal bewerteten Körper. Wir wollen hierauf nun eingehen. Es sei (L, w) ein bewerteter Oberkörper des bewerteten Körpers (K, v) und w eine Fortsetzung der Bewertung v, also $w|K = v$. Man nennt (L, w) eine *unmittelbare Erweiterung* von (K, v), wenn w die Bewertung v so fortsetzt, daß (L, w) und (K, v) die gleiche Wertegruppe und denselben Restklassenkörper haben, wobei mit der letzteren Bedingung folgendes gemeint ist: Sind A_L, M_L bzw. A_K, M_K der Bewertungsring und das Bewertungsideal von (L, w) bzw. (K, v), so soll es zu jedem $x \in A_L$ ein $y \in A_K$ mit $x - y \in M_L$ geben, so daß also gilt:

$$A_L/M_L = (A_K + M_L)/M_L \simeq A_K/(M_L \cap A_K) = A_K/M_K.$$

Ein bewerteter Körper ohne echte unmittelbare Erweiterung heißt *maximal bewertet*. In Krull 1932 (Satz 24, S. 191) ist bewiesen, daß jeder bewertete Körper eine unmittelbare Erweiterung hat, die maximal bewertet ist. Wir nennen eine solche Erweiterung eines bewerteten Körpers eine *maximale unmittelbare Erweiterung*. Von Kaplansky 1942 ist bewiesen, daß ein Körper (K, v) genau dann maximal bewertet ist, wenn jede pseudokonvergente Folge aus K einen Pseudolimes in K hat. Wir leiten hier zunächst nur die eine Richtung dieses Kriteriums her, der Nachweis der anderen ist komplizierter; wir gehen darauf in Kap. III, § 3 ein.

Lemma 14 (Kaplansky 1942). *(L, v) sei eine unmittelbare Erweiterung des bewerteten Körpers (K, v). Dann ist jedes Element aus $L \setminus K$ Pseudolimes einer pseudokonvergenten Folge aus K, die keinen Pseudolimes in K hat.*

Beweis.
Sei $z \in L \setminus K$. Wir zeigen, daß $U = \{v(z-a)\colon a \in K\}$ kein kleinstes Element hat: Weil $z - a \neq 0$ für alle $a \in K$ ist, ist $0 \notin U$. Sei $\gamma \in U$, $\gamma = v(z-b)$ mit $b \in K$. Da L eine unmittelbare Erweiterung von K ist, gibt es ein $c \in K$ mit $v(c) = v(z-b)$. Dann ist $v((z-b)c^{-1}) = \varepsilon$; also liegt $(z-b)c^{-1}$ im Bewertungsring von L. Weil die Restklassenkörper von L und K gleich sind, existiert daher ein Element d aus dem Bewertungsring von K, so daß $(z-b)c^{-1} - d$ im Bewertungsideal von L liegt. Für $h = (z-b)c^{-1} - d$ ist folglich $v(h) < \varepsilon$. Damit gilt für das Element $b + dc \in K$, daß $v(z - (b + dc)) = v(hc) < \gamma$ ist. Also enthält U kein kleinstes Element.

Daher können wir in U eine antiwohlgeordnete, koinitiale Teilmenge wählen. Wir ordnen die Elemente dieser Menge zu einer streng monoton fallenden, mit Ordinalzahlen indizierten Folge $(\pi_\xi)_{\xi<\lambda}$; λ ist hierbei eine Limeszahl, weil U ohne kleinstes Element ist. Zu jedem π_ξ sei ein $a_\xi \in K$ mit $v(z - a_\xi) = \pi_\xi$ bestimmt. Wir zeigen nun, daß $(a_\xi)_{\xi<\lambda}$ eine pseudokonvergente Folge mit z als Pseudolimes und ohne Pseudolimes in K ist: Für $\alpha < \beta < \lambda$ ist $v(z - a_\alpha) = \pi_\alpha > \pi_\beta = v(z - a_\beta)$ und daher $v(a_\beta - a_\alpha) = v(a_\beta - z + z - a_\alpha) = \operatorname{Max}\{v(a_\beta - z),\ v(z - a_\alpha)\} = \pi_\alpha$. Folglich gilt $v(a_\beta - a_\alpha) = \pi_\alpha > \pi_\beta = v(a_\gamma - a_\beta)$ für $\alpha < \beta < \gamma < \lambda$; also ist $(a_\xi)_{\xi<\lambda}$ pseudokonvergent. Wegen $v(z - a_\xi) = \pi_\xi$ für alle $\xi < \lambda$ ist z ein Pseudolimes von $(a_\xi)_{\xi<\lambda}$. Wäre ein Element $y \in K$ ein Pseudolimes von $(a_\xi)_{\xi<\lambda}$, so wäre $z - y$ ein Element der Breite und daher $v(z - y) < \pi_\xi$ für alle $\xi < \lambda$, was wegen $v(z - y) \in U$ aufgrund der Wahl der Folge $(\pi_\xi)_{\xi<\lambda}$ nicht möglich ist. □

Aus diesem Lemma erhält man als Folgerung:

Satz 15 (Kaplansky 1942). *In dem bewerteten Körper (K, v) habe jede pseudokonvergente Folge eines Pseudolimes. Dann ist (K, v) maximal bewertet.*

Auf die Fortsetzbarkeit von o-Bewertungen gehen wir in Kapitel III, § 2 ein. Einen Beweis des folgenden Satzes findet man z.B. in Ribenboim 1965, S. 45.

Satz 16 (Krull 1932). *Es sei L ein beliebiger Oberkörper des bewerteten Körpers (K, v). Dann läßt sich v stets zu einer Bewertung von L fortsetzen.*

Wir wollen nun ein Kriterium herleiten, wann ein maximal bewerteter Körper algebraisch abgeschlossen ist. Hierfür dient das folgende Lemma. Wir formulieren seine Aussage wegen späterer Anwendungsmöglichkeiten gleich etwas allgemeiner.

Lemma 17. *(K, v) sei ein bewerteter Körper mit der Wertegruppe Γ und dem Restklassenkörper K_v. Weiter sei K algebraisch oder reell abgeschlossen, und im letzteren Falle sei v ordnungsverträglich. Dann ist Γ radizierbar und K_v in Übereinstimmung mit K algebraisch bzw. reell abgeschlossen.*

Beweis.
Ist K algebraisch oder reell abgeschlossen, so hat ein Polynom der Form $x^n - a \in K[x]$ mit $a > 0$, falls K reell abgeschlossen ist, für jedes $n \in \mathbb{N}$ eine Nullstelle in K. Weil v

ein Epimorphismus von der multiplikativen Gruppe von K auf Γ und für einen angeordneten Körper sogar ein Epimorphismus von der Gruppe der positiven Elemente von K auf Γ ist, existiert deshalb zu jedem $n \in \mathbb{N}$ und $\alpha \in \Gamma$ ein $\gamma \in \Gamma$ mit $\gamma^n = \alpha$; also ist Γ radizierbar.

Wir zeigen nun, daß der Restklassenkörper K_v algebraisch bzw. reell abgeschlossen ist: Mit A sei der Bewertungsring von K zu v bezeichnet, mit M das Bewertungsideal und mit λ die kanonische Stelle: $A \to A/M = K_v$. Nach Satz 6 ist λ ordnungstreu, falls v ordnungsverträglich ist. Sei $\bar{f} \in K_v[x]$ ein nicht konstantes, normiertes Polynom, und sei im Falle eines reell abgeschlossenen Körpers K der Grad von $\bar{f}$ ungerade oder $\bar{f}$ ein Polynom der Form $x^2 - \bar{b}$ mit $0 < \bar{b} \in K_v$. Es sei $f \in A[x]$ ein normiertes Urbildpolynom von $\bar{f}$ bezüglich λ. Weil K algebraisch bzw. reell abgeschlossen ist, hat f eine Nullstelle $a \in K$. Also teilt $x - a$ das Polynom f in $K[x]$, somit gilt $f = (x - a)g$ mit $x - a, g \in K[x]$. Die Polynome $f, x - a$ und g sind normiert, und es ist $f \in A[x]$. Damit erhält man (s. z.B. Bourbaki, Algèbre Commutative, Chap. 5, S. 17, Prop. 11 und Chap. 6, S. 92, Cor. 1), daß $x - a$ und g Polynome aus $A[x]$ sind. Also ist $a \in A$ und somit $a + M \in K_v$ eine Nullstelle von $\bar{f}$. Folglich ist K_v algebraisch bzw. reell abgeschlossen, falls K es ist. □

Satz 18 (Mac Lane 1939). *(K, v) sei ein maximal bewerteter Körper mit der Wertegruppe Γ und dem Restklassenkörper K_v. Es ist K genau dann algebraisch abgeschlossen, wenn Γ radizierbar und K_v algebraisch abgeschlossen ist.*

Beweis.
Die eine Richtung dieses Kriteriums haben wir mit dem vorhergehenden Lemma schon bewiesen.

Sei also nun Γ radizierbar und K_v algebraisch abgeschlossen. Wir haben zu zeigen, daß K algebraisch abgeschlossen ist, und zeigen dafür, daß eine algebraische Erweiterung L von K eine unmittelbare Erweiterung ist: Nach Satz 16 läßt sich v zu einer Bewertung von L fortsetzen; wir bezeichnen diese ebenfalls mit v. Nach Lemma 3 ist die Wertegruppe von L eine Untergruppe der radizierbaren Hülle von Γ und damit gleich Γ, weil Γ radizierbar ist. Es ist also nur noch zu zeigen, daß L und K die gleichen Restklassenkörper haben. Sei $0 \neq \bar{z}$ ein Element des Restklassenkörpers L_v von L und $0 \neq z \in L$ ein Urbild von $\bar{z}$ unter der kanonischen Stelle. Weil L über K algebraisch ist, besteht für z eine Gleichung der Form $a_n z^n + a_{n-1} z^{n-1} + \ldots + a_0 = 0$ mit $a_i \in K$; $a_n \neq 0$. Sei $v(a_j) = \operatorname{Max}\{v(a_i): i = 0, \ldots, n\}$. Für $b_i = a_i a_j^{-1}, i = 0, \ldots, n$, ist $v(b_i) \leqslant \varepsilon$ und $b_j = 1$. Also ist $0 \neq b_n x^n + \ldots + b_0 \in A[x]$ und $b_n z^n + b_{n-1} z^{n-1} + \ldots + b_0 = 0$. Folglich ist $\bar{z}$ eine Nullstelle des Polynoms $0 \neq \sum_{i=0}^{n} \bar{b}_i x^i \in K_v[x]$ mit $\bar{b}_i = \lambda(b_i)$, $i = 0, \ldots, n$. Damit ist $\bar{z}$ über K_v algebraisch und aufgrund der algebraischen Abgeschlossenheit von K_v also ein Element aus K_v. □

Wir haben in diesem Paragraphen nur die Begriffe und Sätze der Bewertungstheorie gebracht, die für unsere weiteren Ausführungen grundlegend sind. Eine Einführung in die Bewertungstheorie findet man z.B. in Jacobson, Lectures in Abstract Algebra, Vol. III. Als weiterführende Literatur über Bewertungstheorie nennen wir Ribenboim 1965; Schilling, The Theory of Valuations; Endler, Valuation Theory und Bourbaki, Algèbre Commutative, Chap. 6.

§ 5 Körper von formalen Potenzreihen

Spezielle Körper von formalen Potenzreihen wurden zum Nachweis der Unabhängigkeit gewisser Axiome in den Grundlagen der Geometrie untersucht, so z.B. von Hilbert 1899. Einen ersten Beweis, daß sehr viel allgemeiner definierte formale Potenzreihen einen Körper bilden, bringt Hahn 1907. In Hausdorffs Grundzügen der Mengenlehre findet man z.B. unter „Komplexe reeller Zahlen" einen vollständigen Beweis, daß die von Hahn eingeführten formalen Potenzreihen einen Körper bilden. Die Bedeutung der Körper von formalen Potenzreihen in der Bewertungstheorie wurde von Krull 1932 und insbesondere von Kaplansky 1942 erkannt. Wir gehen auf die Kaplanskyschen Ergebnisse in Kapitel III, § 3 ein. B. H. Neumann betrachtet in Neumann 1949 Schiefkörper von formalen Potenzreihen. Der Neumannsche Beweis, daß die im allgemeinen auf einer nichtkommutativen Gruppe definierten formalen Potenzreihen einen Schiefkörper bilden, ist z.B. auch in Fuchs 1966 dargestellt.

Es sei $(\Gamma,\cdot)$ eine angeordnete abelsche Gruppe (mit neutralem Element ε) und K ein Körper. Eine Funktion $f\colon \Gamma \to K$, die in der Anordnung von Γ einen antiwohlgeordneten Träger $s(f) = \{\gamma \in \Gamma\colon f(\gamma) \neq 0\}$ hat, heißt eine *formale Potenzreihe* auf Γ über K. Wir bezeichnen diese auch mit $\sum\limits_{\gamma\in s(f)} f_\gamma \gamma$ oder $\sum\limits_{\gamma\in s(f)} f_\gamma t_\gamma$, wobei f_γ der Funktionswert von f an der Stelle γ ist. Die Menge $H(\Gamma, K)$ der formalen Potenzreihen auf Γ über K bildet mit der durch $(f+g)(\gamma) = f(\gamma) + g(\gamma)$, $\gamma \in \Gamma$, erklärten Addition offensichtlich eine abelsche Gruppe. In Anlehnung an die Definition der Multiplikation für Polynome definiert man durch $fg = h$ mit $h(\gamma) = \sum\limits_{\alpha\beta=\gamma} f(\alpha)\, g(\beta)$ eine Multiplikation über $H(\Gamma, K)$. Wir wollen die Definition der Multiplikation etwas allgemeiner (wie in Kaplansky 1942 und wie auch im Einklang mit Neumann 1949) fassen:

Sei dafür $\{c_{\alpha,\beta}\colon \alpha, \beta \in \Gamma\}$ eine Menge von Elementen aus K mit $c_{\alpha,\beta} = c_{\beta,\alpha}$, $c_{\varepsilon,\beta} = 1$ und $c_{\alpha,\beta} \cdot c_{\alpha\beta,\gamma} = c_{\beta,\gamma} \cdot c_{\alpha,\beta\gamma}$ für alle $\alpha, \beta, \gamma \in \Gamma$; es ist $\{c_{\alpha,\beta}\colon \alpha, \beta \in \Gamma\}$ ein Faktorensystem für eine abelsche Gruppenerweiterung der multiplikativen Gruppe von K durch Γ. Falls K angeordnet ist, verlangen wir weiter, daß $0 < c_{\alpha,\beta}$ für alle $\alpha, \beta \in \Gamma$ ist; dann ist, wie in Kap. I, § 2 ausgeführt, $\{c_{\alpha,\beta}\colon \alpha, \beta \in \Gamma\}$ ein Faktorensystem für eine abelsche lexikographische Erweiterung der angeordneten multiplikativen Gruppe $K^{>}$ der positiven Elemente von K durch Γ. Wir definieren $fg = h$ durch $h(\gamma) = \sum\limits_{\alpha\beta=\gamma} c_{\alpha,\beta} f(\alpha)\, g(\beta)$. Mit dem trivialen Faktorensystem, also $c_{\alpha,\beta} = 1$ für alle $\alpha, \beta \in \Gamma$, erhält man die oben angegebene Multiplikation. Wir haben nachzuweisen, daß mit f und g auch h einen antiwohlgeordneten Träger hat, und daß es zu $\gamma \in s(h)$ nur endlich viele Elemente $\alpha \in s(f)$, $\beta \in s(g)$ mit $\alpha\beta = \gamma$ gibt. An Stelle dieser Eigenschaften zeigen wir, daß sogar $s(f)\,s(g) = \{\alpha\beta\colon \alpha \in s(f), \beta \in s(g)\}$ antiwohlgeordnet ist, und daß zu $\gamma \in s(f)\,s(g)$ nur endlich viele Elemente $\alpha \in s(f)$, $\beta \in s(g)$ mit $\alpha\beta = \gamma$ existieren. Eine angeordnete Menge ist genau dann antiwohlgeordnet, wenn jede Folge von Elementen aus dieser Menge eine monoton fallende Teilfolge enthält. Sei also $(\alpha_n \beta_n)_{n\in\mathbb{N}}$ eine Folge von Elementen aus $s(f)\,s(g)$. Weil $s(f)$ wie $s(g)$ antiwohlgeordnet sind, enthält $(\alpha_n)_{n\in\mathbb{N}}$ eine monoton fallende Teilfolge $(\alpha_{n_i})_{i\in\mathbb{N}}$ und $(\beta_{n_i})_{i\in\mathbb{N}}$ eine monoton fallende Teilfolge $(\beta'_{n_i})_{i\in\mathbb{N}}$. Folglich ist $(\alpha'_{n_i} \beta'_{n_i})_{i\in\mathbb{N}}$ eine monoton fallende Teilfolge von $(\alpha_n \beta_n)_{n\in\mathbb{N}}$, und somit $s(f)\,s(g)$ antiwohlgeordnet. Zur zweiten Eigenschaft: Angenommen, zu $\gamma \in s(f)\,s(g)$ gäbe es unendlich viele $\alpha \in s(f)$ und $\beta \in s(g)$ mit $\alpha\beta = \gamma$. Dann sei $(\alpha_i)_{i\in\mathbb{N}}$ eine streng monoton fallende Folge aus der Menge dieser α. Die zugehörigen β_i

mit $\alpha_i \beta_i = \gamma$, $i \in \mathbb{N}$, bilden aber eine streng monoton wachsende Folge in $s(g)$, was der Antiwohlordnung von $s(g)$ widerspricht. Also enthält jede der Summen $\sum_{\alpha\beta=\gamma} c_{\alpha,\beta} f(\alpha) g(\beta)$ nur endlich viele Summanden und die oben angegebene Definition der Multiplikation für $H(\Gamma, K)$ ist sinnvoll. $H(\Gamma, K)$ bildet mit dieser Multiplikation und der zuvor definierten Addition einen Integritätsring. Wir bezeichnen von nun ab diesen Ring der formalen Potenzreihen auf Γ über K mit dem Faktorensystem $\{c_{\alpha,\beta}: \alpha, \beta \in \Gamma\}$ mit $H(\Gamma, K, \{c_{\alpha,\beta}\})$ und verwenden die Bezeichnung $H(\Gamma, K)$ nur, falls das Faktorensystem trivial ist. $f_{\alpha,k}$ sei die Funktion aus $H(\Gamma, K, \{c_{\alpha,\beta}\})$, die α auf $k \in K$ und jedes $\gamma \in \Gamma$ mit $\gamma \neq \alpha$ auf 0 abbildet.

$\alpha \mapsto f_{\alpha,1}$: $\Gamma \to H(\Gamma, K, \{c_{\alpha,\beta}\})$ ist dann eine injektive Abbildung von Γ in $H(\Gamma, K, \{c_{\alpha,\beta}\})$, die, falls das Faktorensystem $\{c_{\alpha,\beta}: \alpha, \beta \in \Gamma\}$ trivial ist, ein Monomorphismus bezüglich der Multiplikation ist, und $k \mapsto f_{\varepsilon,k}$: $K \to H(\Gamma, K, \{c_{\alpha,\beta}\})$ ist eine Einbettung des Körpers K in $H(\Gamma, K, \{c_{\alpha,\beta}\})$. Für das folgende sei K mit seinem monomorphen Bild in $H(\Gamma, K, \{c_{\alpha,\beta}\})$ identifiziert und, falls das Faktorensystem $\{c_{\alpha,\beta}: \alpha, \beta \in \Gamma\}$ trivial ist, ebenfalls Γ mit seinem monomorphen Bild.

Wir fassen das bisher Bewiesene zusammen:

Lemma 1. *Es sei $(\Gamma, \cdot)$ eine angeordnete abelsche Gruppe, K ein Körper und $\{c_{\alpha,\beta}: \alpha, \beta \in \Gamma\}$ eine Menge von Elementen aus K mit $c_{\alpha,\beta} = c_{\beta,\alpha}$, $c_{\varepsilon,\beta} = 1$ und $c_{\alpha,\beta} \cdot c_{\alpha\beta,\gamma} = c_{\beta,\gamma} \cdot c_{\alpha,\beta\gamma}$ für alle $\alpha, \beta, \gamma \in \Gamma$. Die Menge der formalen Potenzreihen auf Γ über K bildet mit der durch $(f+g)(\gamma) = f(\gamma) + g(\gamma)$ erklärten Addition und der durch $fg = h$, $h(\gamma) = \sum_{\alpha\beta=\gamma} c_{\alpha,\beta} f(\alpha) g(\beta)$ definierten Multiplikation einen Integritätsring $H(\Gamma, K, \{c_{\alpha,\beta}\})$.*

Wir zeigen nun, daß $H(\Gamma, K, \{c_{\alpha,\beta}\})$ ein Körper ist und bringen einen ähnlichen Beweis wie den in Hausdorff, Grundzüge der Mengenlehre dargestellten. Um spezielle Unterkörper von $H(\Gamma, K, \{c_{\alpha,\beta}\})$ betrachten zu können, gehen wir dann später (Lemma 16) auf den Neumannschen Beweis ein.

Für das folgende sei stets $(\Gamma, \cdot)$ eine angeordnete, abelsche Gruppe, K ein Körper und $\{c_{\alpha,\beta}\}$ ein Faktorensystem, also eine Teilmenge von K mit den in Lemma 1 angegebenen Eigenschaften. Für eine formale Potenzreihe f: $\Gamma \to K$ bezeichnen wir mit $s(f)$ den Träger von f.

Lemma 2. *Es sei $H(\Gamma, K, \{c_{\alpha,\beta}\})$ der Integritätsring der formalen Potenzreihen auf Γ über K mit dem Faktorensystem $\{c_{\alpha,\beta}: \alpha, \beta \in \Gamma\}$. Durch $v = f \mapsto \operatorname{Max} s(f)$ ist eine Bewertung der additiven Gruppe von $H(\Gamma, K, \{c_{\alpha,\beta}\})$ gegeben mit der Wertemenge $\Gamma \cup \{0\}$, wobei $v(0)$ mit 0 bezeichnet ist. Bezüglich dieser Bewertung hat jede pseudokonvergente Folge aus $H(\Gamma, K, \{c_{\alpha,\beta}\})$ einen Pseudolimes in $H(\Gamma, K, \{c_{\alpha,\beta}\})$. Für jedes $\gamma \in \Gamma$ sei $0 \cdot \gamma = \gamma \cdot 0 = 0 \cdot 0 = 0$. Dann ist v weiter ein Epimorphismus: $H(\Gamma, K, \{c_{\alpha,\beta}\}) \to \Gamma \cup \{0\}$ bezüglich der Multiplikation.*

Beweis.
Daß v eine Bewertung der additiven Gruppe von $H(\Gamma, K, \{c_{\alpha,\beta}\})$ und ein Epimorphismus: $H(\Gamma, K, \{c_{\alpha,\beta}\}) \to \Gamma \cup \{0\}$ bezüglich der Multiplikation ist, bestätigt man sofort. Wir beschränken uns deshalb darauf, nachzuweisen, daß jede pseudokonvergente Folge aus $H(\Gamma, K, \{c_{\alpha,\beta}\})$ einen Pseudolimes in $H(\Gamma, K, \{c_{\alpha,\beta}\})$ hat. Sei also $(g_\varrho)_{\varrho<\sigma}$

eine pseudokonvergente Folge aus $H(\Gamma, K, \{c_{\alpha,\beta}\})$. Nach Lemma 9, § 4 ist $(\pi_\varrho)_{\varrho<\sigma}$ mit $\pi_\varrho = v(g_{\varrho+1} - g_\varrho)$ dann streng monoton fallend. Wir definieren eine Abbildung g: $\Gamma \to K$ durch

$$g(\gamma) = \begin{cases} g_\varrho(\gamma), & \text{falls es ein } \pi_\varrho < \gamma \text{ gibt,} \\ 0, & \text{sonst.} \end{cases}$$

Die Funktion g ist wohldefiniert; denn für $\varrho < \varrho'$ ist $v(g_\varrho - g_{\varrho'}) = \pi_\varrho$ und folglich $g_\varrho(\gamma) = g_{\varrho'}(\gamma)$ für alle $\gamma \in \Gamma$ mit $\gamma > \pi_\varrho$. Sei T eine nicht leere Teilmenge des Trägers $s(g)$ von g und $\tau_0 \in T$. Dann gibt es ein $\varrho < \sigma$ mit $\pi_\varrho < \tau_0$ und $g_\varrho(\tau_0) = g(\tau_0)$; folglich ist τ_0 aus dem Träger $s(g_\varrho)$ von g_ϱ und damit $T_0 = \{\tau \in T: \tau \geqslant \tau_0\}$ eine Teilmenge von $s(g_\varrho)$. Also existiert Max T_0, und natürlich ist Max T_0 = Max T. Die Funktion g hat somit einen antiwohlgeordneten Träger und ist daher ein Element aus $H(\Gamma, K, \{c_{\alpha,\beta}\})$. Wegen $v(g - g_{\varrho+1}) \leqslant \pi_{\varrho+1}$ ist

$$\begin{aligned} v(g - g_\varrho) &= v(g - g_{\varrho+1} + g_{\varrho+1} - g_\varrho) \\ &= \operatorname{Max}\{v(g - g_{\varrho+1}), v(g_{\varrho+1} - g_\varrho)\} = \pi_\varrho, \end{aligned}$$

also ist g ein Pseudolimes von $(g_\varrho)_{\varrho<\sigma}$. □

Satz 3 (Hahn 1907, Neumann 1949). *Der Integritätsring $H(\Gamma, K, \{c_{\alpha,\beta}\})$ der formalen Potenzreihen auf Γ über K mit dem Faktorensystem $\{c_{\alpha,\beta}\}$ ist ein Körper.*

Beweis.
Für $\gamma \in \Gamma$ bezeichnen wir mit $t_\gamma \in H(\Gamma, K, \{c_{\alpha,\beta}\})$ die formale Potenzreihe, die γ auf 1 und alle anderen Elemente aus Γ auf 0 abbildet. v sei die in Lemma 2 beschriebene Bewertung $f \mapsto \operatorname{Max} s(f)$ von $H(\Gamma, K, \{c_{\alpha,\beta}\})$.

Wir zeigen, daß wir uns darauf beschränken können, das Inverse für ein $f \in H(\Gamma, K, \{c_{\alpha,\beta}\})$ mit $v(f) = \varepsilon$ und $f(\varepsilon) = 1$ nachzuweisen: Ist nämlich $0 \neq v(f) = \alpha_0$, so ist $f = f(\alpha_0)\, t_{\alpha_0} + f'$ mit $v(f') < \alpha_0$. Damit ist

$$f = f(\alpha_0)\, t_{\alpha_0}(1 + c^{-1}_{\alpha_0, \alpha_0^{-1}} \cdot f(\alpha_0)^{-1} \cdot t_{\alpha_0^{-1}} \cdot f') = f(\alpha_0)\, t_{\alpha_0} \bar{f}$$

mit $v(\bar{f}) = \varepsilon$, $\bar{f}(\varepsilon) = 1$, und das Inverse zu f ist durch $f^{-1} = f(\alpha_0)^{-1}\, c^{-1}_{\alpha_0, \alpha_0^{-1}}\, t_{\alpha_0^{-1}} \bar{f}^{-1}$ gegeben. Sei deshalb nun $v(f) = \varepsilon$ und $f(\varepsilon) = 1$. Es sei

$$\Sigma = \{v(1 - fy): y \in H(\Gamma, K, \{c_{\alpha,\beta}\}), 1 - fy \neq 0\}.$$

Wir betrachten als erstes den Fall, daß Σ ein kleinstes Element α hat. Zu α bestimmen wir $\bar{y} \in H(\Gamma, K, \{c_{\alpha,\beta}\})$ mit $v(1 - f\bar{y}) = \alpha$. Es sei $z = 1 - f\bar{y}$ und $\hat{y} = \bar{y} + z(\alpha)\, t_\alpha$. Wegen

$$v(1 - f\hat{y}) = v(1 - f\bar{y} - fz(\alpha)\, t_\alpha) \leqslant \operatorname{Max}\{v(1 - f\bar{y}), v(fz(\alpha)\, t_\alpha)\} = \alpha$$

und

$$(1 - f\hat{y})(\alpha) = (1 - f\bar{y})(\alpha) - z(\alpha) = z(\alpha) - z(\alpha) = 0$$

ist $v(1 - f\hat{y}) < \alpha$. Aufgrund der Minimalität von α in Σ ist daher $1 - f\hat{y} = 0$ und folglich $\hat{y}$ das Inverse zu f.

Wir behandeln nun den Fall, daß Σ ohne kleinstes Element ist. Das Inverse zu f gewinnen wir als Pseudolimes einer pseudokonvergenten Folge. Weil Σ kein kleinstes Element hat, gibt es eine antiwohlgeordnete, koinitiale Teilmenge von Σ, die wir somit als streng monoton fallende, mit Ordinalzahlen indizierte Folge $(\pi_\varrho)_{\varrho<\sigma}$ schreiben können, und σ ist hierbei eine Limeszahl. Zu π_ϱ sei $y_\varrho \in H(\Gamma, K, \{c_{\alpha,\beta}\})$ durch $v(1-fy_\varrho) = \pi_\varrho$ bestimmt. Für $\mu < \nu < \sigma$ ist $\pi_\nu < \pi_\mu$ und damit

$$v(y_\mu - y_\nu) = v(-1 + fy_\mu + 1 - fy_\nu) = \operatorname{Max}\{v(1-fy_\mu),\ v(1-fy_\nu)\} = \pi_\mu .$$

Somit gilt $v(y_\nu - y_\mu) > v(y_\varrho - y_\nu)$ für $\mu < \nu < \varrho < \sigma$; also ist $(y_\varrho)_{\varrho<\sigma}$ pseudokonvergent. Nach Lemma 2 hat $(y_\varrho)_{\varrho<\sigma}$ einen Pseudolimes y^* in $H(\Gamma, K, \{c_{\alpha,\beta}\})$. Es ist also $v(y^* - y_\varrho) = \pi_\varrho$ für alle $\varrho < \sigma$. Wäre nun $1 - fy^* \neq 0$, so wäre $\tau = v(1-fy^*) \in \Sigma$. Aufgrund der Koinitialität von $(\pi_\varrho)_{\varrho<\sigma}$ in Σ gäbe es damit ein $\pi_\varrho < \tau$, und man erhielte $\tau = v(1-fy^*) = v(1-fy_\varrho + fy_\varrho - fy^*) \leqslant \operatorname{Max}\{v(1-fy_\varrho), v(fy_\varrho - fy^*)\} = \pi_\varrho$, was nicht möglich ist. Also ist $1 = fy^*$.

Verdeutlicht man sich den zweiten Fall des Beweises, so wurde hier gezeigt, daß irgendein Pseudolimes von $(y_\varrho)_{\varrho<\sigma}$ das Inverse zu f ist. $(y_\varrho)_{\varrho<\sigma}$ hat deshalb genau einen Pseudolimes, und das bedeutet bei Berücksichtigung von Lemma 10 und Satz 12 aus § 4, daß Σ koinitial in Γ ist. Das Inverse zu f wurde also als Limes der Cauchyfolge $(y_\varrho)_{\varrho<\sigma}$ gewonnen. □

Faßt man die in Lemma 2 und Satz 3 bewiesenen Eigenschaften zusammen, so erhält man in Anbetracht von Satz 15, § 4:

Satz 4. $v = f \mapsto \operatorname{Max} s(f)$ *ist eine Bewertung des Körpers* $H(\Gamma, K, \{c_{\alpha,\beta}\})$ *mit der Wertegruppe* Γ *und einem Restklassenkörper, zu dem* K *unter der kanonischen Stelle isomorph ist. Bezüglich dieser Bewertung hat in* $H(\Gamma, K, \{c_{\alpha,\beta}\})$ *jede pseudokonvergente Folge einen Pseudolimes; also ist* $H(\Gamma, K, \{c_{\alpha,\beta}\})$ *bez.* v *maximal bewertet.*

Für den Körper $H(\Gamma, K, \{c_{\alpha,\beta}\})$ sei Γ nichttrivial und ω_α der Koinitialitätstyp von Γ; v sei auf $H(\Gamma, K, \{c_{\alpha,\beta}\})$ die Bewertung $f \mapsto \operatorname{Max} s(f)$. Nach Satz 12, § 4 enthält eine nicht konstante Cauchyfolge aus $H(\Gamma, K, \{c_{\alpha,\beta}\})$ eine pseudokonvergente Teilfolge der Länge ω_α und Breite $\{0\}$ und ein Pseudolimes dieser Teilfolge ist ein Limes der Cauchyfolge. Damit hat also jede Cauchyfolge aus $H(\Gamma, K, \{c_{\alpha,\beta}\})$ einen Limes in $H(\Gamma, K, \{c_{\alpha,\beta}\})$; folglich gilt nach Lemma 8, § 4:

Satz 5. *Der Körper* $H(\Gamma, K, \{c_{\alpha,\beta}\})$ *ist (für* $\Gamma \neq \{\varepsilon\}$*) bezüglich der durch die Bewertung* $f \mapsto \operatorname{Max} s(f)$ *gegebenen uniformen Struktur topologisch vollständig.*

Aus Satz 4 und Satz 18, § 4 gewinnt man ein Kriterium, wann ein Körper von formalen Potenzreihen algebraisch abgeschlossen ist:

Satz 6. *Der Körper* $H(\Gamma, K, \{c_{\alpha,\beta}\})$ *ist genau dann algebraisch abgeschlossen, wenn* Γ *radizierbar und* K *algebraisch abgeschlossen ist.*

Ist das Faktorensystem von $H(\Gamma, K, \{c_{\alpha,\beta}\})$ trivial, so läßt sich Γ — wie wir vor Lemma 1 ausgeführt haben — als Untergruppe der multiplikativen Gruppen H^* von H auffassen. Der folgende Satz gibt darüber Auskunft, wie im Falle eines nichttrivialen Faktorensystems die Struktur von H^* mit der von Γ zusammenhängt.

Satz 7. *Es sei* H^* *die multiplikative Gruppe des Körpers* $H(\Gamma, K, \{c_{\alpha,\beta}\})$ *und* K^* *die multiplikative Gruppe von* K*. Mit* v *sei die Bewertung* $f \mapsto \operatorname{Max} s(f)$: $H(\Gamma, K, \{c_{\alpha,\beta}\})$

$\to \Gamma$ bezeichnet, und es sei $H_1 = \{1 + f\colon v(f) < \varepsilon\}$. Dann ist H^* ein direktes Produkt von H_1 und der durch $\{c_{\alpha,\beta}\}$ gegebenen Gruppenerweiterung von K^* durch Γ. Ist das Faktorensystem $\{c_{\alpha,\beta}\}$ trivial, so zerfällt diese Gruppenerweiterung in ein direktes Produkt, und man erhält: $H^* = \Gamma \otimes K^* \otimes H_1$.

Beweis.

Offensichtlich ist H_1 eine Untergruppe von H^*. Für $\alpha \in \Gamma$ sei t_α die formale Potenzreihe, die α auf 1 und alle anderen Elemente aus Γ auf 0 abbildet. Die Menge $A = \{kt_\alpha\colon k \in K^*, \alpha \in \Gamma\}$ ist eine Untergruppe von H^*, weiter ist K^* der Kern des Epimorphismus $kt_\alpha \mapsto \alpha\colon A \to \Gamma$ und $\{t_\alpha\colon \alpha \in \Gamma\}$ ein Repräsentantensystem für A/K^* mit dem Faktorensystem $\{c_{\alpha,\beta}\}$; also ist A die durch $\{c_{\alpha,\beta}\}$ gegebene Gruppenerweiterung von K^* durch Γ. Ist das Faktorensystem $\{c_{\alpha,\beta}\}$ trivial, so ist folglich A das direkte Produkt von K^* und Γ.

Sei nun $f \in H^*$ und $\alpha = \operatorname{Max} s(f)$. Dann läßt sich f darstellen als $f = f(\alpha)\, t_\alpha + f'$ mit $f(\alpha) \in K^*$, $f' \in H(\Gamma, K, \{c_{\alpha,\beta}\})$ und $v(f') < \alpha$. Für

$$g = 1 + f(\alpha)^{-1}\, c_{\alpha,\alpha^{-1}}^{-1}\, t_{\alpha^{-1}}\, f' \in H(\Gamma, K, \{c_{\alpha,\beta}\})$$

ist daher $f = f(\alpha)\, t_\alpha g$, $v(g) = \varepsilon$ und $g(\varepsilon) = 1$. Also ist $f \in AH_1$ und somit $H^* = AH_1$. Wegen $A \cap H_1 = \{1\}$ ist H^* das direkte Produkt von A und H_1. ▯

Wir wollen für den Fall, daß K ein angeordneter Körper ist, eine Anordnung auf $H(\Gamma, K, \{c_{\alpha,\beta}\})$ definieren. Für $f \in H(\Gamma, K, \{c_{\alpha,\beta}\})$ und $\alpha = \operatorname{Max} s(f)$ setzen wir $0 < f$, falls $0 < f(\alpha)$ gilt. Wie wir zu Beginn dieses Paragraphen erläutert haben, verlangen wir nun von dem Faktorensystem $\{c_{\alpha,\beta}\}$, daß $0 < c_{\alpha,\beta}$ für alle $\alpha, \beta \in \Gamma$ ist. Man bestätigt sofort, daß die Menge der positiven Elemente aus $H(\Gamma, K, \{c_{\alpha,\beta}\})$ einen Positivbereich für den Körper $H(\Gamma, K, \{c_{\alpha,\beta}\})$ bildet. Die Bewertung $v = f \mapsto \operatorname{Max} s(f)$ von $H(\Gamma, K, \{c_{\alpha,\beta}\})$ nach Γ ist mit der Anordnung von $H(\Gamma, K, \{c_{\alpha,\beta}\})$ verträglich. Weiter sind die (vor Lemma 1 betrachteten) Abbildungen $\alpha \mapsto t_\alpha = f_{\alpha,1}\colon \Gamma \to H(\Gamma, K, \{c_{\alpha,\beta}\})$ und $k \mapsto f_{\varepsilon,k}\colon K \to H(\Gamma, K, \{c_{\alpha,\beta}\})$ ordnungstreu. Wir können K also auch in bezug auf seine Anordnung mit einem Unterkörper von $H(\Gamma, K, \{c_{\alpha,\beta}\})$ identifizieren, was für das folgende verabredet sei. Ist das Faktorensystem $\{c_{\alpha,\beta}\}$ trivial, so ist Γ mit einer Untergruppe von $H(\Gamma, K, \{c_{\alpha,\beta}\})$ *o*-isomorph; deshalb wird Γ im Falle eines trivialen Faktorensystems stets als Untergruppe von $H(\Gamma, K, \{c_{\alpha,\beta}\})$ betrachtet. Wir untersuchen nun, analog zu dem Beweis von Satz 7, in welcher Beziehung Γ zu $H(\Gamma, K, \{c_{\alpha,\beta}\})$ für den Fall eines beliebigen Faktorensystems $\{c_{\alpha,\beta}\}$ mit $0 < c_{\alpha,\beta}$ steht. Es seien $H^>$ und $K^>$ die Gruppen der positiven Elemente von $H(\Gamma, K, \{c_{\alpha,\beta}\})$ bzw. K. Die Menge $A = \{kt_\alpha\colon k \in K^>, \alpha \in \Gamma\}$ ist eine Untergruppe von $H^>$, und $K^>$ ist der Kern des *o*-Epimorphismus $kt_\alpha \mapsto \alpha\colon A \to \Gamma$. Weil weiter $\{t_\alpha\colon \alpha \in \Gamma\}$ ein Repräsentantensystem von $A/K^>$ mit dem Faktorensystem $\{c_{\alpha,\beta}\}$ ist, ist A nach Satz 2, I, § 2 eine durch dieses Faktorensystem bestimmte lexikographische Erweiterung von $K^>$ durch Γ. Wie im Beweis von Satz 7 zeigt man, daß $H^>$ ein direktes Produkt von A und $H_1 = \{1 + f\colon f \in H(\Gamma, K, \{c_{\alpha,\beta}\}), v(f) < \varepsilon\}$ ist. Weil H_1 weiter eine konvexe Untergruppe von $H^>$ ist, ist $H^>$ ein lexikographisches Produkt von H_1 und A. Im Falle eines beliebigen Faktorensystems $\{c_{\alpha,\beta}\} \subseteq K^>$ ist $H^>$ also ein lexikographisches Produkt von H_1 und der durch das Faktorensystem $\{c_{\alpha,\beta}\}$ gegebenen lexikographischen Erweiterung von $K^>$ durch Γ.

Wir betrachten die Gruppe $[H]$ der archimedischen Klassen von $H(\Gamma, K, \{c_{\alpha,\beta}\})$. Die Gruppe $[K]$ der archimedischen Klassen von K fassen wir als Untergruppe von

$[H]$ auf. Es sei φ der Epimorphismus: $[f] \mapsto \operatorname{Max} s(f)$: $[H] \to \Gamma$. Wir zeigen, daß φ ordnungstreu ist: Angenommen, für $f, g \in H(\Gamma, K, \{c_{\alpha,\beta}\})$ mit $[f] < [g]$ wäre $\alpha = \operatorname{Max} s(f) > \operatorname{Max} s(g)$, und o.B.d.A. sei $0 < f$ und $0 < g$. Man erhielte $\operatorname{Max} s(f-g) = \operatorname{Max}\{\operatorname{Max} s(f), \operatorname{Max} s(g)\} = \alpha$ und damit $(f-g)(\alpha) = f(\alpha) > 0$, also $f > g$ und folglich $[f] \geqslant [g]$ im Widerspruch zu $[f] < [g]$. Also ist φ ordnungstreu. Nach dem Homomorphiesatz (für angeordnete Gruppen) ist deshalb $[H]/\operatorname{Kern}\varphi$ o-isomorph Γ. Wegen $\operatorname{Kern}\varphi = [K]$ folgt hieraus $[H]/[K] \simeq_0 \Gamma$.

Wir fassen das bisher Bewiesene zusammen:

Satz 8. *K sei ein angeordneter Körper und für das Faktorensystem $\{c_{\alpha,\beta}: \alpha, \beta \in \Gamma\}$ gelte zusätzlich $0 < c_{\alpha,\beta}$ für alle $\alpha, \beta \in \Gamma$. Für den Körper $H(\Gamma, K, \{c_{\alpha,\beta}\})$ ist durch $0 < f \Leftrightarrow 0 < f(\alpha)$ mit $\alpha = \operatorname{Max} s(f)$ ein Positivbereich definiert. Bezüglich dieser Anordnung läßt sich K mit seiner vorgegebenen Anordnung als angeordneter Unterkörper von $H(\Gamma, K, \{c_{\alpha,\beta}\})$ auffassen.*

Die Bewertung $v = f \mapsto \operatorname{Max} s(f)$ von $H(\Gamma, K, \{c_{\alpha,\beta}\})$ nach Γ ist ordnungsverträglich.

Ist das Faktorensystem $\{c_{\alpha,\beta}\}$ trivial, so ist Γ der Gruppe der charakteristischen Funktionen aus $H(\Gamma, K, \{c_{\alpha,\beta}\})$ o-isomorph. Im Falle eines beliebigen Faktorensystems ist die Gruppe $H^{>}$ der positiven Elemente von $H(\Gamma, K, \{c_{\alpha,\beta}\})$ ein lexikographisches Produkt von $H_1 = \{1 + f: f \in H(\Gamma, K, \{c_{\alpha,\beta}\}), v(f) < \varepsilon\}$ und der durch das Faktorensystem $\{c_{\alpha,\beta}\}$ bestimmten lexikographischen Erweiterung der Gruppe $K^{>}$ der positiven Elemente von K durch Γ.

Identifiziert man die Gruppe $[K]$ der archimedischen Klassen von K mit ihrer Einbettung in die Gruppe $[H]$ der archimedischen Klassen von $H(\Gamma, K, \{c_{\alpha,\beta}\})$, so ist $[K]$ in $[H]$ konvex und $[H]/[K]$ o-isomorph Γ.

Als Folgerung aus diesem Satz erhalten wir:

Satz 9 (Hahn 1907). *Eine angeordnete abelsche Gruppe läßt sich in die multiplikative Gruppe eines angeordneten Körpers ordnungstreu einbetten.*

Satz 10. *Der Gruppenring einer angeordneten abelschen Gruppe über einem angeordneten Körper kann in einen angeordneten Körper ordnungstreu eingebettet werden.*

Die Sätze 9 und 10 gelten allgemeiner für die ordnungstreue Einbettung einer beliebigen angeordneten Gruppe in einen angeordneten Schiefkörper bzw. für die o-Einbettung eines Gruppenringes einer angeordneten Gruppe über einem angeordneten Schiefkörper in einen angeordneten Schiefkörper, wie in Neumann 1949 und Mal'cev 1948 bewiesen ist. Eine noch allgemeinere Aussage ist in Zelinsky 1948c zu finden, der formale Potenzreihen auf einer beliebigen angeordneten Loop mit Koeffizienten aus einer (nicht assoziativen) Algebra betrachtet.

Es sei $H(\Gamma, K, \{c_{\alpha,\beta}\})$ ein angeordneter Körper von formalen Potenzreihen mit nicht trivialer Gruppe Γ. Die Bewertung $v = f \mapsto \operatorname{Max} s(f)$ von $H(\Gamma, K, \{c_{\alpha,\beta}\})$ ist ordnungsverträglich. Nach Satz 5 ist $H(\Gamma, K, \{c_{\alpha,\beta}\})$ bez. der durch v gegebenen uniformen Struktur topologisch vollständig. Die Ordnungstopologie von $H(\Gamma, K, \{c_{\alpha,\beta}\})$ stimmt mit der durch die natürliche Bewertung $f \mapsto [f]$ gegebenen überein, und wie wir in Satz 4, III, § 2 zeigen werden, definieren zwei ordnungsverträgliche Bewertungen eines angeordneten Körpers die gleiche Topologie. Also ist $H(\Gamma, K, \{c_{\alpha,\beta}\})$ bez. der durch die Ordnungstopologie gegebenen uniformen Struktur topologisch vollständig.

Wir erhalten damit:

Satz 11. *Ein angeordneter Körper von formalen Potenzreihen* $H(\Gamma, K, \{c_{\alpha,\beta}\})$ *mit nicht trivialer Gruppe* Γ *ist bezüglich der durch die Ordnungstopologie gegebenen uniformen Struktur topologisch vollständig.*

Aus Satz 6 gewinnen wir ein Kriterium, wann ein angeordneter Körper von formalen Potenzreihen reell abgeschlossen ist.

Lemma 12. *K sei ein Körper,* Γ *eine angeordnete abelsche Gruppe,* $\{c_{\alpha,\beta}\colon \alpha, \beta \in \Gamma\} \subseteq K$ *ein Faktorensystem und i eine Nullstelle von* $x^2+1 \in K[x]$. *Dann sind die Körper* $H(\Gamma, K, \{c_{\alpha,\beta}\})(i)$ *und* $H(\Gamma, K(i), \{c_{\alpha,\beta}\})$ *isomorph.*

Beweis.
Ist $i \in K$, so ist $H(\Gamma, K, \{c_{\alpha,\beta}\})(i) = H(\Gamma, K, \{c_{\alpha,\beta}\}) = H(\Gamma, K(i), \{c_{\alpha,\beta}\})$, und damit gilt die Aussage trivialerweise.

Sei also nun $i \notin K$. Wir definieren eine Abbildung

$$\sigma\colon H(\Gamma, K, \{c_{\alpha,\beta}\})(i) \to H(\Gamma, K(i), \{c_{\alpha,\beta}\})$$

und zwar sei für $f = f_1 + if_2$ mit $f_1, f_2 \in H(\Gamma, K, \{c_{\alpha,\beta}\})$ $\sigma(f) = \bar{f}$ mit $\bar{f}(\gamma) = f_1(\gamma) + if_2(\gamma)$ für $\gamma \in \Gamma$. Offensichtlich ist σ ein Isomorphismus bezüglich der Addition. Sei nun $h = fg \in H(\Gamma, K, \{c_{\alpha,\beta}\})(i)$ mit $h = h_1 + ih_2$, $f = f_1 + if_2$, $g = g_1 + ig_2$ und $h_1, h_2, f_1, f_2, g_1, g_2 \in H(\Gamma, K, \{c_{\alpha,\beta}\})$. Dann ist $h = f_1 g_1 - f_2 g_2 + i(f_1 g_2 + f_2 g_1)$ und somit

$$\begin{aligned}\bar{h}(\gamma) = &\sum_{\alpha\beta=\gamma} c_{\alpha,\beta}(f_1(\alpha) g_1(\beta) - f_2(\alpha) g_2(\beta)) \\ &+ i \sum_{\alpha\beta=\gamma} c_{\alpha,\beta}(f_1(\alpha) g_2(\beta) + f_2(\alpha) g_1(\beta)),\end{aligned}$$

also

$$\bar{h}(\gamma) = \sum_{\alpha\beta=\gamma} c_{\alpha,\beta}(f_1(\alpha) + if_2(\alpha))(g_1(\beta) + ig_2(\beta)) = \sum_{\alpha\beta=\gamma} \bar{f}(\alpha)\bar{g}(\beta)$$

und folglich $\bar{h} = \bar{f}\bar{g}$. Also ist σ auch ein Homomorphismus bezüglich der Multiplikation. ▯

Satz 13. *Der angeordnete Körper von formalen Potenzreihen* $H(\Gamma, K, \{c_{\alpha,\beta}\})$ *ist genau dann reell abgeschlossen, wenn* Γ *radizierbar und K reell abgeschlossen ist.*

Beweis.
$H(\Gamma, K, \{c_{\alpha,\beta}\})$ sei reell abgeschlossen. Die Bewertung $f \mapsto \operatorname{Max} s(f)$ von $H(\Gamma, K, \{c_{\alpha,\beta}\})$ ist ordnungsverträglich und hat die Wertegruppe Γ und den Restklassenkörper K. Also ist nach Lemma 17, § 4, Γ radizierbar und K reell abgeschlossen.

Sei nun Γ radizierbar und K reell abgeschlossen. Dann ist also $K(i)$ algebraisch abgeschlossen und somit nach Satz 6 $H(\Gamma, K(i), \{c_{\alpha,\beta}\})$ algebraisch abgeschlossen. Folglich ist wegen Lemma 12 auch $H(\Gamma, K, \{c_{\alpha,\beta}\})(i)$ algebraisch abgeschlossen. Um hieraus auf die reelle Abgeschlossenheit von $H(\Gamma, K, \{c_{\alpha,\beta}\})$ schließen zu können, haben wir nur noch zu zeigen, daß $i \notin H(\Gamma, K, \{c_{\alpha,\beta}\})$. Gäbe es ein $f \in H(\Gamma, K, \{c_{\alpha,\beta}\})$ mit $f^2 = -1$, so gälte $\alpha^2 = \varepsilon$ für $\alpha = \operatorname{Max} s(f)$ und damit $\alpha = \varepsilon$. Also erhielte man für f die Darstellung $f = f(\varepsilon)\, t_\varepsilon + f'$ mit $f(\varepsilon) \in K$ und $\operatorname{Max} s(f') < \varepsilon$. Folglich wäre

$\operatorname{Max} s(f^2) = \varepsilon$ und $f^2(\varepsilon) = f(\varepsilon) \cdot f(\varepsilon) = -1$, was wegen $f(\varepsilon) \in K$ und $i \notin K$ nicht möglich ist. □

Es sei $\alpha > 0$ eine Ordinalzahl. Im Kapitel IV werden wir uns mit reell abgeschlossenen η_α-Körpern der Kardinalität $\aleph_\alpha$ beschäftigen. Es wird sich herausstellen, daß diese Körper zu speziellen Unterkörpern von formalen Potenzreihen isomorph sind. Wir wollen diese Unterkörper jetzt betrachten. $H(\Gamma, K, \{c_{\beta,\gamma}\})$ sei ein Körper von formalen Potenzreihen auf Γ über K mit dem Faktorensystem $\{c_{\beta,\gamma}: \beta, \gamma \in \Gamma\}$. Eine *formale Potenzreihe* $f \in H(\Gamma, K, \{c_{\beta,\gamma}\})$ habe den *Grad* α, wenn $\operatorname{card} s(f) < \aleph_\alpha$ ist. Wir werden zeigen, daß die Menge der formalen Potenzreihen vom Grad α einen Unterkörper von $H(\Gamma, K, \{c_{\alpha,\beta}\})$ bildet und gehen dafür auf den Neumannschen Beweis für die Existenz des Inversen einer formalen Potenzreihe ein.

Lemma 14 (Neumann 1949). *$(\Gamma, \cdot)$ sei eine angeordnete abelsche Gruppe und Σ eine wohlgeordnete Teilmenge des Positivbereichs von Γ. Mit $\Sigma^\omega = \bigcup_{n \in \mathbb{N}} \Sigma^n$ sei die aus Σ erzeugte Halbgruppe in Γ bezeichnet. Dann ist Σ^ω eine wohlgeordnete Teilmenge von Γ.*

Beweis.
Wir nehmen an, Σ^ω ist nicht wohlgeordnet.

Dann gibt es eine streng monoton fallende Folge $(\sigma_n)_{n \in \mathbb{N}}$ von Elementen aus Σ^ω. Sei $\sigma_k = \alpha_{k_1} \alpha_{k_2} \ldots \alpha_{k_{n(k)}}$ mit $\alpha_{k_i} \in \Sigma$ für $k = 1, 2, \ldots,$ und sei $\alpha_k^* = \operatorname{Max}_i \alpha_{k_i}$. Weil Σ wohlgeordnet ist, gibt es unter den Elementen $\alpha_k^* \in \Sigma$ ein kleinstes Element α^*. Wir betrachten die archimedischen Klassen der Gruppe $(\Gamma, \cdot)$ und bezeichnen die archimedische Klasse eines Elementes $\gamma \in \Gamma$ mit (γ). Für jedes $\alpha \in \Sigma$ ist $\varepsilon < \alpha$ und daher gilt für $\alpha_1, \ldots, \alpha_n \in \Sigma$, daß $(\alpha_1 \alpha_2 \ldots \alpha_n) = \operatorname{Max}\{(\alpha_j): j = 1, \ldots, n\}$ ist. Also ist $(\sigma_k) = (\alpha_k^*)$ für $k = 1, 2, \ldots,$ und damit ist $(\alpha^*) = \operatorname{Min}\{(\sigma_k): k \in \mathbb{N}\}$. Folglich gibt es ein $n \in \mathbb{N}$ mit $(\sigma_n) = (\sigma_{n+1}) = (\sigma_{n+m}) = (\alpha^*)$ für alle $m \in \mathbb{N}$.

Wir können somit einer jeden streng monoton fallenden Folge $(\sigma'_k)_{k \in \mathbb{N}}$ von Elementen aus Σ^ω ein Element $\alpha^{*\prime} \in \Sigma$ zuordnen, so daß für die Elemente der Folge schließlich gilt $(\sigma'_k) = (\alpha^{*\prime})$, $k_0 \leqslant k \in \mathbb{N}$. Wegen der Wohlordnung von Σ gibt es unter den diesen Folgen zugeordneten Elementen ein kleinstes. Wir können deshalb annehmen, daß unsere streng monoton fallende Folge $(\sigma_k)_{k \in \mathbb{N}}$ bezüglich α^* diese Eigenschaft hat. Weiter können wir voraussetzen, indem wir eventuell endlich viele Elemente der Folge fortlassen, daß $(\sigma_k) = (\alpha^*)$ für alle $k \in \mathbb{N}$ gilt. Wir bezeichnen die archimedische Klasse (α^*) mit $\mathfrak{a}$. Es sei α das kleinste Element aus Σ, das der archimedischen Klasse $\mathfrak{a}$ angehört. Wegen $(\sigma_1) = (\alpha^*) = (\alpha)$ gibt es ein $p \in \mathbb{N}$ mit $\sigma_1 < \alpha^p$ und folglich $\sigma_k < \alpha^p$ für jedes $k \in \mathbb{N}$. Die natürliche Zahl p mit $\sigma_k < \alpha^p$ für alle $k \in \mathbb{N}$ sei minimal gewählt. Einer jeden streng monoton fallenden Folge $(\sigma'_k)_{k \in \mathbb{N}}$ mit $(\sigma_k) = \mathfrak{a}$, $k \in \mathbb{N}$, ist auf diese Weise eine minimale natürliche Zahl p' zugeordnet. Unter den hierbei auftretenden natürlichen Zahlen sei $\bar{p}$ die kleinste. Wir nehmen an, daß $(\sigma_k)_{k \in \mathbb{N}}$ so gewählt ist, daß $(\sigma_k)_{k \in \mathbb{N}}$ die natürliche Zahl $\bar{p}$ zugeordnet ist.

Ein Folgenelement σ_k hat die Darstellung $(*)$ $\sigma_k = \alpha_k^*$ oder $(**)$ $\sigma_k = \tau_k \alpha_k^*$ mit $\tau_k \in \Sigma^\omega$. Weil Σ wohlgeordnet ist, haben nur endlich viele Folgenelemente eine Darstellung der Form $(*)$. Folglich gibt es eine unendliche Teilfolge $(\sigma_{\varphi(k)})_{k \in \mathbb{N}}$ von $(\sigma_k)_{k \in \mathbb{N}}$, so daß alle Elemente dieser Folge eine Darstellung der Form $(**)$ haben. Diese Teilfolge ist streng monoton fallend, nicht aber die der zugehörigen $\alpha_{\varphi(k)}^*$. Daher enthält $(\tau_{\varphi(k)})_{k \in \mathbb{N}}$ eine streng monoton fallende Teilfolge $(\tau'_k)_{k \in \mathbb{N}}$. Für diese Folge $(\tau'_k)_{k \in \mathbb{N}}$ gilt aber $(\tau'_k) = \mathfrak{a}$ und $\tau'_k < \alpha^{\bar{p}-1}$ (wegen $\tau_k = \sigma_k \alpha_k^{*-1}$, $\sigma_k < \alpha^{\bar{p}}$ und $\alpha \leqslant \alpha_k^*$) im Widerspruch zur Wahl der Folge $(\sigma_k)_{k\in\mathbb{N}}$.

Die Existenz einer streng monoton fallenden Folge in Σ^ω ist damit zum Widerspruch geführt; folglich ist Σ^ω wohlgeordnet. □

Lemma 15 (Neumann 1949). *x sei ein Element des Integritätsringes $H(\Gamma, K, \{c_{\alpha,\beta}\})$ mit* $\operatorname{Max} s(x) < \varepsilon$. *Die Elemente a_n, $n \in \mathbb{N}$, seien aus K. Für jedes $\gamma \in \Gamma$ ist $x^n(\gamma) \neq 0$ nur für endlich viele $n \in \mathbb{N}$. Also ist $\sum_{n=1}^{\infty} a_n x^n = \gamma \mapsto \left(\sum_{n=1}^{\infty} a_n x^n\right)(\gamma)$ eine Abbildung von Γ nach K. Es ist $\sum_{n=1}^{\infty} a_n x^n \in H(\Gamma, K, \{c_{\alpha,\beta}\})$.*

Beweis.
Wir zeigen als erstes, daß $x^n(\gamma) \neq 0$ nur für endlich viele $n \in \mathbb{N}$ gilt. Angenommen, es gibt ein $\gamma \in \Gamma$ mit $x^n(\gamma) \neq 0$ für unendlich viele $n \in \mathbb{N}$. Sei $\Sigma = s(x)$. Es sei γ ein Element von unendlich vielen der Mengen Σ^n, $n \in \mathbb{N}$. Nach Lemma 14 ist $\Sigma^\omega = \bigcup_{n\in\mathbb{N}} \Sigma^n$ antiwohlgeordnet. γ sei von den Elementen aus Σ^ω, die in unendlich vielen der Mengen Σ^n, $n \in \mathbb{N}$, liegen, das größte. Es gibt zu γ unendlich viele Darstellungen als Produkt von Elementen aus Σ; wir ordnen diese nach wachsender Länge, also $\gamma = \gamma_{i1}\gamma_{i2}\ldots\gamma_{in_i}$ mit $\gamma_{ij} \in \Sigma$ und $n_1 < n_2 < \ldots$. Weil Σ antiwohlgeordnet ist, enthält die Folge $(\gamma_{i1})_{i\in\mathbb{N}}$ eine nicht wachsende Teilfolge. Wir nehmen deshalb an, daß $(\gamma_{i1})_{i\in\mathbb{N}}$ nicht wachsend ist. Die durch $\gamma'_i = \gamma_{i1}^{-1}\gamma$ bestimmte Folge $(\gamma'_i)_{i\in\mathbb{N}}$ von Elementen aus Σ^ω ist also nicht fallend und damit wegen der Antiwohlordnung von Σ^ω schließlich konstant. Folglich gibt es ein $j \in \mathbb{N}$ mit $\gamma'_{j+m} = \gamma'_j = \gamma'$ für alle $m \in \mathbb{N}$. Also ist γ' ein Element aus Σ^ω, das in unendlich vielen der Mengen Σ^n, $n \in \mathbb{N}$, liegt, und es ist $\gamma' > \gamma$ (wegen $\gamma' = \gamma_{j1}^{-1}\gamma$ und $\gamma_{j1} < \varepsilon$) im Widerspruch zur Wahl von γ. Folglich gilt $x^n(\gamma) \neq 0$ nur für endlich viele $n \in \mathbb{N}$.

Die Abbildung $\gamma \mapsto \left(\sum_{n=1}^{\infty} a_n x^n\right)(\gamma)\colon \Gamma \to K$ ist damit wohldefiniert. Der Träger dieser Funktion ist eine Teilmenge von Σ^ω und daher (nach Lemma 14) antiwohlgeordnet. Also ist $\sum_{n=1}^{\infty} a_n x^n \in H(\Gamma, K, \{c_{\alpha,\beta}\})$. □

Lemma 16 (Neumann 1949). *Es sei x ein Element des Körpers $H(\Gamma, K, \{c_{\alpha,\beta}\})$ mit* $\operatorname{Max} s(x) < \varepsilon$. *Dann ist*

$$(1+x)^{-1} = \sum_{\nu=0}^{\infty} (-x)^\nu.$$

Beweis.
Nach Lemma 15 ist $\sum_{\nu=0}^{\infty} (-x)^\nu \in H(\Gamma, K, \{c_{\alpha,\beta}\})$. Wir haben deshalb nur noch zu zeigen, daß $(1+x)\sum_{\nu=0}^{\infty} (-x)^\nu = 1$ ist. Es ist

$$\begin{aligned}(1+x)\sum_{\nu=0}^{\infty}(-x)^\nu &= (1+x)\left(1+\sum_{\nu=1}^{\infty}(-x)^\nu\right)\\ &= 1+\sum_{\nu=2}^{\infty}(-x)^\nu + x\sum_{\nu=1}^{\infty}(-x)^\nu.\end{aligned}$$

Damit haben wir $\sum_{\nu=2}^{\infty}(-x)^{\nu} = -x\sum_{\nu=1}^{\infty}(-x)^{\nu}$ nachzuweisen. Sei $\Sigma = s(x)$ und $\Sigma^{\omega} = \bigcup_{\nu=1}^{\infty}\Sigma^{\nu}$. Es ist

$$s\left(-x\sum_{\nu=1}^{\infty}(-x)^{\nu}\right) \subseteq s(x)\, s\left(\sum_{\nu=1}^{\infty}(-x)^{\nu}\right) \subseteq \Sigma\Sigma^{\omega}.$$

Zu $\gamma \in s\left(\sum_{\nu=2}^{\infty}(-x)^{\nu}\right)$ gibt es nach Lemma 15 ein $l \in \mathbb{N}$ mit $x^{\nu}(\gamma) = 0$ für alle $\nu \in \mathbb{N}$ mit $\nu > l$. Folglich ist $\gamma \in s\left(\sum_{\nu=2}^{l}(-x)^{\nu}\right)$ und läßt sich damit darstellen als $\gamma = \alpha_1\alpha_2\ldots\alpha_r$ mit $\alpha_i \in \Sigma$ und $2 \leqslant r \leqslant l$. Also ist $\gamma = \alpha_1(\alpha_2\ldots\alpha_r) \in \Sigma\Sigma^{\omega}$. Die Träger der formalen Potenzreihen $\sum_{\nu=2}^{\infty}(-x)^{\nu}$ und $-x\sum_{\nu=1}^{\infty}(-x)^{\nu}$ sind somit beide Teilmengen von $\Sigma\Sigma^{\omega}$. Nach Lemma 14 ist mit Σ auch Σ^{ω} antiwohlgeordnet und, wie vor Lemma 1 ausgeführt wurde, gibt es deshalb zu $\gamma \in \Sigma\Sigma^{\omega}$ nur endlich viele Elemente $\alpha_i \in \Sigma$ und $\beta_i \in \Sigma^{\omega}$, $i = 1, \ldots, n$, mit $\alpha_i\beta_i = \gamma$. Zu jedem β_i bestimmen wir aufgrund von Lemma 15 ein $k_i \in \mathbb{N}$ mit $x^{\nu}(\beta_i) = 0$ für alle $\nu > k_i$. Sei $k = \operatorname{Max}\{k_1, \ldots, k_n, l\}$. Dann ist

$$\left(\sum_{\nu=1}^{\infty}(-x)^{\nu}\right)(\beta_i) = \left(\sum_{\nu=1}^{k}(-x)^{\nu}\right)(\beta_i) \quad \text{für } i = 1, \ldots, n$$

und damit

$$\begin{aligned}\left(-x\sum_{\nu=1}^{\infty}(-x)^{\nu}\right)(\gamma) &= \sum_{i=1}^{n} c_{\alpha_i,\beta_i}(-x)(\alpha_i)\left(\sum_{\nu=1}^{k}(-x)^{\nu}\right)(\beta_i)\\ &= \sum_{\nu=1}^{k}\sum_{i=1}^{n} c_{\alpha_i,\beta_i}(-x)(\alpha_i)(-x)^{\nu}(\beta_i)\\ &= \sum_{\nu=1}^{k}(-x)^{\nu+1}(\gamma) = \left(\sum_{\nu=2}^{\infty}(-x)^{\nu}\right)(\gamma).\end{aligned}$$

Dies gilt für jedes $\gamma \in \Sigma\Sigma^{\omega}$; also ist $\sum_{\nu=2}^{\infty}(-x)^{\nu} = -x\sum_{\nu=1}^{\infty}(-x)^{\nu}$ und folglich $(1+x)^{-1} = \sum_{\nu=0}^{\infty}(-x)^{\nu}$. □

In den Lemmata 14 bis 16 haben wir den Neumannschen Beweis für die Existenz des Inversen einer formalen Potenzreihe der Form $1 + x$ mit $\gamma < \varepsilon$ für alle $\gamma \in s(x)$ wiedergegeben. Wir zeigen nun, daß die Menge der formalen Potenzreihen vom Grad α einen Körper bildet.

Satz 17 (Alling 1962). *Es sei $\alpha > 0$ eine Ordinalzahl und $H(\Gamma, K, \{c_{\beta,\gamma}\})$ der Körper der formalen Potenzreihen auf Γ über K mit dem Faktorensystem $\{c_{\beta,\gamma}\}$. Die Menge $H(\Gamma, K, \{c_{\beta,\gamma}\})_{\alpha}$ der formalen Potenzreihen vom Grad α aus $H(\Gamma, K, \{c_{\beta,\gamma}\})$ ist ein Unterkörper von $H(\Gamma, K, \{c_{\beta,\gamma}\})$. Ist $H(\Gamma, K, \{c_{\beta,\gamma}\})$ algebraisch (reell) abgeschlossen, so auch $H(\Gamma, K, \{c_{\beta,\gamma}\})_{\alpha}$.*

Beweis.
$H(\Gamma, K, \{c_{\beta,\gamma}\})_{\alpha}$ ist additiv wie multiplikativ abgeschlossen; denn für $f, g \in H(\Gamma, K, \{c_{\beta,\gamma}\})_{\alpha}$ erhält man wegen $s(f+g) \subseteq s(f) \cup s(g)$ und $s(fg) \subseteq s(f)s(g)$ die Abschätzung $\operatorname{card} s(f+g) < \aleph_{\alpha}$ und $\operatorname{card} s(fg) < \aleph_{\alpha}$. Ein Element $f \in H(\Gamma, K, \{c_{\beta,\gamma}\})_{\alpha}$ mit $\operatorname{Max} s(f) = \beta_0$ läßt sich darstellen als $f = f(\beta_0)\, t_{\beta_0}(1+x)$ mit $x \in H(\Gamma, K, \{c_{\beta,\gamma}\})_{\alpha}$

und Max $s(x) < \varepsilon$. Also ist das Inverse von f durch

$$f^{-1} = f(\beta_0)^{-1} c_{\beta_0, \beta_0^{-1}}^{-1} t_{\beta_0^{-1}} (1+x)^{-1}$$

gegeben. Damit ist $f^{-1} \in H(\Gamma, K, \{c_{\beta,\gamma}\})_\alpha$, falls $(1+x)^{-1} \in H(\Gamma, K, \{c_{\beta,\gamma}\})_\alpha$ gilt.

Wir können uns deshalb darauf beschränken, für ein Element $1 + x \in H(\Gamma, K, \{c_{\beta,\gamma}\})_\alpha$ mit Max $s(x) < \varepsilon$ zu zeigen, daß $(1+x)^{-1} \in H(\Gamma, K, \{c_{\beta,\gamma}\})_\alpha$ ist. Nach Lemma 16 ist $(1+x)^{-1} = 1 + \sum_{\nu=1}^{\infty} (-x)^\nu$ und $s\left(\sum_{\nu=1}^{\infty} (-x)^\nu\right) \subseteq \bigcup_{\nu=1}^{\infty} s(x^\nu)$. Ist card $s(x) < \aleph_0$, so ist auch card $s(x^\nu) < \aleph_0$ für alle $\nu \in \mathbb{N}$ und damit

$$\operatorname{card} s\left(\sum_{\nu=1}^{\infty} (-x)^\nu\right) \leqslant \sum_{\nu=1}^{\infty} \operatorname{card} s(x^\nu) \leqslant \aleph_0 \cdot \aleph_0 = \aleph_0 < \aleph_\alpha.$$

Für card $s(x) \geqslant \aleph_0$ ist card $s(x^\nu) =$ card $s(x)$ für jedes $\nu \in \mathbb{N}$ und folglich

$$\operatorname{card} s\left(\sum_{\nu=1}^{\infty} (-x)^\nu\right) \leqslant \sum_{\nu=1}^{\infty} \operatorname{card} s(x^\nu) \leqslant \aleph_0 \cdot \operatorname{card} s(x) < \aleph_0 \aleph_\alpha = \aleph_\alpha.$$

Also ist $(1+x)^{-1} \in H(\Gamma, K, \{c_{\beta,\gamma}\})_\alpha$ und somit $H(\Gamma, K, \{c_{\beta,\gamma}\})_\alpha$ ein Unterkörper von $H(\Gamma, K, \{c_{\beta,\gamma}\})$.

Ist $H(\Gamma, K, \{c_{\beta,\gamma}\})$ algebraisch (reell) abgeschlossen, so ist nach den Sätzen 6 und 13 Γ radizierbar und K algebraisch (reell) abgeschlossen. Sei $p = \sum_{j=0}^{n} a_j x^j$ ein Polynom mit Koeffizienten aus $H(\Gamma, K, \{c_{\beta,\gamma}\})_\alpha$. Es sei Γ' die kleinste radizierbare Untergruppe von Γ mit $s(a_j) \subseteq \Gamma'$ für $j = 0, \ldots, n$. Wegen card $s(a_j) < \aleph_\alpha$ für $j = 0, \ldots, n$ ist card $\Gamma' < \aleph_\alpha$. Es sei a'_j die Einschränkung von $a_j \colon \Gamma \to K$ auf Γ' und $p' = \sum_{j=0}^{n} a'_j x^j$. Weil Γ' radizierbar und K algebraisch (reell) abgeschlossen ist, ist nach Satz 6 (Satz 13) $H(\Gamma', K, \{c_{\beta,\gamma}\})$ algebraisch (reell) abgeschlossen. Also hat im Falle eines algebraischen Grundkörpers K das Polynom p' eine Nullstelle z' in $H(\Gamma', K, \{c_{\beta,\gamma}\})$, und im Falle eines reell abgeschlossenen Grundkörpers K erhält man eine Nullstelle z' für p' in $H(\Gamma', K, \{c_{\beta,\gamma}\})$, falls p ein Polynom ungeraden Grades oder ein Polynom der Form $x^2 - b$ mit $b > 0$ ist. Die durch $f' \mapsto f$ mit $f(\gamma) = 0$ für $\gamma \in \Gamma \setminus \Gamma'$ und $f \mid \Gamma' = f'$ definierte Abbildung von $H(\Gamma', K, \{c_{\beta,\gamma}\})$ nach $H(\Gamma, K, \{c_{\beta,\gamma}\})_\alpha$ ist offensichtlich ein Monomorphismus, der im Falle einer Anordnung auch ordnungstreu ist. Das Bild z von z' unter diesem Monomorphismus ist daher eine Nullstelle des Polynoms p. Also folgt aus der algebraischen (reellen) Abgeschlossenheit von $H(\Gamma, K, \{c_{\beta,\gamma}\})$ die von $H(\Gamma, K, \{c_{\beta,\gamma}\})_\alpha$. □

In Kapitel III, § 3 werden wir uns anhand der Arbeit von Kaplansky 1942 mit der Struktur maximal o-bewerteter Körper auseinandersetzen, und wir werden innerhalb dieses Fragenkreises zeigen, daß man einen angeordneten Körper bezüglich einer o-Bewertung stets unter Erhaltung seiner Anordnung und Bewertung in einen Körper von formalen Potenzreihen einbetten kann. Wir wollen hier einen direkten Beweis für diesen Einbettungssatz (für einen reell abgeschlossenen Körper) bringen, ohne auf die Kaplanskyschen Struktursätze Bezug zu nehmen. Vorweg stellen wir einige für den Beweis wichtige Lemmata zusammen.

Lemma 18 (Gillman, Jerison 1960). *F_1 und F_2 seien angeordnete Körper. Für $i = 1, 2$ sei E_i ein reell abgeschlossener Unterkörper von F_i, und das Element $z_i \in F_i$ sei transzen-*

dent über E_i. *Weiter sei* φ *ein o-Isomorphismus:* $E_1 \to E_2$ *und* ψ *eine o-Bijektion:* $E_1 \cup \{z_1\} \to E_2 \cup \{z_2\}$ *mit* $\psi | E_1 = \varphi$ *und* $\psi(z_1) = z_2$. *Dann existiert ein o-Isomorphismus* Φ: $E_1(z_1) \to E_2(z_2)$ *mit* $\Phi | E_1 = \varphi$ *und* $\Phi(z_1) = z_2$.

Beweis.
Als einfache transzendente Erweiterung über den isomorphen Körpern E_1, E_2 sind $E_1(z_1)$ und $E_2(z_2)$ isomorph, und zwar ist eine Fortsetzung des Isomorphismus φ: $E_1 \to E_2$ durch $\sum_{\nu=0}^{n} a_\nu z_1^\nu \mapsto \sum_{\nu=0}^{n} \varphi(a_\nu) z_2^\nu$: $E_1[z_1] \to E_2[z_2]$ und die Fortsetzung dieses Isomorphismus auf die Quotientenkörper gegeben. Sei Φ dieser Isomorphismus. Wir zeigen, daß Φ ordnungserhaltend ist und können uns dafür auf den Nachweis der Ordnungstreue der Restriktion von Φ auf $E_1[z_1]$ beschränken und hierbei darauf, daß für ein irreduzibles Polynom $f \in E_1[x]$ mit $f_1(z_1) > 0$ auch $\Phi(f(z_1)) > 0$ ist. Weil E_1 reell abgeschlossen ist, sind über E_1 irreduzible Polynome linear oder quadratisch von der Form $(x - a)^2 + b$ mit $a, b \in E_1$ und $b > 0$. Sei $f \in E_1[x]$ linear, also $f = x - c$ mit $c \in E_1$. Aus $f(z_1) > 0$ folgt $z_1 - c > 0$, somit $z_1 > c$, woraus man wegen $\Phi | E_1 \cup \{z_1\} = \psi$ und der Ordnungstreue von ψ also $\Phi(z_1) = z_2 > \Phi(c)$ und damit $\Phi(f(z_1)) > 0$ erhält. Sei nun $f \in E_1[x]$ von der Form $f = (x - a)^2 + b$ mit $b > 0$. Dann ist $f(z_1)$ positiv und ebenfalls $\Phi(f(z_1))$ wegen $\Phi(f(z_1)) = (z_2 - \varphi(a))^2 + \varphi(b)$ und der Ordnungstreue von φ. ▯

Nach Lemma 18 ist jede Fortsetzung der Anordnung von einem angeordneten Körper F zu einer Anordnung der transzendenten Körpererweiterung $F(z)$ durch die induzierte Anordnung der Menge $F \cup \{z\}$ bestimmt, falls F reell abgeschlossen ist. Daß auch die Umkehrung dieser Aussage gilt, also daß aus der eindeutigen Bestimmtheit der Anordnung von $F(z)$ (als Fortsetzung der Anordnung von F) durch die der Menge $F \cup \{z\}$ die reelle Abgeschlossenheit von F folgt, ist in Hafner-Mazzola 1971 bewiesen.

Das folgende Lemma ist eine Verschärfung des Lemmas 14, § 4 für den Fall einer ordnungsverträglichen Bewertung.

Lemma 19. *Es sei* E *ein angeordneter Körper,* B *ein Unterkörper von* E *und* v *eine ordnungsverträgliche Bewertung von* E *mit der Wertegruppe* Γ. *Weiter sei* E *eine unmittelbare Erweiterung von* B *bezüglich* v. *Zu jedem Element* $z \in E \setminus B$ *existiert eine streng monoton wachsende, pseudokonvergente Folge* $(b_\sigma)_{\sigma<\varrho}$ *von Elementen* $b_\sigma \in B$ *mit folgenden Eigenschaften:*

(I) *z ist Pseudolimes von* $(b_\sigma)_{\sigma<\varrho}$.
(II) $b_\sigma < z$ *für alle* $\sigma < \varrho$.
(III) *Die Folge* $(v(z - b_\sigma))_{\sigma<\varrho}$ *ist koinitial in der Menge* $\{v(z - b) \colon b \in B\} \subseteq \Gamma$.
(IV) $(b_\sigma)_{\sigma<\varrho}$ *hat keinen Pseudolimes in* B.

Beweis.
Wir beweisen die folgende Beziehung

$$\text{(A)} \qquad \underset{b \in B}{\forall}\ \underset{\bar{b} \in B}{\exists}\ \bar{b} < z \quad \text{und} \quad v(z - \bar{b}) < v(z - b).$$

Es sei $b \in B$ und $\alpha = v(z - b)$. Mit E ist natürlich auch $B(z)$ eine unmittelbare Erweiterung von B bezüglich v. Daher existiert ein Element $b^* \in B$ mit $v(b^*) = \alpha$. Also ist $v(b^{*-1}(z - b)) = \varepsilon$ mit ε als neutralem Element von Γ. Weil $B(z)$ eine unmittelbare

Erweiterung von B ist, gibt es zu $b^{*-1}(z-b)$ ein Element $b^{**}\in B$ mit $v(b^{**})=\varepsilon$ und $v(b^{*-1}(z-b)-b^{**})<\varepsilon$. Damit gilt $v(z-b-\tilde{b})<\alpha$ mit $\tilde{b}=b^*b^{**}\in B$, d.h. wir haben bewiesen

$$\text{(B)} \qquad \forall_{b\in B}\ \exists_{\tilde{b}\in B}\ v(z-b-\tilde{b})<v(z-b) \quad \text{und} \quad v(\tilde{b})=v(z-b).$$

Wir fahren im Beweis von (A) fort: Im Falle $b+\tilde{b}<z$ setze man $\bar{b}=b+\tilde{b}$. Also ist nur noch der Fall $z<b+\tilde{b}$ zu behandeln: Es sei $\hat{b}=b+\tilde{b}$. Nach (B) existiert zu $\hat{b}$ ein $\bar{\bar{b}}\in B$ mit $v(z-\hat{b}-\bar{\bar{b}})<v(z-\hat{b})$ und $v(\bar{\bar{b}})=v(z-\hat{b})$. Wir setzen $\bar{b}=\hat{b}+2\bar{\bar{b}}$. Wegen $v(z-\hat{b}-\bar{\bar{b}})<v(\bar{\bar{b}})$ ist $v(z-\bar{b})=\operatorname{Max}\{v(z-\hat{b}-\bar{\bar{b}}),\ v(\bar{\bar{b}})\}=\sigma$ mit $\sigma=v(\bar{\bar{b}})$. Aus $v(z-\hat{b}-\bar{\bar{b}})<v(z-\hat{b})$ erhält man $|z-\hat{b}-\bar{\bar{b}}|<|z-\hat{b}|=\hat{b}-z$. Ist $|z-\hat{b}-\bar{\bar{b}}|=\bar{\bar{b}}+\hat{b}-z$, so folgt damit $\bar{\bar{b}}+\hat{b}-z<\hat{b}-z$, also $\bar{\bar{b}}<0$, und daher gilt $\bar{b}-z<\bar{\bar{b}}+\hat{b}-z<\hat{b}-z$, woraus sich für $\bar{b}-z>0$ weiter

$$\sigma=v(\bar{b}-z)\leqslant v(\bar{\bar{b}}+\hat{b}-z)\leqslant v(\hat{b}-z)=\sigma$$

und somit $v(\bar{\bar{b}}+\hat{b}-z)=\sigma$ im Widerspruch zur Wahl von $\hat{b}$ ergäbe; folglich ist $\bar{b}-z<0$, d.h. $\bar{b}<z$. Ist $|z-\hat{b}-\bar{\bar{b}}|=z-\hat{b}-\bar{\bar{b}}$, so ist $0<z-\hat{b}-\bar{\bar{b}}$; wegen $z<\hat{b}$ gilt damit $0<\hat{b}-z<-\bar{\bar{b}}<-2\bar{\bar{b}}$, also $0<\hat{b}-z<-2\bar{\bar{b}}$ und daher $\bar{b}=\hat{b}+2\bar{\bar{b}}<z$. Damit ist (A) bewiesen.

Es sei ϱ der Koinitialitätstyp von $\{v(z-b)\colon b\in B\}$, die Teilmenge $\{\pi_\sigma\colon \sigma<\varrho\}$ koinitial in $\{v(z-b)\colon b\in B\}$ und $(\pi_\sigma)_{\sigma<\varrho}$ streng monoton fallend. Wegen (A) ist ϱ unendlich. Wir beweisen mit transfiniter Induktion die Existenz einer Folge $(b_\sigma)_{\sigma<\varrho}$ von Elementen $b_\sigma\in B$ mit folgenden Eigenschaften: für $\sigma<\varrho$ ist $b_\sigma<z$, $v(z-b_\sigma)<\pi_\sigma$ und die Folge $(v(z-b_\sigma))_{\sigma<\varrho}$ streng monoton fallend.

Sei also $\tau<\varrho$ und für jedes $\tau'<\tau$ eine Folge $(b_\sigma)_{\sigma<\tau'}$ mit den angegebenen Eigenschaften schon konstruiert, und weiter gelte, daß für $\tau''<\tau'<\tau$ die für τ' konstruierte Folge eine Fortsetzung der für τ'' konstruierten sei. Ist τ eine Limeszahl, so definiert man $(b_\sigma)_{\sigma<\tau}$ als Fortsetzung der für die Ordinalzahlen $\tau'<\tau$ bereits vorhandenen Folgen. Sei nun τ eine Nachfolgezahl, also $\tau=\tau_0+1$. Die Folge $(b_\sigma)_{\sigma<\tau_0}$ hat nach Induktionsvoraussetzung die geforderten Eigenschaften. Weil $\varrho>\tau_0$ und ϱ der Koinitialitätstyp von $\{v(z-b)\colon b\in B\}$ ist, ist $\{v(z-b_\sigma)\colon \sigma<\tau_0\}$ nicht koinitial in $\{v(z-b)\colon b\in B\}$. Folglich gibt es ein π_δ mit $\tau_0<\delta<\varrho$ und $\pi_\delta<v(z-b_\sigma)$ für jedes $\sigma<\tau_0$. Nach (A) existiert ein Element $\bar{b}\in B$ mit $\bar{b}<z$ und $v(z-\bar{b})<\pi_\delta$. Wir setzen $b_{\tau_0}=\bar{b}$ und definieren $(b_\sigma)_{\sigma<\tau}$ für die anderen Folgenelemente als Fortsetzung von $(b_\sigma)_{\sigma<\tau_0}$. Offensichtlich hat $(b_\sigma)_{\sigma<\tau}$ die verlangten Eigenschaften.

Für die Folge $(b_\sigma)_{\sigma<\varrho}$ ist also $b_\sigma<z$ für jedes $\sigma<\varrho$, weiter $(v(z-b_\sigma))_{\sigma<\varrho}$ streng monoton fallend, und wegen $v(z-b_\sigma)<\pi_\sigma$ für jedes $\sigma<\varrho$ ist $\{v(z-b_\sigma)\colon \sigma<\varrho\}$ koinitial in $\{v(z-b)\colon b\in B\}$. Für $\sigma<\sigma'$ ist $v(z-b_\sigma)>v(z-b_{\sigma'})$, woraus man wegen $b_\sigma<z$ und $b_{\sigma'}<z$ und somit $b_\sigma<b_{\sigma'}$ erhält. Es ist für $\sigma<\sigma'<\sigma''<\varrho$ ferner $v(b_{\sigma''}-b_{\sigma'})=v(b_{\sigma''}-z+z-b_{\sigma'})=v(z-b_{\sigma'})<v(z-b_\sigma)=v(b_{\sigma'}-b_\sigma)$; folglich ist $(b_\sigma)_{\sigma<\varrho}$ streng monoton wachsend und pseudokonvergent. Wegen $v(z-b_\sigma)=v(b_{\sigma+1}-b_\sigma)$ für jedes $\sigma<\varrho$ ist z ein Pseudolimes von $(b_\sigma)_{\sigma<\varrho}$. Nach (A) und aufgrund der Eigenschaften der Folge $(b_\sigma)_{\sigma<\varrho}$ gibt es zu jedem $b\in B$ ein Element b_σ, $\sigma<\varrho$, mit $v(z-b_\sigma)<v(z-b)$. Damit ist $v(b-b_\sigma)=\operatorname{Max}\{v(b-z),\ v(z-b_\sigma)\}=v(z-b)>v(b_\sigma-b_{\sigma+1})$, und b ist daher kein Pseudolimes von $(b_\sigma)_{\sigma<\varrho}$. Also hat die Folge $(b_\sigma)_{\sigma<\varrho}$ keinen Pseudolimes in B. □

Lemma 20. *E und E′ seien angeordnete und durch v bzw. v′ ordnungsverträglich bewertete Körper mit den Wertegruppen Γ bzw. Γ′. In E′ habe jede pseudokonvergente Folge einen Pseudolimes. E sei eine unmittelbare Erweiterung seines reell abgeschlossenen Unterkörpers B und E′ eine unmittelbare Erweiterung von B′. Weiter sei* $\psi: B \to B'$ *ein ordnungstreuer Bewertungsisomorphismus und das Element* $z \in E$ *transzendent über B. Dann existiert in E′ ein Element z′, so daß es einen o-Isomorphismus* $\Psi: B(z) \to B'(z')$ *mit* $\Psi \mid B = \psi$ *und* $z^{\Psi} = z'$ *gibt.*

Beweis.
Zu z sei eine Folge $(b_\sigma)_{\sigma<\varrho}$ von Elementen $b_\sigma \in B$ mit den Eigenschaften, wie im vorhergehenden Lemma angegeben, bestimmt. Es sei φ der zu dem Bewertungsisomorphismus $\psi: B \to B'$ gehörende Ordnungsisomorphismus von Γ auf Γ'. Wir setzen $\pi_\sigma = v(z-b_\sigma)$, $\sigma < \varrho$. Weil ψ ein ordnungstreuer Bewertungsisomorphismus ist, ist die Folge der b_σ^ψ in B' streng monoton wachsend und pseudokonvergent, und es gilt $v'(b_{\sigma+1}^\psi - b_s^\psi) = \pi_\sigma^\varphi$ für $\sigma < \varrho$. Die Folge $(b_\sigma^\psi)_{\sigma<\varrho}$ ist also in E' pseudokonvergent und hat daher einen Pseudolimes $z' \in E'$. Angenommen, z' ist algebraisch über B'. Mit B ist auch der zu B o-isomorphe Körper B' reell abgeschlossen; es folgt somit $z' \in B'$. Dann hat z' bei der Abbildung ψ ein Urbild $y \in B$. Da ψ ein Bewertungsisomorphismus: $B \to B'$ ist, folgt aus $v'(z'-b_\sigma^\psi) = v'(y^\psi - b_\sigma^\psi) = \pi_\sigma^\varphi$ für alle $\sigma < \varrho$ also $v(y-b_\sigma) = \pi_\sigma$ für alle $\sigma < \varrho$. Danach wäre $y \in B$ ein Pseudolimes der Folge $(b_\sigma)_{\sigma<\varrho}$, was nach (IV) des Lemmas 19 nicht möglich ist. Folglich ist z' transzendent über B'. Den restlichen Beweis führen wir mit Hilfe von Lemma 18. Wir haben also nur zu zeigen, daß $z' < b^\psi$ für $b \in B$ genau dann gilt, wenn $z < b$ ist, und hierfür genügt der Nachweis, daß aus $z < b$ für $b \in B$ stets $z' < b^\psi$ folgt. Sei also $b \in B$ und $z < b$. Nach Lemma 19 existiert zu b ein $\sigma_0 < \varrho$ mit $\pi_{\sigma_0} = v(z-b_{\sigma_0}) < v(z-b)$ und $b_{\sigma_0} < z$. Also gilt $v'(b^\psi - b_{\sigma_0}^\psi) = (v(b-b_{\sigma_0}))^\varphi = (v(z-b))^\varphi > \pi_{\sigma_0}^\varphi = v'(z'-b_{\sigma_0}^\psi)$ und damit

$$(*) \qquad v'(z'-b_{\sigma_0}^\psi) < v'(b^\psi - b_{\sigma_0}^\psi).$$

Angenommen, es gälte $b^\psi < z'$. Wegen $b_{\sigma_0} < z$ und $z < b$ ist dann $b_{\sigma_0} < b$ und damit $b_{\sigma_0}^\psi < b^\psi < z'$, also $0 < b^\psi - b_{\sigma_0}^\psi < z' - b_{\sigma_0}^\psi$, woraus wegen der Ordnungsverträglichkeit von v' aber $v'(b^\psi - b_{\sigma_0}^\psi) \leqslant v'(z'-b_{\sigma_0}^\psi)$ im Widerspruch zu $(*)$ folgte. □

Wir führen den Beweis des folgenden Einbettungssatzes so, daß für die natürliche Bewertung alle Beweisschritte im Beweis selbst ausgeführt werden, während man für beliebige ordnungsverträgliche Bewertungen zwei Sätze aus § 2, III braucht, auf die wir an entsprechender Stelle verweisen. Weitere Beweise bzw. Beweisskizzen des folgenden Satzes findet man in Kaplansky 1942, Conrad und Dauns 1969, Prieß-Crampe 1973, Rayner 1976 und Hüper 1977. (Man vgl. hierzu auch die Ausführungen in Kap. III, § 3.)

Satz 21. *K sei ein reell abgeschlossener Körper, v eine ordnungsverträgliche Bewertung von K mit der Wertegruppe Γ und dem Restklassenkörper* K_v*. Dann ist K einem Unterkörper des Körpers der formalen Potenzreihen* $H(\Gamma, K_v)$ *ordnungs- und bewertungsisomorph. Bezüglich der natürlichen Bewertung w gilt insbesondere: Ist E ein maximaler archimedischer Unterkörper von K, so läßt sich K ordnungstreu und bezüglich w werteerhaltend in den Körper* $H([K], E)$ *einbetten.*

Beweis (v. Chossy, Prieß-Crampe 1975).

1. Weil K reell abgeschlossen ist, hat jedes Polynom der Form $x^n - b$ mit $n \in \mathbb{N}$, $0 < b \in K$ eine Nullstelle in K; folglich sind die Gruppe $K^>$ der positiven Elemente von K und Γ wie $[K]$ radizierbar.

2. Durch v ist ein o-Epimorphismus π von $K^>$ nach Γ gegeben. Als konvexe Untergruppe von $K^>$ ist Kern π radizierbar, und somit läßt sich $K^>$ als lexikographisches Produkt $K^> = T \otimes \operatorname{Kern} \pi$ mit $T \simeq_o K^>/\operatorname{Kern} \pi \simeq_o \Gamma$ darstellen. $v \mid T$ ist also ein o-Isomorphismus: $T \to \Gamma$; wir bezeichnen das Urbild von $\gamma \in \Gamma$ unter diesem o-Isomorphismus mit t_γ.

3. Nach Satz 5, § 2, III gibt es einen (bez. der kanonischen Stelle) zu K_v o-isomorphen Unterkörper F von K. Für die natürliche Bewertung w: $K \to [K]$ ergibt sich die Existenz eines zu K_w o-isomorphen Unterkörpers ohne die Verwendung von Satz 5, § 2, III, folgendermaßen: Es sei E ein maximaler archimedischer Unterkörper von K. Natürlich liegt E im Bewertungsring A von w; also ist $\lambda \mid E$: $E \to K_w$ (für die kanonische Stelle λ zu w) ein o-Monomorphismus. Angenommen, $\lambda \mid E$ wäre nicht surjektiv. Dann gibt es ein $z \in A$, das nicht in E und auch nicht im Bewertungsideal M von w liegt. Als maximaler archimedischer Unterkörper von K ist E nach Lemma 6, § 3 algebraisch abgeschlossen in K und folglich reell abgeschlossen. Also ist z transzendent über E. Weil w ordnungsverträglich ist, ist M in A konvex und somit λ: $A \to K_w$ ordnungstreu. λ bildet also die Menge $E \cup \{z\}$ o-bijektiv auf $E^\lambda \cup \{z^\lambda\}$ ab. Nach Lemma 18 gibt es daher einen o-Isomorphismus: $E(z) \to E^\lambda(z^\lambda)$, der z auf z^λ abbildet und eine Fortsetzung von $\lambda | E$ ist. Als Restklassenkörper zur natürlichen Bewertung ist K_w archimedisch angeordnet, folglich auch $E^\lambda(z^\lambda)$ und damit $E(z)$ im Widerspruch dazu, daß E ein maximaler archimedischer Unterkörper von K sein sollte. Also ist $\lambda \mid E$: $E \to K_w$ surjektiv und somit E ein zu K_w o-isomorpher Unterkörper von K.

4. Wir identifizieren F und K_v. Mit v' sei die Bewertung $f \mapsto \operatorname{Max} s(f)$ von $H(\Gamma, F)$ nach Γ bezeichnet. Es sei $F[T]$ der durch T in K erzeugte Gruppenring über F. Durch $\sum_{i=1}^{n} a_i t_{\gamma_i} \mapsto \sum_{i=1}^{n} a_i \gamma_i$ ist ein Monomorphismus: $F[T] \to H(\Gamma, F)$ gegeben. Die Fortsetzung dieses Monomorphismus auf den Quotientenkörper $F(T)$ von $F[T]$ in K bezeichnen wir mit φ. Wegen

$$v\left(\sum_{i=1}^{n} a_i t_{\gamma_i}\right) = \operatorname*{Max}_i \gamma_i = v'\left(\sum_{i=1}^{n} a_i \gamma_i\right) \quad \text{für } 0 \neq a_i \in F,\ i = 1, \ldots, n,$$

ist φ ein Bewertungsmonomorphismus. Wir zeigen, daß φ auch ordnungstreu ist: Sei dafür $0 < \sum_{i=1}^{n} a_i t_{\gamma_i}$ mit $0 \neq a_i \in F$, $i = 1, \ldots, n$, $\gamma_1 < \gamma_2 < \ldots < \gamma_n$. Wäre $a_n < 0$, so wäre $\sum_{i=1}^{n} a_i t_{\gamma_i} < \sum_{i=1}^{n-1} a_i t_{\gamma_i}$ und wegen der Ordnungsverträglichkeit von v damit $\gamma_n = v\left(\sum_{i=1}^{n} a_i t_{\gamma_i}\right) \leqslant \gamma_{n-1} = v\left(\sum_{i=1}^{n-1} a_i t_{\gamma_i}\right)$ im Widerspruch zu $\gamma_n > \gamma_{n-1}$. Also ist $0 < a_n$ und aufgrund der Definition der Anordnung von $H(\Gamma, F)$ folglich $0 < \sum_{i=1}^{n} a_i \gamma_i$. Der Bewertungsmonomorphismus φ: $K \to H(\Gamma, F)$ ist somit ordnungstreu und werteerhaltend.

5. Es bezeichne $\mathfrak{L}$ die Menge aller Tupel (L, φ_L), wobei L ein Zwischenkörper von F und K und φ_L ein ordnungstreuer Bewertungsmonomorphismus von L in $H(\Gamma, F)$

mit $\varphi_L|F(T) = \varphi$ sei. Über $\mathfrak{L}$ ist durch $(L_1, \varphi_{L_1}) \subseteq (L_2, \varphi_{L_2})$: $\Leftrightarrow$ $L_1 \subseteq L_2$ und $\varphi_{L_2}|L_1 = \varphi_{L_1}$ eine teilweise Ordnung definiert, die induktiv ist. Daher gibt es nach dem Zornschen Lemma ein maximales Element $(B, \psi) \in \mathfrak{L}$.

6. Weil K reell abgeschlossen ist, liegt ein reeller Abschluß $\hat{B}$ von B in K. Die Gruppe Γ ist radizierbar, und nach Lemma 17, § 4 ist K_v und folglich auch F reell abgeschlossen. Also ist nach Satz 13 $H(\Gamma, F)$ reell abgeschlossen und enthält damit (nach Satz 12, § 2) einen reellen Abschluß $\hat{B}^\psi$ von B^ψ. Nach Satz 20, § 2 gibt es folglich einen o-Isomorphismus χ: $\hat{B} \to \hat{B}^\psi$, der eine Fortsetzung von ψ ist. Wir zeigen, daß χ ein Bewertungsisomorphismus ist: $\hat{B}$ und $\hat{B}^\psi$ sind unmittelbare Erweiterungen von B bzw. B^ψ. Damit gibt es zu $c \in \hat{B}$ ein $b \in B$ mit $v(b) = v(c)$. Ist v die natürliche Bewertung, so existieren folglich $n, m \in \mathbb{N}$ mit $|b| \leqslant n|c|$ und $|c| \leqslant m|b|$. Somit gilt $|\chi(b)| \leqslant n \cdot |\chi(c)|$ und $|\chi(c)| \leqslant m \cdot |\chi(b)|$, woraus man $[\chi(b)] = [\chi(c)]$ und wegen $[\chi(b)] = [\psi(b)] = [b]$ also $[\chi(c)] = [c]$ erhält. Also ist χ im Falle der natürlichen Bewertung werteerhaltend. Im Falle einer beliebigen ordnungsverträglichen Bewertung v kann man ähnlich wie eben mit Satz 4, § 2, III schließen. Wegen $v(b) = v(c)$ gibt es nach diesem Satz $f_1, f_2 \in F$ mit $|b| \leqslant f_1|c|$ und $|c| \leqslant f_2|b|$. Damit ist $|\chi(b)| \leqslant f_1 \cdot |\chi(c)|$ und $|\chi(c)| \leqslant f_2|\chi(b)|$, woraus nach dem gerade zitierten Satz $v'(\chi(b)) = v'(\chi(c))$ und wegen $v'(\chi(b)) = v'(\psi(b)) = v(b)$ weiter $v'(\chi(c)) = v(c)$ folgt. Also ist χ ein Bewertungsisomorphismus. Weil (B, ψ) maximal in $\mathfrak{L}$ ist, gilt somit $B = \hat{B}$ und $\psi = \chi$, d.h. B ist reell abgeschlossen.

7. Angenommen, $B \neq K$. Dann gibt es ein Element $z \in K \setminus B$. Da B reell abgeschlossen ist, muß z transzendent über B sein. Nach Satz 4 hat in $H(\Gamma, F)$ jede pseudokonvergente Folge einen Pseudolimes. Also existiert nach Lemma 20 ein Element $z' \in H(\Gamma, F)$, so daß es einen o-Isomorphismus Ψ von $B(z)$ auf $B^\psi(z')$ gibt mit $\Psi|B = \psi$ und $z^\Psi = z'$. Wir zeigen, daß Ψ ein Bewertungsisomorphismus ist: Sei $g \in B(z)$. Weil $B(z)$ eine unmittelbare Erweiterung von B ist, gibt es ein $b \in B$ mit $v(g) = v(b)$. Nun schließt man wie unter 6. mit Satz 4, § 2, III, daß $f_1, f_2 \in F$ existieren mit $|g| \leqslant f_1|b|$ und $|b| \leqslant f_2|g|$; hieraus folgt $|\Psi(g)| \leqslant f_1|\Psi(b)|$ und $|\Psi(b)| \leqslant f_2|\Psi(g)|$ und damit $v'(\Psi(g)) = v'(\Psi(b))$. Wegen $v'(\Psi(b)) = v'(\psi(b)) = v(b)$ gilt daher $v'(\Psi(g)) = v(g)$. Also ist Ψ auch werteerhaltend. Ist v die natürliche Bewertung, so kann man ähnlich wie unter 6. ohne Gebrauch des Satzes 4, § 2, III herleiten, daß v werteerhaltend ist.

Man erhält also $(B(z), \Psi) \in \mathfrak{L}$, was der Maximalität von (B, ψ) in $\mathfrak{L}$ widerspricht.

Folglich ist $B = K$ und ψ ein ordnungstreuer Bewertungsmonomorphismus von K in $H(\Gamma, F)$. $\square$

III Vervollständigungen und o-verträgliche Bewertungen

§ 1 Der stetige Abschluß eines Körpers

In diesem Kapitel untersuchen wir Vervollständigungen angeordneter Gruppen und Körper und als eng hiermit zusammenhängend ordnungsverträgliche Bewertungen. Im ersten Paragraphen betrachten wir die Vervollständigung eines angeordneten Körpers bez. der durch die Ordnungstopologie gegebenen uniformen Struktur, und es wird sich zeigen, daß man diese Vervollständigung auch allein über die Anordnung erhalten kann. Man kann die topologische Vervollständigung eines angeordneten Körpers als die gröbste innerhalb eines Prozesses von Vervollständigungen ansehen, mit denen wir uns dann im dritten Paragraphen auseinandersetzen. Es handelt sich um Vervollständigungen bez. der Pseudokonvergenz für ordnungsverträgliche Bewertungen. Wir werden sehen, daß „Vollständigkeit bez. der Pseudokonvergenz" dasselbe wie „maximal bewertet" bedeutet, und daß man als maximal o-bewertete Körper die Körper von formalen Potenzreihen erhält. Zuvor bringen wir in § 2 verschiedene Beschreibungsmöglichkeiten und wichtige Eigenschaften ordnungsverträglicher Bewertungen, darunter eine Charakterisierung der Henselschen Hülle o-bewerteter Körper. Im vierten Paragraphen übertragen wir die für angeordnete Körper betrachteten Vervollständigungen auf angeordnete (nicht notwendig abelsche) Gruppen.

Den Körper $\mathbb{Q}$ kann man auf drei Arten zu einem angeordneten Körper „vervollständigen", und man erhält als Vervollständigung jedes Mal $\mathbb{R}$: einmal mittels der ordnungstheoretischen Vervollständigung durch Dedekindsche Schnitte, weiter über die Vervollständigung bzgl. Cauchyfolgen (Cantorsches Verfahren) und schließlich über die topologische Vervollständigung bezüglich der durch die Ordnungstopologie gegebenen uniformen Struktur.

Diese Vervollständigungsprozesse sind etwa gleichzeitig (1967–1970) von verschiedenen Autoren (Baer, Hauschild, Scott, Massaza) für beliebige angeordnete Körper untersucht worden. (Innerhalb der Bewertungstheorie kennt man Antworten auf die in § 1 behandelten Fragen für reelle Bewertungen bereits durch Kürschák 1913 und Rychlik 1924 und für topologische Divisionsringe vom Typ V durch Kaplansky 1947.)

Baer — wie auch Scott — hat die Vervollständigung eines angeordneten Körpers mittels Dedekindscher Schnitte untersucht. Um die Menge der Dedekindschen Schnitte auch im Falle von nichtarchimedisch angeordneten Körpern mit einer Körperstruktur versehen zu können, ist hierbei der Begriff des Dedekindschen Schnittes enger zu fassen (eigentlicher Dedekindscher Schnitt). Die Vervollständigung eines angeordneten Körpers bezüglich solcher Dedekindschen Schnitte ist bis auf o-

Isomorphie eindeutig bestimmt, und wird von Baer „stetiger Abschluß" genannt. Hauschild überträgt das Cantorsche Verfahren auf beliebige angeordnete Körper, indem er mit Ordinalzahlen indizierte Cauchyfolgen betrachtet. Auch hier ergibt sich als Vervollständigung eines angeordneten Körpers wieder ein angeordneter Körper, und dieser ist o-isomorph zum stetigen Abschluß des Ausgangskörpers.

Die dritte Methode schließlich, die Vervollständigung über die durch die Ordnungstopologie gegebene uniforme Struktur, ist von Massaza ausgeführt, und man erhält als Vervollständigungskörper wieder den stetigen Abschluß.

In einem zweiten Teil dieses Paragraphen werden wir den von all den gerade zitierten Autoren bewiesenen Satz bringen, daß der stetige Abschluß eines reell abgeschlossenen Körpers wieder reell abgeschlossen ist. Damit kommen wir zu dem von Baer eingeführten Begriff des Dedekind-abgeschlossenen Körpers, mit dem wir uns dann im letzten Teil dieses Paragraphen befassen.

Wir behandeln als erstes die Methode der Vervollständigung eines angeordneten Körpers durch Dedekindsche Schnitte.

Ein Paar (S, D) von Teilmengen einer angeordneten Menge K wird ein *Dedekindscher Schnitt* in K genannt, wenn die folgenden Bedingungen erfüllt sind:

(1) $S \neq \emptyset$, $D \neq \emptyset$, $S \cup D = K$.
(2) Für alle $s \in S$, $d \in D$ ist $s < d$.
(3) Hat S ein letztes Element, so hat D auch ein erstes.

Ist K in sich dicht geordnet, so folgt aus (3) die Bedingung

(3′) S hat kein letztes Element.

S heiße die *Unter*- und D die *Oberklasse* des Dedekindschen Schnittes (S, D).

Ein Element k der angeordneten Menge K definiert durch $S = \{a \in K\colon a < k\}$ und $D = \{a \in K\colon k \leqslant a\}$ einen Dedekindschen Schnitt; wir bezeichnen diesen mit $(S(k), D(k))$. Gibt es zu einem Dedekindschen Schnitt (S, D) einer angeordneten Menge K ein Element $k \in K$ mit $S = S(k)$, $D = D(k)$, so sagen wir, *k bestimmt in K den Dedekindschen Schnitt* (S, D); gibt es kein solches Element, so heißt der *Dedekindsche Schnitt* (S, D) *frei*. Für eine Teilmenge U der angeordneten Menge K und einen Dedekindschen Schnitt (S, D) in K setzen wir $w_{K/U}(S, D) = (S \cap U,\ D \cap U)$. Der Dedekindsche Schnitt (S, D) von U wird durch $k \in K$ bestimmt, wenn $w_{K/U}(S(k), D(k)) = (S, D)$ ist.

Es sei nun $(K, +)$ eine angeordnete abelsche Gruppe ohne kleinstes positives Element. Wir nennen einen *Dedekindschen Schnitt* (S, D) in K *eigentlich*, wenn (S, D) die folgende Eigenschaft hat: Zu jedem $0 < k \in K$ gibt es Elemente $s \in S$, $d \in D$ mit $0 < d - s < k$.

Satz 1. *Es sei K ein angeordneter Körper.*

Die Menge $D(K)$ der eigentlichen Dedekindschen Schnitte von K ist bezüglich der folgendermaßen erklärten Verknüpfungen und Anordnung ein angeordneter Körper:

Für (S_1, D_1), $(S_2, D_2) \in D(K)$ sei $(S_1, D_1) + (S_2, D_2)$ der Schnitt, dessen Unterklasse aus der Menge $\{k \in K\colon \underset{s_1 \in S_1,\, s_2 \in S_2}{\exists} k \leqslant s_1 + s_2\}$ besteht.

Es sei $(S_1, D_1) \leqslant (S_2, D_2)$, wenn $S_1 \subseteq S_2$.

Für positive (S_1, D_1), (S_2, D_2) sei $(S_1, D_1) \cdot (S_2, D_2)$ der Schnitt, dessen Unterklasse aus der Menge $\{k \in K\colon \underset{0 < s_1 \in S_1,\, 0 < s_2 \in S_2}{\exists} k \leqslant s_1 s_2\}$ besteht. Das Produkt

zweier beliebiger Dedekindscher Schnitte sei mittels der üblichen Vorzeichenregeln auf das Produkt zweier positiver Dedekindscher Schnitte zurückgeführt.

Bei Identifizierung von k mit $(S(k), D(k))$ für $k \in K$ ist K ein angeordneter Unterkörper von $D(K)$.

Ein ausführlicher Beweis dieses Satzes ist z. B. in Massaza 1969/70 zu finden. Für den Nachweis, daß $D(K)$ der gesuchte „stetige Abschluß" von K ist, brauchen wir die beiden folgenden Lemmata:

Lemma 2. *Folgende Eigenschaften des Unterkörpers U eines angeordneten Körpers K sind äquivalent:*

(1) *K ist archimedisch über U.*

(2) *$w_{K/U}(S, D)$ ist für jeden Dedekindschen Schnitt (S, D) in K ein Dedekindscher Schnitt in U.*

(3) *Ist (S, D) ein Dedekindscher Schnitt in K und $w_{K/U}(S, D)$ ein eigentlicher Dedekindscher Schnitt in U, so ist (S, D) eigentlich.*

Beweis.

(1) $\Rightarrow$ (2): Weil K archimedisch über U ist, gibt es zu jedem $k \in K$ Elemente $u, v \in U$ mit $u < k < v$. Folglich ist $S \cap U \neq \emptyset$ und $D \cap U \neq \emptyset$. Da S kein letztes Element enthält, und es zu jedem $0 < k \in K$ ein $0 < u \in U$ mit $u < k$ gibt, ist auch $S \cap U$ ohne letztes Element. $(S \cap U, D \cap U)$ ist daher ein Dedekindscher Schnitt in U.

(2) $\Rightarrow$ (1): Gilt (2), so ist insbesondere $w_{K/U}(k)$ für jedes $k \in K$ ein Dedekindscher Schnitt in U. Also gibt es $u, v \in U$ mit $u < k$ und $k \leqslant v$; dann ist $k < 2|v|$.

Folglich ist K archimedisch über U.

(1) $\Rightarrow$ (3): Weil K archimedisch über U ist, gibt es zu jedem $0 < k \in K$ ein $0 < u \in U$ mit $u < k$. Aus der Eigenschaft, daß $w_{K/U}(S, D)$ eigentlich ist, folgt damit, daß (S, D) eigentlich ist.

(3) $\Rightarrow$ (1): Sei $S = \{k \in K\colon \underset{u \in U}{\exists}\, k \leqslant u < 0\}$ und $D = K \setminus S$. Dann ist (S, D) ein Dedekindscher Schnitt in K. Es ist $D \cap U = \{u \in U\colon u \geqslant 0\}$ und $S \cap U = \{u \in U\colon u < 0\}$; also ist $w_{K/U}(S, D)$ der durch 0 bestimmte eigentliche Dedekindsche Schnitt in U; nach (3) ist damit (S, D) eigentlich. Daher gibt es zu $0 < k \in K$ Elemente $d \in D$, $s \in S$ mit $0 < d - s < k$. Aus der Definition von S folgt die Existenz eines $u \in U$ mit $s \leqslant u < 0$. Wegen $d \notin S$ ist $d > \frac{1}{2}u$. Damit erhält man $0 < -\frac{1}{2}u = \frac{1}{2}u - u < d - s < k$, d.h. K ist archimedisch über U. □

Lemma 3: *Die folgenden Eigenschaften des Unterkörpers U eines angeordneten Körpers K sind äquivalent:*

(1) *U ist dicht in K.*

(2) *Ist (S, D) ein eigentlicher Dedekindscher Schnitt in K, so ist $w_{K/U}(S, D)$ ein eigentlicher Dedekindscher Schnitt in U.*

Insbesondere ist dann $w_{K/U}(k)$ für jedes $k \in K$ ein eigentlicher Dedekindscher Schnitt in U.

Beweis.

(1) $\Rightarrow$ (2): Sei (S, D) ein eigentlicher Dedekindscher Schnitt in K. Nach dem vorhergehenden Lemma ist (S, D) ein Dedekindscher Schnitt in U. Sei $0 < e \in U$. Da (S, D) eigentlich (in K) ist, gibt es Elemente $s \in S$, $d \in D$ mit $0 < d - s < \dfrac{e}{3}$. Weil U dicht in

K ist, existieren Elemente s', $d' \in U$ mit $s - \frac{e}{3} < s' < s$ und $d < d' < d + \frac{e}{3}$. Es ist $s' \in S \cap U$, $d' \in U \cap D$ und $d' - s' < d + \frac{e}{3} - s + \frac{e}{3} < e$; also ist $w_{K/U}(S, D)$ eigentlich.

(2) $\Rightarrow$ (1): $w_{K/U}(k)$ ist für jedes $k \in K$ ein eigentlicher Dedekindscher Schnitt in U. Wie im Beweisschritt (2) $\Rightarrow$ (1) des vorhergehenden Lemmas ausgeführt, folgt hieraus: K ist archimedisch über U.

Seien k', $k'' \in K$ mit $k' < k''$. Aufgrund der Archimedizität von K über U gibt es ein $u \in U$ mit $0 < u < \frac{1}{2}(k'' - k')$. Da der durch $k = \frac{1}{2}(k' + k'') \in K$ bestimmte Dedekindsche Schnitt in K eigentlich ist, ist dies auch für $w_{K/U}(k)$ der Fall. Daher gibt es s, $d \in U$, $s < k \leqslant d$ mit $0 < d - s < u < \frac{1}{2}(k'' - k')$. Für s, d gilt: $d = s + (d - s) < k + \frac{1}{2}(k'' - k') = \frac{1}{2}(k' + k'') + \frac{1}{2}(k'' - k') = k''$ und $k' = \frac{1}{2}(k' + k'') - \frac{1}{2}(k'' - k') = k - \frac{1}{2}(k'' - k') < d - (d - s) = s$. Damit hat man $k' < s < k''$, $s \in U$; also ist U dicht in K.

Der stetige Abschluß eines Körpers wird bei Baer durch die in dem folgenden Satz formulierte Eigenschaft definiert:

Satz 4 (Baer 1970). *Zu jedem angeordneten Körper K gibt es bis auf o-Isomorphie genau einen die Anordnung von K fortsetzenden angeordneten Oberkörper $\hat{K}$ von K mit folgenden Eigenschaften:*

a) *K ist dicht in $\hat{K}$.*
b) *Ist Z ein die Anordnung von K fortsetzender, angeordneter Oberkörper von K und K dicht in Z, so gibt es genau einen die Elemente aus K fixierenden o-Monomorphismus von Z in $\hat{K}$.*
c) *Es gibt keine echte, die Anordnung von $\hat{K}$ fortsetzende Erweiterung von $\hat{K}$, in der $\hat{K}$ dicht ist.*
d) *Die Abbildung $t \mapsto w_{\hat{K}/K}(t)$ ist eine bijektive Abbildung von $\hat{K}$ auf die Menge aller eigentlichen Dedekindschen Schnitte in K.*

$\hat{K}$ heißt stetiger Abschluß von K.

Beweis.
Wir wählen für $\hat{K}$ den Körper $D(K)$ der eigentlichen Dedekindschen Schnitte in K (vgl. Satz 1). Damit ist $\hat{K}$ ein Oberkörper von K, und die Anordnung von $\hat{K}$ ist eine Fortsetzung jener von K; weiter hat $\hat{K}$ offensichtlich die Eigenschaft d).

Seien (S, D), $(S', D') \in D(K)$ und $(S, D) < (S', D')$. Dann ist $S \subsetneqq S'$, und es gibt ein $s'' \in S'$ mit $s'' \notin S$. Da S' kein letztes Element besitzt, existiert ein $s' \in S'$ mit $s' > s''$. Es gilt nun $S \subsetneqq S(s') \subsetneqq S'$, und da man den durch $s' \in K$ bestimmten eigentlichen Dedekindschen Schnitt mit s' identifizieren kann, ist K dicht in $D(K)$; somit ist a) erfüllt.

Ist Z eine die Anordnung von K fortsetzende, angeordnete Erweiterung, in der K dicht ist, so ist nach Lemma 3 $w_{Z/K}(z)$ für jedes $z \in Z$ ein eigentlicher Dedekindscher Schnitt in K, und die Abbildung $z \mapsto w_{Z/K}(z)$ ist der gesuchte eindeutig bestimmte o-Monomorphismus von Z in $D(K)$; also gilt b).

Ist E eine die Anordnung von $D(K)$ fortsetzende, angeordnete Erweiterung, in der $D(K)$ dicht ist, so ist insbesondere K dicht in E, und Anwendung von b) liefert $E = D(K)$; daraus folgt c).

Aus b) folgt insbesondere die Eindeutigkeit von $\hat{K}$ bis auf o-Isomorphismen, die auf K die Identität induzieren. □

Über die Beziehung zwischen den stetigen Abschlüssen von Unter- und Oberkörper gibt der folgende Satz eine Antwort:

Satz 5 (Baer 1970). *Der angeordnete Körper K sei archimedisch über seinem Unterkörper U. Dann ist der stetige Abschluß $\hat{U}$ von U einem Unterkörper des stetigen Abschlusses $\hat{K}$ von K o-isomorph.*

Beweis.
Sei (S', D') ein eigentlicher Dedekindscher Schnitt in U. Durch $S = \{k \in K\colon \underset{s' \in S'}{\exists}\ k \leqslant s'\}$ und $D = K \setminus S$ ist ein Dedekindscher Schnitt (S, D) in K definiert, der nach Lemma 2 auch eigentlich in K ist.

Es ist $S' = S \cap U$, $D' = D \cap U$. Durch $(S', D') \mapsto (S, D)$ ist ein o-Monomorphismus: $\hat{U} \to \hat{K}$ gegeben. □

Wir nennen einen angeordneten Körper *stetig abgeschlossen*, wenn er mit seinem stetigen Abschluß übereinstimmt. Aufgrund des gerade bewiesenen Satzes erhält man:

Satz 6 (Baer 1970). *Die folgenden Eigenschaften eines angeordneten Körpers K sind äquivalent:*

(1) *K ist stetig abgeschlossen.*
(2) *Es gibt keine echte, die Anordnung von K fortsetzende Erweiterung von K, in der K dicht ist.*
(3) *Ist der Unterkörper U von K dicht in K, so ist $K = \hat{U}$.*
(4) *Jeder eigentliche Dedekindsche Schnitt in K wird durch ein Element aus K bestimmt.*

Bei Baer ist also in der Charakterisierung des stetig abgeschlossenen Körpers bzw. des stetigen Abschlusses eine Beziehung zu den eigentlichen Dedekindschen Schnitten hergestellt. Man kann denselben Sachverhalt auch ohne Benutzung des Begriffs der eigentlichen Dedekindschen Schnitte darstellen, wie dies bei Scott geschieht und als Idee auch in der Arbeit von Baer zu finden ist. Geht man von der üblichen Dedekindschen Definition der ordnungstheoretischen Vollständigkeit aus (jede nach oben beschränkte Menge besitzt ein Supremum), so wird ein Isomorphismus mit den reellen Zahlen impliziert. Deshalb ist es angebracht, den (ordnungstheoretischen) Begriff der Vollständigkeit für einen beliebigen angeordneten Körper allgemeiner zu fassen: Ein angeordneter Körper K heiße *ordnungsvollständig*, wenn es keine echte, die Anordnung von K fortsetzende Erweiterung von K gibt, in der K dicht ist.

Dementsprechend wird die *Ordnungsvervollständigung* $\hat{K}$ eines angeordneten Körpers K als maximaler angeordneter Oberkörper von K definiert, in dem K dicht ist.

Insbesondere ist natürlich der bei Baer charakterisierte stetige Abschluß auch die Ordnungsvervollständigung eines Körpers im Sinne der eben formulierten Definition. Den Nachweis der — bis auf o-Isomorphie eindeutigen — Existenz der Ordnungsvervollständigung $\hat{K}$ eines angeordneten Körpers K kann man aber auch ohne die Konstruktion von $D(K)$ (= Körper der eigentlichen Dedekindschen Schnitte) führen. Dies soll nun ausgeführt werden.

Lemma 7. *Zu jedem Dedekindschen Schnitt (S, D) in einem angeordneten Körper K gibt es eine die Anordnung von K fortsetzende, über K archimedische Erweiterung E von K*

und ein Element $t \in E$, das (S, D) bestimmt, d.h.

$$\text{ist } k \in K \text{ und } \left.\begin{matrix} k < t \\ k > t \end{matrix}\right\}, \text{ so folgt } \left\{\begin{matrix} k \in S \\ k \in D \end{matrix}\right. .$$

Beweis. (Baer 1970)
I) Für den Spezialfall des reell abgeschlossenen Körpers: Sei (S, D) ein Dedekindscher Schnitt in K. Dann gibt es (S besitzt ja kein letztes Element) zwei Möglichkeiten:

D hat ein erstes Element; in diesem Fall wähle man $E = K$;
D hat kein erstes Element; dann sei $E = K(t)$ mit t transzendent über K.

Ist $E = K(t)$, so läßt sich folgendermaßen auf E eine Ordnung definieren: Ein Polynom $f(t) \in K[t]$ soll positiv sein, wenn gilt:

(P) Es gibt $s \in S$ und $d \in D$ mit $0 < f(z)$ für alle z mit $s \leqslant z \leqslant d$.

Man weist leicht nach, daß durch diese Festsetzung eine Anordnung auf $K[t]$ festgesetzt ist, die verträglich ist mit der Ringstruktur; diese Anordnung läßt sich in üblicher Weise eindeutig auf den Quotientenkörper E fortsetzen, und sie ist auch eine Fortsetzung der Anordnung von K.

Ist $d \in D$, so gibt es ein $d_1 \in D$ mit $d_1 < d$. Für $f(t) = d - t$ gilt $f(d) = 0$ und für beliebiges $s \in S$ und $s \leqslant z \leqslant d_1$ ist $f(z) > 0$. Also ist $d - t$ positiv. Analog zeigt man: $t - s$ ist positiv. Damit gilt $s < t < d$ für alle $s \in S$, $d \in D$, d.h. t bestimmt (S, D).

Sei $f(t)$ ein positives Polynom in E; dann gibt es $s_1 \in S$, $d_1 \in D$ mit $0 < f(z)$ für alle $s_1 \leqslant z \leqslant d_1$. Da K reell abgeschlossen ist, nimmt $f(t)$ im Intervall $[s_1, d_1]$ das Maximum an, d.h. es existiert ein $k \in K$ mit $k > 0$ und $k \geqslant f(z)$ für $s_1 \leqslant z \leqslant d_1$. Daraus folgt $2k > f(z)$ für $s_1 \leqslant z \leqslant d_1$, und man hat somit gezeigt: zu $0 < f(t)$ gibt es ein $p \in K$ mit $f(t) < p$. Ebenso gibt es zu $0 < f(t)$ ein $q \in K$ mit $0 < q < f(t)$; folglich ist E archimedisch über K.

Die für $K(t)$ angegebene Anordnung ist sogar die einzig mögliche, so daß t den Dedekindschen Schnitt (S, D) in K bestimmt; dies folgt z. B. aus Lemma 18, II, § 5.

II) Rückführung des allgemeinen Falles auf den Spezialfall: Sei K ein beliebiger angeordneter Körper und R sein reeller Abschluß. R ist archimedisch über K (vgl. Lemma 6, II, § 3). Zu einem Dedekindschen Schnitt (S, D) in K kann man einen Dedekindschen Schnitt (S', D') in R definieren:

$$S' = \{r \in R \colon \underset{s \in S}{\exists}\, r \leqslant s\}, \qquad D' = R \setminus S'.$$

Es ist nun $S \subseteq S'$, $D \subseteq D'$; nach I) gibt es zu R eine archimedische Erweiterung E und ein $t \in E$, das (S', D') bestimmt. Wegen $S \subseteq S'$, $D \subseteq D'$ bestimmt t auch (S, D), und da E archimedisch über R und R archimedisch über K ist, ist E archimedisch über K. Also ist E die gesuchte Erweiterung. □

Wir weisen nun, ohne auf den in Satz 1 definierten Körper $D(K)$ der eigentlichen Dedekindschen Schnitte des angeordneten Körpers K Bezug zu nehmen, die Existenz und Eindeutigkeit (bis auf o-Isomorphie natürlich) der Ordnungsvervollständigung $\hat{K}$ von K nach.

1. Existenz von $\hat{K}$: Durch transfinite Induktion kann man aufgrund des gerade bewiesenen Lemmas zu K eine die Anordnung von K fortsetzende, über K archimedi-

sche Erweiterung K' konstruieren, so daß jeder Dedekindsche Schnitt in K durch ein Element aus K' bestimmt wird.

$$\text{Sei } \hat{K} = \{x \in K' \colon \underset{0 < a \in K}{\forall} \; \underset{b \in K}{\exists} \; x < b < x + a\}\,.$$

Es ist $K \subseteq \hat{K}$, und $\hat{K}$ enthält alle Unterkörper von K', in denen K dicht ist. Wir zeigen, daß $\hat{K}$ Unterkörper von K' ist: Sei für die folgenden Beweisschritte stets $a \in K$ und $0 < a$. Sind $x, y \in \hat{K}$, so gibt es $b, c \in K$ mit $x < b < x + \frac{a}{2}$ und $y < c < y + \frac{a}{2}$; folglich gilt $x + y < b + c < x + y + a$, also $x + y \in \hat{K}$. Für $x \in \hat{K}$ ist damit $x - a \in \hat{K}$, und daher gibt es ein $b \in K$ mit $x - a < b < (x - a) + a = x$; also ist $-x < -b < -x + a$, d.h. $-x \in \hat{K}$. Folglich ist $\hat{K}$ eine additive Untergruppe von K'.

Seien $x, y \in \hat{K}$ und o.B.d.A. $0 < x$, $0 < y$. Da $\hat{K}$ archimedisch über K ist, gibt es b, $c \in K$ mit $0 < b$, $0 < c$, $b < \frac{a}{2y}$ und $c < \frac{a}{2(x+b)}$. Damit folgt $by + cx + cb < a$. Wegen $x, y \in \hat{K}$ existieren $e, d \in K$ mit $x < d < x + b$ und $y < e < y + c$. Man erhält $xy < de < xy + yb + xc + cb < xy + a$, d.h. $xy \in \hat{K}$.

Es ist damit nur noch zu zeigen, daß mit $0 \neq x \in \hat{K}$ auch $x^{-1} \in \hat{K}$. Sei o.B.d.A. $0 < x$. Aufgrund der Archimedizität von K' über K existiert ein $0 < b \in K$ mit $b < \frac{ax^2}{1 + ax}$; wegen $x - b \in \hat{K}$ gibt es weiter ein $c \in K$ mit $x - b < c < x$; damit folgt $0 < (x^{-1} + a)^{-1} = \frac{x}{1 + ax} = x - \frac{ax^2}{1 + ax} < x - b < c < x$, also $x^{-1} < c^{-1} < x^{-1} + a$, d.h. $x^{-1} \in \hat{K}$. Also ist $\hat{K}$ Unterkörper von K'.

K ist dicht in $\hat{K}$; denn da $\hat{K}$ archimedisch über K ist, gibt es zu $x, y \in \hat{K}$ mit $x < y$ ein $0 < a \in K$ mit $a < y - x$, und aufgrund der Definition von $\hat{K}$ existiert ein $b \in K$ mit $x < b < x + a < y$.

Es ist nun nur noch zu zeigen, daß $\hat{K}$ ordnungsvollständig ist. Sei dazu L eine die Anordnung von $\hat{K}$ fortsetzende Erweiterung, in der $\hat{K}$ dicht ist. Dann ist auch K dicht in L. Sei $x \in L$ und $S = \{y \in K \colon y < x\}$, $D = \{y \in K \colon x \leqslant y\}$. Da L archimedisch über K ist, ist (S, D) ein Dedekindscher Schnitt in K; es existiert also ein $x' \in K'$ mit $S < x' \leqslant D$. Da K dicht in L ist, gibt es zu $0 < a \in K$ ein $b \in K$ mit $x < b < x + a$; also ist $b \in D$, $b - a \in S$. Es folgt $x' \leqslant b \leqslant x' + a$, d.h entweder $x' < b < x' + a$ oder $x' \in K$, also in jedem Fall $x' \in \hat{K}$ und somit $x' \in L$. Dies bedeutet, daß $x \in L$ und $x' \in L$ denselben Dedekindschen Schnitt in K bestimmen. Da K dicht in L ist, folgt $x = x'$ und insbesondere $x \in \hat{K}$. Also gilt $L = \hat{K}$.

2. Eindeutigkeit von $\hat{K}$: Es soll gezeigt werden, daß $\hat{K}$ eindeutig bestimmt ist bis auf o-Isomorphie, welche die Identität auf K induziert. Angenommen, L sei ein weiterer ordnungsvollständiger Körper, in dem K dicht ist. Man definiere eine Abbildung $f \colon L \mapsto \hat{K}$, so daß gilt:

$$\{y \in K \colon y < x\} = \{y \in K \colon y < f(x)\}\,.$$

Diese Abbildung ist wohldefiniert, denn $x \in L$ definiert in L einen Dedekindschen Schnitt (S_L, D_L); $(S_L \cap K, D_L \cap K)$ ist dann ein Dedekindscher Schnitt in K und wird durch ein Element $x' \in K'$ bestimmt. Analog wie beim Nachweis der Ordnungsvollständigkeit von $\hat{K}$ zeigt man, daß $x' \in \hat{K}$. f ordnet also einem $x \in L$ dieses $x' \in \hat{K}$ zu; offensichtlich ist $f|K = \mathrm{id}$.

f ist ordnungstreu; denn seien $x_1, x_2 \in L$ und $x_1 < x_2$. Da K dicht in L ist, gibt es ein $k \in K$ mit $x_1 < k < x_2$. Nun ist

$$k \in \{y \in K\colon y < x_2\} = \{y \in K\colon y < f(x_2)\} \text{ und}$$
$$k \notin \{y \in K\colon y < x_1\} = \{y \in K\colon y < f(x_1)\}.$$

Also ist $f(x_1) < k < f(x_2)$ und deshalb f ordnungserhaltend; insbesondere folgt daraus, daß f injektiv ist.

Ebenso leicht prüft man nach, daß f ein Homomorphismus ist. □

Die Begriffe „stetig abgeschlossen" und „vollständig" bzw. „stetiger Abschluß" und „Ordnungsvervollständigung" sind also äquivalent.

Wir wollen nun die Vervollständigung eines angeordneten Körpers K bezüglich der durch die Ordnungstopologie von K gegebenen uniformen Struktur untersuchen.

Mit $K^{>}$ sei die Menge der streng positiven Elemente von K bezeichnet. $\tau(K)$ sei die Ordnungstopologie von K, also die durch die Basis $\mathfrak{U} = \{U_K(x, \varepsilon)\colon (x, \varepsilon) \in K \times K^{>}\}$ mit $U_K(x, \varepsilon) = \{y \in K\colon |y - x| < \varepsilon\}$ definierte Topologie auf K. Durch $\tau(K)$ ist auf K eine uniforme Struktur gegeben: Zwei Elemente $x, y \in K$ sind benachbart von der Ordnung ε, $\varepsilon \in K^{>}$, wenn $y \in U_K(x, \varepsilon)$, d.h. $|y - x| < \varepsilon$ ist.

Lemma 8. *Es sei H ein angeordneter Oberkörper von K. Die Restriktion von $\tau(H)$ auf K fällt genau dann mit $\tau(K)$ zusammen, wenn H archimedisch über K ist.*

Beweis.
1. Sei H archimedisch über K. Dann gibt es zu jedem $0 < r \in H$ ein $r' \in K$ mit $0 < r' < r$. Daraus folgt $U_K(0, r') \subseteq K \cap U_H(0, r)$, d.h. $\tau(H)$ induziert auf K die Topologie $\tau(K)$.

2. Ist H nicht archimedisch über K, so gibt es ein $0 < h \in H$ mit der Eigenschaft: für alle $0 < k \in K$ ist $0 < h < k$. Also ist $U_H(0, h) \cap K = \{0\}$, d.h. $\tau(H)$ induziert auf K die diskrete Topologie, während die Ordnungstopologie eines angeordneten Körpers stets nicht diskret ist. □

Insbesondere induziert $\tau(H)$ auf K also die Ordnungstopologie $\tau(K)$, wenn H eine angeordnete algebraische Erweiterung von K ist (vgl. Lemma 6, II, § 3).

Satz 9 (Massaza 1969/70): *Der stetige Abschluß $\hat{K}$ des angeordneten Körpers K ist die Vervollständigung von K bezüglich der durch die Ordnungstopologie $\tau(K)$ definierten uniformen Struktur.*

Beweis.
Wir können $\hat{K}$ als Menge der eigentlichen Dedekindschen Schnitte von K betrachten. Da K dicht in $\hat{K}$ ist, induziert $\tau(\hat{K})$ auf K die Ordnungstopologie $\tau(K)$; weiter ist die Vervollständigung eines Körpers bezüglich der uniformen Struktur eindeutig bis auf Isomorphie. Man hat also nur die Vollständigkeit von $\hat{K}$ nachzuweisen. Dafür zeigen wir, daß jeder Cauchyfilter in K Basis eines in $\hat{K}$ konvergenten Filters ist.

Sei $\mathfrak{F}$ ein Cauchyfilter auf K und $\{U(0, \varepsilon_i)\colon i \in I\}$ eine Umgebungsbasis von $0 \in K$. Zu jedem ε_i gibt es eine Menge $V(\varepsilon_i) \in \mathfrak{F}$, die klein von der Ordnung ε_i ist, d.h. für $a, x \in V(\varepsilon_i)$ ist $x - a \in U(0, \varepsilon_i)$ und damit $x \in a + U(0, \varepsilon_i) = U(a, \varepsilon_i)$. Es gilt daher:

(1) für alle $a \in V(\varepsilon_i)$ ist $V(\varepsilon_i) \subseteq U(a, \varepsilon_i)$. Sei $\varepsilon_j < \varepsilon_i$; da $V(\varepsilon_i)$, $V(\varepsilon_j) \in \mathfrak{F}$ sind, ist $\emptyset \neq V(\varepsilon_i) \cap V(\varepsilon_j)$. Sei $b \in V(\varepsilon_i) \cap V(\varepsilon_j)$. Wegen (1) ist $V(\varepsilon_j) \subseteq U(b, \varepsilon_j)$, und aus $\varepsilon_j < \varepsilon_i$ folgt $U(b, \varepsilon_j) \subseteq U(b, \varepsilon_i)$. Da $U(b, \varepsilon_i) \subseteq U(a, 2\varepsilon_i)$ für alle $a \in U(b, \varepsilon_i)$ und $V(\varepsilon_i) \subseteq U(b, \varepsilon_i)$, erhält man $U(b, \varepsilon_i) \subseteq U(a, 2\varepsilon_i)$ für alle $a \in V(\varepsilon_i)$.

Es gilt also $V(\varepsilon_j) \subseteq U(b, \varepsilon_j) \subseteq U(b, \varepsilon_i) \subseteq U(a, 2\varepsilon_i)$ für alle $a \in V(\varepsilon_i)$. Damit ist gezeigt:

(2) Ist $a \in V(\varepsilon_i)$ und $\varepsilon_j < \varepsilon_i$, so gilt $V(\varepsilon_j) \subseteq U(a, 2\varepsilon_i)$. Sei $\mathfrak{F}^*$ der Filter auf K mit der Basis $\{V(\varepsilon_i): i \in I\}$; $\mathfrak{F}^*$ ist ein Cauchyfilter und gröber als $\mathfrak{F}$.

Weiter sei $S' = \{k \in K; \underset{\varepsilon_{i_0}}{\exists} \ \underset{\varepsilon_i < \varepsilon_{i_0}}{\forall} \ \underset{x \in V(\varepsilon_i)}{\forall} \ k < x\}$ und S die aus S' durch Entfernen des eventuell existierenden letzten Elementes von S' entstandene Menge. D sei die Komplementärmenge von S in K.

Wir zeigen, daß (S, D) ein eigentlicher Dedekindscher Schnitt in K ist:

(i) Für ein bestimmtes ε_i und $a \in V(\varepsilon_i)$ gehören wegen (2) die Elemente aus K, die kleiner sind als jedes Element von $U(a, 2\varepsilon_i)$, zu S, während die, die größer sind als jedes Element von $U(a, 2\varepsilon_i)$, nicht in S liegen. Also ist $S \neq \emptyset$ und $D \neq \emptyset$.

(ii) Sei $a \in S$ und $b < a$; da dann die S definierende Bedingung für $k = a$ und ein i_0 gilt, ist sie insbesondere auch für $k = b$ und dasselbe i_0 erfüllt; d.h. für $a \in S$ und $b < a$ ist $b \in S$ und damit $S < D$.

(iii) S besitzt nach Definition kein letztes Element.

(iv) (S, D) ist eigentlich: Für jedes $\varepsilon > 0$ und $a \in V(\varepsilon_i)$ folgt wegen (2), daß $b = a - 2\varepsilon_i - \frac{\varepsilon}{3} \in S, c = a + 2\varepsilon_i + \frac{\varepsilon}{3} \notin S$. Sei ε_i so gewählt, daß $4\varepsilon_i < \frac{\varepsilon}{3}$ (dies ist möglich, da durch die ε_i, $i \in I$, eine Umgebungsbasis definiert ist). Man erhält $b + \varepsilon = a - 2\varepsilon_i + \frac{2}{3}\varepsilon > c$, und deshalb ist $b + \varepsilon \notin S$, d.h. zu $0 < \varepsilon \in K$ gibt es ein $b \in S$ mit $b + \varepsilon \notin S$.

Es soll nun gezeigt werden, daß der Cauchyfilter auf $\hat{K}$, der $\mathfrak{F}^*$ als Basis besitzt, gegen $\xi = (S, D)$ konvergiert, d.h. daß in jeder Umgebung von ξ ein $V(\varepsilon_i)$ enthalten ist. Sei $U_\varepsilon = U_{\hat{K}}(\xi, \varepsilon)$. Nach (iv) existiert ein $a \in S$ mit $a + \frac{\varepsilon}{2} \notin S$; dann ist $\left[a, a + \frac{\varepsilon}{2}\right] \subseteq U_\varepsilon$, und es gilt

$$\underset{\varepsilon_{i_0}}{\exists} \ \underset{\varepsilon_i < \varepsilon_{i_0}}{\forall} \ \underset{x \in V(\varepsilon_i)}{\forall} \ a < x \quad \text{bzw.} \quad \underset{\varepsilon_i}{\forall} \ \underset{\varepsilon_j < \varepsilon_i}{\exists} \ \underset{y \in V(\varepsilon_j)}{\exists} \ y < a + \frac{\varepsilon}{2}.$$

Man wähle nun ε_i so, daß $\varepsilon_i < \frac{\varepsilon}{2}$ und $\varepsilon_i < \varepsilon_{i_0}$ und bestimme ein $\varepsilon_j < \varepsilon_i$, für das ein $b \in V(\varepsilon_j)$ existiert mit $b < a + \frac{\varepsilon}{2}$. Für jedes $y \in V(\varepsilon_j)$ gilt $|\xi - y| \leqslant |\xi - b| + |b - y|$, woraus man wegen $|b - y| < \varepsilon_j < \frac{\varepsilon}{2}$ und $\xi, b \in \left]a, a + \frac{\varepsilon}{2}\right[$ dann $|\xi - y| < \varepsilon$, also $V(\varepsilon_j) \subseteq U_\varepsilon$, erhält. Folglich konvergiert der Filter auf $\hat{K}$ mit der Basis $\mathfrak{F}^*$ gegen $\xi = (S, D)$. Da der Filter mit der Basis $\mathfrak{F}$ feiner ist als der von $\mathfrak{F}^*$ erzeugte, konvergiert er ebenfalls gegen ξ. Also ist jeder Cauchyfilter auf K Basis eines in $\hat{K}$ konvergenten Filters und somit $\hat{K}$ vollständig bezüglich der uniformen Struktur. □

Wir bringen nun die von Hauschild 1967 auf angeordnete Körper übertragene Vervollständigung nach dem Cantorschen Verfahren. Es sei α eine Ordinalzahl und $(a_\nu)_{\nu < \alpha}$ eine mit Ordinalzahlen indizierte Folge aus dem angeordneten Körper K.

Analog zu den in Kapitel II, § 4 für bewertete abelsche Gruppen gebrachten Begriffen nennen wir $(a_\nu)_{\nu<\alpha}$ eine *Cauchyfolge* in K, wenn zu jedem $0 < d \in K$ ein $\mu < \alpha$ existiert mit $|a_\varkappa - a_\lambda| < d$ für alle $\varkappa, \lambda < \alpha$ mit $\mu < \varkappa, \lambda$, und ein Element $a \in K$ heißt *Limes der Cauchyfolge* $(a_\nu)_{\nu<\alpha}$, falls es zu jedem $0 < d \in K$ ein $\mu < \alpha$ gibt mit $|a - a_\varkappa| < d$ für alle $\varkappa < \alpha$ mit $\mu < \varkappa$.

Ist die Anordnung von K nicht archimedisch, so ist die Ordnungstopologie von K gleich der durch irgendeine ordnungsverträgliche Bewertung von K gegebenen (vgl. Satz 4, § 2 und Lemma 7, II, § 4); der hier mittels der Anordnung definierte Begriff Cauchyfolge stimmt dann mit dem für eine o-Bewertung in II, § 4 gebrachten überein.

Satz 10 (Hauschild 1967). *Zu jedem angeordneten Körper K und jeder Ordinalzahl α existiert ein angeordneter Körper $\bar{K}_\alpha$, der K bis auf o-Isomorphie enthält und in dem jede Cauchyfolge der Länge α konvergent ist.*

Beweis.
Die Cantorsche Konstruktion läßt sich genauso durchführen wie mit den üblichen Cauchyfolgen, da nur die Wohlordnung der Indizes, nicht ihre Zugehörigkeit zu den natürlichen Zahlen benutzt wird. $\bar{K}_\alpha$ erhält man als Restklassenring des Ringes aller Cauchyfolgen der Länge α nach dem maximalen Ideal der Nullfolgen. □

Ist $\varkappa$ der Konfinalitätstyp von K, so konvergiert in $\bar{K}_\varkappa$ jede Cauchyfolge der Länge $\varkappa$. Ferner ist, wie man sich leicht überlegt, K in $\bar{K}_\varkappa$ dicht. Also ist $\varkappa$ auch der Konfinalitätstyp von $\bar{K}_\varkappa$. Damit hat die Menge der positiven Elemente von $\bar{K}_\varkappa$ den Konfinalitätstyp $\varkappa$, und es konvergiert folglich jede Cauchyfolge in $\bar{K}_\varkappa$. Analog zum Lemma 8, II, § 4 erhält man hieraus, daß $\bar{K}_\varkappa$ bezüglich der durch die Ordnungstopologie gegebenen uniformen Struktur vollständig ist, und weil K dicht in $\bar{K}_\varkappa$ ist, ist $\bar{K}_\varkappa$ folglich die Vervollständigung von K (bez. der durch die Ordnungstopologie gegebenen uniformen Struktur). Nach Satz 9 ergibt sich damit:

Satz 11 (Hauschild 1966). *Es sei $\varkappa$ der Konfinalitätstyp des angeordneten Körpers K. Dann ist der in Satz 10 definierte Körper $\bar{K}_\varkappa$ der stetige Abschluß von K.*

Der Körper $\mathbb{R}$ läßt sich durch Eigenschaften Dedekindscher Schnitte folgendermaßen charakterisieren:

Satz 12 (Baer 1970). *K sei ein angeordneter Körper.*

K ist genau dann o-isomorph zum Körper $\mathbb{R}$ der reellen Zahlen, wenn K stetig abgeschlossen ist, und jeder Dedekindsche Schnitt von K eigentlich ist.

Beweis.
Daß $\mathbb{R}$ die angeführten Eigenschaften hat, ist klar.

Es ist also nur noch zu zeigen, daß ein stetig abgeschlossener Körper K, für den jeder Schnitt eigentlich ist, o-isomorph zu $\mathbb{R}$ ist.

Der Primkörper von K ist o-isomorph $\mathbb{Q}$, also o.B.d.A. sei $\mathbb{Q} \subseteq K$.

Angenommen, K sei nicht archimedisch über $\mathbb{Q}$. Dann ist durch $D = \{k \in K \colon \forall_{q \in \mathbb{Q}}\, q < k\}$ und $S = K \setminus D$ ein Dedekindscher Schnitt in K definiert. Dieser ist nach Voraussetzung eigentlich; also gibt es Elemente $s \in S$, $d \in D$ mit $0 < d - s < 1$. Wegen $s \in S$ existiert ein $0 < q \in \mathbb{Q}$ mit $s \leqslant q$. Damit folgt $d = (d - s) + s < 1 + q \in \mathbb{Q}$ im Widerspruch zur Definition von D. Der Körper K ist somit archimedisch über $\mathbb{Q}$. Dann ist nach Satz 9, II, § 3 auch K archimedisch angeordnet. □

(Eine Verallgemeinerung der Aussage von Satz 12 für fast angeordnete Schiefkörper — eine Charakterisierung von $\mathbb{R}$, dem Körper der komplexen Zahlen und dem Quaternionenschiefkörper — ist von Holland 1977 bewiesen.)

Es soll nun die Frage untersucht werden, wann der stetige Abschluß $\hat{K}$ des angeordneten Körpers K reell abgeschlossen ist; weiter wird gezeigt, daß es zu K einen minimalen, über K archimedischen Oberkörper gibt, der reell und stetig abgeschlossen ist. Wie schon zu Beginn dieses Paragraphen erwähnt, sind diese Fragen etwa gleichzeitig von Baer, Scott, Massaza und Hauschild behandelt. Wir zitieren im folgenden den Verfasser, dessen Beweis wir bringen:

Satz 13 (Scott 1967). *Sei K ein in L dichter Unterkörper des angeordneten Körpers L. Dann ist, wenn man zu den reellen Abschlüssen übergeht, $\bar{K}$ dicht in $\bar{L}$.*

Beweis.
Da K ein Unterkörper des reellen Abschlusses $\bar{L}$ von L ist, enthält $\bar{L}$ auch den reellen Abschluß $\bar{K}$ von K. $\bar{L}$ ist algebraisch über L und damit insbesondere archimedisch über L; weiter ist K in L dicht. Also ist $\bar{L}$ archimedisch über K. Um zu zeigen, daß $\bar{K}$ dicht ist in $\bar{L}$, genügt es, folgende Behauptung zu verifizieren:

$$\text{(A)} \qquad \underset{x\in\bar{L}}{\forall}\ \underset{\eta\in K^>}{\forall}\ \underset{y\in\bar{K}}{\exists} |x-y| < \eta .$$

Denn gilt (A) und sind $u, v \in \bar{L}$ mit $u < v$, dann definiert man $x = \frac{1}{2}(u+v)$ und wählt ein $0 < \eta \in K$ mit $\eta < \frac{1}{2}(v-u)$ (dies ist möglich, da $\bar{L}$ archimedisch über K ist). Nach (A) existiert ein $y \in \bar{K}$ mit $|\frac{1}{2}(v+u) - y| < \eta < \frac{1}{2}(v-u)$. Man erhält $-\frac{1}{2}(v-u) < \frac{1}{2}(u+v) - y < \frac{1}{2}(v-u)$;

aus $u+v-2y < v-u$ folgt $-2y < -2u$, d.h. $y > u$, und

aus $-(v-u) < u+v-2y$ folgt $2y < 2v$, d.h. $y < v$.

Man hat damit zu $u, v \in \bar{L}$ ein $y \in \bar{K}$ gefunden mit $u < y < v$, d.h $\bar{K}$ ist dicht in $\bar{L}$.

Nun ist noch (A) zu beweisen. Dazu werden die Koeffizienten eines Polynoms aus $L[t]$ mit $x \in \bar{L}$ als Nullstelle so modifiziert, daß ein Polynom aus $K[t]$ eine Nullstelle in $\bar{K}$ besitzt, die in einer η-Umgebung von x liegt.

Sei $x \in \bar{L}$; x ist dann algebraisch über L. Das Minimalpolynom von x sei $f = t^n + a_1 t^{n-1} + \ldots + a_{n-1} t + a_n \in L[t]$. Da $\bar{L}$ reell abgeschlossen ist, gibt es ein Intervall, in dem x liegt und f monoton ist; da $\bar{L}$ archimedisch über K ist, kann man ein $0 < \eta \in K$ bestimmen, so daß dies für $|x - t| \leqslant \eta$ der Fall ist. $f(x-\eta)$ und $f(x+\eta)$ haben also entgegengesetztes Vorzeichen. Sei $0 < \varepsilon \in K$ mit $\varepsilon < \operatorname{Min}\{|f(x-\eta)|, |f(x+\eta)|\}$ und $k \in K$, $0 < k$, mit $k \geqslant \operatorname{Max}\{|x+\eta|^i, |x-\eta|^i \colon 0 \leqslant i \leqslant n-1\}$. Die Elemente ε und k existieren, da $\bar{L}$ archimedisch über K ist. Da K dicht in L ist, kann man für $i = 1, \ldots, n$ Elemente $b_i \in K$ so wählen, daß $|a_i - b_i| \leqslant \dfrac{\varepsilon}{nk}$ für jedes i ist.

Für $g = t^n + b_1 t^{n-1} + \ldots + b_{n-1} t + b_n \in K[t]$ gilt:

$$|f(x \pm \eta) - g(x \pm \eta)| \leqslant \sum_{i=1}^{n} |a_i - b_i|\,|x \pm \eta|^{n-i} \leqslant \sum_{i=1}^{n} \frac{\varepsilon}{nk} \cdot k = \varepsilon .$$

Deshalb hat $g(x-\eta)$ dasselbe Vorzeichen wie $f(x-\eta)$ und $g(x+\eta)$ dasselbe Vorzeichen wie $f(x+\eta)$, d.h. $g(x-\eta)$ und $g(x+\eta)$ haben entgegengesetztes Vorzeichen. Da $\bar{K}$ reell abgeschlossen ist, gibt es ein $y\in\bar{K}$ mit $x-\eta<y<x+\eta$ und $g(y)=0$. Es gibt also ein $y\in\bar{K}$ mit $|x-y|<\eta$ und damit gilt (A). □

Folgerung 14. *$\hat{K}$ ist genau dann reell abgeschlossen, wenn K dicht in $\bar{K}$ ist.*

Beweis.
1) Sei $\hat{K}$ reell abgeschlossen; dann gilt $K\subseteq\bar{K}\subseteq\hat{K}$, und somit ist, da K dicht in $\hat{K}$ ist, K dicht in $\bar{K}$.

2) Sei K dicht in $\bar{K}$. Da K dicht ist in $\hat{K}$, folgt aus Satz 13, daß $\bar{K}$ dicht ist in $\hat{K}$, und deshalb ist auch K dicht in $\bar{\hat{K}}\supseteq\hat{K}$. Es ist $\hat{K}$ aber ein maximaler angeordneter Körper, in dem K dicht ist; also folgt $\bar{\hat{K}}=\hat{K}$, d.h. $\hat{K}$ ist reell abgeschlossen. □

Aus der Folgerung erhält man insbesondere:

Satz 15. *Der stetige Abschluß eines reell abgeschlossenen Körpers ist reell abgeschlossen.*

Hauschild 1967 gibt in seiner Arbeit eine notwendige und hinreichende Bedingung an, die es erlaubt, die reelle Abgeschlossenheit von $\hat{K}$ schon in K zu erkennen.

Wir definieren dafür: Ein angeordneter Körper K besitze die Eigenschaft (*), wenn für jedes Polynom $f\in K[x]$, für das es Elemente $a,\ b\in K$ gibt mit $a<b$ und $f(a)\cdot f(b)<0$, folgendes gilt:

$$\underset{0<k\in K}{\forall}\ \underset{a<c<b}{\overset{}{\underset{c}{\exists}}}\ |f(c)|<k.$$

Wenn K nicht reell abgeschlossen ist, muß es zwischen a und b keine Nullstelle von f geben; die Bedingung (*) besagt, daß die Werte von f einen beliebig geringen Abstand von 0 besitzen.

Satz 16 (Hauschild 1967). *Der stetige Abschluß $\hat{K}$ eines angeordneten Körpers K ist genau dann reell abgeschlossen, wenn K die Bedingung (*) erfüllt.*

(Hafner-Mazzola 1971 stellen der in Satz 16 gebrachten Äquivalenz eine weitere zur Seite, nämlich: $\hat{K}$ ist genau dann reell abgeschlossen, wenn für jede transzendente Erweiterung $K(t)$ von K die Anzahl der verschiedenen Fortsetzungen der Anordnung von K zu einer Anordnung von $K(t)$, welche dieselbe Anordnung auf $K\cup\{t\}$ induzieren, höchstens 2 ist. Viswanathan 1977 bringt für die reelle Abgeschlossenheit von $\hat{K}$ ein bewertungstheoretisches Kriterium und zwar: $\hat{K}$ ist genau dann reell abgeschlossen, wenn für jede o-Bewertung von K die Wertegruppe radizierbar und der Restklassenkörper reell abgeschlossen ist.)

Für den Beweis des Satzes 16 brauchen wir den folgenden Hilfssatz:

Hilfssatz 17. *Sei K reell abgeschlossen, weiter $a,b\in K$ mit $a<b$ und c die einzige Nullstelle von $f\in K[x]$, die in dem Intervall $[a,b]$ liegt. Dann gibt es zu jedem $0<d\in K$ ein $0<k\in K$, so daß für alle $z\in K$ mit $z\in[a,b]$ gilt: aus $|f(z)|<k$ folgt $|z-c|<d$.*

Beweis.
Normierte irreduzible Polynome aus $K[x]$ sind (nach Satz 11, II, § 2) linear oder von der Form $(x+\alpha)^2+\beta^2$ mit $\alpha,\ \beta\in K,\ \beta\neq 0$. Daher läßt sich f darstellen als

$f = \gamma \prod_{i=1}^{r} (x - c_i) \cdot g$ mit $\gamma, c_i \in K$, $\gamma \neq 0$, $c_1 = c$ und $g \in K[x]$ als einem Produkt von Polynomen der oben genannten Form $(x + \alpha)^2 + \beta^2$. Für alle $z \in [a, b]$ ist

$$\prod_{i=2}^{r} (z - c_i) \cdot g(z) \neq 0; \quad \text{daher ist } |z - c| = \frac{|f(z)|}{|\gamma| |g(z)| \prod_{i=2}^{r} |z - c_i|}.$$

Weil $(z + \alpha)^2 + \beta^2 \geqslant \beta^2$ für alle $z \in K$ ist, gibt es ein $0 < \bar{\beta} \in K$ mit $|g(z)| \geqslant \bar{\beta}$ für alle $z \in K$. Nach Voraussetzung ist $c_i \notin [a, b]$ für jedes $i = 2, \ldots, r$; folglich ist $|z - c_i| \geqslant \operatorname{Min} \{|a - c_i|, |b - c_i|\} = d_i \neq 0$. Sei $D = \prod_{i=2}^{r} d_i$.

Wir wählen $0 < k \in K$, so daß $k \leqslant |\gamma| D \bar{\beta} d$. Dann ist für alle $z \in [a, b]$ mit $|f(z)| < k$ somit

$$|z - c| = \frac{|f(z)|}{|\gamma| |g(z)| \prod_{i=1}^{r} |z - c_i|} < \frac{k}{|\gamma| \bar{\beta} D} \leqslant d. \quad \square$$

Beweis von Satz 16.
Man zeigt, daß (*) äquivalent ist zur Aussage: K ist dicht in seinem reellen Abschluß $\bar{K}$.

a) Sei K dicht in $\bar{K}$ und $f = \sum_{\nu=0}^{n} a_\nu x^\nu \in K[x]$ mit $f(a) \cdot f(b) < 0$, $a < b \in K$. Dann existiert ein $c' \in \bar{K}$ mit $a < c' < b$ und $f(c') = 0$. Sei $0 < d \in K$; da K dicht in $\bar{K}$ und die Potenzbildung stetig bezüglich der Ordnungstopologie ist, gibt es ein $c \in K$ mit $a < c < b$ und

$$|c^\mu - c'^\mu| < \frac{d}{n \cdot \operatorname{Max} \{|a_\nu| : 0 \leqslant \nu \leqslant n\}} \quad \text{für } \mu = 1, \ldots, n, \quad \text{also}$$

$$|f(c)| = |f(c) - f(c')| \leqslant \sum_{\nu=1}^{n} |a_\nu| \cdot |c^\nu - c'^\nu| \leqslant \operatorname{Max} \{|a_\nu|\} \cdot \sum_{\nu=1}^{n} |c^\nu - c'^\nu|$$

$$< \operatorname{Max} \{|a_\nu|\} \cdot n \cdot \frac{d}{\operatorname{Max} \{|a_\nu|\} \cdot n} = d;$$

d.h. es ist $|f(c)| < d$, und somit gilt (*).

b) Es gelte nun (*). Wir beweisen zunächst

$$\text{(A)} \qquad \underset{z \in \bar{K}}{\forall} \; \underset{0 < d \in \bar{K}}{\forall} \; \underset{y \in K}{\exists} \; |z - y| < d.$$

Sei $z \in \bar{K}$; dann ist z algebraisch über K. Der Nachweis von (A) erfolgt über Induktion nach dem Grad n des Minimalpolynoms f von z über K. Ist der Grad von f gleich 1, so ist $z \in K$; in diesem Fall gilt (A), da $\bar{K}$ archimedisch über K ist.

Angenommen, (A) gelte für alle Elemente aus $\bar{K}$, deren Minimalpolynome einen kleineren Grad als n haben. Wir zeigen, daß (A) dann auch für z gilt.

Um (*) auf das Minimalpolynom f von z anwenden zu können, brauchen wir die Existenz von Elementen $m_0, m_1 \in K$ mit $m_0 < m_1$ und $f(m_0) f(m_1) < 0$. Es seien $c_0, c_1, \ldots, c_k$ mit $c_0 < c_1 < \ldots < c_k$ die Nullstellen von f in $\bar{K}$.

Als angeordneter Körper ist $\bar{K}$ vollkommen (perfekt); also hat f nur einfache Nullstellen. Damit erhält man bei Anwendung der Sätze 16 und 18 aus Kap. II, § 2 Elemente $\bar{m}_0, \bar{m}_1, \ldots, \bar{m}_{k+1} \in \bar{K}$ mit folgenden Eigenschaften:

$$\text{(E)} \quad \begin{cases} \bar{m}_i < c_i < \bar{m}_{i+1} & \text{für } i = 0, \ldots, k; \\ f'(\bar{m}_i) = 0 & \text{für } i = 1, \ldots, k; \\ f(\bar{m}_i) f(\bar{m}_{i+1}) < 0 & \text{für } i = 0, \ldots, k; \\ \text{aus } m' < \bar{m}_0 & \Rightarrow f(m') f(\bar{m}_0) > 0; \\ \text{aus } m'' > \bar{m}_{k+1} & \Rightarrow f(m'') f(\bar{m}_{k+1}) > 0. \end{cases}$$

Um aus der Existenz der Elemente $\bar{m}_0, \bar{m}_1, \ldots, \bar{m}_{k+1} \in \bar{K}$ auf die von uns gesuchten Elemente $m_0, m_1 \in K$ mit $m_0 < m_1$ und $f(m_0) f(m_1) < 0$ schließen zu können, haben wir vier Fälle zu unterscheiden:

1. Fall: $k = 0$, d. h. $z = 0$ ist die einzige Nullstelle von f *in* $\bar{K}$. Da $\bar{K}$ archimedisch über K ist, gibt es zu $\bar{m}_0, \bar{m}_1 \in \bar{K}$ Elemente $m_0, m_1 \in K$ mit $m_0 < \bar{m}_0 < \bar{m}_1 < m_1$. Aufgrund der Eigenschaften (E) ist $f(m_0) f(m_1) < 0$, und offensichtlich ist z als einzige Nullstelle von f in $\bar{K}$ die einzige Nullstelle zwischen m_0 und m_1.

2. Fall: $k \neq 0$, $z = c_i$ mit $i \neq 0$, $i \neq k$.

Die Elemente $\bar{m}_i, \bar{m}_{i+1} \in \bar{K}$ haben nach (E) die folgenden Eigenschaften: $c_{i-1} < \bar{m}_i < c_i = z < \bar{m}_{i+1} < c_{i+1}$, $f'(\bar{m}_i) = 0$, $f'(\bar{m}_{i+1}) = 0$ und $f(\bar{m}_i) f(\bar{m}_{i+1}) < 0$, insbesondere liegt zwischen $\bar{m}_i$ und $\bar{m}_{i+1}$ keine weitere Nullstelle von f. Da $\bar{m}_i$ und $\bar{m}_{i+1}$ Nullstellen von f' sind, das höchstens den Grad $n-1$ über K hat, kann man die Induktionsvoraussetzung anwenden, d. h. zu beliebigem $0 < d \in \bar{K}$ existieren Elemente m' bzw. $m'' \in K$ mit $|\bar{m}_0 - m'| < d$, $|m_1 - m''| < d$. Es gibt also $m_0, m_1 \in K$ mit $m_0 < z < m_1$ und z als einziger Nullstelle zwischen m_0 und m_1, und es gilt $f(m_0) f(m_1) < 0$.

3. Fall: $k \neq 0$, $z = c_0$.

Für die Elemente $\bar{m}_0, \bar{m}_1 \in \bar{K}$ gilt nach (E): $f(\bar{m}_0) f(\bar{m}_1) < 0$, $\bar{m}_0 < z < \bar{m}_1 < c_1$ und $f'(\bar{m}_1) = 0$. Nach Induktionsvoraussetzung gibt es zu $\bar{m}_1$ ein Element $m_1 \in K$ mit $|\bar{m}_1 - m_1| < \operatorname{Min}\{c_1 - \bar{m}_1, \bar{m}_1 - z\}$, woraus man $z < m_1 < c_1$ erhält. Weil $\bar{K}$ archimedisch über K ist, existiert ein Element $m_0 \in K$ mit $m_0 < \bar{m}_0$. Also ist $m_0 < z < m_1$, weiter $f(m_0) f(m_1) < 0$ und z die einzige Nullstelle zwischen m_0 und m_1.

4. Fall: $k \neq 0$, $z = c_k$.

Dieser Fall verläuft völlig analog zu dem gerade behandelten. Damit haben wir in jedem Fall zu z und f Elemente $m_0, m_1 \in K$ erhalten, so daß z die einzige Nullstelle von f aus $\bar{K}$ ist, die zwischen m_0 und m_1 liegt, und $f(m_0) f(m_1) < 0$ ist.

Sei $0 < d \in \bar{K}$, und wegen $\bar{K}$ archimedisch über K setzen wir gleich $d \in K$ voraus. Weil z die einzige Nullstelle von f in $\bar{K}$ ist, die in dem Intervall $[m_0, m_1] \subseteq \bar{K}$ liegt, gibt es nach Hilfssatz 17 zu d ein $0 < k \in \bar{K}$, so daß für alle $s \in \bar{K}$ mit $s \in [m_0, m_1]$ und $|f(s)| < k$ stets $|s - z| < d$ ist. Sei $0 < k' < k$ und $k' \in K$. Nach (*) existiert zu f und k' ein $y \in K$ mit $m_0 < y < m_1$ und $|f(y)| < k'$. Also ist $|f(y)| < k$ und damit nach dem zuvor Bemerkten $|y - z| < d$, womit (A) bewiesen ist.

Wir folgern nun aus (A), daß K dicht in $\bar{K}$ ist: Seien $z_1, z_2 \in \bar{K}$ mit $z_1 < z_2$. Wir können $0 < z_1 < z_2$ voraussetzen. Nach (A) existieren $y_1, y_2 \in K$ mit $|z_1 - y_1| < z_2 - z_1$ und $|z_2 - y_2| < z_2 - z_1$. Ist $z_1 < y_1$, so ist $z_1 + y_1 - z_1 < z_1 + z_2 - z_1$, also $z_1 < y_1 < z_2$, und ist $y_2 < z_2$, so ist $y_2 - z_2 > z_1 - z_2$ und damit $z_2 + y_2 - z_2 > z_2 + z_1 - z_2$, folglich $z_1 < y_2 < z_2$. Daher ist nur noch der Fall $y_1 < z_1 < z_2 < y_2$ zu untersuchen. Dann ist $z_1 - y_1 < z_2 - z_1 < y_2 - z_1$, und somit $z_1 - y_1 < y_2 - z_1$ und folglich $z_1 < \frac{y_1 + y_2}{2}$; wegen $y_2 - z_2 < z_2 - z_1 < z_2 - y_1$ erhält man $y_2 - z_2 < z_2 - y_1$ und damit $\frac{y_1 + y_2}{2} < z_2$; also liegt $\frac{y_1 + y_2}{2} \in K$ zwischen z_1 und z_2.

Die Bedingung (*) ist folglich dazu äquivalent, daß K dicht in $\bar{K}$ ist. □

Daß der stetige Abschluß eines reell abgeschlossenen Körpers reell abgeschlossen ist, kann man auch über topologische Schlüsse beweisen, wie dies in den Arbeiten von Massaza 1969/70 und 1970/71 geschieht. Wenn K ein angeordneter Körper ist, kann man $K(i)$ $(i = \sqrt{-1})$ mit der Produkttopologie der Ordnungstopologie $\tau(K)$ von K versehen. Ist K reell abgeschlossen, dann läßt sich in $K(i)$ folgendermaßen ein „absoluter Betrag" definieren: Für $z \in K(i)$, $z = z_1 + iz_2$, $z_1, z_2 \in K$, sei $|z| = \sqrt{z_1^2 + z_2^2}$.

Als Umgebungsbasis eines Elementes $z \in K(i)$ erhält man damit $\mathfrak{U} = \{U(z, \varepsilon)$: $0 < \varepsilon \in K\}$ mit $U(z, \varepsilon) = \{y \in K(i): |y - z| < \varepsilon\}$. Der Beweis von Massaza ergibt sich nun aus dem folgenden Lemma.

Lemma 18 (Massaza 1969/70). *Es sei R ein reell abgeschlossener Körper und $f = \sum_{h=0}^{n} b_h x^h \in \hat{R}(i)[x]$ mit $b_n \neq 0$. Wenn β eine Wurzel von f im algebraischen Abschluß $\bar{\hat{R}}(i)$ von $\hat{R}(i)$ ist, so liegt für jedes $0 < \varepsilon \in R$ in $U(\beta, \varepsilon)$ wenigstens ein Element aus $R(i)$.*

Beweis.

Zunächst ist $\bar{\hat{R}}(i)$ algebraisch abgeschlossen, da $\bar{\hat{R}}$ der reelle Abschluß von $\hat{R}$ ist. Sei $\beta \in \bar{\hat{R}}(i)$ und $f(\beta) = 0$. Durch $x = y + \beta$ wird eine Transformation $f(x) \mapsto f^*(y)$ mit $f(x) = f^*(x - \beta)$ definiert.

Es ist $f^*(y) = b_0 + b_1(y + \beta) + \ldots + b_n(y + \beta)^n$; andererseits gilt $f^*(y) = b_0^* + b_1^* y + b_2^* y^2 + \ldots + b_n^* y^n$. Damit erhält man: $b_h^* = \sum_{v=h}^{n} b_v \binom{v}{h} \beta^{v-h}$ mit $0 \leqslant h \leqslant n$, $h \leqslant v \leqslant n$.

Wir setzen $\gamma_{v,h} = \binom{v}{h} \beta^{v-h}$ für $0 \leqslant h \leqslant n$, $h \leqslant v \leqslant n$. Insbesondere ist $b_0^* = 0$ und $b_n^* = b_n \neq 0$.

Sei $d = \left|\frac{b_n}{2}\right| \in \bar{\hat{R}}$ und $m = \operatorname{Max}\{|\gamma_{v,h}| \in \bar{\hat{R}}: 0 \leqslant h \leqslant n, h \leqslant v \leqslant n\}$; es ist $0 < m \in \bar{\hat{R}}$. Weiter sei $0 < \varepsilon \in R$ beliebig gewählt. Da $\bar{\hat{R}}$ archimedisch über R ist, gibt es ein $\varepsilon' \in R$ mit $0 < \varepsilon' < \frac{\varepsilon^n \cdot d}{(n+1)m} \in \bar{\hat{R}}$. Weil R in $\hat{R}$ dicht ist, ist auch $R(i)$ dicht in $\hat{R}(i)$. Deshalb gibt es für alle $0 \leqslant h \leqslant n$ Elemente $a_h \in R(i)$ mit $|b_h - a_h| < \varepsilon'$ und $|a_n| > \left|\frac{b_n}{2}\right| = d$.

Wendet man auf $g(x) = \sum_{h=0}^{n} a_h x^h \in R(i)[x]$ die obige Transformation an, so erhält man

$$g^*(y) = \sum_{h=0}^{n} a_h^* y^h \quad \text{mit} \quad a_h^* = \sum_{v=h}^{n} a_v \binom{v}{h} \beta^{v-h} = \sum_{v=h}^{n} a_v \gamma_{v,h}.$$

Für $h = 0, 1, \ldots, n$ ergibt sich

$$|b_h^* - a_h^*| \leqslant \sum_{v=h}^{n} |\gamma_{v,h}| |b_v - a_v| < \varepsilon'(n + 1 - h)m < \frac{\varepsilon^n d(n + 1 - h)m}{(n+1)m} = \varepsilon^n d.$$

Seien $\alpha_1^*, \ldots, \alpha_n^* \in \bar{\hat{R}}(i)$ die Nullstellen von $g^*(y) \in \bar{\hat{R}}(i)[x]$. Es gilt $|\alpha_1^* \cdot \alpha_2^* \ldots \alpha_n^*| = |a_0^*(a_n^*)^{-1}|$.

Wegen $a_n^* = a_n$ und $|a_n| > d$ erhält man $|\alpha_1^* \ldots \alpha_n^*| < |a_0^*| \cdot d^{-1}$. Außerdem ist $|a_0^*| < \varepsilon^n d$, denn es ist $b_0^* = 0$ und $|a_0^* - b_0^*| < \varepsilon^n d$.

Also gilt $|\alpha_1^* \ldots \alpha_n^*| < \varepsilon^n$, und somit ist $|\alpha_j^*| < \varepsilon$ für mindestens ein j, $1 \leqslant j \leqslant n$.

Zur Wurzel α_j^* von $g^*(y)$ kann man die Wurzel $\alpha_j = \alpha_j^* + \beta$ von $g(x)$ bestimmen, und es folgt $|\alpha_j - \beta| = |\alpha_j^*| < \varepsilon$. Da $g(x) \in R(i)[x]$ und $R(i)$ algebraisch abgeschlossen ist, ist $\alpha_j \in R(i)$. □

Da $\bar{\hat{R}}$ archimedisch über R ist, induziert $\tau(\bar{\hat{R}})$ auf R nach Lemma 8 die Ordnungstopologie $\tau(R)$. Aus dem gerade bewiesenen Lemma folgt nun, daß $R(i)$ dicht ist in $\bar{\hat{R}}(i)$, und damit ist R dicht in $\bar{\hat{R}}$. Da $\hat{R}$ ein maximaler angeordneter Oberkörper von R ist, in dem R dicht ist, erhält man $\bar{\hat{R}} = \hat{R}$, d.h. der stetige Abschluß eines reell abgeschlossen ist, läßt sich auf algebraisch abgeschlossene Körper der Charakteri-

Der Satz, daß der stetige Abschluß eines reell abgeschlossenen Körpers reell abgeschlossen ist, läßt sich auf algebraisch abgeschlossene Körper der Charakteristik 0 übertragen:

Sei K ein algebraisch abgeschlossener Körper der Charakteristik 0. Wir zeigen, daß sich K als $K = L(i)$, wobei L ein reell abgeschlossener Unterkörper von K ist, darstellen läßt. Nach dem Zornschen Lemma gibt es in der Menge der formal reellen Unterkörper von K einen maximalen L. Dann ist L reell abgeschlossen; denn sonst hätte L einen echten reellen Abschluß $\bar{L}$, und damit wäre nach Satz 21, II, § 2 $\bar{L}(i)$ ein algebraischer Abschluß von L, der zu einem Unterkörper von K isomorph wäre; folglich hätte L einen echten reellen Abschluß in K im Widerspruch zur Maximalität von L. Somit ist $L(i)$ algebraisch abgeschlossen, und wir können $L(i)$ als Unterkörper von K betrachten. Wäre $L(i)$ ein echter Unterkörper von K, so gäbe es in K ein über $L(i)$ transzendentes Element z, und damit wäre z auch über L transzendent. Eine einfache transzendente Erweiterung eines reell abgeschlossenen Körpers ist anordnungsfähig (z.B. mit der in Beispiel 2, II, § 1 angegebenen Anordnung) und damit formal reell im Widerspruch zur Maximalität von L. Also ist $L(i) = K$. Als reell abgeschlossener Körper trägt L genau eine Anordnung; diese induziert die Topologie der offenen Intervalle auf L. $K = L(i)$ sei mit der Produkttopologie dieser Ordnungstopologie versehen, im folgenden „innere Topologie" von K genannt.

Es gilt nun: L ist genau dann topologisch vollständig, wenn $L(i)$ topologisch vollständig ist; außerdem ist $\hat{K} = \hat{L}(i)$. Da L reell abgeschlossen ist, ist auch $\hat{L}$ reell abgeschlossen, und somit ist $\hat{K}$ algebraisch abgeschlossen. Man hat also gezeigt:

Satz 19 (Kaplansky 1947, Kürschák 1913, Rychlik 1924, Zervos 1961a, b). *Die Vervollständigung eines algebraisch abgeschlossenen Körpers der Charakteristik* 0 *bzgl. einer „inneren" uniformen Struktur ist ein algebraisch abgeschlossener Körper.*

Diese Aussage ist bei Zervos 1961a, b mit Hilfe des Satzes von der Stetigkeit der Nullstellen eines Polynoms bewiesen.

Einen Körper, der gleichzeitig reell und stetig abgeschlossen ist, nennt Baer *Dedekind abgeschlossen.*

Sei K ein beliebiger angeordneter Körper; der stetige Abschluß des reellen Abschlusses von K, d.h. der angeordnete Oberkörper $\hat{\bar{K}}$ von K, ist nach dem vorhergehenden Abschnitt zugleich reell und stetig abgeschlossen sowie archimedisch über K. Sei umgekehrt H ein angeordneter Oberkörper von K mit diesen Eigenschaften. Da

H reell abgeschlossen ist, enthält H einen reellen Abschluß von K, d. h. $\bar{K} \subseteq H$ bis auf o-Isomorphismen, die die Identität auf K induzieren. Weiter ist H archimedisch über K und damit insbesondere archimedisch über $\bar{K}$. Mit Lemma 2 erhält man, daß der Körper der eigentlichen Dedekindschen Schnitte von $\bar{K}$, also $\hat{\bar{K}}$, bis auf o-Isomorphie ein Unterkörper von $\hat{H} = H$ ist. Damit ist gezeigt:

Satz 20 (Baer 1970). *$\hat{\bar{K}}$ ist (bis auf die Elemente von K fixierende o-Isomorphismen) der kleinste Oberkörper von K, der reell und stetig abgeschlossen sowie archimedisch über K ist.*

Baer 1970 nennt diesen angeordneten Oberkörper von K den *Dedekindschen Abschluß* von K. Aufgrund der Ausführungen über $\hat{\bar{K}}$ und des gerade bewiesenen Satzes erhält man:

Satz 21 (Baer 1970). *Zu einem angeordneten Körper K gibt es einen Dedekindschen Abschluß, und dieser ist bis auf o-Isomorphismen, die auf K die Identität induzieren, eindeutig bestimmt.*

Der Unterkörper U des angeordneten Körpers K heiße *dedekindsch in K* (bzw. *K dedekindsch* über U), wenn es einen Zwischenkörper Z gibt, der algebraisch über U und dicht in K ist.

Die Eigenschaft, daß K der Dedekindsche Abschluß seines Unterkörpers U ist, läßt sich folgendermaßen charakterisieren:

Satz 22 (Baer 1970). *Sei U Unterkörper des angeordneten Körpers K. Dann sind äquivalent:*

(i) $K = \hat{\bar{U}}$.
(ii) *U ist dedekindsch in K, und K ist Dedekind abgeschlossen.*
(iii) *Der Körper A der über U algebraischen Elemente aus K ist reell abgeschlossen und $K = \hat{A}$.*
(iv) a) *K ist Dedekind abgeschlossen.*
b) *K ist archimedisch über U.*
c) *Zwischenkörper Z mit $U \subseteq Z \subsetneqq K$ sind nicht Dedekind abgeschlossen.*
(v) a) *U ist dedekindsch in K.*
b) *Es gibt keine echte, die Anordnung von K fortsetzende, über K Dedekindsche Erweiterung von K.*

Beweis. (i) $\Rightarrow$ (ii) ist offensichtlich.
(ii) $\Rightarrow$ (i): Gilt (ii), so gibt es einen Zwischenkörper Z, $U \subseteq Z \subseteq K$, der algebraisch über U und dicht in K ist. Da K reell abgeschlossen ist, bildet die Menge A der über U algebraischen Elemente einen reell abgeschlossenen Zwischenkörper, d. h. $A = \bar{U} \subseteq K$. Also ist $Z \subseteq \bar{U}$, und mit Z ist auch $\bar{U}$ dicht in K. Aus $K = \hat{K}$ folgt $K = \hat{\bar{U}}$.

(ii) $\Rightarrow$ (iii): Da K reell abgeschlossen ist, bildet die Menge A der über U algebraischen Elemente aus K einen reell abgeschlossenen Zwischenkörper. Da U dedekindsch in K ist, ist ein über U algebraischer Zwischenkörper und damit auch A dicht in K; aus $K = \hat{K}$ schließt man wieder $K = \hat{A}$.

(iii) $\Rightarrow$ (ii): Gilt (iii), so ist A dicht in K und damit U Dedekindsch in K. Mit A ist auch $\hat{A} = K$ reell abgeschlossen (Satz 15). Wegen $K = \hat{K}$ ist K Dedekind abgeschlossen.

(i) ist äquivalent zu (iv) nach Satz 20.

(ii) ist äquivalent zu (v). □

Es sollen nun äquivalente Bedingungen dafür hergeleitet werden, daß ein angeordneter Körper K und sein Unterkörper U denselben Dedekindschen Abschluß besitzen.

Satz 23 (Baer 1970). *Die folgenden Eigenschaften eines angeordneten Körpers K und seines Unterkörpers U sind äquivalent:*

(i) *K und U haben denselben Dedekindschen Abschluß.*
(ii) *Es gibt eine die Anordnung von K fortsetzende, Dedekind abgeschlossene Erweiterung von K, in der U dedekindsch ist.*
(iii) *Der reelle Abschluß von K ist dedekindsch über U.*
(iv) *Der reelle Abschluß von U ist dicht in seinem (in $\bar{K}$ gebildeten) Kompositum mit K.*
(v) *Ist Z ein Zwischenkörper mit $U \subseteq Z \subseteq K$, so haben Z und K denselben Dedekindschen Abschluß.*

Beweis.
(i) $\Rightarrow$ (ii): Sei D der Dedekindsche Abschluß von K; nach Voraussetzung ist D auch der Dedekindsche Abschluß von U, d.h. $D = \hat{U}$. Nach Satz 22 ist D Dedekind abgeschlossen und U dedekindsch in D. Also ist D die gesuchte Erweiterung.

(ii) $\Rightarrow$ (iii): Sei E die in (ii) angegebene Erweiterung von K. Da E reell abgeschlossen ist, gilt $\bar{K} \subseteq E$, und $\bar{K}$ besteht aus allen über K algebraischen Elementen aus E. Da U dedekindsch in E ist, gibt es einen Zwischenkörper Z, $U \subseteq Z \subseteq E$, der algebraisch über U und dicht in E ist. Es gilt nun $Z \subseteq \bar{K}$, und somit ist Z dicht in $\bar{K}$; das bedeutet, daß $\bar{K}$ dedekindsch über U ist.

(iii) $\Rightarrow$ (iv): Sei der reelle Abschluß $\bar{K}$ von K dedekindsch über U. Dann gibt es einen Zwischenkörper Z, $U \subseteq Z \subseteq \bar{K}$, der algebraisch über U und dicht in $\bar{K}$ ist. Weiter ist $\bar{U} \subseteq \bar{K}$, und $\bar{U}$ besteht aus allen über U algebraischen Elementen aus $\bar{K}$. Also gilt $Z \subseteq \bar{U}$, und damit ist $\bar{U}$ dicht in $\bar{K}$. Sei C das Kompositum von $\bar{U}$ und K, d.h. der von $\bar{U}$ und K erzeugte Unterkörper von $\bar{K}$. Da $\bar{U} \subseteq C \subseteq \bar{K}$ und $\bar{U}$ dicht in $\bar{K}$ ist, ist $\bar{U}$ dicht in C.

(iv) $\Rightarrow$ (i): Sei $\bar{U}$ dicht in $C = C(\bar{U}, K) \subseteq \bar{K}$ und D der Dedekindsche Abschluß von U, d.h. $D = \hat{U}$. Da D ein maximaler angeordneter Oberkörper ist, in dem $\bar{U}$ dicht ist, gilt $\bar{U} \subseteq C \subseteq D$. C ist dicht in D und außerdem algebraisch über K; folglich ist K dedekindsch in D, und nach Satz 22 (II) ist also D der Dedekindsche Abschluß von K.

Gelten die äquivalenten Bedingungen (i)–(iv), so ist nach (iii) $\bar{K}$ dedekindsch über U. Es ist also $\bar{U} \subseteq \bar{K}$ und $\bar{U}$ dicht in $\bar{K}$. Sei $U \subseteq Z \subseteq K$; da das Kompositum B von Z und $\bar{U}$ algebraisch über Z und (mit $\bar{U}$) dicht in $\bar{K}$ ist, folgt: Z ist dedekindsch in $\bar{K}$. Nach (iii) hat Z denselben Dedekindschen Abschluß wie K, also gilt (v).

Umgekehrt ist (i) eine Abschwächung von (v) (man setze $Z = U$). □

In Satz 25 geben wir weitere Bedingungen an, wann ein angeordneter Körper denselben Dedekindschen Abschluß wie sein Unterkörper hat. Wir beweisen dafür das folgende Lemma.

Lemma 24. *K und U seien Unterkörper des angeordneten Körpers L. Es sei L archimedisch über K und $U \cap K$ dicht in K. Dann ist U dicht im Kompositum von U, K in L.*

Beweis.

Wir fassen den stetigen Abschluß $\hat{U}$ von U als Körper der eigentlich Dedekindschen Schnitte von U, analog $\hat{L}$ als Körper der eigentlichen Dedekindschen Schnitte von L, weiter U als Unterkörper von $\hat{U}$ und L als Unterkörper von $\hat{L}$ auf. Weil L archimedisch über K und $U \cap K$ dicht in K ist, ist L archimedisch über $U \cap K$ und damit auch über U. Nach Satz 5 können wir also $\hat{U} \subseteq \hat{L}$ annehmen.

Wegen $U \cap K$ dicht in K haben $U \cap K$ und K den gleichen stetigen Abschluß, also ist $\widehat{U \cap K} = \hat{K}$. Weiter ist L und damit auch U archimedisch über $U \cap K$; folglich ist nach Satz 5 $\widehat{U \cap K} \subseteq \hat{U}$. Man erhält $U \subseteq \hat{U}$ und $K \subseteq \hat{K} = \widehat{U \cap K} \subseteq \hat{U}$. Also gilt: $U \subseteq$ Kompositum $(U, K) \subseteq$ Kompositum $(U, \hat{K}) \subseteq \hat{U}$. Wegen U dicht in $\hat{U}$ ist folglich U dicht im Kompositum (U, K). □

Satz 25 (Baer 1970). *Es sei U ein Unterkörper des angeordneten Körpers K.*

(a) *Ist K dedekindsch über U, so haben K und U denselben Dedekindschen Abschluß.*

(b) *K sei reell abgeschlossen. Dann haben K und U genau dann den gleichen Dedekindschen Abschluß, wenn K dedekindsch über U ist.*

(c) *Es sei U reell abgeschlossen. Dann haben K und U genau dann den gleichen Dedekindschen Abschluß, wenn U in K dicht ist.*

Beweis.

Zu (a): Es gibt einen über U algebraischen Unterkörper A von K, der in K dicht ist. Wir können o.B.d.A. annehmen, daß für die reellen Abschlüsse $\bar{U}$ von U und $\bar{K}$ von K gilt: $U \subseteq A \subseteq \bar{U} \subseteq \bar{K}$. Es ist also $\bar{U} \cap K$ dicht in K. Weil $\bar{K}$ algebraisch über K ist, ist $\bar{K}$ archimedisch über K (Lemma 6, II, § 3). Anwendung des gerade bewiesenen Lemmas auf $\bar{K}$, K, $\bar{U}$ (in der Rolle von L, K, U des Lemmas) ergibt: $\bar{U}$ ist dicht im (in $\bar{K}$ gebildeten) Kompositum von $\bar{U}$ und K. Nach (iv) von Satz 23 haben damit K und U den gleichen Dedekindschen Abschluß.

(b) Ergibt sich aus der Äquivalenz von (I) und (III) von Satz 23, da $K = \bar{K}$ vorausgesetzt ist.

(c) Folgt aus (a) und nach Satz 23 (iv). □

Nach Satz 11, II, § 5 ist ein angeordneter Körper von formalen Potenzreihen $H(\Gamma, K)$ mit nicht trivialer Gruppe Γ bez. der Ordnungstopologie vollständig, angeordnete Körper von formalen Potenzreihen sind also Beispiele für stetig abgeschlossene Körper. Weiter wurde in Satz 13, II, § 5 bewiesen, daß ein angeordneter Körper von formalen Potenzreihen auf einer radizierbaren Gruppe und mit reell abgeschlossenem Koeffizientenkörper reell abgeschlossen ist; folglich sind Körper von formalen Potenzreihen auf einer radizierbaren Gruppe mit reell abgeschlossenem Koeffizientenkörper Beispiele für Dedekind abgeschlossene Körper.

Daß ein angeordneter Körper von formalen Potenzreihen mit nichttrivialer Gruppe Γ stetig abgeschlossen ist, läßt sich auch mittels Dedekindscher Schnitte und ohne bewertungstheoretische Schlüsse beweisen, wie wir jetzt ausführen wollen: Sei (S, D) ein eigentlicher Dedekindscher Schnitt in $H(\Gamma, K)$. Die Menge Γ ist koinitial in der Menge der streng positiven Elemente aus $H(\Gamma, K)$.

Sei $\gamma \in \Gamma$. Weil (S, D) eigentlich ist, existieren Elemente $s^\gamma \in S$, $d^\gamma \in D$ mit $0 < d^\gamma - s^\gamma < \gamma$. Daher ist das Maximum des Trägers von $d^\gamma - s^\gamma$ nicht größer als γ (in der Anordnung von Γ) und somit $d^\gamma(\alpha) = s^\gamma(\alpha)$ für alle $\alpha > \gamma$. Für alle $s' \in S$, $d' \in D$ mit $s^\gamma < s' < d' < d^\gamma$ erhält man ebenso $s'(\alpha) = d'(\alpha)$ für alle $\alpha > \gamma$.

Sei Δ antiwohlgeordnet und koinitial in Γ. Wir definieren eine Abbildung $z\colon \Gamma \to K$ durch $z(\gamma) = s^\delta(\gamma)$ für ein $\delta \in \Delta$ mit $\delta < \gamma$. Wegen $s^\delta(\gamma) = s^{\delta'}(\gamma)$ für $\gamma > \delta > \delta'$ ist z wohldefiniert. Offensichtlich ist der Träger von z antiwohlgeordnet; also ist $z \in H(\Gamma, K)$. Sei $x \in H(\Gamma, K)$ und $x < z$. Dann gibt es ein $\alpha \in \Gamma$ mit $x(\alpha) < z(\alpha)$ und $x(\gamma) = z(\gamma)$ für alle $\gamma \in \Gamma$, $\gamma > \alpha$.

Sei $\delta \in \Delta$ und $\delta < \alpha$. Wegen $z(\gamma) = s^\delta(\gamma)$ für alle $\gamma \in \Gamma$ mit $\gamma > \delta$ ist $x < s^\delta$. Weil s^δ ein Element aus S ist, ist also auch $x \in S$. Genauso zeigt man, daß für ein $x \in H(\Gamma, K)$ mit $x > z$ stets $x \in D$ folgt. z bestimmt daher den Dedekindschen Schnitt (S, D). Folglich ist $H(\Gamma, K)$ stetig abgeschlossen.

Wir untersuchen nun zum Abschluß dieses Paragraphen, wie sich für einen angeordneten Körper L die durch Vertauschung der Reihenfolge bei der Bildung des reellen bzw. stetigen Abschlusses entstehenden Körper $\hat{\bar{L}}$ bzw. $\bar{\hat{L}}$ zueinander verhalten: Weil der reelle Abschluß $\bar{L}$ von L archimedisch über L ist, ist nach Satz 5 der stetige Abschluß $\hat{L}$ von L o.B.d.A. ein Unterkörper des stetigen Abschlusses $\hat{\bar{L}}$ von $\bar{L}$. Nach Satz 15 ist $\hat{\bar{L}}$ reell abgeschlossen. Folglich gilt $\bar{\hat{L}} \subseteq \hat{\bar{L}}$. Ist L dicht in $\bar{L}$, so ist $\hat{L} = \hat{\bar{L}}$ und daher $\hat{L}$ reell abgeschlossen, also $\hat{L} = \bar{\hat{L}}$ und damit $\bar{\hat{L}} = \hat{\bar{L}}$. Im allgemeinen kann aber $\bar{\hat{L}}$ durchaus ein echter Unterkörper von $\hat{\bar{L}}$ sein, wie das folgende Beispiel (Baer 1970) zeigt. Es sei $L = K(j)$ eine einfache transzendente Erweiterung über dem angeordneten Körper K mit $j > 0$ und $j < k$ für jedes positive $k \in K$. Sei Γ die aus j erzeugte, zu $\mathbb{Z}$ o-isomorphe abelsche Gruppe. Wir zeigen, daß der Körper $H(\Gamma, K)$ der stetige Abschluß von $K(j)$ ist: Wie eben bewiesen, ist $H(\Gamma, K)$ stetig abgeschlossen. Wir haben daher nur noch nachzuweisen, daß jedes Element aus $H(\Gamma, K)$ einen eigentlichen Dedekindschen Schnitt in $K(j)$ definiert. Sei dafür $z \in H(\Gamma, K) \setminus K(j)$. Man kann z durch $z = fj^n\left(1 + \sum_{i=1}^{\infty} f_i j^i\right)$ mit $n \in \mathbb{Z}$, $0 \neq f \in K$, $f_i \in K$ und $f_i \neq 0$ für unendlich viele $i \in \mathbb{N}$ darstellen. Wir setzen $z_m = fj^n\left(1 + \sum_{i=1}^{m} f_i j^i\right)$ für $0 < m$ und definieren:

$D_z = \{y \in L\colon z_m \leqslant y$ für unendlich viele $m\}$ und $S_z = \{y \in L\colon y \leqslant z_m$ für unendlich viele $m\}$. Es ist $S_z \neq \emptyset$, $D_z \neq \emptyset$ und $S_z \cup D_z = L$; außerdem enthält S_z kein größtes Element. Angenommen, es gibt Elemente $d \in D_z$, $s \in S_z$ mit $d \leqslant s$. Zu $0 < u \in \mathbb{N}$ gibt es dann u', $u'' \in \mathbb{N}$ mit $u < u'$, $u < u''$, $z_{u'} \leqslant d$ und $s \leqslant z_{u''}$. Also gilt:

$$0 \leqslant s - d \leqslant z_{u''} - z_{u'} = fj^n\left(\sum_{i=u+1}^{u''} f_i j^i - \sum_{i=u+1}^{u'} f_i j^i\right) = fj^{n+u+1} \cdot p(j),$$

wobei $p(j)$ ein Polynom aus $K[j]$ ist. Da diese Abschätzung für alle $u \in \mathbb{N}$ gilt und $\{j^i\colon i \in \mathbb{N}\}$ koinitial in der Menge der streng positiven Elemente von $K(j)$ ist, erhält man $s = d$; hieraus folgt insbesondere $z = s = d \in L$ im Widerspruch zur Wahl von z. Also gilt $s < d$ für alle $s \in S_z$, $d \in D_z$; damit ist (S_z, D_z) ein Dedekindscher Schnitt in L. Zu $0 < k \in L$ gibt es ein $m \in \mathbb{N}$ mit $0 < |f| \cdot j^{n+m} < \frac{k}{z}$; also ist $z_m - |f| \cdot j^{n+m} \in S_z$ und $z_m + |f| j^{n+m} \in D_z$, und folglich ist (S_z, D_z) ein eigentlicher Dedekindscher Schnitt in $L = K(j)$. Damit ist gezeigt, daß $H(\Gamma, K)$ der stetige Abschluß $\hat{L}$ von $L = K(j)$ ist.

Wir brauchen für das Beispiel den folgenden

Hilfssatz 26. *Es sei H ein Unterkörper des angeordneten Körpers K, und K habe den endlichen Grad n über H. Mit $[K]$ bzw. $[H]$ sei die Gruppe der archimedischen Klassen* *von K bzw. H bezeichnet. Dann gilt:*

$$\underset{a \in K}{\forall} \; \underset{\substack{m \in \mathbb{N} \\ m \leqslant n}}{\exists} [a]^{m!} \in [H].$$

Insbesondere folgt daraus: $\underset{a \in K}{\forall} [a]^{n!} \in [H]$.

Beweis.
K ist endlich, algebraisch und separabel über H; also gibt es ein $b \in K$ mit $K = H(b)$. Sei $x^n + h_1 x^{n-1} + \ldots + h_n \in H[x]$ das Minimalpolynom von b.

Aus $b^n + h_1 b^{n-1} + \ldots + h_n = 0$ folgt $[b^n + \ldots + h_n] = [0]$. Da $b \neq 0$ ist und nicht alle h_i gleich 0 sind, gilt (nach Lemma 2, I, § 4):

$$\underset{\substack{i,k \\ i+k \leqslant n, k \neq 0}}{\exists} \quad [h_i b^{n-i}] = [h_{i+k} b^{n-i-k}]$$

Damit ist $[b]^k = \dfrac{[h_{i+k}]}{[h_i]} \in [H]$.

Für ein $a \in K$ gilt $H \subseteq H(a) \subseteq K$, und der Grad von a teilt n. Damit ergibt sich die Behauptung. ▯

Wir zeigen nun, daß für unseren Körper $L = K(j)$ gilt: $\bar{\hat{L}} \subsetneqq \hat{\hat{L}}$. Wie oben bewiesen, ist $\hat{L} = H(\Gamma, K)$ mit $\Gamma = \langle j \rangle \simeq_o \mathbb{Z}$.

Sei R der reelle Abschluß von $\hat{L}$ (d. h. $R = \bar{\hat{L}}$) und D der Dedekindsche Abschluß von L (d. h. $D = \hat{\hat{L}}$). Es ist $R \subseteq D$. Da R reell abgeschlossen ist, gilt $\bar{L} \subseteq R \subseteq D = \hat{\hat{L}}$, und mit $\bar{L}$ ist auch R dicht in D; somit ist $\hat{R} = D$.

Wir können $\hat{L} = H(\Gamma, K)$ als Unterkörper von $H(\bar{\Gamma}, \bar{K})$ auffassen, wobei $\bar{\Gamma}$ (o-isomorph $(\mathbb{Q}, +)$) die radizierbare Hülle von Γ und $\bar{K}$ ein reeller Abschluß von K ist. Nach Satz 13, II, § 5 ist $H(\bar{\Gamma}, \bar{K})$ reell abgeschlossen; daher können wir R als Unterkörper von $H(\bar{\Gamma}, \bar{K})$ betrachten.

Da R reell abgeschlossen und $0 < j$ ist, hat für jedes $0 < n \in \mathbb{N}$ die Gleichung $x^n = j$ eine Lösung in R, die mit $j^{\frac{1}{n}}$ bezeichnet werden soll.

Sei $r(n)$ eine mit n gegen unendlich strebende Folge rationaler Zahlen. Aus $j^{\frac{1}{n}} \in R$ folgt, daß auch $j^{r(n)}$ in R definiert ist, und man kann deshalb $f(n) = \sum_{i=1}^{n} j^{r(i)}$ für jedes $n \in \mathbb{N}$ in R bilden.

Durch $T = \{t \in R: f(n) < t$ für alle $n \in \mathbb{N}\}$ und $S = R \setminus T$ wird ein Dedekindscher Schnitt (S, T) in R definiert. (S, T) ist eigentlich; denn sei $m \in \mathbb{N}$, dann existiert — da $r(n)$ gegen unendlich strebt — ein $n_0 \in \mathbb{N}$, so daß für alle $n \geqslant n_0$ gilt $r(n) > m$. Also ist $j^{r(n)} < j^m$ für alle $n \geqslant n_0$. Es ist $f(n_0) = s \in S$, und $t \in T$ sei so gewählt, daß es sich von s erst in Komponenten j^i mit $i > r(n_0)$ unterscheidet. Dann ist $t - s < j^m$, und somit (S, T) eigentlich. Aus $\hat{R} = D$ folgt nun, daß (S, T) durch ein Element $d \in D$ bestimmt wird.

Durch Spezialisieren der Folge $r(n)$ soll erreicht werden, daß $d \in D \setminus R$ ist.

Es sei $r(n)$ wieder eine gegen unendlich strebende Folge rationaler Zahlen; zusätzlich sei verlangt: $r(n) = \dfrac{z_n}{p_n}$ mit $z_n \in \mathbb{N}$, p_n und z_n teilerfremd und p_n eine Primzahl, für die gilt: (*) $p_n \geq (p_1 p_2 \cdots p_{n-1})!$.

Es wird nun nachgewiesen, daß im Fall dieser speziell gewählten Folge der wie oben definierte eigentliche Dedekindsche Schnitt (S, T) durch ein Element $d \in D$ bestimmt wird, für das gilt $d \notin R$.

Angenommen, es ist $d \in R$; da R der reelle Abschluß von $\hat{L}$ ist, ist dann d algebraisch über $\hat{L}$. Sei $[\hat{L}(d) \colon \hat{L}] = k \in \mathbb{N}$. (**) n sei minimal gewählt, so daß $p_n > k!$ ist.

Weiter sei $m = p_1 p_2 \dots p_{n-1}$ und $F = \hat{L}\left(j^{\frac{1}{m}}\right)$.

Da $F = \hat{L}\left(j^{\frac{1}{p_1}}\right)\left(j^{\frac{1}{p_2}}\right) \dots \left(j^{\frac{1}{p_{n-1}}}\right)$ ist, und die p_i-ten Einheitswurzeln nicht in $\hat{L}$ liegen, sind die Gleichungen $x^{p_i} = j$, $1 \leqslant i \leqslant n-1$, irreduzibel in $\hat{L}$, und man erhält $[F \colon \hat{L}] = m$. Aus $\hat{L} \subseteq F$ und $[\hat{L}(d) \colon \hat{L}] = k$ folgt weiter $[F(d) \colon F] \leqslant k$. Man kann nun den Hilfssatz 26 anwenden:

Aus $[F \colon \hat{L}] = m$ folgt $\underset{f \in F}{\forall} [f]^{m!} \in [\hat{L}]$. Insbesondere ist damit $[F]^{m!} \subseteq [\hat{L}]$. Aus $[F(d) \colon F] \leqslant k$ erhält man $\underset{y \in F(d)}{\forall} [y]^{k!} \in [F]$. Für alle $y \in F(d)$ gilt daher $[y]^{k!m!} \in [\hat{L}]$. Sei $w = d - (j^{r(1)} + j^{r(2)} + \dots + j^{r(n-1)})$, also $w \in F(d) = \hat{L}\left(j^{\frac{1}{m}}\right)(d)$ und $[w] = [j^{r(n)}]$. Dann ist $[w]^{k!m!} \in [\hat{L}] = \{[k j^z] \colon k \in K, z \in \mathbb{Z}\}$.

Nach (*) ist $p_n > m!$ und nach (**) ist $p_n > k!$. Also teilt p_n nicht $z_n m!\, k!$, und somit ist $[w]^{k!m!} \notin [\hat{L}]$. Damit ergibt sich ein Widerspruch, d. h. die Annahme $d \in R$ war falsch.

§ 2 o-verträgliche Bewertungen

Es sei F ein Unterkörper eines angeordneten Körpers K. Baer 1927 wie Artin-Schreier 1927a führten den Begriff „unendlich klein" bzw. „unendlich groß" über F für ein Element $k \in K$ ein. k heißt *unendlich klein über* F, wenn $|k| < f$ für jedes $0 < f \in F$ gilt, und k heißt *unendlich groß über* F, wenn $\frac{1}{k}$ unendlich klein über F ist. Enthält K keine in bezug auf F unendlich großen Elemente, so wird K archimedisch über F genannt. (Wir haben diesen Begriff in I, § 3 für Gruppen definiert.) Baer untersuchte in seiner Arbeit eine Einteilung der Elemente von K in Klassen gleicher Größenordnung bezüglich F. Die Abbildung eines Elementes auf seine Klasse ist eine ordnungsverträgliche Bewertung. Wir wollen das kurz erläutern: Durch $a \sim_F a' \Leftrightarrow \underset{0 < f, f' \in F}{\exists} |a| \leqslant f|a'| \wedge |a'| \leqslant f'|a|$ ist eine Äquivalenzrelation $\sim_F$ über K definiert. Für $a \in K$ bezeichne $[a]_F$ die Äquivalenzklasse bezüglich $\sim_F$, in der das Element a liegt. Es sei $[K]_F = \{[a]_F \colon 0 \neq a \in K\}$. Durch $[a]_F < [b]_F \Leftrightarrow \underset{0 < f \in F}{\forall} f|a| < |b|$ ist eine Anordnung über $[K]_F \cup \{[0]_F\}$ und durch $[a]_F [b]_F = [ab]_F$ eine Multiplikation über $[K]_F$ gegeben. $[K]_F$ ist mit dieser Anordnung und Multiplikation eine angeordnete abelsche Gruppe. Die Abbildung $a \mapsto [a]_F$ ist eine ordnungsverträgliche Bewertung von K mit der Wertegruppe $[K]_F$.

Wie wir in Satz 5 sehen werden, kann man jede ordnungsverträgliche Bewertung als eine solche Bewertung beschreiben. Wir geben in diesem Paragraphen noch eine weitere Darstellung ordnungsverträglicher Bewertungen und zwar über Faktorisierungen der Gruppe der archimedischen Klassen (Satz 2). Anschließend untersuchen wir Fragen der Fortsetzungsmöglichkeit von Anordnungen (vom Restklassenkörper auf den Ausgangskörper in Satz 10, auf eine unmittelbare Erweiterung in Satz 11). In

Satz 12 zeigen wir, wie sich eine o-Bewertung eines angeordneten Körpers auf seinen reellen Abschluß fortsetzen läßt. Danach bringen wir ein Kriterium für die Existenz von o-Bewertungen von vorgegebenem Range. Im letzten Teil des Paragraphen beschäftigen wir uns mit henselschen o-bewerteten Körpern und zeigen, daß die henselsche Hülle eines o-bewerteten Körpers gerade der algebraische Abschluß dieses Körpers in seiner maximalen unmittelbaren Erweiterung ist (Satz 21).

Wir bezeichnen im folgenden für einen durch v bewerteten Körper K mit Γ_v seine Wertegruppe, mit A_v den Bewertungsring, mit M_v das Bewertungsideal und mit K_v den Restklassenkörper der Bewertung. $A(K/F)$ sei der Bewertungsring der Bewertung $a \mapsto [a]_F$. Weiter sei für diesen Paragraphen vorausgesetzt, daß die Bewertung v stets nicht trivial, also $\Gamma_v \neq \{\varepsilon\}$ sei.

Wir stellen in dem folgenden Lemma einige Eigenschaften zusammen, die zur Ordnungsverträglichkeit einer Bewertung gleichwertig sind. Die Äquivalenz der ersten vier in dem Lemma genannten Eigenschaften haben wir schon in Satz 6, II, § 4 gebracht.

Lemma 1. *v sei eine Bewertung des angeordneten Körpers K. Dann sind die folgenden Aussagen äquivalent:*

(1) *v ist ordnungsverträglich.*
(2) *M_v ist konvex in A_v.*
(3) *A_v ist in K konvex.*
(4) *Die kanonische Stelle λ: $A_v \to K_v$ ist (bezüglich der induzierten Anordnung von K_v) ordnungstreu.*
(5) *Die Elemente von M_v sind unendlich klein gegenüber $\mathbb{Q}$.*
(6) *$A_v \supseteq A(K/\mathbb{Q})$.*

Beweis.
(3) $\Rightarrow$ (5): Angenommen, zu $0 < x \in M_v$ gäbe es ein $n \in \mathbb{N}$ mit $\frac{1}{n} \leqslant x$. Dann wäre $0 < x^{-1} \leqslant n \in A_v$ und nach (3) also $x^{-1} \in A_v$ im Widerspruch zu $x \in M_v$.

(5) $\Rightarrow$ (3): Sei $y \in K$, $a \in A_v$ und $0 < y < a$. Also ist $y^{-1}a > 1$ und daher $y^{-1}a \notin M_v$, woraus $a^{-1}y \in A_v$ und damit $y = a(a^{-1}y) \in A_v$ folgt. Daß (5) mit (6) äquivalent ist, ergibt sich aus der Tatsache, daß für zwei Bewertungsringe A_1, A_2 von K mit maximalen Idealen M_1 bzw. M_2 stets gilt: $A_1 \subseteq A_2 \Leftrightarrow M_1 \supseteq M_2$. □

Künftig sei für eine o-Bewertung v der Restklassenkörper K_v stets mit der durch M_v auf A_v/M_v induzierten Anordnung versehen.

Weil der Bewertungsring einer ordnungsverträglichen Bewertung eines angeordneten Körpers K konvex in K ist, sind die Bewertungsringe ordnungsverträglicher Bewertungen von K bezüglich der Inklusion linear geordnet, und der zur natürlichen Bewertung w gehörende Bewertungsring A_w ist hierbei der kleinste. Identifizieren wir äquivalente Bewertungen miteinander, so ist durch $v_1 \leqslant v_2 \Leftrightarrow A_{v_1} \supseteq A_{v_2}$ eine Anordnung über der Menge der o-Bewertungen von K gegeben. Der folgende Satz zeigt, daß man alle o-Bewertungen eines angeordneten Körpers über Faktorisierungen seiner Gruppe der archimedischen Klassen nach konvexen Untergruppen beschreiben kann.

Satz 2 (v. Chossy, Prieß-Crampe 1975). *Es sei $a \mapsto [a]$ die natürliche Bewertung eines angeordneten Körpers K und $[K]$ die Gruppe der archimedischen Klassen von K.*

(1) *Für eine konvexe Untergruppe* Σ *von* $[K]$ *ist* $a \mapsto [a]\Sigma$ *eine o-Bewertung von K mit der Wertegruppe* $[K]/\Sigma$.

(2) *Ist* v *eine o-Bewertung von K mit der Wertegruppe* Γ_v *und* $\Sigma = \{[a]: v(a) = \varepsilon\}$, *so ist* v *zur Bewertung* $a \mapsto [a]\,\Sigma$ *äquivalent, also gilt* $\Gamma_v \simeq_o [K]/\Sigma$.

Beweis.
(1) ist offensichtlich.

Zu (2): Die Abbildung $[a] \mapsto v(a)$: $[K] \to \Gamma_v$ ist wohldefiniert, weil v ordnungsverträglich ist. $[a] \mapsto v(a)$ ist ein o-Epimorphismus mit Kern Σ; also ist Γ_v o-isomorph $[K]/\Sigma$ und damit v äquivalent $a \mapsto [a]\,\Sigma$. ▯

Berücksichtigt man, daß die konvexen Untergruppen einer angeordneten Gruppe bezüglich der Inklusion eine Kette bilden, so erhält man:

Folgerung 3. *Die Menge der o-Bewertungen eines angeordneten Körpers K ist o-bijektiv zur dual bezüglich der Inklusion geordneten Kette der konvexen Untergruppen von* $[K]$.

Wir können aus Satz 2 noch eine wichtige Folgerung für die durch eine ordnungsverträgliche Bewertung auf einem Körper definierte Topologie ziehen:

Satz 4 (Massaza 1975). *Es sei* v *eine ordnungsverträgliche (nichttriviale) Bewertung des angeordneten Körpers K. Dann definieren* v *und die natürliche Bewertung* w *auf K die gleiche Topologie.*

Beweis.
Es sei Γ die Wertegruppe von w. Weil äquivalente Bewertungen die gleiche Topologie definieren, können wir aufgrund von Satz 2 v von der Form $a \mapsto w(a)\,\Sigma$: $K \to \Gamma/\Sigma$ mit Σ als einer konvexen Untergruppe von Γ annehmen. Es sei $\Gamma' = \{\gamma_i : i \in I\}$ ein Repräsentantensystem in Γ für Γ/Σ. Dann ist v als Bewertung der additiven Gruppe von K äquivalent zur Bewertung v': $K \to \Gamma' \cup \{0\}$ mit $v'(a) = \gamma_i$, falls $v(a) = \gamma_i\,\Sigma$. Stimmt also die durch v' auf K definierte Topologie mit der durch w gegebenen überein, so auch die durch v definierte. Daß v' und w die gleiche Topologie auf K bestimmen, schließen wir mit Lemma 7, II, § 4; wir haben dafür nur noch zu zeigen, daß Γ' koinitial in Γ ist. Sei also $\gamma \in \Gamma$. Weil v nichttrivial ist, gibt es ein $\beta \in \Gamma$ mit $\beta\,\Sigma < \gamma\,\Sigma$. Für $\gamma_i \in \Gamma'$ mit $\gamma_i\,\Sigma = \beta\,\Sigma$ gilt daher $\gamma_i < \gamma$. Folglich ist Γ' in Γ koinitial. ▯

Wir untersuchen nun, ob sich ordnungsverträgliche Bewertungen durch die auf S. 86 definierten Bewertungen $a \mapsto [a]_F$ beschreiben lassen. Der folgende Satz besagt einmal, daß man jede ordnungsverträgliche Bewertung durch eine Bewertung dieser Form beschreiben kann, weiter entnimmt man diesem Satz, daß hierbei der Unterkörper F durch die zu $a \mapsto [a]_F$ äquivalente Bewertung v keinesfalls eindeutig bestimmt ist. Wir gehen auf diese letztere Frage in Lemma 7 und dem darauf folgenden Satz ein.

Satz 5 (Baer 1927, Knebusch-Wright 1976, Lang 1953, Prestel 1975). *v sei eine ordnungsverträgliche Bewertung des angeordneten Körpers K und F ein maximaler Unterkörper von* A_v. *Dann gilt:*

(1) $A_v = A(K/F)$.

(2) K_v *ist algebraisch über* F^π, *wobei mit* π *die kanonische Stelle:* $A_v \to K_v$ *bezeichnet ist.*

Beweis.
Zu (1): Ist $x \in A(K/F)$, so gibt es ein $f \in F$, also $f \in A_v$, mit $|x| \leqslant f$, und weil nach Lemma 1 A_v konvex ist, folgt $x \in A_v$. Damit hat man $A(K/F) \subseteq A_v$. Angenommen, es gilt nicht $A_v \subseteq A(K/F)$. Dann existiert ein $x \in A_v \setminus A(K/F)$. Wegen $x^{-1} \in A(K/F) \subseteq A_v$ ist x eine Einheit von A_v. Weil F maximal in A_v ist, ist $M_v \cap F[x] \neq \{0\}$; folglich gibt es ein Element der Form $x^n + f_{n-1}x^{n-1} + \ldots + f_0$, $f_i \in F$, $i = 0, \ldots, n-1$, in M_v. Mit x ist auch x^n Einheit in A_v. Daher ist $x^{-n}(x^n + f_{n-1}x^{n-1} + \ldots + f_0) = 1 + f_{n-1}x^{-1} + \ldots + f_0 x^{-n} \in M_v$. Weil x^{-1} unendlich klein gegenüber F ist, ist $2(1 + f_{n-1}x^{-1} + \ldots + f_0 x^{-n}) > 1$ und damit $1 + f_{n-1}x^{n-1} + \ldots + f_0 x^{-n}$ nicht unendlich klein gegenüber $\mathbb{Q}$ im Widerspruch zum Lemma 1.

Zu (2): Sei $x \in A_v$ und o.B.d.A. $x \in A_v \setminus M_v$, $x \notin F$; folglich gilt $F \subsetneqq F[x] \subseteq A_v$. Weil F ein maximaler Unterkörper von A_v ist, gibt es also ein Element der Form $x^n + f_{n-1}x^{n-1} + \ldots + f_0, f_i \in F$, $i = 0, \ldots, n-1$, in M_v, und daher ist x^π algebraisch über F^π. □

Die erste Aussage des gerade gebrachten Satzes ist von zahlreichen Autoren immer wieder entdeckt worden (s. z. B. Meister-Monk 1973, v. Chossy, Prieß-Crampe 1975, Massaza 1975).

Wir können mit Hilfe des gerade bewiesenen Satzes zeigen, daß ein reell abgeschlossener Körper für jede ordnungsverträgliche Bewertung einen zum Restklassenkörper dieser Bewertung o-isomorphen Unterkörper enthält.

Satz 6 (Artin-Schreier 1927a, v. Chossy, Prieß-Crampe 1975, Knebusch-Wright 1976). *v sei eine ordnungsverträgliche Bewertung des angeordneten Körpers K. Ist K reell abgeschlossen, so gibt es einen zu K_v o-isomorphen Unterkörper von K.*

Beweis.
Sei F ein maximaler Unterkörper in A_v. Wir zeigen, daß F algebraisch abgeschlossen in K ist: Sei dafür $z \in K$ ein über F algebraisches Element, und $x^n + f_{n-1}x^{n-1} + \ldots f_0 \in F[x]$ das Minimalpolynom von z über F. Wegen $v(z^n + f_{n-1}z^{n-1} + \ldots + f_0) = 0$ und $z \neq 0$ gibt es nach Lemma 2, I, § 4 unter den von Null verschiedenen Summanden von $z^n + f_{n-1}z^{n-1} + \ldots + f_0$ zwei mit gleichen Werten unter v, also $v(f_{i+j}z^{i+j}) = v(f_i z^i)$, $0 \neq j$, $i \in \{0, \ldots, n\}$. Folglich ist $v(z)^j = \dfrac{v(f_i)}{v(f_{i+j})}$. Für $0 \neq f \in F$ ist f eine Einheit in A_v und daher $v(f) = \varepsilon$. Damit ist $v(z)^j = \varepsilon$, also auch $v(z) = \varepsilon$ und somit $z \in A_v$. Wegen $F(z) = F[z]$ ist folglich $F(z)$ ein Unterkörper von A_v. Aufgrund der Maximalität von F in A_v gilt daher $F(z) = F$; also ist $z \in F$. Weil K reell abgeschlossen ist, ist F als ein in K algebraisch abgeschlossener Unterkörper nach Satz 12, II, § 2 reell abgeschlossen. Folglich ist auch das Bild F^π von F unter der kanonischen Stelle π reell abgeschlossen. Damit ist nach Satz 4 $K_v = F^\pi$, also F o-isomorph zu K_v. □

Die relle Abgeschlossenheit von K ist für die Existenz eines zu K_v o-isomorphen Unterkörpers hierbei wesentlich (vgl. hierzu Lemma 23, § 3), wie das folgende Beispiel zeigt: Es sei $\mathbb{R}(j)$ eine einfache transzendente Erweiterung von $\mathbb{R}$ durch das gegenüber $\mathbb{R}$ unendlich kleine Element j. Wir betrachten den Unterkörper $K = \mathbb{Q}(\sqrt{2} + j)$ von $\mathbb{R}(j)$. Bezüglich der natürlichen Bewertung w von K liegt dann eine Quadratwurzel von 2 in K_w, aber nicht in K. Also kann es keinen zu K_w o-isomorphen Unterkörper von K geben.

Wir greifen die vor Satz 5 angeschnittene Frage auf, in welcher Beziehung Unterkörper zueinander stehen, für welche Bewertungen der Form $a \mapsto [a]_F$ zueinander äquivalent sind.

Für das folgende sei $[K]$ die Gruppe der archimedischen Klassen eines angeordneten Körpers K. Ist F ein Unterkörper von K, so ist $[F]$ auf natürliche Weise einer Untergruppe von $[K]$ o-isomorph. Wir identifizieren $[F]$ häufig mit dieser Untergruppe von $[K]$, ohne das besonders zu erwähnen. Ist G eine angeordnete Gruppe und A eine Teilmenge von G, so ist der Durchschnitt aller konvexen Untergruppen von G, die A enthalten, eine konvexe Untergruppe von G; wir nennen diese die *konvexe Hülle von A in G*.

Lemma 7. *F_1, F_2 mit $F_1 \subseteq F_2$ seien Unterkörper des angeordneten Körpers K, und für* $i = 1, 2$ sei $\mathscr{H}([F_i])$ *die konvexe Hülle von* $[F_i]$ *in* $[K]$. Dann sind die folgenden Aussagen äquivalent:

(1) *F_2 ist archimedisch über F_1.*
(2) *$a \mapsto [a]_{F_1}$ und $a \mapsto [a]_{F_2}$ sind äquivalente Bewertungen auf K.*
(3) $\mathscr{H}([F_1]) = \mathscr{H}([F_2])$.

Beweis.
(1) $\Leftrightarrow$ (2): Für einen Unterkörper F von K ist $A(K/F) = \{k \in K: \underset{0<f\in F}{\exists} |k| \leqslant f\}$. Aus $F_1 \subseteq F_2$ folgt damit $A(K/F_1) \subseteq A(K/F_2)$. Ist F_2 archimedisch über F_1, so gilt ferner $A(K/F_2) \subseteq A(K/F_1)$, also ist dann $A(K/F_1) = A(K/F_2)$. Ist umgekehrt $A(K/F_2) = A(K/F_2)$, so erhält man wegen $F_2 \subseteq A(K/F_1)$, daß F_2 archimedisch über F_1 ist. Weil Bewertungen genau dann äquivalent sind, wenn sie den gleichen Bewertungsring definieren, ist damit die Äquivalenz der Aussagen (1) und (2) bewiesen.

(1) $\Rightarrow$ (3): Natürlich ist $\mathscr{H}([F_1])$ eine Untergruppe von $\mathscr{H}([F_2])$. Zu $[1] < \gamma \in \mathscr{H}([F_2])$ gibt es ein $0 < f_2 \in \mathrm{F}_2$ mit $\gamma < [f_2]$ und folglich ein $0 < f_1 \in F_1$ mit $f_2 < f_1$; damit ist $\gamma < [f_1]$, also $\gamma \in \mathscr{H}([F_1])$.

(3) $\Rightarrow$ (1): Für $0 < f_2 \in F_2$ ist $[f_2], [f_2^{-1}] \in \mathscr{H}([F_2]) = \mathscr{H}([F_1])$; also können wir $[1] \leqslant [f_2]$ annehmen. Es gibt ein $0 < f_1 \in F_1$ mit $[f_2] \leqslant [f_1]$; somit gilt $f_2 \leqslant n \cdot f_1$ für ein $n \in \mathbb{N}$, und daher ist F_2 archimedisch über F_1. □

Zu einem Unterkörper F von $(K, \leqslant)$ gibt es unter den über F archimedischen Erweiterungen von F in K aufgrund des Zornschen Lemmas eine maximale. Falls zu F keine echte, über F archimedische Erweiterung von F in K existiert, nennen wir F *archimedisch abgeschlossen* in K. Wollen wir hierbei noch besonders betonen, daß zu $[F]$ in $[K]$ die konvexe Hülle Σ gehört, so sagen wir auch, F sei ein *archimedischer Abschluß zu Σ* in $[K]$. Ein archimedisch abgeschlossener Unterkörper von K ist nach Lemma 6, II, § 3 algebraisch abgeschlossen in K.

Aufgrund des Satzes 6 und des Lemmas 7 erhalten wir damit:

Satz 8. *Sei K reell abgeschlossen und Σ eine konvexe Untergruppe von* $[K]$. *Zwei archimedisch abgeschlossene Unterkörper zu Σ in K sind zueinander o-isomorph.*

Wir wollen den Zusammenhang zwischen reellen Stellen und ordnungsverträglichen Bewertungen untersuchen. Eine *Stelle* $\lambda: K \to L \cup \{\infty\}$ heißt *reell*, wenn L formal reell ist. Mit den folgenden beiden Sätzen (vgl. Baer 1927, Satz 4) wird gezeigt, daß man jede reelle Stelle durch eine ordnungsverträgliche Bewertung bezüglich einer geeigneten Anordnung des Ausgangskörpers beschreiben kann:

Satz 9 (Baer 1927, Lang 1953, Massaza 1975). *Sei K ein Körper. Gibt es eine reelle Stelle von K, so ist K formal reell.*

Beweis.
Sei v die zu λ gehörende Bewertung. Angenommen, K ist nicht formal reell. Dann gibt es Elemente $0 \neq a_i \in K$, $i = 1, \ldots, n$, mit $a_1^2 + \ldots + a_n^2 = 0$. Sei $v(a_n) = \mathrm{Max}\{v(a_i)$: $i = 1, \ldots, n\}$. Damit erhalten wir $\left(\frac{a_1}{a_n}\right)^2 + \ldots + \left(\frac{a_{n-1}}{a_n}\right)^2 + 1 = 0$ mit $\frac{a_i}{a_n} \in A_v$ für $i = 1, \ldots, n-1$ und folglich $1 + \sum_{i=1}^{n-1} \left(\left(\frac{a_i}{a_n}\right)^\lambda\right)^2 = 0$ im Widerspruch dazu, daß λ eine reelle Stelle ist. □

Satz 10 (Baer 1927, Krull 1932, Nagata 1975). *v sei eine Bewertung des Körpers K, und K_v sei angeordnet. Es gibt eine Anordnung von K, so daß v eine o-Bewertung ist.*

Beweis.
K ist Quotientenkörper von A_v; also reicht es, eine Anordnung über A_v zu definieren, so daß λ: $A_v \to K_v$ ordnungstreu ist. Sei

$$T_q = \{a^2 : 0 \neq a \in A_v\}, \quad T_a = \{a \in A_v : a^\lambda > 0\} \quad \text{und}$$

$$S = \left\{\sum_{i=1}^{n} q_i^2 a_i : q_i^2 \in T_q, \quad a_i \in T_a, \quad n \in \mathbb{N}\right\}.$$

Wir werden mit Hilfe des Zornschen Lemmas einen Positivbereich für A_v gewinnen, der S umfaßt. S ist additiv wie multiplikativ abgeschlossen. Angenommen, $S \cap -S \neq \emptyset$. Dann gibt es also Elemente $a_i \in T_a$, $q_i^2 \in T_q$, $i = 1, \ldots, n$, mit $\sum_{i=1}^{n} q_i^2 a_i = 0$. Sei $v(q_n) = \mathrm{Max}\{v(q_i)$: $i = 1, \ldots, n\}$. Wegen $a_n = -\sum_{i=1}^{n-1} \left(\frac{q_i}{q_n}\right)^2 a_i$ und $\frac{q_i}{q_n} \in A_v$, $i = 1, \ldots, n-1$, folgt damit $a_n^\lambda = -\sum_{i=1}^{n-1} \left(\left(\frac{q_i}{q_n}\right)^\lambda\right)^2 a_i^\lambda \leq 0$ im Widerspruch zu $a_n \in T_a$. Also gilt $S \cap -S = \emptyset$, und wie wir schon erwähnten, ist S additiv wie multiplikativ abgeschlossen. Sei P unter den Teilmengen von A_v, die diese Eigenschaften haben und S umfassen, maximal. Dann ist $P \cup -P \cup \{0\} = A_v$; denn sonst wäre nicht P maximal, sondern die zu einem Element $a \in A_v \backslash (P \cup -P \cup \{0\})$ gebildete Menge $\{p + p'a : p, p' \in P \cup \{0\}, p \neq 0 \text{ oder } p' \neq 0\}$. Also ist P ein Positivbereich für A_v. Weil λ ordnungstreu bezüglich P ist, ist damit v nach Lemma 1 ordnungstreu. □

Satz 10 besagt also, daß man die Anordnung von K_v zu einer Anordnung von K hochziehen kann. In Brown 1971 und Lam 1980 ist ausgeführt, auf wieviele Arten das für eine vorgegebene Anordnung von K_v möglich ist.

Im Falle einer unmittelbaren Erweiterung (K', v) des angeordneten und o-bewerteten Körpers (K, v) ist die Anordnung von K' als Fortsetzung der Anordnung von K und durch die Forderung, daß v auch für K' ordnungsverträglich sein soll, jedoch eindeutig bestimmt, wie wir nun zeigen.

Satz 11. *v sei eine ordnungsverträgliche Bewertung des angeordneten Körpers K und (K', v) eine unmittelbare Erweiterung von (K, v). Es gibt genau eine Anordnung auf K', welche die von K fortsetzt und bezüglich der v eine o-Bewertung ist.*

Beweis.
Sei $\lambda\colon A'_v \to K_v$ die zu v gehörende kanonische Stelle und P der Positivbereich von K. Wir führen aus, daß durch $P' = \left\{a \in K' \colon \underset{0<k\in K}{\exists}\ v(k) = v(a), \left(\frac{a}{k}\right)^{\lambda} > 0\right\}$ ein Positivbereich für K' definiert ist. Offensichtlich ist P' multiplikativ abgeschlossen. Seien nun $a_1, a_2 \in P'$ und k_1, k_2 Elemente aus P mit $v(k_i) = v(a_i)$, $i = 1, 2$. Wir betrachten als erstes den Fall $v(a_1) \neq v(a_2)$ und setzen $v(a_1) < v(a_2)$ voraus. Dann ist $v(a_1 + a_2) = v(a_2) = v(k_2)$ und $\left(\frac{a_1 + a_2}{k_2}\right)^{\lambda} = \left(\frac{a_1}{k_2}\right)^{\lambda} + \left(\frac{a_2}{k_2}\right)^{\lambda} = \left(\frac{a_2}{k_2}\right)^{\lambda} > 0$ und somit $a_1 + a_2 \in P'$.

Es sei nun $v(a_1) = v(a_2)$. Wegen $\left(\frac{a_2}{k_1}\right)^{\lambda} = \left(\frac{a_2}{k_2}\right)^{\lambda} \left(\frac{k_2}{k_1}\right)^{\lambda}$ und $\left(\frac{k_2}{k_1}\right)^{\lambda} > 0$ können wir $k_2 = k_1$ wählen und erhalten damit $\left(\frac{a_1 + a_2}{k_1}\right)^{\lambda} = \left(\frac{a_1}{k_1}\right)^{\lambda} + \left(\frac{a_2}{k_1}\right)^{\lambda} > 0$. Also ist $v(a_1 + a_2) = v(k_1)$ und $\left(\frac{a_1 + a_2}{k_1}\right)^{\lambda} > 0$; folglich ist auch in diesem Falle $a_1 + a_2 \in P'$. Gäbe es ein $a \in P' \cap -P'$, so existierten zu diesem Elemente $k_1, k_2 \in P$ mit $v(k_1) = v(k_2) = v(a)$ und $\left(\frac{a}{k_1}\right)^{\lambda} > 0$ und $\left(\frac{a}{k_2}\right)^{\lambda} < 0$, was wegen $\left(\frac{a}{k_1}\right)^{\lambda} = \left(\frac{a}{k_2}\right)^{\lambda} \left(\frac{k_2}{k_1}\right)^{\lambda}$ nicht möglich ist. Also ist $P' \cap -P' = \emptyset$. Weiter ist $P' \cup -P' \cup \{0\} = K'$; denn zu $0 \neq k' \in K'$ gibt es ein $k \in P$ mit $v(k) = v(k')$, und je nachdem ob $\left(\frac{k'}{k}\right)^{\lambda} > 0$ oder $\left(\frac{k'}{k}\right)^{\lambda} < 0$ ist, liegt $\frac{k'}{k}$ in P' oder in $-P'$.

Diese letzte Überlegung zeigt bereits, daß P' als Fortsetzung von P durch die Forderung der Ordnungstreue von λ eindeutig bestimmt ist. □

Der folgende Satz gibt Auskunft über die Fortsetzungsmöglichkeit einer ordnungsverträglichen Bewertung bzw. einer reellen Stelle auf den reellen Abschluß des betrachteten Körpers. Weitere Fragen über die Fortsetzung reeller Stellen sind in Knebusch 1972 und in Knebusch 1973b behandelt.

Satz 12 (Lang 1953, Knebusch 1973b, Knebusch-Wright 1976, Prestel 1975). *Sei v eine ordnungsverträgliche Bewertung des angeordneten Körpers K. Dann läßt sich v zu einer ordnungsverträglichen Bewertung $\hat{v}$ des reellen Abschlusses $\hat{K}$ von K fortsetzen; diese Fortsetzung ist bis auf Äquivalenz eindeutig bestimmt; ihr Restklassenkörper ist der reelle Abschluß von K_v.*

Beweis.
Nach Satz 2 ist v zur Bewertung $a \mapsto [a]\Sigma$ äquivalent, wobei Σ eine konvexe Untergruppe von $[K]$ ist. Wir fassen $[K]$ als Untergruppe von $[\hat{K}]$ auf. $\hat{\Sigma}$ sei die konvexe Hülle von Σ in $[\hat{K}]$. Dann ist $a \mapsto [a]\Sigma$ eine Fortsetzung von v auf $\hat{K}$.

Angenommen, für $i = 1, 2$ sei $v_i = a \mapsto [a]\Sigma_i$ mit Σ_i als konvexer Untergruppe von $[\hat{K}]$ eine Fortsetzung von v. Wir können $\Sigma_1 \leqslant \Sigma_2$ voraussetzen. $[\hat{K}]$ ist die radizierbare

Hülle von $[K]$ (vgl. II, § 4, Lemma 3 und Lemma 17), damit sind die in $[\hat{K}]$ konvexen Untergruppen Σ_1, Σ_2 radizierbar, und Σ_1 ist eine radizierbare Untergruppe von Σ_2. Also läßt sich Σ_2 als direktes Produkt $\Sigma_2 = \Sigma_1 \otimes \Delta_1$ darstellen. Aus $\delta \in \Delta_1$ folgt $\delta^n \in \Delta_1 \cap [K]$ für ein geeignetes $n \in \mathbb{N}$ und damit $\delta^n \in \Sigma_2 \cap [K]$. Weil v_1, v_2 Fortsetzungen von v sind, ist $\Sigma_2 \cap [K] = \Sigma = \Sigma_1 \cap [K]$. Also gilt $\delta^n \in \Sigma_1 \cap \Delta_1 = \{\varepsilon\}$ und daher $\Delta_1 = \{\varepsilon\}$. Folglich ist $v_1 = v_2$.

Da $\hat{K}$ reell abgeschlossen und $\hat{v}$ ordnungsverträglich ist, ist (nach Lemma 17, II, § 4) der Restklassenkörper $\hat{K}_v$ zu $\hat{v}$ reell abgeschlossen. Es ist also nur noch zu zeigen, daß $\hat{K}_{\hat{v}}$ algebraisch über K_v ist. Sei hierfür $0 \neq \bar{a} \in \hat{K}_{\hat{v}}$ und $a \in \hat{K}$ ein Urbild von $\bar{a}$ unter der kanonischen Stelle $\lambda \colon \hat{A}_{\hat{v}} \to \hat{K}_{\hat{v}}$. Weil $\hat{K}$ algebraisch über K ist, gibt es ein normiertes irreduzibles Polynom $f = \sum_{i=0}^{m} k_i x^i \in K[x]$ mit a als Nullstelle. Sei $v(k_j) = \operatorname{Max}\{v(k_i)\colon i = 0, \ldots, m\}$. Dann wird $\frac{1}{k_j} f \in A_v[x]$ durch λ auf ein Polynom aus $K_v[x]$ abgebildet, das ungleich dem Nullpolynom ist und $\bar{a}$ als Nullstelle hat. □

Unter dem *Rang* einer Bewertung v versteht man den Ordnungstyp der Kette der nichttrivialen konvexen Untergruppen der Wertegruppe von v.

Wir werden in dem nächsten Satz ein Kriterium bringen, wann ein angeordneter Körper eine ordnungsverträgliche Bewertung vom Rang n besitzt.

Satz 13. *Der angeordnete Körper K hat genau dann eine ordnungsverträgliche Bewertung v vom Rang n, wenn es einen Unterkörper F von K und zu F eine Auswahl von n und nicht mehr positiven Elementen $t_1, t_2, \ldots, t_n \in K$ mit folgenden Eigenschaften gibt: t_1 ist unendlich groß gegenüber F, für $i = 2, \ldots, n$ ist t_i unendlich groß gegenüber $F(t_1, \ldots, t_{i-1})$, und K ist archimedisch über $F(t_1, \ldots, t_n)$.*

Beweis.
Für ein Element $0 \neq t \in K$ sei mit $([t])$ die archimedische Klasse von $[t]$ in der multiplikativen Gruppe $[K]$ bezeichnet, und es sei $([K]) = \{(\gamma)\colon \gamma \in [K]\}$. Weiter sei Σ eine konvexe Untergruppe von $[K]$. Die Existenz einer maximalen Kette $\Sigma_1 \subsetneqq \Sigma_2 \subsetneqq \ldots \subsetneqq \Sigma_n = [K]$ von n konvexen Untergruppen von $[K]$, die Σ echt umfassen, ist damit gleichwertig, daß $([K])$ eine maximale Kette $(\gamma_1) < \ldots < (\gamma_n)$ von n archimedischen Klassen (γ_i) hat, so daß $\gamma_i > \sigma$ für jedes $\sigma \in \Sigma$ und $i = 1, \ldots, n$ gilt (vgl. hierzu die Ausführungen nach Satz 4, I, § 4). Zu γ_i wähle man für $i = 1, \ldots, n$ Elemente $1 < t_i \in K$ mit $[t_i] = \gamma_i$. Dann ist also die Existenz einer maximalen Kette $\Sigma_1 \subsetneqq \ldots \subsetneqq \Sigma_n = [K]$ von n konvexen Untergruppen, die Σ echt umfassen, dazu äquivalent, daß es in K eine Auswahl von n und nicht mehr Elementen $t_1, \ldots, t_n$ gibt mit $1 < t_i$, $\sigma < [t_i]$ für alle $\sigma \in \Sigma$, $i = 1, \ldots, n$, und $([t_1]) < \ldots < ([t_n])$.

Es sei nun v eine ordnungsverträgliche Bewertung von K vom Rang n, und v sei äquivalent zu $a \mapsto [a]\Sigma$. Weil nach Satz 2 die Wertegruppe von v o-isomorph zu $[K]/\Sigma$ ist, gibt es in $[K]$ eine maximale Kette von n konvexen Untergruppen, die Σ echt umfassen. Wie eben ausgeführt, erhält man damit eine Auswahl von n und nicht mehr Elementen $t_1, \ldots, t_n \in K$ mit $1 < t_i$, $\forall_{\sigma \in \Sigma}\, \sigma < [t_i]$, $i = 1, \ldots, n$, und $([t_1]) < \ldots < ([t_n])$.

Es sei F ein maximaler Unterkörper von A_v, also ist nach Satz 5 $A_v = A(K/F)$ und damit die konvexe Hülle $\mathscr{H}([F])$ von $[F]$ in $[K]$ gleich Σ. Ein Element $1 < t \in K$ ist offensichtlich genau dann unendlich groß gegenüber einem Unterkörper L von K, wenn $[t] > \gamma$ für jedes $\gamma \in \mathscr{H}([L])$ gilt. Für ein nicht konstantes Polynom $\sum_{\nu=0}^{n} l_\nu t^\nu \in L[t]$ mit $l_n \neq 0$ ist dann (nach Lemma 2, I, § 4) $\left[\sum_{\nu=0}^{n} l_\nu t^\nu\right] = [t]^n$, folglich ist $\mathscr{H}([L(t)])$ gleich der aus $[t]$ erzeugten konvexen Untergruppe in $[K]$. Wendet man diese Überlegung auf F und t_1 bzw. für $i = 2, \ldots, n$ auf $F(t_1, \ldots, t_{i-1})$ und t_i an, so ergeben sich die in dem Satz formulierten Eigenschaften für F und die Elemente $t_1, \ldots, t_n$.

Gehen wir umgekehrt von der Existenz eines Körpers F und Elementen $t_1, \ldots, t_n$ mit diesen Eigenschaften aus, so ist $v = a \mapsto [a]_F$ eine ordnungsverträgliche Bewertung vom Rang n; denn die Wertegruppe von v ist o-isomorph zu $[K]/\mathscr{H}([F])$, und aus den Betrachtungen von vorhin folgt, daß eine maximale Kette von nichttrivialen konvexen Untergruppen von $[K]/\mathscr{H}([F])$ aus n Untergruppen besteht; daher hat v den Rang n. □

Beispiele angeordneter Körper mit einer ordnungsverträglichen Bewertung vom Rang n kann man über Körper von formalen Potenzreihen oder als eine Folge von einfachen transzendenten Erweiterungen eines archimedisch angeordneten Körpers auf vielfältige Weise erhalten. So hat $\mathbb{Q}(t_1, \ldots, t_n)$ mit der Transzendenzbasis $t_1, \ldots t_n$ und der durch $t_1 \gg \mathbb{Q}$ und $t_i \gg \mathbb{Q}(t_1, \ldots, t_{i-1})$, $i = 2, \ldots, n$, festgelegten Anordnung als natürliche Bewertung eine Bewertung vom Rang n. Der angeordnete Körper von formalen Potenzreihen mit dem n-fachen lexikographischen Produkt von $\mathbb{Z}$ als Trägergruppe und $\mathbb{Q}$ als Koeffizientenkörper hat ebenfalls als natürliche Bewertung eine Bewertung vom Rang n.

Wir beschäftigen uns im lezten Teil dieses Paragraphen mit henselschen ordnungsverträglich bewerteten Körpern. Nach Krull 1932 ist eine Bewertung eines Körpers K auf einen beliebigen Oberkörper von K fortsetzbar (vgl. Satz 16, II, § 4 und die dort angegebene Literatur). Man nennt einen bewerteten Körper (K, v) *henselsch*, wenn v auf jede algebraische Erweiterung von K genau eine Fortsetzung hat. Es gibt verschiedene Möglichkeiten, die Eigenschaft „henselsch" für einen Körper zu definieren. Wir stellen die wichtigsten in dem folgenden Satz zusammen:

Satz 14. *(K, v) sei ein bewerteter Körper. Die folgenden Eigenschaften sind äquivalent:*

(1) *K ist henselsch.*

(2) *Zu jedem normierten Polynom $f \in A_v[x]$ und zu jedem $a \in A_v$ mit $f(a) \equiv 0 \bmod M_v$, $f'(a) \not\equiv 0 \bmod M_v$ gibt es ein $b \in A_v$ mit $f(b) = 0$ und $b \equiv a \bmod M_v$ (hierbei ist mit f' die (formale) erste Ableitung von f bezeichnet).*

(3) *Das Bild unter dem kanonischen Homomorphismus: $A_v \mapsto K_v$ eines normierten irreduziblen Polynoms aus $A_v[x]$ ist eine Potenz eines über K_v irreduziblen Polynoms.*

Für den Beweis dieses Satzes sei z.B. auf Endler, Valuation Theory, S. 118 oder Ribenboim, Théorie des Valuations, S. 185 und Ax 1971, S. 176 verwiesen.

Die Beweise der folgenden Sätze über Henselsche Körper findet man ebenfalls in der von Endler, Ribenboim bzw. Ax gerade zitierten Literatur. Wir verweisen deshalb jeweilig nur auf den Namen und geben außerdem die entsprechende Satznummer oder Seitenzahl an.

Satz 15. *(K, v) sei henselsch und (K', v) algebraisch über K. Dann ist der Bewertungsring A'_v zu v in K' die ganze Hülle von A_v in K'.*

Beweis.
Endler, Satz (1.3) (b). □

Eine Erweiterung (H, v) des bewerteten Körpers (K, v) heißt eine *Henselsche Hülle* von K, wenn es zu jedem henselsch bewerteten Körper (L, w) und jeder werteerhaltenden Einbettung φ von (K, v) in (L, w) genau eine Fortsetzung $\tilde{\varphi}$: $(H, v) \mapsto (L, w)$ von φ gibt.

Satz 16. *Der bewertete Körper (K, v) hat eine bis auf Bewertungsisomorphie eindeutig bestimmte Henselsche Hülle (H, v). H ist algebraisch und separabel über K.*

Beweis.
Ax, S. 177 oder Ribenboim, S. 176. □

Den folgenden Satz kann man ebenfalls aus bekannten Sätzen der Bewertungstheorie folgern (s. z.B. Schilling, The Theory of Valuations, S. 47 oder Endler, Satz (17.19) oder Ribenboim, S. 184). Wir wollen hier einen direkten Beweis bringen.

Satz 17. *Ein maximal bewerteter Körper (K, v) ist henselsch.*

Beweis (Hartmann 1981).
Wir zeigen, daß für (K, v) die Bedingung (2) von Satz 14 erfüllt ist: Sei also $f \in A_v[x]$ und $t \in A_v$ mit $f(t) \equiv 0 \bmod M_v$, $f'(t) \not\equiv 0 \bmod M_v$. Das gesuchte Element $s \in A_v$ mit $f(s) = 0$ und $t \equiv s \bmod M_v$ gewinnen wir als Pseudolimes einer transfiniten Folge. Wir zeigen dafür folgendes: Seien $f \in A_v[x]$ und $t \in A_v$ wie oben, und sei λ eine Limesordinalzahl. Dann gibt es in K eine Folge $(t_\varrho)_{\varrho < \lambda}$, so daß für alle $\varrho < \sigma < \lambda$ gilt:

(a) $t_\varrho \in A_v$;
(b) $v(f'(t_\varrho)) = \varepsilon$;
(c) $v(t_\varrho - t_\sigma) = v(f(t_\varrho))$;
(d) $v(f(t_\varrho)) \neq 0 \Rightarrow v(f(t_\sigma)) < v(f(t_\varrho))$,
$v(f(t_\varrho)) = 0 \Rightarrow v(f(t_\sigma)) = v(f(t_\varrho))$.

Die Existenz der Folge $(t_\varrho)_{\varrho < \lambda}$ erhält man mittels transfiniter Induktion: Sei also $t_0 = t$, $\mu < \lambda$ und t_ϱ für alle $\varrho < \mu$ bereits konstruiert. Ist $f(t_\varrho) = 0$ für ein $\varrho < \mu$, so können wir $t_\mu = t_\varrho$ wählen. Sei nun $f(t_\varrho) \neq 0$ für alle $\varrho < \mu$.

Wir betrachten zunächst den Fall, daß μ eine Limeszahl ist: Wegen $v(t_\tau - t_\sigma) = v(f(t_\sigma)) < v(f(t_\varrho)) = v(t_\sigma - t_\varrho)$ für $\varrho < \sigma < \tau < \mu$ ist $(t_\varrho)_{\varrho < \mu}$ pseudokonvergent. Nach Satz 8, § 3 hat in einem maximal bewerteten Körper jede pseudokonvergente Folge einen Pseudolimes. Also gibt es in K einen Pseudolimes z von $(t_\varrho)_{\varrho < \mu}$. Wir führen aus, daß wir $t_\mu = z$ setzen können: Es ist $v(t_\varrho - z) = v(t_\varrho - t_{\varrho+1}) = v(f(t_\varrho))$ für $\varrho < \mu$: also gilt (c) für $t_\mu = z$. Wegen $v(z) = v(t_\varrho - t_\varrho + z) \leqslant \operatorname{Max}\{v(t_\varrho), v(t_\varrho - z)\} \leqslant \varepsilon$ ist (a) erfüllt. Nach Hilfssatz 2, § 3 können wir f für $\varrho < \mu$ darstellen als $f = \sum_{v=0}^{n} f_v(t_{\varrho+1})(x - t_{\varrho+1})^{n-v}$ mit $f_v \in K[x]$ und $f_v(t_{\varrho+1}) \in A_v$ für $v = 0, \ldots, n$. Daher ist $v(f(z)) = v\left(\sum_{v=0}^{n} f_v(t_{\varrho+1})(z - t_{\varrho+1})^{n-v}\right) \leqslant \operatorname{Max}\{v(f_n(t_{\varrho+1})), v(f_{n-1}(t_{\varrho+1}))\, v(z - t_{\varrho+1}), \ldots, v(f_0(t_{\varrho+1}))\, v(z - t_{\varrho+1})^n\}$, wegen $f_n(t_{\varrho+1}) = f(t_{\varrho+1})$ und aufgrund der Eigenschaft (c) für z erhält man $v(f(z)) \leqslant \operatorname{Max}\{v(f(t_{\varrho+1})), v(f_{n-1}(t_{\varrho+1}))v(f(t_{\varrho+1})), \ldots, v(f_0(t_{\varrho+1}))v(f(t_{\varrho+1}))^n\} = v(f(t_{\varrho+1}))$; also ist $v(f(z)) < v(f(t_\varrho))$ für $\varrho < \mu$, d.h. $t_\mu = z$ erfüllt (d). Entwickelt man f (nach Hilfssatz 2, § 3) an der Stelle z und setzt $x = t$, so ergibt sich $v(f(t)) = v\left(\sum_{\nu=0}^{n} f_\nu(z)(t-z)^{n-\nu}\right)$. Folglich ist

$$\begin{aligned} v(f_{n-1}(z)) &= v\left(\frac{f(t)-f_n(z)}{t-z} - \sum_{\nu=0}^{n-2} f_\nu(z)(t-z)^{n-\nu-1}\right) \\ &\leqslant \operatorname{Max}\left\{v\left(\frac{f(t)-f_n(z)}{t-z}\right), v(f_{n-2}(z))v(t-z), \ldots, v(f_0(z))v(t-z)^{n-1}\right\}. \end{aligned}$$

Wegen $f_n(z) = f(z)$ und $v(f(z)) < v(f(t))$ ist

$$v\left(\frac{f(t)-f_n(z)}{t-z}\right) = \frac{v(f(t))}{v(t-z)} = \frac{v(f(t))}{v(f(t))} = \varepsilon.$$

Die weiteren Terme, über die das Maximum gebildet wird, liegen alle in M_v. Also ist $v(f'(z)) = v(f_{n-1}(z)) = \varepsilon$, d.h. für $t_\mu = z$ gilt die Bedingung (b).

Wir haben nur noch den Fall zu behandeln, daß $f(t_\varrho) \neq 0$ für alle $\varrho < \mu$ ist und μ einen Vorgänger $\mu - 1$ hat: Es sei $a = t_{\mu-1}$ und $c = f(t_{\mu-1})$. Wir betrachten das Polynom $q(x) = \frac{1}{c} f(a + cx)$. Nach Hilfssatz 2, § 3 läßt sich f darstellen als $f(x) = \sum_{\nu=0}^{n} f_\nu(a)(x-a)^{n-\nu}$. Damit ergibt sich $q(x) = \sum_{\nu=0}^{n} \frac{1}{c} f_\nu(a)(cx)^{n-\nu}$. Für die Koeffizienten von q erhalten wir:

$$\frac{1}{c} f_n(a) = \frac{1}{f(a)} f(a) = 1, \quad \text{weiter} \quad v\left(\frac{f_{n-1}(a)}{c}\, c\right) = v(f_{n-1}(a)) = v(f'(t_{\mu-1})) = \varepsilon$$

und

$$v\left(\frac{f_\nu(a)}{c}\, c^{n-\nu}\right) = v(f_\nu(a))v(c)^{n-\nu-1} \leqslant v(f(t_{\mu-1}))^{n-\nu-1} < \varepsilon \text{ für } \nu = 0, \ldots, n-2.$$

Also ist das Bildpolynom $\bar{q}$ von q unter dem kanonischen Epimorphismus $\varphi\colon A_v \to K_v$ von der Form $\bar{q} = 1 + \bar{r}x$ mit $0 \neq \bar{r} \in K_v$ und hat daher in K_v die Nullstelle $-\bar{r}^{-1}$. Für ein Urbild $d \in A_v$ von $-\bar{r}^{-1}$ unter φ ist folglich $q(d) \in M_v$. Damit ist

$$v(q(d)) = v\left(\frac{f(a+cd)}{c}\right) < \varepsilon, \quad \text{also} \quad v(f(t_{\mu-1} + cd)) < v(f(t_{\mu-1})).$$

Setzt man $t_\mu = t_{\mu-1} + cd$, so erfüllt t_μ offensichtlich die Bedingungen (a) und (d). Wegen $t_\mu - t_{\mu-1} = cd$ und $v(d) = \varepsilon$ ist $v(t_\mu - t_{\mu-1}) = v(c) = v(f(t_{\mu-1}))$, und für $\varrho < \mu - 1$ folgt damit $v(t_\varrho - t_\mu) = v(t_\varrho - t_{\mu-1} + t_{\mu-1} - t_\mu) = \operatorname{Max}\{v(t_\varrho - t_{\mu-1}), v(t_{\mu-1} - t_\mu)\} = \operatorname{Max}\{v(f(t_\varrho)), v(f(t_{\mu-1}))\} = v(f(t_\varrho))$; also gilt auch für t_μ auch (c). Aus $f(t_{\mu-1}) = \sum_{\nu=0}^{n} f_\nu(t_\mu)(t_{\mu-1} - t_\mu)^{n-\nu}$ erhält man mit den gleichen Überlegungen wie oben

$$v(f_{n-1}(t_\mu)) \leqslant \operatorname{Max}\left\{\frac{v(f(t_{\mu-1})-f(t_\mu))}{v(t_{\mu-1}-t_\mu)}, \ldots, v(f_0(t_\mu))\, v(t_{\mu-1}-t_\mu)^{n-1}\right\},$$

und wegen $t_{\mu-1} - t_\mu = -cd \in M_v$ und

$$\frac{v(f(t_{\mu-1})-f(t_\mu))}{v(t_{\mu-1}-t_\mu)} = \frac{v(f(t_{\mu-1}))}{v(f(t_{\mu-1}))} = \varepsilon$$

folgt wie dort $v(f'(t_\mu)) = v(f_{n-1}(t_\mu)) = \varepsilon$; somit erfüllt t_μ auch (b).

Für jede Limesordinalzahl λ ist damit die Existenz einer Folge $(t_\varrho)_{\varrho<\lambda}$ mit den Eigenschaften (a), (b), (c) und (d) bewiesen. Sei nun λ eine Limesordinalzahl mit $\operatorname{card}\lambda > \operatorname{card}\Gamma_v$. ($\Gamma_v$ ist die Wertegruppe von (K, v)). Dann muß für ein $\varrho < \lambda$ in der Bedingung (d) notwendig der Fall $v(f(t_\varrho)) = 0$ eintreten; denn sonst wäre $\varrho \mapsto v(f(t_\varrho))$: $\{\varrho : \varrho < \lambda\} \to \Gamma_v$ eine injektive Abbildung, was aufgrund der Kardinalitäten von λ und Γ_v nicht möglich ist. Ein Element t_ϱ mit $v(f(t_\varrho)) = 0$ ist die gesuchte Nullstelle von f. □

Als Folgerung erhält man aus den Sätzen 16 und 17:

Satz 18. *Die Henselsche Hülle eines bewerteten Körpers ist eine unmittelbare Erweiterung.*

Wir untersuchen die Beziehung zwischen der Henselschen Hülle und einer maximalen unmittelbaren Erweiterung eines bewerteten Körpers.

Satz 19. *Der Restklassenkörper des bewerteten Körpers (K, v) habe die Charakteristik 0. Dann sind die beiden folgenden Eigenschaften äquivalent:*

(1) *(K, v) ist henselsch.*

(2) *(K, v) hat keine echte unmittelbare algebraische Erweiterung.*

Beweis.

(2) $\Rightarrow$ (1) ergibt sich aus den Sätzen 16 und 18.

(1) $\Rightarrow$ (2): Angenommen, (K', v) sei eine echte unmittelbare algebraische Erweiterung von (K, v). Sei $z \in K' \setminus K$, und o.B.d.A. sei $z \in A'_v$ und $z \notin M'_v$. Weil K' algebraisch über K ist, ist nach Satz 15 A'_v die ganze Hülle von A_v in K'. Also gibt es ein Polynom $f = x^n + a_{n-1}x^{n-1} + \ldots + a_0 \in A_v[x]$, das z als Nullstelle hat. Aus $f = gh$ mit normierten Polynomen $g, h \in K[x]$ folgt (s. z.B. Bourbaki, Algèbre Commutative, Chap. 5, S. 17, Prop. 11) $g, h \in A_v[x]$. Wir können deshalb f als irreduzibel über K voraussetzen. $\bar{f}$ sei das Bild von f und $\bar{z}$ das von z unter dem kanonischen Homomorphismus: $A'_v \to K_v$. Weil (K, v) henselsch ist, ist $\bar{f}$ nach Satz 14 eine Potenz eines über K_v irreduziblen Polynoms, und dieses hat $0 \neq \bar{z} \in K'_v = K_v$ als Nullstelle. Daher ist $\bar{f}$ von der Form $\bar{f} = (x - \bar{z})^n$ und hieraus folgt $nz + a_{n-1} \equiv 0 \bmod M'_v$. Könnten wir $a_{n-1} \equiv 0 \bmod M'_v$ annehmen, so hätten wir einen Widerspruch. Wir zeigen, daß wir dies für $z \in A'_v \setminus M'_v$ zusätzlich voraussetzen können: Aus f gewinnen wir das Polynom $h \in A_v[x]$, indem wir x durch $x - \frac{1}{n}a_{n-1}$ ersetzen. Dann ist h von der Form $h = x^n + c_{n-2}x^{n-2} + \ldots + c_0 \in A_v[x]$ und $y = z + \frac{1}{n}a_{n-1} \in A'_v \setminus A_v$ eine Nullstelle von h.

Wir wählen ein Element $c \in K$ mit $v(c) = v(y)$; also ist $d = \frac{y}{c} \in A'_v \setminus A_v$ und $d \notin M'_v$. Für $g = x^n + \frac{c_{n-2}}{c^2} x^{n-2} + \ldots + \frac{c_0}{c^n} \in K[x]$ ist $g(d) = 0$; offensichtlich ist g normiert, und wegen $K(z) = K(d)$ und $n = [K(z): K]$ ist g irreduzibel über K. Wegen $d \in A'_v$ ist d (nach Satz 15) aus der ganzen Hülle von A_v in K', daher existiert ein normiertes Polynom $k \in A_v[x]$ mit $k(d) = 0$. Dann teilt g das Polynom k in $K[x]$. Weil g normiert ist, folgt hieraus (vgl. Bourbaki, Algèbre Commutative, Chap. 5, S. 17, Prop. 11) $g \in A_v[x]$. Mit g an Stelle von f und d an Stelle von z ist damit auch noch $a_{n-1} \equiv 0 \mod M'_v$ als mögliche Annahme nachgewiesen. □

Aus dem gerade bewiesenen Satz folgt damit bei Berücksichtigung von Satz 15, § 3:

Satz 20. *Ist (K, v) ein bewerteter Körper mit* Char $K_v = 0$, *so ist die Henselsche Hülle von (K, v) der algebraische Abschluß von K in der maximalen unmittelbaren Erweiterung von K.*

Mit Satz 9 hatten wir gesehen, daß für einen bewerteten Körper (K, v) aus der Anordnungsfähigkeit des Restklassenkörpers K_v stets auch die Anordnungsfähigkeit von K folgt. Ist (K, v) außerdem henselsch, so kann man nun umgekehrt auch von der Anordnungsfähigkeit von K auf die von K_v schließen:

Satz 21 (Knebusch-Wright 1976). *K sei formal reell. Ist der bewertete Körper (K, v) henselsch, so ist v mit jeder Anordnung von K verträglich.*

Beweis.
Für $a \in M_v$ ist $x^2 + x + a \equiv x(x + 1) \mod M_v$. Das Polynom $x(x + 1)$ hat zwei verschiedene Nullstellen in K_v. Weil K henselsch ist, hat damit nach Satz 14 $x^2 + x + a$ für jedes $a \in M_v$ zwei verschiedene Nullstellen in A_v. Wegen $x^2 + x + a = (x + \frac{1}{2})^2 + a - \frac{1}{4}$ ist also $\frac{1}{4} - a$ für jedes $a \in M_v$ ein Quadrat in A_v, folglich für jede Anordnung von K positiv, und das besagt gerade: M_v ist unendlich klein gegenüber $\mathbb{Q}$. Nach Lemma 1 (5) ist daher v eine ordnungsverträgliche Bewertung von K. □

Folgerung 22 (Prestel 1975). *Der bewertete Körper (K, v) sei henselsch. Dann ist K genau dann formal reell, wenn K_v formal reell ist.*

Wir untersuchen nun, wieweit sich die Eigenschaften „reell abgeschlossen" und „henselsch" gegenseitig implizieren.

Satz 23 (Prestel 1975). *v sei eine ordnungsverträgliche Bewertung des angeordneten Körpers K. Die folgenden beiden Aussagen sind äquivalent:*

(1) *K ist reell abgeschlossen.*

(2) (a) *Γ_v ist radizierbar.*
(b) *K_v ist reell abgeschlossen.*
(c) *(K, v) ist henselsch.*

Beweis.
(1) ⇒ (2): Die Gültigkeit von (a) und (b) ist offensichtlich. Damit ist nur noch (c) nachzuweisen: Wäre (K, v) nicht henselsch, so hätte (K, v) eine henselsche Hülle (K', v'), und K' wäre eine echte algebraische und unmittelbare Erweiterung von K. Nach Satz 9 wäre dann K' formal reell im Widerspruch zur reellen Abgeschlossenheit von K.

(2) ⇒ (1): Wäre K nicht reell abgeschlossen, so ließe sich v nach Satz 12 (bis auf Äquivalenz) eindeutig zu einer ordnungsverträglichen Bewertung $\hat{v}$ des reellen Abschlusses $\hat{K}$ von K fortsetzen, und der Restklassenkörper von $(\hat{K}, \hat{v})$ wäre der reelle Abschluß von K_v, also gleich K_v. Weil Γ_v radizierbar ist, wäre weiter Γ_v die Wertegruppe von $(\hat{K}, \hat{v})$. Damit wäre $(\hat{K}, \hat{v})$ eine echte algebraische unmittelbare Erweiterung von (K, v), was aufgrund von Satz 19 im Widerspruch dazu steht, daß (K, v) henselsch ist. □

Folgerung 24. *v sei eine ordnungsverträgliche Bewertung des angeordneten Körpers K. Die Henselsche Hülle von (K, v) ist genau dann gleich dem reellen Abschluß von K, wenn die Wertegruppe von (K, v) radizierbar und K_v reell abgeschlossen ist.*

Bezüglich einer ordnungsverträglichen Bewertung ist ein reell abgeschlossener Körper stets henselsch. Wie das im allgemeinen — also für eine beliebige Bewertung — aussieht, besagt der folgende Satz.

Satz 25 (Knebusch-Wright 1976). *v sei eine Bewertung des reell abgeschlossenen Körpers K. Dann ist K_v entweder reell abgeschlossen oder algebraisch abgeschlossen. Die folgenden Aussagen sind äquivalent:*

(1) *K_v ist reell abgeschlossen.*
(2) *K ist henselsch bezüglich v.*
(3) *v ist mit der einzigen Anordnung von K verträglich.*

Beweis.
Für den Beweis verwenden wir das Theorem 1 aus Bourbaki, Algèbre Commutative, Chap. 6, S. 143, das folgendermaßen lautet:

Der Körper L sei eine Erweiterung vom Grad n des bewerteten Körpers (K, v). Dann hat v nur endlich viele nicht-äquivalente Fortsetzungen v_i', $i = 1, \ldots, r$, auf L. Weiter gilt:

$$\sum_{i=1}^{r} e(v_i'/v) f(v_i'/v) \leqslant n, \quad \text{wobei} \quad e(v_i'/v_i) = [\Gamma_{v_i'} : \Gamma_v] \quad \text{und} \quad f(v_i'/v) = [L_{v'} : K_v] \text{ ist.}$$

In unserem Falle sei L der algebraische Abschluß von K, also $[L : K] = 2$. Damit erhält man: $\sum_{i=1}^{r} [\Gamma_{v_i'} : \Gamma_v]\,[L_{v_i'} : K_v] \leqslant 2$. Weil K reell abgeschlossen ist, ist Γ_v radizierbar und daher (nach Lemma 3, II, § 4) $\Gamma_{v_i'} = \Gamma_v$ für $i = 1, \ldots, r$. Also gilt: $\sum_{i=1}^{r} [L_{v_i'} : K_v] \leqslant 2$. Für r gibt es die Möglichkeiten $r = 2$ oder $r = 1$.

1) $r = 2$: Dann ist $L_{v_1'} = K_v$ und $L_{v_2'} = K_v$. Mit L sind auch $L_{v_1'}$ und $L_{v_2'}$ algebraisch abgeschlossen; folglich ist K_v algebraisch abgeschlossen.

2) $r = 1$: Dann hat v genau eine Fortsetzung v' auf L, und es ist $[L_{v'} : K_v] \leqslant 2$. Im Falle $[L_{v'} : K_v] = 2$ ist K_v reell abgeschlossen, und im Fall $[L_{v'} : K_v] = 1$ ist K_v algebraisch abgeschlossen.

Ist K_v reell abgeschlossen, so ist notwendig $r = 1$ und damit K henselsch; denn L ist die einzige echte algebraische Erweiterung von K. Also folgt (2) aus (1). Nach Satz 21 erhält man (3) aus (2). Gilt (3), so ist K_v formal reell, also nicht algebraisch abgeschlossen und daher reell abgeschlossen. □

Wir verweisen zum Abschluß dieses Paragraphen auf einige Verallgemeinerungen von ordnungsverträglichen Bewertungen: In Prestel 1975 werden ordnungsverträgliche Bewertungen für quadratische Ordnungen (q-Ordnungen) untersucht. Für Bewertungen, die mit sogenannten „preorderings" (= teilweise Ordnung, für welche die Menge der Quadrate des Körpers im Positivbereich liegt) verträglich sind, sei auf Lam 1980, § 11 und die dort angegebene Literatur verwiesen. In Harrison-Warner 1973 und Becker 1979b werden Bewertungen für Körper mit unendlichen „primes" bzw. „preprimes" (= Verallgemeinerungen von Positivbereichen) betrachtet. Weitere Verallgemeinerungen von ordnungsverträglichen Bewertungen sind die „Hahnbewertungen" von Viswanathan 1971 für assoziative Ringe und die $*$-Bewertungen für (fast) angeordnete $*$-Körper von Holland 1980.

§ 3 Maximal o-bewertete Körper

In diesem Paragraphen beschäftigen wir uns mit den folgenden Themen: Zunächst untersuchen wir den Zusammenhang zwischen bezüglich der Pseudokonvergenz „vollständigen" und maximal bewerteten Körpern. Danach klären wir die Frage, wieweit eine maximale unmittelbare Erweiterung eines angeordneten, ordnungsverträglich bewerteten Körpers eindeutig bestimmt ist. Dann untersuchen wir in Weiterführung dieser Frage, wie sich bei angeordneten, ordnungsverträglich bewerteten Körpern die maximalen unmittelbaren Erweiterungen von Unter- und Oberkörper zueinander verhalten, und außerdem, in welcher Beziehung maximale unmittelbare Erweiterungen, die bezüglich verschieden feiner o-Bewertungen gebildet sind, zueinander stehen. Anschließend gehen wir auf die Struktur angeordneter, maximal o-bewerteter Körper ein, und im letzten Teil des Paragraphen bringen wir eine Beschreibung maximal o-bewerteter Körper mittels spezieller Dedekindscher Schnitte.

Wichtigste Literatur für den ganzen Paragraphen — bis auf das letzte Thema — ist die Arbeit über maximal bewertete Körper von Kaplansky 1942. Für ordnungsverträglich bewertete Körper lassen sich die Kaplanskyschen Beweise jedoch sehr vereinfachen. Wir wollen nun als erstes den von Kaplansky 1942 bewiesenen Satz bringen, daß ein bewerteter Körper (K, v) genau dann maximal bewertet ist, wenn jede pseudokonvergente Folge von K einen Pseudolimes in K hat. In II, § 4 ist die eine Richtung dieser Aussage schon bewiesen und zwar, daß (K, v) maximal bewertet ist, falls jede pseudokonvergente Folge von K einen Pseudolimes in K hat. Es geht in den nächsten Lemmata und Sätzen also um den Nachweis der umgekehrten Richtung.

Die beiden folgenden, von Ostrowski 1935 bewiesenen Lemmata 1 und 3 bereiten eine Einteilung pseudokonvergenter Folgen in zwei verschiedene Typen vor; Folgen der einen Art (transzendente) haben Pseudolimites, die man durch transzendente Erweiterungen gewinnt, Folgen der anderen Art (algebraische) haben Pseudolimites, die man durch algebraische Erweiterungen erhält.

Wie im vorhergehenden Paragraphen bezeichnen wir für einen bewerteten Körper (K, v) mit A_v wieder den Bewertungsring, mit M_v das Bewertungsideal, mit K_v den Restklassenkörper und mit Γ_v die Wertegruppe. Es werden stets, falls nicht an betreffender Stelle ausdrücklich anders vermerkt, Bewertungen mit nicht trivialer Wertegruppe betrachtet.

Lemma 1. *Sei $(\Gamma, +)$ eine angeordnete abelsche Gruppe und seien $\beta_1, \ldots, \beta_n \in \Gamma$. Sei weiter $(\gamma_\varrho)_{\varrho<\sigma}$ eine monoton fallende Folge in Γ ohne kleinstes Element, und seien $t_1, \ldots, t_n$ n verschiedene natürliche Zahlen. Dann gibt es eine Ordinalzahl μ und ein $k \in \mathbb{N}$ mit $1 \leqslant k \leqslant n$, so daß gilt:*

$$\underset{i \neq k,\, i \in \{1, \ldots, n\}}{\forall} \quad \underset{\mu<\varrho<\sigma}{\forall} \quad \beta_i + t_i \gamma_\varrho < \beta_k + t_k \gamma_\varrho .$$

Beweis.
$\hat{\Gamma}$ sei die teilbare Hülle von Γ. Jede der Gleichungen $\beta_i + t_i x = \beta_k + t_k x$, $i \neq k$, $i, k \in \{1, \ldots, n\}$, hat in $\hat{\Gamma}$ eine eindeutig bestimmte Lösung. $x_1, \ldots, x_s$ seien alle diese Lösungen. Für die Lage der $x_1, \ldots, x_s$ bezüglich der Anordnung von $\hat{\Gamma}$ zu den Elementen der Folge $(\gamma_\varrho)_{\varrho<\sigma}$ gibt es zwei Möglichkeiten: 1) Es existiert ein $\mu < \sigma$, so daß jedes γ_ϱ mit $\mu < \varrho < \sigma$ kleiner als jedes der $x_1, \ldots, x_s$ ist. 2) Es gibt kein solches $\mu < \sigma$. Dann existiert also ein x_j, $j \in \{1, \ldots, s\}$, so daß $\gamma_\varrho > x_j$ für alle $\varrho < \sigma$ gilt. Sei x_{j1} das größte der Elemente $x_1, \ldots, x_s$ mit dieser Eigenschaft. Falls es unter den $x_1, \ldots, x_s$ ein noch größeres Element x_i gibt, gilt für dieses also, daß schließlich (ab einer geeigneten Ordinalzahl μ) alle $\gamma_\varrho < x_i$ für $\varrho < \sigma$ sind; sei in diesem Fall x_{j2} das nächst größere Element als x_{j1} unter den Elementen $x_1, \ldots, x_s$. In den Fällen 1) wie 2) gilt also, daß für alle ϱ, ϱ' mit $\mu < \varrho < \varrho' < \sigma$ keine der Lösungen $x_1, \ldots, x_s$ zwischen γ_ϱ und $\gamma_{\varrho'}$ liegt. $\beta_k + t_k \gamma_{\mu+1}$ sei das Maximum der endlich vielen Elemente $\beta_i + t_i \gamma_{\mu+1}$, $i = 1, \ldots, n$. Dann gilt:

$$\underset{\mu<\varrho<\sigma}{\forall} \quad \underset{\substack{i=1,\ldots,n,\\ i \neq k}}{\forall} \quad \beta_i + t_i \gamma_\varrho < \beta_k + t_k \gamma_\varrho ,$$

wie man folgendermaßen sieht: Aus $\beta_k + t_k \gamma_\varrho \leqslant \beta_i + t_i \gamma_\varrho$ für ein $i \in \{1, \ldots, n\}$, $i \neq k$, und ein ϱ mit $\mu < \varrho < \sigma$ folgt zunächst wegen $\gamma_\varrho \notin \{x_1, \ldots, x_s\}$, daß $\beta_k + t_k \gamma_\varrho < \beta_i + t_i \gamma_\varrho$ ist. Die Nullstelle $x_l = \dfrac{\beta_i - \beta_k}{t_k - t_i}$ von $\beta_k + t_k x = \beta_i + t_i x$ liegt nicht zwischen $\gamma_{\mu+1}$ und γ_ϱ. Damit gilt entweder $\gamma_{\mu+1} < x_l$ und $\gamma_\varrho < x_l$ oder $x_l < \gamma_{\mu+1}$ und $x_l < \gamma_\varrho$. Für $f(x) = \beta_k - \beta_i + (t_k - t_i) x$ erhält man folglich $f(\gamma_\varrho) > 0 \Leftrightarrow f(\gamma_{\mu+1}) > 0$. □

Es sei σ eine Limeszahl $\neq 0$. Wir nennen eine Folge $(a_\varrho)_{\varrho<\sigma}$ von Elementen a_ϱ eines bewerteten Körpers (K, v) *schließlich pseudokonvergent*, wenn es eine Ordinalzahl $\varrho_0 < \sigma$ gibt, so daß für alle $\varrho, \varrho', \varrho''$ mit $\varrho_0 \leqslant \varrho < \varrho' < \varrho'' < \sigma$ gilt: $v(a_{\varrho'} - a_{\varrho''}) < v(a_\varrho - a_{\varrho'})$; wir sagen hierfür auch einfach: *die Folge $(a_\varrho)_{\varrho_0 \leqslant \varrho<\sigma}$ ist pseudokonvergent.* Entsprechend verallgemeinern wir den Begriff des Pseudolimes und nennen a einen *Pseudolimes von $(a_\varrho)_{\varrho_0 \leqslant \varrho<\sigma}$*, wenn $v(a - a_\varrho) = v(a_{\varrho+1} - a_\varrho)$ für alle ϱ mit $\varrho_0 \leqslant \varrho < \sigma$ gilt. Den folgenden Hilfssatz haben wir bereits für den Beweis von Satz 17, § 2 gebraucht; wir benötigen ihn hier für den Beweis von Lemma 3.

Hilfssatz 2. *Es sei $f = \sum_{v=0}^{n} b_v x^v$ ein Polynom vom Grade n und mit Koeffizienten aus dem Körper K, das Element a sei aus K. Dann läßt sich f darstellen als*

$$f = f_0(a)(x-a)^n + f_1(a)(x-a)^{n-1} + \ldots + f_{n-1}(a)(x-a) + f_n(a),$$

wobei $f_v \in K[x]$ für $v = 0, \ldots, n$ ein Polynom vom Grad $\leqslant v$ ist. Definiert man für

$\nu = 1, \ldots, n$ *die* ν*-te (formale) Ableitung von* f *durch* $f^{(1)} = f' = \sum_{\nu=1}^{n} \nu b_\nu x^{\nu-1}$ *und* $f^{(\nu+1)} = (f^{(\nu)})'$, *so erhält man* $\nu! f_{n-\nu}(a) = f^{(\nu)}(a)$ *für* $\nu = 1, \ldots, n$.

Ist (K, v) *ein bewerteter Körper und sind die Koeffizienten des Polynoms* f *wie auch das Element* a *aus dem Bewertungsring* A_v, *so ist* $f_\nu(a) \in A_v$ *für* $\nu = 0, \ldots, n$.

Beweis.
Es sei $f_n = f$. Die Polynome $f_0, \ldots, f_{n-1}$ erhalten wir durch Koeffizientenvergleich von

$$f - f_n(a) = \sum_{\nu=1}^{n} b_\nu (x^\nu - a^\nu)$$

mit

$$f - f_n(a) = f_0(a)(x-a)^n + \ldots + f_{n-1}(a)(x-a).$$

Danach ist

$$\sum_{\nu=1}^{n} b_\nu (x^\nu - a^\nu) = f_0(a) \sum_{\nu=0}^{n} \binom{n}{\nu} x^{n-\nu}(-a)^\nu$$
$$+ f_1(a) \sum_{\nu=0}^{n-1} \binom{n-1}{\nu} x^{n-1-\nu}(-a)^\nu + \ldots + f_{n-1}(x-a),$$

also $f_0(a) = b_n$, $f_1(a) = b_{n-1} - f_0(a)\binom{n}{1}(-a)$ und

$$f_\nu(a) = b_{n-\nu} - f_0(a)\binom{n}{\nu}(-a)^\nu - f_1(a)\binom{n-1}{\nu-1}(-a)^{\nu-1}$$
$$- f_{\nu-1}(a)\binom{n-\nu+1}{1}(-a) \quad \text{für } \nu = 2, \ldots, n-1,$$

wobei f_ν rekursiv durch $f_0, \ldots, f_{\nu-1}$ bestimmt ist. Offensichtlich ist f_ν für $\nu = 0, \ldots, n$ ein Polynom vom Grad $\leqslant \nu$. Aus

$$f = \sum_{\nu=0}^{n} f_{n-\nu}(a)(x-a)^\nu$$

erhält man

$$f' = \sum_{\nu=1}^{n} \nu f_{n-\nu}(a)(x-a)^{\nu-1},$$

also

$$f^{(i)} = \sum_{\nu=i}^{n} \nu(\nu-1)\cdot\ldots\cdot(\nu-i+1) f_{n-\nu}(a)(x-a)^{\nu-i} \quad \text{für } i = 1, \ldots, n,$$

woraus $i! f_{n-i}(a) = f^{(i)}(a)$ für $i = 1, \ldots, n$ folgt. Sei nun K durch v bewertet: Wegen $f_0(a) = b_n$ und $f_n(a) = f(a)$ ist $f_0(a), f_n(a) \in A_v$ für $a \in A_v$, $f \in A_v[x]$. Aus

$$f_1(a) = b_{n-1} - f_0(a)\binom{n}{1}(-a)$$

folgt damit

$$v(f_1(a)) \leqslant \operatorname{Max}\left\{v(b_{n-1}), v\left(f_0(a)\binom{n}{1}(-a)\right)\right\} \leqslant \varepsilon,$$

und aus

$$f_\nu(a) = b_{n-\nu} - f_0(a)\binom{n}{\nu}(-a)^\nu - f_1(a)\binom{n-1}{\nu-1}(-a)^{\nu-1}$$
$$- f_{\nu-1}(a)\binom{n-\nu+1}{1}(-a) \quad \text{für } \nu = 2, \dots, n-1$$

erhält man durch vollständige Induktion $f_\nu(a) \in A_v$, $\nu = 2, \dots, n-1$. □

Lemma 3. *$(a_\varrho)_{\varrho<\sigma}$ sei eine pseudokonvergente Folge in dem bewerteten Körper (K, v), und f sei ein Polynom vom Grade $n \geqslant 1$. Dann ist $(f(a_\varrho))_{\varrho<\sigma}$ schließlich pseudokonvergent.*

Beweis.
Wie Krull 1932 gezeigt hat (vgl. Satz 16, II, § 4), ist eine Bewertung auf jede beliebige Körpererweiterung fortsetzbar. Sei also w eine Fortsetzung von v auf eine algebraische Erweiterung L von K, und sei $a \in L$. Aus der Pseudokonvergenz von $(a_\varrho)_{\varrho<\sigma}$ folgt die von $(a_\varrho - a)_{\varrho<\sigma}$. Nach Lemma 9, II, § 4 bestehen zwei Möglichkeiten für $w(a_\varrho - a)_{\varrho<\sigma}$: entweder gilt

I) $w(a_\nu - a) > w(a_\mu - a)$ für alle $\nu < \mu < \sigma$ oder
II) $w(a_\nu - a) = w(a_\mu - a)$ für alle $\nu_0 \leqslant \nu < \mu < \sigma$.

Wir treffen die folgenden beiden Fallunterscheidungen:

1) Es existiert eine algebraische Erweiterung L von K und zu dieser eine Fortsetzung w der Bewertung v, so daß es in L ein Element a gibt, für das die Möglichkeit I) zutrifft.

2) Für jede algebraische Erweiterung und jede Fortsetzung w von v gilt für jedes Element einer solchen Erweiterung stets die Möglichkeit II).

Fall 1): Es sei $b_\varrho = a_\varrho - a$. Wir definieren durch $g(x) = f(a + x)$ ein Polynom $g = \sum_{\nu=0}^{n} d_\nu x^{n-\nu} \in L[x]$ und durch $h(x) = g(x) - d_n = f(a + x) - f(a)$ ein Polynom $h \in L[x]$. Es ist

$$w(h(b_\sigma) - h(b_\varrho)) = w(f(a + b_\sigma) - f(a + b_\varrho)) = w(f(a_\sigma) - f(a_\varrho))$$
$$= v(f(a_\sigma) - f(a_\varrho)).$$

Ist also $(h(b_\varrho))_{\varrho<\sigma}$ schließlich pseudokonvergent in L, so auch $(f(a_\varrho))_{\varrho<\sigma}$ in K. Wir zeigen: $(h(b_\varrho))_{\varrho<\sigma}$ ist schließlich pseudokonvergent. Es ist $w(h(b_\varrho)) = w\left(\sum_{\nu=0}^{n-1} d_\nu b^{n-\nu}\right)$ und $w(d_\nu b_\varrho^{n-\nu}) = w(d_\nu) w(b_\varrho)^{n-\nu}$. Wir behandeln den Fall 1), also gilt: $(w(b_\varrho))_{\varrho<\sigma} = (w(a_\varrho - a))_{\varrho<\sigma}$ ist streng monoton fallend. Nach Lemma 1 erhält man deshalb:

$$\underset{\varrho_0<\sigma}{\exists} \; \underset{k\in\{0,\dots,n-1\}}{\exists} \; \underset{i\in\{0,\dots,n-1\},\, i\neq k}{\forall} \; \underset{\varrho_0\leqslant\varrho<\sigma}{\forall} \; w(d_i) w(b_\varrho)^{n-i} < w(d_k) w(b_\varrho)^{n-k}.$$

Folglich ist $w(h(b_\varrho)) = w\left(\sum_{\nu=0}^{n-1} d_\nu b_\varrho^{n-\nu}\right) = w(d_k) w(b_\varrho)^{n-k}$ für alle ϱ mit $\varrho_o \leqslant \varrho < \sigma$ und damit $(w(h(b_\varrho)))_{\varrho_0\leqslant\varrho<\sigma}$ streng monoton fallend, also $(h(b_\varrho))_{\varrho<\sigma}$ schließlich pseudokonvergent.

Fall 2): Wir zeigen zunächst, daß für ein vom Nullpolynom verschiedenes Polynom $\bar{f} \in K[x]$ schließlich $v(\bar{f}(a_\varrho))$ konstant ist. Es sei S ein Zerfällungskörper von $\bar{f}$ über K und v' eine Fortsetzung von v auf S. In $S[x]$ läßt sich $\bar{f}$ darstellen als $\bar{f} = c \prod_{i=1}^{m} (x - \alpha_i)$. Wir behandeln den Fall 2), also gilt II), d.h. schließlich ist $v'(a_\varrho - \alpha_i) = v'(a_{\varrho'} - \alpha_i)$ für alle $i = 1, \ldots, m$ und $\varrho < \varrho' < \sigma$. Folglich ist $v(\bar{f}(a_\varrho))$ schließlich konstant.

Wir zeigen nun, daß $(f(a_\varrho))_{\varrho<\sigma}$ schließlich pseudokonvergent ist: Nach Hilfssatz 2 erhält man für $f(a_\tau)$ die Darstellung $f(a_\tau) = f(a_\varrho) + \sum_{\nu=0}^{n-1} f_\nu(a_\varrho)(a_\tau - a_\varrho)^{n-\nu}$, hierbei ist für $\nu = 0, \ldots, n-1$ das Polynom $f_\nu \in K[x]$ und vom Grad $\leqslant \nu$. Wie wir gerade ausgeführt haben, ist $v(f_\nu(a_\varrho))$ für $\nu = 1, \ldots, n-1$ schließlich, also für $\varrho \geqslant \varrho_0$, konstant. Es sei $\varrho_0 \leqslant \varrho < \tau < \sigma$ und $\gamma_\varrho = v(a_{\varrho+1} - a_\varrho) = v(a_\tau - a_\varrho)$. Dann gibt es nach Lemma 1 ein $k \in \{0, \ldots, n-1\}$ und ein $\varrho_1 < \sigma$, $\varrho_1 \geqslant \varrho$, mit $v(f_k(a_\varrho))\gamma_\varrho^{n-k} > v(f_\nu(a_\varrho))\gamma_\varrho^{n-\nu}$ für $\nu \neq k$, $\nu = 0, \ldots, n-1$ und $\varrho_1 \leqslant \varrho < \sigma$. Für $\varrho_1 \leqslant \varrho < \tau < \sigma$ ist folglich $v(f(a_\tau) - f(a_\varrho)) = v(f_k(a_\varrho))\gamma_\varrho^{n-k}$ und daher $v(f(a_{\varrho'}) - f(a_{\varrho''})) < v(f(a_\varrho) - f(a_{\varrho'}))$ für $\varrho_1 \leqslant \varrho < \varrho' < \varrho'' < \sigma$. Also ist $(f(a_\varrho))_{\varrho<\sigma}$ schließlich pseudokonvergent. □

Ist $(a_\varrho)_{\varrho<\sigma}$ eine pseudokonvergente Folge des bewerteten Körpers (K, v), so nach dem gerade bewiesenen Lemma auch $(f(a_\varrho))_{\varrho_0 \leqslant \varrho<\sigma}$ für jedes nichtkonstante Polynom $f \in K[x]$. Für $(f(a_\varrho))_{\varrho_0 \leqslant \varrho<\sigma}$ bestehen daher die beiden in Lemma 9, II, § 4 genannten Möglichkeiten. Gilt für jedes Polynom $f \in K[x]$, daß $(v(f(a_\varrho)))_{\varrho<\sigma}$ schließlich konstant ist, so heißt $(a_\varrho)_{\varrho<\sigma}$ *von transzendentem Typ* bezüglich K. Gibt es jedoch ein Polynom $f \in K[x]$, so daß $(v(f(a_\varrho)))_{\varrho<\sigma}$ schließlich streng monoton fallend ist, so heißt $(a_\varrho)_{\varrho<\sigma}$ *von algebraischem Typ* bezüglich K. Unter einem *Minimalpolynom der Folge* algebraischen Typs $(a_\varrho)_{\varrho<\sigma}$ verteht man ein normiertes Polynom g kleinsten Grades aus $K[x]$, so daß $(v(g(a_\varrho)))_{\varrho<\sigma}$ schließlich streng monoton fallend ist.

Die im Beweis des Lemmas 3 getroffene Fallunterscheidung entspricht gerade der Alternative für eine pseudokonvergente Folge, von algebraischem bzw. transzendentem Typ zu sein; denn die unter Fall 2) in diesem Beweis betrachtete Folge $(a_\varrho)_{\varrho<\sigma}$ hat, wie dort gezeigt wurde, die Eigenschaft, daß für jedes $0 \neq f \in K[x]$ die Werte $v(f(a_\varrho))$ schließlich konstant sind, also ist in diesem Fall $(a_\varrho)_{\varrho<\sigma}$ von transzendentem Typ. Umgekehrt erfüllt eine Folge transzendenten Typs $(a_\varrho)_{\varrho<\sigma}$ stets die Voraussetzung des Falles 2), wie man folgendermaßen bestätigt: Es sei L eine algebraische Erweiterung des bewerteten Körpers (K, v) und w eine Fortsetzung von v auf L. Das Element a sei aus L, und $f \in K[x]$ sei das Minimalpolynom von a über K. Wir betrachten einen Zerfällungskörper S von f über L und eine Fortsetzung w' der Bewertung w von L auf S. Über S läßt sich f in Linearfaktoren zerlegen, also $f = \prod_{i=1}^{n} (x - \alpha_i)$, wobei $\alpha_1 = a$ sei. Weil $w'(f(a_\varrho)) = v(f(a_\varrho))$ schließlich konstant ist und für jedes $i = 1, \ldots, n$ entweder $w'(a_\varrho - \alpha_i)$ schließlich konstant oder streng monoton fallend ist, muß notwendig $w'(a_\varrho - \alpha_i)$ schließlich konstant sein für jedes $i = 1, \ldots, n$. Also erfüllt eine Folge transzendenten Typs die für den Fall 2) im Beweis des Lemmas 3 gemachte Voraussetzung.

Das folgende Lemma besagt, in welcher Weise sich für eine pseudokonvergente Folge die Eigenschaften „von algebraischem“ bzw. „von transzendentem Typ“ als Eigenschaften über die Existenz von Pseudolimites ausdrücken lassen.

Lemma 4 (Hüper 1977). *$(a_\varrho)_{\varrho<\sigma}$ sei eine pseudokonvergente Folge in dem bewerteten Körper (K, v). Dann gilt:*

(1) *$(a_\varrho)_{\varrho<\sigma}$ ist genau dann von algebraischem Typ bezüglich K, wenn es ein Polynom $f \in K[x]$ vom Grade $n \geqslant 1$ gibt und zu diesem eine Ordinalzahl $\varrho_0 < \sigma$, so daß $(f(a_\varrho))_{\varrho_0 \leqslant \varrho < \sigma}$ einen Pseudolimes in K hat.*

(2) *Es sei $(a_\varrho)_{\varrho<\sigma}$ von algebraischem Typ bezüglich K und $g \in K[x]$ ein zugehöriges Minimalpolynom. Dann hat g genau dann den Grad n, wenn für jedes Polynom $f \in K[x]$ mit $1 \leqslant \operatorname{grad} f < n$ die schließlich pseudokonvergente Folge $(f(a_\varrho))_{\varrho<\sigma}$ keinen Pseudolimes in K hat, und n die größte natürliche Zahl mit dieser Eigenschaft ist.*

Beweis.
Für eine pseudokonvergente Folge $(b_\varrho)_{\varrho_0 \leqslant \varrho < \sigma}$ aus K gilt, daß 0 genau dann Pseudolimes von $(b_\varrho)_{\varrho_0 \leqslant \varrho < \sigma}$ ist, wenn $(v(b_\varrho))_{\varrho_0 \leqslant \varrho < \sigma}$ streng monoton fallend ist, und ist weiter $z \in K$ ein Pseudolimes von $(b_\varrho)_{\varrho_0 \leqslant \varrho < \sigma}$, so ist 0 ein Pseudolimes der pseudokonvergenten Folge $(c_\varrho)_{\varrho_0 \leqslant \varrho < \sigma}$ aus K mit $c_\varrho = b_\varrho - z$, $\varrho < \sigma$.

Die Aussagen (1) und (2) ergeben sich nun aufgrund dieses Zusammenhangs zwischen Pseudolimes und Werten einer pseudokonvergenten Folge, indem man $b_\varrho = f(a_\varrho)$ für $f \in K[x]$ bzw. $b_\varrho = g(a_\varrho)$ für das Minimalpolynom g von $(a_\varrho)_{\varrho<\sigma}$ setzt. □

Folgerung 5. *Die pseudokonvergente Folge $(a_\varrho)_{\varrho<\sigma}$ des bewerteten Körpers (K, v) ist genau dann von transzendentem Typ bez. K, wenn für jedes nicht konstante Polynom $f \in K[x]$ die schließlich pseudokonvergente Folge $(f(a_\varrho))_{\varrho<\sigma}$ keinen Pseudolimes in K hat.*

In den folgenden beiden Sätzen zeigen wir, daß man einen bewerteten Körper (K, v), falls es in K eine pseudokonvergente Folge ohne Pseudolimes gibt, durch einen Pseudolimes dieser Folge unmittelbar erweitern kann.

Satz 6 (Kaplansky 1942). *(K, v) sei ein bewerteter Körper und $(a_\varrho)_{\varrho<\sigma}$ eine pseudokonvergente Folge von transzendentem Typ in K. Dann gibt es eine transzendente Erweiterung $K(z)$ von K mit folgenden Eigenschaften: Die Bewertung v läßt sich auf $K(z)$ fortsetzen, indem man für jedes Polynom $f(z) \in K[z]$ definiert*

$$(*) \qquad v(f(z)) = v(f(a_\varrho)) \quad \text{für } \varrho_0 \leqslant \varrho < \sigma,$$

hierbei ist ϱ_0 so gewählt, daß $v(f(a_\varrho))$ für $\varrho_0 \leqslant \varrho < \sigma$ konstant ist. Bezüglich dieser Bewertung ist $K(z)$ eine unmittelbare Erweiterung von K und z ein Pseudolimes von $(a_\varrho)_{\varrho<\sigma}$.

Beweis.
Durch $(*)$ ist offensichtlich eine Fortsetzung der Bewertung v auf den Polynomring $K[z]$ erklärt. Sei $\frac{f(z)}{g(z)} \in K(z)$ mit $f(z), g(z) \in K[z]$ und $g(z) \neq 0$. Weil $g(z)$ nur endlich viele Nullstellen in K hat, ist also schließlich $g(a_\varrho) \neq 0$, $\varrho < \sigma$, und damit durch $(*)$ eine Fortsetzung der Bewertung von $K[z]$ auf $K(z)$ gegeben. Nach Definition ist die Wertegruppe von K hierbei nicht erweitert. Wir zeigen, daß die Restklassenkörper von K und $K(z)$ übereinstimmen. Es bezeichne K_v den Restklassenkörper von K und M das Bewertungsideal von $K(z)$: Sei $f(z) \in K[z] \setminus K$ mit $v(f(z)) = \varepsilon$. Ist $\varrho_0 < \sigma$ genügend groß, so ist $(f(a_\varrho))_{\varrho_0 \leqslant \varrho < \sigma}$ pseudokonvergent; also ist $v(f(a_\tau) - f(a_\delta)) < v(f(a_\delta) - f(a_\varrho)) \leqslant \varepsilon$

für $\varrho_0 \leqslant \varrho < \delta < \tau < \sigma$. Wählt man hierbei $\tau < \sigma$ genügend groß, so ist $v(f(z) - f(a_\delta)) = v(f(a_\tau) - f(a_\delta)) < \varepsilon$, und folglich liegt $f(z)$ in derselben Restklasse wie $f(a_\delta)$. Sei nun $f(z) \in K(z)$ mit $v(f(z)) = \varepsilon$. Es ist $f(z) = \dfrac{f_1(z)}{f_2(z)}$ mit $f_1(z), f_2(z) \in K[z]$ und $0 \neq f_2(z)$. Weil K und $K[z]$ die gleiche Wertegruppe haben und $v(f_1(z)) = v(f_2(z))$ gilt, gibt es ein $k \in K$ mit $v(k) = v(f_i(z))$, $i = 1, 2$. Wie gerade ausgeführt, liegen $\dfrac{f_1(z)}{k} + M$ und $\dfrac{f_2(z)}{k} + M$ im Restklassenkörper K_v, folglich auch $f(z) + M = \dfrac{f_1(z)}{k} \cdot \dfrac{k}{f_2(z)} + M$.

Es ist damit nur noch zu zeigen, daß z ein Pseudolimes von $(a_\varrho)_{\varrho<\sigma}$ ist. Wir betrachten dafür das Polynom $f = x - a_\varrho$, hierbei sei $\varrho < \sigma$. Für eine genügend große Ordinalzahl τ mit $\varrho < \varrho' < \tau < \sigma$ ist $v(z - a_\varrho) = v(a_\tau - a_\varrho)$ und $v(z - a_{\varrho'}) = v(a_\tau - a_{\varrho'})$. Wegen $v(a_\tau - a_{\varrho'}) = v(a_{\varrho'+1} - a_{\varrho'}) < v(a_{\varrho+1} - a_\varrho) = v(a_\tau - a_\varrho)$ ist $(v(z - a_\varrho))_{\varrho<\sigma}$ streng monoton fallend. Folglich ist 0 ein Pseudolimes von $(z - a_\varrho)_{\varrho<\sigma}$ und damit z ein Pseudolimes von $(a_\varrho)_{\varrho<\sigma}$. □

Satz 7 (Kaplansky 1942). *$(a_\varrho)_{\varrho<\sigma}$ sei pseudokonvergent von algebraischem Typ und ohne Pseudolimes in (K, v). Dann existiert eine echte algebraische unmittelbare Erweiterung $K(z)$ von K, die man folgendermaßen erhalten kann: Man wähle in $K[x]$ ein Minimalpolynom q zu $(a_\varrho)_{\varrho<\sigma}$, und z sei eine Nullstelle von q. Durch*

$$(*)\qquad v(f(z)) = v(f(a_\varrho)) \quad \text{für } \varrho \geqslant \varrho_0 \ (\text{und } \varrho_0 \text{ genügend groß})$$

ist eine Fortsetzung der Bewertung von K auf $K(z)$ gegeben, bezüglich der $K(z)$ eine unmittelbare Erweiterung von K und z ein Pseudolimes von $(a_\varrho)_{\varrho<\sigma}$ ist.

Beweis.
Als Minimalpolynom zu $(a_\varrho)_{\varrho<\sigma}$ ist q irreduzibel und daher $K(z)$ für eine Nullstelle z von q isomorph zu $K[x]/(q(x))$.

Hätte q den Grad 1, also $q = x - c$ mit $c \in K$, so wäre $(v(a_\varrho - c))_{\varrho<\sigma}$ streng monoton fallend und damit $c \in K$ ein Pseudolimes von $(a_\varrho)_{\varrho<\sigma}$ im Widerspruch zur Voraussetzung.

Folglich hat q einen Grad $n \geqslant 2$. Weil für Polynome $f \in K[x]$, die einen kleineren Grad als n haben, $v(f(a_\varrho))_{\varrho<\sigma}$ schließlich konstant ist, erhält man wie im vorhergehenden Satz, daß durch $(*)$ eine Fortsetzung der Bewertung auf $K(z)$ definiert ist; nur der Nachweis von $v(f(z)g(z)) = v(f(z))v(g(z))$ erfordert eine gesonderte Überlegung: Es ist $f(z)g(z) = h(z)$, wobei $h \in K[x]$ durch $fg = h + kq$ mit $\operatorname{grad} h < n$ bestimmt ist. Damit ist $h(a_\varrho) = f(a_\varrho)g(a_\varrho) - k(a_\varrho)q(a_\varrho)$. Die Folge $(v(k(a_\varrho)q(a_\varrho)))_{\varrho<\sigma}$ fällt schließlich streng monoton und für ein genügend großes $\varrho_0 < \sigma$ sind die Werte $v(h(a_\varrho))$, $v(f(a_\varrho))$ und $v(g(a_\varrho))$ für alle ϱ mit $\varrho_0 \leqslant \varrho < \sigma$ konstant. Folglich ist $v(h(a_\varrho)) = v(f(a_\varrho)g(a_\varrho)) = v(f(a_\varrho))v(g(a_\varrho))$ für alle $\varrho_0 \leqslant \varrho < \sigma$ und damit $v(f(z))v(g(z)) = v(f(z)g(z))$.

Der restliche Teil des Beweises, also daß $K(z)$ eine unmittelbare Erweiterung von K bezüglich der durch $(*)$ definierten Bewertung ist und daß z bezüglich dieser Bewertung ein Pseudolimes von $(a_\varrho)_{\varrho<\sigma}$ ist, verläuft analog wie im transzendenten Fall. □

Aus Satz 15, II, § 4 und den gerade bewiesenen Sätzen 6 und 7 erhalten wir damit die folgende Charakterisierung maximal bewerteter Körper:

Satz 8 (Kaplansky 1942). *Der bewertete Körper K ist genau dann maximal bewertet, wenn K einen Pseudolimes für jede pseudokonvergente Folge von Elementen aus K enthält.*

Es sei Γ die Wertegruppe des maximal bewerteten Körpers (K, v) und ω_α der Koinitialitätstyp von Γ. Durch v ist eine uniforme Struktur über K gegeben und diese läßt sich durch Cauchyfolgen beschreiben (vgl. II, § 4). Eine nichtkonstante Cauchyfolge aus K enthält nach Satz 12, II, § 4 eine pseudokonvergente Teilfolge der Länge ω_α und Breite $\{0\}$, und ein Pseudolimes dieser Teilfolge ist ein Limes der Cauchyfolge. Folglich hat aufgrund des gerade bewiesenen Satzes jede Cauchyfolge eines Limes in K, und damit ist K nach Lemma 8, II, § 4 vollständig. Wir erhalten also:

Satz 9. *Ein maximal bewerteter Körper ist bezüglich der durch die Bewertungstopologie gegebenen uniformen Struktur vollständig.*

Ist K angeordnet und durch eine ordnungsverträgliche Bewertung maximal bewertet, so erhält man bei Berücksichtigung von Satz 4, § 2 und Satz 9, § 1 weiter:

Satz 10. *Ein angeordneter maximal o-bewerteter Körper ist stetig abgeschlossen.*

Wir beschäftigen uns nun mit der Frage, wieweit eine maximale unmittelbare Erweiterung eindeutig bestimmt ist. Kaplansky beantwortet diese Frage unter Voraussetzung seiner Hypothese (A) (vgl. Kaplansky, S. 312). Hat der bewertete Körper einen Restklassenkörper der Charakteristik 0, so ist diese Hypothese trivialerweise erfüllt. Deshalb werden wir, falls es erforderlich ist, im folgenden bewertete Körper mit Restklassenkörpern der Charakteristik 0 betrachten und uns schließlich auf angeordnete und ordnungsverträglich bewertete Körper beschränken.

Wir zeigen als erstes, daß die in den Sätzen 6 und 7 angegebenen einfachen unmittelbaren Erweiterungen eines bewerteten Körpers bis auf Bewertungsisomorphie eindeutig bestimmt sind.

Lemma 11 (Kaplansky 1942). *Sei $(a_\varrho)_{\varrho<\sigma}$ eine pseudokonvergente Folge von transzendentem Typ in dem bewerteten Körper K; und $K(u)$ sei eine Erweiterung von K mit einer Bewertung v, welche die Bewertung von K so fortsetzt, daß u ein Pseudolimes von $(a_\varrho)_{\varrho<\sigma}$ ist. $K(z)$ habe die in Satz 6 angegebenen Eigenschaften. Dann sind $K(u)$ und $K(z)$ bewertungsisomorph.*

Beweis.
Wir zeigen, daß v auf $K(u)$ durch $(*)$ aus Satz 6, also für jedes Polynom $f(u) \in K[u]$ durch $v(f(u)) = v(f(a_\varrho))$ für $\varrho_0 \leqslant \varrho < \sigma$ und ϱ_0 genügend groß, bestimmt ist.

Es sei $f \in K[x]$ und $1 \leqslant m$ der Grad von f. Nach Hilfssatz 2 erhält man:

$$(**) \qquad f(u) - f(a_\varrho) = (u - a_\varrho) f_{m-1}(a_\varrho) + \ldots + (u - a_\varrho)^m f_0(a_\varrho) \quad \text{mit}$$
$$f_i \in K[x] \text{ für } i = 0, \ldots, m-1.$$

Wir wollen Lemma 1 auf $(**)$ anwenden: $\varrho_0 < \sigma$ sei so groß gewählt, daß $v(f(a_\varrho))$ und $v(f_i(a_\varrho))$ für $\varrho_0 \leqslant \varrho < \sigma$ konstant sind für jedes $i = 0, \ldots, m-1$. Weil u ein Pseudolimes von $(a_\varrho)_{\varrho<\sigma}$ ist, ist weiter $(v(u-a_\varrho))_{\varrho<\sigma}$ streng monoton fallend. Also gibt es nach Lemma 1 ein $k\in\{1,\ldots,m\}$, so daß $v(f(u)-f(a_\varrho))=v(u-a_\varrho)^k\,v(f_{m-k}(a_\varrho))$ ist. Die rechte Seite dieser Gleichung ist streng monoton fallend für $\varrho_0\leqslant\varrho<\sigma$; daher muß gelten: $v(f(u))=v(f(a_\varrho))$ für $\varrho_0\leqslant\varrho<\sigma$. Folglich ist $K(u)$ eine unmittelbare Erweiterung von K.

Weiter ist u transzendent über K; denn gäbe es ein $0\neq f\in K[x]$ mit $f(u)=0$, so wäre $v(f(a_\varrho))=v(0)$ und damit $f(a_\varrho)=0$ für alle $\varrho_0\leqslant\varrho<\sigma$ im Widerspruch dazu, daß f nur endlich viele Nullstellen hat.

Der Isomorphismus $f(z)\mapsto f(u)$: $K[z]\to K[u]$ ist wegen $v(f(z))=v(f(a_\varrho))=v(f(u))$, $\varrho_0\leqslant\varrho<\sigma$, offensichtlich werteerhaltend und zu einem Bewertungsisomorphismus: $K(z)\to K(u)$ fortsetzbar. □

Lemma 12 (Kaplansky 1942). *In dem bewerteten Körper K sei $(a_\varrho)_{\varrho<\sigma}$ eine pseudokonvergente Folge algebraischen Typs ohne Pseudolimes in K, weiter sei $q\in K[x]$ ein Minimalpolynom zu $(a_\varrho)_{\varrho<\sigma}$. Neben z sei u eine weitere Nullstelle von q. Auf $K(u)$ sei eine Fortsetzung der Bewertung von K definiert, und u sei ein Pseudolimes von $(a_\varrho)_{\varrho<\sigma}$ bezüglich dieser Bewertung. $K(z)$ habe die in Satz 7 angegebenen Eigenschaften. Dann sind $K(u)$ und $K(z)$ bewertungsisomorph.*

Der Beweis verläuft völlig analog zu dem des vorhergehenden Lemmas, weil u, z Nullstellen des gleichen irreduziblen Polynoms q sind, und für Polynome $f\in K[x]$, die einen kleineren Grad als q haben, $v(f(a_\varrho))$ für $\varrho<\sigma$ schließlich konstant ist.

Schwierigkeiten beim Beweis des Satzes, daß eine maximale unmittelbare Erweiterung bis auf Bewertungsisomorphie eindeutig bestimmt ist, macht die Adjunktion von Pseudolimites pseudokonvergenter Folgen algebraischen Typs; denn im allgemeinen ist ein solcher Pseudolimes keinesfalls Nullstelle des zugehörigen Minimalpolynoms der Folge. Die beiden folgenden Lemmata dienen dem Nachweis der Existenz eines solchen Pseudolimes, der gleichzeitig Nullstelle ist, in einer maximalen unmittelbaren Erweiterung. Zuvor bringen wir einige Bezeichnungen und Hilfsbetrachtungen, die wir für die Beweise dieser Lemmata brauchen.

Im folgenden sei (K, v) ein bewerteter Körper mit einem Restklassenkörper K_v der Charakteristik 0 (also hat auch K die Charakteristik 0), die Folge $(a_\varrho)_{\varrho<\sigma}$ sei pseudokonvergent, von algebraischem Typ und ohne Pseudolimes in K. Weiter sei q ein Polynom aus $K[x]$ mit einigen zusätzlichen Eigenschaften, die wir unter (E) zusammenfassen. Für deren Formulierung beziehen wir uns auf die in Hilfssatz 2 für ein Polynom hergeleitete Darstellung. Danach ist, falls q den Grad n hat und $a\in K$ ist, $q=\sum_{i=o}^{n} q_i(a)(x-a)^i$, wobei für $i=0,\ldots,n$ das Polynom $q_i\in K[x]$ ist, einen Grad $\leqslant n-i$ hat und $q_0=q$ ist; weiter ist $q_i(a)=\frac{1}{i!}\cdot q^{(i)}(a)$ für $i=1,\ldots,n$.

Für q gelte nun:

(E) $n=\operatorname{grad} q\geqslant 2$. *Für $i=1,\ldots,n$ sei $(v(q_i(a_\varrho)))_{\varrho<\sigma}$ schließlich konstant, und $(v(q(a_\varrho)))_{\varrho<\sigma}$ sei schließlich streng monoton fallend; dies sei für $\varrho_0\leqslant\varrho<\sigma$ der Fall.*

Ein zu $(a_\varrho)_{\varrho<\sigma}$ gehörendes Minimalpolynom hat z.B. alle diese Eigenschaften, ist aber darüber hinaus irreduzibel.

Es sei $\gamma_\varrho=v(a_{\varrho+1}-a_\varrho)$ und $\beta_i=v(q_i(a_\varrho))_{\varrho_0\leqslant\varrho<\sigma}$ für $i=1,\ldots,n$.

(1) *Für* $1 \leqslant i < j \leqslant n$ *gilt*:

$$\gamma_\varrho^j v(q_j(a_\varrho)) < \gamma_\varrho^i v(q_i(a_\varrho)) \quad \textit{für } \varrho_0 < \varrho < \sigma.$$

Beweis von (1).
Es sei $\varrho_0 \leqslant \varrho < \tau < \sigma$. Aus $q = \sum_{v=0}^{n} q_v(a_\varrho)(x - a_\varrho)^v$ erhält man

$$q^{(i)} = \sum_{v=i}^{n} v(v-1)\cdot \ldots \cdot (v-i+1)\, q_v(a_\varrho)(x - a_\varrho)^{v-i}$$

und damit

$$q_i(a_\tau) = \sum_{v=i}^{n} \binom{v}{i} q_v(a_\varrho)(a_\tau - a_\varrho)^{v-i} \quad \text{für } i = 1, \ldots, n.$$

Also ist

(2) $$q_i(a_\tau) - q_i(a_\varrho) = \sum_{v=1}^{n-i} \binom{i+v}{i} q_{i+v}(a_\varrho)(a_\tau - a_\varrho)^v \quad \textit{für } i = 1, \ldots, n-1.$$

Weil K_v die Charakteristik 0 hat, ist $v\left(\binom{i+v}{i}\right) = \varepsilon$. Weiter sind die Werte $v(q_{i+v}(a_\varrho))$ konstant für $v = 0, \ldots, n-i$, und $v(a_\tau - a_\varrho) = \gamma_\varrho$ ist streng monoton fallend. Nach Lemma 1 gibt es daher unter den v-Werten der Summanden der rechten Seite von (2) genau einen größten, und dessen Wert ist gleich dem v-Wert der linken Seite, also $\leqslant v(q_i(a_\varrho))$. Folglich gilt $v(q_i(a_\varrho)) \geqslant v(q_j(a_\varrho))\gamma_\varrho^{j-i}$ für $1 \leqslant i < j \leqslant n$ und damit $v(q_i(a_{\varrho+1})) > v(q_j(a_{\varrho+1}))\gamma_{\varrho+1}^{j-i}$ (weil $(\gamma_\varrho)_{\varrho<\sigma}$ streng monoton fallend ist), also $\gamma_\varrho^i v(q_i(a_\varrho)) > \gamma_\varrho^i v(q_j(a_\varrho))$ für $\varrho_0 < \varrho < \sigma$. □

(3) $$v(q(a_\varrho)) = \gamma_\varrho v(q_1(a_\varrho)) \quad \textit{für } \varrho_0 < \varrho < \sigma.$$

Beweis von (3).
Es sei $\varrho_0 < \varrho < \tau < \sigma$. Nach Hilfssatz 2 ist

$$q(a_\tau) - q(a_\varrho) = (a_\tau - a_\varrho)q_1(a_\varrho) + \ldots + (a_\tau - a_\varrho)^n q_n(a_\varrho).$$

Wegen (1) ist

$$v(a_\tau - a_\varrho)v(q_1(a_\varrho)) > v(a_\tau - a_\varrho)^j v(q_j(a_\varrho)) \quad \text{für } 1 < j \leqslant n.$$

Folglich ist $v(q(a_\tau) - q(a_\varrho)) = v(a_\tau - a_\varrho)v(q_1(a_\varrho))$ und damit

$$v(q(a_\tau)) \leqslant \mathrm{Max}\,\{v(a_\tau - a_\varrho)v(q_1(a_\varrho)),\, v(q(a_\varrho))\}.$$

Hält man ϱ fest und läßt τ variieren, so ist $(v(q(a_\tau)))_{\varrho_0<\tau<\sigma}$ streng monoton fallend, und $v(a_\tau - a_\varrho)v(q_1(a_\varrho))$ wie $v(q(a_\varrho))$ sind konstant. Daher gilt:

$$v(q(a_\varrho)) = v(a_\tau - a_\varrho)v(q_1(a_\varrho)). \quad \square$$

(4) *y sei ein Pseudolimes von $(a_\varrho)_{\varrho<\sigma}$ in einem bewerteten Oberkörper von K, wobei die Bewertung dieses Oberkörpers eine Fortsetzung von v sei. Dann ist $v(q(y)) < \gamma_\varrho v(q_1(a_\varrho))$ für $\varrho_0 < \varrho < \sigma$ und es ist $v(q_i(y)) = \beta_i = v(q_i(a_\varrho))$ für $1 \leqslant i \leqslant n$, $\varrho_0 < \varrho < \sigma$.*

Beweis von (4).
Für $\varrho_0 < \varrho < \sigma$ ergibt nach Hilfssatz 2 die Entwicklung von $q(y)$ an der Stelle a_ϱ:

$$q(y) = q(a_\varrho) + (y - a_\varrho) q_1(a_\varrho) + \ldots + (y - a_\varrho)^n q_n(a_\varrho).$$

Nach (1) erhält man hieraus $v(q(y) - q(a_\varrho)) = v(y - a_\varrho) v(q_1(a_\varrho)) = \gamma_\varrho \beta_1$. Also ist $v(q(y)) \leqslant \operatorname{Max}\{v(q(a_\varrho)), \gamma_\varrho \beta_1\}$ und damit $v(q(y)) < \gamma_\varrho \beta_1$, weil $v(q(y))$ konstant und $v(q(a_\varrho))$ wie $\gamma_\varrho \beta_1$ streng monoton fallend für $\varrho_0 < \varrho < \sigma$ sind.

Als Entwicklung für $q_i(y)$, $1 \leqslant i \leqslant n-1$, an der Stelle a_ϱ erhält man analog zu (2):

$$q_i(y) - q_i(a_\varrho) = \sum_{\nu=1}^{n-i} \binom{i+\nu}{i} q_{i+\nu}(a_\varrho)(y - a_\varrho)^\nu.$$

Wegen $v(y - a_\varrho) = \gamma_\varrho$ und $v\left(\binom{i+\nu}{i}\right) = \varepsilon$ folgt hieraus unter Berücksichtigung von (1) $v(q_i(y) - q_i(a_\varrho)) = \beta_{i+1}\gamma_\varrho$.

Weil für $i = 1, \ldots, n$ der Wert $v(q_i(a_\varrho))$ konstant und γ_ϱ streng monoton fallend für $\varrho_0 < \varrho < \sigma$ ist, gilt damit $v(q_i(y)) = v(q_i(a_\varrho)) = \beta_i$, $1 \leqslant i \leqslant n-1$. Wegen grad $q = n$ gilt trivialerweise $v(q_n(y)) = v(q_n(a_\varrho))$. □

Wir bringen nun die beiden angekündigten Lemmata:

Lemma 13 (Kaplansky 1942). *L sei eine maximale unmittelbare Erweiterung des bewerteten Körpers (K, v). Der Restklassenkörper K_v habe die Charakteristik 0. Die Folge $(a_\varrho)_{\varrho<\sigma}$ sei pseudokonvergent von algebraischem Typ und ohne Pseudolimes in K. Es sei $q \in K[x]$ ein Polynom zu $(a_\varrho)_{\varrho<\sigma}$ mit den Eigenschaften (E) von S. 108, und $t \in L$ sei ein Pseudolimes zu $(a_\varrho)_{\varrho<\sigma}$ mit $q(t) \neq 0$. Dann existiert ein Element t^* in L, so daß t^* ein Pseudolimes von $(a_\varrho)_{\varrho<\sigma}$ ist, weiter $v(q(t^*)) < v(q(t))$ und $v(t^* - t) = \alpha\beta_1^{-1}$ mit $\alpha = v(q(t))$ ist.*

Beweis.
Es sei $\delta = \alpha\beta_1^{-1}$ und $\varrho_0 < \varrho < \sigma$. Nach (4) ist $\alpha = v(q(t)) < \beta_1 \gamma_\varrho$, also

(*) $\qquad \delta < \gamma_\varrho$.

Wir wählen $c \in L$ mit $v(c) = \delta$ und betrachten das Polynom $f(x) = \dfrac{1}{q(t)} q(t + cx)$.

Nach Hilfssatz 2 folgt für die Entwicklung von $q(t + cx)$ an der Stelle t:

$$f(x) = \sum_{j=0}^{n} \frac{q_j(t)}{q(t)} c^j x^j.$$

In dieser Darstellung hat x^0 den Koeffizienten 1, und für den Koeffizienten von x gilt nach (4): $v\left(\dfrac{q_1(t)}{q(t)} c\right) = \delta\beta_1\alpha^{-1} = \varepsilon$.

Nach (1) ist $\frac{\beta_1}{\beta_j} > \gamma_\varrho^{j-1}$ für $j > 1$, wegen $\delta < \gamma_\varrho$ (nach (*)) also $\frac{\beta_1}{\beta_j} > \delta^{j-1}$, damit $\beta_j \delta^j \alpha^{-1} < \beta_1 \delta \alpha^{-1}$ und wegen (4) folglich

$$v\left(c^j \frac{q_j(t)}{q(t)}\right) = \delta^j \beta_j \alpha^{-1} < \beta_1 \delta \alpha^{-1} = \varepsilon \quad \text{für } 1 < j \leqslant n.$$

Das Bild von $f(x)$ unter der kanonischen Stelle λ ist daher ein Polynom der Form $\bar{b}(x - \bar{a})$ mit $\bar{a}, \bar{b} \in K_v \setminus \{0\}$. Sei $z \in L$ ein Urbild von $\bar{a}$ unter λ und sei $t^* = t + cz$.

Dann ist $v(f(z)) = \frac{v(q(t + cz))}{v(q(t))} < \varepsilon$ und somit $v(q(t^*)) < v(q(t))$. Weiter ist $v(t^* - t) = v(cz) = v(c)v(z) = \delta$. Wegen $\delta < \gamma_\varrho$ (nach (*)) folgt hieraus $v(t^* - t) < \gamma_\varrho$ für alle $\varrho < \sigma$. Also liegt $t^* - t$ in der Breite von $(a_\varrho)_{\varrho < \sigma}$, und damit ist auch t^* ein Pseudolimes von $(a_\varrho)_{\varrho < \sigma}$. □

Lemma 14 (Kaplansky 1942). *Die Folge $(a_\varrho)_{\varrho < \sigma}$ sei pseudokonvergent von algebraischem Typ und ohne Pseudolimes in dem bewerteten Körper (K, v). Der Restklassenkörper K_v habe die Charakteristik* 0. *Weiter sei $q(x) \in K[x]$ ein Polynom zu $(a_\varrho)_{\varrho < \sigma}$ mit den Eigenschaften (E) von* S. 108. *L sei eine maximale unmittelbare Erweiterung von (K, v). Dann enthält L einen Pseudolimes von $(a_\varrho)_{\varrho < \sigma}$, der gleichzeitig Nullstelle von q ist.*

Beweis.
Der gesuchte Pseudolimes wird durch eine transfinite Folge approximiert. Dafür wird eine Folge $(t_\mu)_{\mu < \varphi}$ von Elementen $t_\mu \in L$ gesucht, die die folgenden drei Bedingungen erfüllt:

(I) Für jedes $\mu < \varphi$ ist t_μ ein Pseudolimes von $(a_\varrho)_{\varrho < \sigma}$.
(II) Für $\mu < \varphi$ sei $\alpha_\mu = v(q(t_\mu))$. Aus $v < \mu < \varphi$ folgt $\alpha_\mu < \alpha_v$ für $\alpha_v \neq 0$ und $\alpha_\mu = \alpha_v$ für $\alpha_v = 0$.
(III) Für $v < \mu < \varphi$ ist $v(t_\mu - t_v) = \alpha_v \beta_1^{-1}$.
φ sei hierbei eine beliebig gewählte, aber feste Limesordinalzahl.

Die Existenz der Folge $(t_\mu)_{\mu < \varphi}$ wird mit transfiniter Induktion bewiesen:

$t_0 \in L$ sei ein Pseudolimes von $(a_\varrho)_{\varrho < \sigma}$, einen solchen gibt es nach Satz 8. Für alle $\mu < \lambda$ mit $\lambda < \varphi$ seien Elemente t_μ mit den Eigenschaften (I), (II) und (III) schon gefunden.

1. Fall: λ hat einen direkten Vorgänger:

Ist $\alpha_{\lambda-1} = 0$, so sei $t_\lambda = t_{\lambda-1}$. Sei also nun $\alpha_{\lambda-1} \neq 0$. Nach Lemma 13 gibt es einen Pseudolimes t_λ von $(a_\varrho)_{\varrho<\sigma}$ mit $\alpha_\lambda = v(q(t_\lambda)) < \alpha_{\lambda-1}$ und $v(t_\lambda - t_{\lambda-1}) = \alpha_{\lambda-1}\beta_1^{-1}$. Dann ist für $v < \lambda$ also

$$v(t_\lambda - t_v) = v(t_\lambda - t_{\lambda-1} + t_{\lambda-1} - t_v) = \operatorname{Max}\{\alpha_{\lambda-1}\beta_1^{-1}, \alpha_v \beta_1^{-1}\} = \alpha_v \beta_1^{-1};$$

folglich erfüllt t_λ die Bedingungen (I), (II) und (III).

2. Fall: λ ist eine Limeszahl.

Ist $\alpha_\mu = 0$ für ein $\mu < \lambda$, so sei $t_\lambda = t_\mu$. Weil für alle v mit $\mu < v < \lambda$ dann $\alpha_v = \alpha_\mu = 0$ und deshalb $t_v = t_\mu$ ist, erfüllt $t_\lambda = t_\mu$ die Bedingungen (I), (II) und (III). Sei also nun $\alpha_\mu \neq 0$ für alle $\mu < \lambda$. Wir zeigen: $(t_\mu)_{\mu<\lambda}$ ist pseudokonvergent, und als t_λ kann ein Pseudolimes dieser Folge genommen werden.

Sei $\nu < \mu < \tau < \lambda$. Nach (II) und (III) ist $v(t_\tau - t_\mu) = \alpha_\mu \beta_1^{-1} < \alpha_\nu \beta_1^{-1} = v(t_\mu - t_\nu)$, also ist $(t_\mu)_{\mu<\lambda}$ pseudokonvergent. Weil L maximal bewertet ist, gibt es einen Pseudolimes t_λ von $(t_\mu)_{\mu<\lambda}$ in L. Wir weisen die Bedingung (I) für t_λ nach: Es sei $\mu < \lambda$. Dann ist $v(t_\lambda - t_\mu) = v(t_{\mu+1} - t_\mu)$ und nach Induktionsvoraussetzung sind $t_\mu, t_{\mu+1}$ Pseudolimites von $(a_\varrho)_{\varrho<\sigma}$. Also ist $v(t_{\mu+1} - t_\mu) < \gamma_\varrho$ und damit auch $v(t_\lambda - t_\mu) < \gamma_\varrho$ für alle $\varrho < \sigma$. Folglich liegt $t_\lambda - t_\mu$ in der Breite von $(a_\varrho)_{\varrho<\sigma}$, und t_λ ist daher ein Pseudolimes von $(a_\varrho)_{\varrho<\sigma}$.

Es ist somit nur noch die Bedingung (II) für t_λ herzuleiten. Nach Hilfssatz 2 erhält man als Entwicklung von $q(t_\lambda)$ an der Stelle t_μ:

$$(*) \qquad q(t_\lambda) = q(t_\mu) + q_1(t_\mu)(t_\lambda - t_\mu) + \ldots + q_n(t_\mu)(t_\lambda - t_\mu)^n.$$

Nach (3) ist $v(q_i(t_\mu)) = \beta_i$ für $i = 1, \ldots, n$. Wir zeigen, daß die v-Werte der Summanden der rechten Seite von $(*)$ nicht größer als α_μ sind: Es ist $v(t_\lambda - t_\mu)^j v(q_j(t_\mu)) = \alpha_\mu^j \beta_1^{-1} \beta_j$ für $1 \leqslant j \leqslant n$, also $v(t_\lambda - t_\mu) v(q_1(t_\mu)) = \alpha_\mu$. Für $1 < j \leqslant n$ ist nach (1) $\beta_j < \beta_1 \gamma_\varrho^{1-j}$, $\varrho_0 < \varrho < \sigma$, und damit $v(t_\lambda - t_\mu)^j v(q_j(t_\mu)) < \alpha_\mu^j \beta_1^{1-j} \gamma_\varrho^{1-j}$, $\varrho_o < \varrho < \sigma$. Weil t_λ, t_μ Pseudolimites von $(a_\varrho)_{\varrho<\sigma}$ sind, ist $v(t_\lambda - t_\mu) = \alpha_\mu \beta_1^{-1} < \gamma_\varrho$, also $\beta_1^{-1} \gamma_\varrho^{-1} < \alpha_\mu^{-1}$ und somit $\beta_1^{1-j} \gamma_\varrho^{1-j} < \alpha_\mu^{1-j}$ für $1 < j \leqslant n$, $\varrho_0 < \varrho < \sigma$. Folglich ist $v(t_\lambda - t_\mu)^j v(q_j(t_\mu)) < \alpha_\mu$ für $1 < j \leqslant n$. Daher ist nach $(*)$ auch $v(q(t_\lambda)) \leqslant \alpha_\mu$, und aufgrund der strengen Monotonie der $(\alpha_\mu)_{\mu<\lambda}$ ergibt sich $v(q(t_\lambda)) < \alpha_\mu$.

Die Existenz einer Folge $(t_\mu)_{\mu<\varphi}$, welche die Bedingungen (I), (II) und (III) erfüllt, ist damit nachgewiesen. Dann gibt es aber eine Ordinalzahl φ und zu dieser ein t_μ, $\mu < \varphi$, mit $v(q(t_\mu)) = 0$, was man folgendermaßen erkennt: Der Körper L habe die Kardinalität $\aleph_\beta$, und es sei $\varphi = \omega_{\beta+1}$. Wäre für alle $\mu < \omega_{\beta+1}$ stets $v(q(t_\mu)) \neq 0$, so wäre $\{q(t_\mu)\colon \mu < \varphi\}$ eine Teilmenge von L der Kardinalität $\aleph_{\beta+1}$, was unmöglich ist. □

Wir können nun den Satz über die eindeutige Bestimmtheit der maximalen unmittelbaren Erweiterung eines bewerteten Körpers formulieren:

Satz 15 (Kaplansky 1942). *Der bewertete Körper (K, v) habe einen Restklassenkörper der Charakteristik 0. Dann ist eine maximale unmittelbare Erweiterung von K bis auf Bewertungsisomorphie eindeutig bestimmt.*

Beweis.
L und L' seien zwei maximale unmittelbare Erweiterungen von K. Wir betrachten die Menge $\mathfrak{F}$ aller Tupel (F, φ_F), wobei F ein Zwischenkörper von K und L und φ_F ein Bewertungsmonomorphismus: $F \to L'$ sei, dessen Einschränkung auf K die Identität ist. Aufgrund des Zornschen Lemmas gibt es ein maximales Element (T, φ_T) in $\mathfrak{F}$. Angenommen, es existiert ein Element $z \in L \setminus T$. Dann gibt es in T nach Lemma 14, II, § 4 eine pseudokonvergente Folge $(a_\varrho)_{\varrho<\sigma}$ ohne Pseudolimes in T, deren Pseudolimes z ist. $(a_\varrho)_{\varrho<\sigma}$ ist von transzendentem oder algebraischem Typ; sei im algebraischen Fall $q \in T[x]$ ein Minimalpolynom. Nach Satz 8 und Lemma 14 existiert in L' ein Element z', das Pseudolimes von $(\varphi_T(a_\varrho))_{\varrho<\sigma}$ und im algebraischen Fall Nullstelle des Bildpolynoms von q unter φ_T ist. Damit erhält man nach den Lemmata 11 und 12 die

Fortsetzbarkeit von φ_T auf $T(z)$ im Widerspruch zur Maximalität von (T, φ_T) in $\mathfrak{F}$. Also ist $T = L$. □

Wir wollen eine Verschärfung dieses Satzes für angeordnete und ordnungsverträglich bewertete Körper bringen und beweisen dafür das folgende Lemma:

Lemma 16. *v sei eine ordnungsverträgliche Bewertung des angeordneten Körpers K. Die Körper L und L' seien zwei unmittelbare Erweiterungen von K bezüglich v, und φ: $L \to L'$ sei ein Bewertungsisomorphismus, der K elementweise festläßt. Bezüglich der eindeutig definierten Fortsetzungen der Anordnung von K auf L bzw. L' ist φ ordnungstreu.*

Beweis.
Das Bewertungsideal M von L wird durch φ auf das Bewertungsideal M' von L' abgebildet. Durch $l + M \mapsto \varphi(l) + M'$ bestimmt φ einen Isomorphismus φ^*: $L_v \to L'_v$. Wegen $L_v = K_v$ und weil φ ein K-Isomorphismus ist, ist φ^* die identische Abbildung. Wie in Satz 11, § 2 bewiesen, hat die Anordnung von K genau eine Fortsetzung auf L bzw. L', und für $l \in L$ gilt $0 < l$ genau dann, wenn es ein $0 < k \in K$ gibt mit $v(k) = v(l)$ und $\frac{l}{k} + M > M$ (in der Anordnung von K_v). Aus $0 < l$ folgt für ein $0 < k \in K$ mit $v(k) = v(l)$ somit $\varphi^*\left(\frac{l}{k} + M\right) = \frac{\varphi(l)}{k} + M > M$ und daher $0 < \varphi(l)$. □

Der Isomorphiesatz für maximale unmittelbare Erweiterungen angeordneter, ordnungsverträglich bewerteter Körper lautet damit:

Satz 17. *v sei eine ordnungsverträgliche Bewertung des angeordneten Körpers K. Eine maximale unmittelbare Erweiterung von K bezüglich v ist bis auf Bewertungs- und o-Isomorphie eindeutig bestimmt.*

Wir wollen nun für angeordnete und ordnungsverträglich bewertete Körper untersuchen, wie sich die maximalen unmittelbaren Erweiterungen von Unter- und Oberkörper zueinander verhalten.

Lemma 18 (Hüper 1977). *K_1 sei ein Unterkörper des angeordneten Körpers K_2, und v sei eine ordnungsverträgliche Bewertung von K_2, so daß die Einschränkung von v auf K_1 eine nichttriviale Wertegruppe hat. Für $i = 1, 2$ sei K'_i eine maximale unmittelbare Erweiterung von K_i bezüglich v. Weiter sei $(a_\varrho)_{\varrho<\sigma}$ eine pseudokonvergente Folge aus K_1 und $z_1 \in K'_1$ ein Pseudolimes von $(a_\varrho)_{\varrho<\sigma}$. Falls $(a_\varrho)_{\varrho<\sigma}$ von algebraischem Typ bezüglich K_1 ist, sei z_1 eine Nullstelle des zu $(a_\varrho)_{\varrho<\sigma}$ gehörenden Minimalpolynoms $q \in K_1[x]$. Dann gibt es einen Pseudolimes $z_2 \in K'_2$ von $(a_\varrho)_{\varrho<\sigma}$, so daß $K_1(z_1)$ bewertungsisomorph zu $K_1(z_2)$ ist, daß weiter dieser Isomorphismus ordnungstreu ist und daß er K_1 elementweise festläßt.*

Beweis.
Sei zunächst $(a_\varrho)_{\varrho<\sigma}$ von transzendentem Typ bez. K_1. Dann ist $(a_\varrho)_{\varrho<\sigma}$ ohne Pseudolimes in K_1. Also ist $z_1 \in K'_1 \setminus K_1$. Weil K'_2 maximal bewertet ist, gibt es in K'_2 einen Pseudolimes von $(a_\varrho)_{\varrho<\sigma}$. Nach den Lemmata 11 und 16 ist $K_1(z_1)$ bewertungs- und o-isomorph $K_1(z_2)$, und dieser Isomorphismus läßt K_1 elementweise fest.

Sei nun $(a_\varrho)_{\varrho<\sigma}$ von algebraischem Typ bezüglich K_1, und o.B.d.A. sei $z_1 \notin K_1$. Dann hat q einen Grad $n \geqslant 2$. Das Polynom q hat die folgenden Eigenschaften:

$v(q(a_\varrho))_{\varrho<\sigma}$ ist schließlich streng monoton fallend, und $v(q^{(i)}(a_\varrho))_{\varrho<\sigma}$ ist für $i = 1, \ldots, n$ schließlich konstant. Diese Eigenschaften hat q auch bezüglich K_2. Daher gibt es nach Lemma 14 einen Pseudolimes $z_2 \in K_2'$ von $(a_\varrho)_{\varrho<\sigma}$, der eine Nullstelle von q ist. Nach den Lemmata 12 und 16 erhält man, daß $K_1(z_1)$ und $K_1(z_2)$ bewertungs- und o-isomorph sind, und daß dieser Isomorphismus K_1 elementweise festläßt. □

Mittels transfiniter Induktion folgt aus diesem Lemma:

Satz 19 (Hüper 1977). *K_1 sei ein Unterkörper des angeordneten Körpers K_2, und v sei eine ordnungsverträgliche Bewertung von K_2 mit nichttrivialer Wertegruppe für K_1. Für $i = 1, 2$ sei K_i' eine maximale unmittelbare Erweiterung von K_i. Dann gibt es einen die Anordnung und Werte erhaltenden K_1-Monomorphismus: $K_1' \to K_2'$.*

Wir wollen jetzt die maximalen unmittelbaren Erweiterungen eines angeordneten Körpers K bezüglich verschieden feiner o-Bewertungen von K vergleichen. Sind v_1, v_2 zwei ordnungsverträgliche nichtäquivalente Bewertungen von K, so sind die zugehörigen Bewertungsringe A_{v_1}, A_{v_2} bzgl. der Inklusion vergleichbar, und wir hatten in § 2 $v_2 \leqslant v_1$ (v_2 gröber als v_1 bzw. v_1 feiner als v_2) durch $A_{v_2} \supseteq A_{v_1}$ definiert. Ist $[K]$ die Gruppe der archimedischen Klassen von K, so ist eine ordnungsverträgliche Bewertung v_i von K nach Satz 2, § 2 äquivalent zu einer Bewertung der Form $a \mapsto [a]\Sigma_i$, wobei Σ_i eine konvexe Untergruppe von $[K]$ ist. Für die zu v_i, $i = 1, 2$, gehörenden konvexen Untergruppen Σ_i, $i = 1, 2$, erhält man $\Sigma_1 \subseteq \Sigma_2$ für $v_2 \leqslant v_1$. Damit ist $v_2 \leqslant v_1$ dadurch charakterisiert, daß aus $v_1(a) = v_1(b)$ stets $v_2(a) = v_2(b)$ für alle $a, b \in K$ folgt.

Lemma 20. *v_1, v_2 seien zwei ordnungsverträgliche Bewertungen des angeordneten Körpers K mit $v_2 \leqslant v_1$. Dann gilt:*

(a) *Ist $(a_\varrho)_{\varrho<\sigma}$ bezüglich v_2 eine pseudokonvergente Folge, so auch bezüglich v_1.*
(b) *Ist $(a_\varrho)_{\varrho<\sigma}$ eine bezüglich v_2 pseudokonvergente Folge in K, so ist ein Element $g \in K$ dann und nur dann bezüglich v_2 ein Pseudolimes von $(a_\varrho)_{\varrho<\sigma}$, wenn g bezüglich v_1 ein Pseudolimes von $(a_\varrho)_{\varrho<\sigma}$ ist.*

Beweis.
(a) folgt sofort aus der obigen Charakterisierung von $v_2 \leqslant v_1$. Zu (b): Für $i = 1, 2$ sei B_i die Breite von $(a_\varrho)_{\varrho<\sigma}$ bezüglich v_i. Weil aus $v_2(k) < v_2(a_{\varrho+1} - a_\varrho)$ stets $v_1(k) < v_1(a_{\varrho+1} - a_\varrho)$ für $k \in K$ folgt, ist B_2 eine Teilmenge von B_1. Aus $v_1(k) < v_1(k')$ für $k, k' \in K$ erhält man $v_2(k) \leqslant v_2(k')$, und da $(v(a_{\varrho+1} - a_\varrho))_{\varrho<\sigma}$ streng monoton fallend ist, hat dies zur Folge, daß B_1 auch eine Teilmenge von B_2 ist. Damit gilt $B_1 = B_2$. Nach Satz 12, II, § 4 ist $g \in K$ genau dann ein Pseudolimes von $(a_\varrho)_{\varrho<\sigma}$ bezüglich v_i, wenn $g + B_i$ in K/B_i Limes der Cauchyfolge $(a_\varrho + B_i)_{\varrho<\sigma}$ ist. Wegen $B_1 = B_2$ ist $g \in K$ damit genau dann ein Pseudolimes von $(a_\varrho)_{\varrho<\sigma}$ bezüglich v_1, wenn dies bezüglich v_2 gilt. □

Lemma 21. *v_1, v_2 seien zwei ordnungsverträgliche Bewertungen des angeordneten Körpers K mit $v_2 \leqslant v_1$. Dann gilt:*

(a) *Ist $(a_\varrho)_{\varrho<\sigma}$ bezüglich v_2 eine pseudokonvergente Folge transzendenten Typs in K, so auch bezüglich v_1.*

(b) *Ist $(a_\varrho)_{\varrho<\sigma}$ bezüglich v_2 eine pseudokonvergente Folge algebraischen Typs in K und $q \in K[x]$ ein zugehöriges Minimalpolynom, so ist $(a_\varrho)_{\varrho<\sigma}$ auch bezüglich v_1 von algebraischem Typ mit q als zugehörigem Minimalpolynom.*

Beweis.
Nach dem vorhergehenden Lemma ist eine bez. v_2 pseudokonvergente Folge in K auch bez. v_1 pseudokonvergent. Das in Lemma 4 gebrachte Kriterium, wann eine pseudokonvergente Folge von algebraischem bzw. transzendentem Typ ist, überträgt sich aufgrund des vorhergehenden Lemmas, Teil (b) sofort von v_2 auf v_1 und ebenso die in Lemma 4 gegebene Charakterisierung des Minimalpolynoms. ▯

Wir können nun formulieren, in welcher Beziehung die maximalen unmittelbaren Erweiterungen von K bezüglich verschieden feiner Bewertungen zueinander stehen:

Satz 22 (Hüper 1977). *v_1 und v_2 seien zwei ordnungsverträgliche Bewertungen des angeordneten Körpers K mit $v_2 \leqslant v_1$ und L_1 bzw. L_2 maximale unmittelbare Erweiterungen von K bezüglich v_1 und v_2. Die Anordnung von K ist eindeutig auf L_i, $i = 1, 2$ fortsetzbar und damit insbesondere auch v_2 auf L_1. Bezüglich v_2 gibt es dann einen die Anordnung und Werte erhaltenden Monomorphismus von L_2 in L_1.*

Beweis.
Nach Satz 11, § 2 ist die Anordnung von K eindeutig auf L_i, $i = 1, 2$, fortsetzbar und aufgrund des Satzes 2, § 2 damit auch v_2 auf L_1. Analog zum Beweis des Satzes 15 betrachtet man nun die Menge $\mathfrak{F}$ aller Tupel (F, φ_F), wobei F ein Zwischenkörper von K und L_2 und φ_F bezüglich v_2 ein ordnungstreuer Bewertungsmonomorphismus: $F \to L_1$ sei, dessen Einschränkung auf K die Identität ist. Nach dem Zornschen Lemma gibt es in $\mathfrak{F}$ ein maximales Element (T, φ_T). Ist T ein echter Unterkörper von L_2, so existiert in T eine bez. v_2 pseudokonvergente Folge $(a_\varrho)_{\varrho<\sigma}$ ohne Pseudolimes in T, aber mit Pseudolimes z in L_2. Die Folge $(a_\varrho)_{\varrho<\sigma}$ ist von transzendentem oder algebraischem Typ in T bez. v_2; sei im algebraischen Fall $q \in T[x]$ ein zugehöriges Minimalpolynom. Bei Berücksichtigung der Lemmata 20 und 21 gilt damit: Für $i = 1, 2$ ist $(\varphi_T(a_\varrho))_{\varrho<\sigma}$ in $\varphi_T(T)$ bezüglich v_i pseudokonvergent und von gleichem Typ in $\varphi_T(T)$ wie $(a_\varrho)_{\varrho<\sigma}$ in T bez. v_2, weiter ist $(\varphi_T(a_\varrho))_{\varrho<\sigma}$ bezüglich v_i ohne Pseudolimes in $\varphi_T(T)$, und im algebraischen Fall ist das Bildpolynom $\tilde{q} \in \varphi_T(T)[x]$ von q unter φ_T ein Minimalpolynom zu $(\varphi(a_\varrho))_{\varrho<\sigma}$ bezüglich v_i. Nach Satz 8 und Lemma 14 gibt es in L_1 ein Element z', das Pseudolimes von $(\varphi(a_\varrho))_{\varrho<\sigma}$ bezüglich v_1 und im algebraischen Fall Nullstelle des Polynoms $\tilde{q}$ ist. Dann ist z' nach Lemma 20 auch Pseudolimes von $(\varphi(a_\varrho))_{\varrho<\sigma}$ bezüglich v_2. Nach Lemmata 11 und 12 sind also $T(z)$ und $\varphi_T(T)(z')$ bewertungsisomorph bezüglich v_2, und nach Lemma 16 ist dieser Isomorphismus auch ordnungstreu. Das steht aber im Widerspruch zur Maximalität von (T, φ_T) in $\mathfrak{F}$. Also ist $T = L_1$. ▯

Es soll nun die Struktur maximal o-bewerteter Körper untersucht werden, und zwar werden wir zeigen, daß ein maximal o-bewerteter Körper (K, v) einem Körper von formalen Potenzreihen (vgl. II, § 5) mit K_v als Koeffizientenkörper bewertungs- und o-isomorph ist. Als erstes müssen wir dafür in K einen zu K_v o-isomorphen Unterkörper finden.

Lemma 23 (Kaplansky 1942). *v sei eine ordnungsverträgliche Bewertung des angeordneten Körpers K, und K sei henselsch. Dann gibt es in K einen Unterkörper F, der* *bezüglich der kanonischen Stelle λ o-isomorph zu K_v ist. Es gilt sogar: Ist E ein Unterkörper von K mit trivialer Wertegruppe bez. v, so gibt es einen Oberkörper F von E, der bezüglich der kanonischen Stelle o-isomorph zu K_v ist.*

Beweis.
Die Unterkörper E und $E' = \lambda(E)$ sind zueinander o-isomorph. Ist E nicht vorgegeben, so gehe man von den zueinander o-isomorphen Primkörpern von K bzw. K_v als E bzw. E' aus. Wir wählen eine Wohlordnung $\{a_\delta\colon \delta < \xi\}$ auf K_v. Es sei $K'_\delta = E'(\{a_\mu\colon \mu < \delta\})$. Weil v ordnungsverträglich ist, ist die kanonische Stelle $\lambda\colon A_v \to K_v$ ordnungstreu.

Wir gewinnen den Unterkörper F von K mittels transfiniter Induktion, und zwar zeigen wir: Zu jeder Ordinalzahl $\delta < \xi$ existiert ein Unterkörper F_δ von K mit den folgenden Eigenschaften:

(I) $F_0 = E$.
(II) $\lambda(F_\delta) = K'_\delta$.
(III) Aus $\mu < \delta$ folgt $F_\mu \subseteq F_\delta$.

Für alle Ordinalzahlen $\nu < \delta$ sei die Existenz solcher Unterkörper F_ν nun vorausgesetzt. Ist δ eine Limeszahl, so hat $F_\delta = \bigcup_{\nu<\delta} F_\nu$ offensichtlich die Eigenschaften (I), (II) und (III). Damit ist nur noch der Fall zu behandeln, daß δ den direkten Vorgänger $\delta - 1$ hat. Dann ist $K'_\delta = K'_{\delta-1}(a_{\delta-1})$. Ist $a_{\delta-1}$ transzendent über $K'_{\delta-1}$, so ist auch jedes Urbild von $a_{\delta-1}$ unter λ transzendent über $F_{\delta-1}$. Es sei z ein solches Urbild. $F_\delta = F_{\delta-1}(z)$ hat die Eigenschaften (I), (II) und (III). Sei also nun $a_{\delta-1}$ algebraisch über $K'_{\delta-1}$. Weil $K'_{\delta-1}$ separabel ist, ist $a_{\delta-1}$ einfache Nullstelle eines normierten, irreduziblen Polynoms $\bar{f} \in K'_{\delta-1}[x]$. Nach Induktionsvoraussetzung ist $\lambda(F_{\delta-1}) = K'_{\delta-1}$. Es sei $f \in F_{\delta-1}[x]$ das Urbild von $\bar{f}$ bezüglich $\lambda \mid F_{\delta-1}$. Da K henselsch ist, gibt es nach Satz 14, § 2 eine Nullstelle $a \in A_v$ von f mit $\lambda(a) = a_{\delta-1}$. Der Körper $F_\delta = F_{\delta-1}(a)$ hat die Eigenschaften (I), (II) und (III). □

Nach Satz 17, § 2 ist ein maximal bewerteter Körper henselsch. Damit gilt:

Folgerung 24. *Ein maximal o-bewerteter Körper (K, v) enthält einen Unterkörper, der bezüglich der kanonischen Stelle zu K_v o-isomorph ist.*

Wir untersuchen nun für einen angeordneten, maximal o-bewerteten Körper (K, v), ob seine Wertegruppe Γ_v gerade so in die Struktur seiner multiplikativen Gruppe eingeht, wie wir das in Satz 8, II, § 5 für Körper von formalen Potenzreihen beschrieben haben.

Lemma 25 (Kaplansky 1942). *Der angeordnete und ordnungsverträglich bewertete Körper (K, v) sei maximal bewertet, und F sei ein bezüglich der kanonischen Stelle zu K_v o-isomorpher Unterkörper von K. Dann gilt:*

1) *In $K^> = \{a \in K\colon a > 0\}$ gibt es eine Menge $\{t_\alpha\colon \alpha \in \Gamma_v\}$ mit $v(t_\alpha) = \alpha$ und $t_\alpha t_\beta = c_{\alpha,\beta} t_{\alpha\beta}$, wobei $\{c_{\alpha,\beta}\colon \alpha, \beta \in \Gamma_v\}$ eine Menge positiver Elemente aus F mit $c_{\alpha,\beta} \cdot c_{\alpha\beta,\gamma} = c_{\beta,\gamma} \cdot c_{\alpha,\beta\gamma}$ für $\alpha, \beta, \gamma \in \Gamma_v$ ist; $\{c_{\alpha,\beta}\colon \alpha, \beta \in \Gamma_v\}$ ist also ein Faktorensystem für eine abelsche lexikographische Erweiterung der angeordneten multiplikativen Gruppe $F^>$ der positiven Elemente von F durch Γ_v.*

2) *Ist $K^>$ radizierbar, so kann man $c_{\alpha,\beta} = 1$ für alle $\alpha, \beta \in \Gamma_v$ wählen. Dann bildet $\{t_\alpha: \alpha \in \Gamma_v\}$ also eine multiplikative Untergruppe von $K^>$.*

Beweis.
$\{\gamma_\varrho: \gamma_\varrho \in \Gamma_v, \varrho < \sigma\}$ sei eine rational unabhängige Basis der radizierbaren Hülle von Γ_v. Wir definieren eine Abbildung $\gamma \mapsto t_\gamma$ von Γ_v in $K^>$: Für ein Basiselement γ sei t_γ ein Element aus $K^>$ mit $v(t_\gamma) = \gamma$, und auf ein Produkt von Basiselementen werde $\gamma \mapsto t_\gamma$ homomorph fortgesetzt. Sei nun $\gamma = \gamma_1^{r_1} \cdot \ldots \cdot \gamma_m^{r_m}$ mit $\gamma_i \in \{\gamma_\varrho: \gamma_\varrho \in \Gamma_v, \varrho < \sigma\}$ und $r_i \in \mathbb{Q}$ für $i = 1, \ldots, m$. Es sei r der Hauptnenner der $r_1, \ldots, r_m$. Dann ist t_{γ^r} bereits definiert, und es gilt $v(t_{\gamma^r}) = \gamma^r$. Ist $K^>$ radizierbar, so wählen wir die positive r-te Wurzel aus t_{γ^r} als t_γ. Im allgemeinen Fall, also ohne Voraussetzung der Radizierbarkeit, zeigen wir, daß wir für t_γ immerhin ein solches Element aus $K^>$ wählen können, daß $(t_\gamma)^r$ und t_{γ^r} in derselben Nebenklasse von $K^>/F^>$ liegen: Sei $z \in K^>$ mit $v(z) = \gamma$. Dann ist $v\left(\frac{z^r}{t_{\gamma^r}}\right) = \varepsilon$, und daher gibt es ein Element $a \in F^>$ mit $a + M_v = \frac{z^r}{t_{\gamma^r}} + M_v$. Folglich ist $\frac{a\, t_{\gamma^r}}{z^r} \equiv 1 \bmod M_v$. Das normierte Polynom $x^r - 1$ hat eine einfache Nullstelle in K_v, und K ist henselsch; also hat nach Satz 14, § 2 $x^r - \frac{at_{\gamma^r}}{z^r}$ eine Nullstelle b in $K^>$. Wir setzen $t_\gamma = bz$. Dann ist $(t_\gamma)^r = at_{\gamma^r}$, $a \in F^>$. Wir leiten nun die Beziehung $t_\alpha t_\beta = c_{\alpha,\beta}\, t_{\alpha\beta}$, $\alpha, \beta \in \Gamma_v$, her: Wie gerade ausgeführt wurde, gibt es natürliche Zahlen r, s, n und Elemente $a, b, c \in F^>$, so daß sich α^r, β^s und $(\alpha\beta)^n$ als Potenzen von Basiselementen aus $\{\gamma_\varrho: \gamma_\varrho \in \Gamma_v, \varrho < \sigma\}$ mit ganzzahligen Exponenten darstellen lassen und weiter $(t_\alpha)^r = at_{\alpha^r}$, $(t_\beta)^s = bt_{\beta^s}$ und $(t_{\alpha\beta})^n = ct_{(\alpha\beta)^n}$ ist. Weil $\gamma \mapsto t_\gamma$ sich für Produkte von Basiselementen homomorph verhält, ist $(t_{\alpha^r})^{sn}(t_{\beta^s})^{rn} = t_{\alpha^{rsn}}\, t_{\beta^{srn}} = t_{(\alpha\beta)^{nrs}}$. Damit folgt

$$\left(\frac{t_\alpha t_\beta}{t_{\alpha\beta}}\right)^{rsn} = \frac{a^{sn} b^{rn}}{c^{rs}} \in F^>.$$

Also hat das Polynom $x^{rsn} - \frac{a^{sn} b^{rn}}{c^{rs}}$ die Nullstelle $\frac{t_\alpha t_\beta}{t_{\alpha\beta}} \in K^>$; daher hat auch sein bezüglich der kanonischen Stelle gebildetes Bildpolynom eine positive Nullstelle in K_v, und wegen $F \simeq_o K_v$ erhält man folglich ein Element $c_{\alpha,\beta} \in F^>$ mit $(c_{\alpha,\beta})^{rsn} = \frac{a^{sn} b^{rs}}{c^{rs}}$. Also ist $t_\alpha t_\beta = c_{\alpha,\beta}\, t_{\alpha\beta}$. Daß $\{c_{\alpha,\beta}: \alpha, \beta \in \Gamma_v\}$ die Bedingung $c_{\alpha,\beta} \cdot c_{\alpha\beta,\gamma} = c_{\beta,\gamma} \cdot c_{\alpha,\beta\gamma}$ für alle $\alpha, \beta, \gamma \in \Gamma_v$ erfüllt, ergibt sich aus $t_\alpha(t_\beta t_\gamma) = (t_\alpha t_\beta) t_\gamma$. □

Aus dem folgenden Satz geht hervor, daß die Radizierbarkeit von $(K^>, \cdot)$ keinesfalls notwendig ist, um das triviale Faktorensystem $\{c_{\alpha,\beta}: \alpha, \beta \in \Gamma_v\} = \{1\}$ zu erhalten.

Satz 26. *$(K, \leqslant, v)$ sei maximal o-bewertet, und F sei ein bezüglich der kanonischen Stelle λ zu K_v o-isomorpher Unterkörper von K. Die Gruppe $K^>$ der positiven Elemente von K ist ein lexikographisches Produkt von $K_1 = \{1 + z: z \in K, v(z) < \varepsilon\}$ und einer lexikographischen Erweiterung der Gruppe $F^>$ der positiven Elemente von F durch Γ_v. Ist $F^>$ radizierbar, so ist diese lexikographische Erweiterung ein lexikographisches Produkt; in diesem Fall gilt also: $K^> = \Gamma_v \otimes F^> \otimes K_1$.*

Beweis.
Sei $E^>(A_v)$ die Gruppe der positiven Einheiten von A_v. Dann ist $\lambda \mid E^>(A_v)$ ein o-Epimorphismus von $E^>(A_v)$ auf die Gruppe $K_v^>$ der positiven Elemente von K_v, und

K_1 ist der Kern dieser Abbildung. $F^>$ ist eine Untergruppe von $E^>(A_v)$ und $\lambda \mid F^>$ ist ein o-Isomorphismus: $F^> \to K_v^>$. Daher gibt es zu einem Element $c \in E^>(A_v)$ ein $f \in F^>$ mit $\lambda(c) = \lambda(f)$, woraus man $\lambda\left(\frac{c}{f}\right) = 1$ und somit $\frac{c}{f} \in K_1$, also $c \in F^> K_1$, erhält. Folglich ist $E^>(A_v)$ das lexikographische Produkt von K_1 mit $F^>$, d.h. es gilt: $E^>(A_v) = F^> \otimes_{\mathrm{Lex}} K_1$. Nach Lemma 25 gibt es in $K^>$ zu jedem $\alpha \in \Gamma_v$ ein Element t_α mit $v(t_\alpha) = \alpha$ und zu den Elementen t_α, $\alpha \in \Gamma_v$, weiter ein Faktorensystem $\{c_{\alpha,\beta}: \alpha, \beta \in \Gamma_v\} \subseteq F^>$. Die Menge $A = \{f t_\alpha : f \in F^>, \alpha \in \Gamma_v\}$ ist eine Untergruppe von $K^>$. Weil $f t_\alpha \mapsto \alpha$: $A \to \Gamma_v$ ein o-Epimorphismus mit $F^>$ als Kern und $t_\alpha t_\beta = c_{\alpha,\beta} t_{\alpha\beta}$ ist, ist A die durch das Faktorensystem $\{c_{\alpha,\beta}: \alpha, \beta \in \Gamma_v\}$ gegebene lexikographische Erweiterung von $F^>$ durch Γ_v. Ist $F^>$ radizierbar, so ist $F^>$ ein direkter Faktor von A; also läßt sich A dann als $A = T \otimes_{\mathrm{Lex}} F^>$ darstellen, und wegen $A/F^> \simeq_o \Gamma_v$ ist $T \simeq_o \Gamma_v$.

Wir haben nur noch zu zeigen, daß $K^>$ ein lexikographisches Produkt von K_1 mit A ist, d.h. daß gilt: $K^> = A \otimes_{\mathrm{Lex}} K_1$.

Sei $k \in K^>$ und $v(k) = \gamma$. Dann ist $v\left(\frac{k}{t_\gamma}\right) = \varepsilon$ und folglich

$$\frac{k}{t_\gamma} \in E^>(A_v) = F^> \otimes_{\mathrm{Lex}} K_1 .$$

Also ist $k \in AK_1$ und damit $K^> = AK_1$. Wegen $A \cap K_1 = \{1\}$ und der Konvexität von K_1 in $K^>$ ist $AK_1 = A \otimes_{\mathrm{Lex}} K_1$. □

Wir können nunmehr die Struktur maximal o-bewerteter Körper beschreiben:

Satz 27 (Kaplansky 1942). *(K, v) sei ein angeordneter und maximal o-bewerteter Körper. Dann ist K einem Körper von formalen Potenzreihen $H(\Gamma_v, K_v, \{c_{\alpha,\beta}\})$ bewertungs- und o-isomorph. Ist die Gruppe $K_v^>$ der positiven Elemente von K_v radizierbar, so ist K einem Körper von formalen Potenzreihen $H(\Gamma_v, K_v)$ mit trivialem Faktorensystem bewertungs- und o-isomorph.*

Beweis.
Nach Folgerung 24 enthält K einen bez. der kanonischen Stelle λ zu K_v o-isomorphen Unterkörper F und nach Lemma 25 eine Menge $\{t_\alpha: \alpha \in \Gamma_v\}$ von positiven Elementen aus K mit $v(t_a) = \alpha$ und $t_\alpha t_\beta = c_{\alpha,\beta}\, t_{\alpha\beta}$, wobei $\{c_{\alpha,\beta}: \alpha, \beta \in \Gamma_v\}$ ein Faktorensystem von positiven Elementen aus F ist. Es sei $c'_{\alpha\beta} = \lambda(c_{\alpha,\beta})$ für $\alpha, \beta \in \Gamma_v$. Wir bilden in K den Unterkörper $K_0 = F(\{t_\alpha: \alpha \in \Gamma_v\})$ und in $H(\Gamma_v, K_v, \{c'_{\alpha,\beta}\})$ den Unterkörper $K'_0 = K_v(\{t_\alpha: \alpha \in \Gamma_v\})$. Bezüglich der Bewertung $g \mapsto \operatorname{Max} s(g)$ von $H(\Gamma_v, K_v, \{c'_{\alpha,\beta}\})$ und der Bewertung v von K ist durch $\sum_{i=1}^{n} f_i t_{\gamma_i} \mapsto \sum_{i=1}^{n} \lambda(f_i) t_{\gamma_i}$ ein Bewertungsisomorphismus $\sigma: K_0 \to K'_0$ gegeben. K und $H(\Gamma_v, K_v, \{c'_{\alpha,\beta}\})$ sind maximale unmittelbare Erweiterungen von K_0 bzw. K'_0 und deshalb nach Satz 17 bewertungsisomorph. Dieser Bewertungsisomorphismus ist nach Lemma 16 ordnungstreu, wenn $\sigma: K_0 \to K'_0$ ordnungstreu ist. Das ist bewiesen, wenn positive Elemente aus dem Ring $F[\{t_\alpha: \alpha \in \Gamma_v\}]$ durch σ auf positive Elemente abgebildet werden. Sei also

$$0 < \sum_{i=1}^{n} f_i t_{\gamma_i} \in F[\{t_\alpha: \alpha \in \Gamma_n\}] \quad \text{mit } \gamma_1 > \gamma_2 > \ldots > \gamma_n .$$

Dann ist $0 < f_1 + \sum_{i=2}^{n} f_i t_{\gamma_i} t_{\gamma_1}^{-1}$ ein Element des Bewertungsringes und daher $0 < \lambda(f_1)$.

Somit ist $0 < \sum_{i=1}^{n} \lambda(f_i) t_{\gamma_i}$ in $H(\Gamma_v, K_v, \{c'_{\alpha,\beta}\})$ und folglich σ ordnungstreu.

Ist $K_v^>$ radizierbar, so gibt es nach Satz 26 in $K^>$ eine zu Γ_v o-isomorphe Untergruppe $\{t_\alpha : v(t_\alpha) = \alpha, \alpha \in \Gamma_v\}$, so daß K dann dem Körper von formalen Potenzreihen $H(\Gamma_v, K_v)$ mit trivialem Faktorensystem bewertungs- und o-isomorph ist. □

Als Spezialfall aus dem gerade bewiesenen Satz erhält man (vgl. Satz 21, II, § 5):

Satz 28. *Der angeordnete Körper K sei reell abgeschlossen und bezüglich der ordnungsverträglichen Bewertung v maximal. Dann ist K bewertungs- und ordnungsisomorph zum Körper der formalen Potenzreihen $H(\Gamma_v, K_v)$.*

Weiter ergibt sich aus Satz 27:

Satz 29. *Der angeordnete und ordnungsverträglich bewertete Körper (K, v) sei maximal bewertet, und die Gruppe der positiven Elemente von K_v sei radizierbar. Dann ist K bis auf Bewertungs- und o-Isomorphie durch seine Wertegruppe und seinen Restklassenkörper bestimmt.*

Als Spezialfall folgt hieraus:

Satz 30. *K sei ein reell abgeschlossener und maximal o-bewerteter Körper. Dann ist K bis auf Bewertungs- und o-Isomorphie eindeutig durch seine Wertegruppe und seinen Restklassenkörper bestimmt.*

In Greither 1979a ist die Vielfalt der Isomorphietypen maximal bewerteter Körper (K, v) mit vorgegebener Wertegruppe und vorgegebenem Restklassenkörper für $\operatorname{Char} K = \operatorname{Char} K_v$ untersucht. Wir übertragen den dort bewiesenen Satz auf ordnungsverträgliche Bewertungen: Es seien $(\Gamma, \cdot)$ und $(G, \cdot)$ angeordnete abelsche Gruppen. Durch ein Faktorensystem $(\alpha, \beta) \mapsto c_{\alpha,\beta}$: $\Gamma \times \Gamma \to G$ mit $c_{\alpha,\beta} c_{\alpha\beta,\gamma} = c_{\alpha,\beta\gamma} c_{\beta,\gamma}$, $c_{\alpha,\beta} = c_{\beta,\alpha}$ und $c_{\varepsilon,\beta} = c_{\varepsilon,\varepsilon} = e$ für alle $\alpha, \beta, \gamma \in \Gamma$ ist, wie in Satz 2, I, § 2 ausgeführt, eine abelsche lexikographische Erweiterung B von G durch Γ gegeben. Wir stellen diese Erweiterung dar durch die kurze exakte Folge $e \to G \to B \to \Gamma \to e$ und identifizieren lexikographische Erweiterungen B, B' von G durch Γ, die sich durch einen o-Isomorphismus σ aufeinander abbilden lassen, d.h. wenn das Diagramm

$$\begin{array}{ccccccccc} e & \longrightarrow & G & \longrightarrow & B & \longrightarrow & \Gamma & \longrightarrow & e \\ & & \| & & \downarrow{\scriptstyle\sigma} & & \| & & \\ e & \longrightarrow & G & \longrightarrow & B' & \longrightarrow & \Gamma & \longrightarrow & e \end{array}$$

kommutativ ist. $\operatorname{Lex}(\Gamma, G)$ sei die Menge der in diesem Sinne identifizierten lexikographischen Erweiterungen von G durch Γ. Sei nun (K, v) ein maximal o-bewerteter angeordneter Körper mit Wertegruppe Γ und einem zu F o-isomorphen Restklassenkörper. Wir betrachten $\operatorname{Lex}(\Gamma, F^>)$, wobei mit $F^>$ die Gruppe der positiven Elemente von F bezeichnet ist. Die Gruppe o-Aut F der o-Automorphismen von F wirkt auf

$\mathrm{Lex}(\Gamma, F^{>})$ als Permutationsgruppe, indem das Faktorensystem $\{c_{\alpha,\beta}: \alpha, \beta \in \Gamma\}$ durch $\tau \in o\text{-Aut}\, F$ auf $\{\tau(c_{\alpha,\beta}): \alpha, \beta \in \Gamma\}$ abgebildet wird (vgl. hierzu z.B. Fuchs, Infinite Abelian Groups I). Mit $\mathrm{Lex}(\Gamma, F^{>})/o\text{-Aut}\, F$ sei die Menge der Bahnen von $\mathrm{Lex}(\Gamma, F^{>})$ bezüglich o-Aut F bezeichnet.

Satz 31 (Greither 1979a). *Es sei* $\mathrm{Max}(F, \Gamma)$ *die Klasse der maximal o-bewerteten angeordneten Körper mit Wertegruppe* Γ *und einem zu* F *o-isomorphen Restklassenkörper, wobei zueinander bewertungs-o-isomorphe Körper identifiziert werden. Dann gibt es eine bijektive Abbildung von* $\mathrm{Max}(F, \Gamma)$ *nach* $\mathrm{Lex}(\Gamma, F^{>})/o\text{-Aut}\, F$.

Beweis.
Es sei (K, v) ein angeordneter, maximal o-bewerteter Körper mit Wertegruppe Γ und einem durch μ zu F o-isomorphen Restklassenkörper K_v; weiter sei L ein bezüglich der kanonischen Stelle λ zu K_v o-isomorpher Unterkörper von K. Nach Satz 26 läßt sich die Gruppe $K^{>}$ der positiven Elemente von K darstellen als $K^{>} = A \otimes_{\mathrm{Lex}} K_1$, wobei $K_1 = \{1 + z: z \in K, v(z) < \varepsilon\}$ und A eine lexikographische Erweiterung von $L^{>}$ durch Γ ist. A wird durch $(\alpha, l) \mapsto (\alpha, \mu\lambda(l))$ o-isomorph auf eine lexikographische Erweiterung B von $F^{>}$ durch Γ abgebildet. Wir wollen K auf die $1 \to F^{>} \to B \to \Gamma \to 1$ enthaltende Bahn aus $\mathrm{Lex}(\Gamma, F^{>})/o\text{-Aut}\, F$ abbilden. Dafür zeigen wir als erstes, daß unsere Zuordnung von der Wahl des direkten Faktors von K_1 in $K^{>}$ unabhängig ist: Sei also $K^{>} = A' \otimes_{\mathrm{Lex}} K_1$. Der o-Epimorphismus $v \mid A'$: $A' \to \Gamma$ habe den Kern A'_1. Die Einschränkung $\lambda \mid A'_1$ ist ein o-Isomorphismus von A'_1 auf $K_v^{>}$; denn aus $a' \in A'_1$, $\lambda(a') = 1$ erhält man $a' \in K_1 \cap A' = \{1\}$, also die Injektivität von $\lambda \mid A'_1$, und die Surjektivität ergibt sich folgendermaßen: Zu $\bar{k} \in K_v^{>}$ wähle man $k \in K^{>}$ mit $\lambda(k) = \bar{k}$, dann ist $v(k) = \varepsilon$, und für $k = a' k_1$ mit $a' \in A'$, $k_1 \in K_1$ ist $v(a') = \varepsilon$, also $a' \in A'_1$ und $\lambda(k) = \lambda(a') = \bar{k}$. Es folgt somit

$$1 \longrightarrow F^{>} \xrightarrow{\mu^{-1}} K_v^{>} \xrightarrow{\lambda^{-1}|A'_1} A' \xrightarrow{v|A'} \Gamma \longrightarrow 1$$

ist exakt. Wegen $K^{>}/K_1 \simeq_o A \simeq_o A'$ ist $\sigma = a \mapsto a'$: $A \to A'$, wobei a' durch $aK_1 = a'K_1$ bestimmt ist, ein o-Isomorphismus. Es sei $A_1 = \mathrm{Kern}\, v|A$. Das Diagramm

$$\begin{array}{ccccc}
K_v^{>} & \xrightarrow{\lambda^{-1}|A_1} & A & \xrightarrow{v} & \Gamma \\
\| & & \downarrow \sigma & & \| \\
K_v^{>} & \xrightarrow{\lambda^{-1}|A'_1} & A & \xrightarrow{v} & \Gamma
\end{array}$$

ist kommutativ. Folglich ist die Zuordnung

$$K \mapsto \Phi_\mu(K) = 1 \to F^{>} \to B \to \Gamma \to 1 \in \mathrm{Lex}(\Gamma, F^{>})$$

unabhängig von der Auswahl des direkten Faktors von K_1 in $K^{>}$. Natürlich hängt diese Zuordnung von der Wahl des o-Isomorphismus μ: $K_v \to F$ ab. Sei also nun μ' ein weiterer o-Isomorphismus: $K_v \to F$, und bezüglich μ' werde K abgebildet auf $\Phi_{\mu'}(K) = 1 \to F^{>} \to B' \to \Gamma \to 1$. Wir zeigen, daß $\Phi_\mu(K)$ und $\Phi_{\mu'}(K)$ in derselben Bahn aus $\mathrm{Lex}(\Gamma, F^{>})$ bez. o-Aut F liegen: Wir wählen wieder A als den in Satz 26 beschriebenen direkten Faktor von K_1 in $K^>$. Dann besteht zwischen $\Phi_\mu(K)$ und $\Phi_{\mu'}(K)$ die folgende Beziehung:

$$\begin{array}{ccccccccc}
1 & \longrightarrow & F^> & \longrightarrow & B & \longrightarrow & \Gamma & \longrightarrow & 1 \\
 & & \Big\downarrow{\scriptstyle \lambda^{-1}|L\circ\mu^{-1}} & & \Big\downarrow{\scriptstyle \sigma^{-1}_{\mu\lambda}} & & \Big\Vert & & \\
1 & \longrightarrow & L^> & \longrightarrow & A & \longrightarrow & \Gamma & \longrightarrow & 1 \\
 & & \Big\downarrow{\scriptstyle \mu'\circ\lambda|L} & & \Big\downarrow{\scriptstyle \sigma_{\mu'\lambda}} & & \Big\Vert & & \\
1 & \longrightarrow & F^> & \longrightarrow & B' & \longrightarrow & \Gamma & \longrightarrow & 1
\end{array}$$

wobei mit $\sigma_{\mu\lambda}$ der o-Isomorphismus $(\alpha, l)\mapsto(\alpha, \mu\lambda(l))$: $A\to B$ bezeichnet wurde. Folglich gibt es einen o-Isomorphismus $\varkappa = \sigma_{\mu'\lambda}\circ\sigma_{\mu\lambda}^{-1}$: $B\to B'$ und einen o-Automorphismus $\nu = \mu'\circ\mu^{-1}$ von F, so daß das Diagramm

$$\begin{array}{ccccccccc}
1 & \longrightarrow & F^> & \longrightarrow & B & \longrightarrow & \Gamma & \longrightarrow & 1 \\
 & & \Big\downarrow{\scriptstyle \nu} & & \Big\downarrow{\scriptstyle \varkappa} & & \Big\Vert & & \\
1 & \longrightarrow & F^> & \longrightarrow & B' & \longrightarrow & \Gamma & \longrightarrow & 1
\end{array}$$

kommutativ ist; das bedeutet aber gerade, daß $\Phi_{\mu'}(K)$ und $\Phi_\mu(K)$ dasselbe Element in $\mathrm{Lex}(\Gamma, F^>)/o\text{-Aut}\,F$ bestimmen.

Wir zeigen nun, daß für zwei bewertungs-o-isomorphe Körper (K, v), (K', v') mit Wertegruppe Γ und Restklassenkörpern, die bez. μ bzw. μ' zu F o-isomorph sind, die Bilder $\Phi_\mu(K)$ und $\Phi_{\mu'}(K')$ in derselben Bahn von $\mathrm{Lex}(\Gamma, F^>)$ bez. o-Aut F liegen: Sei φ: $K\to K'$ ein Bewertungs- und o-Isomorphismus. Dann ist $\varphi|K^>$: $K^>\to K'^>$ ein o-Isomorphismus und wegen $\varphi(K_1) = K'_1 = \{1+z' \colon z'\in K',\ v'(z')<\varepsilon\}$ ist durch $kK_1\mapsto\varphi(k)K'_1$ ein o-Isomorphismus: $K^>/K_1\to K'^>/K'_1$ gegeben. Für A, A' mit $K^> = A\otimes_{\mathrm{Lex}}K_1$ und $K'^> = A'\otimes_{\mathrm{Lex}}K'_1$ ist $A\simeq_o K^>/K_1\simeq_o K'^>/K_1\simeq_o A$ und folglich $a\mapsto aK_1\mapsto\varphi(a)K'_1 = a'K'_1\mapsto a' = \sigma(a)$ ein o-Isomorphismus σ: $A\to A'$. Das Diagramm

$$\begin{array}{ccc}
A & \xrightarrow{\;v\;} & \Gamma \\
\Big\downarrow{\scriptstyle \sigma} & & \Big\Vert \\
A' & \xrightarrow{\;v'\;} & \Gamma
\end{array}$$

ist kommutativ. Wir haben darum nur noch zu zeigen, daß es einen o-Automorphismus τ von F gibt, so daß auch das Diagramm

$$\begin{array}{ccccc}
F^> & \xrightarrow{\;\mu^{-1}\;} & K_v^> & \xrightarrow{\;\lambda^{-1}|A_1\;} & A \\
\Big\downarrow{\scriptstyle \tau} & & & & \Big\downarrow{\scriptstyle \sigma} \\
F^> & \xrightarrow{\;\mu'^{-1}\;} & K'^>_{v'} & \xrightarrow{\;\lambda'^{-1}|A'_1\;} & A'
\end{array}$$

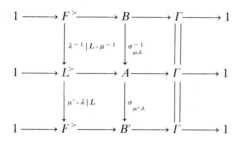

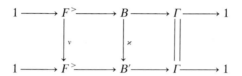

kommutativ ist. Wegen

$$F^> \ni f \overset{\mu^{-1}}{\longmapsto} \mu^{-1}(f) \overset{\lambda^{-1}|A_1}{\longmapsto} \lambda^{-1}\mu^{-1}(f) \overset{\sigma}{\longmapsto} (\varphi\lambda^{-1}\mu^{-1}(f))\, k'_1 \overset{\lambda'}{\longmapsto} \quad (k'_1 \in K'_1)$$

$$\lambda'\varphi\lambda^{-1}\mu^{-1}(f) \overset{\mu'}{\longmapsto} \mu'\lambda'\varphi\lambda^{-1}\mu^{-1}(f) \in F^>$$

können wir $\tau = \mu' \circ \lambda' \circ \varphi \circ \lambda^{-1} \circ \mu^{-1}$ setzen und erhalten damit die Kommutativität des Diagramms. Also liegen $\Phi(K)$ und $\Phi(K')$ in der gleichen Bahn von $\mathrm{Lex}(\Gamma, F^>)$ bez. o-Aut F und bestimmen somit genau ein Element von $\mathrm{Lex}(\Gamma, F^>)/o\text{-Aut}\, F$; wir bezeichnen dieses mit $\Psi(K)$.

Wir zeigen als letztes die Bijektivität von Ψ: $\mathrm{Max}(F, \Gamma) \to \mathrm{Lex}(\Gamma, F^>)/o\text{-Aut}\, F$. Sei $1 \to F^> \to B \to \Gamma \to 1$ aus $\mathrm{Lex}(\Gamma, F^>)$, und zu B gehöre das Faktorensystem $\{c_{\alpha,\beta}: \alpha, \beta \in \Gamma\}$. Dann ist dem Körper von formalen Potenzreihen $H(\Gamma, F, \{c_{\alpha,\beta}\})$ durch Φ_μ die Erweiterung $1 \to F^> \to B \to \Gamma \to 1$ zugeordnet (vgl. Satz 8, II, § 5). Also ist Ψ surjektiv.

Sei nun $\Psi(K) = \Psi(K')$ für $K, K' \in \mathrm{Max}(F, \Gamma)$. Nach Satz 27 ist ein maximal o-bewerteter Körper zu einem Körper von formalen Potenzreihen bewertungs- und o-isomorph; daher können wir $K = H(\Gamma, F, \{c_{\alpha,\beta}\})$ und $K' = H(\Gamma, F, \{c'_{\alpha,\beta}\})$ annehmen; hierbei sind $\{c_{\alpha,\beta}\}$ bzw. $\{c'_{\alpha,\beta}\}$ die Faktorensysteme der K bzw. K' durch Φ_μ bzw. $\Phi_{\mu'}$ zugeordneten lexikographischen Erweiterungen. Weil $\Phi_\mu(K)$ und $\Phi_{\mu'}(K')$ in der gleichen Bahn von $\mathrm{Lex}(\Gamma, F^>)$ bez. o-Aut F liegen, gibt es einen o-Automorphismus τ von F, so daß wir $c'_{\alpha,\beta} = \tau(c_{\alpha,\beta})$ für alle $\alpha, \beta \in \Gamma$ annehmen können (vgl. Fuchs, Infinite Abelian Groups I). Die Abbildung

$$\Sigma f_\alpha t_\alpha \mapsto \Sigma\, \tau(f_\alpha) t'_\alpha: H(\Gamma, F, \{c_{\alpha,\beta}\}) \to H(\Gamma, F, \{c'_{\alpha,\beta}\})$$

ist ein werteerhaltender und ordnungstreuer Isomorphismus. Folglich ist Ψ injektiv und damit bijektiv. □

Mit Hilfe des folgenden Lemmas werden wir beweisen, daß wir einen ordnungsverträglich bewerteten Körper (K, v) stets in einen Körper von formalen Potenzreihen mit trivialem Faktorensystem und mit gleicher Wertegruppe wie (K, v) ordnungs- und bewertungstreu einbetten können.

Lemma 32 (Mac Lane 1938, 1939). *(K', v) sei ein maximal bewerteter Körper und K ein Unterkörper von K'. K'_v bzw. K_v seien die Restklassenkörper und Γ'_v bzw. Γ_v die Wertegruppen von K' bzw. K. Es sei $K_v \subsetneqq K'_v$, und K'_v habe die Charakteristik* 0. *Dann gibt es einen Unterkörper K^* von K', der die Wertegruppe $\Gamma^*_v = \Gamma_v$ und den Restklassenkörper $K^*_v = K'_v$ hat.*

Beweis.
$\{a_\delta: \delta < \xi\}$ sei eine Wohlordnung der Elemente von $K'_v \backslash K_v$. Es sei λ die zu v gehörende Stelle: $A'_v \to K'_v$. Wir setzen $K^\delta_v = K_v(\{a_\mu: \mu < \delta\})$ für $\delta < \xi$. Dann ist $K'_v = \bigcup_{\delta < \xi} K^\delta_v$.

Wir zeigen mit transfiniter Induktion, daß es zu jedem $\delta < \xi$ einen Unterkörper K_δ von K' mit folgenden Eigenschaften gibt: K_δ hat den Restklassenkörper K^δ_v und die Wertegruppe $\Gamma^\delta_v = \Gamma_v$, und aus $\mu < \delta$ folgt $K_\mu \subseteq K_\delta$.

Es sei $K_0 = K$. Ist $\delta < \xi$ eine Limeszahl, so hat der Körper $K_\delta = \bigcup_{\nu < \delta} K_\nu$ die verlangten Eigenschaften. δ sei nun eine Ordinalzahl mit direktem Vorgänger $\delta - 1$. Also ist $K_v^\delta = K_v^{\delta-1}(a_{\delta-1})$. Sei zunächst $a_{\delta-1}$ transzendent über $K_v^{\delta-1}$. Es sei $z \in K'$ ein Urbild von $a_{\delta-1}$ unter λ. Dann ist z transzendent über $K_{\delta-1}$. Sei $K_\delta = K_{\delta-1}(z)$. Wir zeigen $\Gamma_v^\delta = \Gamma_v^{\delta-1}$: Sei $f(z) \in K_{\delta-1}[z]$, $f(z) = \sum_{i=0}^{n} a_i z^i$, $a_i \in K_{\delta-1}$, $i = 0, \dots, n$. Wegen $v(z) = \varepsilon$ ist $v(f(z)) \leqslant \operatorname{Max}\{v(a_i)\colon i = 0, \dots, n\}$. Angenommen, es wäre $v(f(z)) < \operatorname{Max}\{v(a_i)\colon i = 0, \dots, n\}$. Wir wählen ein Element $a \in K_{\delta-1}$ mit $v(a) = \operatorname{Max}\{v(a_i)\colon i = 0, \dots, n\}$. Es ist $g = \frac{1}{a} f \in K_{\delta-1}[x]$, mindestens ein Koeffizient von g hat den Wert ε, und alle Koeffizienten von g sind aus dem Bewertungsring von $K_{\delta-1}$. Dann ist das Bildpolynom $\bar{g}$ von g unter λ nicht das Nullpolynom, weiter ist $\bar{g} \in K_v^{\delta-1}[x]$ und wegen $v(g(z)) < \varepsilon$ ist $\bar{g}(a_{\delta-1}) = 0$ im Widerspruch zur Transzendenz von $a_{\delta-1}$ über $K_v^{\delta-1}$. Also gilt: $v(f(z)) = \operatorname{Max}\{v(a_i)\colon i = 0, \dots, n\}$. Damit folgt $\Gamma_v^\delta = \Gamma_v^{\delta-1}$.

Ist $\frac{f(z)}{g(z)} \in K_{\delta-1}(z)$ mit $f, g \in K_{\delta-1}[x]$ und $v\left(\frac{f(z)}{g(z)}\right) \leqslant \varepsilon$, so können wir uns f wie g so normiert denken, daß gilt: $v(f(z)) \leqslant \varepsilon$, $v(g(z)) \leqslant \varepsilon$. Für $f(z) \in K_{\delta-1}[z]$ mit $v(f(z)) \leqslant \varepsilon$ und $f = \sum_{i=0}^{n} a_i x^i$, $a_i \in K_{\delta-1}$, $i = 0, \dots, n$, ist $v(a_i) \leqslant \varepsilon$ für $i = 0, \dots, n$ und daher $\lambda(f(z)) = \sum_{i=0}^{n} \lambda(a_i) a_{\delta-1}^i \in K_v^{\delta-1}(a_{\delta-1})$. Also hat K_δ den Restklassenkörper K_v^δ.

Sei nun $a_{\delta-1}$ algebraisch über $K_v^{\delta-1}$ und $\bar{g} \in K_v^{\delta-1}[x]$ ein normiertes irreduzibles Polynom mit $a_{\delta-1}$ als Nullstelle. $g \in K_{\delta-1}[x]$ sei normiert und von gleichem Grad wie $\bar{g}$ und werde durch λ auf $\bar{g}$ abgebildet. $a_{\delta-1}$ ist separabel über $K_v^{\delta-1}$, also einfache Nullstelle von $\bar{g}$. Der Körper K' ist maximal bewertet und folglich nach Satz 17, § 2 henselsch. Damit gibt es nach Satz 14, § 2 ein Urbild $z \in K'$ von $a_{\delta-1}$ bezüglich λ, das eine Nullstelle von g ist. Es sei $K_\delta = K_{\delta-1}(z)$. Ähnlich wie im transzendenten Fall folgt nun $\Gamma_v^\delta = \Gamma_v^{\delta-1}$: Sei dafür

$$0 \neq f(z) \in K_{\delta-1}[z], \quad f = \sum_{i=0}^{n} a_i x^i, \quad a_i \in K_{\delta-1}, \; i = 0, \dots, n.$$

Dann ist n kleiner als der Grad von g. Wegen $v(z) = \varepsilon$ erhält man

$$v(f(z)) \leqslant \operatorname{Max}\{v(a_i)\colon i = 0, \dots, n\}.$$

Aus

$$v(f(z)) < \operatorname{Max}\{v(a_i)\colon i = 0, \dots, n\}$$

folgt mit $a \in K_{\delta-1}$, $v(a) = \operatorname{Max}\{v(a_i)\colon i = 0, \dots, n\}$,

daß das Bildpolynom von $\frac{1}{a} f$ unter λ ein Polynom kleineren Grades als $\bar{g}$ mit $a_{\delta-1}$ als Nullstelle ist, was wegen der Irreduzibilität von $\bar{g}$ nicht möglich ist. Damit gilt $v(f(z)) = \operatorname{Max}\{v(a_i)\colon i = 0, \dots, n\}$ und daher $\Gamma_v^\delta = \Gamma_v^{\delta-1}$.

Wie im transzendenten Fall folgt hieraus $K_v^\delta = K_v^{\delta-1}(a_{\delta-1})$. Den gesuchten Körper K^* erhält man als $K^* = \bigcup_{\delta < \xi} K_\delta$. □

Wir bringen nun den Einbettungssatz:

Satz 33 (Hüper 1977, Conrad-Dauns 1969). *v sei eine ordnungsverträgliche Bewertung des angeordneten Körpers K und $\hat{K}_v$ der reelle Abschluß von K_v. Dann läßt sich K ordnungs- und bewertungstreu in den Körper von formalen Potenzreihen auf Γ_v über $\hat{K}_v$ einbetten.*

Beweis.
$\hat{K}$ sei der reelle Abschluß von K. Nach Satz 12, § 2 läßt sich v eindeutig zu einer ordnungsverträglichen Bewertung von $\hat{K}$ fortsetzen, die wir wieder mit v bezeichnen, und der Restklassenkörper $\hat{K}_v$ von $(\hat{K}, v)$ ist o-isomorph zum reellen Abschluß von K_v. Nach dem gerade bewiesenen Lemma gibt es einen Zwischenkörper K^* zwischen K und $\hat{K}$, so daß K^* die Wertegruppe Γ_v und den Restklassenkörper $\hat{K}_v$ bezüglich v hat. L sei eine maximale unmittelbare Erweiterung von K^* und versehen mit der nach Satz 11, § 2 eindeutig bestimmten Fortsetzung der Anordnung von K, bezüglich der v ordnungsverträglich ist. Dann ist L nach Satz 29 ordnungs- und bewertungsisomorph zum Körper $H(\Gamma_v, \hat{K}_v)$ der formalen Potenzreihen auf Γ_v über $\hat{K}_v$. Die Einschränkung dieses Isomorphismus auf K ist ein ordnungs- und bewertungstreuer Monomorphismus von K in $H(\Gamma_v, \hat{K}_v)$. □

Aus diesem Satz erhält man als Spezialfall:

Satz 34. *Ein angeordneter Körper mit Γ als Gruppe der archimedischen Klassen läßt sich ordnungstreu in den Körper $H(\Gamma, \mathbb{R})$ der formalen Potenzreihen auf Γ über $\mathbb{R}$ einbetten.*

Als abschließenden Beitrag zur Frage der Einbettbarkeit eines angeordneten o-bewerteten Körpers in einen Körper von formalen Potenzreihen bringen wir ein Beispiel (Panek 1979, s. auch Greither 1979a) eines angeordneten o-bewerteten Körpers mit Wertegruppe $(\mathbb{Q}, +)$ und Restklassenkörper $\mathbb{Q}$, der sich nicht in den Körper von formalen Potenzreihen $H(\mathbb{Q}, \mathbb{Q})$ einbetten läßt. Wir gehen aus vom angeordneten Körper $H(\mathbb{Q}, \mathbb{R})$ mit der o-Bewertung $v = f \mapsto \operatorname{Max} s(f)$ und ermitteln zunächst ein Repräsentantensystem in der Gruppe $H^>$ der positiven Elemente von $H(\mathbb{Q}, \mathbb{R})$, das unter $f \mapsto v(f)$ zwar o-bijektiv, aber nicht o-isomorph zu $\mathbb{Q}$ ist: Es sei p_0 eine für das folgende fest gewählte Primzahl und π die Projektion von $\mathbb{Q}/\mathbb{Z} = \bigoplus_{p=\text{Primzahl}} \mathbb{Z}(p^\infty)$ (vgl. z.B. Fuchs, Infinite Abelian Groups I, S. 43) auf $\mathbb{Z}(p_0^\infty)$. Wir definieren eine Abbildung $q \mapsto q^*$: $\mathbb{Q} \to [0, 1[\subseteq \mathbb{Q}$ durch Komposition der folgenden Abbildungen:

$$q \mapsto \bar{q}\colon \mathbb{Q} \to \mathbb{Q}/\mathbb{Z}, \quad \bar{q} \mapsto \pi(\bar{q})\colon \mathbb{Q}/\mathbb{Z} \to \mathbb{Z}(p_0^\infty),$$
$$\pi(\bar{q}) \mapsto q^* = \sigma \circ \pi(\bar{q})\colon \mathbb{Z}(p_0^\infty) \to [0, 1[,$$

wobei gelte

$$\sigma \circ \pi(\bar{q}) = \begin{cases} 0 & \text{für } \pi(\bar{q}) = \bar{0} \\ \dfrac{s}{p_0^n} & \text{für } \pi(\bar{q}) = \dfrac{s}{p_0^n} + \mathbb{Z} \quad \text{mit } 0 \leqslant \dfrac{s}{p_o^n} < 1. \end{cases}$$

Für $q \in \mathbb{Q}$ sei nun

$$t'_q(\gamma) = \begin{cases} 0 & \text{für } \gamma \neq q \\ 2^{q^*} & \text{für } \gamma = q. \end{cases}$$

Dann bildet $\{t'_q\colon q \in \mathbb{Q}\}$ ein zu $\mathbb{Q}$ o-bijektives Repräsentantensystem von $H^>$, und wegen $t'_{q_1} t'_{q_2} = 2^{-z} t'_{q_1+q_2}$ mit

$$z = \begin{cases} 0 & \text{für } q_1^* + q_2^* < 1 \\ -1 & \text{für } q_1^* + q_2^* \geq 1 \end{cases}$$

ist dies unter $f \mapsto v(f)$ nicht o-isomorph zu $\mathbb{Q}$.

Die Menge $S = \left\{\sum_{i=1}^{n} a_i t'_{q_i}\colon a_i \in \mathbb{Q},\ q_i \in \mathbb{Q},\ n \in \mathbb{N}\right\}$ ist ein Unterring von $H(\mathbb{Q}, \mathbb{R})$. Es sei K der Quotientenkörper von S in $H(\mathbb{Q}, \mathbb{R})$. Unter v hat K die Wertegruppe $\mathbb{Q}$. Wir zeigen, daß K bezüglich v den Restklassenkörper $\mathbb{Q}$ hat: Die kanonische Stelle λ von $H(\mathbb{Q}, \mathbb{R})$ ist für ein $f \in H(\mathbb{Q}, \mathbb{R})$ mit $v(f) \leq 0$ durch $f \mapsto f(0)$ gegeben. Für $f = \sum_{i=1}^{n} a_i t'_{q_i} \in S$ ist

$$f(0) = \begin{cases} a_i, & \text{falls } q_i = 0 \text{ für } i \in \{1, \ldots, n\} \\ 0, & \text{sonst.} \end{cases}$$

Sei nun f aus dem Bewertungsring von K. Dann ist f von der Form

$$f = \frac{\sum_{i=1}^{n} a_i t'_{q_i}}{\sum_{i=1}^{n} b_i t'_{q_i}} \quad \text{mit } a_i, b_i \in \mathbb{Q},\ b_1 \neq 0,\ q_1 > q_2 > \ldots > q_n.$$

Also ist

$$f = \frac{\sum_{i=1}^{n} a_i t'_{q_i} (t'_{q_1})^{-1}}{\sum_{i=1}^{n} b_i t'_{q_i} (t'_{q_1})^{-1}}$$

und damit

$$\lambda(f) = \frac{\lambda\left(\sum_{i=1}^{n} a_i t'_{q_i} (t'_{q_1})^{-1}\right)}{\lambda\left(\sum_{i=1}^{n} b_i t'_{q_i} (t'_{q_1})^{-1}\right)} = \frac{a_1}{b_1} \in \mathbb{Q}.$$

Folglich ist $\mathbb{Q}$ der Restklassenkörper von (K, v).

Angenommen, es gäbe einen Monomorphismus φ von K in $H(\mathbb{Q}, \mathbb{Q})$. Wir führen dies zum Widerspruch, indem wir zeigen, daß $x^{p_0} - 2t'_1 \in K[x]$ eine Nullstelle in K, das Bildpolynom unter φ, also $x^{p_0} - \varphi(2t'_1) \in H(\mathbb{Q}, \mathbb{Q})[x]$, aber keine Nullstelle in $H(\mathbb{Q}, \mathbb{Q})$ hat. Wegen $\left(t'_{\frac{1}{p_0}}\right)^{p_0} = 2t'_{p_0}$ ist $t'_{\frac{1}{p_0}}$ eine Nullstelle von $x^{p_0} - 2t'_1$. Sei $\varphi(t'_1) = g \in H(\mathbb{Q}, \mathbb{Q})$ und $\alpha = \operatorname{Max} s(g)$. Wir wählen eine von p_0 verschiedene Primzahl p. Dann ist $\left(t'_{\frac{1}{p^n}}\right)^{p^n} = t'_1$, $n \in \mathbb{N}$, und damit für jedes $n \in \mathbb{N}$ die p^n-te Wurzel von g in

$H(\mathbb{Q}, \mathbb{Q})$; folglich ist für jedes $n \in \mathbb{N}$ die p^n-te Wurzel von $g(\alpha)$ in $\mathbb{Q}$ und daher $g(\alpha) = 1$. Hätte somit $x^{p_0} - \varphi(2t'_1)$ eine Nullstelle z in $H(\mathbb{Q}, \mathbb{Q})$, so wäre für $\beta = \operatorname{Max} s(z)$ also $(z(\beta))^{p_0} = 2g(\alpha) = 2$, was wegen $z(\beta) \in \mathbb{Q}$ nicht möglich ist.

Im letzten Teil dieses Paragraphen erläutern wir für einen angeordneten und ordnungsverträglich bewerteten Körper (K, v) den Zusammenhang zwischen speziellen Dedekindschen Schnitten und pseudokonvergenten Folgen. Wir beziehen uns dabei auf Hüper 1977 und bringen einige Ergebnisse aus dieser Arbeit ohne Beweis.

Es sei (K, v) ein angeordneter, ordnungsverträglich bewerteter Körper und B eine Breite von K (vgl. Lemma 10, II, § 4). Weil v ordnungsverträglich ist, ist B in K konvex und somit K/B eine angeordnete abelsche Gruppe, die nicht diskret geordnet ist. Also ist die durch die Anordnung auf K/B induzierte Topologie nicht diskret, und K/B ist bezüglich dieser Topologie eine topologische Gruppe (vgl. II, § 4). Ein Dedekindscher Schnitt (S, D) in K heißt ein *B-Schnitt* bezüglich v, wenn die folgenden drei Bedingungen erfüllt sind: 1) B ist eine Breite, 2) $s + b \in S$ für alle $s \in S$, $b \in B$, und 3) zu jedem $s \in S$ gibt es ein $k \in K$ mit $k > b$ für alle $b \in B$ und $s + k \in S$. Gilt für einen B-Schnitt (S, D) weiter, daß es zu jedem $k \in K$ mit $k > b$ für alle $b \in B$ Elemente $s \in S$ und $d \in D$ gibt mit $d - s < k$, so heißt (S, D) ein *B-eigentlicher B-Schnitt*. Ein eigentlicher Dedekindscher Schnitt ist ein B-eigentlicher B-Schnitt für $B = \{0\}$. Es sei π der kanonische Epimorphismus (bez. der Addition): $K \to K/B$. Ist (S, D) ein B-Schnitt in K, so ist (S', D') für $S' = \pi(S)$ und $D' = \pi(D)$ ein eigentlicher Dedekindscher Schnitt in K/B, und ist (S, D) weiter B-eigentlich, so ist (S', D') eigentlich. Umgekehrt erhält man aus einem Dedekindschen Schnitt (S', D') in K/B durch $S = \pi^{-1}(S')$ und $D = \pi^{-1}(D')$ mit (S, D) einen B-Schnitt in K, der B-eigentlich ist, falls (S', D') eigentlich ist. Ein B-eigentlicher B-Schnitt (S, D) heißt *frei*, wenn der zugehörige eigentliche Dedekindsche Schnitt (S', D') mit $S' = \pi(S)$, $D' = \pi(D)$ in K/B frei ist, also durch kein Element aus K/B bestimmt wird. Ein Element $g \in K$ heißt *definierendes Element des B-Schnittes* (S, D), wenn $g + B$ in K/B den Schnitt (S', D') bestimmt. Wir gehen nun auf den Zusammenhang zwischen pseudokonvergenten Folgen in (K, v) und B-Schnitten ein: Ist $(a_\varrho)_{\varrho < \sigma}$ eine pseudokonvergente Folge in K mit der Breite B, so ist $(a_\varrho + B)_{\varrho < \sigma}$ in K/B eine Cauchyfolge (Satz 12, II, § 4). Wir nennen zwei *pseudokonvergente Folgen* aus K *äquivalent*, wenn beide Folgen die gleiche Breite haben, und wenn die Differenz ihrer zugehörigen Cauchyfolgen in K/B eine Nullfolge ist. Einer Klasse äquivalenter Cauchyfolgen aus K/B kann man auf eineindeutige Weise einen eigentlichen Dedekindschen Schnitt in K/B zuordnen, so daß $g + B \in K/B$ genau dann Limes einer Cauchyfolge dieser Klasse ist, wenn $g + B$ den zugeordneten Dedekindschen Schnitt in K/B bestimmt (vgl. Satz 12, II, § 4). In Hüper 1977, S. 18 ist das folgende Lemma bewiesen:

Lemma 35. (K, v) *sei ein angeordneter, ordnungsverträglich bewerteter Körper. Die Menge der Klassen äquivalenter pseudokonvergenter Folgen aus K läßt sich bijektiv auf die Menge aller B-eigentlichen B-Schnitte in K abbilden, wobei B alle Breiten von K durchläuft. Hierbei wird der pseudokonvergenten Folge* $(a_\varrho)_{\varrho < \sigma}$ *mit der Breite B der B-eigentliche B-Schnitt* (S, D) *zugeordnet, falls* (S, D) *unter dem kanonischen Epimorphismus:* $K \to K/B$ *als Bild den eigentlichen Dedekindschen Schnitt* (S', D') *in* K/B *hat, der durch die Cauchyfolge* $(a_\varrho + B)_{\varrho < \sigma}$ *(im Sinne der obigen Bemerkung) bestimmt ist.*

In der Sprache der B-Schnitte läßt sich damit die Maximalität o-bewerteter Körper folgendermaßen charakterisieren (vgl. Satz 13, II, § 4):

Satz 36. *Ein angeordneter Körper K mit der ordnungsverträglichen Bewertung v ist genau dann maximal bewertet, wenn für jede Breite B von K jeder B-eigentliche B-Schnitt ein definierendes Element in K besitzt.*

Da $\{0\}$ eine Breite in K ist, erhält man aus diesem Satz das bereits in Satz 10 gebrachte Ergebnis, daß ein maximal o-bewerteter Körper stetig abgeschlossen ist.

Unter einer *B-Erweiterung* von (K, v) sei der angeordnete Oberkörper von K verstanden, den man durch „Vervollständigung" sämtlicher freier B-eigentlicher B-Schnitte von K erhält, wobei B alle Breiten von K durchläuft. Eine solche B-Erweiterung ist eine unmittelbare Erweiterung von (K, v), und damit gibt es nach Satz 11, § 2 genau eine Anordnung auf ihr, welche die von K fortsetzt und bezüglich der v ordnungsverträglich ist, und eine B-Erweiterung von (K, v) ist aufgrund der Lemmata 11, 12 und 16 bis auf Bewertungs- und o-Isomorphie eindeutig bestimmt. (Man muß sich hierfür, genau genommen, noch überlegen, daß mit einer pseudokonvergenten Folge transzendenten bzw. algebraischen Typs auch jede zu ihr äquivalente von gleichem Typ ist. Mit Hilfe der „Taylorschen" Entwicklung eines Polynoms (vgl. Hilfssatz 2) kann man erkennen, daß sich die Werte der aus dem Polynom gebildeten Folge für zwei äquivalente pseudokonvergente Ausgangsfolgen gleichartig verhalten.)

Das folgende Beispiel aus Hüper 1977 zeigt, daß die B-Erweiterung eines Körpers (K, v) im allgemeinen nicht die maximale unmittelbare Erweiterung von (K, v) ist: Es seien $\alpha < \beta$ zwei Ordinalzahlen, die beide einen direkten Vorgänger haben. K sei ein reell abgeschlossener Körper und $(\Gamma, \cdot)$ eine radizierbare η_β-Gruppe (s. Kapitel IV, § 1). H sei der angeordnete, durch $v = f \mapsto \operatorname{Max} s(f)$ maximal o-bewertete Körper von formalen Potenzreihen $H(\Gamma, K)$. Wie in Satz 17, II, § 5 bewiesen, bildet die Menge der formalen Potenzreihen vom Grad α bzw. β einen Unterkörper H_α bzw. H_β von H. Weil Γ ein η_β-Menge ist, ist H_β ein echter Unterkörper von H. Wir zeigen, daß H_β eine B-Erweiterung von H_α enthält und dafür zunächst, daß jede pseudokonvergente Folge aus H_α einen Pseudolimes in H_β hat. Sei $(a_\delta)_{\delta < \varrho}$ eine pseudokonvergente Folge aus H_α und $\pi_\delta = v(a_\delta - a_{\delta+1})$, $\delta < \varrho$. Wir definieren $a\colon \Gamma \to K$ durch

$$a(\gamma) = \begin{cases} a_\xi(\gamma), & \text{falls } \underset{\xi < \varrho}{\exists}\ \pi_\xi < \gamma, \\ 0, & \text{sonst.} \end{cases}$$

Dann ist $a \in H(\Gamma, K)$ und wegen $v(a - a_{\delta+1}) \leqslant \pi_{\delta+1} < \pi_\delta$ ist

$$\begin{aligned} v(a - a_\delta) &= v(a - a_{\delta+1} + a_{\delta+1} - a_\delta) \\ &= \operatorname{Max}\{v(a - a_{\delta+1}), v(a_{\delta+1} - a_\delta)\} = \pi_\delta, \end{aligned}$$

also a ein Pseudolimes von $(a_\delta)_{\delta<\varrho}$. Zu jedem $\gamma \in s(a)$ gibt es ein $\xi < \varrho$ mit $\pi_\xi < \gamma$, woraus man $\{\gamma' \in s(a)\colon \gamma' > \gamma\} \subseteq s(a_\xi)$ und somit $\operatorname{card}\{\gamma' \in s(a)\colon \gamma' > \gamma\} < \aleph_\alpha$ erhält. Die dual zu $s(a)$ geordnete Menge ist folglich eine wohlgeordnete Menge, für die jeder Hauptanfang eine Kardinalität $< \aleph_\alpha$ hat. Dann ist $\operatorname{card} s(a) \leqslant \aleph_\alpha$. Also ist $a \in H_\beta$.

Man kann nun die B-Erweiterung von H_α in H_β folgendermaßen konstruieren: In einem ersten Schritt adjungiert man an H_α die Elemente aus H_β, die Pseudolimites von pseudokonvergenten Folgen transzendenten Typs aus H_α sind. Man erhält auf diese Weise einen Unterkörper von H_β, über welchem die in H gebildete B-Erweiterung $\bar{H}_\alpha$ von H_α algebraisch ist. Weil Γ radizierbar und K reell abgeschlossen ist, ist nach

Satz 17, II, § 5 H_β reell abgeschlossen. Folglich ist (nach Satz 12, II, § 2) $\bar{H}_\alpha$ ein Unterkörper von H_β. Also ist die B-Erweiterung von H_α ein echter Unterkörper der maximalen unmittelbaren Erweiterung.

Man kann die maximale unmittelbare Erweiterung L eines angeordneten, o-bewerteten Körpers (K, v) durch eine eventuell transfinite Folge von B-Erweiterungen gewinnen, wie wir nun zeigen wollen: Sei τ eine Ordinalzahl und die Folge $(E_\xi)_{\xi<\tau}$ von angeordneten unmittelbaren Erweiterungen von (K, v) folgendermaßen definiert: Es sei $E_0 = K$, für eine Limeszahl $\sigma < \tau$ sei $E_\sigma = \bigcup_{\xi<\sigma} E_\xi$ und für $\sigma < \tau$ von der Form $\sigma = (\sigma - 1) + 1$ sei E_σ die B-Erweiterung von $E_{\sigma-1}$. Weil jeder Körper E_ξ eine unmittelbare Erweiterung von (K, v) ist, kann E_ξ für jede Ordinalzahl ξ nur eine beschränkte Kardinalität annehmen, also muß, falls τ genügend groß gewählt wurde, die Folge der E_ξ konstant werden. Als konstantes Glied der Folge erhält man die maximale unmittelbare Erweiterung von (K, v). Für welche Ordinalzahl das spätestens der Fall ist, besagt der folgende Satz.

Satz 37 (Hüper 1977, S. 67). (K, v) *sei ein angeordneter, ordnungsverträglich bewerteter Körper. Hat die Wertegruppe* Γ_v *die Kardinalität* $\aleph_\alpha$, *so ist* $E_{\omega_{\alpha+1}}$ *eine maximale unmittelbare Erweiterung von* K.

Der Körper $\mathbb{R}$ ist die Vervollständigung aller eigentlichen Dedekindschen Schnitte eines archimedisch angeordneten Körpers, an die Stelle von $\mathbb{R}$ treten für nichtarchimedisch angeordnete Körper maximale o-bewertete Körper. Satz 37 gibt an, wieviel komplizierter derVervollständigungsprozeß von einem nichtarchimedisch angeordneten Körper (K, v) zu seiner maximalen unmittelbaren Erweiterung bez. einer o-Bewertung v von K aussieht.

Sei eine Ordinalzahl $\alpha > 0$ gegeben; wir nennen einen bewerteten Körper K *α-maximal*, falls jede pseudokonvergente Folge aus K, deren Länge echt kleiner als ω_α ist, in K einen Pseudolimes besitzt. In Analogie zu Satz 37 erhält man für einen α-maximal bewerteten Körper:

Satz 38 (Hüper 1977, S. 67). v *sei eine ordnungsverträgliche Bewertung des angeordneten Körpers* K, *und* ω_α *sei eine reguläre Anfangszahl. Dann ist die unmittelbare Erweiterung* E_{ω_α} *von* K *α-maximal.*

Die maximale unmittelbare Erweiterung L eines angeordneten, ordnungsverträglich bewerteten Körpers (K, v) ist stetig abgeschlossen; weiter ist L über K archimedisch, und deshalb liegt nach Satz 5, § 1 auch der stetige Abschluß von K in L. Wir fragen danach, ob ein maximal o-bewerteter Körper (mit nichttrivialer Wertegruppe!) den stetigen Abschluß eines jeden seiner Unterkörper enthält und wieweit er sich durch diese Eigenschaft charakterisieren läßt. Einen angeordneten Körper, der den stetigen Abschluß eines jeden seiner Unterkörper enthält, wollen wir *universell stetig abgeschlossen* nennen. Der folgende Satz besagt, wann ein maximal o-bewerteter Körper universell stetig abgeschlossen ist.

Satz 39 (Hüper 1977).

(a) *Es sei* K *ein angeordneter Körper, der bezüglich seiner natürlichen Bewertung* w *maximal bewertet ist, und dessen Restklassenkörper* K_w *stetig abgeschlossen ist. Dann ist* K *universell stetig abgeschlossen.*

(b) *Es sei L ein angeordneter Körper, der bezüglich seiner ordnungsverträglichen Bewertung v maximal bewertet ist. Erfüllt der Restklassenkörper L_v mit der durch L induzierten Anordnung die Voraussetzungen von Teil* (a), *so ist L universell stetig abgeschlossen.*

Beweis.
Zu (a): Es sei zunächst F ein Unterkörper von K, dessen Wertegruppe bez. w nichttrivial sei. Nach Satz 19 ist die maximale unmittelbare Erweiterung $\tilde{F}$ von F ein Unterkörper von K, diese ist stetig abgeschlossen und archimedisch über F und enthält deshalb nach Satz 5, § 1 den stetigen Abschluß $\hat{F}$ von F. Also ist $\hat{F}$ ein Unterkörper von K.

Sei nun F ein Unterkörper von K mit trivialer Wertegruppe bezüglich w. Weil K maximal bewertet, also henselsch ist, gibt es nach Lemma 23 in K einen Oberkörper E von F, der bezüglich der kanonischen Stelle o-isomorph zu K_w und folglich stetig abgeschlossen ist. Da E archimedisch über F ist, liegt der stetige Abschluß von F in E und damit in K.

Zu (b): Ist F ein Unterkörper von L mit nichttrivialer Wertegruppe bez. v, so folgt wie unter (a), daß der stetige Abschluß von F in L liegt. Ist die Wertegruppe von F bez. v trivial, so existiert wie im Falle (a) ein Oberkörper E von F in L, der bezüglich der kanonischen Stelle zu v o-isomorph zu L_v ist. Nach (a) ist L_v universell stetig abgeschlossen, also auch E; folglich ist der stetige Abschluß von F ein Unterkörper von L. □

Ein angeordneter, ordnungsverträglich bewerteter Körper, der universell stetig abgeschlossen ist, ist aber im allgemeinen nicht maximal bewertet, wie das folgende Beispiel aus Hüper 1977 zeigt:

Es sei $H(\mathbb{Q}, \mathbb{R})$ der Körper der formalen Potenzreihen auf der Gruppe $(\mathbb{Q}, +)$ und über dem Körper $\mathbb{R}$. Weiter sei $D = \{f \in H(\mathbb{Q}, \mathbb{R})\colon \operatorname{card}(s(f) \cap \Sigma) < \aleph_0$ für jede obere Klasse Σ von $\mathbb{Q}$ mit $\Sigma \neq \mathbb{Q}\}$. Wir wollen hier nicht ausführen, daß D ein stetig abgeschlossener Unterkörper von $H(\mathbb{Q}, \mathbb{R})$ ist. Offensichtlich ist D ein echter Unterkörper von $H(\mathbb{Q}, \mathbb{R})$. Wir zeigen, daß D universell stetig abgeschlossen ist. Für einen Unterkörper F von D, über dem D archimedisch ist, liegt wegen Satz 5, § 1 der stetige Abschluß in D. Sei also nun F ein Unterkörper von D, über dem D nicht archimedisch ist. Dann ist (nach Lemma 7, § 2) die in $\mathbb{Q}$ gebildete konvexe Hülle der Gruppe $[F]$ der archimedischen Klassen von F eine echte Untergruppe von $\mathbb{Q}$, damit kann $[F]$ nur die triviale Untergruppe von $\mathbb{Q}$ sein. Also ist F archimedisch angeordnet und hat den Unterkörper $\mathbb{R}$ von D als stetigen Abschluß. Weil $H(\mathbb{Q}, \mathbb{R})$ eine unmittelbare Erweiterung von D bezüglich der natürlichen Bewertung ist, ist D nicht maximal bewertet.

§ 4 Vervollständigungen angeordneter Gruppen

Wir untersuchen in diesem Paragraphen verschiedene Arten der Vervollständigung angeordneter (nicht notwendig abelscher) Gruppen. Hierbei sind zwei Vervollständigungen von besonderer Bedeutung: die Vervollständigung einer angeordneten Gruppe bezüglich der Ordnungstopologie und die bezüglich der Pseudokonvergenz für die natürliche Bewertung.

Grundlegend für unsere Ausführungen ist die Arbeit von Holland 1963. In dieser hat Holland einen für die verschiedenen Vervollständigungsprozesse einheitlichen Folgenbegriff gegeben. Die archimedische und topologische Vervollständigung angeordneter abelscher Gruppen wurde von Cohen-Goffman 1949 und 1950 untersucht. Sie konstruierten die topologische Vervollständigung mittels eigentlicher Dedekindscher Schnitte wie auch in Übertragung des Cantorschen Verfahrens durch mit Ordinalzahlen indizierte Cauchyfolgen. Eine Verallgemeinerung ihres Beweises auf nicht abelsche Gruppen findet man in Kokorin-Kopytov 1974. Abzählbare Cauchyfolgen in angeordneten Gruppen hatten bereits Everett und Ulam 1945 betrachtet. Vervollständigungen angeordneter, nicht notwendig abelscher Gruppen wurden zuerst von Conrad und Banaschewski untersucht: Conrad bringt in seinen Arbeiten von 1954 und 1955 Ergebnisse über archimedische Erweiterungen, und Banaschewski 1957 behandelt die topologische Vervollständigung angeordneter Gruppen innerhalb einer allgemeineren Fragestellung: Er untersucht die topologische Vervollständigung teilweise geordneter Gruppen über eine durch offene Intervalle der Null gegebene uniforme Struktur. Die Begriffe der Pseudokonvergenz und unmittelbaren Erweiterung sind durch Conrad 1953, Gravett 1955, Fleischer 1958 und Ribenboim 1958 auf abelsche angeordnete Gruppen übertragen worden. In Holland 1963 werden die folgenden vier Erweiterungen einer angeordneten Gruppe betrachtet: Es sei H eine angeordnete Gruppe, G eine Untergruppe von H und $[H]$ die Menge der archimedischen Klassen von H. Mit H_γ bzw. H^γ seien für $0 \neq \gamma \in [H]$ in diesem Paragraphen stets die konvexen Untergruppen $H_\gamma = \{h \in H\colon [h] < \gamma\}$ und $H^\gamma = \{h \in H\colon [h] \leqslant \gamma\}$ von H bezeichnet; weiter schreiben wir die Gruppenverknüpfung immer additiv. Die Gruppe H heißt eine *archimedische Erweiterung* (*a-Erweiterung*) von G, wenn es zu $0 < h \in H$ stets ein $0 < g \in G$ mit $[h] = [g]$ gibt. Gilt für das Element g außerdem, daß $g \leqslant h$ ist, so wird H eine *b-Erweiterung* von G genannt. Ist die Gruppe G ordnungsdicht in H, so nennen wir H eine *stetige Erweiterung* von G. Um diesen Begriff auch für eine angeordnete Gruppe mit kleinstem positiven Element zu haben, definieren wir: H ist eine *stetige Erweiterung* (*t-Erweiterung*) von G, wenn es zu $h, h', h'' \in H$ mit $h < h' < h''$ stets ein $g \in G$ mit $h < g < h''$ gibt. Die *Erweiterung* H von G heißt *unmittelbar* (*c-Erweiterung*), wenn für jedes $[0] \neq \gamma \in [H]$ gilt: $H^\gamma = H_\gamma + (H^\gamma \cap G)$. In dem folgenden Satz zeigen wir die Äquivalenz dieser Definitionen zu einigen in der Literatur ebenfalls gebräuchlichen.

Satz 1. *Es sei G eine Untergruppe der angeordneten Gruppe H. Dann sind die unter* 1) *angegebenen Aussagen äquivalent und ebenso — jeweilig unter sich — die unter* 2) *bzw.* 3) *bzw.* 4) *angeführten*:

1) (I) *H ist eine archimedische Erweiterung von G.*
   (II) *Zu jedem $0 < h \in H$ gibt es ein $g \in G$ und $n \in \mathbb{N}$ mit $h \leqslant g \leqslant nh$.*
   (III) *Die Kette der konvexen Untergruppen von G ist o-bijektiv zur Kette der konvexen Untergruppen von H, und zwar ist eine o-Bijektion dadurch gegeben, daß man jede konvexe Untergruppe von G auf ihre konvexe Hülle in H abbildet.*
2) (I) *H ist eine b-Erweiterung von G.*
   (II) *Zu jedem $0 < h \in H$ gibt es ein $0 < g \in G$, $n \in \mathbb{N}$ mit $g \leqslant h \leqslant ng$.*
   (III) *Zu jedem $0 < h \in H$ gibt es ein $0 < g \in G$, $n \in \mathbb{N}$ mit $ng \leqslant h \leqslant (n+1)g$.*

3) (I) *H ist eine stetige Erweiterung von G.*
(II) *G ist bez. der Ordnungstopologie dicht in H.*
4) (I) *H ist eine unmittelbare Erweiterung von G.*
(II) *Zu jedem* $0 < h \in H$ *gibt es ein* $g \in G$ *mit* $[h - g] < [h]$.
(III) *H ist eine archimedische Erweiterung von G, und für jedes* $[0] \neq \gamma \in [H]$ *ist die Abbildung* $\varphi_\gamma = g + G_\gamma \mapsto g + H_\gamma$: $G^\gamma/G_\gamma \to H^\gamma/H_\gamma$ *ein o-Isomorphismus.*

Beweis.
Zu 1): Die Äquivalenz von (I) und (II) ist offensichtlich.

(I) $\Rightarrow$ (III): Es bezeichne σ die in (III) angegebene *o*-Bijektion von der Kette $\mathfrak{G}$ der konvexen Untergruppen von G nach der Kette $\mathfrak{H}$ der konvexen Untergruppen von H. Nach (I) haben G und H die gleichen archimedischen Klassen. Also ist für jedes $[0] \neq \gamma \in [H]$ stets $(G_\gamma)^\sigma = H_\gamma$ und $(G^\gamma)^\sigma = H^\gamma$. Für $U, V \in \mathfrak{G}$ mit $U \subsetneqq V$ ist für ein $v \in V \setminus U$ nun $U \subseteq G_{[v]} \subsetneqq G^{[v]} \subseteq V$ und daher $U^\sigma \subseteq H_{[v]} \subsetneqq H^{[v]} \subseteq V^\sigma$; folglich ist σ *o*-injektiv. Weil $V = \bigcup_{v \in V'} G^{[v]}$ zu $V' \in \mathfrak{H}$ ein Urbild unter σ ist, ist σ ferner surjektiv.

(III) $\Rightarrow$ (I): Es sei $0 < h \in H$. Dann ist $h \in H^{[h]} \setminus H_{[h]}$ und somit $U = (H_{[h]})^{\sigma^{-1}} \subsetneqq (H^{[h]})^{\sigma^{-1}} = V$. Wir wählen $0 < g \in V \setminus U$. Wegen $g \in H^{[h]}$ und $g \notin H_{[h]}$ ist $[g] = [h]$.

Zu 2): Die Äquivalenz der hier angegebenen Bedingungen ist offensichtlich.

Zu 3): Die Äquivalenz der beiden Bedingungen ergibt sich daraus, daß die offenen Intervalle einer angeordneten Gruppe eine Basis für die Ordnungstopologie bilden.

Zu 4): (I) $\Rightarrow$ (II): Es sei $0 < h \in H$. Dann ist $h \in H^{[h]}$ und wegen $H^{[h]} = H_{[h]} + (H^{[h]} \cap G)$ gibt es $x \in H_{[h]}$, $g \in H^{[h]} \cap G$ mit $h = x + g$, und damit ist $[h - g] = [x] < [h]$.

(II) $\Rightarrow$ (III): Zu $0 < h \in H$ gibt es ein $g \in G$ mit $[h - g] < [h]$. Also ist $h = x + g$ mit $x = h - g$, und nach Lemma 2, I, § 4 ist $[h] = [g] = [-g]$. Folglich ist H eine archimedische Erweiterung von G. Damit stimmen die archimedischen Klassen von $[H]$ und $[G]$ überein, und wir können $[H] = [G]$ setzen. Wegen $G_\gamma \subseteq H_\gamma$ und $G^\gamma \subseteq H^\gamma$ ist φ_γ wohldefiniert für jedes $[0] \neq \gamma \in [H]$. Aus $G_\gamma < g + G_\gamma$, $g \in G^\gamma$ erhält man (aufgrund der induzierten Anordnung in G^γ/G_γ) $0 < g \in G^\gamma \setminus G_\gamma$, also $g \in H^\gamma \setminus H_\gamma$ und folglich $H_\gamma < g + H_\gamma$. Somit ist φ_γ auch *o*-injektiv, und weil die Homomorphie und Surjektivität von φ_γ offensichtlich gelten, ist φ_γ ein *o*-Isomorphismus für jedes $[0] \neq \gamma \in [H]$.

(III) $\Rightarrow$ (I): Es sei $0 \neq h \in H$. Da $\varphi_{[h]}$: $G^{[h]}/G_{[h]} \to H^{[h]}/H_{[h]}$ ein Isomorphismus ist, hat $h + H_{[h]}$ unter dieser Abbildung ein Urbild $g + G_{[h]}$. Also ist $g \in G^{[h]} \setminus G_{[h]}$ und $g + H_{[h]} = h + H_{[h]}$. Damit erhält man $h = g + x$ mit $x \in H_{[h]}$. Nun ist $H_{[h]}$ normal in $H^{[h]}$ (s. Satz 3, I, § 4); somit ist $h = g + x - g + g = x' + g$, $x' \in H_{[h]}$. Also ist $H^{[h]} = H_{[h]} + (H^{[h]} \cap G)$, und dies gilt für jedes $[0] \neq [h] \in [H]$. □

Direkt aus der Definition folgt, daß *b*- und *c*-Erweiterungen spezielle archimedische Erweiterungen sind. Ist G das lexikographische Produkt $\mathbb{Z} \times \mathbb{R}$ und H das lexikographische Produkt $\mathbb{R} \times \mathbb{R}$, so ist H eine *a*-, aber keine *b*-Erweiterung von G. Eine bez. der natürlichen Bewertung gebildete unmittelbare Erweiterung eines angeordneten Körpers ist auch eine unmittelbare Erweiterung der jeweiligen additiven Gruppen, und der stetige Abschluß eines angeordneten Körpers ist für die additiven Gruppen eine stetige Erweiterung. Es sei G eine angeordnete Gruppe und $x \in \{a, b, c, t\}$. Wir nennen G *x-abgeschlossen*, wenn G keine echte x-Erweiterung hat. Unter einer *Folge in G* verstehen wir eine mit Ordinalzahlen indizierte Familie $(s_\alpha)_{\alpha < \varrho}$ von Elementen aus G, die kein letztes Element hat. (Daß ϱ für eine Folge $(s_\alpha)_{\alpha < \varrho}$ eine

Limeszahl ist, hatten wir bisher — in abelschen Gruppen und Körpern — nur für pseudokonvergente Folgen, nicht aber für Cauchyfolgen verlangt.) Sind C, C' mit $C \subsetneqq C'$ zwei aufeinanderfolgende konvexe Untergruppen von G, so sagen wir, daß diese ein *konvexes Paar* (C, C') bilden, und daß C von C' *überdeckt wird.* Wichtig für das folgende ist der von Holland eingeführte Begriff der *F-Breite B* einer Folge $(s_\alpha)_{\alpha<\varrho}$ in G: Es ist B der Durchschnitt aller konvexen Untergruppen C von G, welche die folgenden beiden Bedingungen erfüllen:

(∗) *C wird von einer konvexen Untergruppe C' von G überdeckt.*

(∗∗) *Zu jedem* $g \in C' \setminus C$ *gibt es ein* $\mu < \varrho$, *so daß für* $\alpha, \beta < \varrho$ *mit* $\alpha, \beta > \mu$ *stets* $s_\alpha - s_\beta \in C'$ *und* $s_\alpha - s_\beta + C < |g| + C$ *ist.*

Die F-Breite ist offensichtlich eine konvexe Untergruppe von G. Die im Rahmen der Pseudokonvergenz für abelsche Gruppen definierte Breite (s. II, § 4) ist im Falle der natürlichen Bewertung auch eine F-Breite, wie in Lemma 19 gezeigt wird.

Ein Element s von G heißt ein *Limes der Folge* $(s_\alpha)_{\alpha<\varrho}$, wenn es für jedes konvexe Paar (C, C') von G, für das C die F-Breite von $(s_\alpha)_{\alpha<\varrho}$ umfaßt, und für jedes $g \in C' \setminus C$ ein $\nu < \varrho$ gibt, so daß für $\alpha < \varrho$ mit $\alpha > \nu$ stets $s_\alpha - s \in C'$ und $|s_\alpha - s| + C < |g| + C$ ist. Wir sagen, $(s_\alpha)_{\alpha<\varrho}$ *konvergiert gegen s*, und schreiben hierfür $s = \lim\limits_{\alpha<\varrho} s_\alpha$. Der für abelsche Gruppen bereits definierte Pseudolimes (II, § 4) ist im Falle der natürlichen Bewertung ein Limes im Sinne der hier gerade gebrachten Definition (s. Lemma 19).

Wir werden uns nun zunächst mit stetigen Erweiterungen befassen, danach gehen wir auf unmittelbare und als letztes auf b-Erweiterungen ein. Vorweg bringen wir zwei Lemmata, die für jede der betrachteten Erweiterungen von Belang sind.

Lemma 2 (Holland 1963). *Es sei G eine angeordnete Gruppe,* $(s_\alpha)_{\alpha<\varrho}$ *eine Folge in G, und* $r, s \in G$ *seien Limites dieser Folge. Dann liegt* $r - s$ *in der F-Breite von* $(s_\alpha)_{\alpha<\varrho}$.

Beweis.
Angenommen, $r - s$ liegt nicht in der F-Breite B von $(s_\alpha)_{\alpha<\varrho}$. Weil die Kette der konvexen Untergruppen einer angeordneten Gruppe bez. der Inklusion linear geordnet ist, gilt $G^{[r-s]} \subseteq B$ oder $B \subseteq G^{[r-s]}$. Wegen $r - s \in G^{[r-s]}$ und $r - s \notin B$ folgt somit $B \subseteq G_{[r-s]} \subsetneqq G^{[r-s]}$. Also ist $(G_{[r-s]}, G^{[r-s]})$ ein die F-Breite umfassendes Paar und hat die bei der Definition der F-Breite formulierten Eigenschaften (∗) und (∗∗). Daher ist für jedes $0 < g \in G^{[r-s]} \setminus G_{[r-s]}$ für genügend großes α dann $|s_\alpha - r| + G_{[r-s]} < g + G_{[r-s]}$. Nun ist $G^{[r-s]}/G_{[r-s]}$ einer Untergruppe der additiven Gruppe von $\mathbb{R}$ o-isomorph (s. Satz 3, I, § 4). Hat diese ein kleinstes positives Element g', so ist wegen $|s_\alpha - r| + G_{[r-s]} < g' + G_{[r-s]}$ also $|s_\alpha - r| \in G_{[r-s]}$ und somit $2|s_\alpha - r| + G_{[r-s]} < g + G_{[r-s]}$ für jedes $0 < g \in G^{[r-s]} \setminus G_{[r-s]}$. Ist $G^{[r-s]}/G_{[r-s]}$ ohne kleinstes positives Element, so gibt es zu jedem $0 < g \in G^{[r-s]} \setminus G_{[r-s]}$ ein $0 < h \in G^{[r-s]} \setminus G_{[r-s]}$ mit $2h + G_{[r-s]} < g + G_{[r-s]}$, und damit erhält man

$$2|s_\alpha - r| + G_{[r-s]} < g + G_{[r-s]} \quad \text{für jedes } 0 < g \in G^{[r-s]} \setminus G_{[r-s]}.$$

Daher gilt

$$2|s_\alpha - r| + G_{[r-s]} < |r - s| + G_{[r-s]}$$

und analog

$$2|s_\alpha - s| + G_{[r-s]} < |r - s| + G_{[r-s]} \quad \text{für } \alpha_0 \leqslant \alpha < \varrho.$$

Folglich ist

$$\begin{aligned}|r - s| + G_{[r-s]} &= |r - s_\alpha + s_\alpha - s| + G_{[r-s]} \leqslant |s_\alpha - r| + |s_\alpha - s| + G_{[r-s]} \\ &< |r - s| + G_{[r-s]},\end{aligned}$$

was unmöglich ist. (Wir konnten hier die Dreiecksungleichung verwenden, weil $G^{[r-s]}/G_{[r-s]}$ abelsch ist; s. Lemma 1, I, § 4.) Es ist also $r - s \in B$. □

Lemma 3 (Holland 1963). *Es sei H eine archimedische Erweiterung der angeordneten Gruppe G. Ist* $(g_\alpha)_{\alpha<\varrho}$ *eine Folge in G, weiter N die F-Breite von* $(g_\alpha)_{\alpha<\varrho}$ *in G und B die F-Breite von* $(g_\alpha)_{\alpha<\varrho}$ *in H, so ist* $N = B \cap G$. *Ist g ein Limes von* $(g_\alpha)_{\alpha<\varrho}$ *in G, so ist g auch ein Limes von* $(g_\alpha)_{\alpha<\varrho}$ *in H.*

Beweis.
Nach Satz 1 läßt sich jedes konvexe Paar (C, C') von G als $C = K \cap G$, $C' = K' \cap G$, wobei (K, K') ein konvexes Paar in H ist, darstellen. Es ist N der Durchschnitt all der konvexen Untergruppen von G, die $(*)$ und $(**)$ (von S. 132) in der Gruppe G erfüllen. Gilt $(*)$ für $C = K \cap G$ in G, so gilt $(*)$ auch für K in H. Wir untersuchen, ob aus $(**)$ für $C = K \cap G$ in G auch $(**)$ für K in H folgt:

Es ist K normal in K' (Satz 3, I, § 4) und $C' = K' \cap G$ eine Untergruppe von K'. Also ist nach dem ersten Isomorphiesatz $C'/C = C'/(C' \cap K) \simeq (C' + K)/K$, und dieser Isomorphismus ist ordnungstreu. Folglich können wir C'/C als eine Untergruppe von K'/K auffassen und beide (nach Satz 3, I, § 4) als Untergruppen von $\mathbb{R}$ betrachten. Hat C'/C ein kleinstes positives Element, so gibt es wegen $(**)$ für C in G ein $\mu < \varrho$ mit $s_\alpha - s_\beta \in C$ für alle $\alpha, \beta > \mu$; dann gilt natürlich $(**)$ auch für K in H. Hat C'/C kein kleinstes positives Element, so ist C'/C koinitial in K'/K, und es gilt deshalb $(**)$ für K in H. Es sei $\mathfrak{C}$ die Menge der konvexen Untergruppen von G, die $(*)$ und $(**)$ in G erfüllen, und $\mathfrak{K}$ die Menge der konvexen Untergruppen von H, die $(*)$ und $(**)$ in H erfüllen. Dann ist also $\bigcap_{C\in\mathfrak{C}} C = \bigcap_{K\in\mathfrak{K}} (K \cap G)$. Wegen $N = \bigcap_{C\in\mathfrak{C}} C$ und $B \cap G = \bigcap_{K\in\mathfrak{K}} (K \cap G)$ folgt damit $N = B \cap G$.

Mit völlig entsprechenden Überlegungen beweist man die zweite Aussage des Lemmas. □

Wir untersuchen nun stetige Erweiterungen einer angeordneten Gruppe. Unser Ziel ist hierbei zu zeigen, daß es zu jeder angeordneten Gruppe eine t-abgeschlossene stetige Erweiterung gibt und daß diese bis auf o-Isomorphie eindeutig bestimmt ist. Der stetige Abschluß einer Gruppe wird sich als ihre Vervollständigung bez. der Ordnungstopologie erweisen. Unsere Ergebnisse für angeordnete Gruppen sind den in § 1 für angeordnete Körper hergeleiteten sehr ähnlich.

Es sei G eine angeordnete Gruppe. Eine Folge $(s_\alpha)_{\alpha<\varrho}$ in G, deren F-Breite $\{0\}$ ist, heißt eine *linke Cauchyfolge* in G. Sind $(s_\alpha)_{\alpha<\varrho}$ und $(-s_\alpha)_{\alpha<\varrho}$ linke Cauchyfolgen in G, so nennen wir $(s_\alpha)_{\alpha<\varrho}$ eine *Cauchyfolge*. In Holland 1963 (example 1, § 6) ist ein Beispiel einer linken Cauchyfolge einer angeordneten Gruppe gebracht, die keine Cauchyfolge ist.

Lemma 4. *Es sei G eine angeordnete Gruppe.*

1) *Eine Folge* $(s_\alpha)_{\alpha<\varrho}$ *in G ist genau dann eine linke Cauchyfolge, wenn zu jedem* $0 < g \in G$ *ein* $\mu < \varrho$ *existiert, so daß* $s_\alpha - s_\beta < g$ *für alle* α, β *zwischen* μ *und* ϱ *ist.*
2) *Eine Folge* $(s_\alpha)_{\alpha<\varrho}$ *in G ist genau dann eine Cauchyfolge, wenn es zu jedem* $0 < g \in G$ *ein* $\mu < \varrho$ *gibt, so daß* $s_\alpha - s_\beta < g$ *und* $-s_\alpha + s_\beta < g$ *für alle* α, β *zwischen* μ *und* ϱ *ist.*
3) *Das Element* $s \in G$ *ist genau dann ein Limes der linken Cauchyfolge* $(s_\alpha)_{\alpha<\varrho}$ *in G, wenn zu jedem* $0 < g \in G$ *ein* $\mu < \varrho$ *existiert mit* $|s_\alpha - s| < g$ *für alle* α *mit* $\mu < \alpha < \varrho$.

Beweis.
Zu 1): $(s_\alpha)_{\alpha<\varrho}$ sei eine linke Cauchyfolge in G, und es sei $0 < g \in G$ gegeben. Weil $(s_\alpha)_{\alpha<\varrho}$ die F-Breite $B = \{0\}$ hat, existiert in G ein B umfassendes konvexes Paar (C, C') mit $g \notin C$. In $C' \setminus C$ gibt es ein Element $0 < c' \leqslant g$ und (wegen $(**)$ auf S. 132) zu diesem somit ein $\mu < \varrho$, so daß $s_\alpha - s_\beta + C < c' + C$ für alle α, β zwischen μ und ϱ gilt. Folglich ist $s_\alpha - s_\beta < c' \leqslant g$ für alle α, β zwischen μ und ϱ.

Es sei nun für die Folge $(s_\alpha)_{\alpha<\varrho}$ in G die in 1) angegebene Bedingung erfüllt; wir zeigen, daß $(s_\alpha)_{\alpha<\varrho}$ eine linke Cauchyfolge in G ist: Ist $(\{0\}, C')$ ein konvexes Paar in G, so gibt es zu jedem $0 < c' \in C'$ ein $\mu < \varrho$, so daß $s_\alpha - s_\beta < c'$ für alle α, β zwischen μ und ϱ ist. Also erfüllt $(\{0\}, C')$ auch die Bedingung $(**)$ (von Seite 132), und die F-Breite zu $(s_\alpha)_{\alpha<\varrho}$ ist folglich gleich $\{0\}$. Wird $\{0\}$ von keiner konvexen Untergruppe überdeckt, so erfüllt jedes konvexe Paar (C, C') von G die Bedingung $(**)$; denn dann ist $C \neq \{0\}$ und zu $0 < c \in C$ existiert nach Voraussetzung ein $\mu < \varrho$ mit $s_\alpha - s_\beta < c$ für alle α, β zwischen μ und ϱ; also ist für jedes $c' \in C' \setminus C$ nun $s_\alpha - s_\beta + C = C < |c'| + C$ für α, β zwischen μ und ϱ. Jedes konvexe Paar von G umfaßt somit die F-Breite von $(s_\alpha)_{\alpha<\varrho}$, und weil es in diesem Fall beliebig kleine konvexe Paare in G gibt, ist diese gleich $\{0\}$.

Die Aussage 2) ist eine direkte Folgerung aus 1), und 3) beweist man mit ganz ähnlichen Überlegungen wie 1). □

Eine angeordnete Gruppe G ist mit den offenen Intervallen als Basis eine topologische Gruppe. Bezüglich dieser Topologie sei $\mathfrak{V}$ ein Umgebungssystem der Null. Durch $\mathfrak{D} = \{D_V\colon\ V \in \mathfrak{V}\}$, $D_V = \{(x, y) \in G \times G\colon\ y - x \in V\}$ ist eine uniforme Struktur (=*rechtsuniforme Struktur*) über G gegeben und ebenso durch $\mathfrak{S} = \{S_V\colon\ V \in \mathfrak{V}\}$, $S_V = \{(x, y) \in G \times G\colon\ -x + y \in V\}$ (=*linksuniforme Struktur*). Beide Strukturen erzeugen wieder die ursprüngliche Topologie von G, und wie man leicht nachrechnet, sind beide Strukturen zueinander äquivalent. Den Beweis für das folgende Lemma übergehen wir, weil er ganz ähnlich wie der von Lemma 8, II, § 4 zu führen ist, wo eine entsprechende Aussage für bewertete abelsche Gruppen bewiesen wurde.

Lemma 5. *Die angeordnete Gruppe G ist bez. der durch die Ordnungstopologie gegebenen rechtsuniformen (linksuniformen) Struktur genau dann vollständig, wenn jede Cauchyfolge in G konvergiert.*

Ist G eine angeordnete Gruppe mit einem kleinsten positiven Element, so ist jede Cauchyfolge in G ab einem Index konstant; also konvergiert dann jede Cauchyfolge in G. Um zu einer angeordneten Gruppe eine stetige Erweiterung zu konstruieren, in der jede Cauchyfolge konvergiert, können wir uns deshalb für das folgende auf angeordnete Gruppen ohne kleinstes positives Element beschränken. Wir werden die gesuchte Erweiterung einer angeordneten Gruppe G, so wie das auch für angeordnete Körper ausgeführt wurde, mittels Dedekindscher Schnitte von G konstruieren. Wir nennen einen *Dedekindschen Schnitt* (S, D) von G — in Verallgemeinerung des für abelsche Gruppen in § 1 schon gebrachten Begriffes — *eigentlich*, wenn es zu jedem $0 < g \in G$ ein $s \in S$ mit $g + s \notin S$ und $s + g \notin S$ gibt. Ein Element $x \in G$ definiert in G den eigentlichen Dedekindschen Schnitt $(S(x), D(x))$.

Der folgende Satz ist für abelsche Gruppen von Cohen-Goffman 1949 bewiesen. Ihr Beweis läßt sich unter Verwendung des hier gebrachten allgemeinen Begriffes eines eigentlichen Dedekindschen Schnittes auf nicht notwendig abelsche Gruppen übertragen, was wir hier nicht ausführen wollen. Die Beschränkung auf eigentliche Dedekindsche Schnitte ist notwendig, weil die Menge der Dedekindschen Schnitte einer angeordneten Gruppe im allgemeinen keine Gruppe bildet (Everett-Ulam 1945).

Satz 6 (Cohen-Goffman 1949). *Es sei G eine angeordnete Gruppe ohne kleinstes positives Element. Die Menge $D(G)$ der eigentlichen Dedekindschen Schnitte von G bildet mit der folgendermaßen erklärten Addition und Anordnung eine angeordnete Gruppe: Für $(S_1, D_1), (S_2, D_2) \in D(G)$ sei $(S_1, D_1) + (S_2, D_2)$ der Schnitt, dessen Unterklasse aus der Menge $\{x \in G: \underset{s_1 \in S_1, s_2 \in S_2}{\exists} x \leqslant s_1 + s_2\}$ besteht. Es sei $(S_1, D_1) \leqslant (S_2, D_2)$, falls $S_1 \subseteq S_2$ gilt. Bei Identifizierung von $g \in G$ mit $(S(g), D(g))$ ist G eine Untergruppe von $D(G)$, und die Anordnung von G erhält man als Einschränkung der Anordnung von $D(G)$.*

Wir nennen eine *Cauchyfolge* einer angeordneten Gruppe G *echt*, wenn die Folge nicht ab einem Index konstant ist. Über die Länge echter Cauchyfolgen in einer angeordneten Gruppe läßt sich folgendes aussagen:

Lemma 7 (Cohen-Goffman 1949). *Es sei G eine angeordnete Gruppe ohne kleinstes positives Element und ϱ_0 der Koinitialitätstyp des Positivbereichs $G^>$ von G. Dann enthält jede echte Cauchyfolge $(s_\alpha)_{\alpha<\delta}$ von G eine echte Cauchyteilfolge der Länge ϱ_0, und es ist ϱ_0 mit δ konfinal. Ein Limes einer solchen Cauchyteilfolge ist auch ein Limes der Ausgangsfolge $(s_\alpha)_{\alpha<\delta}$.*

Beweis.
Weil ϱ_0 der Koinitialitätstyp von $G^>$ ist, enthält $G^>$ eine streng monoton fallende Nullfolge $(d_\xi)_{\xi<\varrho_0}$ der Länge ϱ_0. Dann hat jede echte Nullfolge in G eine Länge $\delta \geqslant \varrho_0$; denn ist $(a_\xi)_{\xi<\delta}$ eine solche Folge, so ist $(|a_\xi|)_{\xi<\delta}$ eine in $G^>$ koinitiale Folge und daher $\delta \geqslant \varrho_0$. Ist nun $(s_\alpha)_{\alpha<\delta}$ eine echte Cauchyfolge in G, so ist $(s_\alpha - s_{\alpha+1})_{\alpha<\delta}$ eine echte Nullfolge in G und folglich $\delta \geqslant \varrho_0$. Für eine Ordinalzahl λ bezeichne $W(\lambda)$ die Menge der Ordinalzahlen, die kleiner als λ sind. Wir definieren durch transfinite Induktion eine streng monoton wachsende Abbildung φ: $W(\varrho_0) \to W(\delta)$, indem wir für jedes $\gamma < \varrho_0$ die Menge

$$T_\gamma = \{\eta < \delta: \underset{\alpha, \beta \geqslant \eta}{\forall} |s_\alpha - s_\beta| < d_\gamma \text{ und } |-s_\alpha + s_\beta| < d_\gamma\}$$

bilden und weiter $\varphi(\gamma) \in T_\gamma$ so betimmen, daß $\varphi(\gamma) > \varphi(\gamma')$ für alle $\gamma' < \gamma$ ist, und $s_{\varphi(\gamma)} \neq s_{\varphi(\gamma_0)}$ gilt, falls γ den Vorgänger γ_0 hat. $(s_{\varphi(\gamma)})_{\gamma<\varrho_0}$ ist eine echte Cauchyfolge von $(s_\alpha)_{\alpha<\delta}$ der Länge ϱ_0.

Daß ϱ_0 mit δ konfinal ist, ergibt sich folgendermaßen: Sei $\alpha_0 < \delta$. Weil $(s_\alpha)_{\alpha<\delta}$ eine echte Cauchyfolge ist, gibt es ein $\alpha' < \delta$ mit $\alpha' > \alpha_0$ und $s_{\alpha'} \neq s_{\alpha_0}$. Wir bestimmen $\gamma < \varrho_0$ mit $d_\gamma < |s_{\alpha'} - s_{\alpha_0}|$. Dann ist $\alpha_0 < \varphi(\gamma) \in T_\gamma$.

Daß ein Limes von $(s_{\varphi(\xi)})_{\xi<\varrho_0}$ auch ein Limes von $(s_\alpha)_{\alpha<\delta}$ ist, bestätigt man sofort aufgrund der Konfinalität von ϱ_0 mit δ. □

Wir zeigen, daß die Menge der eigentlichen Dedekindschen Schnitte einer angeordneten Gruppe G die topologische Vervollständigung von G ist:

Satz 8 (Cohen-Goffman 1949, Banaschewski 1957). *Es sei G eine angeordnete Gruppe ohne kleinstes positives Element und $D(G)$ die in Satz 6 beschriebene angeordnete Obergruppe der eigentlichen Dedekindschen Schnitte von G. Dann ist $D(G)$ eine stetige Erweiterung von G. Weiter konvergiert in $D(G)$ jede Cauchyfolge; also ist $D(G)$ (bez. der Ordnungstopologie) topologisch vollständig.*

Beweis.
Wir betrachten $D(G)$ als Obergruppe von G, haben also jedes Element x von G mit dem durch x in G definierten Dedekindschen Schnitt $(S(x), D(x))$ identifiziert. Es seien (S_1, D_1), (S_2, D_2) zwei Elemente aus $D(G)$ mit $S_1 \subsetneqq S_2$. Dann gibt es also ein $s \in S_2 \setminus S_1$ und zu diesem ein $z \in S_2$ mit $s < z$, weil S_2 kein größtes Element enthält. Damit gilt $S_1 \subsetneqq S(z) \subsetneqq S_2$; folglich ist G dicht in $D(G)$ und somit $D(G)$ eine stetige Erweiterung von G.

Weil G dicht in $D(G)$ ist, haben die Positivbereiche von G und $D(G)$ den gleichen Koinitialitätstyp ϱ_0. Aufgrund des vorhergehenden Lemmas können wir daher für eine echte Cauchyfolge von $D(G)$ voraussetzen, daß sie die Länge ϱ_0 hat. Es sei $((S_\xi, D_\xi))_{\xi<\varrho_0}$ eine echte Cauchyfolge in $D(G)$. Wir setzen $Y_\eta = \bigcup_{\eta \leqslant \xi < \varrho_0} S_\xi$, $Y = \bigcap_{\eta<\varrho_0} Y_\eta$ und $S = Y$, falls Y ohne größtes Element ist, und sonst $S = Y \setminus \{\text{Max } Y\}$. Wir werden zeigen, daß (S, D) mit $D = G \setminus S$ ein eigentlicher Dedekindscher Schnitt in G ist, und daß dieser Dedekindsche Schnitt der Limes von $((S_\xi, D_\xi))_{\xi<\varrho_0}$ in $D(G)$ ist. Es sei $x \in S$ und $y < x$. Dann ist $x \in Y_\eta$ und damit auch $y \in Y_\eta$ für alle $\eta < \varrho_0$; also ist $y \in S$. Folglich ist S eine untere Klasse von G. Um zu beweisen, daß (S, D) ein eigentlicher Dedekindscher Schnitt ist, leiten wir die folgende Beziehung her:

(∗) Zu $0 < y \in G$ existiert ein $\tau_0 < \varrho_0$, so daß $S_\eta - y \subseteq S \subseteq S_\eta + y$ und $-y + S_\eta \subseteq S \subseteq y + S_\eta$ für alle η mit $\tau_0 \leqslant \eta < \varrho_0$ gilt.

(Für $A \subseteq G$, $B \subseteq G$ und $g \in G$ sei $A + B = \{a + b\colon a \in A, b \in B\}$ und $A + g = A + \{g\}$, $g + A = \{g\} + A$.)

Weil $((S_\xi, D_\xi))_{\xi<\varrho_0}$ eine Cauchyfolge und G dicht in $D(G)$ ist, gibt es (nach Lemma 4) ein $\tau_0 < \varrho_0$ mit $|(S_\xi, D_\xi) - (S_\eta, D_\eta)| < y$ und $|-(S_\xi, D_\xi) + (S_\eta, D_\eta)| < y$ für alle ξ, η zwischen τ_0 und ϱ_0. Somit gilt $-y + S_\eta \subsetneqq S_\xi \subsetneqq y + S_\eta$ und $S_\eta - y \subsetneqq S_\xi \subsetneqq S_\eta + y$ für alle ξ, η zwischen τ_0 und ϱ_o. Also erhält man

$$Y = \bigcap_{\alpha<\varrho_0} Y_\alpha \subseteq Y_{\tau_0} = \bigcup_{\tau_0 \leqslant \xi < \varrho_0} S_\xi \subseteq y + S_\eta \quad \text{für } \tau_0 \leqslant \eta < \varrho_0;$$

genauso ergibt sich $Y \subseteq S_\eta + y$ für $\tau_0 \leqslant \eta < \varrho_0$; folglich ist $S \subseteq S_\eta + y$ und $S \subseteq y + S_\eta$ für $\tau_0 \leqslant \eta < \varrho_0$. Aus $-y + S_\eta \subsetneqq S_\alpha$ und $S_\eta - y \subsetneqq S_\alpha$ für α, η zwischen τ_0 und ϱ_0 erhält man $-y + S_\eta \subseteq \bigcup_{\xi \leqslant \alpha < \varrho_0} S_\alpha = Y_\xi$ und $S_\eta - y \subseteq Y_\xi$ für alle $\xi < \varrho_0$. Also ist $-y + S_\eta \subseteq \bigcap_{\xi<\varrho_0} Y_\xi = Y$ und $S_\eta - y \subseteq Y$ für $\tau_0 < \eta < \varrho_0$. Weil $-y + S_\eta$ wie auch $S_\eta - y$ eine Menge ohne größtes Element ist, folgt $-y + S_\eta \subseteq S$ und $S_\eta - y \subseteq S$ für $\tau_0 \leqslant \eta < \varrho_0$, womit (∗) bewiesen ist. Aus (∗) folgt sofort, daß $D = G \backslash S \neq \emptyset$, also (S, D) ein Dedekindscher Schnitt ist.

Wir schließen nun mit (∗), daß der Schnitt (S, D) eigentlich ist: Sei $0 < g \in G$; wir suchen ein $s \in S$ mit $s + g \notin S$ und $g + s \notin S$. Weil G ohne kleinstes positives Element ist, gibt es ein $a \in G$ mit $0 < 3a < g$. Zu a existiert nach (∗) ein $\tau < \varrho_0$ mit $-a + S_\tau \subseteq S \subseteq a + S_\tau$ und $S_\tau - a \subseteq S \subseteq S_\tau + a$. Betrachten wir in $D(G)$ das Element $-a + (S_\tau, D_\tau)$ bzw. $(S_\tau, D_\tau) - a$, so ist dies ein eigentlicher Dedekindscher Schnitt von G mit der unteren Klasse $-a + S_\tau$ bzw. $S_\tau - a$; also existiert zu $0 < a \in G$ ein $y_1 \in -a + S_\tau$ und ein $y_2 \in S_\tau - a$ mit $y_1 + a \notin -a + S_\tau$, $a + y_1 \notin -a + S_\tau$ und $y_2 + a \notin S_\tau - a$, $a + y_2 \notin S_\tau - a$. Wegen $-a + S_\tau \subseteq S$ und $S_\tau - a \subseteq S$ ist $s = \operatorname{Max}\{y_1, y_2\} \in S$. Es ist $s + g > s + 3a \geqslant y_2 + 3a = y_2 + a + 2a \notin S_\tau + a$ wegen $y_2 + a \notin S_\tau - a$ und somit $s + g \notin S_\tau + a \supseteq S$; analog folgt $g + s \notin a + S_\tau \supseteq S$; also ist der Dedekindsche Schnitt (S, D) eigentlich.

Daß (S, D) der Limes der Cauchyfolge $(S_\xi, D_\xi)_{\xi < \varrho_0}$ in $D(G)$ ist, erhält man (unter Berücksichtigung von Lemma 4) sofort nach (∗).

Damit ist also gezeigt, daß jede Cauchyfolge in $D(G)$ konvergiert, und nach Lemma 5 ist $D(G)$ daher bez. der Ordnungstopologie vollständig. □

Wir haben noch zu zeigen, daß die Ordnungsvervollständigung $D(G)$ einer angeordneten Gruppe G auch *stetig abgeschlossen* (= t-abgeschlossen) ist und beweisen dafür den folgenden Satz:

Lemma 9 (Holland 1963). *Es sei H eine stetige Erweiterung von G und $h \in H \backslash G$. Dann gibt es eine Cauchyfolge in G, die gegen h konvergiert (und in G ohne Limes ist).*

Beweis.
Wir können $0 < h$ voraussetzen. Weil H eine echte stetige Erweiterung von G ist, ist H ohne kleinstes positives Element und somit G (bez. der Anordnung) dicht in H. Es sei $S_H = \{x \in H : 0 < x < h\}$ und $S_G = G \cap S_H$. Da G in H dicht ist, ist S_G in S_H konfinal. Man kann deshalb eine in S_H konfinale Folge $(s_\alpha)_{\alpha < \varrho}$ von Elementen aus S_G wählen, wobei ϱ der Konfinalitätstyp von S_H sei. Wir zeigen, daß $(s_\alpha)_{\alpha < \varrho}$ eine Cauchyfolge mit Limes h ist: Sei $0 < a \in H$. Weil H ohne kleinstes positives Element ist, gibt es ein $b \in H$ mit $0 < b < a$. Zu diesem existiert ein $\tau < \varrho$ mit $\operatorname{Max}\{h - b, -b + h\} \leqslant s_\alpha < h$ für alle α zwischen τ und ϱ. Für alle α, β zwischen τ und ϱ gilt folglich

$$s_\alpha - s_\beta < h - h + b = b, \quad -s_\alpha + s_\beta < b - h + h = b \quad \text{und}$$
$$|s_\alpha - h| = h - s_\alpha \leqslant h - h + b = b.$$

Also ist $(s_\alpha)_{\alpha < \varrho}$ eine Cauchyfolge in H (und somit auch in G) und $h = \lim\limits_{\alpha < \varrho} s_\alpha$. Weil eine Cauchyfolge die Breite $\{0\}$ hat, ist h der einzige Limes von $(s_\alpha)_{\alpha < \varrho}$; folglich ist $(s_\alpha)_{\alpha < \varrho}$ ohne Limes in G. □

Konvergiert in einer angeordneten Gruppe jede Cauchyfolge, so ist die Gruppe also stetig abgeschlossen. Ist umgekehrt eine angeordnete Gruppe G stetig abgeschlossen, so konvergiert in dieser auch jede Cauchyfolge; denn für eine angeordnete Gruppe mit kleinstem positiven Element gilt das trivialerweise, und hat G kein kleinstes positives Element, so hat nach Satz 8 jede Cauchyfolge von G einen Limes in der t-Erweiterung $D(G)$ der eigentlichen Dedekindschen Schnitte von G und aufgrund der

t-Abgeschlossenheit von G ist $D(G) = G$. Damit erhält man bei Berücksichtigung der Sätze 6 und 8:

Satz 10 (Holland 1963). *Für eine angeordnete Gruppe G sind die folgenden Aussagen äquivalent:*

(1) *G ist stetig abgeschlossen.*
(2) *In G konvergiert jede Cauchyfolge.*
(3) *Jeder eigentliche Dedekindsche Schnitt von G wird durch ein Element von G bestimmt.*

Eine stetig abgeschlossene stetige Erweiterung einer angeordneten Gruppe G heiße in Übereinstimmung mit der Bezeichnung für Körper ein *stetiger Abschluß* von G. Es seien G' und G'' zwei stetige Abschlüsse von G. Jedes Element von G' bzw. G'' läßt sich also als Limes einer Cauchyfolge von Elementen aus G darstellen. Für $g' \in G'$ sei $(g_\alpha)_{\alpha<\varrho}$ eine Cauchyfolge in G mit $\lim\limits_{\alpha<\varrho} g_\alpha = g'$. Dann hat $(g_\alpha)_{\alpha<\varrho}$ auch genau einen Limes g'' in G''. Indem wir zu jedem Element aus G' eine gegen dieses Element konvergierende Cauchyfolge von Elementen aus G wählen und den Limes dieser Cauchyfolge in G'' ermitteln, erhalten wir eine Abbildung φ: $G' \to G''$. Man bestätigt sofort, daß φ ein o-Isomorphismus von G' nach G'' ist, der die Elemente aus G festläßt. Also gilt:

Satz 11. *Der stetige Abschluß einer angeordneten Gruppe G ist bis auf ordnungstreue G-Isomorphie eindeutig bestimmt.*

Man kann eine angeordnete Gruppe G (ohne kleinstes positives Element) auch nach dem Cantorschen Verfahren vervollständigen (Cohen-Goffman 1949), so wie das für die Darstellung der reellen Zahlen üblich ist und für angeordnete Körper in § 1 erwähnt wurde: Man bildet dafür zunächst die Menge $\hat{G}$ aller Cauchyfolgen in G und erklärt komponentenweise für diese eine Addition. Ein Element von $\hat{G}$, also eine Cauchyfolge von G, heiße positiv, wenn die Elemente der Folge ab einem Index größer als ein positives Element aus G sind. $\hat{G}$ ist mit dieser Addition und Anordnung eine angeordnete Gruppe, und die Menge der Nullfolgen aus G ist ein konvexer Normalteiler von $\hat{G}$. Faktorisiert man $\hat{G}$ nach diesem Normalteiler, so erhält man wieder den stetigen Abschluß von G. Konstruiert man auf diese Weise den stetigen Abschluß $\tilde{G}$ einer angeordneten Gruppe G, so erkennt man sofort, daß mit G auch $\tilde{G}$ abelsch ist. Natürlich ergibt sich diese Aussage auch aus der Konstruktion des stetigen Abschlusses mittels eigentlicher Dedekindscher Schnitte. Wir halten also fest:

Satz 12. *Der stetige Abschluß einer angeordneten abelschen Gruppe ist abelsch.*

Wir hatten in § 1 einen angeordneten Körper Dedekind abgeschlossen genannt, wenn er stetig und reell abgeschlossen ist, und wir hatten dort bewiesen (Satz 15, § 1), daß der stetige Abschluß eines reell abgeschlossenen Körpers reell abgeschlossen ist. Der Eigenschaft „reell abgeschlossen" für Körper entspricht die Eigenschaft „teilbar" bei angeordneten abelschen Gruppen, und in diesem Sinne sind die folgenden beiden Sätze eine Übertragung des oben genannten Ergebnisses auf angeordnete abelsche Gruppen.

Satz 13. *Es seien G und H angeordnete abelsche Gruppen und $\bar{G}$ bzw. $\bar{H}$ ihre teilbaren Hüllen. Ist G dicht in H, so ist auch $\bar{G}$ dicht in $\bar{H}$.*

Beweis.
Wir greifen für den Beweis auf die Konstruktion der teilbaren Hülle einer angeordneten abelschen Gruppe zurück (s. Satz 6, I, § 1). Die Elemente von $\bar{G}$ können wir uns als Äquivalenzklassen in der Menge der Paare (x,n) mit $x \in G$, $n \in \mathbb{N}$, bez. der Gleichheit $(x,n) = (y,m) \Leftrightarrow mx = ny$ vorstellen, und entsprechend verfahren wir mit den Elementen von $\bar{H}$. Hat man $(h_1, n) < (h_2, m)$ in $\bar{H}$, so folgt hieraus $mh_1 < nh_2$ in H. Weil G dicht in H ist, existiert also ein $g \in G$ mit $mh_1 < g < nh_2$ und damit gilt $(h_1, n) < (g, mn) < (h_2, m)$. Folglich ist $\bar{G}$ dicht in $\bar{H}$. □

Satz 14. *Ist die angeordnete abelsche Gruppe G teilbar, so auch ihr stetiger Abschluß.*

Beweis.
Die Gruppe G ist in ihrem stetigen Abschluß $D(G)$ dicht, also ist nach dem vorhergehenden Satz G in der teilbaren Hülle $\overline{D(G)}$ von $D(G)$ dicht. Somit ist $\overline{D(G)}$ eine stetige Erweiterung von $D(G)$; und weil $D(G)$ stetig abgeschlossen ist, ist $\overline{D(G)} = D(G)$. □

Beispiele für stetig abgeschlossene abelsche Gruppen liefern die Hahngruppen (I, § 5), wie wir in dem folgenden Satz zeigen:

Satz 15 (Holland 1963). *$H(\Gamma, \mathbb{R}_\gamma)$ sei eine Hahngruppe und für diese gelte: Falls Γ ein kleinstes Element γ_0 hat, sei $\mathbb{R}_{\gamma_0} = \mathbb{Z}$ oder $\mathbb{R}_{\gamma_0} = \mathbb{R}$. Dann ist $H(\Gamma, \mathbb{R}_\gamma)$ stetig abgeschlossen.*

Beweis.
In $H(\Gamma, \mathbb{R}_\gamma)$ ist Γ mit seiner Anordnung die angeordnete Menge der von $[0]$ verschiedenen archimedischen Klassen von $H(\Gamma, \mathbb{R}_\gamma)$. Es sei $(y_\xi)_{\xi<\varrho}$ eine Cauchyfolge in $H(\Gamma, \mathbb{R}_\gamma)$ und $0 < g \in H(\Gamma, \mathbb{R}_\gamma)$. Weil es ein $\mu < \varrho$ mit $|y_\xi - y_\eta| < g$ für alle ξ, η zwischen μ und ϱ gibt, ist $[y_\xi - y_\eta] \leqslant [g]$ und somit $y_\xi(\gamma) = y_\eta(\gamma)$ für alle $\gamma > [g]$ und $\xi, \eta > \mu$. Folglich ist für jedes $\gamma \in \Gamma$, bis auf das eventuell existierende kleinste Element aus Γ, $y_\xi(\gamma) = y_\eta(\gamma)$ für alle ξ, η ab einem genügend groß gewählten Index. Hat Γ ein kleinstes Element γ_0, so ergibt sich aus der Cauchybedingung für $(y_\xi)_{\xi<\varrho}$, daß die Folge $(y_\xi(\gamma_0))_{\xi<\varrho}$ eine Cauchyfolge in $\mathbb{R}_{\gamma_0}$ ist. Wegen $\mathbb{R}_{\gamma_0} = \mathbb{Z}$ oder $\mathbb{R}_{\gamma_0} = \mathbb{R}$ konvergiert diese also. Man bestätigt sofort, daß die folgendermaßen definierte Funktion y aus $H(\Gamma, \mathbb{R}_\gamma)$ der Limes von $(y_\xi)_{\xi<\varrho}$ ist: Für alle γ ungleich dem eventuell existierenden Element γ_0 sei $y(\gamma) = y_\mu(\gamma)$, wobei $\mu < \varrho$ so gewählt ist, daß $y_\mu(\gamma) = y_\alpha(\gamma)$ für alle α mit $\mu \leqslant \alpha < \varrho$ gilt. Existiert ein kleinstes Element γ_0, so sei $y(\gamma_0) = \lim_{\xi<\varrho} y_\xi(\gamma_0)$. □

Ehe wir auf unmittelbare Erweiterungen eingehen, untersuchen wir das Verhältnis der verschiedenen Erweiterungen zueinander.

Lemma 16. *Ist H eine stetige Erweiterung von G, so ist H auch eine archimedische Erweiterung von G.*

Beweis.
Sei $0 < h \in H$. Dann ist $h < 2h < 3h$, und weil H eine stetige Erweiterung von G ist, gibt es folglich ein $g \in G$ mit $h < g < 3h$. Nach Satz 1 ist H somit eine archimedische Erweiterung von G.

Satz 17 (Holland 1963). *Jede stetige Erweiterung der angeordneten Gruppe G ist genau dann stets eine unmittelbare Erweiterung von G, wenn G stetig abgeschlossen ist oder es in G keine konvexe Untergruppe gibt, welche $\{0\}$ überdeckt.*

Beweis.
Ist G stetig abgeschlossen, so ist offensichtlich jede stetige Erweiterung von G unmittelbar. Wir setzen nun voraus, daß G keine $\{0\}$ überdeckende konvexe Untergruppe enthält und zeigen, daß eine stetige Erweiterung von G dann auch eine c-Erweiterung ist. Sei also H eine t-Erweiterung von G und $0 < h \in H$. Dann ist $(H_{[h]}, H^{[h]})$ ein konvexes Paar aus H, und es ist $h \in H^{[h]} \setminus H_{[h]}$. Weil H nach Lemma 16 eine archimedische Erweiterung von G ist, ist nach Satz 1, 1) (III) $(G \cap H_{[h]}, G \cap H^{[h]})$ ein konvexes Paar in G; also ist $H_{[h]} \neq \{0\}$. Folglich ist $h + H_{[h]}$ ein offenes Intervall in H, und da H eine stetige Erweiterung von G ist, gibt es daher ein $g \in G \cap (h + H_{[h]})$. Also ist $h - g \in H_{[h]}$ und somit $[h - g] < [h]$. Nach Satz 1, 4) (II) ist H folglich eine c-Erweiterung von G.

Sei nun jede stetige Erweiterung von G eine c-Erweiterung, und weiter sei vorausgesetzt, daß $\{0\}$ in G durch die konvexe Untergruppe C überdeckt werde. Wir zeigen, daß für eine stetige Erweiterung H von G dann $H = G$ gilt: Nach Lemma 16 ist H eine archimedische Erweiterung von G, und nach Satz 1, 1) (III) wird somit $\{0\}$ in H durch die konvexe Untergruppe C' überdeckt; es ist hierbei $C = C' \cap G$. Weil H nach Voraussetzung eine c-Erweiterung von G ist, existiert zu jedem $0 < h \in C'$ ein $g \in G$ mit $[g - h] < [h]$. Es sei $\tilde{C} = \{x \in H\colon n(g - h) \leqslant x \leqslant m(g - h),\ n, m \in \mathbb{Z}\}$. Offensichtlich ist $\tilde{C}$ eine konvexe Untergruppe von H, und es ist $h \notin \tilde{C}$, also $\tilde{C} \subsetneqq C'$. Da $\{0\}$ durch C' in H überdeckt wird, ist somit $\tilde{C} = \{0\}$ und daher $g - h = 0$. Folglich ist $C' = C$. Wei G bez. der Ordnungstopologie dicht in H ist, ist für jedes $h \in H$ der Durchschnitt des offenen Intervalls $h + C$ mit G nicht leer. Also gibt es zu jedem $h \in H$ Elemente $g \in G$, $c \in C$ mit $h = g - c$, und somit ist $h \in G$. Folglich gilt $H = G$. ▯

Satz 18 (Holland 1963). *t- und c-Erweiterungen sind spezielle b-Erweiterungen.*

Beweis.
1) Sei H eine echte t-Erweiterung von G und $0 < h \in H \setminus G$. Weil H eine echte t-Erweiterung von G ist, hat H kein kleinstes positives Element. Folglich existieren $h_1, h_2 \in H$ mit $0 < h_1 < h_2 < h$. Es sei $h' = \operatorname{Max}\{h - h_1, h_2\}$. Dann ist $h' < h$ und $2h' \geqslant h - h_1 + h_2 > h$, also ist $h' < h < 2h'$. Da H in sich dicht geordnet ist, gibt es ein $h'' \in H$ mit $h' < h'' < h$ und somit weiter, weil H eine t-Erweiterung von G ist, ein $g \in G$ mit $h' < g < h$. Folglich ist $0 < g < h < 2h' < 2g$ und daher nach Satz 1, 2) (III) H eine b-Erweiterung von G.

2) Sei nun H eine echte c-Erweiterung von G und $0 < h \in H \setminus G$. Nach Satz 1, 4) (II) gibt es zu h ein $g \in G$ mit $[h - g] < [g]$ und zu $a = h - g$ ein $f \in G$ mit $[a - f] < [a]$. Man bestätigt, daß für $x = -|f| + f + g \in G$ dann $0 < x < h < 2x$ gilt. Also ist H nach Satz 1 eine b-Erweiterung von G. ▯

Für eine angeordnete Gruppe ist die Abbildung $a \mapsto [a]\colon G \to [G]$ eine Bewertung, die natürliche Bewertung. Wir hatten in Kapitel II, § 4 bewertete abelsche Gruppen betrachtet und für diese die Begriffe Pseudokonvergenz und Pseudolimes definiert. Wie wir jetzt ausführen werden, lassen sich diese Begriffe auch allgemeiner für Gruppen formulieren, wobei wir uns jedoch auf angeordnete Gruppen beschränken wollen. Einige der folgenden Sätze stellen so eine Verallgemeinerung von bereits in II, § 4 für abelsche Gruppen gebrachten Sätzen dar, und Satz 26 ist eine Übertragung des Kaplanskyschen Charakterisierungssatzes maximal bewerteter Körper (Satz 8, § 3) auf angeordnete abelsche Gruppen.

Es sei im folgenden v stets die natürliche Bewertung einer angeordneten Gruppe G und $\Gamma = [G] \setminus \{[0]\}$. Die Folge $(s_\alpha)_{\alpha<\varrho}$ in G mit $\varrho \neq 0$ heißt (in Übereinstimmung mit dem für abelsche Gruppen gebrachten Begriff in II, § 4) *pseudokonvergent*, wenn für alle α, β, γ mit $\alpha < \beta < \gamma < \varrho$ gilt $v(s_\beta - s_\gamma) < v(s_\alpha - s_\beta)$. Wie in Lemma 9, II, § 4 für abelsche Gruppen ausgeführt, beweist man, daß für eine pseudokonvergente Folge $(s_\alpha)_{\alpha<\varrho}$ stets $v(s_\alpha - s_{\alpha+1}) = v(s_\alpha - s_\beta)$ für $\alpha < \beta < \varrho$ ist, und daß die Folge der Werte $(\pi_\alpha)_{\alpha<\varrho}$, wobei $\pi_\alpha = v(s_\alpha - s_{\alpha+1})$, streng monoton fallend in der angeordneten Menge Γ ist. Die konvexen Paare von G sind durch (G_γ, G^γ), $\gamma \in \Gamma$, gegeben (zur Bezeichnung s. S. 12). Also erfüllt jedes konvexe Paar $(G_{\pi_\alpha}, G^{\pi_\alpha})$ mit $\pi_\alpha = v(s_\alpha - s_{\alpha+1})$, $\alpha < \varrho$, die Bedingungen (*) und (**) von S. 132, und jedes diesen Bedingungen genügende Paar ist von dieser Form. Daher gilt für die F-Breite B von $(s_\alpha)_{\alpha<\varrho}$, daß

$$B = \bigcap_{\alpha<\varrho} G_{\pi_\alpha} = \bigcap_{\alpha<\varrho} G^{\pi_\alpha} = \{g \in G \colon v(g) < \pi_\alpha \text{ für alle } \alpha < \varrho\}$$

ist. Das ist gerade die charakteristische Eigenschaft der Breite einer pseudokonvergenten Folge in einer abelschen Gruppe (vgl. I, § 4). Wir nennen deshalb die F-Breite einer pseudokonvergenten Folge wieder einfach eine *Breite*. Es sei nun s ein Limes der pseudokonvergenten Folge $(s_\alpha)_{\alpha<\varrho}$. Dann gibt es zu jedem $\alpha < \varrho$ ein $\nu < \varrho$, so daß $s_\beta - s \in G^{\pi_{\alpha+1}}$ für alle β mit $\nu \leqslant \beta < \varrho$ ist. Wir können $\nu > \alpha$ voraussetzen. Also ist $v(s_\nu - s) \leqslant \pi_{\alpha+1}$ und damit

$$v(s - s_\alpha) = v(s - s_\nu + s_\nu - s_\alpha) = \operatorname{Max}\{v(s - s_\nu), v(s_\nu - s_\alpha)\} = \pi_\alpha$$

(nach Lemma 2, I, § 4). Für einen Limes s von $(s_\alpha)_{\alpha<\varrho}$ gilt folglich $v(s - s_\alpha) = \pi_\alpha$ für jedes $\alpha < \varrho$. Es sei jetzt s ein Element aus G mit $v(s - s_\alpha) = \pi_\alpha$ für jedes $\alpha < \varrho$. Wir zeigen, daß s ein Limes von $(s_\alpha)_{\alpha<\varrho}$ im Sinne der Definition von S. 132 ist: Es sei $(G^{\pi_\alpha}, G_{\pi_\alpha})$ ein die Breite von $(s_\alpha)_{\alpha<\varrho}$ umfassendes konvexes Paar. Für alle β mit $\alpha < \beta < \varrho$ ist $v(s_\beta - s) = \pi_\beta < \pi_\alpha$ und daher $s_\beta - s \in G_{\pi_\alpha} \subsetneqq G^{\pi_\alpha}$; für $0 < g \in G^{\pi_\alpha} \setminus G_{\pi_\alpha}$ erhält man weiter $|s_\beta - s| + G_{\pi_\alpha} = G_{\pi_\alpha} < g + G_{\pi_\alpha}$; also ist s ein Limes der Folge $(s_\alpha)_{\alpha<\varrho}$. Ein Element $s \in G$ ist somit (in Übereinstimmung mit der Definition für abelsche Gruppen) genau dann ein Limes der pseudokonvergenten Folge $(s_\alpha)_{\alpha<\varrho}$, wenn $v(s - s_\alpha) = \pi_\alpha$ für jedes $\alpha < \varrho$ gilt. Wir nennen einen Limes einer pseudokonvergenten Folge wieder einen *Pseudolimes*. Wir fassen die bewiesenen Eigenschaften zusammen:

Lemma 19. *Es sei $(s_\alpha)_{\alpha<\varrho}$ eine (bez. der natürlichen Bewertung) pseudokonvergente Folge in der angeordneten Gruppe G. Dann gilt:*

1) *Für alle β mit $\alpha < \beta < \varrho$ ist $v(s_\alpha - s_\beta) = v(s_\alpha - s_{\alpha+1})$. Die Folge $(\pi_\alpha)_{\alpha<\varrho}$, wobei $\pi_\alpha = v(s_\alpha - s_{\alpha+1})$ ist, ist streng monoton fallend in Γ.*
2) *Die F-Breite (bzw. Breite) B von $(s_\alpha)_{\alpha<\varrho}$ ist durch $B = \{g \in G \colon v(g) < \pi_\alpha$ für alle $\alpha < \varrho\}$ gegeben.*
3) *Ein Element $s \in G$ ist genau dann ein Limes (= Pseudolimes) der Folge $(s_\alpha)_{\alpha<\varrho}$, wenn $v(s_\alpha - s) = \pi_\alpha$ für jedes $\alpha < \varrho$ ist.*

Wir können das für die Breite in bewerteten abelschen Gruppen bewiesene Lemma 10, II, § 4 direkt auf die hier definierte Breite für angeordnete Gruppen übertragen und erhalten damit:

Lemma 20. *Es sei G eine angeordnete Gruppe, v die natürliche Bewertung von G und* $\Gamma = [G] \setminus \{[0]\}$. *Dann gilt: Ist B eine Breite von G (also die F-Breite bez. einer pseudokonvergenten Folge), so ist* $\Sigma = v(B \setminus \{0\})$ *eine untere Klasse von* Γ, *weiter ist* $\Gamma \setminus \Sigma$ *nicht leer und ohne kleinstes Element. Ist umgekehrt* Σ *eine untere Klasse von* Γ, $\Gamma \setminus \Sigma \neq \emptyset$ *und* $\Gamma \setminus \Sigma$ *ohne kleinstes Element, so ist* $B = \{g \in G\colon v(g) \in \Sigma\} \cup \{0\}$ *eine Breite von G.*

Auch Lemma 14, II, § 4 läßt sich auf angeordnete Gruppen bez. ihrer natürlichen Bewertung übertragen, wenn man eine kleine Abänderung im ersten Teil des Beweises vornimmt. Wir formulieren zunächst das Lemma:

Lemma 21. *H sei eine unmittelbare Erweiterung der angeordneten Gruppe G und* $z \in H \setminus G$. *Dann gibt es (bez. der natürlichen Bewertung v) eine pseudokonvergente Folge in G, die z als Pseudolimes hat und in G ohne Pseudolimes ist.*

Beweis.
Wir beziehen uns auf den Beweis von Lemma 14, II, § 4. Eine Abänderung des dortigen Beweises ist nur für den Schluß erforderlich, daß $U = \{v(z-a)\colon a \in G\}$ kein kleinstes Element hat. Sei $\gamma = v(z-b) \in U$, also $b \in G$. Wegen $[H] = [G]$ gibt es ein $c \in G$ mit $v(c) = v(z-b)$. Weil H eine unmittelbare Erweiterung von G ist, ist $H^\gamma = H_\gamma + (H^\gamma \cap G)$; also läßt sich $z - b$ darstellen als $z - b = h + g$ mit $h \in H_\gamma$ und $g \in H^\gamma \cap G$. Folglich ist $z - (g + b) = h$ und daher $v(z - (g + b)) \in U$ und $v(z - (g + b)) < \gamma$. Die Menge U ist somit ohne kleinstes Element. Der restliche Teil des Beweises entspricht völlig dem von Lemma 14, II, § 4. □

Als unmittelbare Folgerung ergibt sich:

Satz 22 (Holland 1963). *Hat jede pseudokonvergente Folge der angeordneten Gruppe G einen Pseudolimes in G, so ist G c-abgeschlossen.*

Die Umkehrung dieser Aussage gilt für abelsche Gruppen (Lemma 25), nicht jedoch für beliebige angeordnete Gruppen. In Holland 1963 (example 2, § 6) ist ein Beispiel einer c-abgeschlossenen Gruppe G mit einer pseudokonvergenten Folge ohne Pseudolimes in G angegeben. Der folgende Satz wurde für abelsche Gruppen von Ribenboim 1958 und eine hiermit verwandte Aussage von Cohen-Goffman 1950 bewiesen. Man vergleiche hierzu ferner Satz 13, II, § 4, in dem die Aussage des folgenden Satzes für abelsche Gruppen als Sonderfall enthalten ist.

Satz 23 (Holland 1963). *Es sei G eine angeordnete Gruppe. Für jede Breite B von G gelte, daß B normal in G und G/B stetig abgeschlossen sei. Dann ist G c-abgeschlossen.*

Beweis.
Wir beweisen den Satz indirekt: G sei also eine angeordnete Gruppe mit den oben angegebenen Eigenschaften und H eine echte unmittelbare Erweiterung von G. Sei $h \in H \setminus G$. Nach Lemma 21 gibt es zu h eine pseudokonvergente Folge $(g_\alpha)_{\alpha<\varrho}$ in G, die h als Pseudolimes hat und ohne Pseudolimes in G ist. B sei die Breite von $(g_\alpha)_{\alpha<\varrho}$ in G. Wir zeigen, daß $(g_\alpha + B)_{\alpha<\varrho}$ eine Cauchyfolge in G/B und daß der laut Vorausset-

zung existierende Limes $s + B$, $s \in G$, dieser Folge mit s einen Pseudolimes von $(g_\alpha)_{\alpha<\varrho}$ liefert, womit dann unsere Annahme zum Widerspruch geführt ist.

Die folgenden Überlegungen werden für den Nachweis, daß $(g_\alpha + B)_{\alpha<\varrho}$ eine Cauchyfolge in G/B ist, gebraucht. Die Abbildungen $\Phi_\alpha = x \mapsto -g_\alpha + x + g_\alpha$: $H \to H$, $\alpha < \varrho$, und $\Psi = x \mapsto -h + x + h$: $H \to H$ sind o-Automorphismen von H. Es sei v die natürliche Bewertung von H, weiter $\pi_\alpha = v(g_\alpha - g_{\alpha+1})$, $\alpha < \varrho$, und die konvexen Untergruppen H_{π_α}, H^{π_α} seien wie auf S. 12 angegeben erklärt. Wegen $g_\alpha - h \in H^{\pi_\alpha}$ und $g_\alpha - g_\beta \in H^{\pi_\alpha}$ für alle β mit $\alpha < \beta < \varrho$ ist $\Phi_\alpha(H^{\pi_\alpha}) = \Phi_\beta(H^{\pi_\alpha}) = \Psi(H^{\pi_\alpha})$ für alle β zwischen α und ϱ. Für $\beta > \alpha$ ist $H^{\pi_\beta} \subsetneqq H^{\pi_\alpha}$, und daher ist $\Phi_\beta(H^{\pi_\beta}) \subsetneqq \Phi_\beta(H^{\pi_\alpha}) = \Phi_\alpha(H^{\pi_\alpha})$. Also ist die konvexe Untergruppe $\bigcap_{\alpha<\varrho} \Phi_\alpha(H^{\pi_\alpha})$ in H nicht überdeckt und somit nach Lemma 20 eine Breite C' von H. Nach Lemma 3 ist folglich $C = C' \cap G$ eine Breite von G; daher ist C normal in G. Also gilt $\Phi_\beta(C) = C$ für jedes $\beta < \varrho$. Weil Φ_β bijektiv ist, erhält man $\Phi_\beta(C) = \Phi_\beta(C' \cap G) = \Phi_\beta(C') \cap \Phi_\beta(G) = \Phi_\beta(C') \cap G$. Somit ist $\Phi_\beta(C') \cap G = C' \cap G$. Hieraus folgt nach Satz 1 bei Berücksichtigung, daß C' wie $\Phi_\beta(C')$ konvexe Untergruppen von H sind, $\Phi_\beta(C') = C'$. Für $\beta < \varrho$ ist also

$$\Phi_\beta\Big(\bigcap_{\alpha<\varrho} \Phi_\alpha(H^{\pi_\alpha})\Big) = \bigcap_{\alpha<\varrho} \Phi_\alpha(H^{\pi_\alpha})$$

und damit

$$\Phi_\beta(H^{\pi_\beta}) \supseteq \bigcap_{\alpha<\varrho} \Phi_\alpha(H^{\pi_\alpha}) = \Phi_\beta\Big(\bigcap_{\alpha<\varrho} \Phi_\alpha(H^{\pi_\alpha})\Big),$$

woraus man aufgrund der Bijektivität von Φ_β weiter $H^{\pi_\beta} \supseteq \bigcap_{\alpha<\varrho} \Phi_\alpha(H^{\pi_\alpha})$ erhält. Folglich gilt

$$(*) \qquad \bigcap_{\beta<\varrho} H^{\pi_\beta} \supseteq \bigcap_{\alpha<\varrho} \Phi_\alpha(H^{\pi_\alpha}) = \bigcap_{\alpha<\varrho} \Psi(H^{\pi_\alpha}).$$

Für $\alpha < \varrho$ ist $-h + g_\alpha = -h + (g_\alpha - h) + h \in \Psi(H^{\pi_\alpha})$; also erhält man wegen $-g_\alpha + g_\beta = -g_\alpha + h + (-h + g_\beta)$ somit

$$(**) \qquad -g_\alpha + g_\beta \in \Psi(H^{\pi_\alpha}) \cup \Psi(H^{\pi_\beta}) \quad \text{für } \alpha, \beta < \varrho.$$

Mit Hilfe von (*) und (**) zeigen wir nun, daß $(g_\alpha + B)_{\alpha<\varrho}$ ein Cauchyfolge in G/B ist: Sei $0 < g \in G \setminus B$. Wegen $g \notin B$ und $B = (\bigcap_{\beta<\varrho} H^{\pi_\beta}) \cap G$ (nach Lemma 3 und Lemma 19) existiert nach (*) ein $\mu < \varrho$ mit $g \notin \Psi(H^{\pi_\mu}) \cap G$. Für alle $\alpha, \beta \geqslant \mu + 1$ ist nach (**) $-g_\alpha + g_\beta \in \Psi(H^{\pi_\alpha}) \cup \Psi(H^{\pi_\beta}) \subsetneqq \Psi(H^{\pi_\mu})$. Wegen $g \notin \Psi(H^{\pi_\mu})$ und $0 < g$ ist daher $-g_\alpha + g_\beta < g$ und $v(-g_\alpha + g_\beta) < v(g)$ für alle α, β zwischen μ und ϱ. Also ist $v(-g_\alpha + g_\beta - g) = v(g)$ (nach Lemma 2, I, § 4), wegen $g \notin B$ somit $-g_\alpha + g_\beta - g \notin B$ und daher $-g_\alpha + g_\beta + B < g + B$ für alle α, β zwischen μ und ϱ. Der Nachweis von $g_\alpha - g_\beta + B < g + B$ für $\alpha, \beta > \nu$, $\nu < \varrho$, ist sehr viel einfacher: Weil $g \in G \setminus B$ ist, gibt es ein $\nu < \varrho$ mit $\pi_\nu \leqslant v(g)$. Also ist $v(g_\alpha - g_\beta) \leqslant \operatorname{Max}\{\pi_\alpha, \pi_\beta\} < \pi_\nu$ für alle $\alpha, \beta > \nu$ und daher $v(g_\alpha - g_\beta - g) = v(g)$, woraus wie eben $g_\alpha - g_\beta + B < g + B$ für alle α, β zwischen ν und ϱ folgt. $(g_\alpha + B)_{\alpha<\varrho}$ ist somit nach Lemma 4 eine Cauchyfolge in G/B; laut Voraussetzung hat diese einen Limes $s + B$ in G/B. Wir zeigen, daß $v(g_\alpha - s) = \pi_\alpha$ für jedes $\alpha < \varrho$ gilt: Wir wählen ein $0 < g \in G \setminus B$ mit $v(g) < \pi_\alpha$. Weil $s + B$ der Limes von

$(g_\delta + B)_{\delta<\varrho}$ ist, existiert also ein $\mu < \varrho$ mit $\mu > \alpha$, so daß $|g_\beta - s + B| < g + B$ für alle $\beta > \mu$ ist. Folglich ist $|g_\beta - s| + B < g + B$ und daher $v(g_\beta - s) \leqslant v(g) < \pi_\alpha$ für alle β zwischen μ und ϱ. Also ist $v(g_\alpha - s) = v(g_\alpha - g_\beta + g_\beta - s) = \pi_\alpha$ (nach Lemma 2, I, § 4) für jedes $\alpha < \varrho$ und somit $s \in G$ ein Pseudolimes von $(g_\alpha)_{\alpha<\varrho}$. □

Die Rolle der Körper von formalen Potenzreihen für bewertete Körper übernehmen die Hahngruppen (I, § 5) für (mit der natürlichen Bewertung) bewertete abelsche Gruppen; es gilt nämlich:

Satz 24 (Holland 1963). *In einer Hahngruppe hat jede pseudokonvergente Folge (bez. der natürlichen Bewertung) einen Pseudolimes; also ist jede Hahngruppe c-abgeschlossen.*

Beweis.
Die Hahngruppe habe die Form $G = H(\Gamma, \mathbb{R}_\gamma)$. Es sei $(g_\alpha)_{\alpha<\varrho}$ eine pseudokonvergente Folge in G und B die Breite von $(g_\alpha)_{\alpha<\varrho}$ in G. Nach Lemma 20 ist $\Gamma' = [G]\backslash[B]$ ohne kleinstes Element. Man bestätigt, daß G/B o-isomorph $H(\Gamma', \mathbb{R}_\gamma)$ ist. Nach Satz 15 ist $H(\Gamma', \mathbb{R}_\gamma)$ stetig abgeschlossen, folglich auch G/B. Die Folge $(g_\alpha + B)_{\alpha<\varrho}$ in G/B ist nach Satz 12, II, § 4 eine Cauchyfolge und hat somit nach dem zuvor Bemerkten einen Limes $g + B$ in G/B, dessen Urbild g in G nach Satz 12, II, § 4 ein Pseudolimes von $(g_\alpha)_{\alpha<\varrho}$ ist. Also hat jede pseudokonvergente Folge von G einen Pseudolimes in G, und daher ist G nach Satz 22 c-abgeschlossen. □

Wir wollen jetzt ein dem Kaplanskyschen Satze (Satz 8, § 3) entsprechendes Kriterium für c-abgeschlossene abelsche Gruppen herleiten und beweisen dafür das folgende Lemma:

Lemma 25 (Holland 1963). *Ist die angeordnete Gruppe G abelsch und c-abgeschlossen, so hat in G jede pseudokonvergente Folge einen Pseudolimes.*

Beweis.
Angenommen, $(s_\alpha)_{\alpha<\varrho}$ sei eine pseudokonvergente Folge ohne Pseudolimes in G. Wir bezeichnen die natürliche Bewertung von G wieder mit v. Für $a \in G$ und $0 \neq n \in \mathbb{Z}$ ist $v(na) = [na] = [a] = v(a)$. Daher ist mit $(s_\alpha)_{\alpha<\varrho}$ auch $(ns_\alpha)_{\alpha<\varrho}$, $0 \neq n \in \mathbb{Z}$, eine pseudokonvergente Folge in G; und haben für $0 \neq n, m \in \mathbb{Z}$ die Folgen $(ns_\alpha)_{\alpha<\varrho}$, $(ms_\alpha)_{\alpha<\varrho}$ die Pseudolimites g bzw. h, so ist $g + h$ ein Pseudolimes der Folge $((n+m)s_\alpha)_{\alpha<\varrho}$. Folglich ist die Menge $\{p \in \mathbb{Z}: (ps_\alpha)_{\alpha<\varrho}$ hat einen Pseudolimes in $G\}$ eine Untergruppe von $\mathbb{Z}$ und läßt sich somit darstellen als $n_0\mathbb{Z}$ mit $n_0 \in \mathbb{N}_0$. Nach dem Hahnschen Einbettungssatz (Satz 3, I, § 5) kann man G ordnungstreu in eine teilbare Hahngruppe einbetten. Jede pseudokonvergente Folge von G ist auch in H pseudokonvergent und hat damit nach Satz 24 einen Pseudolimes in H. Wir wählen folgendermaßen ein Element $s \in H$: Ist $n_0 = 0$, so sei $s \in H$ ein Pseudolimes von $(s_\alpha)_{\alpha<\varrho}$; ist $n_0 \neq 0$, so sei s' ein Pseudolimes von $(n_0 s_\alpha)_{\alpha<\varrho}$ in G und $s = \frac{1}{n_0} s'$. In jedem Fall ist also s ein Pseudolimes von $(s_\alpha)_{\alpha<\varrho}$ in H. Es sei G' die aus G und s erzeugte Untergruppe von H. Wir zeigen, daß G' eine unmittelbare Erweiterung von G ist: Sei $g' \in G'$, also $g' = g + ns$ mit $g \in G$, $n \in \mathbb{Z}$. Ist $g + ns$ nicht in der Breite von $(s_\alpha)_{\alpha<\varrho}$, so gibt es (nach Lemma 19) ein $\beta < \varrho$ mit $\pi_\beta = v(s_\beta - s_{\beta+1}) \leqslant v(g + ns)$. Folglich ist

$$v(g' - (g + ns_{\beta+1})) = v(n(s - s_{\beta+1})) = \pi_{\beta+1} < v(g'),$$

und hierbei ist $g + ns_{\beta+1} \in G$. Liegt $g' = g + ns$ in der Breite von $(s_\alpha)_{\alpha<\varrho}$, so ist $v(g + ns) < \pi_\alpha$ für jedes $\alpha < \varrho$; daher ist dann $v(ns_\alpha - (-g)) = v((ns_\alpha - ns) + (ns + g)) = \pi_\alpha$ (nach Lemma 2, I, § 4) für jedes $\alpha < \varrho$ und somit $-g \in G$ ein Pseudolimes von $(ns_\alpha)_{\alpha<\varrho}$. Also ist $n \in n_0\mathbb{Z}$, d.h. $n = n_0 m$ mit $m \in \mathbb{Z}$, und folglich $ns = mn_0 s = ms' \in G$. Somit ist in diesem Fall $g' = g + ns \in G$. Die Gruppe G' ist also (nach Satz 1, 4)(II)) eine echte unmittelbare Erweiterung von G im Widerspruch zur Voraussetzung. ▯

Aus dem gerade bewiesenen Lemma und Satz 22 erhält man als Folgerung:

Satz 26 (Holland 1963). *Eine angeordnete abelsche Gruppe ist genau dann c-abgeschlossen, wenn (bez. der natürlichen Bewertung) jede pseudokonvergente Folge von G einen Pseudolimes in G hat.*

Damit ergibt sich als Sonderfall aus Satz 13, II, § 4:

Satz 27 (Holland 1963). *Für eine angeordnete abelsche Gruppe G sind die beiden folgenden Aussagen äquivalent:*

(1) *G ist c-abgeschlossen.*
(2) *Für jede Breite B von G ist G/B stetig abgeschlossen.*

Nach dem Hahnschen Einbettungssatz (Satz 3, I, § 5) läßt sich jede angeordnete abelsche Gruppe G in eine c-abgeschlossene Hahngruppe o-einbetten. Diese Einbettung — als Erweiterung von G aufgefaßt — braucht aber nicht unmittelbar zu sein (vgl. die Bemerkungen im Anschluß an Satz 3, I, § 5). Ist G jedoch ferner teilbar, so läßt sich G unmittelbar durch eine Hahngruppe H erweitern, und man überlegt sich leicht mit Satz 2, I, § 5 und Satz 26, daß H als unmittelbare c-abgeschlossene Erweiterung von G dann bis auf Äquivalenz eindeutig bestimmt ist. (Wir nennen zwei *Erweiterungen* einer angeordneten Gruppe G *äquivalent*, wenn es einen o-Isomorphismus zwischen den beiden Erweiterungen gibt, der auf G die Identität ist.) Für angeordnete teilbare abelsche Gruppen liegt also eine zu den angeordneten Körpern völlig vergleichbare Situation vor (vgl. die Sätze 8 und 17 von § 3). Verzichtet man jedoch auf die Voraussetzung „teilbar", so kann eine angeordnete abelsche Gruppe durchaus nicht-äquivalente c-abgeschlossene unmittelbare Erweiterungen haben. In Holland 1963 (ex. 4, § 6) ist ein Beispiel einer angeordneten abelschen Gruppe mit zwei nicht-äquivalenten abelschen b- (bzw. c-) abgeschlossenen b- (bzw. c-) Erweiterungen angegeben. Daß jede angeordnete Gruppe eine unmittelbare c-abgeschlossene Erweiterung hat, ist in Conrad 1954 bewiesen. Wir wollen hier nur den Satz anführen und auf eine Wiedergabe des Beweises verzichten. (Man bildet eine angeordnete Gruppe G o-injektiv in die Hahngruppe $H(\Gamma, G^\gamma/G_\gamma)$ ab und erhält damit card $\mathbb{R}^{\text{card}\,\Gamma}$ als obere Schranke der Kardinalitäten für a-Erweiterungen von G, woraus man mit Hilfe transfiniter Definition einer Kette von x-Erweiterungen auf die Existenz einer x-abgeschlossenen x-Erweiterung von G für $x \in \{a, b, c\}$ schließt.)

Satz 28 (Conrad 1954). *Jede angeordnete Gruppe hat eine a-abgeschlossene a-Erweiterung, eine b-abgeschlossene b-Erweiterung und eine c-abgeschlossene c-Erweiterung.*

Einige der hier für unmittelbare Erweiterungen gebrachten Ergebnisse für teilbare abelsche Gruppen — so z.B. die eindeutige Bestimmtheit der c-abgeschlossenen unmittelbaren Erweiterung — findet man auch in den zu Beginn dieses Paragraphen bereits zitierten Arbeiten von Gravett 1955 und Fleischer 1958.

Wir wollen uns nun zum Abschluß diese Paragraphen mit b-Erweiterungen befassen, wobei wir uns jedoch wegen der Parallelität der Ergebnisse zu bereits erläuterten häufig auf Beweisskizzen beschränken werden.

Entsprechend wie für t- und c-Erweiterungen (vgl. die Lemmata 9 und 21) gilt:

Lemma 29 (Holland 1963). *Es sei H eine b-Erweiterung der angeordneten Gruppe G und $z \in H \setminus G$. Dann gibt es eine Folge in G, die z als Limes hat und ohne Limes in G ist.*

Beweis.
Wir verwenden Teile des Beweises von Lemma 21 bzw. Lemma 14, II, § 4. Es sei also $U = \{v(z - a)\colon a \in G\}$. Hat U kein kleinstes Element, so erhalten wir, wie in den eben erwähnten Beweisen ausgeführt, eine pseudokonvergente Folge in G, die z als Pseudolimes hat und ohne Pseudolimes in G ist. Also ist dies (nach Lemma 19) dann eine gegen z konvergierende Folge von G, die keinen Limes in G hat. Wir haben damit nur noch den Fall zu behandeln, daß U ein kleinstes Element π hat. Es sei also die mit Ordinalzahlen indizierte Folge $(\pi_\delta)_{\delta < \mu + 1}$ streng monoton fallend und koinitial in U, wobei $\pi_\mu = \pi$ sei, und zu jedem π_δ, $\delta < \mu + 1$ sei ein $a_\delta \in G$ mit $v(z - a_\delta) = \pi_\delta$ gewählt. Weil H eine b-Erweiterung von G ist, gibt es ein $g \in G$ mit $0 < g < |z - a_\mu|$ und $v(g) = v(z - a_\mu) = \pi$. Wir zeigen, daß H^π/H_π ohne kleinstes positives Element ist: Angenommen, $x + H_\pi$ mit $0 < x \in H^\pi \setminus H_\pi$ sei das kleinste positive Element von H^π/H_π. Weil H eine b-Erweiterung von G ist, und aufgrund der gerade zuvor gemachten Bemerkung muß dann $x \in G$ und $x \leqslant g < |z - a_\mu|$ gelten. H^π/H_π ist einer Untergruppe von $(\mathbb{R}, +)$ o-isomorph (nach Satz 3, I, § 4) und hat ein kleinstes positives Element; also ist H^π/H_π o-isomorph $\mathbb{Z}$ und wird somit von $x + H_\pi$ erzeugt. Dann gibt es ein $n \in \mathbb{N}$ mit $nx + H_\pi = |z - a_\mu| + H_\pi$, und damit ist $v(z - (nx + a_\mu)) < \pi$ oder $v(z - (-nx + a_\mu)) < \pi$ mit $nx + a_\mu \in G$ bzw. $-nx + a_\mu \in G$, was mit π als kleinstem Element von U nicht verträglich ist. Also ist H^π/H_π ohne kleinstes positives Element. Dann können wir $z - a_\mu + H_\pi$ in H^π/H_π als Limes einer Cauchyfolge (im üblichen Sinne in $\mathbb{R}$) mit Repräsentanten aus $G \cap H^\pi$ darstellen. Sei also $z - a_\mu + H_\pi = \lim\limits_{i < \omega_0} (e_i + H_\pi)$, $e_i \in G \cap H^\pi$. Die Folge $(a_\delta)_{\delta < \mu + 1 + \omega_0}$ mit $a_{\mu + i} = e_i + a_\mu$ für $i < \omega_o$ ist eine Folge in G, die gegen z konvergiert. Hätte $(a_\delta)_{\delta < \mu + 1 + \omega_0}$ auch einen Limes s in G, so müßte $z - s$ nach Lemma 2 in der F-Breite von $(a_\delta)_{\delta < \mu + 1 + \omega_0}$, also in H_π, liegen. Damit wäre $v(z - s) < \pi$ im Widerspruch dazu, daß π das kleinste Element von U ist. Also ist $(a_\delta)_{\delta < \mu + 1 + \omega_0}$ eine Folge ohne Limes in G. □

Als Folgerung aus diesem Lemma erhält man:

Satz 30 (Holland 1963). *Hat in der angeordneten Gruppe G jede Folge einen Limes, so ist G b-abgeschlossen.*

Der folgende Satz ist eine Übertragung des Satzes 23 auf b-Erweiterungen.

Satz 31 (Holland 1963). *Für jede konvexe Untergruppe C der angeordneten Gruppe G gelte, daß C normal in G und G/C stetig abgeschlossen sei. Dann ist G b-abgeschlossen.*

Beweis.
Wir schließen mit Satz 30, zeigen also, daß jede Folge in G einen Limes hat. Sei $(s_\alpha)_{\alpha<\varrho}$ eine Folge mit der F-Breite B in G. Wir überlegen uns, daß $(s_\alpha + B)_{\alpha<\varrho}$ eine Cauchyfolge in G/B ist: Sei $0 < g \in G \setminus B$. Dann gibt es ein die F-Breite B umfassendes konvexes Paar (C, C') mit $g \notin C$, und in $C' \setminus C$ existiert ein $0 < a$ mit $a \leqslant g$. Weil C die Bedingung $(**)$ (auf S. 132) erfüllt, gibt es ein $\mu < \varrho$, so daß $s_\alpha - s_\beta \in C'$ und $s_\alpha - s_\beta + C < a + C$ für alle α, β zwischen μ und ϱ gilt. Wegen $B \subseteq C$ erhält man hieraus $s_\alpha - s_\beta + B < a + B \leqslant g + B$. Also ist $(s_\alpha + B)_{\alpha<\varrho}$ eine linke Cauchyfolge in G/B. Daß für α, β schließlich auch $-s_\alpha + s_\beta + B < g + B$ ist, sieht man folgendermaßen: Weil C'/C abelsch ist (nach Satz 3, I, § 4), gilt für $x \in C'$ und $\alpha, \beta > \mu$, wobei μ wie oben bestimmt sei,

$$s_\beta - s_\alpha + x - (s_\beta - s_\alpha) + C = x + C,$$

also

$$-s_\alpha + x + s_\alpha + C = -s_\beta + x + s_\beta + C.$$

Folglich ist

$$\Phi = x + C \mapsto -s_\alpha + x + s_\alpha + C\colon C'/C \to C'/C \quad \text{für } \alpha > \mu$$

ein o-Automorphismus und unabhängig von der Wahl des speziellen $\alpha > \mu$. Also ist $\Phi^{-1}(a + C)$ ein positives Element aus C'/C. Damit gibt es zu $\Phi^{-1}(a + C)$ nach $(**)$ (von S. 132) ein $\tilde{\mu} \geqslant \mu$, so daß $s_\alpha - s_\beta + C < \Phi^{-1}(a + C)$ für alle α, β zwischen $\tilde{\mu}$ und ϱ gilt. Folglich ist $-s_\beta + s_\alpha + C = \Phi(s_\alpha - s_\beta + C) < a + C$ und daher $-s_\beta + s_\alpha + B < a + B \leqslant g + B$ für alle α, β zwischen $\tilde{\mu}$ und ϱ. Die Folge $(s_\alpha + B)_{\alpha<\varrho}$ ist somit eine Cauchyfolge in G/B. Nach Voraussetzung hat $(s_\alpha + B)_{\alpha<\varrho}$ einen Limes $s + B$ in G/B. Wir zeigen, daß s ein Limes von $(s_\alpha)_{\alpha<\varrho}$ in G ist: Sei (C, C') ein B umfassendes konvexes Paar und $0 < g \in C' \setminus C$. Dann ist $(C/B, C'/B)$ ein konvexes Paar in G/B. Wir betrachten die folgenden kanonischen o-Epimorphismen: $\sigma_1\colon G \to G/C$, $\sigma_2\colon G \to G/B$ und $\bar{\sigma}\colon G/B \to (G/B)/(C/B)$. Nach dem zweiten Isomorphiesatz ist $(G/B)/(C/B)$ isomorph G/C, und wie man leicht nachrechnet, ist dieser Isomorphismus ordnungstreu. Weil $\sigma_2(s)$ Limes von $(\sigma_2(s_\alpha))_{\alpha<\varrho}$ in G/B ist, gibt es ein $\mu < \varrho$, so daß für $\alpha < \varrho$ mit $\alpha > \mu$ stets $\sigma_2(s_\alpha) - \sigma_2(s) \in \sigma_2(C')$ und $|\sigma_2(s_\alpha) - \sigma_2(s)| + C/B < |\sigma_2(g)| + C/B$ ist. Wegen $B \subseteq C'$ folgt aus der ersten Bedingung $s_\alpha - s \in C'$ für alle $\alpha > \mu$, und aus der zweiten Bedingung erhält man $\bar{\sigma}\sigma_2(|s_\alpha - s|) < \bar{\sigma}\sigma_2(|g|)$, woraus sich bei Anwendung des zweiten Isomorphiesatzes $\sigma_1(|s_\alpha - s|) < \sigma_1(|g|)$, also gerade $|s_\alpha - s| + C < |g| + C$ für alle α zwischen μ und ϱ ergibt. s ist also ein Limes von $(s_\alpha)_{\alpha<\varrho}$. Folglich konvergiert jede Folge in G, und G ist daher b-abgeschlossen. □

Wie wir im Beweis von Satz 24 erwähnten, ist für jede konvexe Untergruppe C einer Hahngruppe $H(\Gamma, \mathbb{R}_\gamma)$ die Faktorgruppe $H(\Gamma, \mathbb{R}_\gamma)/C$ o-isomorph zur Hahngruppe $H(\Gamma', \mathbb{R}_\gamma)$ mit $\Gamma' = [H(\Gamma, \mathbb{R}_\gamma)] \setminus [C]$. Berücksichtigt man dies, so erhält man nach dem vorhergehenden Satz und Satz 15:

Satz 32 (Holland 1963). *Es sei $H(\Gamma, \mathbb{R}_\gamma)$ eine Hahngruppe mit $\mathbb{R}_\gamma = \mathbb{Z}$ oder $\mathbb{R}_\gamma = \mathbb{R}$ für jedes $\gamma \in \Gamma$. Dann konvergiert jede Folge in $H(\Gamma, \mathbb{R}_\gamma)$, und somit ist $H(\Gamma, \mathbb{R}_\gamma)$ b-abgeschlossen.*

Es sei G eine angeordnete abelsche und b-abgeschlossene Gruppe. Nach Satz 3, I, § 5 kann man G in eine reelle Hahngruppe $H(\Gamma, \mathbb{R})$ mit $\Gamma = [G] \setminus \{[0]\}$ o-einbetten. Wir können also G als Untergruppe von $H(\Gamma, \mathbb{R})$ auffassen. In $H(\Gamma, \mathbb{R})$ konvergiert jede Folge, folglich auch jede Folge von G. Aufgrund der b-Abgeschlossenheit von G kann man nun ganz ähnlich wie im Beweis von Lemma 25 schließen, daß dann auch jede Folge von G einen Limes in G haben muß. (Man übernimmt die Hauptpunkte des Beweises von Lemma 25 und hat die Ausführung dieser einzelnen Beweispunkte den jetzt etwas andersartigen Voraussetzungen anzupassen.) Man erhält somit das folgende Lemma:

Lemma 33 (Holland 1963). *Die abelsche Gruppe G sei angeordnet und b-abgeschlossen. Dann konvergiert jede Folge in G.*

Unter Berücksichtigung von Satz 30 ergibt sich daher:

Satz 34 (Holland 1963). *Eine angeordnete abelsche Gruppe G ist genau dann b-abgeschlossen, wenn jede Folge in G konvergiert.*

Das folgende Kriterium für abelsche b-abgeschlossene Gruppen entspricht dem Satz 27 für c-abgeschlossene abelsche Gruppen; in Cohen-Goffman 1950 ist eine entsprechende Charakterisierung a-abgeschlossener abelscher Gruppen gegeben.

Satz 35 (Holland 1963). *Die angeordnete abelsche Gruppe G ist genau dann b-abgeschlossen, wenn für jede konvexe Untergruppe C von G gilt, daß G/C stetig abgeschlossen ist.*

Beweis.
Wegen Satz 31 ist nur noch zu zeigen, daß man aus der b-Abgeschlossenheit von G die stetige Abgeschlossenheit von G/C für jede konvexe Untergruppe C von G erhält. Hierfür schließt man folgendermaßen: Ist $(s_\alpha + C)_{\alpha<\varrho}$ eine Cauchyfolge in G/C, so folgt, daß $(s_\alpha)_{\alpha<\varrho}$ eine Folge in G ist. Nach Satz 34 hat diese einen Limes s in G, und damit erhält man, daß $s + C$ ein Limes der Cauchyfolge $(s_\alpha + C)_{\alpha<\varrho}$ in G/C ist. Also ist G/C stetig abgeschlossen für jede konvexe Untergruppe C von G. □

Angeordnete abelsche Gruppen, für welche die rechte Seite der in Satz 35 angegebenen Äquivalenz erfüllt ist, nennt Ribenboim 1958 „algebraisch vollständig". Er zeigt, daß solche Gruppen c-abgeschlossen sind und daß jede angeordnete abelsche Gruppe in eine „algebraisch vollständige" eingebettet werden kann; diese Aussage erhält man hier nach Satz 23 und nach dem Hahnschen Einbettungssatz und Satz 32.

Nach den Sätzen 28 und 29 hat jede angeordnete Gruppe eine x-abgeschlossene x-Erweiterung für $x \in \{a, b, c, t\}$. Wie wir schon gezeigt bzw. erwähnt haben, ist diese bis auf Äquivalenz eindeutig bestimmt für $x = t$, nicht aber für $x = b$ oder $x = c$. Ist die Gruppe ferner abelsch, so ist ihre abelsche a-abgeschlossene a-Erweiterung bis auf Äquivalenz eindeutig bestimmt (Conrad 1953); eine abelsche angeordnete Gruppe kann jedoch außerdem eine nicht abelsche a-abgeschlossene a-Erweiterung haben; ein Beispiel einer solchen Gruppe ist in Holland 1963 (ex. 3, § 6) wie auch in Conrad 1966 (ex. 6.1) angegeben. Weil sich jede angeordnete abelsche Gruppe G in eine reelle Hahngruppe $H(\Gamma, \mathbb{R})$ o-einbetten läßt und $H(\Gamma, \mathbb{R})$ eine a-abgeschlossene a-Erweiterung von G ist, erhält man, daß für $x \in \{a, b, c, t\}$ jede abelsche angeordnete

Gruppe eine abelsche x-abgeschlossene x-Erweiterung hat. Wir fassen die Ergebnisse über die Existenz und Eindeutigkeit von x-Erweiterungen für $x \in \{a, b, c, t\}$ zusammen.

Satz 36. *Für $x \in \{a, b, c, t\}$ hat eine angeordnete Gruppe G eine x-abgeschlossene x-Erweiterung; ist G abelsch, so hat G auch eine abelsche x-abgeschlossene x-Erweiterung. Die x-abgeschlossene x-Erweiterung einer angeordneten Gruppe ist nur für $x = t$ bis auf Äquivalenz eindeutig bestimmt; sonst hat man die eindeutige Bestimmtheit nur noch für die abelsche a-abgeschlossene a-Erweiterung einer abelschen angeordneten Gruppe.*

IV η_α-Strukturen

§1 Existenz von η_α-Strukturen

Die Menge $\mathbb{Q}$ der rationalen Zahlen ist unter den angeordneten Mengen dadurch charakterisiert, daß sie abzählbar, in sich dicht geordnet und unbeschränkt ist. Eine Verfeinerung des Begriffs der unbeschränkten, in sich dicht geordneten Menge hat Hausdorff (Grundzüge der Mengenlehre 1914, S. 181) mit dem Begriff der η_α-Menge gegeben:

Eine angeordnete Menge M heißt eine *η_α-Menge*, für eine Ordinalzahl α, wenn es zu zwei Teilmengen A, B von M mit $A < B$ (d.h. $a < b$ für alle $a \in A$, $b \in B$) und $\operatorname{card}(A \cup B) < \aleph_\alpha$ stets ein Element x in M mit $A < \{x\} < B$ gibt. Wählt man für A bzw. B die leere Menge, so ergibt sich, daß eine η_α-Menge insbesondere keine mit ihr koinitiale und keine mit ihr konfinale Teilmenge von einer kleineren Kardinalität als $\aleph_\alpha$ enthält. $\mathbb{Q}$ ist eine η_0-Menge, ebenfalls ist $\mathbb{R}$ eine η_0-Menge und nicht etwa eine η_1-Menge. Man folgert sofort aus der Definition, daß für $\alpha < \beta$ eine η_β-Menge stets auch eine η_α-Menge ist. Weiter muß eine η_α-Menge mindestens die Kardinalität $\aleph_\alpha$ haben. $\mathbb{Q}$ ist also eine η_0-Menge kleinstmöglicher Kardinalität. η_α-Mengen der Mächtigkeit $\aleph_\alpha$ spielen für angeordnete Mengen die Rolle universeller Mengen; damit ist gemeint:

(*) Zwei η_α-Mengen der Kardinalität $\aleph_\alpha$ sind o-bijektiv.

(**) Jede angeordnete Menge von einer Kardinalität $\leqslant \aleph_\alpha$ läßt sich o-injektiv in eine η_α-Menge der Mächtigkeit $\aleph_\alpha$ einbetten.

Einen Beweis dieser beiden Aussagen findet man bereits in Hausdorff 1914, S. 181. Schwieriger ist die Antwort auf die Frage nach der Existenz von η_α-Mengen der Kardinalität $\aleph_\alpha$. Für Nachfolgeordinalzahlen, also $\alpha = \beta + 1$, gibt Hausdorff (auf S. 181/182) hierauf die Antwort, daß es solche Mengen genau dann gibt, wenn für β die Allgemeine Kontinuumshypothese gilt, d.h. $2^{\aleph_\beta} = \aleph_{\beta+1}$ ist. Übersichtlicher als der Hausdorffsche ist der Existenzbeweis für η_α-Mengen der Kardinalität $\aleph_\alpha$, $\alpha = \beta + 1$, von Sierpinski 1949, und in voller Allgemeinheit wird die Frage von Gillman 1956 beantwortet. Die gleiche universelle Rolle, welche die η_α-Mengen für die angeordneten Mengen haben, wird für $\alpha > 0$ in der Klasse der angeordneten abelschen Gruppen von den teilbaren η_α-Gruppen (das sind teilbare, angeordnete Gruppen, die η_α-Mengen sind) übernommen und in der Klasse der angeordneten Körper von den reell abgeschlossenen η_α-Körpern (Alling 1960, 1961, 1962; Erdös-Gillmann-Henriksen 1955; Gillman-Jerison 1960).

Wir leiten in diesem ersten Paragraphen Kriterien für die Existenz von angeordneten Mengen, teilbaren abelschen Gruppen und reell abgeschlossenen Körpern her, die

η_α-Mengen der Kardinalität $\aleph_\alpha$ sind, und bringen im nächsten Paragraphen einen einheitlichen Beweis für alle drei Strukturen für die Universalitätseigenschaften (*) und (**).

Für Begriffe über Ordinal- und Kardinalzahlen, die wir hier nicht näher erläutern, verweisen wir auf Hausdorff 1914 und Kuratowski-Mostowski, Set Theory.

Es sei α eine Ordinalzahl. Mit $W(\alpha)$ bezeichnen wir im folgenden stets die Menge aller Ordinalzahlen, die kleiner als α sind. Unter card α verstehen wir die Kardinalzahl der Menge $W(\alpha)$; wir sprechen manchmal auch einfach von der Kardinalität der Ordinalzahl α. Unter einer *Anfangszahl* versteht man eine Ordinalzahl, die unter den Ordinalzahlen gleicher Mächtigkeit die kleinste ist. Gibt es zu der Ordinalzahl $\alpha > 0$ eine kleinere Ordinalzahl β, so daß $W(\beta)$ mit $W(\alpha)$ konfinal ist, so heißt α *singulär*, andernfalls heißt $\alpha > 0$ *regulär*. Jede unendliche reguläre Ordinalzahl ist eine Anfangszahl (Hausdorff 1914, S. 130); aber nicht jede Anfangszahl ist regulär, z. B. ist ω_ω nicht regulär. Jede Anfangszahl ω_α, deren Indexzahl keine Limeszahl ist, ist regulär (Hausdorff 1914, S. 131). Eine *Kardinalzahl* $\aleph_\alpha$ heißt *regulär*, wenn die zugehörige Anfangszahl ω_α (also card $\omega_\alpha = \aleph_\alpha$) es ist.

Wir gehen nun auf den Beweis von Sierpinski für die Existenz von η_α-Mengen der Kardinalität $2^{\aleph_\beta}$, $\alpha = \beta + 1$, ein:

Lemma 1 (Sierpinski 1949). *Sei ϑ eine transfinite Ordinalzahl und U_ϑ die lexikographisch geordnete Menge der Abbildungen von $W(\vartheta)$ nach $\{0, 1\}$. Dann ist kein Dedekindscher Schnitt von U_ϑ frei (d. h. jeder Dedekindsche Schnitt von U_ϑ wird durch ein Element aus U_ϑ bestimmt).*

Beweis.
Wir fassen die Elemente aus U_ϑ als mit Ordinalzahlen $< \vartheta$ indizierte Folgen auf. Es sei (S, D) ein Dedekindscher Schnitt von U_ϑ. Wir zeigen, daß (S, D) nicht frei ist und definieren dafür durch transfinite Induktion eine Folge $(c_\xi)_{\xi<\vartheta} \in U_\vartheta$: Sei $\alpha < \vartheta$ und c_ξ für alle $\xi < \alpha$ schon bekannt; dann sei

$$c_\alpha = \begin{cases} 1, & \text{falls in } S \text{ eine Folge } (x_\xi)_{\xi<\vartheta} \text{ existiert mit } x_\alpha = 1 \\ & \text{und } x_\xi = c_\xi \text{ für alle } \xi < \alpha, \\ 0, & \text{sonst.} \end{cases}$$

Zu einem Element $(x_\xi)_{\xi<\vartheta}$ aus U_ϑ mit $(x_\xi)_{\xi<\vartheta} \neq (c_\xi)_{\xi<\vartheta}$ gibt es eine Ordinalzahl $\alpha_x < \vartheta$ mit $x_{\alpha_x} \neq c_{\alpha_x}$ und $x_\xi = c_\xi$ für alle $\xi < \alpha_x$. Aufgrund der lexikographischen Ordnung von U_ϑ gilt weiter $c_{\alpha_x} < x_{\alpha_x}$ für $(c_\xi)_{\xi<\vartheta} < (x_\xi)_{\xi<\vartheta}$ und $c_{\alpha_x} > x_{\alpha_x}$ für $(c_\xi)_{\xi<\vartheta} > (x_\xi)_{\xi<\vartheta}$; das besagt: $c_{\alpha_x} = 0$, $x_{\alpha_x} = 1$ für $(c_\xi)_{\xi<\vartheta} < (x_\xi)_{\xi<\vartheta}$ und $c_{\alpha_x} = 1$, $x_{\alpha_x} = 0$ für $(c_\xi)_{\xi<\vartheta} > (x_\xi)_{\xi<\vartheta}$. Ist $(c_\xi)_{\xi<\vartheta} \in S$, so erhält man hiermit unter Berücksichtigung der Definition von c_{α_x}, daß jede Folge $(x_\xi)_{\xi<\vartheta} \in U_\vartheta$ mit $(c_\xi)_{\xi<\vartheta} < (x_\xi)_{\xi<\vartheta}$ in D liegen muß; also ist $(c_\xi)_{\xi<\vartheta}$ dann das größte Element von S. Es sei nun $(c_\xi)_{\xi<\vartheta}$ aus D. Gäbe es ein $(x_\xi)_{\xi<\vartheta} \in D$ mit $(x_\xi)_{\xi<\vartheta} < (c_\xi)_{\xi<\vartheta}$, so wäre, wie oben begründet, $x_{\alpha_x} = 0$, $c_{\alpha_x} = 1$ und $x_\xi = c_\xi$ für alle $\xi < \alpha_x$. Wegen $c_{\alpha_x} = 1$ existierte aufgrund der Definition von c_{α_x} ein $(y_\xi)_{\xi<\vartheta} \in S$ mit $y_{\alpha_x} = c_{\alpha_x}$ und $y_\xi = c_\xi$ für alle $\xi < \alpha_x$. Dann erhielte man aber $S \ni (y_\xi)_{\xi<\vartheta} > (x_\xi)_{\xi<\vartheta} \in D$, was nicht möglich ist. Folglich ist $(c_\xi)_{\xi<\vartheta}$ das kleinste Element von D. □

Satz 2 (Sierpinski 1949). *Sei $\alpha = \beta + 1$ eine Ordinalzahl, U_{ω_α} wie im vorhergehenden Lemma definiert und*

$$H_\alpha = \{a \in U_{\omega_\alpha} \colon \underset{\lambda = \lambda(a) < \omega_\alpha}{\exists} a_\lambda = 1 \quad \text{und} \quad a_\eta = 0 \quad \text{für} \quad \lambda < \eta < \omega_\alpha\}.$$

Dann ist H_α eine η_α-Menge der Kardinalität $2^{\aleph_\beta}$.

Beweis.
1) Es sei E eine Teilmenge von H_α mit $\operatorname{card} E < \aleph_\alpha$. Wir zeigen, daß E mit H weder konfinal noch koinitial ist und dafür, daß es Elemente $a, b \in H_\alpha$ mit $\{a\} < E < \{b\}$ gibt. Zu jedem $x = (x_\eta)_{\eta < \omega_\alpha} \in H_\alpha$ existiert eine Ordinalzahl $\lambda(x) < \omega_\alpha$ mit $x_{\lambda(x)} = 1$ und $x_\eta = 0$ für $\lambda(x) < \eta < \omega_\alpha$. Weil ω_α regulär und $\operatorname{card}\{\lambda(x) \colon x \in E\} \leqslant \operatorname{card} E < \aleph_\alpha$ ist, ist $\{\lambda(x) \colon x \in E\}$ nicht konfinal mit $W(\omega_\alpha)$, und es gibt daher eine Ordinalzahl $\lambda < \omega_\alpha$ mit $\lambda(x) < \lambda$ für alle $x \in E$.

Wir definieren die Folgen $a = (a_\eta)_{\eta < \omega_\alpha}$, $b = (b_\eta)_{\eta < \omega_\alpha} \in H_\alpha$ durch $a_\eta = 0$ für $\eta \neq \lambda$, $a_\lambda = 1$ und $b_\eta = 1$ für $\eta \leqslant \lambda$ und $b_\eta = 0$ für $\lambda < \eta < \omega_\alpha$. Wegen $\lambda(x) < \lambda$ für jedes $x \in E$ gilt $a < x < b$ für alle $x \in E$.

2) E_1, E_2 seien zwei Teilmengen von H_α mit $E_1 < E_2$ und $\operatorname{card} E_i \leqslant \aleph_\beta$. Wir zeigen, daß es ein $c \in H_\alpha$ mit $E_1 < \{c\} < E_2$ gibt: Durch $S = \{h \in H_\alpha \colon \underset{e_1 \in E_1}{\exists} h \leqslant e_1\}$ und $D = U_{\omega_\alpha} \setminus S$ ist ein Dedekindscher Schnitt (S, D) in U_{ω_α} gegeben. Nach dem vorhergehenden Lemma gibt es ein Element $p = (p_\eta)_{\eta < \omega_\alpha} \in U_{\omega_\alpha}$, das den Dedekindschen Schnitt (S, D) bestimmt, also das kleinste Element aus D ist (vgl. hierzu III, § 1, S. 66). Wegen $E_2 \subseteq D$ gilt daher $p \leqslant x$ für alle $x \in E_2$. Angenommen, es wäre $p \in E_2$. Dann gibt es ein $\varrho < \omega_\alpha$ mit $p_\varrho = 1$ und $p_\eta = 0$ für $\varrho < \eta < \omega_\alpha$. Die Folge $p' = (p'_\eta)_{\eta < \omega_\alpha}$ mit $p'_\eta = p_\eta$ für $\eta < \varrho$, $p'_\varrho = 0$ und $p'_\eta = 1$ für $\varrho < \eta < \omega_\alpha$ ist aus U_{ω_α}, und es ist $p' < p$. Für ein $u \in U_{\omega_\alpha}$ mit $p' < u < p$ müßte gelten $u_\varrho \neq p_\varrho$ und $u_\varrho \neq p'_\varrho$; also liegt kein Element aus U_{ω_α} zwischen p' und p. Wegen $E_1 < \{p\}$ und $p' \notin E_1$ ist daher $E_1 < \{p'\}$ und somit $p' \in D$ im Widerspruch dazu, daß p das kleinste Element aus D ist. Folglich ist $p \notin E_2$, und es gilt $E_1 < \{p\} < E_2$. Wir wären fertig, wenn $p \in H_\alpha$ wäre, was aber nicht zu sein braucht. Darum wollen wir nun p durch ein Element aus H_α ersetzen: Wie unter (1) erhält man die Existenz einer Ordinalzahl $\lambda < \omega_\alpha$, so daß unabhängig vom betrachteten Element $x = (x_\eta)_{\eta < \omega_\alpha} \in E_1 \cup E_2$ dann $x_\eta = 0$ für $\lambda \leqslant \eta < \omega_\alpha$ und $x \in E_1 \cup E_2$ gilt. Wir setzen $c_\eta = p_\eta$ für $\eta < \lambda$, $c_\lambda = 1$ und $c_\eta = 0$ für $\lambda < \eta < \omega_\nu$. Dann ist $c = (c_\eta)_{\eta < \omega_\alpha}$ aus H_α. Für $a = (a_\eta)_{\eta < \omega_\alpha} \in E_1$ und $b = (b_\eta)_{\eta < \omega_\alpha} \in E_2$ ist $a < p < b$ und $a_\eta = b_\eta = 0$ für $\lambda \leqslant \eta < \omega_\alpha$; folglich gilt $a < c < b$ und damit $E_1 < \{c\} < E_2$.

Mit 1) und 2) ist gezeigt, daß H_α eine η_α-Menge ist.

3) Wir untersuchen nun die Mächtigkeit von H_α: Es sei $T_\vartheta = \{a \in U_{\omega_\alpha} \colon a_\eta = 0$ für $\vartheta \leqslant \eta < \omega_\alpha\}$. Dann ist $\operatorname{card} T_\vartheta = 2^{\operatorname{card} \vartheta}$, wegen $\operatorname{card} \vartheta \leqslant \aleph_\beta$ also $\operatorname{card} T_\vartheta \leqslant 2^{\aleph_\beta}$. Aus $H_\alpha \subseteq \bigcup_{\vartheta < \omega_\alpha} T_\vartheta$ folgt somit $\operatorname{card} H_\alpha \leqslant \sum_{\vartheta < \omega_\alpha} \operatorname{card} T_\vartheta \leqslant \aleph_\alpha \cdot 2^{\aleph_\beta} = 2^{\aleph_\beta}$. Andererseits ist jede Folge $(a_\eta)_{\eta < \omega_\alpha} \in U_{\omega_\alpha}$ mit $a_{\omega_\beta} = 1$ und $a_\eta = 0$ für $\omega_\beta < \eta < \omega_\alpha$ ein Element von H_α, und daher ist $\operatorname{card} H_\alpha \geqslant 2^{\aleph_\beta}$. Insgesamt ergibt sich somit $\operatorname{card} H_\alpha = 2^{\aleph_\beta}$. □

Die Idee des Sierpinskischen Beweises für die Existenz von η_α-Mengen für α von der Form $\alpha = \beta + 1$ läßt sich ohne weiteres auf Limeszahlen übertragen, wie wir in dem folgenden Lemma sehen werden:

Lemma 3 (Gillman 1956). *Es sei α eine Limeszahl > 0, $\aleph_\alpha$ regulär und H_α wie in Satz 2 definiert. Dann ist H_α eine η_α-Menge.*

Beweis.
Es seien A, B zwei Teilmengen von H_α mit $A < B$ und $\operatorname{card}(A \cup B) = \aleph_\beta < \aleph_\alpha$. Weil ω_α regulär ist, ergibt sich aufgrund derselben Schlußweise wie zu Beginn des Beweises von Satz 2 die Existenz einer Ordinalzahl $\lambda < {}_{\omega_\alpha}$, so daß für jedes $x = (x_\eta)_{\eta < \omega_\alpha} \in A \cup B$ dann $x_\eta = 0$ für $\lambda \leqslant \eta < {}_{\omega_\alpha}$ gilt. Zu λ bestimmen wir eine Anfangsordinalzahl ω_ξ mit $\operatorname{card} \lambda = \operatorname{card} \omega_\xi$. Es sei $\delta = \operatorname{Max}\{\beta, \xi\}$. Weil α eine Limeszahl und $\omega_\delta < \omega_\alpha$ ist, ist $\lambda < \omega_{\delta+1} < \omega_\alpha$. Wir können also jedes $x \in A \cup B$ als ein Element aus $H_{\delta+1}$ und damit $A \cup B$ als eine Teilmenge von $H_{\delta+1}$ auffassen. Nach Satz 2 ist $H_{\delta+1}$ eine $\eta_{\delta+1}$-Menge; also existieren Elemente $u, v, w \in H_{\delta+1}$ mit $\{u\} < A < \{v\} < B < \{w\}$. Indem wir $H_{\delta+1}$ als Teilmenge von H_α betrachten, ist so die Existenz von Elementen u, v, $w \in H_\alpha$ mit $\{u\} < A < \{v\} < B < \{w\}$ nachgewiesen, und H_α ist folglich eine η_α-Menge. □

Wir hatten in Satz 2 gesehen, daß es für $\alpha = \beta + 1$ η_α-Mengen der Kardinalität $2^{\aleph_\beta}$ gibt. Setzen wir für $\aleph_\beta$ die Kontinuumshypothese voraus, d.h. gilt $2^{\aleph_\beta} = \aleph_{\beta+1}$, so existiert für $\alpha = \beta + 1$ also eine η_α-Menge der Kardinalität $\aleph_\alpha$. Um auch im Falle einer Limeszahl auf die Existenz einer η_α-Menge der Mächtigkeit $\aleph_\alpha$ schließen zu können, brauchen wir über die Eigenschaft der Regularität von $\aleph_\alpha$ hinaus eine mit der Allgemeinen Kontinuumshypothese verwandte Eigenschaft und zwar die der Zulässigkeit:

Wir nennen die *Kardinalzahl* $\aleph_\alpha$ *zulässig*, wenn $\sum_{\beta < \alpha} 2^{\aleph_\beta} \leqslant \aleph_\alpha$ ist. Man bestätigt sofort, daß für $\alpha = \beta + 1$ die Kardinalzahl $\aleph_\alpha$ genau dann zulässig ist, wenn $2^{\aleph_\beta} = \aleph_{\beta+1} = \aleph_\alpha$ ist, also für $\aleph_\beta$ die Kontinuumshypothese gilt. Ist α eine Limeszahl, so kann man nur noch die eine Richtung dieser Äquivalenz zeigen, nämlich daß aus der Gültigkeit der Kontinuumshypothese für alle $\aleph_\beta$ mit $\beta < \alpha$ folgt, daß $\aleph_\alpha$ zulässig ist.

Satz 4 (Gillman 1956). *Sei $\aleph_\alpha$ regulär und zulässig und H_α wie in Satz 2 definiert. Dann ist H_α eine η_α-Menge der Kardinalität $\aleph_\alpha$.*

Beweis.
Ist α eine Nachfolgezahl, also $\alpha = \beta + 1$, so ergibt sich wegen $2^{\aleph_\beta} = \aleph_{\beta+1} = \aleph_\alpha$ die Behauptung sofort aus Satz 2. Sei nun α eine Limeszahl: Wir ordnen, wie im Beweis von Satz 2, jedem $x = (x_\eta)_{\eta < \omega_\alpha} \in H_\alpha$ ein $\lambda(x) < \omega_\alpha$ zu mit $x_\eta = 0$ für $\lambda(x) < \eta < \omega_\alpha$. Für $\beta < \alpha$ sei $K_\beta = \{x \in H_\alpha : \lambda(x) < \omega_\beta\}$. Es ist $H_\alpha = \bigcup_{\beta < \alpha} K_{\beta+1}$. Die Mengen $K_{\beta+1}$ und $H_{\beta+1}$ haben offensichtlich dieselbe Kardinalität. Also ist, wie zu Beginn des Beweises bereits gezeigt, $\operatorname{card} K_{\beta+1} = \aleph_{\beta+1}$ und damit $\operatorname{card} H_\alpha \leqslant \sum_{\beta < \alpha} \aleph_{\beta+1} \leqslant \aleph_\alpha \cdot \aleph_\alpha = \aleph_\alpha$. Da zu H_α insbesondere die Folgen gehören, die an genau einer Stelle eine 1 haben und sonst 0 sind, ist $\aleph_\alpha \leqslant \operatorname{card} H_\alpha$. Also gilt $\operatorname{card} H_\alpha = \aleph_\alpha$. □

Wir werden nun zeigen, daß die für die Existenz von η_α-Mengen als hinreichend angegebenen Bedingungen, nämlich daß $\aleph_\alpha$ regulär und zulässig ist, auch notwendig sind. Wir brauchen dafür die beiden folgenden Lemmata:

Lemma 5 (Sierpinski 1949). *Sei ϑ eine transfinite Ordinalzahl und U_ϑ wie in Lemma* 1 *definiert. Dann erhält U_ϑ keine (in der Anordnung von U_ϑ) wohlgeordnete Teilmenge von einer Mächtigkeit größer als* card ϑ.

Beweis.
Wir nehmen an, das sei doch der Fall, und es wäre $E = \{x^\alpha : \alpha < \vartheta_1\}$ eine wohlgeordnete Teilmenge von U_ϑ mit $\operatorname{card} E = \operatorname{card} \vartheta_1 > \operatorname{card} \vartheta$. Für zwei Elemente

$x = (x_\eta)_{\eta < \vartheta}$, $y = (y_\eta)_{\eta < \vartheta} \in U_\vartheta$ mit $x \neq y$ bezeichnen wir mit $\varphi(x, y)$ die kleinste Ordinalzahl ξ, für die $x_\xi \neq y_\xi$ ist. Die Elemente von E bilden in ihrer Indizierung eine aufsteigende (transfinite) Folge in U_ϑ. Also ist insbesondere $x^\alpha \neq x^{\alpha+1}$ für jedes $\alpha < \vartheta_1$. Für $\lambda < \vartheta$ sei $S_\lambda = \{\alpha < \vartheta_1 : \varphi(x^\alpha, x^{\alpha+1}) = \lambda\}$. Dann ist $W(\vartheta_1) = \bigcup_{\lambda < \vartheta} S_\lambda$, und wegen $\operatorname{card} \vartheta_1 > \operatorname{card} \vartheta$ existiert daher ein $\lambda < \vartheta$ mit $\operatorname{card} S_\lambda > \operatorname{card} \vartheta$. Folglich gibt es eine Anfangszahl γ mit $\operatorname{card} \gamma = \operatorname{card} S_\lambda > \operatorname{card} \vartheta$ und zu dieser eine transfinite monoton wachsende Folge von Ordinalzahlen $(\alpha_\eta)_{\eta < \gamma}$ mit $\alpha_\eta < \vartheta_1$ und $\varphi(x^{\alpha_\eta}, x^{\alpha_\eta + 1}) = \lambda$ für alle $\eta < \gamma$. Wir setzen $\beta_\eta = \alpha_\eta + 1$ für $\eta < \gamma$. Damit gilt: Es gibt eine Ordinalzahl $\lambda < \vartheta$, zu der zwei transfinite Folgen $(\alpha_\eta)_{\eta < \gamma}$, $(\beta_\eta)_{\eta < \gamma}$ existieren mit folgenden Eigenschaften:

(1) γ ist eine Anfangszahl $> \vartheta$;
(2) $\alpha_\eta < \beta_\eta \leqslant \alpha_\xi$ für $\eta < \xi < \gamma$;
(3) $\varphi(x^{\alpha_\eta}, x^{\beta_\eta}) = \lambda$ für $\eta < \gamma$.

Die Ordinalzahl $\lambda < \vartheta$ sei unter all den Ordinalzahlen, für die solche Folgen existieren, minimal gewählt. Aus $\varphi(x^{\alpha_\eta}, x^{\beta_\eta}) = \lambda$ und $x^{\alpha_\eta} < x^{\beta_\eta}$ erhält man

(4) $x_\lambda^{\alpha_\eta} = 0$, $x_\lambda^{\beta_\eta} = 1$ für alle $\eta < \gamma$.

Nach (2) ist $\beta_\eta \leqslant \alpha_{\eta+1}$ und nach (4) $x_\lambda^{\alpha_{\eta+1}} = 0$ für $\eta < \gamma$. Wegen $x^{\beta_\eta} \leqslant x^{\alpha_{\eta+1}}$, $x_\lambda^{\beta_\eta} = 1$, $x_\lambda^{\alpha_{\eta+1}} = 0$ ist daher $x^{\beta_\eta} < x^{\alpha_{\eta+1}}$, also auch $\beta_\eta < \alpha_{\eta+1}$ für alle $\eta < \gamma$. Weil $x_\lambda^{\beta_\eta} = 1$ und $x_\lambda^{\alpha_{\eta+1}} = 0$ ist, ist folglich $\varphi(x^{\beta_\eta}, x^{\alpha_{\eta+1}}) < \lambda$ für alle $\eta < \gamma$. Wegen $\operatorname{card} \gamma > \operatorname{card} \vartheta \geqslant \operatorname{card} \lambda$ schließt man wie vorhin, daß es eine Ordinalzahl $\lambda_1 < \lambda$ gibt mit $\operatorname{card}\{\eta < \gamma : \varphi(x^{\beta_\eta}, x^{\alpha_{\eta+1}}) = \lambda_1\} > \operatorname{card} \vartheta$. Damit erhält man wieder, wie oben ausgeführt wurde, eine Anfangszahl $\gamma_1 > \vartheta$, zu der eine transfinite monoton wachsende Folge von Ordinalzahlen $(\eta_\mu)_{\mu < \gamma_1}$ existiert mit $\varphi(x^{\beta_{\eta_\mu}}, x^{\alpha_{\eta_\mu + 1}}) = \lambda_1$ für alle $\mu < \gamma_1$. Setzt man $\alpha'_\mu = \beta_{\eta_\mu}$ und $\beta'_\mu = \alpha_{\eta_\mu + 1}$ für $\mu < \gamma_1$, so verletzt die Ordinalzahl $\lambda_1 < \lambda$ mit den beiden Folgen $(\alpha'_\mu)_{\mu < \gamma_1}$ und $(\beta'_\mu)_{\mu < \gamma_1}$ die Minimalitätseigenschaft von λ. Also war unsere anfängliche Annahme nicht möglich; d. h. die Mächtigkeit einer jeden wohlgeordneten Teilmenge von U_ϑ ist nicht größer als $\operatorname{card} \vartheta$. ☐

Lemma 6 (Sierpinski 1949). *Es sei $\beta \geqslant 0$ eine Ordinalzahl. Die Mächtigkeit einer $\eta_{\beta+1}$-Menge ist mindestens $2^{\aleph_\beta}$.*

Beweis.
Es sei H eine $\eta_{\beta+1}$-Menge. Wir zeigen, daß H eine mit U_{ω_β} (für die Definition dieser Menge vgl. Lemma 1) ähnliche Teilmenge enthält, womit die Behauptung dann bewiesen ist, weil nach Satz 2 $\operatorname{card} U_{\omega_\beta} \geqslant 2^{\aleph_\beta}$ ist. Die Elemente von H wie die von U_{ω_β} seien mit Ordinalzahlen indiziert: $H = \{h_\xi : \xi < \varphi\}$, $U_{\omega_\beta} = \{a^\xi : \xi < \psi\}$. Wir definieren durch transfinite Induktion eine o-injektive Abbildung $g: U_{\omega_\beta} \to H$: Es sei $g(a^0) = h_0$ und $g(a^\xi)$ schon definiert für alle $\xi < \mu$, wobei $\mu < \psi$, so daß für alle $\xi, \xi' < \mu$ aus $a^\xi < a^{\xi'}$ stets $g(a^\xi) < g(a^{\xi'})$ folgt. Wir haben das Bild von a^μ unter g anzugeben. Es sei $M_\mu = \{a^\xi \in U_{\omega_\beta} : \xi < \mu \text{ und } a^\xi < a^\mu\}$ und $N_\mu = \{a^\xi \in U_{\omega_\beta} : \xi < \mu \text{ und } a^\xi > a^\mu\}$. Wenigstens eine dieser beiden Mengen ist nicht leer. Es sei M'_μ eine wohlgeordnete konfinale Teilmenge von M_μ und N'_μ eine wohlgeordnete koinitiale Teilmenge von N_μ. Nach dem vorhergehenden Lemma ist $\operatorname{card} M'_\mu \leq \aleph_\beta$ und $\operatorname{card} N'_\mu \leqslant \aleph_\beta$. Also haben die Bildmengen $g(M'_\mu)$ und $g(N'_\mu)$ eine nicht größere Kardinalität als $\aleph_\beta$. Weil H eine $\eta_{\beta+1}$-Menge ist, gibt es daher ein $h \in H$ mit $g(M'_\mu) < \{h\} < g(N'_\mu)$. Wir wählen als $g(a^\mu)$

das erste Element in der Indizierung von H, das zwischen $g(M'_\mu)$ und $g(N'_\mu)$ liegt. Man bestätigt, daß die so definierte Abbildung $g: U_{\omega_\beta} \to H$ o-injektiv ist. Also enthält H eine mit U_{ω_β} ähnliche Teilmenge. □

Mit Hilfe des gerade bewiesenen Lemmas können wir nun zeigen:

Satz 7 (Hausdorff 1914, Sierpinski 1949, Gillman 1956). *Eine η_α-Menge der Kardinalität $\aleph_\alpha$ existiert genau dann, wenn $\aleph_\alpha$ regulär und zulässig ist.*

Beweis.
Wegen Satz 4 haben wir nur noch zu zeigen, daß, falls $\aleph_\alpha$ nicht regulär oder nicht zulässig ist, keine η_α-Menge der Mächtigkeit $\aleph_\alpha$ existiert.

1) Sei $\aleph_\alpha$ singulär und H eine η_α-Menge. Dann hat eine mit H konfinale wohlgeordnete Teilmenge A die Mächtigkeit $\operatorname{card} A \geqslant \aleph_\alpha$; und wäre $\operatorname{card} A = \aleph_\alpha$, so gäbe es aufgrund der Singularität von ω_α eine mit A und somit auch mit H konfinale wohlgeordnete Teilmenge von einer kleineren Kardinalität als $\aleph_\alpha$, was im Widerspruch dazu steht, daß H eine η_α-Menge ist. Also hat A und damit auch H eine größere Kardinalität als $\aleph_\alpha$.

2) Sei nun $\aleph_\alpha$ nicht zulässig. Dann ist $\sum_{\gamma<\alpha} 2^{\aleph_\gamma} > \aleph_\alpha$, und es gibt daher eine Ordinalzahl $\beta < \alpha$ mit $2^{\aleph_\beta} > \aleph_\alpha$. Ist α von der Form $\alpha = \gamma + 1$, so ist nach Lemma 6 die Mächtigkeit einer η_α-Menge mindestens $2^{\aleph_\gamma}$. Wegen $2^{\aleph_\gamma} \geqslant 2^{\aleph_\beta} > \aleph_\alpha$ kann es in diesem Fall also keine η_α-Menge der Kardinalität $\aleph_\alpha$ geben.

Ist α eine Limeszahl > 0, so ist eine η_α-Menge E für jedes $\gamma < \alpha$ eine $\eta_{\gamma+1}$-Menge. Das gilt also auch für die oben ermittelte Ordinalzahl $\beta < \alpha$ mit $2^{\aleph_\beta} > \aleph_\alpha$. Weil E als $\eta_{\beta+1}$-Menge nach Lemma 6 mindestens die Kardinalität $2^{\aleph_\beta}$ hat, kann somit auch in diesem Fall keine η_α-Menge der Mächtigkeit $\aleph_\alpha$ existieren. □

Unter einer *η_α-Gruppe* wollen wir eine angeordnete abelsche Gruppe verstehen, die bezüglich ihrer Anordnung eine η_α-Menge ist. Analog sei ein *η_α-Körper* definiert. Die Existenz von η_α-Gruppen der Kardinalität $\aleph_\alpha$ (für $\aleph_\alpha$ regulär und zulässig) wurde zuerst von Alling 1960 bewiesen. In seinen Arbeiten von 1961 und 1962 hat Alling dann ein von den Beweismethoden der ersten Arbeit unabhängiges Kriterium für die Existenz von η_α-Gruppen entwickelt, aus dem er auch sofort ein Kriterium für die Existenz von reell abgeschlossenen η_α-Körpern erhält. Die Existenz von reell abgeschlossenen η_1-Körpern der Kardinalität $\aleph_1$ (für $2^{\aleph_0} = \aleph_1$) war bereits von Erdös-Gillman-Henriksen 1955 nachgewiesen worden. Wir wollen hier auf die Existenz von η_α-Gruppen der Kardinalität $\aleph_\alpha$ über den Allingschen Charakterisierungssatz schließen, wobei wir beim Beweis dieses Satzes eine in Hüper 1977 dargestellte Vereinfachung berücksichtigen. Weitere Beweise zur Existenz von η_α-Gruppen der Kardinalität $\aleph_\alpha$ findet man in Ribenboim 1965 und Schwartz 1978.

Für den Beweis des Allingschen Satzes brauchen wir zwei Lemmata, auf die wir zunächst eingehen wollen:

Es sei M eine nicht leere angeordnete Menge. Ist durch ein Element $x \in M$ der Dedekindsche Schnitt (S, D) in M bestimmt, so heißt der Konfinalitätstyp von S *der linke Charakter von x in M* und der Koinitialitätstyp von $D \setminus \{x\}$ *der rechte Charakter von x in M*; sind linker und rechter Charakter von x in M einander gleich, so spricht man einfach vom *Charakter von x in M*. Unter dem *Charakter eines Dedekindschen*

Schnittes (S, D) *von* M versteht man das aus dem Konfinalitätstyp ϱ von S und dem Koinitialitätstyp σ von D gebildete Tupel (ϱ, σ).

Lemma 8. *Es sei* G *eine angeordnete abelsche Gruppe. Dann gilt:*

(1) *Der Charakter eines jeden Elementes von* G *ist gleich dem Koinitialitätstyp des Positivbereiches* P *von* G.

(2) *Ist* $\varrho \neq 1$ *der Koinitialitätstyp von* P, *so hat ein freier eigentlicher Dedekindscher Schnitt* (S, D) *in* G *den Charakter* (ϱ, ϱ).

Beweis.
Zu (1): Aus der disjunkten Zerlegung $G = -P \cup \{0\} \cup P$ erhält man für jedes $g \in G$ die disjunkte Zerlegung $G = -P + g \cup \{g\} \cup P + g$, und hieraus ergibt sich wegen $-P + g < \{g\} < P + g$ sofort die Behauptung.

Zu (2): Sei $(g_\xi)_{\xi < \varrho}$ eine streng monoton fallende, mit P koinitiale Folge in P. Weil S ohne letztes Element und (S, D) eigentlich ist, können wir in S eine streng monoton wachsende Folge $(s_\xi)_{\xi < \varrho}$ wählen, so daß für jedes $\xi < \varrho$ gilt: $s_\xi + g_\xi \in D$. Die Folge $(s_\xi)_{\xi < \varrho}$ ist konfinal in S; denn zu $s \in S$ gibt es ein $s' \in S$ mit $s < s'$, und damit existieren für ein $\xi < \varrho$ Elemente g_ξ, s_ξ mit $0 < g_\xi < s' - s$ und $s_\xi + g_\xi = d \in D$, woraus man $s + g_\xi < s + (s' - s) = s' < d = s_\xi + g_\xi$, also $s < s_\xi$ erhält. Weil ϱ regulär und $(s_\xi)_{\xi < \varrho}$ konfinal in S ist, ist folglich ϱ der Konfinalitätstyp von S. Völlig analog zeigt man, daß ϱ der Koinitialitätstyp von D ist. $\square$

Wir haben bereits den Begriff „α-maximal" für bewertete Körper kennengelernt (III, § 3, S. 128); ganz entsprechend wie dort nennt man für $\alpha > 0$ eine *bewertete abelsche Gruppe* α-*maximal*, wenn jede pseudokonvergente Folge in G von einer kleineren Länge als ω_α einen Pseudolimes in G hat. Die Eigenschaft der α-Maximalität einer bewerteten abelschen Gruppe G läßt sich in Beziehung zur Vervollständigung gewisser Faktorgruppen von G setzen. Wir wollen uns in dem folgenden Lemma darauf beschränken, das für die natürliche Bewertung zu formulieren. Dabei sei für eine konvexe Untergruppe der angeordneten abelschen Gruppe G die Faktorgruppe mit der induzierten Anordnung versehen, und topologischen Begriffe in der Faktorgruppe beziehen sich auf die durch diese Anordnung gegebene Ordnungstopologie:

Lemma 9. G *sei eine angeordnete abelsche Gruppe ohne kleinstes positives Element und* v *die natürliche Bewertung von* G. *Dann sind die folgenden Eigenschaften äquivalent:*

(1) (G, v) *ist* α-*maximal.*

(2) *Für jede Breite* B *von* G *(bez.* v*), für die der Koinitialitätstyp von* $v(G) \setminus v(B)$ *kleiner als* ω_α *ist, gilt: Jede Cauchyfolge in* G/B *konvergiert.*

(3) *Für jede Breite* B *von* G, *für die der Koinitialitätstyp von* $v(G) \setminus v(B)$ *kleiner als* ω_α *ist, ist* G/B *stetig abgeschlossen. (Also ist jeder eigentliche Dedekindsche Schnitt in* G/B *nicht frei.)*

Beweis.
Die Gleichwertigkeit der Bedingungen (1) und (2) erhält man nach Satz 12, II, § 4, und die Äquivalenz von (2) mit (3) ergibt sich aus Satz 10, III, § 4. $\square$

Wir bringen nun den bereits erwähnten Charakterisierungssatz für η_α-Gruppen, zuvor haben wir noch einige Bezeichnungen zu erläutern: Es sei G eine angeordnete abelsche Gruppe, $[G]$ die Menge der archimedischen Klassen von G und $\Gamma = [G] \setminus \{[0]\}$.

Für $\gamma \in \Gamma$ sei $G^\gamma = \{g \in G: [g] \leqslant \gamma\}$ und $G_\gamma = \{g \in G: [g] < \gamma\}$. Die konvexen Untergruppen G_γ, G^γ sind in der Kette der konvexen Untergruppen von G direkt aufeinanderfolgend, und die mit der induzierten Anordnung versehene Faktorgruppe G^γ/G_γ ist deshalb nach dem Satz von Hölder einer Untergruppe der additiven Gruppe von $\mathbb{R}$ o-isomorph (s. hierzu Satz 3, I, § 4).

Satz 10 (Alling 1961 und 1962). *Es sei $\alpha > 0$, G eine angeordnete abelsche Gruppe und $\Gamma = [G]\backslash\{[0]\}$. Die Gruppe G ist genau dann eine η_α-Menge, wenn die folgenden drei Bedingungen erfüllt sind:*

(1) *Für jedes $\gamma \in \Gamma$ ist die Faktorgruppe G^γ/G_γ zur additiven Gruppe von $\mathbb{R}$ oder $\mathbb{Z}$ o-isomorph.*
(2) *Γ ist eine η_α-Menge.*
(3) *G ist α-maximal (bez. der natürlichen Bewertung).*

Beweis.
A) Wir zeigen, daß die angegebenen Bedingungen notwendig sind: Es sei also G eine η_α-Gruppe.

Zu (1): Für $\gamma \in \Gamma$ ist die Faktorgruppe G^γ/G_γ einer Untergruppe $\mathbb{R}_\gamma$ von $\mathbb{R}$ o-isomorph. Hat $\mathbb{R}_\gamma$ ein kleinstes positives Element, so ist $\mathbb{R}_\gamma$ o-isomorph $\mathbb{Z}$. Sei daher nun $\mathbb{R}_\gamma$ ohne kleinstes positives Element. Wir führen aus, daß $\mathbb{R}_\gamma$ dicht in $\mathbb{R}$ ist: Angenommen, es gäbe zu $0 < r \in \mathbb{R}$ kein zwischen 0 und r liegendes Element aus $\mathbb{R}_\gamma$. Dann ist die Menge P der positiven Elemente von $\mathbb{R}_\gamma$ nach unten durch r beschränkt und hat deshalb ein Infimum s in $\mathbb{R}$. Folglich existiert ein $b_1 \in \mathbb{R}_\gamma$ mit $s < b_1 < s + \frac{r}{2}$ und weiter ein $b_2 \in \mathbb{R}_\gamma$ mit $s < b_2 < b_1$. Damit ist $0 < b_1 - b_2 < \frac{r}{2}$ und $b_1 - b_2 \in P$ im Widerspruch zu $r \leqslant s = \inf P$. Ein Element x aus $\mathbb{R}$ läßt sich also als Limes einer streng monoton wachsenden Folge $(a_n)_{n\in\mathbb{N}}$ wie auch als Limes einer streng monoton fallenden Folge $(b_n)_{n\in\mathbb{N}}$ von Elementen aus $\mathbb{R}_\gamma$ darstellen. Diese haben unter der o-homomorphen Abbildung $\sigma: G^\gamma \to \mathbb{R}_\gamma$ Urbilder a'_n bzw. b'_n, $n \in \mathbb{N}$, in G. Es ist $\{a'_n: n \in \mathbb{N}\} < \{b_n: n \in \mathbb{N}\}$ und $\operatorname{card}(\{a'_n: n \in \mathbb{N}\} \cup \{b'_n: n \in \mathbb{N}\}) < \aleph_\alpha$. Weil G eine η_α-Menge ist, gibt es damit ein $g \in G$ mit $\{a'_n: n \in \mathbb{N}\} < \{g\} < \{b'_n: n \in \mathbb{N}\}$. Also wird g durch σ auf x abgebildet, und folglich ist x aus $\mathbb{R}_\gamma$, d.h. es ist $\mathbb{R}_\gamma = \mathbb{R}$.

Zu (2): Es seien H und K Teilmengen von Γ mit $H < K$ und $\operatorname{card}(H \cup K) < \aleph_\alpha$. Zu jedem $\gamma \in \Gamma$ sei ein Element $\gamma^\varphi \in G$ mit $0 < \gamma^\varphi$ und $[\gamma^\varphi] = \gamma$ gewählt. Wir betrachten zunächst den Fall, daß K ohne kleinstes Element ist. Wegen $H < K$ ist $\{n \cdot h^\varphi: n \in \mathbb{N}, h \in H\} < K^\varphi = \{k^\varphi: k \in K\}$. Weiter ist $\operatorname{card}\{n \cdot h^\varphi: n \in \mathbb{N}, h \in H\} < \aleph_\alpha$ und $\operatorname{card} K^\varphi < \aleph_\alpha$. Also gibt es ein $g \in G$ mit $\{n \cdot h^\varphi: n \in \mathbb{N}, h \in H\} < \{g\} < K^\varphi$. Folglich ist $H < \{[g]\}$ und weil K kein kleinstes Element enthält, ist auch $\{[g]\} < K$. Die Menge K habe nun ein kleinstes Element $\varkappa_0$ und die Gruppe $G^{\varkappa_0}/G_{\varkappa_0}$ sei ohne kleinstes positives Element. Dann können wir in $G^{\varkappa_0}/G_{\varkappa_0}$ eine abzählbare streng monoton fallende Folge mit 0 als Limes wählen; $(g_i)_{i\in\mathbb{N}}$ sei eine Folge von je einem positiven Urbild unter $G^{\varkappa_0} \to G^{\varkappa_0}/G_{\varkappa_0}$ zu dieser Folge. Für jedes $i \in \mathbb{N}$ ist somit $g_i \in G^{\varkappa_0}$ und $[g_i] = \varkappa_0$. Daher ist $\{n \cdot h^\varphi: n \in \mathbb{N}, h \in H\} < \{g_i: i \in \mathbb{N}\}$, und es gibt somit ein $g \in G$ mit $\{n \cdot h^\varphi: n \in \mathbb{N}, h \in H\} < \{g\} < \{g_i: i \in \mathbb{N}\}$. Natürlich ist $H < \{[g]\}$. Wegen $g < g_i$ ist $g + G_{\varkappa_0} \leqslant g_i + G_{\varkappa_0}$ für $i \in \mathbb{N}$; also ist $g + G_{\varkappa_0} \leqslant \lim_{i\in\mathbb{N}} (g_i + G_{\varkappa_0}) = G_{\varkappa_0}$ und daher $[g] < \varkappa_0$, somit $\{[g]\} < K$. Es ist nun nur noch der Fall zu behandeln, daß K ein kleinstes Element $\varkappa_0$ hat und $G^{\varkappa_0}/G_{\varkappa_0}$ o-isomorph $\mathbb{Z}$ ist. Die Teilmenge A von $G_{\varkappa_0}$ sei wohlgeordnet und konfinal in $G_{\varkappa_0}$. Dann ist $\{-a\colon a\in A\}$ antiwohlgeordnet und koinitial in $G_{\varkappa_0}$. Das Element $g_1 \in G^{\varkappa_0}$ sei ein positives Urbild zu 1 unter dem o-Homomorphismus $G^{\varkappa_0} \to G^{\varkappa_0}/G_{\varkappa_0} \to \mathbb{Z}$. Aus $A \subseteq G_{\varkappa_0}$ und $[g_1] = \varkappa_0$ erhält man $A < \{g_1 - a\colon a\in A\}$. Weil A konfinal in $G_{\varkappa_0}$ und $g_1 + G_{\varkappa_0}$ das kleinste positive Element aus $G^{\varkappa_0}/G_{\varkappa_0}$ ist, gibt es in G kein Element zwischen A und $\{g_1 - a\colon a\in A\}$. Da G eine η_α-Menge ist, muß daher $\operatorname{card} A \geqslant \aleph_\alpha$ sein. Folglich ist $\{n\cdot h^\varphi\colon n\in\mathbb{N},\ h\in H\}$ nicht konfinal in $G_{\varkappa_0}$, und es gibt somit ein $g\in G_{\varkappa_0}$ mit $\{n\cdot h^\varphi\colon n\in\mathbb{N},\ h\in H\} < \{g\}$. Dann ist $[g] < \varkappa_0$, also $H < \{[g]\} < K$.

Zu (3): Aufgrund des vorhergehenden Lemmas haben wir zu zeigen, daß für eine Breite B von G, für die der Koinitialitätstyp von $[G]\backslash[B]$ kleiner als ω_α ist, die Faktorgruppe G/B stetig abgeschlossen ist, und dafür, daß kein eigentlicher Dedekindscher Schnitt von G/B frei ist. Angenommen, $(\bar S, \bar D)$ wäre ein freier eigentlicher Dedekindscher Schnitt von G/B. Dann hat $(\bar S, \bar D)$ nach Lemma 8 den Charakter (ϱ, ϱ), wobei ϱ der Koinitialitätstyp des Positivbereiches von G/B und damit gleich dem Koinitialitätstyp von $[G]\backslash[B]$ ist. Also ist $\varrho < \omega_\alpha$. Es gibt folglich eine streng monoton wachsende Folge $(\bar s_\xi)_{\xi<\varrho}$ in $\bar S$, die mit $\bar S$ konfinal ist, und eine streng monoton fallende Folge $(\bar d_\xi)_{\xi<\varrho}$ in $\bar D$, die mit $\bar D$ koinitial ist. Wir bestimmen zu den Elementen der Folgen je ein Urbild bezüglich der Abbildung $G \to G/B$ und erhalten so in G die Folgen $(s_\xi)_{\xi<\varrho}$ und $(d_\xi)_{\xi<\varrho}$. Wegen $\bar s_\xi < \bar d_\xi$ für jedes $\xi < \varrho$ ist $\{s_\xi\colon \xi<\varrho\} < \{d_\xi\colon \xi<\varrho\}$, und jede dieser beiden Mengen hat die Mächtigkeit $\operatorname{card}\varrho < \aleph_\alpha$; also gibt es ein $g\in G$ mit $\{s_\xi\colon \xi<\varrho\} < \{g\} < \{d_\xi\colon \xi<\varrho\}$. Das Element $g + B$ bestimmt daher den Dedekindschen Schnitt $(\bar S, \bar D)$ im Widerspruch zu unserer Annahme. Folglich ist G/B stetig abgeschlossen.

B) Wir setzen nun die Gültigkeit der Bedingungen (1), (2) und (3) voraus und folgern hieraus, daß G eine η_α-Menge ist. Zunächst ist keine Menge von einer kleineren Kardinalität als $\aleph_\alpha$ konfinal oder koinitial in G; denn sonst wäre die aus den archimedischen Klassen einer solchen Menge gebildete Menge von kleinerer Mächtigkeit als $\aleph_\alpha$ und konfinal in Γ, was der η_α-Eigenschaft von Γ widerspricht. Den weiteren Beweis führen wir indirekt: Wir nehmen also an, daß G keine η_α-Menge ist. Folglich gibt es in G zwei nichtleere Teilmengen A, C, so daß $A < C$ und $\operatorname{card}(A\cup C) < \aleph_\alpha$ ist und kein Element $x\in G$ zwischen A und C liegt. Wir gewinnen aus diesen Mengen einen Dedekindschen Schnitt (S, D) in G, zu diesem eine Breite B und zeigen schließlich, daß durch (S, D) ein freier eigentlicher Dedekindscher Schnitt in G/B gegeben ist, für den der Koinitialitätstyp von $[G]\backslash[B]$ kleiner als ω_α ist, was wegen Lemma 9 dann ein Widerspruch zur vorausgesetzten α-Maximalität von G ist.

Es sei $S = \{g\in G\colon \underset{a\in A}{\exists}\ g \leqslant a\}$ und $D = G\setminus S$. Offensichtlich ist (S, D) ein Dedekindscher Schnitt in G. Weil A konfinal in S und C koinitial in D ist, hat (S, D) den Charakter (ξ_1, ξ_2) mit $\xi_1, \xi_2 < \omega_\alpha$. Wäre (S, D) in G nicht frei, so hätte D ein kleinstes Element d_0 und dieses den linken Charakter $\xi_1 < \omega_\alpha$. Also hätte nach Lemma 8 der Positivbereich von G den Koinitialitätstyp ξ_1, und damit hätte auch Γ einen kleineren Koinitialitätstyp als ω_α, was im Widerspruch dazu steht, daß Γ eine η_α-Menge ist. (S, D) ist folglich ein freier Dedekindscher Schnitt in G.

Wir wollen eine Breite zu diesem Schnitt definieren: Es sei $\Sigma = \{\gamma\in\Gamma\colon S + G^\gamma = S\}$ und $B = \bigcup_{\gamma\in\Sigma} G^\gamma$. Natürlich ist B eine konvexe Untergruppe von G. Damit B eine Breite von G ist, haben wir folglich nach Lemma 10, II, § 4 nur noch zu zeigen, daß $\Gamma\setminus\Sigma$ ohne kleinstes Element ist. Dieser Nachweis ist länger, und wir führen ihn indirekt: Angenommen, es wäre γ_0 das kleinste Element von $\Gamma \setminus \Sigma$. Wegen $\gamma_0 \notin \Sigma$ gibt es dann ein $s_0 \in S$ und $g \in G^{\gamma_0}$ mit $s_0 + g = d_0 \in D$. Für Elemente $s \in S$, $d \in D$ mit $s \geqslant s_0$ und $d \leqslant d_0$ ist $[d - s] \leqslant [d_0 - s_0] = \gamma_0$, und weil γ_0 das kleinste Element von $\Gamma \setminus \Sigma$ ist, gilt somit $[d - s] = \gamma_0$. Also existiert ein Endstück S' von S und ein Anfangsstück D' von D, so daß für alle $s \in S'$ und $d \in D'$ gilt: $[d - s] = \gamma_0$. Wir wählen ein $s_1 \in S'$ und definieren in $G^{\gamma_0}/G_{\gamma_0}$ die Mengen $D_1 = \{r + G_{\gamma_0}: \underset{s \in S'}{\exists}\, r + G_{\gamma_0} \leqslant (s - s_1) + G_{\gamma_0}\}$ und $D_2 = \{r + G_{\gamma_0}: \underset{d \in D'}{\exists}\, r + G_{\gamma_0} \geqslant (d - s_1) + G_{\gamma_0}\}$. Es ist $D_1 \cup D_2 = G^{\gamma_0}/G_{\gamma_0}$, weil es sonst ein $r + G_{\gamma_0}$ mit $s - s_1 + G_{\gamma_0} < r + G_{\gamma_0} < d - s_1 + G_{\gamma_0}$ für alle $s \in S'$, $d \in D'$ gäbe, woraus man $s < r + s_1 < d$ für alle $s \in S'$, $d \in D'$ erhielte, während S' und D' Anfangs- bzw. Endstück des Dedekindschen Schnittes (S, D) sind. Offensichtlich kann $D_1 \cap D_2$ nicht mehr als ein Element enthalten. Wir zeigen, daß $D_1 \cap D_2$ genau ein Element enthält: Wäre nämlich $D_1 \cap D_2 = \emptyset$, so wäre (D_1, D_2) ein Dedekindscher Schnitt in $G^{\gamma_0}/G_{\gamma_0}$. Aufgrund der Bedingung (1) ist $G^{\gamma_0}/G_{\gamma_0}$ o-isomorph zur additiven Gruppe von $\mathbb{R}$ oder $\mathbb{Z}$ und enthält somit keine freien Dedekindschen Schnitte. Also gibt es in $G^{\gamma_0}/G_{\gamma_0}$ ein Element $t + G_{\gamma_0}$, das den Dedekindschen Schnitt (D_1, D_2) bestimmt; $t + G_{\gamma_0}$ ist das kleinste Element von D_2. Die Menge $D^* = \{d \in D: d = t + s_1 + b,\ b \in G_{\gamma_0}\}$ ist ein Anfangsstück von D; denn für $d' \in D$ mit $d' < d \in D^*$ ist $0 < d' - s_1 < d - s_1 = t + b$ und daher $d' - s_1 + G_{\gamma_0} \leqslant d - s_1 + G_{\gamma_0} = t + G_{\gamma_0}$, also $d' - s_1 + G_{\gamma_0} \in D_2$ und somit $d' - s_1 + G_{\gamma_0} = t + G_{\gamma_0}$. Wegen $B = G_{\gamma_0}$ hat D folglich den gleichen Koinitialitätstyp wie B. Also ist der Konfinalitätstyp von $[B]$ höchstens gleich $\xi_2 < \omega_\alpha$. Damit erhält man mit $\Sigma < \{\gamma_0\}$ eine Zerlegung in Γ, die im Widerspruch dazu steht, daß Γ nach (2) eine η_α-Menge ist. $D_1 \cap D_2$ enthält also genau ein Element. Sei dies $r_0 + G_{\gamma_0}$. Aufgrund der Definition der Mengen D_1, D_2 gibt es folglich ein $s \in S'$ und ein $d \in D'$ mit $d - s_1 + G_{\gamma_0} \leqslant r_0 + G_{\gamma_0} \leqslant s - s_1 + G_{\gamma_0}$. Wegen $s - s_1 < d - s_1$ gilt daher $s - s_1 + G_{\gamma_0} = d - s_1 + G_{\gamma_0}$ und somit $d - s \in G_{\gamma_0}$; also ist $[d - s] < \gamma_0$ und $[d - s] \in \Gamma \setminus \Sigma$, womit sich unsere Annahme, $\Gamma \setminus \Sigma$ enthielte ein kleinstes Element, als unmöglich erwiesen hat. Wir haben damit gezeigt, daß B eine Breite von G ist.

In G/B definieren wir die Mengen $\bar{S} = \{s + B: s \in S\}$ und $\bar{D} = \{d + B: d \in D\}$. Gäbe es ein $x + B \in \bar{S} \cap \bar{D}$, so existierten $s \in S$, $d \in D$ mit $x + B = s + B = d + B$, und damit wäre für ein $b \in B$ aber $s + b \notin S$ im Widerspruch zur Definition von B. Also ist $(\bar{S}, \bar{D})$ ein Dedekindscher Schnitt in G/B. Wir weisen nach, daß dieser Schnitt eigentlich ist: In G/B sei $B < p + B$, $p \in G$. Dann ist $[p] \in \Gamma \setminus \Sigma$. Folglich gibt es ein $\gamma \in \Gamma \setminus \Sigma$ mit $\gamma < [p]$ und zu diesem Elemente $s \in S$, $d \in D$ mit $[d - s] = \gamma$. Also ist $B < d + B - (s + B) < p + B$ und $s + B \in \bar{S}$, $d + B \in \bar{D}$. Wäre nun der Schnitt $(\bar{S}, \bar{D})$ nicht frei, so hätte $\bar{D}$ ein kleinstes Element $g + B$. Für ein $d \in D$ mit $d < g$ wäre dann $d + B \leqslant g + B$ und somit $d + B = g + B$. Also wäre $g + B$ ein Anfangsstück von D, und damit hätte B den gleichen Koinitialitätstyp wie D, nämlich $\xi_2 < \omega_\alpha$. Weil Konfinalitäts- und Koinitialitätstyp von B übereinstimmen, hätte somit $[B]$ und folglich auch Σ einen kleineren Konfinalitätstyp als ω_α. Da Γ eine η_α-Menge ist, müßte aufgrund der Zerlegung $\Sigma < \Gamma \setminus \Sigma$ also der Koinitialitätstyp von $\Gamma \setminus \Sigma$ mindestens ω_α sein. Der Koinitialitätstyp von $\Gamma \setminus \Sigma$ ist gleich dem des Positivbereiches von G/B, und dieser ist nach Lemma 8 gleich dem Charakter des Elementes $g + B$, also gleich dem Konfinalitätstyp von $\bar{S}$. Damit hätte $\bar{S}$ und somit auch S einen nicht kleineren Konfinalitätstyp als ω_α im Widerspruch zu $\xi_1 < \omega_\alpha$. Der eigentliche Dedekindsche Schnitt $(\bar{S}, \bar{D})$ ist also in G/B frei. Dann hat $(\bar{S}, \bar{D})$ nach Lemma 8 den Charakter (ϱ, ϱ), wobei ϱ der Koinitialitätstyp des Positivbereiches von G/B ist. Weil (S,D) den Charakter (ξ_1, ξ_2) mit $\xi_1, \xi_2 < \omega_\alpha$ hat, ist $\varrho \leqslant \xi_1 < \omega_\alpha$. Der Koinitialitätstyp von $[G]\setminus[B]$ ist gleich dem des Positivbereiches von G/B, also kleiner als ω_α. Dann kann aber aufgrund der α-Maximalität von G nach Lemma 9 der Dedekindsche Schnitt $(\bar{S}, \bar{D})$ in G/B nicht frei sein. □

Ein angeordneter Körper K ist insbesondere eine angeordnete Gruppe, und bez. der natürlichen Bewertung von K ist für jedes $\gamma \in [K]\setminus\{[0]\}$ die Faktorgruppe K^γ/K_γ o-isomorph zum Restklassenkörper der Bewertung. Damit ergibt sich aus dem Charakterisierungssatz für η_α-Gruppen das folgende Kriterium für η_α-Körper:

Satz 11 (Alling 1962). *Es sei $\alpha > 0$. Der angeordnete Körper K ist genau dann eine η_α-Menge, wenn die folgenden Bedingungen erfüllt sind:*

(1) *Der Restklassenkörper von K bez. der natürlichen Bewertung ist isomorph zum Körper $\mathbb{R}$ der reellen Zahlen.*
(2) *Die Gruppe der archimedischen Klassen von K ist eine η_α-Menge.*
(3) *K ist α-maximal (bez. der natürlichen Bewertung).*

Wir wollen einige Beispiele von η_α-Gruppen und η_α-Körpern anhand der Charakterisierungssätze 10 bzw. 11 angeben (Alling 1962): Es sei $\alpha > 0$, Γ eine η_α-Menge und $G = H(\Gamma, \mathbb{R})$ die reelle Hahngruppe auf Γ (s. I, § 5); die Elemente von H sind also die Abbildungen von Γ nach $\mathbb{R}$ mit (in der Anordnung von Γ) antiwohlgeordnetem Träger. Nach Satz 24, III, § 4 hat in $H(\Gamma, \mathbb{R})$ jede (bez. der natürlichen Bewertung) pseudokonvergente Folge einen Pseudolimes; folglich ist $H(\Gamma, \mathbb{R})$ α-maximal. Die Bedingungen (1) und (2) von Satz 10 gelten offensichtlich für $H(\Gamma, \mathbb{R})$. Also ist $G = H(\Gamma, \mathbb{R})$ eine η_α-Gruppe.

Es sei nun Γ_0 eine Teilmenge von Γ. Dann ist $M = \{f \in G: \forall_{\gamma \in \Gamma_0} f(\gamma) \in \mathbb{Z}\}$ eine Untergruppe von G, und nach Satz 24, III, § 4 ist M bezüglich der natürlichen Bewertung α-maximal; somit ist auch M eine η_α-Gruppe.

Wir betrachten nun eine weitere Untergruppe von $G = H(\Gamma, \mathbb{R})$: Es sei G_α die Menge der Abbildungen aus $H(\Gamma, \mathbb{R})$, deren Träger eine kleinere Kardinalität als $\aleph_\alpha$ hat. Man bestätigt sofort, daß G_α eine Untergruppe von G ist. Die Bedingungen (1) und (2) von Satz 10 gelten wieder offensichtlich. G_α ist also eine η_α-Gruppe, wenn wir zeigen können, daß G_α bez. der natürlichen Bewertung α-maximal ist, was für reguläres $\aleph_\alpha$ in dem nachfolgenden Lemma geschehen soll. Wir werden in diesem Lemma auch gleich zeigen, daß für reguläres $\aleph_\alpha$ ebenfalls $M_\alpha = G_\alpha \cap M$ eine η_α-Gruppe ist; denn auch für diese Gruppe ist nur die α-Maximalität nachzuweisen.

Lemma 12 (Alling 1962). *Es sei $\alpha > 0$ und $\aleph_\alpha$ regulär. Dann sind die zuvor definierten angeordneten Gruppen G_α und M_α bez. der natürlichen Bewertung α-maximal.*

Beweis.
Es sei $(a_\xi)_{\xi < \varrho}$ mit $\varrho < \omega_\alpha$ eine pseudokonvergente Folge aus G_α und $\pi_\xi = v(a_\xi - a_{\xi+1})$, wobei mit v die natürliche Bewertung von G_α bezeichnet ist. Wir definieren eine Abbildung $a: \Gamma \to \mathbb{R}$ durch die Vorschrift, daß $a(\tau) = a_{\xi_0}(\tau)$ ist, falls es ein $\xi < \varrho$ mit $\pi_\xi < \tau$ gibt — und dann sei ξ_0 das kleinste unter diesen — und daß $a(\tau) = 0$ sonst gelte. Die Funktion a hat einen antiwohlgeordneten Träger; denn ist T eine nichtleere

Teilmenge des Trägers $s(a)$, so wähle man ein $\tau_0 \in T$, zu diesem gibt es ein $\pi_\xi < \tau_0$, und es ist $a(\tau) = a_\xi(\tau)$ für alle $\tau > \pi_\xi$; also ist $T_0 = \{\tau \in T: \tau \geqslant \tau_0\} \subseteq s(a_\xi)$; daher existiert Max T_0, und es ist Max T_0 = Max T. Um zu sehen, daß $a \in G_\alpha$ ist, haben wir nur noch $\operatorname{card} s(a) < \aleph_\alpha$ zu zeigen. Ist $a(\tau) \neq 0$, so gibt es ein $\xi < \varrho$ mit $\pi_\xi < \tau$ und $a_\xi(\tau) = a(\tau)$. Folglich gilt $s(a) \subseteq \bigcup_{\xi < \varrho} s(a_\xi)$. Wegen $\varrho < \omega_\alpha$ und $\operatorname{card} s(a_\xi) < \aleph_\alpha$ für jedes $\xi < \varrho$ erhält man hieraus aufgrund der Regularität von $\aleph_\alpha$ (s. Hausdorff 1914, S. 133) card $s(a) < \aleph_\alpha$.

An dem Beweis erkennt man, daß, falls $(a_\xi)_{\xi < \varrho}$ eine pseudokonvergente Folge aus $M_\alpha = G_\alpha \cap M$ ist, der oben definierte Pseudolimes a dieser Folge dann nicht nur aus G_α, sondern auch aus M ist. Also ist mit G_α auch M_α α-maximal. □

Die Gruppen $G = H(\Gamma, \mathbb{R})$ und G_α sind Beispiele für teilbare und die Gruppen M und M_α Beispiele für nicht teilbare η_α-Gruppen. Hat Γ die Kardinalität $\aleph_\alpha$, so auch G_α bzw. M_α, wie wir in dem folgenden Satz zeigen werden.

Satz 13 (Alling 1962). *Die η_α-Menge Γ habe die Kardinalität $\aleph_\alpha$. Dann sind die (vor* Lemma 11 *definierten) Gruppen G_α und M_α η_α-Gruppen der Mächtigkeit $\aleph_\alpha$.*

Beweis.
Wegen card $\Gamma = \aleph_\alpha$ gilt natürlich $\aleph_\alpha \leqslant \operatorname{card} M_\alpha$. Wir haben also nur noch card $G_\alpha \leqslant \aleph_\alpha$ zu zeigen. Weil Γ eine η_α-Menge der Mächtigkeit $\aleph_\alpha$ ist, ist nach Satz 7 $\aleph_\alpha$ regulär und zulässig. Wir sehen von der auf Γ gegebenen Anordnung ab und identifizieren Γ mit $W(\omega_\alpha)$. Für $\pi \in W(\omega_\alpha)$ sei $A_\pi = \{f \in G_\alpha: s(f) \subseteq W(\pi)\}$. Zu $f \in G_\alpha$ gibt es wegen $\operatorname{card} s(f) < \aleph_\alpha$ und aufgrund der Regularität von ω_α ein $\pi < \omega_\alpha$ mit $f \in A_\pi$. Also ist $G_\alpha \subseteq \bigcup_{\pi < \omega_\alpha} A_\pi$ und damit card $G_\alpha \leqslant \sum_{\pi < w_\alpha} \operatorname{card} A_\pi$. Es ist card $A_\pi \leqslant 2^{\aleph_0 \cdot \operatorname{card} \pi}$ und $\sum_{\omega_\beta \leqslant \pi < \omega_{\beta+1}} 2^{\aleph_0 \cdot \operatorname{card} \pi} = \aleph_{\beta+1} 2^{\aleph_0 \aleph_\beta} = \aleph_{\beta+1} \cdot 2^{\aleph_\beta}$. Damit erhält man unter Berücksichtigung der Zulässigkeit von $\aleph_\alpha$, daß card $G_\alpha \leqslant \sum_{\beta < \alpha} \aleph_{\beta+1} 2^{\aleph_\beta} \leqslant \aleph_\alpha \sum_{\beta < \alpha} 2^{\aleph_\beta} \leqslant \aleph_\alpha^2 = \aleph_\alpha$ ist. G_α wie M_α sind also Mengen der Mächtigkeit $\aleph_\alpha$. Weil $\aleph_\alpha$ regulär ist, sind beide Mengen, wie oben ausgeführt wurde, ferner η_α-Mengen. □

Wir wenden diese Ergebnisse über die Existenz von η_α-Gruppen nun auf Körper an: Es sei also für das folgende G eine η_α-Gruppe. Der Körper $H(G, \mathbb{R})$ der formalen Potenzreihen auf G über $\mathbb{R}$ ist nach Satz 4, II, § 5 α-maximal und erfüllt somit alle drei Bedingungen von Satz 11. Also ist $K = H(G, \mathbb{R})$ ein η_α-Körper. Falls die Kardinalzahl $\aleph_\alpha$ regulär ist, so ist nach Lemma 12 auch $K_\alpha = (H(G, \mathbb{R}))_\alpha$, der Körper der formalen Potenzreihen vom Grad α auf G über K (s. II, § 5), ein η_α-Körper. Nach den Sätzen 13 und 17 aus II, § 5 sind K und K_α genau dann reell abgeschlossen, wenn die Gruppe G radizierbar (bzw. in additiver Schreibweise teilbar) ist. Wie wir oben ausgeführt haben, ist für eine η_α-Menge Γ die Gruppe $G = H(\Gamma, \mathbb{R})$ eine teilbare η_α-Gruppe, und dasselbe gilt für $G_\alpha = (H(\Gamma, \mathbb{R}))_\alpha$, falls $\aleph_\alpha$ regulär ist. Als Folgerung aus Satz 13 können wir formulieren:

Satz 14 (Alling 1962). *Die η_α-Gruppe G habe die Kardinalität $\aleph_\alpha$. Dann ist der Körper der formalen Potenzreihen vom Grad α auf G über $\mathbb{R}$ ein η_α-Körper der Mächtigkeit $\aleph_\alpha$. Dieser ist reell abgeschlossen, wenn G radizierbar ist.*

§ 2 Einbettungs- und Isomorphiesatz

Wir werden in diesem Paragraphen die universelle Rolle der η_α-Mengen, -Gruppen und -Körper untersuchen. Dafür sollen die beiden schon zu Beginn des vorhergehenden Paragraphen für angeordnete Mengen formulierten Eigenschaften (*) und (**) für alle drei Strukturklassen hergeleitet werden. Weil wir diese Eigenschaften gleichzeitig (nach Schwartz 1978) für alle drei Strukturklassen beweisen wollen, müssen wir zunächst eine einheitliche Sprechweise verabreden: Eine *angeordnete Struktur* sei der gemeinsame Oberbegriff von angeordneter Menge, angeordneter abelscher Gruppe und angeordnetem Körper. Ausnahmsweise wollen wir in diesem Paragraphen auch die leere Menge als eine Unterstruktur einer angeordneten Struktur zulassen. Wir nennen eine *angeordnete Struktur abgeschlossen*, wenn sie eine angeordnete Menge oder als angeordnete abelsche Gruppe teilbar oder als angeordneter Körper reell abgeschlossen ist. Zu jeder angeordneten Struktur S gibt es eine minimale angeordnete Oberstruktur $\bar{S}$, deren eindeutig durch S bestimmte Anordnung jede von S fortsetzt; wir nennen $\bar{S}$ den *Abschluß* von S; für angeordnete abelsche Gruppen ist der Abschluß von S die teilbare Hülle (s. Satz 6, I, § 1), für angeordnete Körper ist $\bar{S}$ der reelle Abschluß von S (s. II, § 2) und für angeordnete Mengen ist $\bar{S} = S$. Unter einer η_α-Struktur verstehen wir eine angeordnete Struktur, die bezüglich ihrer Anordnung eine η_α-Menge ist. Wir können die beiden zu beweisenden Eigenschaften nun einheitlich formulieren:

(E) *Jede angeordnete Struktur von einer Kardinalität* $\leqslant \aleph_\alpha$, $\alpha > 0$, *läßt sich ordnungstreu in eine jede abgeschlossene* η_α*-Struktur einbetten.*

(I) *Zwei abgeschlossene* η_α*-Strukturen der Kardinalität* $\aleph_\alpha$, $\alpha > 0$, *sind o-isomorph.*

(E) nennen wir den Einbettungs- und (I) den Isomorphiesatz. Wie wir schon in § 1 erwähnten, sind diese beiden Aussagen für angeordnete Mengen bereits von Hausdorff (in Grundzüge der Mengenlehre 1914, S. 181) bewiesen. Für Körper wurde (I) von Erdös-Gillman-Henriksen 1955 und (E) von Gillman-Jerison 1960 bewiesen. Alling gibt in seiner Arbeit von 1960 als erster einen Beweis von (E) und (I) für abelsche Gruppen. Der von uns dargestellte Beweis von Schwartz 1978 ist völlig anders als der von Erdös-Gillman-Henriksen bzw. der von Gillman-Jerison; dort werden dicht liegende Transzendenzbasen über $\mathbb{Q}$ betrachtet, während es Schwartz gelingt, die ursprüngliche Beweisidee von Hausdorff von Mengen nun auch auf die beiden anderen Strukturklassen zu übertragen. Wir brauchen für den Beweis der beiden Aussagen (E) und (I) einige Hilfsüberlegungen, die zum Teil wohlbekannt sind, die wir aber aus beweistechnischen Gründen einheitlich formulieren. Für die von uns betrachteten angeordneten Strukturen verwenden wir eine Abhängigkeitsrelation (Jacobson, Lectures of Abstract Algebra III, S. 153), die folgendermaßen erklärt sei: Es sei A eine abgeschlossene angeordnete Struktur, S eine Teilmenge von A und $x \in A$. Dann bedeutet „*x ist abhängig von S*" für Mengen „$x \in S$", für abelsche Gruppen „x ist von S linear abhängig über $\mathbb{Q}$" und für Körper „x ist über $\mathbb{Q}$ algebraisch abhängig von S". Die Menge der Elemente von A, die von S abhängig sind, sei mit $(S)_A$ bezeichnet. $(S)_A$ ist eine angeordnete abgeschlossene Unterstruktur von A (s. Satz 6, I, § 1 bzw. Satz 12, II, § 2).

(1) *Es sei A eine angeordnete Struktur und $\bar{A}$ der Abschluß von A. Dann gilt:*

(I) $\operatorname{card} A = \operatorname{card} \bar{A}$.

(II) *Jeder o-Monomorphismus $f\colon A \to C$ in eine abgeschlossene angeordnete Struktur läßt sich eindeutig zu einem Monomorphismus $F\colon \bar{A} \to C$ fortsetzen.*

Beweis.
Für Mengen ist nichts zu zeigen; für abelsche Gruppen ergibt sich ein Beweis dieser beiden Aussagen sofort anhand des Beweises von Satz 6, I, § 1; für Körper erhält man (II) nach Satz 20, II, § 2 und (I) aufgrund der Überlegung, daß die Anzahl der Polynome über einem Körper A mit $\operatorname{card} A \geqslant \aleph_0$ gerade $\aleph_0 \operatorname{card} A$ beträgt. □

Ganz entsprechend wie die Aussage (I) von (1) beweist man die folgende:

(2) *Es sei A eine abgeschlossene angeordnete Struktur und S eine Teilmenge von A. Dann gilt*: $\operatorname{card}(S)_A \leqslant \operatorname{Max}\{\operatorname{card} S, \aleph_0\}$.

Für angeordnete Mengen läßt sich (2) noch verschärfen zu $\operatorname{card}(S)_A = \operatorname{card} S$, bei angeordneten Gruppen oder Körpern ist jedoch $\operatorname{card} S < \operatorname{card}(S)_A = \aleph_0$ möglich. Das ist der Grund, warum in den Aussagen (E) und (I) für Gruppen und Körper $\alpha > 0$ gefordert werden muß, während die Aussagen für Mengen auch für $\alpha = 0$ gelten. $\mathbb{Q}$ und $\mathbb{Q}(\sqrt{2})$ sind zum Beispiel zwei teilbare angeordnete abelsche η_0-Gruppen der Kardinalität $\aleph_0$, die nicht o-isomorph sind (Alling 1960, S. 505).

Wir betrachten in einer angeordneten abgeschlossenen Struktur die Unterstruktur $(\emptyset)_A$. Für eine Menge A ist $(\emptyset)_A = \emptyset$, dasselbe gilt, wenn A eine abelsche Gruppe ist, und für einen Körper A ist $(\emptyset)_A$ die Menge der über $\mathbb{Q}$ algebraischen Elemente aus A, also der reelle Abschluß von $\mathbb{Q}$ in A. Folglich gilt:

(3) *Die Unterstrukturen $(\emptyset)_A$ und $(\emptyset)_B$ der angeordneten abgeschlossenen Strukturen A und B sind o-isomorph.*

Es sei $f\colon A \to B$ ein o-Monomorphismus zweier angeordneter abgeschlossener Strukturen und S eine Teilmenge von A. Sind A, B Mengen, so ist natürlich $f((S)_A) = (f(S))_B$; für abelsche Gruppen A, B gilt diese Gleichheit ebenfalls, weil das Bild eines linearen Raumes wieder ein linearer Raum ist, und für Körper A, B erhält man $f((S)_A) = (f(S))_B$ aufgrund der eindeutigen Bestimmtheit des reellen Abschlusses (Satz 20, II, § 2). Also gilt:

(4) *Die angeordneten Strukturen A, B seien abgeschlossen, und $f\colon A \to B$ sei ein o-Monomorphismus. Dann ist für $S \subseteq A$ stets $f((S)_A) = (f(S))_B$.*

Unsere nächste Aussage ist ein wichtiger Teilschritt innerhalb der Konstruktion der Fortsetzung von o-Monomorphismen.

(5) *Es seien A und B angeordnete abgeschlossene Strukturen, weiter sei $A' \subseteq A$ eine abgeschlossene Unterstruktur, $a \in A$, $f\colon A' \to B$ ein o-Monomorphismus und $F'\colon A' \cup \{a\} \to B$ eine o-injektive Fortsetzung von f. Dann läßt sich F' zu einem eindeutig bestimmten o-Monomorphismus $F\colon (A' \cup \{a\})_A \to B$ fortsetzen.*

Beweis.
Für Mengen ist die Aussage trivial. Im Falle von Körpern folgt die Behauptung nach Lemma 18, II, § 5. Sind A und B Gruppen, so kann man ohne Einschränkung $a \notin A'$ voraussetzen. Dann ist also $(A' \cup \{a\})_A = A' + \mathbb{Q}a$, und man definiert daher $F(a' + qa) = F'(a') + q \cdot F'(a)$ für $a' \in A'$, $q \in \mathbb{Q}$. Die Abbildung $F\colon (A' \cup \{a\})_A \to B$ ist

offensichtlich ein Monomorphismus, der F' fortsetzt. Es ist folglich nur noch die Ordnungstreue von F zu beweisen. Sei dafür $0 < a' + q \cdot a$ mit $a' \in A'$, $q \in \mathbb{Q}$ und o.B.d.A. $q \neq 0$. Dann ist $a > -\frac{1}{q} \cdot a' \in A$, woraus wegen der Ordnungstreue von F' und der Linearität von f weiter $F'(a) > F'\left(-\frac{1}{q} \cdot a'\right) = f\left(-\frac{1}{q} \cdot a'\right) = -\frac{1}{q} f(a') = -\frac{1}{q} F'(a')$, also $0 < F'(a') + q \cdot F'(a)$ und damit $0 < F(a' + q \cdot a)$ folgt. □

Die beiden folgenden Aussagen sind Selbstverständlichkeiten; wir führen sie an, um bei den Beweisen unserer folgenden Sätze einheitlich zitieren zu können.

(6) *Es sei A eine angeordnete abgeschlossene Struktur und $(A_\xi)_{\xi < \varrho}$ eine mit Ordinalzahlen indizierte, bezüglich der Inklusion aufsteigende Folge von abgeschlossenen Unterstrukturen. Dann ist* $\bigcup_{\xi < \varrho} A_\xi = (\bigcup_{\xi < \varrho} A_\xi)_A$.

(7) *Es seien A und B angeordnete abgeschlossene Unterstrukturen und $(A_\xi)_{\xi < \varrho}$ eine aufsteigende Folge von abgeschlossenen Unterstrukturen von A wie in* (6). *Für alle $\xi < \varrho$ sei f_ξ: $A_\xi \to B$ ein o-Monomorphismus, so daß f_η von f_ξ fortgesetzt wird, wenn $\eta < \xi$ ist. Dann gibt es einen eindeutig bestimmten o-Monomorphismus f: $\bigcup_{\xi < \varrho} A_\xi \to B$, der alle f_ξ, $\xi < \varrho$, fortsetzt.*

Wir haben nun alle Voraussetzungen, um die Aussagen (E) und (I) beweisen zu können. Die entscheidende Überlegung, wie man den ordnungstreuen Monomorphismus von einer angeordneten Struktur der Kardinalität $\leq \aleph_\alpha$ in eine η_α-Struktur gewinnt, ist in dem folgenden Lemma enthalten:

Lemma 1 (Schwartz 1978). *Es sei $\alpha > 0$ eine Ordinalzahl, H eine abgeschlossene η_α-Struktur, A eine angeordnete abgeschlossene Struktur mit* card $A \leqslant \aleph_\alpha$ *und B eine Unterstruktur von A mit* card $B < \aleph_\alpha$. *Dann läßt sich jeder o-Monomorphismus f: $B \to H$ fortsetzen zu einem o-Monomorphismus F: $A \to H$.*

Beweis.
Wegen card $A \leqslant \aleph_\alpha$ kann man die Elemente von A als eine transfinite Folge $(a_\xi)_{\xi < \varrho}$ mit $\varrho < \omega_\alpha$ anordnen. Für jedes $\xi < \varrho$ sei $A_\xi = (B \cup \{a_\eta : \eta < \xi\})_A$. Wir gewinnen F mittels transfiniter Konstruktion längs der Folge $(A_\xi)_{\xi < \varrho}$: Es sei $f_0 = f$, und wir setzen voraus, daß es für eine Ordinalzahl $\xi_1 < \varrho$ bereits für alle $\xi < \xi_1$ o-Monomorphismen f_ξ: $A_\xi \to H$ gebe, so daß f_ξ eine Fortsetzung von f_η für $\eta < \xi$ ist. Ist ξ_1 eine Limeszahl, so ist nach (6) $A_{\xi_1} = \bigcup_{\xi < \xi_1} A_\xi$, und man erhält den eindeutig als Fortsetzung der Abbildungen f_ξ bestimmten o-Monomorphismus f_{ξ_1}: $A_{\xi_1} \to H$ nach (7). Es sei nun $\xi_1 = \xi_2 + 1$ eine Nachfolgerzahl. Um f_{ξ_1} mit (5) definieren zu können, brauchen wir eine o-injektive Fortsetzung f'_{ξ_1}: $A_{\xi_2} \cup \{a_{\xi_2}\}$ von f_{ξ_2}. Ist $a_{\xi_2} \in A_{\xi_2}$, so können wir $f'_{\xi_1} = f_{\xi_2}$ setzen. Für $a_{\xi_2} \notin A_{\xi_2}$ sei $X_1 = \{x \in A_{\xi_2} : x < a_{\xi_2}\}$ und $X_2 = \{x \in A_{\xi_2} : x > a_{\xi_2}\}$. Wir definieren f'_{ξ_1} als Fortsetzung von f_{ξ_2} und suchen als Bild von a_{ξ_2} unter f'_{ξ_1} ein Element in H, das zu den Mengen $f_{\xi_2}(X_1)$ und $f_{\xi_2}(X_2)$ genau so liegt wie a_{ξ_2} zu X_1 und X_2. Weil f_{ξ_2} ein o-Monomorphismus ist, gilt $f_{\xi_2}(X_1) < f_{\xi_2}(X_2)$. Wegen card $A_{\xi_2} < \aleph_\alpha$ ist ferner card $f(X_i) < \aleph_\alpha$, $i = 1, 2$; also gibt es, da H eine η_α-Menge ist, ein Element $h \in H$ mit $f_{\xi_2}(X_1) < \{h\} < f_{\xi_2}(X_2)$. Es sei $f'_{\xi_1}(a_{\xi_1}) = h$. Nach (5) erhält man als Fortsetzung von f'_{ξ_1} den o-Monomorphismus f_{ξ_1}: $A_{\xi_1} \to H$. Durch transfinite Induktion bekommt

man somit eine Folge von Abbildungen $(f_\xi)_{\xi < \varrho}$ und durch diese über (7) den gesuchten o-Monomorphismus $F: A \to H$. □

Mit Hilfe dieses Lemmas ergibt sich sofort die Aussage (E):

Satz 2 „*Einbettungssatz*“ (Alling 1960, Gillman-Jerison 1960, Schwartz 1978). *Es sei $\alpha > 0$ eine Ordinalzahl, H eine abgeschlossene η_α-Struktur und A eine angeordnete Struktur mit* $\operatorname{card} A \leqslant \aleph_\alpha$. *Dann gibt es einen o-Monomorphismus von A in H.*

Beweis.
Es sei $\bar{A}$ der Abschluß von A. Nach (1) ist $\operatorname{card} \bar{A} \leqslant \aleph_\alpha$. Wegen (3) gibt es einen o-Monomorphismus von $(\emptyset)_{\bar{A}}$ in H. Weil nach (2) $\operatorname{card}(\emptyset)_A \leqslant \aleph_0 < \aleph_\alpha$ ist, läßt sich dieser nach Lemma 1 zu einem o-Monomorphismus von $\bar{A}$ in H fortsetzen. Die Restriktion dieser Abbildung auf A ist der gesuchte o-Monomorphismus von A in H. □

Der Beweis der Aussage (I) ist etwas komplizierter. Man muß hier, um auf die Surjektivität der gesuchten Abbildung schließen zu können, den o-Monomorphismus selbst wie gleichzeitig auch seine Umkehrabbildung konstruieren. Wesentliches Hilfsmittel ist auch hier wieder Lemma 1.

Satz 3 „*Isomorphiesatz*“ (Alling 1960, Erdös-Gillman-Henriksen 1955, Schwartz 1978). *Es sei $\alpha > 0$ eine Ordinalzahl, und G, H seien abgeschlossene η_α-Strukturen mit* $\operatorname{card} G = \operatorname{card} H = \aleph_\alpha$. *Dann sind G und H o-isomorph.*

Beweis.
Weil η_α-Mengen der Kardinalität $\aleph_\alpha$ existieren, ist $\aleph_\alpha$ nach Satz 7, § 1 regulär und zulässig. Es seien $(g_\xi)_{\xi < \omega_\alpha}$ und $(h_\xi)_{\xi < \omega_\alpha}$ Wohlordnungen auf G bzw. H. Wir konstruieren zu diesen Folgen bez. der Inklusion aufsteigende Folgen von abgeschlossenen Unterstrukturen und zu diesen o-Monomorphismen, so daß wir den gesuchten o-Isomorphismus schließlich durch diese über (7) erhalten. Es sei $\xi_0 < \omega_\alpha$; wir nehmen an, daß es aufsteigende Folgen von abgeschlossenen Unterstrukturen $(G_\xi)_{\xi < \xi_0}$, $(H_\xi)_{\xi < \xi_0}$ von G bzw. H und zu diesen o-Monomorphismen $f_\xi: G_\xi \to H$ und $e_\xi: H_\xi \to G$ bereits gibt, so daß diese die in (7) angegebenen Voraussetzungen erfüllen und $\operatorname{card} G_\xi < \aleph_\alpha$, $\operatorname{card} H_\xi < \aleph_\alpha$ für jedes $\xi < \xi_0$ ist. Weiter gelte für diese Unterstrukturen und o-Monomorphismen, daß aus $\eta < \xi < \xi_0$ stets $g_\eta \in G_\xi$, $h_\eta \in H_\xi$, $e_\eta(H_\eta) \subseteq G_\xi$, $f_\xi(G_\xi) \subseteq H_\xi$ folgt, und daß, falls $h \in H_\eta$ bzw. $g \in G_\xi$ ist, $f_\xi e_\eta(h) = h$ und $e_\xi f_\xi(g) = g$ ist. Ist ξ_0 eine Limeszahl, so sei $G_{\xi_0} = \bigcup_{\xi < \xi_0} G_\xi$, $H_{\xi_0} = \bigcup_{\xi < \xi_0} H_\xi$, und f_{ξ_0}, e_{ξ_0} seien durch f_ξ, e_ξ, $\xi < \xi_0$, gemäß (7) bestimmt. Wegen $\operatorname{card} G_\xi < \aleph_\alpha$, $\operatorname{card} H_\xi < \aleph_\alpha$ für jedes $\xi < \xi_0$ und $\operatorname{card} \xi_0 < \aleph_\alpha$ folgt aus der Regularität von $\aleph_\alpha$ (Hausdorff 1914, S. 133), daß $\operatorname{card} G_{\xi_0} < \aleph_\alpha$ und $\operatorname{card} H_{\xi_0} < \aleph_\alpha$ ist. Die weiteren Eigenschaften, die für G_{ξ_0}, H_{ξ_0}, f_{ξ_0} und e_{ξ_0} zu gelten haben, rechnet man leicht nach. Hat ξ_0 einen Vorgänger ξ_1, so sei $G'_{\xi_0} = e_{\xi_1}(H_{\xi_1})$ und $G_{\xi_0} = (G'_{\xi_0} \cup \{g_{\xi_1}\})_G$ und weiter $f'_{\xi_0}: G'_{\xi_0} \to H$ die Umkehrung von e_{ξ_1}. Nach Lemma 1 gibt es zu G'_{ξ_0} wegen $\operatorname{card} H_{\xi_1} < \aleph_\alpha$ und somit auch $\operatorname{card} G'_{\xi_0} < \aleph_\alpha$ eine Fortsetzung von f'_{ξ_0} zu $f_{\xi_0}: G_{\xi_0} \to H$. Es sei $H'_{\xi_0} = f_{\xi_0}(G_{\xi_0})$ und $e'_{\xi_0}: H'_{\xi_0} \to G$ die Umkehrung von f_{ξ_0}. Wegen $\operatorname{card} G'_{\xi_0} < \aleph_\alpha$ ist nach (2) $\operatorname{card} G_{\xi_0} < \aleph_\alpha$ und damit $\operatorname{card} H'_{\xi_0} < \aleph_\alpha$. Also läßt sich e'_{ξ_0} zu einem o-Monomorphismus $e_{\xi_0}: H_{\xi_0} = (H'_{\xi_0} \cup \{h_{\xi_1}\})_H \to G$ fortsetzen. Man bestätigt für ξ_0 die oben (für ξ) angegebenen Eigenschaften. Folglich gibt es zu jedem $\xi < \omega_a$ abgeschlossene Unterstrukturen G_ξ,

H_ξ und o-Monomorphismen f_ξ: $G_\xi \to H$ bzw. e_ξ: $H_\xi \to G$, welche die oben formulierten Bedingungen erfüllen. Mittels (7) erhält man zu diesen abgeschlossenen Unterstrukturen und Abbildungen dann o-Monomorphismen f: $G = (G_\xi)_{\xi < \omega_\alpha} \to H$ bzw. e: $H = (H_\xi)_{\xi < \omega_\alpha} \to G$. Man rechnet nach, daß e zu f invers ist. Also ist f: $G \to H$ ein o-Isomorphismus. □

Lemma 1 spielte beim Beweis der beiden letzten Sätze, also der Aussagen (E) und (I), eine wesentliche Rolle. Daß dieses Lemma auch darüber hinaus für η_α-Strukturen von Bedeutung ist, erkennt man daran, daß dieses Lemma zusammen mit seiner Umkehrung eine Charakterisierung der η_α-Strukturen liefert.

Satz 4 (Schwartz 1978). *Es sei* $\alpha > 0$ *eine Ordinalzahl. Für eine angeordnete abgeschlossene Struktur H sind die folgenden Aussagen äquivalent*:

(I) *H ist eine* η_α*-Struktur.*

(II) *Für jede angeordnete abgeschlossene Struktur A mit* card $A < \aleph_\alpha$ *und jede Unterstruktur* $B \subseteq A$ *läßt sich jeder o-Monomorphismus* f: $B \to H$ *fortsetzen zu einem o-Monomorphismus* F: $A \to H$.

Beweis.
Der Schluß von (I) auf (II) ist in der Aussage des Lemmas enthalten. Um von (II) auf (I) zu schließen, betrachten wir zwei Teilmengen X, Y von H mit $X < Y$ und card$(X \cup Y) < \aleph_\alpha$. Dann ist auch card$(X \cup Y)_H < \aleph_\alpha$. Sei E eine beliebige abgeschlossene η_α-Struktur.

Nach Satz 2 gibt es einen o-Monomorphismus g: $(X \cup Y)_H \to E$. Also ist auch $g(X) < g(Y)$ und card$(g(X) \cup g(Y)) < \aleph_\alpha$. Daher gibt es ein $e \in E$ mit $g(X) < \{e\} < g(Y)$. Es sei $A = (g((X \cup Y)_H) \cup \{e\})_E$ und $B = g((X \cup Y)_H)$. Dann ist $f = b \mapsto g^{-1}(b)$: $B \to H$ ein o-Monomorphismus, und nach (II) läßt sich dieser fortsetzen zu F: $A \to H$. Folg-lich ist $X = Fg(X) < \{F(e)\} < Fg(Y) = Y$. □

Die Regularität von $\aleph_\alpha$ ist für die Existenz von η_α-Strukturen eine notwendige Bedingung. Also können die η_α-Strukturen für singuläres $\aleph_\alpha$ nicht als universelle Strukturen dienen. In Schwartz 1978 ist ausgeführt, daß man den Begriff der η_α-Struktur so zu dem Begriff einer ϑ_α-Struktur erweitern kann, daß für reguläres $\aleph_\alpha$ die beiden Begriffe zusammenfallen und für singuläres $\aleph_\alpha$ die ϑ_α-Strukturen die universelle Rolle der η_α-Strukturen übernehmen. Erdös-Gillman-Henriksen hatten in ihrer Arbeit von 1955 die Frage aufgeworfen, wie eine Übertragung des Steinitzschen Satzes, daß ein algebraisch abgeschlossener Körper durch seine Charakteristik und seinen absoluten Transzendenzgrad charakterisiert ist, für reell abgeschlossene Körper auszusehen habe. Weil angeordnete Körper den Körper $\mathbb{Q}$ als Primkörper haben, stimmt für diese ihr absoluter Transzendenzgrad mit ihrer Kardinalität überein. Man überzeugt sich leicht, daß reell abgeschlossene Körper gleicher Kardinalität natürlich nicht isomorph zu sein brauchen; die einfachste Form der Übertragung des Steinitzschen Satzes ist also nicht möglich. In Verfolgung dieser Frage haben Erdös-Gillman-Henriksen in ihrer Arbeit von 1955 den Isomorphiesatz für reell abgeschlossene η_α-Körper hergeleitet. Eine weitere, hierher gehörige Antwort gibt Greither 1979b: Er nennt einen angeordneten Körper K einen ζ_0-*Körper*, wenn jede nichtleere Teilmenge von K eine höchstens abzählbare, mit ihr konfinale Teilmenge besitzt, und er beweist dann (unter Voraussetzung der Allgemeinen Kontinuumshypothese) den folgenden Satz, den wir hier ohne Beweis anführen wollen:

Satz 5 (Greither 1979b). *Sei* $\alpha \geqslant 0$ *eine Ordinalzahl und* K *ein beliebiger* ζ_0*-Körper. Dann sind zwei reell abgeschlossene* $\eta_{\alpha+1}$*-Oberkörper von* K*, die über* K *den Transzendenzgrad* $\aleph_{\alpha+1}$ *haben, über* K *isomorph.*

Wir nennen zum Schluß noch einige Arbeiten, in denen weiterführende Fragen aus der Theorie der η_α-Mengen untersucht sind: In Fleischer 1963 wird ein Kriterium gegeben, wann ein lexikographisches Produkt angeordneter Mengen eine η_α-Menge ist. In Harzheim 1964 werden universelle η_α-Mengen als Mengentürme durch sukzessive Schnittauffüllungen konstruiert; weiter werden in dieser Arbeit Verallgemeinerungen von η_α-Mengen und zwar Mengen vom Typ r_α betrachtet. Als eine Verschärfung des Hausdorffschen Einbettungssatzes, also der Aussage (E) für Mengen, beweist Harzheim 1965 (s. hierzu auch Harzheim 1967): Es sei ω_α regulär und M eine angeordnete Menge. Hat M keine Teilmengen der Typen ω_α, $\omega_{\alpha+1}^*$ (= invers zu $\omega_{\alpha+1}$), so ist M in jede η_α-Menge einbettbar.

In Antonovskij-Chudnovsky-Chudnovsky-Hewitt 1981 findet man eine Beschreibung der Kardinalzahlen, die Mächtigkeiten von η_α-Mengen sind, und weiter ein Modell der Mengenlehre (Zermelo-Fraenkel mit Negation der Kontinuumshypothese), in dem es zwei nichtisomorphe reell abgeschlossene η_1-Körper der Mächtigkeit des Kontinuums gibt.

Da die η_α-Strukturen Beispiele saturierter Modelle sind, liegen auch Untersuchungen über η_α-Strukturen in der Modelltheorie vor; wir verweisen in diesem Zusammenhang auf Sacks 1972, Chap. 16, 19, 20 und Chang-Keisler 1973, S. 217ff und die hierin zu diesen Fragen genannte Literatur.

V Angeordnete projektive Ebenen

§ 1 Angeordnete affine Ebene, angeordnete projektive Ebene, angeordneter Ternärkörper

Wir beschäftigen uns in diesem Kapitel mit angeordneten projektiven Ebenen. Die Theorie der projektiven Ebenen ist noch recht jung; zu einem selbständigen Forschungsgebiet hat sie sich in den letzten 30 Jahren — von den Grundlagen der Geometrie herkommend — entwickelt. Für die angeordneten Projektiven Ebenen steht die Untersuchung einiger Fragen noch völlig aus, so ein Studium der nichtarchimedisch angeordneten projektiven Ebenen. Wir versuchen in diesem Kapitel, zentrale Begriffe und Sätze aus der Theorie angeordneter Gruppen und Körper auf angeordnete projektive Ebenen zu übertragen. Für den Hölderschen Satz (Satz 4, § 3, I), der die Struktur archimedischer Gruppen und Körper klärt, ist das in § 3 völlig gelungen. Dem Bewertungsbegriff für Körper entspricht der Homomorphiebegriff für projektive Ebenen; wir setzen uns damit in § 4 auseinander. Die Anordnung einer Gruppe oder eines Körpers liefert eine Topologie für diese Strukturen. Wir werden zeigen, daß dies auch für projektive Ebenen der Fall ist. Die Theorie der topologischen projektiven Ebenen ist seit 1960 durch Salzmann und seine Schüler sehr entwickelt worden. Wir gehen in § 2 nur auf Grundlagen hierzu und Fragen ein, die für angeordnete projektive Ebenen von Bedeutung sind. Als eine Lücke in diesem Kapitel mag man empfinden, daß wir keinen Paragraphen über Ordnungsfunktionen bringen. Aus Gründen der Stoffabgrenzung für dieses Buch, wobei wir uns stets auf (lineare) Ordnungen beschränkten und teilweise Ordnungen grundsätzlich nicht in Betracht gezogen haben, ist das geschehen. Die für angeordnete projektive Ebenen wichtigen Ergebnisse von Joussen über die Anordnungsfähigkeit freier Ebenen bzw. die archimedische Anordnung solcher Ebenen wären Grund genug, weil diese Ergebnisse mittels Ordnungsfunktionen gewonnen wurden, dieses Prinzip für angeordnete projektive Ebenen fallen zu lassen; aber die Beweise der Sätze von Joussen erschienen uns für eine Darstellung in diesem Buch zu kompliziert und lang. Einen Überblick über die bis 1970 erschienenen Arbeiten zu zwei- und mehrwertigen Ordnungsfunktionen findet man in Junkers 1971, für anschließend erschienene Arbeiten sei auf Karzel 1980 verwiesen.

Als Literatur über projektive Ebenen nennen wir Pickert 1975 oder Hughes-Piper, Projective Planes. Wir halten uns weitgehend an die Bezeichnungsweise von Pickert.

Häufig betrachtet man an Stelle einer projektiven Ebene eine ihrer affinen Ebenen. Man kann eine affine Ebene $\mathfrak{A}$ stets zu einer projektiven Ebene durch Hinzufügen der „uneigentlichen Punkte“ und der „uneigentlichen Geraden“ als Menge der uneigentlichen Punkte (= projektive Erweiterung von $\mathfrak{A}$) vervollständigen, und von einer projektiven Ebene kommt man durch Entfernen einer Geraden und aller der auf dieser Geraden liegenden Punkte zu einer affinen Ebene. Die Koordinatenstruktur einer affinen bzw. projektiven Ebene (bezüglich eines Punktequadrupels) ist ein Ternärkörper. Unter Voraussetzung einer wachsenden Zahl von Schließungssätzen erhält ein solcher Ternärkörper zunehmend „bessere" algebraische Eigenschaften, bis man schließlich bei Voraussetzung des Satzes von Desargues bzw. Pappos zu einem Schiefkörper bzw. Körper als Koordinatenstruktur kommt. Wir werden in diesem Paragraphen zeigen, daß die Anordnung einer affinen Ebene und die Anordnung einer projektiven Ebene so definiert sind, daß sich die Anordnung einer affinen Ebene auch zu einer Anordnung ihrer projektiven Erweiterung fortsetzen läßt, und daß mit einer projektiven Ebene $\mathfrak{E}$ auch jede ihrer affinen Ebenen (bezüglich der Restriktion der Anordnung von $\mathfrak{E}$) angeordnet ist.

Weiter werden wir sehen, daß sich die Anordnungen einer affinen Ebene $\mathfrak{A}$ und eines Ternärkörpers als Koordinatenstruktur von $\mathfrak{A}$ gegenseitig bestimmen. Angeordnete Schiefkörper und angeordnete Körper ergeben sich schließlich als Spezialfälle angeordneter Ternärkörper. Wenn wir von einer Anordnung einer affinen oder projektiven Ebene reden, gebrauchen wir den Begriff „Anordnung" in einem weiteren Sinn als für algebraische Strukturen; diese Ausdrucksweise erscheint durch die Beschreibungsmöglichkeit von projektiven bzw. affinen Ebenen durch ihre Koordinatenstrukturen, die algebraische Strukturen sind, gerechtfertigt.

Für die Definition einer angeordneten affinen Ebene brauchen wir zunächst den Begriff der Zwischenbeziehung: Es sei M eine Menge. Eine ternäre Relation ζ über M heißt eine *Zwischenbeziehung*, wenn ζ die folgenden Eigenschaften für alle $a, b, c, d \in M$ hat:

(Z 1) *aus* $\zeta(a, b, c)$ *folgt* $a \neq b \neq c \neq a$;

(Z 2) *aus* $\zeta(a, b, c)$ *folgt* $\zeta(c, b, a)$;

(Z 3) $\zeta(a, b, c)$ *falsch, wenn* $\zeta(a, c, b)$;

(Z 4) *aus* $a \neq b \neq c \neq a$ *folgt* $\zeta(a, b, c)$ *oder* $\zeta(b, c, a)$ *oder* $\zeta(c, a, b)$;

(Z 5) *aus* $\zeta(a, b, c)$ *und* $d \neq a, b, c$ *folgt* $\zeta(a, b, d)$ *oder* $\zeta(d, b, c)$.

Eine über einer Menge M definierte Anordnung liefert eine Zwischenbeziehung über M, und zu einer über M erklärten Zwischenbeziehung ζ erhält man zwei zueinander duale Anordnungen über M. Wir formulieren diesen Zusammenhang zwischen Anordnung und Zwischenbeziehung:

Lemma 1.

(1) $(M, \leqslant)$ *sei eine angeordnete Menge. Durch* $\zeta(a,b,c) \Leftrightarrow a < b < c$ *oder* $c < b < a$ *ist eine Zwischenbeziehung* ζ *über* M *definiert.*

(2) *Es sei* ζ *eine Zwischenbeziehung über* M, *und* x, y *seien zwei voneinander verschiedene Elemente aus* M. *Durch* ζ *ist folgendermaßen eine Anordnung* $\leqslant$ *über* M *definiert: Es sei* $x < y$; *für ein Element* $a \neq x, y$ *gelte* $a < x$ *genau im Falle* $\zeta(a, x, y)$; *für* $a, b \neq x$ *gelte* $a < b$ *genau dann, wenn eine der drei folgenden Bedingungen erfüllt ist:* $(\zeta(x, a, b),\ x < a)$ *oder* $(\zeta(a, b, x),\ b < x)$ *oder* $a < x < b$.

(3) *Durch eine Zwischenbeziehung* ζ *lassen sich, wie in* (2) *angegeben, genau zwei Anordnungen definieren, nämlich jene mit* $x < y$ *und die dazu duale.*

Den Beweis dieses Lemmas kann man z. B. in Pickert 1975, S. 222 nachlesen.

Eine Gerade g einer projektiven oder affinen Ebene läßt sich mit der auf g liegenden Menge von Punkten identifizieren; wollen wir diesen Sachverhalt besonders betonen, so sprechen wir statt von der „Geraden" g von der „Punktreihe" g. Für den Begriff „*Perspektivität*" als Abbildung zwischen Punktreihen sei auf Pickert 1975 verwiesen. Unter einer *Parallelprojektion* versteht man eine Perspektivität zwischen zwei affinen Punktreihen mit uneigentlichem Zentrum.

Eine *affine Ebene* $\mathfrak{A}$ heißt *angeordnet*, wenn jede Gerade von $\mathfrak{A}$ mindestens drei Punkte enthält, und auf jeder Punktreihe von $\mathfrak{A}$ eine Zwischenbeziehung definiert ist, die gegenüber Parallelprojektionen invariant ist. (In Longwitz 1979 ist bewiesen, daß man bei der Definition der Anordnung einer affinen Ebene das Axiom (Z 5) der Zwischenbeziehung durch ein schwächeres ersetzen kann.)

Satz 2. *Die Punktreihen einer angeordneten affinen Ebene* $\mathfrak{A}$ *sind in sich dicht geordnete und unbeschränkte Mengen (bezüglich der durch die Zwischenbeziehung gegebenen Anordnungen).*

Beweis.
Wir beweisen zunächst, daß eine Gerade g aus $\mathfrak{A}$ in sich dicht geordnet ist: A, B seien zwei verschiedene Punkte auf g. Weil $\mathfrak{A}$ angeordnet ist, ist auf jeder Punktreihe von $\mathfrak{A}$ eine Zwischenbeziehung erklärt; wir bezeichnen diese für jede Gerade mit ζ. Wir zeigen, daß es einen Punkt D auf g mit $\zeta(A, D, B)$ gibt.

Sei a eine zu g parallele Gerade mit $a \neq g$ (s. Abb. 1.1). Auf a gibt es wenigstens drei voneinander verschiedene Punkte; diese seien so bezeichnet, daß $\zeta(A', C', B')$ gilt. E sei der Schnittpunkt der Parallelen zu $A\,A'$ durch C' mit der Verbindungsgeraden $A\,B'$ der Punkte A und B', und D sei der Schnittpunkt der Parallelen zu $B\,B'$ durch E mit $A\,B$. Wegen der Invarianz der auf den Punktreihen von $\mathfrak{A}$ erklärten Zwischenbeziehung ζ gegenüber Parallelprojektionen folgt aus $\zeta(A', C', B')$ die Beziehung $\zeta(A, E, B')$ und hieraus $\zeta(A, D, B)$.

Wir zeigen nun, daß jede Punktreihe von $\mathfrak{A}$ bezüglich der beiden durch ζ gegebenen Anordnungen eine angeordnete Menge ohne obere wie untere Schranke ist.

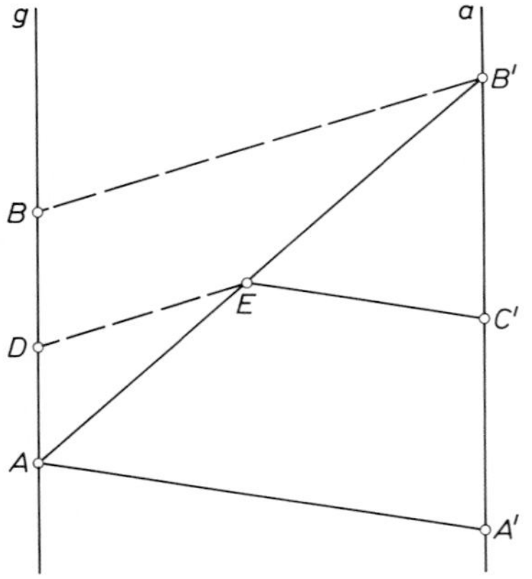

Abb. 1.1

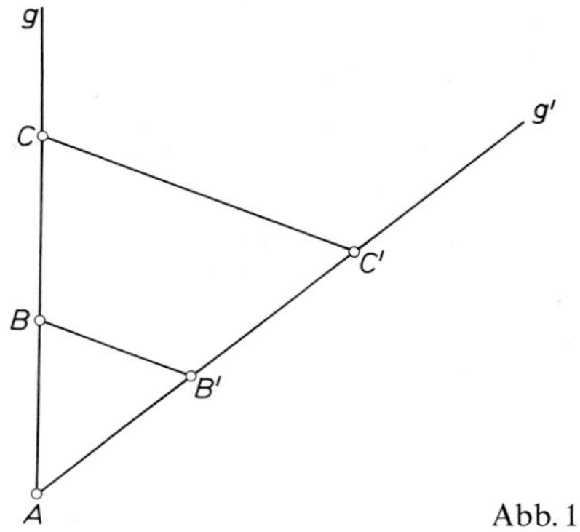

Abb. 1.2

Seien hierfür A, B zwei Punkte von g mit $A \neq B$. Gesucht ist ein Punkt C auf g mit $\zeta(A, B, C)$. Es sei g' eine von g verschiedene Gerade durch A und C' ein Punkt $\neq A$ auf g' (s. Abb. 1.2). Weil g' in sich dicht geordnet ist, gibt es einen Punkt B' auf g' mit $\zeta(A, B', C')$. Die Parallele zu BB' durch C' schneidet g in einem Punkt C mit $\zeta(A, B, C)$. □

Es sei $\mathfrak{A}$ eine affine Ebene mit mindestens drei Punkten auf jeder Geraden, und auf jeder Punktreihe von $\mathfrak{A}$ sei eine Zwischenbeziehung ζ erklärt. Wir sagen, in $\mathfrak{A}$ gilt das *Axiom von Pasch*, wenn die folgende Bedingung $(*)$ für drei beliebige nichtkollineare Punkte A, B, C und eine nicht durch diese gehende Gerade g von $\mathfrak{A}$ erfüllt ist (s. Abb. 1.3):

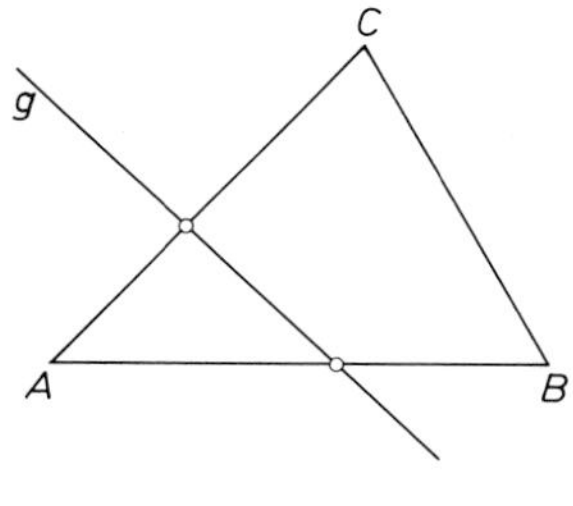

Abb. 1.3

$(*)$ *Enthält g einen Punkt B' mit $\zeta(A, B', C)$ so enthält g einen Punkt A' mit $\zeta(B, A', C)$ oder einen Punkt C' mit $\zeta(A, C', B)$.*

Aus dem Axiom von Pasch erhält man das *Kleine Axiom von Pasch*, wenn man die Bedingung $(*)$ durch die Forderung einschränkt, daß g zu einer der drei Geraden $A\,B$, $B\,C$, $A\,C$ parallel sein soll.

Lemma 3. *Gilt in einer affinen Ebene das Axiom von Pasch, so kann man $(*)$ durch die folgende anscheinend stärkere Aussage $(**)$ ersetzen:*

$(**)$ *Enthält g einen Punkt B' mit $\zeta(A, B', C)$, so enthält g entweder einen Punkt A' mit $\zeta(B, A', C)$ oder einen Punkt C' mit $\zeta(A, C', B)$.*

Beweis. Wir führen den Beweis indirekt: Angenommen es gelte $\zeta(A, B', C)$, $\zeta(B, A', C)$ und $\zeta(A, C', B)$ (s. Abb. 1.4). Da A, B, C nicht kollinear sind, sind die Punkte A', B', C'

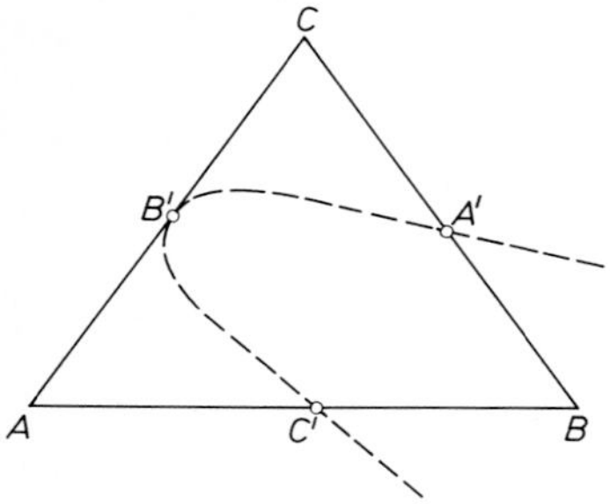

Abb. 1.4

voneinander verschieden. O.B.d.A. können wir $\zeta(C', B', A')$ annehmen. Wir betrachten die drei nichtkollinearen Punkte C', A', B. Die Gerade AC schneidet $A'C'$ in B', und es gilt $\zeta(C', B', A')$. Nach dem Axiom von Pasch müßte daher A zwischen C' und B oder C zwischen A' und B liegen, was jedoch im Widerspruch zu $\zeta(A, C', B)$ und $\zeta(B, A', C)$ steht. □

In dem folgenden Satz zeigen wir, daß wir in der Definition der Anordnung einer affinen Ebene die Forderung nach Invarianz der Zwischenbeziehung gegenüber Parallelprojektionen auch durch das Axiom von Pasch oder das Kleine Axiom von Pasch ersetzen können:

Satz 4 (Pickert 1955). *$\mathfrak{A}$ sei eine affine Ebene mit mindestens drei Punkten auf jeder Geraden und einer für jede Punktreihe von $\mathfrak{A}$ definierten Zwischenbeziehung ζ. Dann sind die folgenden Aussagen äquivalent:*

(1) *Kleines Axiom von Pasch.*
(2) *Invarianz der Zwischenbeziehung auf jeder Geraden gegenüber Parallelprojektionen.*
(3) *Axiom von Pasch.*

Beweis.
Wir zeigen: (1) $\Rightarrow$ (2) $\Rightarrow$ (3) $\Rightarrow$ (1).

(1) $\Rightarrow$ (2): Auf der Geraden g gelte $\zeta(A, B, C)$, und A', B', C' seien die Bilder von A, B, C unter der Parallelprojektion τ: $g \to g'$.

I) Der Schnittpunkt P der Geraden g und g' liege nicht zwischen A und C, und P sei von A und C verschieden (s. Abb. 1.5). Dann können wir $\zeta(P, A, C)$ (bei eventueller Vertauschung von A mit C) annehmen. Aus $\zeta(A, B, C)$ und $\zeta(P, A, C)$ folgt $\zeta(P, A, B)$ und $\zeta(P, B, C)$. Anwendung des Kleinen Axioms von Pasch auf das Dreieck PBB'

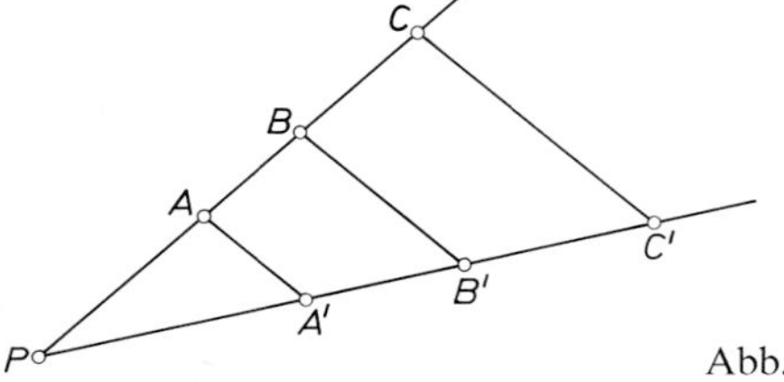

Abb. 1.5

bezüglich der Geraden AA' und auf das Dreieck PCC' bezüglich der Geraden BB' ergibt $\zeta(P, A', B')$ und $\zeta(P, B', C')$, woraus man $\zeta(A', B', C')$ erhält.

II) Stimmt der Schnittpunkt P von g und g' mit A oder C überein, so folgt aus $\zeta(A, B, C)$ nach (1) sofort $\zeta(A', B', C')$.

III) Der Schnittpunkt P von g und g' liege nunmehr zwischen A und C. Dann liegt P zwischen A und B oder zwischen B und C, oder P stimmt mit B überein. Wir beschränken uns auf den Fall, daß $\zeta(A, P, B)$ gilt. Aus der Annahme $\zeta(P, A', B')$ oder $\zeta(P, B', A')$ folgt nach (1) $\zeta(P, A, B)$ oder $\zeta(P, B, A)$, was im Widerspruch zu $\zeta(A, P, B)$ steht; also hat man $\zeta(A', P, B')$. Aus $\zeta(P, B, C)$ erhält man $\zeta(P, B', C')$, was zusammen mit $\zeta(A', P, B)$ die Beziehung $\zeta(A', B', C')$ liefert.

IV) Sind die Geraden g, g' zueinander parallel, so sei B^* der Schnittpunkt von AC' mit BB' (s. Abb. 1.6). Wir wenden das Kleine Axiom von Pasch zunächst auf das Dreieck ACC' an und erhalten $\zeta(A, B^*, C')$ und nun auf das Dreieck $AC'A'$ und bekommen $\zeta(A', B', C')$.

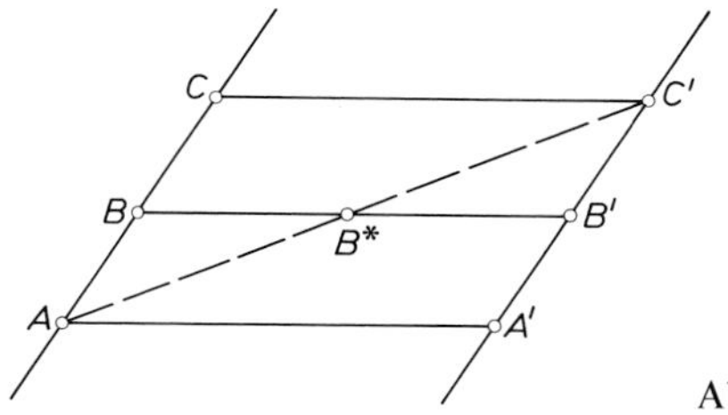

Abb. 1.6

(2) $\Rightarrow$ (3): A, B, C seien drei nichtkollineare Punkte, und die nicht durch die Punkte A, B, C gehende Gerade g enthalte einen Punkt C' mit $\zeta(A, C', B)$. Ist g parallel AC, so folgt nach (2) für den Schnittpunkt A' von g mit BC sofort $\zeta(B, A', C)$. Sei also nun g nicht parallel AC (s. Abb. 1.7). Dann ist der Schnittpunkt A'' der Parallelen zu g durch A ungleich C. Es sei B' der Schnittpunkt von g mit AC. Wir nehmen an, es gelte nicht $\zeta(A, B', C)$. Dann gilt also $\zeta(B', A, C)$ oder $\zeta(B', C, A)$. Die Punkte A', A'' erhält man als Bildpunkte von B' bzw. A unter einer Parallelprojektion von AC auf BC und als Bildpunkte von C' bzw. A unter einer Parallelprojektion von AB auf BC.

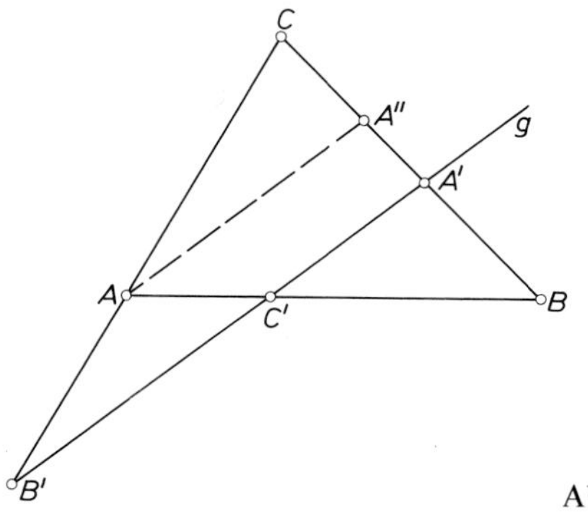

Abb. 1.7

Aus $\zeta(B', A, C)$ oder $\zeta(B', C, A)$ folgt damit $\zeta(A', A'', C)$ oder $\zeta(A', C, A'')$, und aus $\zeta(A, C', B)$ erhält man $\zeta(A'', A', B)$. Die Beziehung $\zeta(A'', A', B)$ ergibt mit $\zeta(A', A'', C)$ wie mit $\zeta(A', C, A'')$, daß A' zwischen B und C liegt. Damit ist (3) aus (2) hergeleitet. (3) $\Rightarrow$ (1) ist selbstverständlich, da (1) ein Sonderfall von (3) ist. ▯

Es sei g eine Gerade einer angeordneten affinen Ebene $\mathfrak{A}$. Durch die folgende Vorschrift ist eine Äquivalenzrelation $\sim_g$ über der Menge M_g der nicht auf g liegenden Punkte von $\mathfrak{A}$ definiert:

$A \sim_g B$ genau dann, wenn kein Punkt X von g zwischen A und B liegt.

M_g zerfällt bezüglich $\sim_g$ in zwei Klassen. Man nennt diese beiden Klassen die beiden *Seiten* von g, die Klasseneinteilung selbst heißt *Seiteneinteilung*, und für $P \sim_g Q$ sagt man: P liegt *auf derselben Seite* von g wie Q.

Man kann die Anordnung einer affinen Ebene auch mit Hilfe des Begriffs der Seiteneinteilung definieren; denn es gilt (Pickert 1975, S. 230):

Satz 5. *Ist auf jeder Punktreihe einer affinen Ebene eine Zwischenbeziehung erklärt, so gilt das Axiom von Pasch genau dann, wenn zu jeder Geraden eine Seiteneinteilung vorhanden ist.*

Um die Anordnung einer projektiven Ebene definieren zu können, brauchen wir zunächst den Begriff der Trennbeziehung.

Es sei M eine Menge. Eine quaternäre Relation | über M heißt eine *Trennbeziehung*, wenn | die folgenden Eigenschaften für alle a, b, c, d, $e \in M$ hat:

(T 1) *Aus $ab \mid cd$ folgt a, b, c, d, sind voneinander verschieden*;

(T 2) *aus $ab \mid cd$ folgt $ba \mid cd$ und $cd \mid ab$*;

(T 3) *$ab \mid cd$ falsch, wenn $ac \mid bd$*;

(T 4) *sind a, b, c, d voneinander verschieden, so gilt $ab|cd$ oder $ca|bd$ oder $bc|da$*;

(T 5) *aus $ab \mid cd$ und $bc \mid de$ folgt $cd \mid ea$.*

Es sei u ein Element einer Menge M. Zwischen einer Trennbeziehung über M und einer Zwischenbeziehung über $M \setminus \{u\}$ besteht der folgende Zusammenhang (Pickert 1975, S. 225): Aus der Trennbeziehung | über M erhält man durch die Festsetzung

(+) *$\zeta(a, b, c)$ genau dann, wenn $ac \mid bu$*

eine Zwischenbeziehung über $M \setminus \{u\}$. Umgekehrt kommt man von einer Zwischenbeziehung ζ über $M \setminus \{u\}$ durch die folgende Vorschrift zu einer Trennbeziehung | über M (und falls ζ mittels (+) aus einer Trennbeziehung über M gewonnen war, erhält man diese so auch gerade wieder):

$ab|cu$, $ba|cu$, $ab|uc$ und $ba|uc$ für $a, b, c \neq u$ genau dann, wenn $\zeta(a, c, b)$.
$ab|cd$, $ba|cd$, $ab|dc$ und $ba|dc$ für $a, b, c, d \neq u$ genau dann, wenn ($\zeta(a, c, b)$, $d \neq a, b$ und nicht $\zeta(a, d, b)$) oder ($\zeta(a, d, b)$, $c \neq a, b$ und nicht $\zeta(a, c, b)$).

Eine *projektive Ebene* $\mathfrak{E}$ heißt *angeordnet*, wenn auf jeder Geraden von $\mathfrak{E}$ mindestens vier Punkte liegen, und auf jeder Punktreihe eine Trennbeziehung erklärt ist, die gegenüber perspektiven Abbildungen invariant ist. Erklärt man in jedem Geradenbüschel einer angeordneten projektiven Ebene $\mathfrak{E}$ eine Trennbeziehung durch $ab \mid cd \Leftrightarrow a \cap g, b \cap g \mid c \cap g, d \cap g$, wobei g eine Gerade aus $\mathfrak{E}$ ist, die nicht dem

Büschel der Geraden a, b, c, d angehört, so ist die Trennbeziehung offensichtlich gegenüber perspektiven Abbildungen zwischen Geradenbüscheln invariant. Man erhält daher, daß mit einer projektiven Ebene auch ihre duale Ebene angeordnet ist. (Unter der *dualen Ebene* $\mathfrak{E}^*$ einer projektiven Ebene $\mathfrak{E}$ versteht man die projektive Ebene, welche die Geraden von $\mathfrak{E}$ als Punkte und die Punkte von $\mathfrak{E}$ als Geraden hat, wobei zwei Elemente in $\mathfrak{E}^*$ genau dann inzident*) sein sollen, wenn es für die ihnen entsprechenden Elemente aus $\mathfrak{E}$ der Fall ist.)

Die affine Ebene $\mathfrak{E}_l$ sei aus der projektiven Ebene $\mathfrak{E}$ bezüglich der uneigentlichen Geraden l gebildet. Für eine Gerade g aus $\mathfrak{E}_l$ sei mit L_g der Schnittpunkt von g mit l bezeichnet. Wir nennen die Anordnung von $\mathfrak{E}_l$ eine Einschränkung der Anordnung von $\mathfrak{E}$, bzw. die Anordnung von $\mathfrak{E}$ eine Fortsetzung der Anordnung von $\mathfrak{E}_l$, wenn zwischen der auf jeder Punktreihe von $\mathfrak{E}_l$ definierten Zwischenbeziehung ζ und der auf den Geraden von $\mathfrak{E}$ erklärten Trennbeziehung | der folgende Zusammenhang besteht: Für drei verschiedene Punkte A, B, C der affinen Geraden g gilt $\zeta(A, B, C)$ genau dann, wenn $AC \mid BL_g$.

Satz 6. *Ist die projektive Ebene $\mathfrak{E}$ angeordnet, so auch die zu einer Geraden l aus $\mathfrak{E}$ gebildete affine Ebene $\mathfrak{E}_l$ bezüglich der Einschränkung der Anordnung von $\mathfrak{E}$.*

Beweis.
Eine Parallelprojektion von $\mathfrak{E}_l$ läßt sich als eine Perspektivität σ von $\mathfrak{E}$ auffassen, deren Zentrum auf l liegt. Daher wird ein uneigentlicher Punkt durch σ auf einen uneigentlichen Punkt abgebildet. Als Perspektivität erhält σ weiter die Trennbeziehung; also läßt σ (nun wieder als Parallelprojektion von $\mathfrak{E}_l$ aufgefaßt) die auf den Punktreihen von $\mathfrak{E}_l$ gegebene Zwischenbeziehung invariant. □

Es soll nun gezeigt werden, daß sich die Anordnung einer affinen Ebene auf ihre projektive Erweiterung fortsetzen läßt. Wesentliches Hilfsmittel ist dafür das folgende Lemma:

Lemma 7 (Crampe 1958). *In einer angeordneten affinen Ebene seien A_1, A_2, A_1', A_2' Punkte auf einer Geraden g, die zur Verbindungsgeraden der Punkte S und S' parallel, aber von dieser verschieden sei. Weiter sei SA_i parallel zu $S'A_i'$ für $i = 1, 2$. Dann gilt bez. einer zur Zwischenbeziehung auf g gehörenden Anordnung: Aus $A_1 < A_2$ folgt $A_1' < A_2'$.*

Beweis.
Es ist SA_1 nicht parallel zu SA_2, also ist auch $S'A_1'$ nicht parallel SA_2, und daher existiert der Schnittpunkt P von SA_2 und $S'A_1'$ (s. Abb. 1.8). Wegen $S \neq S'$ ist $P \neq S$. Damit bleiben für die Lage von P zu den Punkten S und A_2 die folgenden Möglichkeiten: $\zeta(S, A_2, P)$ oder $\zeta(S, P, A_2)$ oder $\zeta(P, S, A_2)$ oder $P = A_2 = A_1'$. Wir zeigen, daß wir in jedem dieser 4 Fälle $A_1' < A_2'$ erhalten. Aus $\zeta(S, A_2, P)$ bekommen wir $\zeta(A_1, A_2, A_1')$ durch Parallelprojektion auf A_1A_2 und $\zeta(S', A_1', P)$ durch Parallelprojektion auf $S'P$; aus der letzten Beziehung folgt mit einer weiteren Parallelprojektion auf A_1A_2 dann $\zeta(A_2', A_1', A_2)$. Wegen $A_1 < A_2$ ergibt sich aus $\zeta(A_1, A_2, A_1')$ und $\zeta(A_2', A_1', A_2)$ somit $A_1' < A_2'$. In den beiden Fällen $\zeta(S, P, A_2)$ bzw. $\zeta(P, S, A_2)$ folgt $A_1' < A_2'$ mit völlig analogen Überlegungen wie eben. Damit ist nur noch der Fall

*) Zu den Begriffen „inzident" und „Inzidenzstruktur" s. Pickert 1975. $P \mathrel{I} g$ bzw. $P \not\mathrel{I} g$ bedeute, daß die Elemente P und g „inzident" bzw. „nicht inzident" sind.

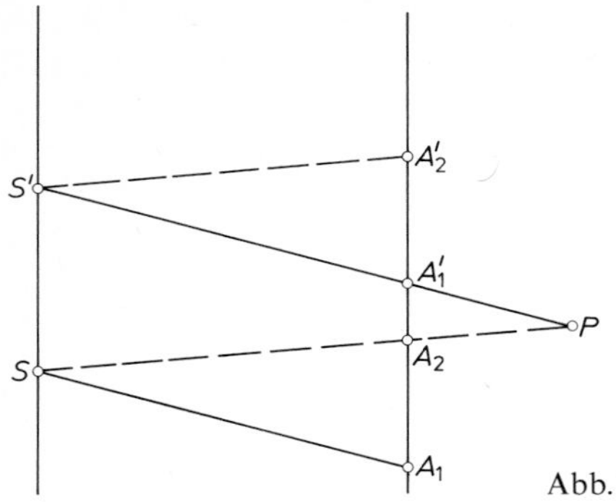

Abb. 1.8

$A_1' = A_2 = P$ zu behandeln: Wir wählen einen Punkt A_1^* auf $A_1 A_2$ mit $\zeta(A_1, A_1^*, A_2)$. Die Parallele zu SA_1 durch A_1^* schneide SA_2 in P^* und SS' in S^*, und die Parallele zu SA_2 durch S^* schneide $S'A_2$ in Q und $A_1 A_2$ in A_2^* (s. Abb. 1.9).

Wegen $\zeta(A_1, A_1^*, A_2)$ gilt $\zeta(S, P^*, A_2)$. Damit liegt für die Punkte A_1, A_2 und A_1^*, A_2^* an Stelle von A_1', A_2' einer der bereits behandelten Fälle vor, und es folgt $A_1^* < A_2^*$. Aus $\zeta(A_1, A_1^*, A_2)$ erhält man $\zeta(S, S^*, S')$, hieraus $\zeta(A_2, Q, S')$ und damit $\zeta(A_2^*, Q, S^*)$. Mit den Punkten A_1^*, A_2^*, A_1', A_2' hat man also wieder einen der schon diskutierten Fälle (mit A_1^*, A_2^* an Stelle von A_1, A_2), und es ergibt sich daher $A_1' < A_2'$. □

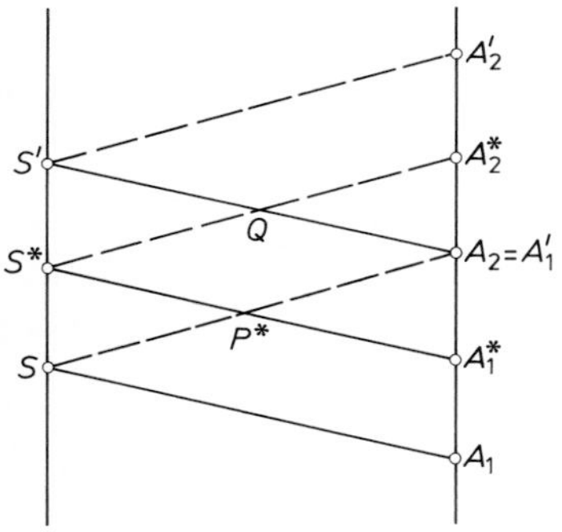

Abb. 1.9

Satz 8 (Crampe 1958, Pickert 1955). *Die Anordnung einer affinen Ebene läßt sich eindeutig zu einer Anordnung ihrer projektiven Erweiterung fortsetzen.*

Beweis.
Die projektive Ebene $\mathfrak{E}$ sei aus der affinen Ebene durch Hinzufügen der Geraden l entstanden. Wir bezeichnen die affine Ebene deshalb mit $\mathfrak{E}_l$. Betrachten wir eine affine Gerade g als eine Punktreihe von $\mathfrak{E}$, so ist zu den in $\mathfrak{E}_l$ auf g liegenden Punkten genau ein Punkt hinzugekommen, nämlich der Schnittpunkt von g mit l. Mittels der für die affinen Punktreihen gegebenen Zwischenbeziehung ζ erklären wir, wie auf S. 174 ausgeführt, eine Trennbeziehung | für die von l verschiedenen projektiven Punktreihen.

Für die Definition der Trennbeziehung auf der Punktreihe l wählen wir eine Gerade $b \neq l$ und einen weder auf b noch auf l liegenden Punkt Z. Es sei τ die Perspektivität von l auf b mit dem Zentrum Z. Für vier verschiedene Punkte P_1, P_2, P_3, P_4 von l gelte $P_1 P_3 | P_2 P_4$ genau dann, wenn $P_1^\tau P_3^\tau | P_2^\tau P_4^\tau$ auf b gilt.

Es ist zu zeigen, daß die so auf den projektiven Punktreihen von $\mathfrak{E}$ definierte Trennbeziehung gegenüber perspektiven Abbildungen invariant ist. Wir weisen dies zunächst für Perspektivitäten zwischen von l verschiedenen Geraden g und g' und dann für Perspektivitäten auf l nach; für diesen letzten Fall brauchen wir das Lemma 7.

σ sei eine Perspektivität mit dem Zentrum S von g auf g'. Auf g gelte $AB|CD$. Mit c sei die Verbindungsgerade von S mit C und mit d die Verbindungsgerade von S mit D bezeichnet. Ist eine der vier Geraden SA, SB, c, d gleich l, so liegt S auf l, und σ kann daher als eine Parallelprojektion in $\mathfrak{E}_l$ betrachtet werden. Aufgrund der Invarianz von ζ gegenüber Parallelprojektionen und des Zusammenhangs zwischen den Trennbeziehungen auf g, g' mit der für ihre affinen Punkte erklärten Zwischenbeziehung erhält man $A^\sigma B^\sigma | C^\sigma D^\sigma$. Wir können also nun voraussetzen, daß jede der vier Geraden SA, SB, c, d von l verschieden ist. Die Bezeichnung der Punkte A, B, C, D sei so gewählt, daß A, B und C Punkte aus $\mathfrak{E}_l$ sind (s. Abb. 1.10). Über die Anordnung von $\mathfrak{E}_l$ ist zu jeder Geraden von $\mathfrak{E}_l$ eine Seiteneinteilung gegeben (vgl. Satz 5). Für die Geraden c und d bedeutet damit $AB|CD$, daß A, B auf der gleichen Seite der einen und auf verschiedenen Seiten der anderen dieser beiden Geraden liegen. S ist entweder ein Punkt zwischen A und A^σ oder nicht. Daher gilt auch für die Punkte A^σ, B, daß sie bezüglich einer der beiden Geraden c, d auf der gleichen Seite und bezüglich der

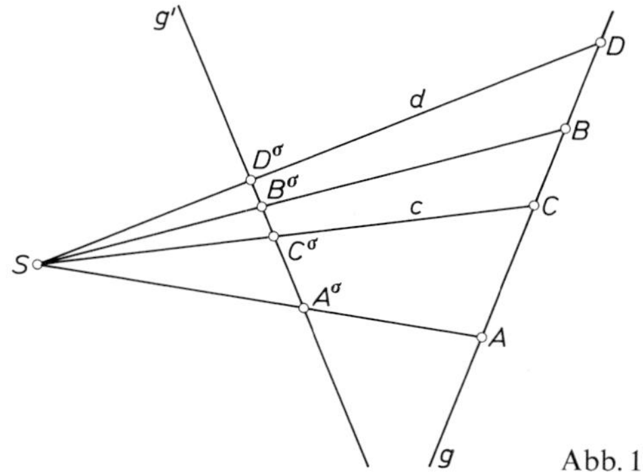

Abb. 1.10

anderen Geraden auf verschiedenen Seiten liegen. Mit derselben Überlegung ergibt sich diese Aussage auch für das Punktepaar A^σ, B^σ, und hieraus folgt durch Übersetzen in die Trennbeziehung $A^\sigma B^\sigma | C^\sigma D^\sigma$.

Wir zeigen nun die Invarianz der Trennbeziehung gegenüber Perspektivitäten auf l: Es sei a eine von l verschiedene Gerade und σ eine Perspektivität mit dem Zentrum S von l auf a. Auf l gelte $P_1 P_3 | P_2 P_4$. Nach Definition der Trennbeziehung auf l bedeutet das also $P_1^\tau P_3^\tau | P_2^\tau P_4^\tau$, wobei τ die perspektive Abbildung von l auf b mit dem Zentrum Z ist. Ist $S = Z$, so sei τ' die Perspektivität von b auf a mit dem Zentrum Z. Dann ist $\sigma = \tau\tau'$. Da b wie a Geraden aus $\mathfrak{E}_l$ sind, folgt aus $P_1^\tau P_3^\tau | P_2^\tau P_4^\tau$ nun $P_1^{\tau\tau'} P_3^{\tau\tau'} | P_2^{\tau\tau'} P_4^{\tau\tau'}$, also aus $P_1 P_3 | P_2 P_4$ damit $P_1^\sigma P_3^\sigma | P_2^\sigma P_4^\sigma$. Sei daher jetzt $S \neq Z$. Die

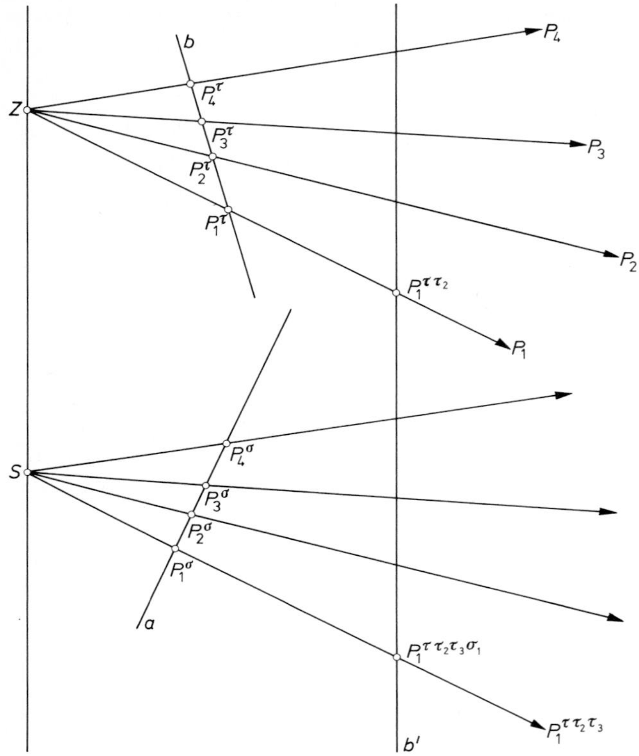

Abb. 1.11

Gerade b' sei parallel zur Geraden SZ und von dieser wie von a und b verschieden (s. Abb. 1.11). τ_2, τ_3 seien Perspektivitäten mit dem Zentrum Z von b auf b' bzw. von b' auf l, und σ_1, σ_2 seien Perspektivitäten mit dem Zentrum S von l auf b' bzw. von b' auf a. Dann ist $\sigma = \tau\tau_2\tau_3\sigma_1\sigma_2$. Weil b und b' Geraden aus $\mathfrak{E}_l$ sind, gilt $P_1^{\tau\tau_2} P_3^{\tau\tau_2} \mid P_2^{\tau\tau_2} P_4^{\tau\tau_2}$. Für die Punkte $P_1^{\tau\tau_2}$, $P_2^{\tau\tau_2}$, $P_3^{\tau\tau_2}$, $P_4^{\tau\tau_2}$ (in der Rolle von A_1, A_2) und $P_1^{\tau\tau_2\tau_3\sigma_1}$, $P_2^{\tau\tau_2\tau_3\sigma_1}$, $P_3^{\tau\tau_2\tau_3\sigma_1}$, $P_4^{\tau\tau_2\tau_3\sigma_1}$ (in der Rolle von A_1', A_2') sind die Voraussetzungen des Lemmas erfüllt, damit folgt $P_1^{\tau\tau_2\tau_3\sigma_1} P_3^{\tau\tau_2\tau_3\sigma_1} \mid P_2^{\tau\tau_2\tau_3\sigma_1} P_4^{\tau\tau_2\tau_3\sigma_1}$. Wendet man nun noch die Perspektivität σ_2 an, so erhält man unter Berücksichtigung, daß a und b' Geraden aus $\mathfrak{E}_l$ sind, $P_1^\sigma P_3^\sigma \mid P_2^\sigma P_4^\sigma$.

Die Eindeutigkeit der Fortsetzung der Anordnung von $\mathfrak{E}_l$ zu einer Anordnung von $\mathfrak{E}$ ergibt sich daraus, daß für jede Gerade aus $\mathfrak{E}_l$ durch die für die affinen Punkte gegebene Zwischenbeziehung eindeutig eine Trennbeziehung für die projektiven Punkte dieser Geraden bestimmt ist, und daß hierdurch (über perspektive Abbildungen) die Trennbeziehung auf l bereits festgelegt ist. □

Als Ergebnis für projektive Ebenen formuliert besagt der gerade bewiesene Satz:

Korollar 9. *Eine projektive Ebene $\mathfrak{E}$ ist angeordnet, wenn jede ihrer Geraden mindestens vier Punkte enthält, und auf jeder Geraden von $\mathfrak{E}$ eine Trennbeziehung erklärt ist, die gegenüber Perspektivitäten invariant ist, deren Zentren auf einer festen Geraden von $\mathfrak{E}$ liegen.*

Unter einem *o-Automorphismus* einer angeordneten projektiven Ebene $\mathfrak{E}$ versteht man einen Automorphismus von $\mathfrak{E}$, der die Anordnung von $\mathfrak{E}$ erhält. In dem folgenden Satz werden wir zeigen, daß jede zentrale Kollineation einer angeordneten projektiven Ebene ein o-Automorphismus ist. Weil die projektive Gruppe einer projektiven Ebene $\mathfrak{E}$ das Erzeugnis der zentralen Kollineationen in der Automorphismengruppe von $\mathfrak{E}$ ist, weiß man damit für angeordnete projektive Ebenen, daß die Automorphismen der projektiven Gruppe ordnungserhaltend sind.

Satz 10. *Eine zentrale Kollineation einer angeordneten projektiven Ebene $\mathfrak{E}$ ist ein o-Automorphismus.*

Beweis.
σ sei eine zentrale Kollineation mit dem Zentrum C und der Achse g. Durch σ werden Geraden auf Geraden abgebildet; wir zeigen, daß hierbei die auf den Punktreihen von $\mathfrak{E}$ erklärte Trennbeziehung erhalten bleibt. Für die Punktreihe g ist das selbstverständlich. Sei also h eine von g verschiedene Gerade und sei C nicht auf h. Die Einschränkung von σ auf die Punktreihe h ist dann eine Perspektivität von h auf h^σ mit dem Zentrum C und erhält daher die Trennbeziehung. Sei nun h eine von g verschiedene Gerade, die durch C geht (Abb. 1.12). Dann wird h durch σ auf sich

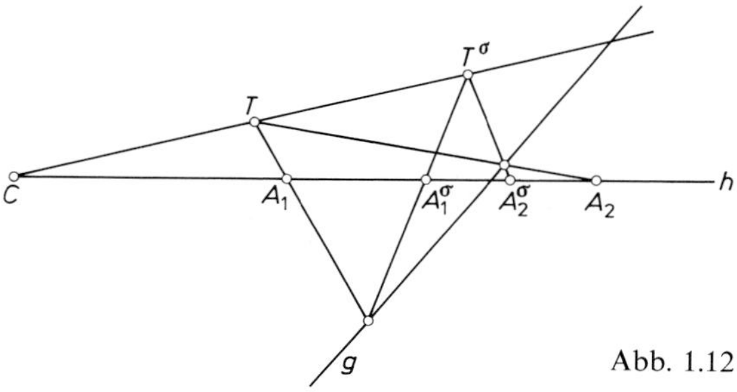

Abb. 1.12

abgebildet. Durch Vorgabe eines Punktes, der ungleich dem Zentrum ist und nicht auf der Achse liegt, und seines Bildes ist eine zentrale Kollineation eindeutig bestimmt (siehe z. B. Hughes-Piper, Projective Planes). T und T^σ sei ein solches Punktepaar, wobei T als nicht auf h liegend gewählt sei. Die Einschränkung $\sigma|_h$ von σ auf h ergibt sich dann als Hintereinanderausführung der Perspektivität von h auf g mit dem Zentrum T und der Perspektivität von g auf h mit dem Zentrum T^σ. Folglich bleibt die Trennbeziehung auf h unter σ erhalten. □

Wir wollen den Zusammenhang zwischen der Anordnung einer projektiven Ebene $\mathfrak{E}$ und der Anordnung ihrer Koordinatenstrukturen untersuchen. Die Koordinateneinführung ist eine Verallgemeinerung der Koordinatisierung einer desarguesschen affinen Ebene durch einen Schiefkörper und wurde in dieser allgemeinen Form erstmals von M. Hall 1943 ausgeführt. Wir werden die Koordinatisierung hier kurz bringen, da die Methoden nicht einheitlich sind. Bis auf eine genauere Festlegung der Koordinatenmenge bringen wir die Methode von Hall (für die hier gebrachte Methode s. Heyting 1963, ähnlich ist die Methode in Pickert 1975). Unter einem *Punktequadrupel* einer projektiven Ebene verstehen wir vier Punkte, von denen keine drei kollinear sind. Wir wählen ein Punktequadrupel O, E, U, V in der projektiven Ebene $\mathfrak{E}$. Es sei $l = UV$ und $\mathfrak{E}_l$ die aus $\mathfrak{E}$ bezüglich l als uneigentlicher Geraden gebildete affine Ebene (Abb. 1.13). Die Menge der affinen Punkte von OE (also die Punkte $\neq OE \cap l$) wählen wir als Koordinatenmenge K, wobei wir E und O als Koordinaten aufgefaßt das Symbol 1 bzw. 0 zuordnen. Koordinaten bezeichen wir sonst mit kleinen lateinischen Buchstaben. Der Schnittpunkt von xV mit yU sei mit dem geordneten Tupel (x, y) von Koordinaten identifiziert. Auf diese Weise ist jeder Punkt aus $\mathfrak{E}_l$ durch ein Element aus $K \times K$ darstellbar. Wir bezeichnen jetzt die von V verschiedenen Punkte der Geraden l durch Elemente aus K: Der Schnittpunkt der Geraden durch O und $(1, a)$ mit l sei mit (a) bezeichnet. Dann ist also $U = (0)$.

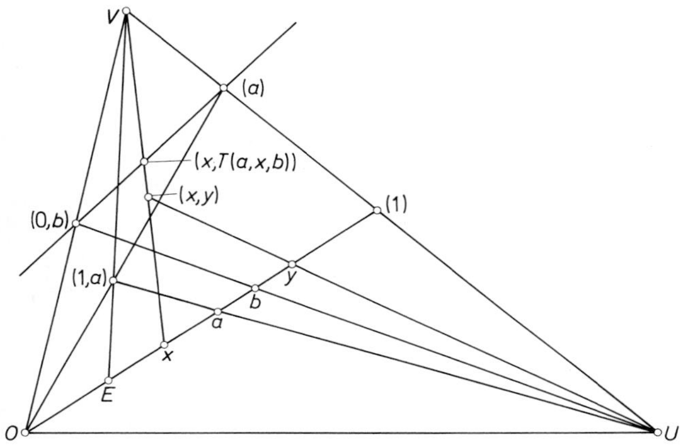

Abb. 1.13

Über K definieren wir folgendermaßen eine ternäre Verknüpfung T: Es sei $(x, T(a, x, b))$ der Schnittpunkt der Verbindungsgeraden von $(0, b)$ und (a) mit der Geraden Vx. Das bedeutet: $y = T(a, x, b)$ ist die Gleichung der Geraden durch (a) und $(0, b)$.

Aus den Eigenschaften einer projektiven Ebene ergeben sich die folgenden Eigenschaften von K bezüglich der Verknüpfung T:

(T 1) *Zu* $a_1, a_2, b_1, b_2 \in K$ *gibt es im Falle* $a_1 \neq a_2$ *genau ein* $x \in K$ *mit* $T(a_1, x, b_1) = T(a_2, x, b_2)$.

(T 2) *Zu* x, y, $a \in K$ *gibt es genau ein* $b \in K$ *mit* $y = T(a, x, b)$.

(T 3) *Zu* x_i, $y_i \in K$, $i = 1, 2$, *mit* $x_1 \neq x_2$ *gibt es* a, $b \in K$ *mit* $y_i = T(a, x_i, b)$, $i = 1, 2$.

(T 4) $b = T(0, x, b) = \mathrm{T}(a, 0, b)$

(T 5) $a = T(a, 1, 0)$, $x = T(1, x, 0)$.

Eine mindestens zwei verschiedene Elemente 0, 1 enthaltende Menge K, über der eine ternäre Verknüpfung T mit den Eigenschaften (T 1) bis (T 5) definiert ist, heißt ein *Ternärkörper*. Zwei bezüglich zweier Punktequadrupel O, E, U, V bzw. O', E', U', V' einer projektiven Ebene $\mathfrak{E}$ gebildete Ternärkörper sind genau dann isomorph, wenn es eine Kollineation von $\mathfrak{E}$ gibt, die O, E, U, V (der Reihenfolge nach!) auf O', E', U', V' abbildet (siehe Pickert 1975, S. 37–38). Die zu verschiedenen Punktequadrupeln einer projektiven Ebene gebildeten Ternärkörper sind also im allgemeinen nicht isomorph zueinander.

Wir wollen nun von einem Ternärkörper K mit der ternären Verknüpfung T ausgehend eine projektive Ebene $\mathfrak{E}$ gewinnen, die bezüglich eines Punktequadrupels einen zu K isomorphen Ternärkörper hat: Die geordneten Paare (x, y) mit $x, y \in K$ seien die Punkte einer Inzidenzstruktur $\mathfrak{E}_l$, und Geraden von $\mathfrak{E}_l$ seien die folgenden Mengen von Punkten: Für $a, b, c \in K$ die Mengen

$$g_{a,b} = \{(x, T(a, x, b)) \colon x \in K\}$$

und

$$g_c \;= \{(c, y) \colon y \in K\}.$$

Die Inzidenz zwischen Punkten und Geraden von $\mathfrak{E}_l$ sei als mengenmäßige Inklusion erklärt. Aus (T 1) bis (T 5) folgt dann, daß $\mathfrak{E}_l$ eine affine Ebene ist. $\mathfrak{E}$ sei die projektive Erweiterung von $\mathfrak{E}_l$ (bezüglich der Geraden l). Den Schnittpunkt der Geraden $g_{a,b}$ mit l bezeichnen wir mit (a) und den Schnittpunkt der Geraden g_c und l mit V. Der Ternärkörper K ist dann zu dem bezüglich $(0,0)$, $(1,1)$, (0), V in $\mathfrak{E}$ gebildeten Ternärkörper isomorph (s. z. B. Pickert 1975).

Durch $T(1, x, v) = x + v$ ist in einem Ternärkörper K eine Addition erklärt, bezüglich der K eine Loop ist, und durch $T(a, x, 0) = ax$ ist eine Multiplikation für K gegeben, bezüglich der $K \setminus \{0\}$ eine Loop bildet; die beiden Loops werden *additive* bzw. *multiplikative Loop* von K genannt.

Ein *Ternärkörper* K heißt *angeordnet*, wenn über K eine Anordnung $\leqslant$ erklärt ist, bezüglich der die folgenden Monotoniegesetze erfüllt sind:

(M 1) *Aus* $b_1 < b_2$ *folgt* $T(a, x, b_1) < T(a, x, b_2)$.

(M 2) *Es sei* x_s *durch* $T(a_1, x_s, b_1) = T(a_2, x_s, b_2)$ *bestimmt.*
Aus $a_1 < a_2$ *und* $x_s < x$ *folgt* $T(a_1, x, b_1) < T(a_2, x, b_2)$;
aus $a_1 < a_2$ *und* $x < x_s$ *folgt* $T(a_2, x, b_2) < T(a_1, x, b_1)$.

Wir bringen einige einfache Eigenschaften angeordneter Ternärkörper:

Für einen angeordneten Ternärkörper ist $0 < 1$.

Beweis.
Angenommen, in K gelte $1 < 0$. Für $a_1 = 1$, $b_1 = 0$ und $a_2 = 0$, $b_2 = 1$ ist $T(a_1, 1, b_1) = 1 = T(a_2, 1, b_2)$, also $x_s = 1$. Wegen $1 < 0$ folgt daher aus (M 2) $T(a_1, 0, b_1) < T(a_2, 0, b_2)$, was wegen $T(a_1, 0, b_1) = 0$ und $T(a_2, 0, b_2) = 1$ einen Widerspruch ergibt. ▯

Wir werden sehen, daß man über angeordnete projektive Ebenen Beispiele angeordneter Ternärkörper erhält, und durch diese bekommt man wieder Beispiele angeordneter Loops; denn es gilt:

Satz 11. *Die additive Loop eines angeordneten Ternärkörpes K ist eine angeordnete Loop und ebenfalls die Menge P der positiven Elemente von K bezüglich der über K definierten Multiplikation ($ax = T(a, x, 0)$).*

Beweis.
Nach (M 1) erhält man $x + b_1 = T(1, x, b_1) < T(1, x, b_2) = x + b_2$ für $b_1 < b_2$. Das Monotoniegesetz $x_1 + b < x_2 + b$ für $x_1 < x_2$ ergibt sich mit $a = 1$ aus der folgenden Beziehung:

(∇) $T(a, x_1, b) < T(a, x_2, b)$ *für* $0 < a$ *und* $x_1 < x_2$,

die wir nun herleiten wollen:

Es ist $T(a, x_1, b) = T(0, x_1, y_1)$ mit $y_1 = T(a, x_1, b)$ und daher nach (M 2) $T(0, x_2, y_1) < T(a, x_2, b)$ für $0 < a$, $x_1 < x_2$; damit ist $y_1 = T(a, x_1, b) < T(a, x_2, b)$.

Setzen wir in (∇) $b = 0$, so erhalten wir $a x_1 < a x_2$ für $0 < a$ und $x_1 < x_2$, also bereits das eine Monotoniegesetz für die multiplikative Loop P. Das andere Monotoniegesetz folgt nach (M 2): Wegen $T(a_1, 0, 0) = T(a_2, 0, 0)$ ergibt sich aus $a_1 < a_2$ und $0 < x$ die Beziehung $a_1 x = T(a_1, x, 0) < T(a_2, x, 0) = a_2 x$. □

Eine angeordnete Loop ist torsionsfrei; also enthält eine angeordnete nichttriviale Loop unendlich viele Elemente und ist als angeordnete Menge nach oben wie unten unbeschränkt, und das gilt damit auch für einen angeordneten Ternärkörper.

Wir erläutern in dem folgenden Satz, in welcher Weise sich die Anordnung einer projektiven Ebene und die Anordnung eines Ternärkörpers gegenseitig bestimmen:

Satz 12 (Crampe 1958). *Eine projektive Ebene $\mathfrak{E}$ ist genau dann angeordnet, wenn ein (und damit jeder) Ternärkörper von $\mathfrak{E}$ angeordnet ist. Die Anordnung des Ternärkörpers K bezüglich des Punktequadrupels O, E, U, V ist hierbei die durch die Zwischenbeziehung in $\mathfrak{E}_{UV}$ auf OE gegebene Anordnung mit* $0 < 1$.

Beweis.
Die projektive Ebene $\mathfrak{E}$ sei angeordnet. Wir zeigen, daß der bezüglich O, E, U, V zu $\mathfrak{E}$ gebildete Ternärkörper K angeordnet ist und daß die Anordung von K zu der von $\mathfrak{E}$ in der oben angegebenen Beziehung steht. Mit $\mathfrak{E}$ ist nach Satz 6 auch die affine Ebene $\mathfrak{E}_{UV}$ von $\mathfrak{E}$ angeordnet; $\mathfrak{E}$ sei die durch die Trennbeziehung von $\mathfrak{E}$ in $\mathfrak{E}_{UV}$ definierte Zwischenbeziehung. Die Elemente von K sind die affinen Punkte von OE, als Anordnung von K werde die durch die Zwischenbeziehung ζ auf K gegebene Anordnung mit $0 < 1$ gewählt. Aufgrund der Invarianz der Zwischenbeziehung gegenüber Parallelprojektionen gewinnen wir die folgenden Aussagen:

(1) Aus $\zeta(x_1, x_2, x_3)$ und $a \neq 0$ folgt $\zeta(T(a, x_1, b), T(a, x_2, b), T(a, x_3, b))$;

(2) aus $\zeta(b_1, b_2, b_3)$ folgt $\zeta(T(a, x, b_1), T(a, x, b_2), T(a, x, b_3))$.

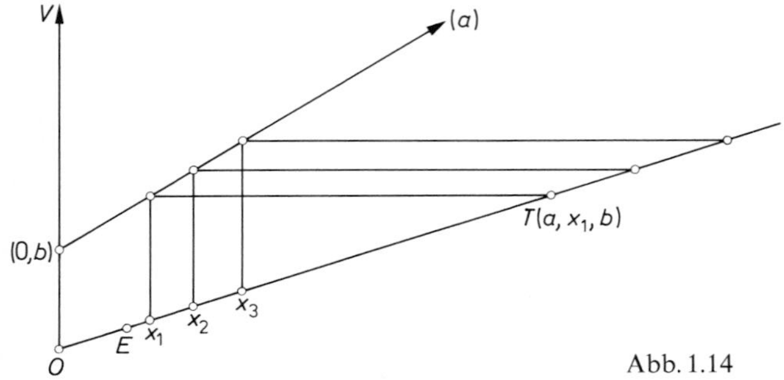

Abb. 1.14

Zu (1): Die Punkte x_1, x_2, x_3 werden durch zwei aufeinanderfolgende Parallelprojektionen auf $T(a, x_1, b)$, $T(a, x_2, b)$, $T(a, x_3, b)$ abgebildet (Abb. 1.14); die erste Parallelprojektion hat das Zentrum V und bildet OE auf die Gerade durch $(0, b)$ und (a) ab und die zweite diese Gerade vom Zentrum U aus wieder auf OE.

Zu (2): Wir wenden nacheinander Parallelprojektionen an: Vom Zentrum U aus bilden wir die Gerade OE auf OV ab (Abb. 1.15) vom Zentrum (a) die Gerade OV auf xV und vom Zentrum U diese Gerade auf OE. Hierbei werden b_1, b_2, b_3 auf $T(a, x, b_1)$, $T(a, x, b_2)$ bzw. $T(a, x, b_3)$ abgebildet.

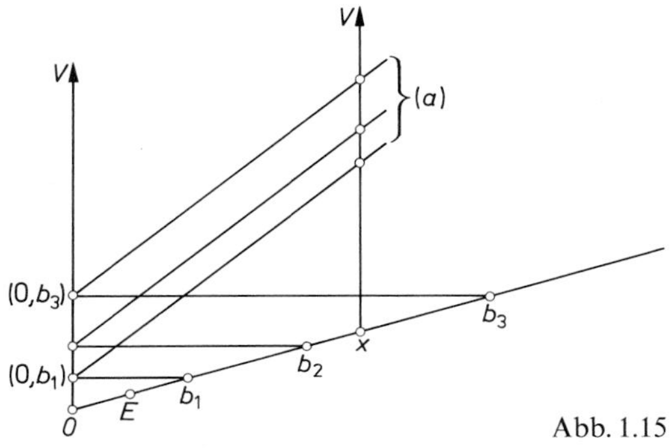

Abb. 1.15

Wir zeigen weiter:

(3) Aus $T(a_1, x_s, b_1) = T(a_2, x_s, b_2) = T(a_3, x_s, b_3)$, $x \neq x_s$ und $\zeta(a_1, a_2, a_3)$ folgt $\zeta(T(a_1, x, b_1), T(a_2, x, b_2), T(a_3, x, b_3))$.

Es sei $S = (x_s, T(a_1, x_s, b_1))$. Durch eine Parallelprojektion wird a_i, $i = 1, 2, 3$, auf $(1, a_i)$, $i = 1, 2, 3$, abgebildet (Abb. 1.16); also gilt $\zeta((1, a_1), (1, a_2), (1, a_3))$. Durch Übergang zur Trennbeziehung erhält man hieraus $(1, a_1)\ (1, a_3) \,|\, (1, a_2)\ V$.

Wir berücksichtigen nun die Invarianz der Trennbeziehung gegenüber Perspektivitäten. Von O werde EV auf UV und diese Gerade von S auf xV abgebildet. Hierbei

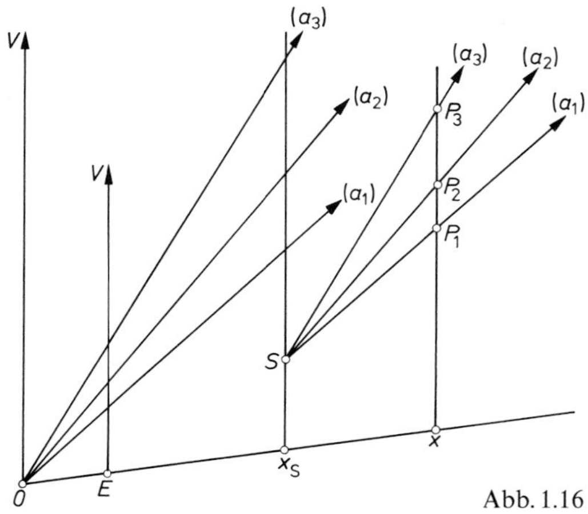

Abb. 1.16

hat $(1, a_i)$, $i = 1, 2, 3$, das Bild $P_i = (x, T(a_i, x, b_i))$, $i = 1, 2, 3$, und V bleibt fest. Folglich gilt $P_1 P_3 \mid P_2 V$, woraus sich $\zeta(P_1, P_2, P_3)$ und hieraus mit einer Parallelprojektion von U auf $O E$ schließlich $\zeta(T(a_1, x, b_1),\ T(a_2, x, b_2),\ T(a_3, x, b_3))$ ergibt.

Eine die Zwischenbeziehung erhaltende Abbildung nennen wir *monoton*. Nach (2) ist die Abbildung $b \to T(a, x, b)$ monoton; folglich ist sie entweder monoton wachsend oder monton fallend. Das Monotoniegesetz (M 1) ist daher bewiesen, wenn wir für zwei spezielle b_1, b_2 aus $b_1 < b_2$ die Ungleichung $T(a, x, b_1) < T(a, x, b_2)$ herleiten. Im Falle $a = 0$ oder $x = 0$ gilt (M 1) trivialerweise. Wir können deshalb $a x \neq 0$ voraussetzen. Wir wenden Lemma 7 an und zwar auf die Punkte $A_1 = O$, $A_2 = A'_1 = (0, a x)$, $A'_2 = (0, T(a, x, a x))$, $S = (x, a x)$ und $S' = (x, T(a, x, a x))$ (s. Abb. 1.17). Das ist möglich; denn nach (1) ist für $a \neq 0$ die Abbildung $x \to T(a, x, b)$ monoton und damit injektiv, folglich ist $a x = T(a, 0, a x) \neq T(a, x, a x)$ und damit $A_1 \neq A_2$ und $S \neq S'$. Offensichtlich ist $S A_i$ parallel $S' A'_i$ für $i = 1, 2$. Es gilt daher $A_1 < A_2$ genau dann, wenn $A'_1 < A'_2$ ist. Wegen $A_2 = A'_1$ erhält man damit $\zeta(A_1, A'_1, A'_2)$, woraus durch Parallelprojektion von $O V$ auf $O E$ $\zeta(0, a x, T(a, x, a x))$ folgt. Es ist also $0 < a x$ genau dann, wenn $T(a, x, 0) = a x < T(a, x, a x)$ ist. Damit ist (M 1) hergeleitet.

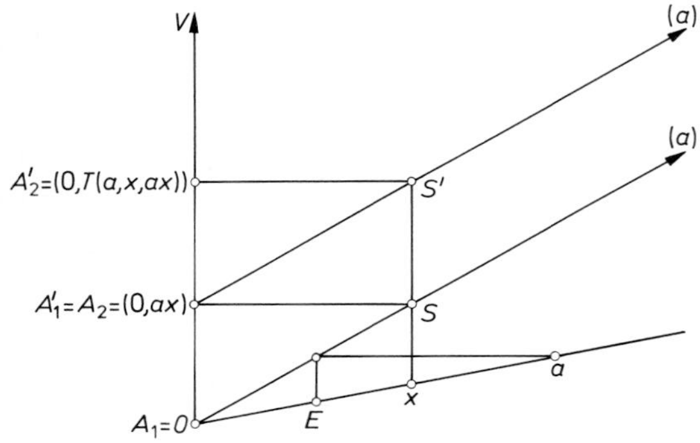

Abb. 1.17

Nach (3) ist die für ein beliebiges Element $y_s \in K$ und $x \neq x_s$ durch $a^\varphi = T(a, x, b)$, $T(a, x_s, b) = y_s$ erklärte Abbildung φ monoton. Wir zeigen wieder mittels zweier spezieller Elemente, daß φ für $x > x_s$ monoton wachsend und für $x < x_s$ monoton fallend ist. Nach (1) ist $x \to T(1, x, b) = x + b$ monoton. Weil aus $0 < b$ nach (M 1) nun $b + 0 < b + b$ und damit $0 + b < b + b$ folgt, ist $x \to x + b$ monoton wachsend. Das Element $b' \in K$ sei durch $y_s = T(1, x_s, b')$ bestimmt (s. Abb. 1.18). Es ist $x_s < x$ genau dann, wenn $T(1, x_s, b') < T(1, x, b')$ ist. Wegen $T(1, x_s, b') = y_s = T(0, x, y_s) = 0^\varphi$ und $T(1, x, b') = 1^\varphi$ gilt also $x_s < x$ genau dann, wenn $0^\varphi < 1^\varphi$ ist. Damit ist auch (M 2) für K hergeleitet. K ist somit ein angeordneter Ternärkörper, dessen Anordnung sich aus der von $\mathfrak{E}$ auf die im Satz angegebene Weise ergibt.

Wir gehen nun von einem angeordneten Ternärkörper K von $\mathfrak{E}$ (bez. O, E, U, V) aus und zeigen, daß sich mittels der Anordnung von K eine Anordnung von $\mathfrak{E}$ gewinnen läßt. Wegen Satz 8 können wir uns darauf beschränken, über die Anordnung von K eine Anordnung für die affine Ebene $\mathfrak{E}_{UV}$ anzugeben. In Koordinatendarstellung sind Geraden von $\mathfrak{E}_{UV}$ Punktmengen der Form $g_c = \{(x, y)\colon y \in K\}$, $c \in K$, oder Punktmengen der Form $g_{a,b} = \{(x, T(a, x, b))\colon x \in K\}$, $a, b \in K$. Die Anordnung von

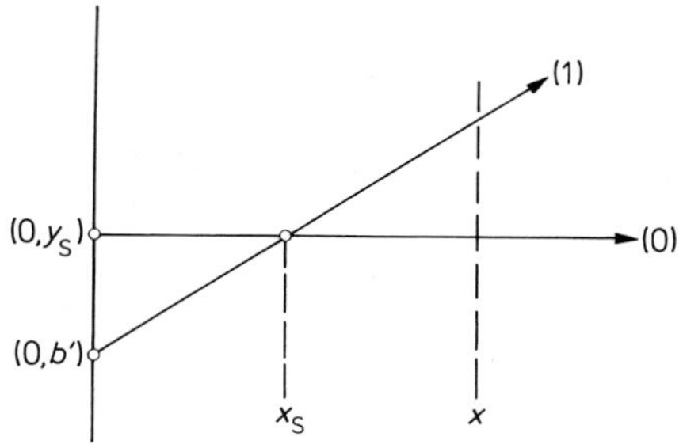

Abb. 1.18

K liefert uns eine Zwischenbeziehung ζ auf K. Auf g_c definieren wir $\zeta((c, y_1), (c, y_2), (c, y_3))$ für $\zeta(y_1, y_2, y_3)$.

Wegen (∇) auf S. 182 können wir für eine Punktreihe $g_{a,b}$ eine Zwischenbeziehung durch $\zeta((x_1, y_1), (x_2, y_2), (x_3, y_3))$ für $\zeta(x_1, x_2, x_3)$ erklären. Wir weisen die Invarianz der Zwischenbeziehung auf den Punktreihen von $\mathfrak{E}_{UV}$ gegenüber Parallelprojektionen nach und beweisen dafür die folgende Aussage:

(4) Existieren in K Elemente $\bar{a}$, $\bar{b}$ mit $T(a, x_i, b_i) = T(\bar{a}, x_i, \bar{b})$, $i = 1, 2, 3$, so folgt aus $\zeta(b_1, b_2, b_3)$ die Beziehung $\zeta(x_1, x_2, x_3)$ (s. Abb. 1.19).

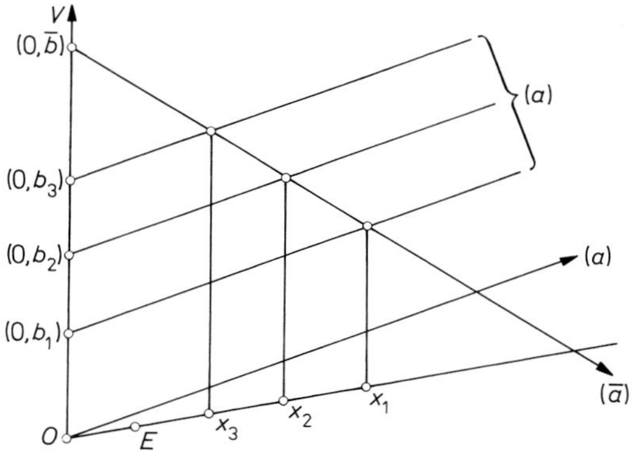

Abb. 1.19

Es gelte $b_1 < b_2 < b_3$. Nach (M 1) ergibt sich $T(\bar{a}, x_1, \bar{b}) = T(a, x_1, b_1) < T(a, x_1, b_2)$. Wegen $T(\bar{a}, x_2, \bar{b}) = T(a, x_2, b_2)$ und $T(\bar{a}, x_1, \bar{b}) < T(a, x_1, b_2)$ erhält man nach (M 2): es ist entweder $\bar{a} < a$ und $x_1 > x_2$ oder $a < \bar{a}$ und $x_1 < x_2$. Ersetzen der Indizes 1, 2 durch 2 bzw. 3 ergibt: es ist entweder $\bar{a} < a$ und $x_2 > x_3$ oder $a < \bar{a}$ und $x_2 < x_3$. Folglich gilt $\zeta(x_1, x_2, x_3)$.

Wir betrachten eine Parallelprojektion σ mit dem Zentrum V von g auf g', wobei g und g' also nicht durch V gehende Geraden sind. Daher sind g und g' Punktmengen der Form $g_{a,b}$ bzw. $g_{a',b'}$. Aufgrund der Definition der Zwischenbeziehung für solche Punktreihen folgt damit sofort die Invarianz von ζ gegenüber der Abbildung σ. Wir betrachten nun eine Parallelprojektion τ mit einem von V verschiedenen Zentrum Z. Durch τ werde die Gerade h auf h' abgebildet. Weil sich im Falle $h, h' \neq OV$ die

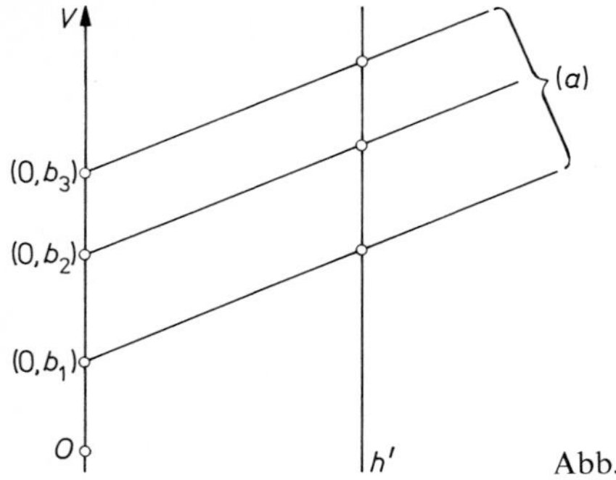

Abb. 1.20

Abbildung τ als Hintereinanderausführung einer Parallelprojektion mit dem Zentrum Z von h auf OV und einer Parallelprojektion mit dem Zentrum Z von OV auf h' darstellen läßt, können wir o.B.d.A. $h = OV$ annehmen.

Auf OV gelte $\zeta(P_1, P_2, P_3)$ für $P_i = (0, b_i)$, $i = 1, 2, 3$. Laut Definition bedeutet das $\zeta(b_1, b_2, b_3)$. Z auf UV habe die Koordinatendarstellung $Z = (a)$. Sei zunächst h' eine Punktmenge der Form g_c, also $h' = \{(c, y)\colon y \in K\}$ (s. Abb. 1.20). Aus $\zeta(b_1, b_2, b_3)$ folgt nach (M 1) $\zeta(T(a, c, b_1), T(a, c, b_2), T(a, c, b_3))$ und damit gilt $\zeta(P_1^\tau, P_2^\tau, P_3^\tau)$. Sei nun h' eine Punktmenge der Form $g_{\bar{a}, \bar{b}}$, also $h' = \{(x, T(\bar{a}, x, \bar{b})\colon x \in K\}$ (s. Abb. 1.21). Für $P_i^\tau = (x_i, y_i)$, $i = 1, 2, 3$, ist $y_i = T(\bar{a}, x_i, \bar{b}) = T(a, x_i, b_i)$, $i = 1, 2, 3$. Daher folgt aus $\zeta(b_1, b_2, b_3)$ nach (4) $\zeta(x_1, x_2, x_3)$ und das bedeutet $\zeta(P_1^\tau, P_2^\tau, P_3^\tau)$.

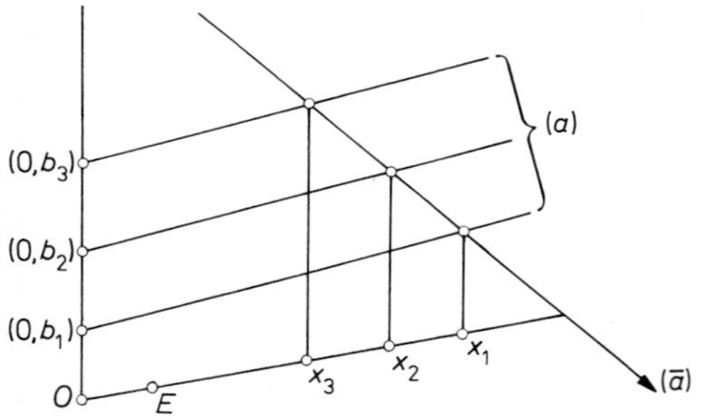

Abb. 1.21

Die für die Punktreihen von $\mathfrak{E}_{UV}$ mittels der Anordnung von K erklärte Zwischenbeziehung ist also gegenüber Parallelprojektionen invariant. Folglich ist $\mathfrak{E}_{UV}$ und damit auch $\mathfrak{E}$ angeordnet. □

Nach dem gerade bewiesenen Satz wissen wir, daß mit einem Ternärkörper einer projektiven Ebene $\mathfrak{E}$ jeder Ternärkörper von $\mathfrak{E}$ angeordnet ist; aber diese brauchen im allgemeinen nicht zueinander isomorph, also erst recht nicht zueinander o-isomorph, zu sein. Ist die Kollineationsgruppe einer projektiven Ebene $\mathfrak{E}$ jedoch transitiv auf den Punktequadrupeln, so sind alle Ternärkörper von $\mathfrak{E}$ zueinander isomorph (s. z. B. Pickert 1975, S. 37). Die Automorphismen aus der projektiven Gruppe einer angeordneten projektiven Ebene sind nach Satz 10 ordnungserhaltend. Damit erhalten wir:

Satz 13. *Ist die projektive Gruppe einer angeordneten projektiven Ebene $\mathfrak{E}$ transitiv auf den Punktequadrupeln, so sind alle Ternärkörper von $\mathfrak{E}$ zueinander o-isomorph.*

Wir hatten schon im Zusammenhang mit der Betrachtung der additiven Loop eines angeordneten Ternärkörpers gesehen, daß ein angeordneter Ternärkörper eine unbeschränkte angeordnete Menge mit unendlich vielen Elementen ist. Da man einen angeordneten Ternärkörper mit der durch seine Anordnung gelieferten Zwischenbeziehung als Punktreihe einer angeordneten affinen Ebene auffassen kann, weiß man nach Satz 2 weiter: Ein angeordneter Ternärkörper ist eine in sich dicht geordnete Menge.

Satz 14. *In einer angeordneten projektiven Ebene $\mathfrak{E}$ wird jedesPaar von Diagonalpunkten eines vollständigen Vierecks getrennt durch das Paar der Schnittpunkte der durch den dritten Diagonalpunkt gehenden Viereckseiten mit der Verbindungsgeraden der Diagonalpunkte. Also sind in $\mathfrak{E}$ die Diagonalpunkte eines jeden vollständigen Vierecks nicht kollinear, d.h. in $\mathfrak{E}$ gilt das Fano-Axiom.*

Beweis).*
Es sei S, S', W, U in $\mathfrak{E}$ ein vollständiges Viereck mit den Diagonalpunkten $A_2 = S'W \cap SU$, $V = SS' \cap UW$ und $D = S'U \cap SW$ (s. Abb. 1.22). Wir setzen $A_1 = SD \cap A_2 V$, $A'_2 = S'D \cap A_2 V$ und $A'_1 = A_2$. In der affinen Ebene $\mathfrak{E}_{UV}$ ist dann SS' parallel zu $A_1 A_2$ und SA_i parallel zu $S'A'_i$, $i = 1, 2$. Damit erhält man nach Lemma 7, daß $A'_1 < A'_2$ genau dann gilt, wenn $A_1 < A_2$ ist. Wegen $A_1 \neq A_2$ und $A'_1 = A_2$ hat man daher $\zeta(A_1, A_2, A'_2)$ und folglich $A_1 A'_2 \mid A_2 V$.

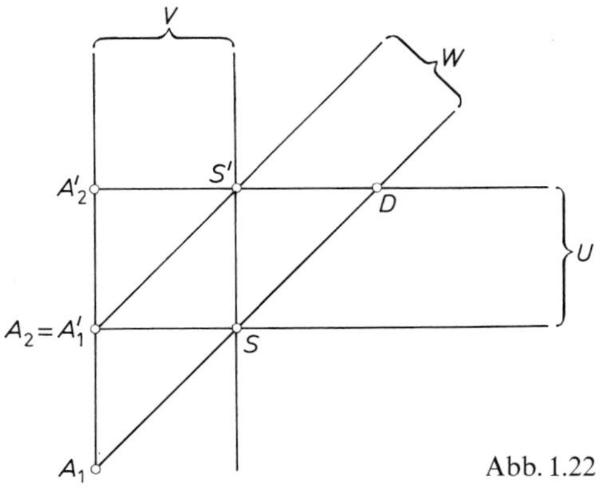

Abb. 1.22

Hieraus ergibt sich nun sofort, daß die drei Diagonalpunkte eines vollständigen Vierecks nicht kollinear sein können; denn wäre das der Fall, so müßte für ein solches vollständiges Viereck (mit der Bezeichnung wie eben) $A_1 = A'_2$ sein, was wegen $\zeta(A_1, A_2, A'_2)$ nicht möglich ist. □

Als Abschluß dieses Paragraphen wollen wir nun zeigen, wie sich die Monotoniegesetze eines angeordneten Ternärkörpers bei Voraussetzung zunehmend „besserer"

*) Einen anderen Beweis dieses Satzes findet man in Pickert 1955, S. 234.

algebraischer Eigenschaften vereinfachen; diesen algebraischen Eigenschaften entsprechen gewisse Schließungssätze der zum Ternärkörper gehörenden projektiven Ebene $\mathfrak{E}$ (bzw. Transitivitätseigenschaften der Kollineationsgruppe von $\mathfrak{E}$). Ist $\mathfrak{E}$ desarguessch, so erhalten wir einen angeordneten Schiefkörper als Koordinatenstruktur von $\mathfrak{E}$. Läßt sich die ternäre Verknüpfung T eines Ternärkörpers K für alle $a, b, x \in K$ als $T(a, x, b) = ax + b$ darstellen, so heißt K *linear*. Für einen linearen Ternärkörper ist (M 1) offensichtlich gleichwertig mit dem Monotoniegesetz

(M 1′) $\quad c + a < c + b \quad$ für $\quad a < b$.

Ein linearer Ternärkörper mit einer assoziativen Addition wird *Cartesische Gruppe* genannt, und eine Cartesische Gruppe, in der das Rechtsdistributivgesetz, also $a(b + c) = ab + ac$, gilt, heißt *(Rechts-)Quasikörper*.

Satz 15. *K sei ein angeordneter Ternärkörper.*

(1) *Ist K eine Cartesische Gruppe, so sind* (M 1) *und* (M 2) *gleichwertig mit* (M 1′) *und den beiden folgenden Monotoniegesetzen*:

(M 1″) $a + c < b + c \quad$ *für* $\quad a < b$;

(M 2′) $ac - ad < bc - bd \quad$ *für* $\quad a < b, d < c$.

(2) *Ist K ein Quasikörper, so sind* (M 1) *und* (M 2) *gleichwertig mit* (M 1′) *und dem Monotoniegesetz*

(M 2*) *aus* $a < b$ *und* $0 < c$ folgt $ac < bc$ und $ca < cb$.

Beweis.
Zu (1): Das Monotoniegesetz (M 1″) ergibt sich aus der Bedingung ($\bigtriangledown$) von Seite 182 (M 2′) erhält man mit $a_1 = a$, $a_2 = b$, $x = c$ und $x_s = d$ unter Berücksichtigung von (M 1″) aus (M 2). Genau so einfach ist die Herleitung von (M 2) aus (M 2′) und (M 1″).

Zu (2): Die additive Gruppe eines Quasikörpers ist abelsch (s. z.B. Pickert 1975, S. 91); daher erübrigt sich (M 1″). Das Monotoniegesetz (M 2′) vereinfacht sich aufgrund der Rechtsdistributivität von K zu (M 2*). □

Schiefkörper und Körper sind spezielle Quasikörper; die Monotoniegesetze für Quasikörper liefern uns gerade die für angeordnete Schiefkörper und Körper bereits in Kap. II, § 1 definierten. Im Falle einer desarguesschen projektiven Ebene $\mathfrak{E}$ ist die projektive Gruppe transitiv auf den Punktequadrupeln von $\mathfrak{E}$ und ein Ternärkörper von $\mathfrak{E}$ ist ein Schiefkörper (s. z.B. Pickert 1975, Hughes-Piper, Projective Planes). Aus dem Satz von Pappos folgt für projektive Ebenen der Satz von Desargues, und pappossche projektive Ebenen haben Körper als Koordinatenstrukturen (s. z.B. Pickert 1975, Hughes-Piper, Projective Planes). Unter Berücksichtigung des Satzes 13 ergibt sich daher:

Satz 16. *Für eine desarguessche (pappossche) angeordnete projektive Ebene sind die zu verschiedenen Punktequadrupeln gebildeten Ternärkörper angeordnete Schiefkörper (Körper), und diese sind zueinander o-isomorph.*

Angeordnete Körper bzw. Schiefkörper liefern also über die Koordinatisierung Beispiele angeordneter pappösscher bzw. desarguesscher projektiver Ebenen. Wir haben in Kap II, § 1 einige Beispiele angeordneter Körper angegeben, viele weitere erhält man durch Körper formaler Potenzreihen, die wir ausführlich in Kap. II, § 5 behandelt haben. Faßt man die Definition der Multiplikation formaler Potenzreihen etwas allgemeiner als die von uns gegebene (so wie in Neumann 1949b und wie auch in Fuchs 1966 ausgeführt), so erhält man Beispiele angeordneter, nicht kommutativer Schiefkörper. Weil ein nicht-kommutativer angeordneter Schiefkörper nach Satz 3, II, § 3 nicht archimedisch angeordnet ist und weiter unendlichen Rang über seinem Zentrum hat (Albert 1940, s. unsere Bemerkung nach Satz 2, II, § 4), gibt es keine einfachen Beispiele angeordneter echter Schiefkörper. Das von Hilbert 1899 gebrachte Beispiel eines angeordneten nicht-kommutativen Schiefkörpers ist ein Spezialfall der von Neumann 1949b definierten Schiefkörper von formalen Potenzreihen.

Als Beispiel für eine angeordnete nicht-desarguessche projektive Ebene geben wir das Modell von Moulton (Moulton 1902) an: Wir beschreiben die Ebene durch einen ihrer Ternärkörper: Die Elemente von K seien die reellen Zahlen. Es bezeichne $(\mathbb{R}, +, \cdot)$ den Körper der reellen Zahlen mit seiner natürlichen Anordnung. Die Addition von $\mathbb{R}$ wählen wir auch als Addition für K, ebenso versehen wir K mit der Anordnung von $\mathbb{R}$; aber wir führen folgendermaßen eine neue Multiplikation $\circ$ für K ein: Es sei r ein beliebiges positives Element $\neq 1$ aus $\mathbb{R}$. Dann sei

$$a \circ b = \begin{cases} a\,r\,b & \text{für } a < 0 \text{ und } b < 0 \\ a\,b & \text{sonst} \end{cases}$$

In Pickert 1955, S. 93 ist (für einen beliebigen Schiefkörper an Stelle von $\mathbb{R}$) ausgeführt, daß $(K, +, \circ)$ eine angeordnete Cartesische Gruppe ist, die kein Quasikörper ist. Die zu $(K, +, \circ)$ gehörende projektive Ebene ist die von Moulton konstruierte nicht-desarguessche projektive Ebene. Sie läßt sich durch Knickung gewisser Geraden mit Hilfe der reellen affinen Ebene beschreiben. Ist der Ausgangskörper K ein Unterkörper von $(\mathbb{R}, +, \cdot)$, so nennt man die zu $(K, +, \circ)$ gehörende projektive Ebene eine *Moulton-Ebene*, und im Falle eines angeordneten Schiefkörpers als Ausgangskörper heißt sie *verallgemeinerte Moulton-Ebene.*

Durch Verallgemeinerung dieses Verfahrens, also Geraden der neuen Geometrie durch aneinandergesetzte Geradenstücke der reellen affinen Ebene zu erhalten, hat man sehr verschiedenartige Beispiele für nichtdesarguessche angeordnete projektive Ebenen gewonnen (vgl. den Übersichtsartikel von J. Yaqub in Proceedings of the Projective Geometry Conf., Chicago 1967) und unter diesen auch Beispiele angeordneter Ternärkörper, deren angeordnete Loops echte Loops, also keine Gruppen, sind. Wir gehen auf diese Beispiele in § 5 bei der Untersuchung der Lenz-Barlotti-Klassifizierung für angeordnete projektive Ebenen ein.

In Pickert 1955, 9. Abschnitt sind weitere Arbeiten angegeben, die (bis 1955) für die hier gebrachte Definition der Anordnung einer projektiven bzw. affinen Ebene eine Rolle spielen. Unsere Definition der Anordnung einer projektiven Ebene geht auf Coxeter 1949 zurück. Eine einheitliche Definition des Anordnungsbegriffes für projektive und affine Ebenen gibt Wyler 1953.

§ 2 Grundbegriffe topologischer projektiver Ebenen

Die Auswahl der in diesem Paragraphen gebrachten Begriffe und Ergebnisse über topologische projektive Ebenen erfolgt im Hinblick auf zwei Charakterisierungssätze.

In dem einen (Satz 31) wird ein Kriterium gebracht, wann die Topolgie einer zusammenhängenden projektiven Ebene durch eine Anordnung gegeben ist, der andere ist der Hauptsatz des nächsten Paragraphen (Satz 13) und hat eine topologische Charakterisierung archimedisch angeordneter projektiver Ebenen zum Inhalt; diese Charakterisierung ist dem Satz von Hölder für Gruppen bzw. Körper verwandt (vgl. Satz 4, § 3, I und Satz 3, § 3, II). Unter einer *topologischen projektiven Ebene* $\mathfrak{E}$ verstehen wir eine projektive Ebene, auf deren Punkt- und Geradenmenge jeweilig eine solche Topologie erklärt ist, daß die Bildung des Schnittpunktes zweier verschiedener Geraden und die Bildung der Verbindungsgeraden zweier verschiedener Punkte stetige Operationen sind; weiter sei vorausgesetzt, daß es in der Menge $\mathfrak{P}$ der Punkte von $\mathfrak{E}$ nichtleere offene Mengen $\neq \mathfrak{P}$ gibt. Geht man von einer topologischen projektiven Ebene $\mathfrak{E}$ mit der Punktmenge $\mathfrak{P}$ und der Geradenmenge $\mathfrak{G}$ aus, so ist die zu $\mathfrak{E}$ duale Ebene $\mathfrak{E}^*$ unter Beibehaltung der Topologien für $\mathfrak{P}$ und $\mathfrak{G}$ wieder eine topologische projektive Ebene. Beweisen wir im folgenden Aussagen, die für alle topologischen projektiven Ebenen gelten, so gelten somit automatisch die zu diesen Aussagen dualen, die wir erhalten, indem wir die Begriffe „Punkt" und „Gerade" bzw. „Verbindungsgerade" und „Schnittpunkt" jeweilig miteinander vertauschen. Für eine topologische projektive Ebene ist die *Topologie einer Geraden* als induzierte Topologie gegeben, indem man die Gerade als Punktreihe, d. h. als Menge ihrer Punkte, auffaßt; genauso ist die *Topologie eines Geradenbüschels* als induzierte Topologie des Geradenraumes auf die Menge der Geraden des Büschels erklärt.

Satz 1. *In einer topologischen projektiven Ebene* $\mathfrak{E}$ *gilt:*

(1) *Eine Perspektivität ist eine homöomorphe Abbildung.*
(2) *Je zwei Punktreihen sind zueinander homöomorph.*

Beweis.
Es sei $\sigma = g \mapsto g \cap a$ die Perspektivität des Geradenbüschels durch S auf die (nicht durch S gehende) Gerade a. Die Abbildung σ und ihre Inverse $\sigma^{-1} = X \mapsto XS$ sind stetig. Da eine Perspektivität von einem Geradenbüschel auf eine Punktreihe also ein Homöomorphismus ist, ist damit auch eine Perspektivität zwischen Punktreihen ein Homöomorphismus.

Die Aussage (2) folgt nun aus der Tatsache, daß es zu zwei Punktreihen stets eine Perspektivität gibt, welche die eine auf die andere abbildet. □

Lemma 2 (Salzmann 1955). *In einer topologischen projektiven Ebene* $\mathfrak{E}$ *gibt es zu zwei verschiedenen Punkten* P, Q *stets eine Umgebung von* P, *die* Q *nicht enthält.*

Beweis.
Der Punktraum von $\mathfrak{E}$ hat nicht die indiskrete Topologie, folglich existiert eine Punktreihe, deren Topologie nicht die indiskrete ist, und damit ist die Topologie einer jeden Punktreihe nicht die indiskrete. Daher gibt es auf PQ eine nichtleere offene Menge $\mathfrak{M} \neq \emptyset$ und einen Punkt $T \notin \mathfrak{M}$. Sei S ein Punkt aus $\mathfrak{M}$. Weil die Gruppe der Projektivitäten einer Punktreihe auf sich dreifach transitiv ist (Pickert 1975, Satz 6, S. 9), gibt es eine Projektivität σ von PQ mit $S^\sigma = P$ und $T^\sigma = Q$. Nach Satz 1 ist σ ein Homöomorphismus, also ist $\mathfrak{M}^\sigma$ eine in der Punktreihe PQ offene Umgebung von

P mit $Q \notin \mathfrak{M}^\sigma$, und $\mathfrak{M}^\sigma$ ist der Durchschnitt von PQ mit einer in $\mathfrak{E}$ offenen Umgebung von P, die Q nicht enthält. □

Nach Satz 1 sind alle Punktreihen einer topologischen projektiven Ebene zueinander homöomorph. In dem folgenden Satz beschreiben wir, wie die Topologie des Punktraumes einer topologischen projektiven Ebene durch die ihrer Punktreihen bestimmt wird. Ist $\mathfrak{U}$ eine Menge von Punkten und g eine Punktreihe, so bezeichnen wir im folgenden mit $\mathfrak{U} \cap g$ den Durchschnitt der Punktmengen $\mathfrak{U}$ und g, und für Punktmengen $\mathfrak{U}_i$, $i = 1, 2$, und Punkte $B_i \notin \mathfrak{U}_i$, $i = 1, 2$, sei

$$\mathfrak{U}_i B_i = \{U B_i\colon\ U \in \mathfrak{U}_i\} \quad \text{und} \quad \mathfrak{U}_1 B_1 \cap \mathfrak{U}_2 B_2 = \{U_1 B_1 \cap U_2 B_2\colon\ U_1 \in \mathfrak{U}_1,\ U_2 \in \mathfrak{U}_2\}.$$

Satz 3 (Salzmann 1955). *Der Raum der Punkte einer topologischen projektiven Ebene ist lokal das topologische Produkt zweier Punktreihen, d.h. genauer: für* $P \mp A B$, $A \neq B$, *bilden die Mengen* $(\mathfrak{U} \cap P A) B \cap (\mathfrak{U} \cap P B) A$, *wobei* $\mathfrak{U}$ *eine Umgebung von* P *mit* $\mathfrak{U} \cap A B = \emptyset$ *ist, eine Umgebungsbasis von* P.

Beweis.
Es bezeichne $\Sigma(Q)$ das System der Umgebungen des Punktes Q und $\Sigma(g)$ das System der Umgebungen der Geraden g. Sei $\mathfrak{U} \in \Sigma(P)$. Weil die Schnittpunktsbildung stetig ist, gibt es unter Berücksichtigung der dualen Aussage von Lemma 2 Umgebungen $\mathfrak{X} \in \Sigma(A P)$ und $\mathfrak{Y} \in \Sigma(B P)$, so daß $A B \notin \mathfrak{X}$, $A B \notin \mathfrak{Y}$ und für alle $x \in \mathfrak{X}$, $y \in \mathfrak{Y}$ stets $x \cap y \in \mathfrak{U}$ ist. Aufgrund der Stetigkeit des Verbindens und unter Anwendung von Lemma 2 erhält man zu $\mathfrak{X}, \mathfrak{Y}$ weiter eine Umgebung $\mathfrak{U}'$ von P mit $A, B \notin \mathfrak{U}'$ und $A Q \in \mathfrak{X}$, $B Q \in \mathfrak{Y}$ für alle $Q \in \mathfrak{U}'$. Also ist $(\mathfrak{U}' \cap P A) B \in \mathfrak{Y}$, $(\mathfrak{U}' \cap P B) A \in \mathfrak{X}$ und damit $(\mathfrak{U}' \cap P A) B \cap (U' \cap P B) A \subseteq \mathfrak{U}$. Offenbar ist $\mathfrak{U}' \cap A B = \emptyset$. Es ist nur noch nachzuweisen, daß $(\mathfrak{U}' \cap P A) B \cap (\mathfrak{U}' \cap P B) A$ auch eine Umgebung von P ist. Wir wählen dafür $\mathfrak{X}' \in \Sigma(P A)$ und $\mathfrak{Y}' \in \Sigma(P B)$ mit $A B \notin \mathfrak{X}', \mathfrak{Y}'$ und $x \cap y \in \mathfrak{U}'$ für alle $x \in \mathfrak{X}'$, $y \in \mathfrak{Y}'$ und zu $\mathfrak{X}'$, $\mathfrak{Y}'$ weiter eine Umgebung $\mathfrak{U}''$ von P mit $A, B \notin \mathfrak{U}''$ und $Q B \in \mathfrak{Y}'$, $Q A \in \mathfrak{X}'$ für alle $Q \in \mathfrak{U}''$. Für $Q \in \mathfrak{U}''$ ist also $Q_B = Q A \cap P B \in \mathfrak{U}' \cap P B$ und $Q_A = Q B \cap P A \in \mathfrak{U}' \cap P A$; wegen $Q A = Q_B A$ und $Q B = Q_A B$ folgt damit

$$Q = Q A \cap Q B = Q_A B \cap Q_B A \in (\mathfrak{U}' \cap P A) B \cap (\mathfrak{U}' \cap P B) A.$$

Also ist $\mathfrak{U}'' \subseteq (\mathfrak{U}' \cap P A) B \cap (\mathfrak{U}' \cap P B) A$ und folglich $(\mathfrak{U}' \cap P A) B \cap (\mathfrak{U}' \cap P B) A$ eine Umgebung von P. □

In Verschärfung von Lemma 2 können wir nun beweisen:

Satz 4 (Salzmann 1955). *In einer topologischen projektiven Ebene ist jeder Punkt und jede Punktreihe eine abgeschlossene Menge (im Raum der Punkte).*

Beweis.
L sei ein Punkt und l eine Gerade der topologischen projektiven Ebene. Nach Lemma 2 gibt es zu einem Punkt $P \neq L$ eine Umgebung $\mathfrak{U}$, die L nicht enthält, und nach Satz 3 existiert zu $P \mp l$ eine Umgebung $\mathfrak{V}$ mit $l \cap \mathfrak{V} = \emptyset$. Folglich ist das Komplement von $\{L\}$ bzw. l im Raum der Punkte eine Vereinigung von offenen Mengen, also offen, und damit $\{L\}$ wie l abgeschlossen. □

Bildet man in einer topologischen projektiven Ebene $\mathfrak{E}$ bezüglich der Geraden l die affine Ebene $\mathfrak{E}_l$, so ist deren Punktmenge das Komplement einer abgeschlossenen

Menge und daher offen. Die Punktmenge einer Geraden aus $\mathfrak{E}_l$ nennen wir eine affine Punktreihe im Unterschied zum Begriff „Punktreihe", der sich stets auf die Punktmenge einer projektiven Geraden bezieht. Die Punktmenge einer affinen Ebene und eine affine Punktreihe versehen wir stets mit der induzierten Topologie der projektiven Ebene. Weil man zwei Geraden aus $\mathfrak{E}_l$ durch eine Perspektivität, deren Zentrum auf l ist, aufeinander abbilden kann, sind somit nach Satz 1 auch zwei affine Punktreihen (aus $\mathfrak{E}_l$) zueinander homöomorph. In dem folgenden Satz erläutern wir, wie die Topologie der Punktmenge von $\mathfrak{E}_l$ mit der ihrer Punktreihen zusammenhängt.

Satz 5 (Salzmann 1955, Skornjakov 1954). *In einer topologischen projektiven Ebene ist die Punktmenge einer affinen Ebene homöomorph zum topologischen Punkt einer affinen Punktreihe mit sich selbst.*

Beweis.
Wir betrachten die bezüglich der Geraden l aus der projektiven Ebene $\mathfrak{E}$ gebildete affine Ebene $\mathfrak{E}_l$. Es sei O, E, U, V ein echtes Punktequadrupel aus $\mathfrak{E}$ mit $U, V \mathbin{I} l$. Wir stellen die Punkte von $\mathfrak{E}_l$, so wie wir das in § 1 beschrieben haben, durch Koordinaten dar. Dann ist die Punktemenge von $\mathfrak{E}_l$ also das Cartesische Produkt der affinen Punktreihe OE mit sich selbst. Wir wollen zeigen, daß die Abbildung σ der Punkte von $\mathfrak{E}_l$ auf ihre Tupel von Koordinaten ein Homöomorphismus ist.

Es ist $\sigma = P \mapsto (x_P, y_P)$ mit $x_P = VP \cap OE$ und $y_P = UP \cap OE$. Wir weisen als erstes die Stetigkeit von σ nach: Sei $\mathfrak{U}_1$ eine Umgebung von x_P auf OE und $\mathfrak{U}_2$ eine Umgebung von y_P auf OE. Weil Perspektivitäten mit uneigentlichem Zentrum Homöomorphismen zwischen affinen Punktreihen sind, wird $\mathfrak{U}_1$ durch die Perspektivität mit dem Zentrum V auf eine Umgebung $\mathfrak{W}_1$ von P auf der Geraden UP abgebildet und $\mathfrak{U}_2$ durch die Perspektivität mit dem Zentrum U auf eine Umgebung $\mathfrak{W}_2$ von P auf der Geraden VP. Die Punktreihen tragen die induzierte Topologie des Punktraumes von $\mathfrak{E}$. Daher können wir annehmen, daß $\mathfrak{W}_1 = \mathfrak{W} \cap UP$ und $\mathfrak{W}_2 = \mathfrak{W} \cap VP$ ist, wobei $\mathfrak{W}$ eine Umgebung von P in $\mathfrak{E}$ ist. Nach Satz 3 gibt es (in $\mathfrak{E}$) eine Umgebung $\mathfrak{W}'$ von P, für die $VU \cap \mathfrak{W}' = \emptyset$ und $\mathfrak{W}^* = (\mathfrak{W}' \cap UP)V \cap (\mathfrak{W}' \cap VP)U \subseteq \mathfrak{W}$ ist. Für $Q \in \mathfrak{W}^*$ ist $Q = Q_1 V \cap Q_2 U$ mit $Q_1 \in \mathfrak{W}' \cap UP \subseteq \mathfrak{W}_1$ und $Q_2 \in \mathfrak{W}' \cap VP \subseteq \mathfrak{W}_2$. Also ist $x_Q = Q_1 V \cap OE \in \mathfrak{U}_1$ und $y_Q = Q_2 U \cap OE \in \mathfrak{U}_2$ und folglich $Q^\sigma = (x_Q, y_Q) \in \mathfrak{U}_1 \times \mathfrak{U}_2$. Die Abbildung σ ist somit stetig.

Die Stetigkeit von σ^{-1} ergibt sich sofort nach Satz 3; denn zu einer Umgebung $\mathfrak{U}$ von P (in $\mathfrak{E}$) gibt es nach diesem Satz eine Umgebung $\mathfrak{W}'$ von P mit $VU \cap \mathfrak{W}' = 0$ und $(\mathfrak{W}' \cap UP)V \cap (\mathfrak{W}' \cap VP)\,U \subseteq \mathfrak{U}$. Dann sind $\mathfrak{W}'_1 = \mathfrak{W}' \cap UP$ bzw. $\mathfrak{W}'_2 = \mathfrak{W}' \cap VP$ Umgebungen von P auf UP bzw. VP, die wir durch Perspektivitäten mit dem Zentrum V bzw. U auf die Umgebungen $\mathfrak{U}_1$ bzw. $\mathfrak{U}_2$ auf OE abbilden. Es ist $\mathfrak{U}_1 \times \mathfrak{U}_2$ eine Umgebung von (x_P, y_P), die durch σ^{-1} in $\mathfrak{U}$ abgebildet wird; denn für $x \in \mathfrak{U}_1$, $y \in \mathfrak{U}_2$ ist $X_1 = Vx \cap UP \in \mathfrak{W}'_1$ und $Y_1 = Uy \cap VP \in \mathfrak{W}'_2$ und daher $(x, y)^{\sigma^{-1}} = x\,V \cap y\,U = X_1 V \cap Y_1 U \in \mathfrak{U}$. □

Als Folgerung aus diesem Satz können wir nun herleiten:

Satz 6. *Eine topologische projektive Ebene $\mathfrak{E}$ trägt genau dann die diskrete Topologie, wenn die auf einer Punktreihe von $\mathfrak{E}$ induzierte Topologie die diskrete ist.*

Beweis.
Hat $\mathfrak{E}$ die diskrete Topologie, so ist natürlich auch die auf jeder Punktreihe induzierte Topologie die feinste. Es trage nun umgekehrt eine Punktreihe von $\mathfrak{E}$ die diskrete Topologie. Nach Satz 1 hat dann jede Punktreihe von $\mathfrak{E}$ die feinste Topologie und damit nach Satz 5 auch jede affine Ebene (als Punktmenge) von $\mathfrak{E}$. Also ist eine aus einem Punkt bestehende Menge als Teilmenge einer affinen Ebene von $\mathfrak{E}$ offen, und weil letztere als Komplement einer Punktreihe in $\mathfrak{E}$ offen ist, ist jede einpunktige Menge somit offen in $\mathfrak{E}$. Folglich trägt $\mathfrak{E}$ die diskrete Topologie. □

Der Fall, daß $\mathfrak{E}$ mit der feinsten Topologie versehen ist, sei künftig ausgeschlossen.

Ist die Topologie einer topologischen projektiven Ebene nicht die diskrete, so erhält man mit Lemma 2, daß in jeder Umgebung eines Punktes von $\mathfrak{E}$ unendlich viele Punkte liegen. Weiter erkennt man, daß dann keine nichtleere, in $\mathfrak{E}$ offene Menge Teilmenge einer Punktreihe sein kann. Wäre nämlich $\mathfrak{M} \neq \emptyset$ offen in $\mathfrak{E}$ und Teilmenge der Punktreihe g, so wähle man zu einem Punkt $P \in \mathfrak{M}$ eine durch P gehende Gerade $h \neq g$. Dann wäre $\mathfrak{M} \cap h = \{P\}$ und somit $\{P\}$ offen in h, woraus aufgrund der Transitivität der Projektivitätengruppe einer Geraden auf sich mit Satz 1 folgte, daß jede einpunktige Menge von h offen wäre, und daher h die diskrete Topologie trüge.

Wir wollen jetzt untersuchen, wie sich die Eigenschaften einer topologischen projektiven Ebene als Eigenschaften ihrer Koordinatenstrukturen beschreiben lassen. Sei also O, E, U, V ein echtes Quadrupel in der topologischen projektiven Ebene $\mathfrak{E}$ und K ein Ternärkörper von $\mathfrak{E}$ bezüglich dieses Punktequadrupels, wobei K und die ternäre Verknüpfung T zu O, E, U, V so gebildet seien, wie auf S. 180 in § 1 beschrieben. Die Elemente von K sind somit die affinen Punkte von OE in der affinen Ebene $\mathfrak{E}_{UV}$. K trage die induzierte Topologie dieser Punktreihe. Weil die Bildung von Schnittpunkten und Verbindungsgeraden stetige Operationen sind, erhält man (bei Berücksichtigung von Satz 3), daß die ternäre Verknüpfung T eine stetige Abbildung von $K \times K \times K$ nach K ist. Weiter sind die folgenden Bildungen von „Inversen" stetig:

Das zu $a_1, a_2, b_1, b_2 \in K$ für $a_1 \neq a_2$ durch $T(a_1, x, b_1) = T(a_2, x, b_2)$ bestimmte Element $x = x(a_1, b_1, a_2, b_2)$ und das durch $T(u, a_i, v) = b_i$, $i = 1, 2$, bestimmte Element $u = u(a_1, b_1, a_2, b_2)$, sowie ferner das zu x, y, $a \in K$ durch $y = T(a, x, v)$ bestimmte Element $v = v(a, x, y)$ hängt jeweilig stetig von allen angegebenen Variablen ab. Einen Ternärkörper K, der nicht die diskrete oder indiskrete Topologie trägt, und für den die eben angeführten Abbildungen, also $(u, x, v) \mapsto T(u, x, v)$ und für $a_1 \neq a_2$ weiter $x = x(a_1, b_1, a_2, b_2)$, $u = u(a_1, b_1, a_2, b_2)$ sowie $v = v(a, x, y)$, stetig sind, heißt ein *topologischer Ternärkörper*. Damit erhält man:

Satz 7. *Ein Ternärkörper einer topologischen projektiven Ebene ist (bez. der induzierten Topologie) ein topologischer Ternärkörper.*

Ob umgekehrt eine projektive Ebene mit einem topologischen Ternärkörper eine topologische projektive Ebene ist, ist eine im allgemeinen noch offene Frage. Man kennt Antworten nur für gewisse Zusatzbedingungen an die topologische Struktur des Ternärkörpers oder für die Gültigkeit von Schließungssätzen in der projektiven Ebene. So ist die Frage für einen lokalkompakten zusammenhängenden Ternärkörper oder für eine desarguessche projektive Ebene zu bejahen (vgl. für das letztere Pickert 1975, 10.1, Satz 5). Wir verweisen für diese Fragen auf Salzmann 1967, 7.15, Skornjakow 1954 und Löwen 1980, § 2.

Wie in § 1 erwähnt, bildet ein Ternärkörper K bezüglich der durch $T(1,a,b) = a + b$ erklärten Addition und $K \setminus \{0\}$ bezüglich der durch $T(a,b,0) = ab$ gegebenen Multiplikation eine Loop. Man nennt eine Loop $(L, +)$ eine *topologische Loop*, falls die Addition auf L sowie deren rechte und linke Umkehrung stetige Abbildungen sind. Als unmittelbare Folgerung aus Satz 7 ergibt sich daher:

Korollar 8. *Die additive wie multiplikative Loop eines Ternärkörpers einer topologischen projektiven Ebene sind topologische Loops.*

Mittels der Loopstruktur der Koordinatenmenge können wir eine weitere Eigenschaft topologischer projektiver Ebenen beweisen:

Satz 9. (Salzmann 1955, Skornjakov 1954). *Die Punktmenge einer topologischen projektiven Ebene ist ein regulärer Raum.*

Beweis.
Wir überlegen uns als erstes, daß in einer topologischen projektiven Ebene $\mathfrak{E}$ eine affine Punktreihe regulär ist. Sei also $\mathfrak{E}_l$ eine affine Ebene von $\mathfrak{E}$ bezüglich der Geraden l, weiter g eine Gerade aus $\mathfrak{E}_l$ und P ein auf g gelegener Punkt der affinen Ebene $\mathfrak{E}_l$. Es sei $\mathfrak{S}$ eine Umgebung von P auf der Punktreihe g. Wir zeigen, daß $\mathfrak{S}$ eine (in der Punktreihe g) abgeschlossene Umgebung von P enthält. Sei K Koordinatenmenge von $\mathfrak{E}$ bez. des Punktequadrupels O, E, U, V, wobei $UV = l$, $OE = g$ und $O = P$ sei; die Elemente von K sind also die affinen Punkte von g. Aufgrund der Stetigkeit der Addition von K gibt es zu $\mathfrak{S}$ in K eine Umgebung $\mathfrak{T}$ von $P = O$ mit $\mathfrak{T} + \mathfrak{T} \subseteq \mathfrak{S}$. Für ein festes $x \in K$ ist die Abbildung $t \mapsto b$ mit $t + b = x$ ein Homöomorphismus: $K \to K$. Das Bild $\mathfrak{B}$ von $\mathfrak{T}$ unter dieser Abbildung ist deshalb eine Umgebung von x. Für $x \in \bar{\mathfrak{T}}$ ($=$ abgeschlossene Hülle von $\mathfrak{T}$ in g) ist folglich $\mathfrak{B} \cap \mathfrak{T} \neq \emptyset$ und somit $x \in \mathfrak{T} + \mathfrak{T}$. Also ist $\bar{\mathfrak{T}} \subseteq \mathfrak{T} + \mathfrak{T} \subseteq \mathfrak{S}$ und daher g regulär. Nach Satz 5 ist die Punktmenge einer affinen Ebene homöomorph zum topologischen Produkt zweier affiner Punktreihen; folglich ist die Punktmenge einer jeden affinen Ebene von $\mathfrak{E}$ regulär.

Wir weisen nun die Regularität des Punktraumes von $\mathfrak{E}$ nach: Sei P ein Punkt aus $\mathfrak{E}$ und $\mathfrak{U}$ eine Umgebung von P in $\mathfrak{E}$. Wir wählen drei nicht kopunktale Geraden g_i, $i = 1, 2, 3$, von denen keine mit P inzidiere. Weil der Punktraum einer affinen Ebene von $\mathfrak{E}$ eine offene Menge in $\mathfrak{E}$ ist, ist also der Durchschnitt von $\mathfrak{U}$ mit der Punktmenge von $\mathfrak{E}_{g_i}$ für $i = 1, 2, 3$ offen in $\mathfrak{E}$, und wir können deshalb $\mathfrak{U} \cap g_i = \emptyset$, $i = 1, 2, 3$, voraussetzen. Aufgrund der Regularität von $\mathfrak{E}_{g_i}$ gibt es zu P und $\mathfrak{U}$ in $\mathfrak{E}_{g_i}$ für $i = 1, 2, 3$ eine offene Umgebung $\mathfrak{B}_i$ von P, so daß für deren in $\mathfrak{E}_{g_i}$ gebildeten Abschluß $\overline{\mathfrak{B}_i}^{g_i}$ gilt: $\overline{\mathfrak{B}_i}^{g_i} \subseteq \mathfrak{U}$. Also ist $\mathfrak{B} = \mathfrak{B}_1 \cap \mathfrak{B}_2 \cap \mathfrak{B}_3$ eine offene Umgebung von P in $\mathfrak{E}$, und es ist $\bar{\mathfrak{B}} \subseteq \bar{\mathfrak{B}}_1 \cap \bar{\mathfrak{B}}_2 \cap \bar{\mathfrak{B}}_3$, wobei mit $\bar{\mathfrak{B}}$ bzw. $\bar{\mathfrak{B}}_i$ die Abschlüsse von $\mathfrak{B}$, $\mathfrak{B}_i$ in $\mathfrak{E}$ bezeichnet sind. Wegen $\overline{\mathfrak{B}_i}^{g_i} = \bar{\mathfrak{B}}_i \cap \mathfrak{E}_{g_i}$ *und* $\overline{\mathfrak{B}_i}^{g_i} \subseteq \mathfrak{U}$, $\mathfrak{U} \cap g_i = \emptyset$ unterscheidet sich $\bar{\mathfrak{B}}_1 \cap \bar{\mathfrak{B}}_2 \cap \bar{\mathfrak{B}}_3$ von $\overline{\mathfrak{B}_1}^{g_1} \cap \overline{\mathfrak{B}_2}^{g_2} \cap \overline{\mathfrak{B}_3}^{g_3}$ höchstens um einen Punkt, der allen drei Geraden g_1, g_2, g_3 angehören muß. Weil g_1, g_2, g_3 nicht kopunktal sind, gibt es einen solchen Punkt nicht. Also ist $\bar{\mathfrak{B}} \subseteq \overline{\mathfrak{B}_1}^{g_1} \cap \overline{\mathfrak{B}_2}^{g_2} \cap \overline{\mathfrak{B}_3}^{g_3} \subseteq \mathfrak{U}$ und somit $\mathfrak{E}$ regulär. □

Wir wollen die Zusammenhangsverhältnisse einer topologischen projektiven Ebene untersuchen. Eine *topologische projektive Ebene* heißt *zusammenhängend*, wenn der topologische Raum ihrer Punkte zusammenhängend ist. Betrachten wir einen Punkt P eines topologischen Raumes $\mathfrak{X}$, so versteht man unter der *Quasikomponente* von P den Durchschnitt aller zugleich offenen wie abgeschlossenen Teilmengen von

$\mathfrak{X}$, die P enthalten. $\mathfrak{X}$ heißt *nirgends zusammenhängend*, wenn die Quasikomponente eines jeden Punktes von $\mathfrak{X}$ nur aus dem Punkt selbst besteht. Wir beschreiben die Art des Zusammenhangs einer topologischen projektiven Ebene in Satz 11 und bringen vorweg das folgende Lemma, um den Beweis des Satzes selbst übersichtlicher führen zu können.

Lemma 10. *In einer topologischen projektiven Ebene $\mathfrak{E}$ ist eine projektive (affine) Punktreihe entweder zusammenhängend oder nirgends zusammenhängend.*

Beweis.
Wir führen den Beweis für eine affine Punktreihe von $\mathfrak{E}$, für eine projektive verläuft er völlig analog. Es sei g eine Gerade von $\mathfrak{E}$ und g_P die affine Punktreihe von g bez. $P \mathrel{I} g$ als uneigentlichem Punkt. Wir nehmen an, daß g_P nicht nirgends zusammenhängend ist. Dann gibt es also einen Punkt X auf g_P, dessen Quasikomponente $\mathfrak{S}$ einen von X verschiedenen Punkt Q von g_P enthält. Als Durchschnitt gleichzeitig offener wie abgeschlossener Umgebungen von X bleibt $\mathfrak{S}$ unter jedem Homöomorphismus fest, der X festläßt. Weil die Gruppe der Projektivitäten von g auf sich dreifach transitiv ist (s. z. B. Pickert, Projektive Ebenen 1975, Satz 6, S. 9), gibt es eine Projektivität σ auf g, die jeden der Punkte P, X auf sich und Q auf irgendeinen anderen vorgegebenen Punkt von g_P abbildet. Nach Satz 1 ist σ ein Homöomorphismus. Also enthält $\mathfrak{S}$ jeden Punkt von g_P. Damit besteht die Quasikomponente von X aus der ganzen affinen Punktreihe g_P, und g_P ist folglich zusammenhängend. □

Satz 11 (Salzmann 1955). *Eine topologische projektive Ebene $\mathfrak{E}$ ist entweder zusammenhängend oder nirgends zusammenhängend. Die gleiche Alternative gilt für eine Punktreihe, eine affine Punktreihe und die Punktmenge einer affinen Ebene von $\mathfrak{E}$, und diese sind genau dann zusammenhängend, wenn $\mathfrak{E}$ es ist.*

Beweis.
1) Die projektive Ebene $\mathfrak{E}$ sei zusammenhängend und g eine Gerade aus $\mathfrak{E}$. Wir wollen zeigen, daß g zusammenhängend ist. Angenommen, das ist nicht der Fall. Dann ist g nach Lemma 10 nirgends zusammenhängend. Es sei P ein nicht auf g gelegener Punkt und $\mathfrak{P}_0$ die um $\mathfrak{P}$ verminderte Punktmenge von $\mathfrak{E}$. Die Abbildung σ von $\mathfrak{P}_0$ auf die Punktreihe g sei durch $Q^\sigma = PQ \cap g$ definiert. σ ist eine stetige Abbildung von $\mathfrak{P}_0$ (bez. der durch $\mathfrak{E}$ induzierten Topologie) nach g. Es sei $X \in g$ und $\mathfrak{K}$ der Durchschnitt aller in $\mathfrak{P}_0$ gleichzeitig offenen wie abgeschlossenen Umgebungen der Urbildmenge $X^{\sigma^{-1}}$ von X. Weil offene wie abgeschlossene Mengen von g unter σ offene bzw. abgeschlossene Urbilder in $\mathfrak{P}_0$ haben, ist $\mathfrak{K}$ eine Teilmenge des Urbildes der Quasikomponente von X unter σ, also von $X^{\sigma^{-1}}$. Damit gilt: $\mathfrak{K} = X^{\sigma^{-1}}$. Die Quasikomponente von X in $\mathfrak{P}_0$ ist wegen $X \in X^{\sigma^{-1}}$ eine Teilmenge von $\mathfrak{K}$, also eine Teilmenge der Punktreihe PX. Folglich gibt es zu einem nicht auf PX gelegenen Punkt Q eine in $\mathfrak{P}_0$ offene wie abgeschlossene Umgebung $\mathfrak{V}$ von X, die Q nicht enthält. Als Komplement eines Punktes ist $\mathfrak{P}_0$ nach Satz 4 offen in $\mathfrak{E}$. Folglich ist auch $\mathfrak{V}$ offen in $\mathfrak{E}$. Der Abschluß von $\mathfrak{V}$ in $\mathfrak{E}$ hat höchstens den Randpunkt P. Vertauschen von P und Q ergibt eine in $\mathfrak{E}$ offene Umgebung $\mathfrak{V}'$ von X, die P nicht enthält und höchstens den Randpunkt Q hat. Also ist $\mathfrak{V} \cap \mathfrak{V}'$ eine offene wie abgeschlossene Umgebung von X in $\mathfrak{E}$, und $\mathfrak{V} \cap \mathfrak{V}'$ enthält nicht alle Punkte von $\mathfrak{E}$. Danach wäre aber $\mathfrak{E}$ im Widerspruch zu unserer Voraussetzung nicht zusammenhängend. Also ist die Punktreihe g zusammenhängend.

Je zwei projektive (affine) Punktreihen von $\mathfrak{E}$ sind nach Satz 1 zueinander homöomorph, da man sie durch eine Perspektivität aufeinander abbilden kann. Mit einer projektiven (affinen) Punktreihe von $\mathfrak{E}$ ist damit jede zusammenhängend.

Wir folgern nun aus dem Zusammenhang der projektiven Punktreihen den der affinen: Es sei g eine Gerade von $\mathfrak{E}$ und g_P deren affine Punktreihe mit $P \mathrel{I} g$ als uneigentlichem Punkt. Wir nehmen an, daß g_P nicht zusammenhängend ist. Nach Lemma 10 ist g_P dann also nirgends zusammenhängend, und für einen Punkt X von g_P besteht dessen Quasikomponente in g_P nur aus X selbst. Also gibt es zu einem Punkt $Q \neq X$ von g_P eine in g_P offene wie abgeschlossene Umgebung von X, die Q nicht enthält. Weil g_P (als Komplement eines Punktes — also einer abgeschlossenen Menge) in g offen ist, zeigt man wie zuvor, daß sogar eine in g offene und abgeschlossene Umgebung von X existiert, die Q nicht enthält. Damit wäre jedoch im Widerspruch zu unserer Voraussetzung g nicht zusammenhängend. Also ist g_P zusammenhängend.

Nach Satz 5 ist die Punktmenge einer affinen Ebene von $\mathfrak{E}$ homöomorph zum topologischen Produkt einer affinen Punktreihe mit sich selbst. Also erhält man aus dem Zusammenhang der affinen Punktreihen den der Punktmenge einer affinen Ebene von $\mathfrak{E}$.

Weil $\mathfrak{E}$ der topologische Abschluß der Punktmenge einer affinen Ebene von $\mathfrak{E}$ ist, folgt aus dem Zusammenhang der Punktmenge einer affinen Ebene von $\mathfrak{E}$ der von $\mathfrak{E}$.

2) Daß eine projektive (affine) Punktreihe entweder zusammenhängend oder nirgends zusammenhängend ist, ist bereits mit Lemma 10 bewiesen. Ist nun die projektive Ebene $\mathfrak{E}$ nicht zusammenhängend, so — wie gerade unter 1) ausgeführt — auch keine ihrer Punktreihen. Nach Lemma 10 ist damit jede Punktreihe von $\mathfrak{E}$ nirgends zusammenhängend. Zu Beginn von 1) haben wir gezeigt, daß es dann zu zwei Punkten X, Q aus $\mathfrak{E}$ stets eine offene wie abgeschlossene Umgebung von X gibt, die Q nicht enthält. Also besteht die Quasikomponente eines jeden Punktes von $\mathfrak{E}$ nur aus dem Punkt selbst, und $\mathfrak{E}$ ist folglich nirgends zusammenhängend.

Ist die Punktmenge einer affinen Ebene von $\mathfrak{E}$ nicht zusammenhängend, so ist nach 1) auch $\mathfrak{E}$ nicht zusammenhängend. Wie gerade gezeigt wurde, ist $\mathfrak{E}$ dann nirgends zusammenhängend, und das gilt damit auch für die affine Punktmenge. □

Archimedisch angeordnete Gruppen oder Körper lassen sich als Unterstrukturen des Körpers $\mathbb{R}$ der reellen Zahlen auffassen (s. Satz 4, § 3, I und Satz 3, § 3, II). $\mathbb{R}$ ist bezüglich der Ordnungstopologie zusammenhängend, lokalkompakt und topologisch eindimensional. Wir werden im nächsten Paragraphen sehen, daß die Rolle von $\mathbb{R}$ für archimedisch angeordnete Strukturen im Falle angeordneter projektiver Ebenen von topologischen projektiven Ebenen übernommen wird, die zusammenhängend, lokalkompakt und topologisch zweidimensional sind. Wir leiten deshalb zunächst einige wichtige Eigenschaften lokalkompakter projektiver Ebenen her. Eine *topologische projektive Ebene* heißt *lokalkompakt*, wenn der topologische Raum ihrer Punkte lokalkompakt ist.

Aus den Sätzen 4 und 5 ergibt sich sofort:

Satz 12. *In einer topologischen projektiven Ebene $\mathfrak{E}$ sind gleichwertig die lokale Kompaktheit von $\mathfrak{E}$, die lokale Kompaktheit einer Punktreihe, die lokale Kompaktheit einer* *affinen Punktreihe und die lokale Kompaktheit der Punktmenge einer affinen Ebene von* $\mathfrak{E}$.

Die beiden folgenden Lemmata dienen der Vorbereitung der Sätze 15 und 16, in denen gezeigt wird, daß eine lokalkompakte projektive Ebene σ-kompakt ist und eine abzählbare Basis hat. (Ein lokalkompakter Raum heißt σ-kompakt, wenn er Vereinigung von höchstens abzählbar vielen kompakten Mengen ist.)

Lemma 13. *Ein Ternärkörper K einer lokalkompakten projektiven Ebene* $\mathfrak{E}$ *erfüllt das erste Abzählbarkeitsaxiom, d.h. jedes Element aus K hat eine abzählbare Umgebungsbasis.*

Beweis.
$\mathfrak{E}$ trägt nicht die diskrete Topologie, nach Satz 6 also auch nicht K. Damit enthält — wie im Anschluß an Satz 6 ausgeführt — jede Umgebung eines Elementes von K unendlich viele Elemente. Wir betrachten eine kompakte Umgebung $\mathfrak{U}$ irgendeines Elementes von K und in ihr eine Folge $(a_n)_{n \in \mathbb{N}}$ verschiedener Elemente a_n. Wegen der Kompaktheit von $\mathfrak{U}$ hat diese Folge einen Häufungspunkt a in $\mathfrak{U}$. Durch eine Projektivität, also einen Homöomorphismus, bilden wir a auf 0 ab. Wir können deshalb $(a_n)_{n \in \mathbb{N}}$ als eine Folge verschiedener Elemente mit 0 als Häufungspunkt auffassen. Es sei $\mathfrak{W}$ eine kompakte Umgebung von 0. Wir zeigen, daß die Mengen $\mathfrak{V}_n = a_n \mathfrak{W}$, $n \in \mathbb{N}$, eine Umgebungsbasis von 0 bilden: Sei $\mathfrak{V}$ irgendeine Umgebung von 0 und w ein Element aus $\mathfrak{W}$. Wegen $0w = 0$ und der Stetigkeit der Multiplikation gibt es eine Umgebung $\mathfrak{V}_w$ von 0 und eine Umgebung $\mathfrak{W}_w$ von w mit $\mathfrak{V}_w \mathfrak{W}_w \subseteq \mathfrak{V}$. Weil $\mathfrak{W}$ kompakt ist, läßt sich $\mathfrak{W}$ mit endlich vielen der Mengen $\mathfrak{W}_w$, $w \in \mathfrak{W}$, überdecken; seien dies die Mengen $\mathfrak{W}_{w_1}, \ldots, \mathfrak{W}_{w_k}$. Für $\mathfrak{V}_0 = \bigcap_{i=1}^{k} \mathfrak{V}_{w_i}$ gilt $\mathfrak{V}_0 \mathfrak{W} \subseteq \mathfrak{V}$. Es ist $\mathfrak{V}_0$ eine Umgebung von 0 und 0 ein Häufungspunkt der Folge $(a_n)_{n \in \mathbb{N}}$; folglich gibt es ein $n \in \mathbb{N}$ mit $a_n \in \mathfrak{V}$, und damit ist $\mathfrak{V}_n = a_n \mathfrak{W} \subseteq \mathfrak{V}$. Also hat 0 eine abzählbare Umgebungsbasis. Aufgrund der dreifachen Transitivität der Projektivitätengruppe einer Punktreihe auf sich überträgt sich die abzählbare Umgebungsbasis von 0 auf jedes Element aus K. □

Lemma 14. *Ein Ternärkörper K einer lokalkompakten projektiven Ebene* $\mathfrak{E}$ *ist* σ*-kompakt.*

Beweis.
Wie im Beweis des vorhergehenden Lemmas ausgeführt, existiert in K eine Folge mit 0 als Häufungspunkt. Da 0 eine abzählbare Umgebungsbasis hat, kann man aus dieser Folge eine gegen 0 konvergierende Teilfolge $(a_n)_{n \in \mathbb{N}}$ mit $a_n \neq 0$, $n \in \mathbb{N}$, auswählen. Sei $0 \neq a \in \mathrm{K}$. Wir bestimmen in der multiplikativen Loop $K \setminus \{0\}$ Elemente s_n, $n \in \mathbb{N}$, mit $s_n a_n = a$. Es sei $\mathfrak{W}$ eine kompakte Umgebung von 0. Also sind auch die Mengen $s_n \mathfrak{W}$ kompakt. Wir zeigen, daß $K = \bigcup_{n=1}^{\infty} s_n \mathfrak{W}$ ist: Sei dafür $b \in K \setminus \{0\}$ und b_n, $n \in \mathbb{N}$, durch $s_n b_n = b$ bestimmt. Wenn bewiesen ist, daß die Folge $(b_n)_{n \in \mathbb{N}}$ gegen 0 konvergiert, liegen die Elemente b_n, $n \in \mathbb{N}$, schließlich in $\mathfrak{W}$, und man erhält $b \in \bigcup_{n=1}^{\infty} s_n \mathfrak{W}$. Wir haben also nur noch die Konvergenz der Folge $(b_n)_{n \in \mathbb{N}}$ nachzuweisen und überlegen uns dafür, in welcher Weise die b_n, $n \in \mathbb{N}$, durch die Elemente a_n bestimmt sind:

Bezeichnen wir die durch $x\,y = z$ in $K \setminus \{0\}$ gegebenen Elemente x, y mit $x = z \setminus y$ bzw. $y = \frac{z}{x}$, so ist $s_n = a \setminus a_n$ und $b_n = \frac{b}{s_n}$ und somit $b_n = \frac{b}{(a \setminus a_n)}$, $n \in \mathbb{N}$. Wir gehen auf die geometrische Definition der Multiplikation zurück, um zu erkennen, daß man die Elemente b_n durch eine Aufeinanderfolge von Perspektivitäten als Bilder der a_n, $n \in \mathbb{N}$, erhält. K sei Koordinatenstruktur von $\mathfrak{E}$ bez. des Punktequadrupels O, E, U, V. Wir definieren eine Abbildung σ: $OE \to OE$ durch die folgende Kette von Perspektivitäten (s. Abb. 2.1): Als erstes bilden wir die Punktreihe OE perspektiv von V auf die Punkt-

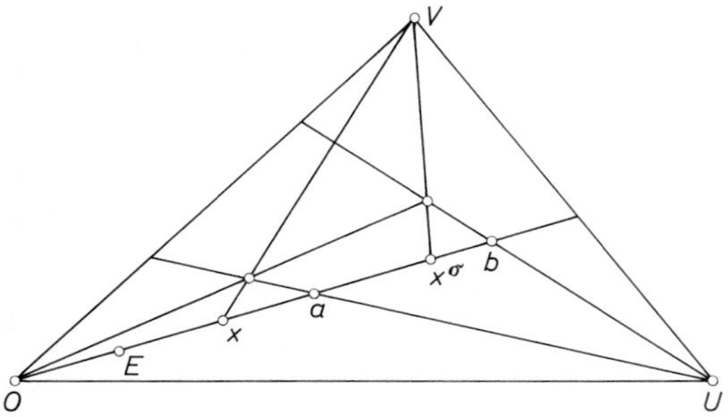

Abb. 2.1

reihe Ua ab, dann diese durch die Perspektivität mit dem Zentrum O auf die Gerade Ub und die Punkte dieser Geraden von V aus perspektiv auf OE. Weil der Schnittpunkt von OE mit UV unter σ festbleibt, können wir σ als eine Abbildung von K nach K auffassen. Offensichtlich ist $x^\sigma = \frac{b}{(a \setminus x)}$ für $0 \neq x \in K$ und $0^\sigma = 0$. Als Hintereinanderausführung von Perspektivitäten ist σ ein Homöomorphismus, also eine stetige Abbildung von K. Wegen $b_n = a_n^\sigma$, $n \in \mathbb{N}$, gilt daher $\lim b_n = 0$. □

Aus den beiden gerade bewiesenen Lemmata folgt:

Satz 15 (Salzmann 1957). *Eine lokalkompakte projektive Ebene $\mathfrak{E}$ erfüllt das erste Abzählbarkeitsaxiom und ist σ-kompakt.*

Beweis.
Mit $\mathfrak{E}$ ist auch jede affine Punktreihe von $\mathfrak{E}$ lokalkompakt, und eine solche trägt nach den beiden vorhergehenden Lemmata eine Topologie, die das erste Abzählbarkeitsaxiom erfüllt und σ-kompakt ist. Diese Eigenschaften übertragen sich auf das topologische Produkt und gelten damit für die Punktmenge einer jeden affinen Ebene von $\mathfrak{E}$. Also hat jeder Punkt von $\mathfrak{E}$ eine abzählbare Umgebungsbasis. Mit einer jeden affinen Punktreihe ist auch jede projektive Punktreihe von $\mathfrak{E}$ σ-kompakt. Die Punktmenge von $\mathfrak{E}$ läßt sich als Vereinigung der Punktmenge einer affinen Ebene mit den Punkten der uneigentlichen Geraden darstellen, also ist $\mathfrak{E}$ die Vereinigung zweier σ-kompakter Mengen und damit σ-kompakt. □

Wir zeigen nun, daß eine lokalkompakte projektive Ebene eine abzählbare Basis hat:

Satz 16 (Salzmann 1957). *Eine lokalkompakte projektive Ebene $\mathfrak{E}$ besitzt eine abzählbare Basis für ihre Topologie.*

Beweis.
Wir beweisen die Existenz einer abzählbaren Basis zunächst für eine kompakte Teilmenge $\mathfrak{X}$ eines Ternärkörpers K von $\mathfrak{E}$. Der Beweis beruht auf dem Gedanken, daß im Falle eines kompakten Raumes $\mathfrak{X}$ die Umgebungen der Diagonalen Δ von $\mathfrak{X} \times \mathfrak{X}$ (Obermengen der offenen Mengen von $\mathfrak{X} \times \mathfrak{X}$, welche Δ umfassen) eine uniforme Struktur auf $\mathfrak{X}$ erzeugen und daß dies die einzige uniforme Struktur ist, die mit der Topologie von $\mathfrak{X}$ verträglich ist (Bourbaki, Topologie générale, II, § 4, Th. 1).

1. Im ersten Beweisschritt setzen wir voraus, daß das System Σ der Umgebungen von $\Delta \subseteq \mathfrak{X} \times \mathfrak{X}$ eine abzählbare Basis hat, und wir werden hieraus dann auf eine abzählbare Basis der Topologie von $\mathfrak{X}$ schließen.

Die Umgebungen von Δ nennen wir für das folgende Bänder. Man zeigt mit vollständiger Induktion, daß es eine Folge $(\mathfrak{B}_i)_{i \in \mathbb{N}}$ von Bändern gibt, welche die folgenden Eigenschaften haben: Die $\mathfrak{B}_i$ bilden eine Basis für eine uniforme Struktur auf $\mathfrak{X}$, jedes $\mathfrak{B}_i$ ist eine offene Menge in $\mathfrak{X} \times \mathfrak{X}$, und es ist $\mathfrak{B}_{i+1}^2 \subseteq \mathfrak{B}_i = \mathfrak{B}_i^{-1}$, $i \in \mathbb{N}$; hierbei ist mit $\mathfrak{B}^{-1}$ die Menge der Paare (y, x) mit $(x, y) \in \mathfrak{B}$ und mit $\mathfrak{B}^2$ das Relationenprodukt $\mathfrak{B} \circ \mathfrak{B}$ bezeichnet. Man wählt hierfür eine abzählbare Basis $\{\mathfrak{B}'_j \colon j \in \mathbb{N}\}$ des Filters der Bänder. Dieser ist wegen des oben zitierten Satzes auch eine Basis eines Filters von Nachbarschaften auf $\mathfrak{X}$; folglich ist mit $\mathfrak{B}'_j$, $j \in \mathbb{N}$, auch $(\mathfrak{B}'_j)^{-1}$ eine Nachbarschaft und damit eine Umgebung von Δ. Man setze nun $\mathfrak{B}_1 = \mathfrak{B}'_1 \cap (\mathfrak{B}'_1)^{-1}$ und nehme an, daß $\mathfrak{B}_1, \ldots, \mathfrak{B}_i$ die oben angegebenen Bedingungen erfüllen. Weil $\{\mathfrak{B}'_j \colon j \in \mathbb{N}\}$ eine Basis von Nachbarschaften auf $\mathfrak{X}$ ist, gibt es zu $\mathfrak{B}_i$ ein $\mathfrak{B}'_j$, $j \in \mathbb{N}$, mit $(\mathfrak{B}'_j)^2 \subseteq \mathfrak{B}_i$ und $\mathfrak{B}'_j \subseteq \mathfrak{B}_i \cap \bigcap_{k=1}^{i} \mathfrak{B}'_k$. Mit $\mathfrak{B}_{i+1} = \mathfrak{B}'_j \cap (\mathfrak{B}'_j)^{-1}$ hat man dann eine Folge $(\mathfrak{B}_i)_{i \in \mathbb{N}}$ von Bändern mit den verlangten Eigenschaften. Ist $\mathfrak{B}$ eine Nachbarschaft auf $\mathfrak{X}$, so ist eine Umgebung des Punktes $x \in \mathfrak{X}$ durch $\mathfrak{B}(x, \mathfrak{B}) = \{y \in \mathfrak{X} \colon (x, y) \in \mathfrak{B}\}$ gegeben. Das System $\{\mathfrak{B}(x, \mathfrak{B}_i) \colon i \in \mathbb{N}\}$ bildet somit eine Umgebungsbasis von x und das System $\{\mathfrak{B}(x, \mathfrak{B}_{i+1}) \colon i \in \mathbb{N},\ x \in \mathfrak{X}\}$ aufgrund des oben zitierten Satzes eine Basis der Topologie auf $\mathfrak{X}$. Für ein festes $i \in \mathbb{N}$ ist $\{\mathfrak{B}(x, \mathfrak{B}_{i+1}) \colon x \in \mathfrak{X}\}$ eine Überdeckung von $\mathfrak{X}$ durch offene Mengen.

Weil $\mathfrak{X}$ kompakt ist, reichen endlich viele von diesen; seien dies

$$\mathfrak{B}(x_{i1}, \mathfrak{B}_{i+1}), \ldots, \mathfrak{B}(x_{ik(i)}, \mathfrak{B}_{i+1}).$$

Wir zeigen, daß das abzählbare System von Mengen

$$\{\mathfrak{B}(x_{ij}, \mathfrak{B}_{i+1}) \colon i \in \mathbb{N},\ j = 1, \ldots, k(i),\ k(i) \in \mathbb{N}\}$$

eine Basis der Topologie von $\mathfrak{X}$ ist, und zwar weisen wir dafür nach, daß es zu einer Menge $\mathfrak{B}(x, \mathfrak{B}_i)$, $x \in \mathfrak{X}$, $i \in \mathbb{N}$, stets ein Element x_{ij} gibt mit $x \in \mathfrak{B}(x_{ij}, \mathfrak{B}_{i+1}) \subseteq \mathfrak{B}(x, \mathfrak{B}_i)$: Da $\{\mathfrak{B}(x_{ij}, \mathfrak{B}_{i+1}) \colon j = 1, \ldots, k(i)\}$ eine Überdeckung von $\mathfrak{X}$ ist, liegt x in einer der Mengen dieses Systems; dies sei die Menge $\mathfrak{B}(x_{ij}, \mathfrak{B}_{i+1})$. Also ist $(x_{ij}, x) \in \mathfrak{B}_{i+1} = \mathfrak{B}_{i+1}^{-1}$ und damit $(x, x_{ij}) \in \mathfrak{B}_{i+1}$. Für ein $y \in \mathfrak{B}(x_{ij}, \mathfrak{B}_{i+1})$ ist (x_{ij}, y)

$\in \mathfrak{B}_{i+1}$ und folglich

$$(x, x_{ij}) \circ (x_{ij}, y) = (x, y) \in \mathfrak{B}_{i+1}^2 \subseteq \mathfrak{B}_i .$$

Daher ist

$$y \in \mathfrak{B}(x, \mathfrak{B}_i), \quad \text{also} \quad \mathfrak{B}(x_{ij}, \mathfrak{B}_{i+1}) \subseteq \mathfrak{B}(x, \mathfrak{B}_i).$$

Die Existenz einer abzählbaren Basis für die Topologie von $\mathfrak{X}$ ist damit für die zu Beginn von 1. getroffene Voraussetzung bewiesen.

2. Im zweiten Beweisschritt zeigen wir nun, daß das System Σ der Bänder, also das Umgebungssystem von Δ in $\mathfrak{X} \times \mathfrak{X}$, eine abzählbare Basis hat. Dafür weisen wir zunächst nach, daß es einen Filter von Nachbarschaften auf $\mathfrak{X}$ mit abzählbarer Basis gibt, dann weiter, daß dieser Nachbarschaftsfilter die ursprüngliche Topologie von $\mathfrak{X}$ liefert und deshalb aufgrund des zu Anfang zitierten Satzes gleich Σ sein muß.

Es bezeichne T die für den Ternärkörper gegebene ternäre Verknüpfung. Für Umgebungen $\mathfrak{M}$, $\mathfrak{N}$ der Eins bzw. Null in K und $x \in K$ setzen wir

$$T(\mathfrak{M}, x, \mathfrak{N}) = \{T(u, x, v) \colon u \in \mathfrak{M}, v \in \mathfrak{N}\} \text{ und } \mathfrak{B}(\mathfrak{M}, \mathfrak{N}) = \{(x, y) \in \mathfrak{X} \times \mathfrak{X} \colon y \in T(\mathfrak{M}, x, \mathfrak{N})\}.$$

Nach Lemma 13 erfüllt K das erste Abzählbarkeitsaxiom; also gibt es abzählbare Basen Γ_1 bzw. Γ_0 für das System der Umgebungen in K von 1 bzw. 0. Folglich ist auch das System $\{\mathfrak{B}(\mathfrak{M}, \mathfrak{N}) \colon \mathfrak{M} \in \Gamma_1, \mathfrak{N} \in \Gamma_0\}$ abzählbar. Wir zeigen, daß dieses System von Mengen Basis eines Filters von Nachbarschaften auf $\mathfrak{X}$ ist:

Unter (*) überlegen wir uns dafür, daß $\mathfrak{B}(\mathfrak{M}, \mathfrak{N})$ offen in $\mathfrak{X} \times \mathfrak{X}$ ist, falls $\mathfrak{M}$ und $\mathfrak{N}$ offen in K sind.

Zu (*): Sei $\mathfrak{S}$ die Menge der Geraden $g_{u,v}$ mit $u \in \mathfrak{M}$ und $v \in \mathfrak{N}$ und $[\mathfrak{S}]$ die Menge der Punkte auf diesen Geraden. Nach der dualen Aussage von Satz 3 ist $\mathfrak{S}$ eine im Geradenraum offene Umgebung von $g_{1,0}$. Auf einer Geraden aus $\mathfrak{S}$ wählen wir zwei verschiedene Punkte $P = (x, y)$ und $P' = (x', T(u, x', v))$. Weil die Bildung der Verbindungsgeraden eine stetige Operation ist, gibt es in $\mathfrak{E}$ Umgebungen $\mathfrak{V}$, $\mathfrak{V}'$ von P bzw. P', so daß für alle $Q \in \mathfrak{V}$, $Q' \in \mathfrak{V}'$ die Verbindungsgerade $Q\,Q'$ in $\mathfrak{S}$ liegt. Also ist $\mathfrak{V}$ eine Teilmenge von $[\mathfrak{S}]$, und das besagt, daß mit P auch eine Umgebung von P zu $[\mathfrak{S}]$ gehört; daher ist $[\mathfrak{S}]$ offen im Punktraum von $\mathfrak{E}$. Wegen $\mathfrak{B}(\mathfrak{M}, \mathfrak{N}) = [\mathfrak{S}] \cap \mathfrak{X} \times \mathfrak{X}$ ist somit $\mathfrak{B}(\mathfrak{M}, \mathfrak{N})$ offen in $\mathfrak{X} \times \mathfrak{X}$.

Offensichtlich umfaßt jede der Mengen $\mathfrak{B}(\mathfrak{M}, \mathfrak{N})$, $\mathfrak{M} \in \Gamma_1$, $\mathfrak{N} \in \Gamma_0$, die Diagonale Δ, und für $\mathfrak{M}, \mathfrak{M}' \in \Gamma_1$, $\mathfrak{N}, \mathfrak{N}' \in \Gamma_0$ gilt:

$$\mathfrak{B}(\mathfrak{M}, \mathfrak{N}) \cap \mathfrak{B}(\mathfrak{M}', \mathfrak{N}') = \mathfrak{B}(\mathfrak{M} \cap \mathfrak{M}', \mathfrak{N} \cap \mathfrak{N}').$$

Um nachzuweisen, daß $\{\mathfrak{B}(\mathfrak{M}, \mathfrak{N}) \colon \mathfrak{M} \in \Gamma_1, \mathfrak{N} \in \Gamma_0\}$ Basis eines Nachbarschaftsfilters auf $\mathfrak{X}$ ist, haben wir damit nur noch zu zeigen, daß es zu jeder der Mengen $\mathfrak{B}(\mathfrak{M}, \mathfrak{N})$, $\mathfrak{M} \in \Gamma_1$, $\mathfrak{N} \in \Gamma_0$, in K Umgebungen $\mathfrak{M}', \mathfrak{N}'$ von 1 bzw. 0 mit

$$(\mathfrak{B}(\mathfrak{M}', \mathfrak{N}'))^{-1} \circ \mathfrak{B}(\mathfrak{M}', \mathfrak{N}') \subseteq \mathfrak{B}(\mathfrak{M}, \mathfrak{N})$$

gibt. Wir können hierfür $\mathfrak{M}$, $\mathfrak{N}$ als offen voraussetzen. Dann ist also $\mathfrak{B}(\mathfrak{M}, \mathfrak{N})$ nach

$(*)$ offen in $\mathfrak{X} \times \mathfrak{X}$. Für $x \in \mathfrak{X}$ ist $(x, x) = (x, T(1, x, 0)) \in \mathfrak{B}(\mathfrak{M}, \mathfrak{N})$. Weil $\mathfrak{B}(\mathfrak{M}, \mathfrak{N})$ offen und T eine stetige Abbildung von $K \times K \times K$ nach K ist, existieren in K offene Umgebungen $\mathfrak{M}_x$, $\mathfrak{N}_x$, $\mathfrak{U}_x$ von $1, 0, x$, so daß gilt:

$$T(\mathfrak{M}_x, \mathfrak{U}_x, \mathfrak{N}_x) \times T(\mathfrak{M}_x, \mathfrak{U}_x, \mathfrak{N}_x) \cap \mathfrak{X} \times \mathfrak{X} \subseteq \mathfrak{B}(\mathfrak{M}, \mathfrak{N});$$

hierbei ist

$$T(\mathfrak{M}_x, \mathfrak{U}_x, \mathfrak{N}_x) = \{T(u, z, v) \colon u \in \mathfrak{M}_x, \ z \in \mathfrak{U}_x, \ v \in \mathfrak{N}_x\}.$$

Es ist $\mathfrak{X}$ kompakt und daher durch endlich viele der offenen Mengen $\mathfrak{U}_x$, $x \in \mathfrak{X}$, zu überdecken; seien dies die Umgebungen $\mathfrak{U}_{x_1}, \ldots, \mathfrak{U}_{x_n}$. Die Mengen $\mathfrak{M}' = \bigcap_{i=1}^{n} \mathfrak{M}_{x_i}$ und $\mathfrak{N}' = \bigcap_{i=1}^{n} \mathfrak{N}_{x_i}$ sind somit offen in K, und es ist

$$(\mathfrak{B}(\mathfrak{M}', \mathfrak{N}'))^{-1} \circ \mathfrak{B}(\mathfrak{M}', \mathfrak{N}') = [\bigcup_{x \in \mathfrak{X}} (T(\mathfrak{M}', x, \mathfrak{N}') \times \{x\}) \circ (\{x\} \times T(\mathfrak{M}', x, \mathfrak{N}'))] \cap \mathfrak{X} \times \mathfrak{X},$$

also

$$(\mathfrak{B}(\mathfrak{M}', \mathfrak{N}'))^{-1} \circ \mathfrak{B}(\mathfrak{M}', \mathfrak{N}') = [\bigcup_{x \in \mathfrak{X}} T(\mathfrak{M}', x, \mathfrak{N}') \times T(\mathfrak{M}', x, \mathfrak{N}')] \cap \mathfrak{X} \times \mathfrak{X} \subseteq \mathfrak{B}(\mathfrak{M}, \mathfrak{N}).$$

Das System $\{\mathfrak{B}(\mathfrak{M}, \mathfrak{N}) \colon \mathfrak{M} \in \Gamma_1, \ \mathfrak{N} \in \Gamma_0\}$ ist folglich Basis eines Nachbarschaftsfilters auf $\mathfrak{X}$.

Die durch diese Nachbarschaften auf $\mathfrak{X}$ definierte Topologie sei τ', und mit τ sei die durch die Topologie von $\mathfrak{E}$ auf $\mathfrak{X}$ gegebene bezeichnet. Es ist $\bigcap_{\mathfrak{M} \in \Gamma_1, \, \mathfrak{N} \in \Gamma_0} \mathfrak{B}(\mathfrak{M}, \mathfrak{N}) = \Delta$, wie man folgendermaßen sieht: Wäre nämlich $(x, y) \in \bigcap_{\mathfrak{M} \in \Gamma_1, \, \mathfrak{N} \in \Gamma_0} \mathfrak{B}(\mathfrak{M}, \mathfrak{N})$ mit $x \neq y$, so gäbe es nach Lemma 2 in K eine Umgebung $\mathfrak{W}$ von x, die y nicht enthielte, und wegen $x = T(1, x, 0)$ gäbe es zu $\mathfrak{W}$ weiter Umgebungen $\mathfrak{M}^* \in \Gamma_1$, $\mathfrak{N}^* \in \Gamma_0$ mit $T(u, x, v) \in \mathfrak{W}$ für alle $u \in \mathfrak{M}^*$, $v \in \mathfrak{N}^*$. Damit wäre $(x, y) \notin \mathfrak{B}(\mathfrak{M}^*, \mathfrak{N}^*)$ entgegen unserer Annahme.

Aus $\bigcap_{\mathfrak{M} \in \Gamma_1, \, \mathfrak{N} \in \Gamma_0} \mathfrak{B}(\mathfrak{M}, \mathfrak{N}) = \Delta$ folgt, daß die Topologie τ' regulär ist. Weil — wie unter $(*)$ gezeigt wurde — für offene Umgebungen $\mathfrak{M}$, $\mathfrak{N}$ die Mengen $\mathfrak{B}(\mathfrak{M}, \mathfrak{N})$ offen in $\mathfrak{X} \times \mathfrak{X}$ sind, sind diese Umgebungen von Δ in $\mathfrak{X} \times \mathfrak{X}$, gehören also zum Filter der Bänder. Dieser kann höchstens noch mehr Mengen enthalten und definiert (nach dem oben zitierten Satz) die Topologie τ von $\mathfrak{X}$. Also ist τ feiner oder gleich τ'. Damit ist die identische Abbildung von $(\mathfrak{X}, \tau)$ nach $(\mathfrak{X}, \tau')$ stetig. Eine in $(\mathfrak{X}, \tau)$ abgeschlossene Menge A ist als abgeschlossene Teilmenge eines kompakten Raumes kompakt. Ihr stetiges Bild in $(\mathfrak{X}, \tau')$ ist ebenfalls kompakt, weil τ' hausdorffsch ist; also ist A auch bez. τ' abgeschlossen. Die Topologien τ und τ' sind folglich gleich. Daher ist die abzählbare Basis $\{\mathfrak{B}(\mathfrak{M}, \mathfrak{N}) \colon \mathfrak{M} \in \Gamma_1, \mathfrak{N} \in \Gamma_0\}$ des Nachbarschaftsfilters eine Basis für den Filter der Bänder.

Wir haben damit den Beweis, daß jede kompakte Teilmenge eines Ternärkörpers von $\mathfrak{E}$ eine abzählbare Basis hat, beendet. Als Abschluß des genannten Beweises zeigen wir nun, wie daraus die Existenz einer abzählbaren Basis für die Topologie von $\mathfrak{E}$ folgt: Wir wählen drei nicht kopunktale Geraden l_1, l_2, l_3 in $\mathfrak{E}$. Bezeichnen wir den Durchschnitt einer in $\mathfrak{E}$ offenen Menge $\mathfrak{O}$ mit der Punktmenge der affinen Ebene $\mathfrak{E}_{l_i}$ mit

$\mathfrak{O} \cap \mathfrak{E}_{l_i}$, so läßt sich $\mathfrak{O}$ darstellen als $\mathfrak{O} = \bigcup_{i=1}^{3} \mathfrak{O} \cap \mathfrak{E}_{l_i}$. Die Vereinigung der abzählbaren Basen der Punktmengen der affinen Ebenen $\mathfrak{E}_{l_i}$, $i = 1, 2, 3$, liefert also eine abzählbare Basis für die Topologie von $\mathfrak{E}$. □

Nach Satz 9 ist eine topologische projektive Ebene regulär, und wie gerade bewiesen wurde, hat eine lokalkompakte projektive Ebene eine abzählbare Basis. Also erhält man (s. z.B. Dujundji, Topology, S. 195, 9.2):

Satz 17. *Eine lokalkompakte projektive Ebene ist ein metrisierbarer Raum.*

Die reelle affine Ebene ist lokalkompakt, und die reelle projektive Ebene ist sogar kompakt. Daher liegt die Frage nahe, ob oder unter welchen zusätzlichen Voraussetzungen aus der lokalen Kompaktheit einer projektiven Ebene ihre Kompaktheit folgt. Ein erstes in diesen Fragenkreis gehörendes Ergebnis ist der folgender Satz.

Satz 18 (Skornjakov 1954). *Eine topoloische projektive Ebene, deren Geraden kompakt sind, ist selbst kompakt.*

Beweis.
Sind die Punktreihen einer topologischen projektiven Ebene $\mathfrak{E}$ kompakt, so sind diese natürlich auch lokalkompakt; damit ist $\mathfrak{E}$ nach Satz 12 lokalkompakt und nach Satz 17 ein metrischer Raum. Also genügt es zu zeigen, daß jede unendliche Folge $(X_n)_{n \in \mathbb{N}}$ von Punkten aus $\mathfrak{E}$ einen Häufungspunkt in $\mathfrak{E}$ hat. Gibt es eine Gerade h in $\mathfrak{E}$, auf der unendlich viele dieser Punkte X_n, $n \in \mathbb{N}$, liegen, so hat die Menge dieser Punkte wegen der Kompaktheit von h einen Häufungspunkt auf h, und damit haben auch die X_n, $n \in \mathbb{N}$, dann einen Häufungspunkt in $\mathfrak{E}$. Wir haben deshalb nur noch den Fall zu behandeln, daß jede Gerade von $\mathfrak{E}$ mit höchstens endlich vielen der Punkte X_n, $n \in \mathbb{N}$, inzidiert. Wir wählen einen Punkt P und eine Gerade g mit $P \mp g$. Es bezeichne σ die Projektion der von P verschiedenen Punkte von $\mathfrak{E}$ auf g.

Weil auf jeder Geraden von $\mathfrak{E}$ höchstens endlich viele der Punkte X_n, $n \in \mathbb{N}$, liegen, bilden die X_n^σ, $n \in \mathbb{N}$, eine unendliche Menge, und diese hat aufgrund der Kompaktheit von g einen Häufungspunkt Y auf g. Da $\mathfrak{E}$ hausdorffsch ist, können wir, indem wir gegebenenfalls eine Teilfolge betrachten, voraussetzen, daß die Punkte X_n^σ, $n \in \mathbb{N}$, gegen Y konvergieren. Sei nun Q ein Punkt aus $\mathfrak{E}$ mit $Q \mp g$ und $Q \mp PY$, und es bezeichne τ die Projektion der von Q verschiedenen Punkte von $\mathfrak{E}$ auf g. Dann erhält man wie eben, daß die Menge der Punkte X_n^τ, $n \in \mathbb{N}$, einen Häufungspunkt Z auf g hat, und wir können wieder voraussetzen, daß Z Limespunkt der X_n^τ, $n \in \mathbb{N}$, ist. $X = PY \cap QZ$ ist also ein Punkt von $\mathfrak{E}$. Wir zeigen, daß X ein Häufungspunkt der Folge $(X_n)_{n \in \mathbb{N}}$ ist: Sei $\mathfrak{U}$ eine Umgebung von X in $\mathfrak{E}$. Die Umgebungen $\mathfrak{Z}_g$ von Z auf g und $\mathfrak{Y}_g$ von Y auf g seien so gewählt, daß für alle $Z' \in \mathfrak{Z}_g$ und $Y' \in \mathfrak{Y}_g$ stets $Z'Q \cap Y'P \in \mathfrak{U}$ ist. Für $n < n_0$ ist $X_n^\tau \in \mathfrak{Z}_g$ und $X_n^\sigma \in \mathfrak{Y}_g$, und es ist $X_n^\tau Q \cap X_n^\sigma P = X_n$. Also ist $X_n \in \mathfrak{U}$ für $n > n_0$ und X damit Häufungspunkt der Folge $(X_n)_{n \in \mathbb{N}}$. □

Wir waren dabei, die Frage zu untersuchen, ob bzw. wann eine lokalkompakte projektive Ebene kompakt ist. Am Beispiel einer mit der diskreten Topologie versehenen projektiven Ebene mit unendlich vielen Punkten erkennt man, daß für projektive Ebenen aus der lokalen Kompaktheit allein im allgemeinen nicht die Kompaktheit folgt. Wir zeigen in dem folgenden Satz, daß zusammenhängende lokalkompakte projektive Ebenen stets kompakt sind.

Satz 19 (Salzmann 1957). *Eine zusammenhängende lokalkompakte projektive Ebene $\mathfrak{E}$ ist kompakt.*

Beweis.
Aufgrund des vorhergehenden Satzes haben wir nur zu zeigen, daß die Punktreihen von $\mathfrak{E}$ kompakt sind. Sei g eine Gerade und P ein nicht auf g liegender Punkt aus $\mathfrak{E}$. Weil $\mathfrak{E}$ regulär und lokalkompakt ist, gibt es eine kompakte Umgebung $\mathfrak{V}$ von P, die keinen Punkt mit g gemeinsam hat. Der Rand $\partial\mathfrak{V}$ von $\mathfrak{V}$ ist eine abgeschlossene Teilmenge von $\mathfrak{V}$ und daher kompakt. Wir zeigen, daß wir g durch Projektion von P als stetiges Bild von $\partial\mathfrak{V}$ erhalten; damit ist dann auch g kompakt: Sei also σ die durch $X \mapsto PX \cap g$ definierte Abbildung von $\partial\mathfrak{V}$ nach g. Offensichtlich ist σ stetig. Folglich ist nur noch die Surjektivität von σ nachzuweisen. Angenommen, der Punkt Q auf g habe unter σ kein Urbild. Dann ist $\partial\mathfrak{V} \cap PQ = \emptyset$. Weil $\partial\mathfrak{V} \cap PQ$ der Rand der Umgebung $\mathfrak{V} \cap PQ$ von P auf der Punktreihe PQ ist, ist folglich $\mathfrak{V} \cap PQ$ eine im PQ offene wie abgeschlossene Umgebung von P. Wegen $Q \notin \mathfrak{V} \cap PQ$ ist $\mathfrak{V} \cap PQ$ nicht die ganze Punktreihe PQ. Das widerspricht aber der Eigenschaft, daß PQ zusammenhängend ist. Also ist σ surjektiv und damit g kompakt. □

Wir bringen nun eine Verschärfung des Satzes 11 für lokalkompakte projektive Ebenen, und zwar werden wir zeigen, daß eine lokalkompakte projektive Ebene entweder nulldimensional oder zusammenhängend und lokalzusammenhängend ist. Wir untersuchen diese Frage zunächst für einen Ternärkörper einer solchen Ebene. Ein topologischer Raum heißt *lokalzusammenhängend*, wenn jeder Punkt dieses Raumes eine Umgebungsbasis aus zusammenhängenden Mengen hat, und ein topologischer Raum heißt *nulldimensional*, wenn es zu jedem Punkt des Raumes eine Umgebungsbasis aus randlosen Umgebungen gibt.

Lemma 20. *Ein Ternärkörper K einer lokalkompakten projektiven Ebene $\mathfrak{E}$ ist entweder nulldimensional oder zusammenhängend und lokalzusammenhängend.*

Beweis.
Nach Satz 11 ist jede affine Punktreihe von $\mathfrak{E}$ entweder zusammenhängend oder nirgends zusammenhängend; damit gilt diese Alternative auch für K. Wir behandeln als erstes den Fall, daß K nirgends zusammenhängend ist und werden zeigen, daß K dann nulldimensional ist. Weil sich jedes Element aus K durch einen Homöomorphismus auf 0 abbilden läßt, können wir uns darauf beschränken, die Umgebungen von 0 zu betrachten. Es ist damit nur noch zu zeigen, daß 0 (in K) eine Umgebungsbasis aus randlosen Umgebungen hat; also haben wir in einer in K offenen Umgebung $\mathfrak{U}$ von 0 eine randlose Umgebung von 0 nachzuweisen. Wir können annehmen, daß $\mathfrak{U}$ Teilmenge einer kompakten Umgebung $\mathfrak{W}$ von 0 ist. Vergleicht man die in $\mathfrak{W}$ bzw. K gebildeten Quasikomponenten von 0, so ist die erstere eine Teilmenge der letzteren; folglich besteht die in $\mathfrak{W}$ gebildete Quasikomponente von 0 auch nur aus dem Element 0. Damit gibt es zu jedem $x \in \mathfrak{W} \backslash \mathfrak{U}$ eine in $\mathfrak{W}$ offene und abgeschlossene Umgebung $\mathfrak{V}_x$ von 0 mit $x \notin \mathfrak{V}_x$. Die Menge $\mathfrak{W} \backslash \mathfrak{V}_x$ ist eine in $\mathfrak{V}$ offene Umgebung von x, und es ist $\mathfrak{W} \backslash \mathfrak{U} = \bigcup_{x \in \mathfrak{W} \backslash \mathfrak{U}} \mathfrak{W} \backslash \mathfrak{V}_x$.

Weil $\mathfrak{W} \backslash \mathfrak{U}$ abgeschlossen in $\mathfrak{W}$ und $\mathfrak{W}$ kompakt ist, ist $\mathfrak{W} \backslash \mathfrak{U}$ kompakt. Also läßt sich $\mathfrak{W} \backslash \mathfrak{U}$ von endlich vielen der Mengen $\mathfrak{W} \backslash \mathfrak{V}_x$, $x \in \mathfrak{W} \backslash \mathfrak{U}$, überdecken; seien dies die

Mengen $\mathfrak{W}\backslash\mathfrak{V}_{x_1}, \ldots, \mathfrak{W}\backslash\mathfrak{V}_{x_n}$. Dann ist $\mathfrak{V} = \bigcap_{i=1}^{n} \mathfrak{V}_{x_i}$ eine Teilmenge von $\mathfrak{U}$, die offen und abgeschlossen in K ist.

Wir behandeln nun den Fall, daß K zusammenhängend ist. Dann folgt sofort nach dem Vorhergehenden, daß die in einer kompakten Umgebung $\mathfrak{W}$ von 0 gebildete Quasikomponente $\mathfrak{C}$ von 0 nicht nur aus dem Element 0 besteht. Als Durchschnitt abgeschlossener Mengen ist $\mathfrak{C}$ in $\mathfrak{W}$ abgeschlossen und damit kompakt. Wegen $0 \cdot c = 0$ für jedes $c \in \mathfrak{C}$ und der Stetigkeit der Multiplikation gibt es zu $\mathfrak{W}$ Umgebungen $\mathfrak{V}_c$, $\mathfrak{W}_c$ von 0 bzw. c mit $\mathfrak{V}_c \mathfrak{W}_c \subseteq \mathfrak{W}$. Von den Mengen $\mathfrak{W}_c$, $c \in \mathfrak{C}$, reichen wegen der Kompaktheit von $\mathfrak{C}$ endlich viele, um $\mathfrak{C}$ zu überdecken; seien dies die Mengen $\mathfrak{W}_{c_1}, \ldots, \mathfrak{W}_{c_n}$. Dann ist $\mathfrak{V} = \bigcap_{i=1}^{n} \mathfrak{V}_{c_i}$ eine Umgebung von 0, und es ist $\mathfrak{V}\mathfrak{C} \subseteq \mathfrak{W}$. Nach Satz 17 ist eine lokalkompakte projektive Ebene ein metrischer Raum; folglich ist $\mathfrak{W}$ ein kompakter metrischer Raum. In einem solchen ist die Quasikomponente eines Punktes gleich seiner Zusammenhangskomponente (s. z. B. Franz, Topologie I, S. 90, Satz 24.6). Daher ist $\mathfrak{C}$ die Zusammenhangskomponente von 0 in $\mathfrak{W}$ und somit zusammenhängend. Mit $\mathfrak{C}$ ist als stetiges Bild von $\mathfrak{C}$ auch jede der Mengen $v\mathfrak{C}$, $v \in \mathfrak{V}$, zusammenhängend. Diese Mengen $v\mathfrak{C}$, $v \in \mathfrak{V}$, haben alle den Punkt 0 gemeinsam; folglich ist auch $\mathfrak{V}\mathfrak{C} = \bigcup_{v \in \mathfrak{V}} v\mathfrak{C}$ zusammenhängend und damit weiter die abgeschlossene Hülle $\overline{\mathfrak{V}\mathfrak{C}}$ von $\mathfrak{V}\mathfrak{C}$. Als abgeschlossene Teilmenge von $\mathfrak{W}$ ist $\overline{\mathfrak{V}\mathfrak{C}}$ kompakt. Für die folgenden Überlegungen beziehen wir uns auf die Ausführungen im Beweis von Lemma 13. Danach gibt es in einem lokalkompakten Ternärkörper eine gegen 0 konvergierende Folge $(a_n)_{n \in \mathbb{N}}$, so daß für eine kompakte Umgebung $\mathfrak{X}$ der Null die Mengen $a_n \mathfrak{X}$, $n \in \mathbb{N}$, eine Umgebungsbasis der Null bilden. Also hat man mit den Mengen $a_n \overline{\mathfrak{V}\mathfrak{C}}$, $n \in \mathbb{N}$, eine Umgebungsbasis von 0, und jede dieser Mengen ist als homöomorphes Bild von $\overline{\mathfrak{V}\mathfrak{C}}$ zusammenhängend. □

Eine topologische projektive Ebene ist nach Satz 11 entweder zusammenhängend oder nirgends zusammenhängend. Weiter gilt nach diesem Satz dann jeweilig die gleiche Alternative für die affinen Punktreihen. Ist also die lokalkompakte projektive Ebene $\mathfrak{E}$ nirgends zusammenhängend, so sind die affinen Punktreihen von $\mathfrak{E}$ nirgends zusammenhängend und nach dem gerade bewiesenen Lemma sind diese dann nulldimensional, also als topologisches Produkt zweier solcher Punktreihen auch die Punktmenge einer jeden affinen Ebene von $\mathfrak{E}$ und folglich $\mathfrak{E}$ selbst. Ist $\mathfrak{E}$ dagegen zusammenhängend, so auch jede affine Punktreihe von $\mathfrak{E}$. Diese sind dann lokalzusammenhängend, was sich wieder auf das topologische Produkt zweier affiner Punktreihen, also die Punktmengen affiner Ebenen von $\mathfrak{E}$, und damit auf deren abgeschlossenen Hülle, die Punktmenge der projektiven Ebene $\mathfrak{E}$, überträgt. Man erhält somit:

Satz 21 (Salzmann 1957). *Eine lokalkompakte projektive Ebene $\mathfrak{E}$ ist entweder nulldimensional oder zusammenhängend und lokalzusammenhängend. Diese Eigenschaften haben gleichzeitig mit der Ebene auch ihre Geraden.*

Lokalkompakte zusammenhängende Körper wurden durch Pontrjagin 1932 klassifiziert. Kolmogorov 1932 benutzte das Ergebnis von Pontrjagin für eine Klassifizierung lokalkompakter zusammenhängender desarguesscher projektiver Ebenen: Die einzigen lokalkompakten zusammenhängenden desarguesschen projektiven Ebenen sind die projektiven Ebenen über den klassischen Körpern der reellen oder komplexen Zahlen oder den Quaternionen.

Dieser Satz war Ausgangspunkt für zahlreiche Untersuchungen in dem Gebiet der topologischen Ebenen. Man vergleiche hierzu Salzmann 1967, die hierin zu dieser Frage angeführte Literatur und weiter Salzmann 1973, 1975, 1979, Betten 1972, Strambach 1970, 1977, Breitsprecher 1971, Löwen 1976, Hähl 1978, 1979.

Angeordnete Gruppen oder Körper bilden mit der durch ihre Anordnung gegebenen Topologie topologische Strukturen. Wir werden zeigen, daß auch durch die Anordnung einer projektiven Ebene eine Topologie für die Ebene gegeben ist und daß eine angeordnete projektive Ebene bezüglich dieser Topologie eine topologische projektive Ebene ist. Der so zwischen Anordnung und Topologie einer projektiven Ebene bestehende Zusammenhang liefert im Falle desarguesscher Ebenen für ihre Koordinatenstrukturen gerade den Zusammenhang zwischen Anordnung und Ordnungstopologie eines Schiefkörpers. Es sei g eine Punktreihe einer projektiven Ebene $\mathfrak{E}$. Für drei verschiedene Punkte A, B, C von g sei $(A, B)_C = \{X \in g\colon X\, C \mid A\, B\}$. Bildet man aus g die affine Punktreihe $g' = g \setminus \{C\}$, so ist $(A, B)_C$ auf g' das offene Intervall mit den Endpunkten A, B. Das folgende Lemma wird für den Nachweis gebraucht, daß durch die Mengen $(A, B)_C$ eine Basis für eine Topologie auf g gegeben ist.

Lemma 22. *g sei eine Punktreihe einer angeordneten projektiven Ebene. Dann gilt für Punkte von g:*

(1) *$(A, B)_C = (A, B)_D$ genau dann, wenn $D \notin (A, B)_C$ und $D \neq A, B$.*
(2) *$(A', B')_C \subsetneqq (A, B)_C$, wenn A', $B' \in (A, B)_C$.*
(3) *Zu $A \neq B$ existieren genau zwei Mengen $(A, B)_C$, und jeder von A, B verschiedene Punkt gehört zu genau einer dieser beiden Mengen.*

Beweis.
(1) erhält man aus den in § 1 angeführten Eigenschaften (T 1) bis (T 5) einer Trennbeziehung. (2) ergibt sich sofort, wenn man von der auf g erklärten Trennbeziehung zu der durch diese gegebenen Zwischenbeziehung auf der affinen Punktreihe $g' = g \setminus \{C\}$ übergeht. Für den Beweis von (3) betrachte man die affine Punktreihe $h = g \setminus \{A\}$, weiter die auf dieser durch die Trennbeziehung von g induzierte Zwischenbeziehung und eine zu dieser gehörende Anordnung. $(A, B)_C$ ist dann entweder die Menge der $X \in g$ mit $X < B$ oder die Menge der $X \in g$ mit $B < X$. □

Für die Punktreihen einer angeordneten projektiven Ebene erhält man nun folgendermaßen eine Topologie:

Lemma 23 (Wyler 1952). *Es sei g eine Punktreihe einer angeordneten projektiven Ebene. Dann bilden die Mengen $(A, B)_C$ mit A, B, $C \in g$ eine Basis für eine Topologie auf g.*

Beweis.
Es ist zu zeigen, daß es zu $P \in (A, B)_C \cap (A', B')_{C'}$ mit A, B, C, A', B', $C' \in g$ Punkte A'', B'', $C'' \in g$ mit $P \in (A'', B'')_{C''}$ und $(A'', B'')_{C''} \subseteq (A, B)_C \cap (A', B')_C$ gibt.

Sei für den ersten Fall $C \neq A'$, B' und $C \notin (A', B')_{C'}$: Nach dem vorhergehenden Lemma ist dann $(A', B')_{C'} = (A', B')_C$. Wir übersetzen die Trennbeziehung auf g in die zu dieser gehörende Zwischenbeziehung auf $g' = g \setminus \{C\}$ und betrachten eine der hierdurch definierten Anordnungen auf g'. Aus $P \in (A,B)_C$ und $P \in (A',B')_{C'} = (A',B')_C$ ergibt sich dabei $A < P < B$ und $A' < P < B'$ (nach eventueller Umbenennung der Intervallendpunkte). Mit $A'' = \mathrm{Max}\{A,A'\}$, $B'' = \mathrm{Min}\{B,B'\}$ und $C'' = C$ hat man also ein Intervall $(A'',B'')_{C''}$ mit den verlangten Eigenschaften.

Wir behandeln nun den Fall, in dem $C = A'$ oder $C = B'$ oder $C \in (A',B')_{C'}$ ist: Man vertausche A, B, C mit A', B', C' und betrachte eine zur Trennbeziehung von g gehörende Anordnung auf $g' = g \setminus \{C\}$. Nach eventueller Vertauschung der Punkte A, B können wir dann $A < P < C' \leqslant B$ voraussetzen. Weil eine Punktreihe einer angeordneten affinen Ebene in sich dicht geordnet ist, gibt es auf g' einen Punkt B^* mit $P < B^* < C'$. Dann ist $C' \notin (A,B^*)_C$, und daher gilt nach dem vorhergehenden Lemma $(A,B^*)_C = (A,B^*)_{C'}$. Wegen $P \in (A,B^*)_{C'} \cap (A',B')_{C'}$ und $C' \neq A, B^*$ hat man für die beiden Intervalle $(A,B^*)_{C'}$ und $(A',B')_{C'}$ den schon behandelten Fall, und es gibt daher Elemente $A'', B'', C'' \in g$ mit $P \in (A'',B'')_{C''} \subseteq (A',B')_{C'} \cap (A,B^*)_{C'}$. Aus $A < B^* < C' \leqslant B$ erhält man $(A,B^*)_C \subseteq (A,B)_C$. Also ist $(A,B^*)_{C'} \cap (A',B')_{C'} \subseteq (A,B)_C \cap (A',B')_{C'}$ und damit $(A'',B'')_{C''} \subseteq (A,B)_C \cap (A',B')_{C'}$. □

Es sei $\mathfrak{E}_l$ eine affine Ebene der angeordneten projektiven Ebene $\mathfrak{E}$. Man bestätigt sofort, daß die für eine Punktreihe $g \neq l$ von $\mathfrak{E}$ wie in Lemma 23 erklärte Topologie als induzierte Topologie auf der affinen Punktreihe $g' = g \setminus \{g \cap l\}$ gerade die Topologie liefert, die man andererseits über die in $\mathfrak{E}_l$ gegebene Zwischenbeziehung ζ erhält, indem man die offenen Intervalle $]P,Q[= \{X \in g' \colon \zeta(P,X,Q)\}$ als Basis wählt. Wir nennen deshalb die auf einer Punktreihe einer angeordneten projektiven Ebene durch die Mengen $(A,B)_C$ mit $A, B, C \in g$ definierte Topologie die *Intervalltopologie* von g. Ist $\mathfrak{E}$ desarguesch, so sind die Punkte einer affinen Punktreihe von $\mathfrak{E}$ die Elemente eines Schiefkörpers K; die durch die Anordnung von K gegebene Ordnungstopologie stimmt dann mit der durch die Intervalltopologie induzierten überein.

Es sei g eine Gerade der angeordneten projektiven Ebene $\mathfrak{E}$ und $\mathfrak{M}$ eine Menge von Punkten aus $\mathfrak{E}$, die keinen Punkt mit g gemeinsam hat. Gilt dann für $\mathfrak{M}$, daß $\mathfrak{M}$ mit zwei Punkten stets auch alle in $\mathfrak{E}_g$ zwischen diesen beiden liegenden Punkte enthält, so heißt $\mathfrak{M}$ *konvex bezüglich* g. Die Konvexität von $\mathfrak{M}$ bez. g läßt sich also auch dadurch charakterisieren, daß aus $A, B \in \mathfrak{M}$ stets $(A,B)_{AB \cap g} \subseteq \mathfrak{M}$ folgt. Ist $\mathfrak{M}$ bez. g konvex, so auch bez. einer jeden Geraden aus $\mathfrak{E}$, mit der $\mathfrak{M}$ keinen Punkt gemeinsam hat; denn für eine solche Gerade h und $A, B \in \mathfrak{M}$ ist $AB \cap h \notin \mathfrak{M}$, somit $AB \cap h \notin (A,B)_{AB \cap g}$ und daher nach Lemma 22 $(A,B)_{AB \cap h} = (A,B)_{AB \cap g} \subseteq \mathfrak{M}$. Wir können deshalb einfach von einer konvexen Menge $\mathfrak{M}$ von $\mathfrak{E}$ reden und brauchen nicht anzugeben, bezüglich welcher Geraden das für $\mathfrak{M}$ der Fall ist.

Dual zu der für Punkte bereits definierten Menge sei für drei sich im Punkte S schneidende Geraden a, b, c einer angeordneten projektiven Ebene $\mathfrak{E}$ die Geradenmenge $(a,b)_c$ als $(a,b)_c = \{x \,\mathrm{I}\, S \colon xc \,|\, ab\}$ erklärt. Es seien O ein Punkt, w eine nicht durch O gehende Gerade aus $\mathfrak{E}$ und U, V zwei Punkte auf w. Zu $a_1 = OV$ und $a_2 = OU$ wählen wir Geraden b_i, c_i, $i = 1,2$, mit $b_1 b_2 \,|\, a_1 w$ und $c_1 c_2 \,|\, a_2 w$. Die Punktmenge $\mathfrak{V} = \{x \cap y \colon x \in (c_1,c_2)_w,\ y \in (b_1,b_2)_w\}$ heiße ein *konvexes Viereck* um O. Wir zeigen, daß $\mathfrak{V}$ konvex ist und mit jeder Punktreihe von $\mathfrak{E}$ einen (im Sinne der Topologie von Lemma 23) offenen Durchschnitt hat: Offensichtlich haben w und $\mathfrak{V}$ keinen Punkt gemeinsam. Wir weisen nach, daß $\mathfrak{V}$ bez. w konvex ist. K sei Koordinatenmenge bez. des Punktequadrupels O, E, U, V, wobei E ein geeignet zu O, U, V gewählter Punkt aus $\mathfrak{E}_w$ sei. Die Geraden b_i, $i = 1,2$, lassen sich in K durch Gleichungen der Form $x = x_i$ und die Geraden c_i, $i = 1,2$, durch Gleichungen der Form $y = T(0,x,y_i)$

beschreiben. Wegen $b_1 b_2 | a_1 w$ und $c_1 c_2 | a_2 w$ können wir $x_1 < 0 < x_2$ und $y_2 < 0 < y_1$ voraussetzen. Die in $\mathfrak{V}$ liegenden Punkte aus $\mathfrak{E}_w$ sind nun dadurch charakterisiert, daß für ihre x-Koordinate $x_1 < x < x_2$ und für ihre y-Koordinate $y_2 < y < y_1$ gilt. Es seien $A = (x_A, y_A)$ und $B = (x_B, y_B)$ zwei Punkte aus $\mathfrak{V}$ und $Q = (x_Q, y_Q)$ ein Punkt aus $\mathfrak{E}_w$ mit $\zeta(A, Q, B)$; hierbei bezeichne ζ die Zwischenbeziehung von $\mathfrak{E}_w$. Im Falle $x_A \neq x_B$, $y_A \neq y_B$ projiziere man die Gerade AB von V bzw. U auf OE; aus $\zeta(A, Q, B)$ erhält man dabei $\zeta(x_A, x_Q, x_B)$ bzw. $\zeta(y_A, y_Q, y_B)$. Ist $x_A = x_B$ bzw. $y_A = y_B$, so ist auch $x_Q = x_A$ bzw. $y_Q = y_A$, und für die andere Koordinate von Q ergibt sich wieder durch Projektion von U bzw. V, daß $\zeta(y_A, y_Q, y_B)$ bzw. $\zeta(x_A, x_Q, x_B)$ gilt. Also erhält man in jedem Falle $x_1 < x_Q < x_2$ und $y_2 < y_Q < y_1$ und damit $Q \in \mathfrak{V}$.

Wir weisen nun nach, daß $\mathfrak{V}$ mit jeder Punktreihe von $\mathfrak{E}$ einen offenen Durchschnitt hat. Sei also der Durchschnitt von $\mathfrak{V}$ mit der Punktreihe g nicht leer. Es bezeichne σ die Perspektivität von OV nach g mit dem Zentrum U und τ die Perspektivität von OU nach g mit dem Zentrum V. Dann ist $\mathfrak{V} \cap g = (\mathfrak{V} \cap OU)^\tau \cap (\mathfrak{V} \cap OV)^\sigma$. Aufgrund der vorhergehenden Ausführungen sind $\mathfrak{V} \cap OU$ und $\mathfrak{V} \cap OV$ offen, enthalten also ein Intervall um jeden ihrer Punkte. Weil τ und σ die Zwischenbeziehung invariant lassen, enthält damit auch $(\mathfrak{V} \cap OU)^\tau$ bzw. $(\mathfrak{V} \cap OV)^\sigma$ mit jedem seiner Punkte ein Intervall um diesen; also sind $(\mathfrak{V} \cap OU)^\tau$ und $(\mathfrak{V} \cap OV)^\sigma$ offen; folglich gilt das auch für ihren Durchschnitt. Wir können nun formulieren, in welcher Weise durch die Anordnung einer projektiven Ebene eine Topologie für diese gegeben ist:

Satz 24 (Wyler 1952). *Die konvexen Vierecke einer angeordneten projektiven Ebene $\mathfrak{E}$ bilden eine Basis für eine Topologie τ von $\mathfrak{E}$. Bezüglich dieser Topologie (und der dual im Geradenraum erklärten) ist $\mathfrak{E}$ eine topologische projektive Ebene. Auf den Punktreihen von $\mathfrak{E}$ wird durch τ die Intervalltopologie induziert.*

Beweis.
Wir überlegen uns als erstes, daß die Menge der konvexen Vierecke von $\mathfrak{E}$ eine Basis für eine Topologie bildet: Sei $\mathfrak{M}$ eine bezüglich der Geraden g konvexe Menge, die mit jeder Geraden von $\mathfrak{E}$ einen offenen Durchschnitt hat, und sei der Punkt O aus $\mathfrak{M}$. Die beiden Punkte U, V mit $O \mathrel{\overline{\in}} UV$ seien fest vorgegeben. Wir zeigen, daß es um O ein konvexes Viereck $\mathfrak{V}$ mit $\mathfrak{V} \subseteq \mathfrak{M}$ gibt, das bezüglich U, V so gebildet ist, wie in den Ausführungen vor diesem Satz beschrieben. Ist $\mathfrak{M}$ bezüglich der Geraden UV nicht konvex, so betrachten wir statt $\mathfrak{M}$ die Menge der Punkte aus $\mathfrak{M}$, die in $\mathfrak{E}_g$ auf der gleichen Seite von UV liegen wie O. Diese Menge ist dann konvex bezüglich UV und hat ebenfalls mit jeder Punktreihe von $\mathfrak{E}$ einen offenen Durchschnitt. Also können wir o.B.d.A. voraussetzen, daß $\mathfrak{M}$ bezüglich UV konvex ist. Es sei K Koordinatenmenge zu O, E, U, V, wobei E geeignet aus $\mathfrak{E}_{UV}$ zu O, U, V gewählt sei. Als Ternärkörper einer angeordneten projektiven Ebene ist K angeordnet. Weil der Durchschnitt von $\mathfrak{M}$ mit OU offen und nichtleer ist, gibt es Punkte C, C' auf OU mit $\zeta(C, O, C')$ und $(C, C')_U \subseteq \mathfrak{M}$. Wir wählen zwischen O und C bzw. O und C' liegende Punkte A_1 bzw. A_2; diese sind dann also aus $\mathfrak{M}$. Damit haben die Punktreihen A_1V und A_2V einen nichtleeren Durchschnitt mit $\mathfrak{M}$, und es existieren daher Punkte B_i, B'_i, $i = 1, 2$, auf A_iV mit $\zeta(B_i, A_i, B'_i)$ und $(B_i, B'_i)_V \subseteq \mathfrak{M}$. In K sei x_i die x-Koordinate von A_i, $i = 1, 2$. Wir können annehmen, daß die y-Koordinaten der Punkte B_i, $i = 1, 2$, kleiner Null und die y-Koordinaten der Punkte B'_i, $i = 1, 2$, größer Null sind. Es sei b das Maximum der y-Koordinaten von B_i, $i = 1, 2$, und b' das Minimum der y-Koordinaten von

B'_i, $i = 1, 2$. Dann ist das konvexe Viereck $\mathfrak{V} = \{(x, y): \zeta(x_1, x, x_2)$ und $\zeta(b, y, b')\}$ eine Teilmenge von $\mathfrak{M}$; denn ist $Q = (x, y)$ ein Punkt aus $\mathfrak{V}$, so ist wegen $\zeta(b, y, b')$ der Punkt $Q_i = A_i V \cap Q U$, $i = 1, 2$, aus $\mathfrak{M}$; damit ist der Durchschnitt von $\mathfrak{M}$ mit $Q_1 Q_2$ nichtleer, und es liegen folglich alle Punkte zwischen Q_1 und Q_2, also auch Q, in $\mathfrak{M}$. Sind nunmehr $\mathfrak{V}_1$ und $\mathfrak{V}_2$ zwei konvexe Vierecke und P ein Punkt aus $\mathfrak{E}$ mit $P \in \mathfrak{V}_1 \cap \mathfrak{V}_2$, so gibt es, wie wir gerade gezeigt haben, in $\mathfrak{V}_2$ ein konvexes Viereck um P, das bezüglich derselben Punkte wie $\mathfrak{V}_1$ gebildet ist; also können wir diese Eigenschaft gleich für $\mathfrak{V}_2$ annehmen. Der Durchschnitt zweier konvexer Vierecke um P mit gleichen Bezugspunkten ist offensichtlich wieder ein konvexes Viereck um P. Folglich bildet die Menge der konvexen Vierecke von $\mathfrak{E}$ eine Basis für eine Topologie.

Es sei τ die hierdurch in der Menge der Punkte von $\mathfrak{E}$ gegebene Topologie. Dual sei im Raum der Geraden von $\mathfrak{E}$ eine Topologie erklärt. Wir zeigen, daß $\mathfrak{E}$ mit diesen Topologien eine topologische projektive Ebene ist: Aufgrund des Dualitätsprinzips (Pickert 1975, S. 2) können wir uns dabei darauf beschränken, die Stetigkeit der Bildung des Schnittpunktes nachzuweisen. Es sei also O der Schnittpunkt der beiden Geraden a, b, und ein konvexes Viereck $\mathfrak{V}$ um O sei vorgegeben. Wir wählen einen Punkt $V \neq O$ auf a und einen Punkt $U \neq O$ auf b. Nach dem zuvor Ausgeführten können wir annehmen, daß $\mathfrak{V}$ bezüglich der Bezugspunkte U und V gebildet ist. Indem wir $\mathfrak{E}_{UV}$ durch einen Ternärkörper K mit O als Koordinatenursprungspunkt koordinatisieren, können wir die Punkte von $\mathfrak{V}$ durch Koordinaten charakterisieren (s. Abb. 2.2): $\mathfrak{V} = \{(x, y): a_1 < x < a_2,\ b_1 < y < b_2\}$. Die Geradenmengen $\mathfrak{U}_a = \{X_1 X_2: \zeta((a_1, b_1), X_1, (a_2, b_1))$ und $\zeta((a_1, b_2), X_2, (a_2, b_2))\}$ und $\mathfrak{U}_b = \{Y_1 Y_2: \zeta((a_1, b_1), Y_1, (a_1, b_2))$

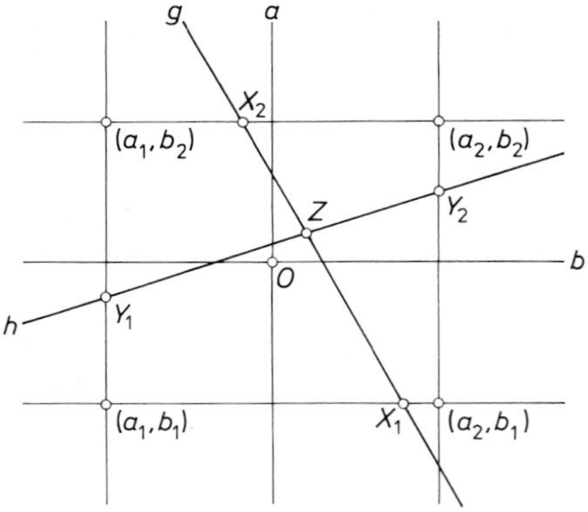

Abb. 2.2

und $\zeta((a_2, b_1), Y_2, (a_2, b_2))\}$ sind im Geradenraum gebildete konvexe Vierecke um a bzw. b bezüglich der Bezugsgeraden $(a_1, b_2)U$, $(a_1, b_1)U$ bzw. $(a_1, b_1)V$, $(a_2, b_1)V$. Wir führen aus, daß $\mathfrak{U}_a$ und $\mathfrak{U}_b$ durch Schnittpunktsbildung in $\mathfrak{V}$ abgebildet werden, also daß aus $g \in \mathfrak{U}_a$ und $h \in \mathfrak{U}_b$ stets $g \cap h \in \mathfrak{V}$ folgt. Wir können g darstellen als $g = X_1 X_2$ und h als $h = Y_1 Y_2$, wobei die Punkte X_i, Y_i, $i = 1, 2$, den die Mengen $\mathfrak{U}_a$ und $\mathfrak{U}_b$ charakterisierenden Bedingungen genügen. Es sei $Z = X_1 X_2 \cap Y_1 Y_2$. Der Punkt Y_1 liegt auf derselben Seite der Geraden $X_1 X_2$ wie (a_1, b_1) und (a_1, b_2); denn sonst müßte der Schnittpunkt von $Y_1 V$ mit $X_1 X_2$ zwischen (a_1, b_2) und (a_1, b_1) liegen; dieser hätte damit eine y-Koordinate zwischen b_1 und b_2 und wäre deshalb auf der Geraden $X_1 X_2$

ein Punkt zwischen X_1 und X_2, was aber mit a_1 als seiner x-Koordinate, also einer kleineren als die von X_1 und X_2, nicht möglich ist. Genauso schließt man, daß Y_2 auf derselben Seite von X_1X_2 liegt wie die Punkte (a_2, b_1), (a_2, b_2). Weil (a_1, b_2) und (a_2, b_2) verschiedenen Seiten von X_1X_2 angehören, gilt das folglich auch für Y_1 und Y_2. Damit erhält man $\zeta(Y_1, Z, Y_2)$ und hieraus, daß entweder die y-Koordinaten von Y_1, Z und Y_2 übereinstimmen oder die von Z zwischen denen von Y_1 und Y_2 liegt; also ergibt sich in jedem Fall $b_1 < y_Z < b_2$ für die y-Koordinate y_Z von Z. Mit analogen Schlüssen folgt $a_1 < x_Z < a_2$ für die x-Koordinate x_Z von Z. Also ist Z ein Punkt des Vierecks $\mathfrak{V}$, und die Stetigkeit der Bildung des Schnittpunktes ist damit bewiesen.

Daß die Topologie τ auf jeder Punktreihe von $\mathfrak{E}$ die Intervalltopologie induziert, folgt sofort daraus, daß die konvexen Vierecke eine Basis für τ bilden. Damit ist nur noch zu zeigen, daß τ nicht die diskrete Topologie ist. Das ergibt sich aus der Eigenschaft, daß jede affine Punktreihe einer angeordneten projektiven Ebene in sich dicht geordnet ist (Satz 2, § 1).

$\mathfrak{E}$ bildet also mit τ und der dual für die Geraden erklärten Topologie eine topologische projektive Ebene. Wir nennen die Topologie τ einer angeordneten projektiven Ebene die *Ordnungstopologie.* □

Die Ordnungstopologie τ einer angeordneten projektiven Ebene $\mathfrak{E}$ ist eindeutig durch die Intervalltopologie der Punktreihen von $\mathfrak{E}$ bestimmt, wie man folgendermaßen erkennt: Sei τ' eine weitere Topologie für den Punktraum von $\mathfrak{E}$, so daß $\mathfrak{E}$ mit τ' (und einer für den Geradenraum erklärten Topologie) eine topologische projektive Ebene bildet, und τ' auf den Punktreihen die Intervalltopologie induziert. $\mathfrak{V}$ sei ein konvexes Viereck von $\mathfrak{E}$, das wir uns durch Koordinaten (bez. O, E, U, V) als $\mathfrak{V} = \{(x, y)\colon a_1 < x < a_2, b_1 < y < b_2\}$ beschrieben denken können. Die durch τ' auf $\mathfrak{E}_{UV}$ gegebene Topologie ist das topologische Produkt zweier affiner Punktreihen; also ist $\mathfrak{V} =]a_1, a_2[\times]b_1, b_2[$ bezüglich τ' offen in $\mathfrak{E}_{UV}$ und damit auch offen in $\mathfrak{E}$. τ' umfaßt folglich die aus den konvexen Vierecken bestehende Basis von τ und ist daher feiner oder gleich τ. Eine Menge $\mathfrak{M} \in \tau'$ kann man nun bezüglich dreier nicht kopunktaler Geraden g_i, $i = 1, 2, 3$, von $\mathfrak{E}$ als $\mathfrak{M} = \bigcup_{i=1}^{3} \mathfrak{M}_i$ darstellen, wobei mit $\mathfrak{M}_i$ der Durchschnitt von $\mathfrak{M}$ mit der Punktmenge der affinen Ebene $\mathfrak{E}_{g_i}$ von $\mathfrak{E}$ bezeichnet ist. $\mathfrak{M}_i$ ist bezüglich τ' offen in $\mathfrak{E}_{g_i}$, und weil die Punktmenge einer affinen Ebene das topologische Produkt zweier affiner Punktreihen ist und diese die Intervalltopologie tragen, ist $\mathfrak{M}_i$ eine Vereinigung von Mengen der Form $I \times J$, wobei mit I, J zwei Intervalle auf affinen Punktreihen bezeichnet sind. Bezüglich einer geeignet gewählten Koordinatenmenge K kann man I als $I = \{x \in K\colon a_1 < x < a_2\}$ und J als $J = \{y \in K\colon b_1 < y < b_2\}$ darstellen. Damit erhält man $I \times J = \{(x, y)\colon a_1 < x < a_2, b_1 < y < b_2\}$; also ist $I \times J$ ein konvexes Viereck und folglich $\mathfrak{M}$ auch offen bezüglich τ.

Wir wollen nun zeigen, daß für eine mit der Ordnungstopologie versehene angeordnete projektive Ebene $\mathfrak{E}$ der toplogische Raum der Punkte homöomorph zum topologischen Raum der Geraden von $\mathfrak{E}$ ist. Es seien A_1, A_2, A_3, A_4 die Eckpunkte eines vollständigen Vierecks in $\mathfrak{E}$ mit den Diagonalpunkten $O = A_1A_3 \cap A_2A_4$, $U = A_1A_2 \cap A_3A_4$ und $V = A_1A_4 \cap A_2A_3$ (s. Abb. 2.3). Man kann aus einem solchen vollständigen Viereck drei konvexe Vierecke bilden, so daß jedes dieser konvexen Vierecke genau einen Diagonalpunkt enthält; hier sind das die konvexen Vierecke $\mathfrak{V}_O = \{g \cap h\colon g \in (A_1A_2, A_3A_4)_{UV}, h \in (A_2A_3, A_1A_4)_{UV}\}$, $\mathfrak{V}_U = \{g \cap h\colon g \in (A_1A_3, A_2A_4)_{OV},$ $h \in (A_1A_4, A_2A_3)_{OV}\}$ und $\mathfrak{V}_V = \{g \cap h\colon g \in (A_1A_3, A_2A_4)_{OU}, h \in (A_1A_2, A_3A_4)_{OU}\}$.

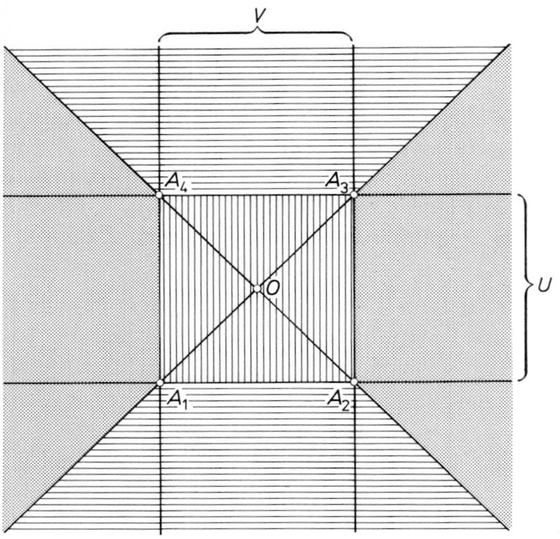

Abb. 2.3

Daß der Diagonalpunkt O in $\mathfrak{V}_O$, U in $\mathfrak{V}_U$ und V in $\mathfrak{V}_V$ liegt, folgt nach Satz 14, § 1. Die Punkte A_i, $i = 1, 2, 3, 4$, heißen die Ecken und die Mengen $(A_1, A_2)_U$, $(A_2, A_3)_V$, $(A_3, A_4)_U$ und $(A_1, A_4)_V$ die Seiten des konvexen Vierecks $\mathfrak{V}_O$. Die vier Eckpunkte und Seiten eines konvexen Vierecks bilden also gerade dessen Rand.

Lemma 25 (Wyler 1952). *In einer angeordneten projektiven Ebene $\mathfrak{E}$ bilden drei konvexe Vierecke, welche dieselben vier Punkte als Eckpunkte haben, zusammen mit ihren Eckpunkten und Seiten eine Zerlegung der Punkte von $\mathfrak{E}$ in zueinander disjunkte Mengen.*

Beweis.
Wir wählen die gleiche Bezeichnung wie oben. Aus der Definition der Punktmengen $\mathfrak{V}_O$, $\mathfrak{V}_U$ und $\mathfrak{V}_V$ erhält man sofort, daß diese drei konvexen Vierecke zueinander paarweise disjunkt sind. Sei $S = OV \cap A_1A_2$. Wegen $O \in \mathfrak{V}_O$ gilt $A_1A_4, A_2A_3 | OV, UV$ und damit $A_1A_2 | SU$. Für einen nicht zur Seite $(A_1, A_2)_U$ gehörenden Punkt $P \neq A_1, A_2$ von A_1A_2 hat man nach Lemma 22 $(A_1, A_2)_U = (A_1, A_2)_P$, wegen $S \in (A_1, A_2)_U$ folglich $PS | A_1A_2$. Also gilt $OA_1, OA_2 | OP, OS$ wie auch $VA_1, VA_2 | VP, VS$ und damit $PO \in (A_1A_3, A_2A_4)_{OV}$ und $PV \in (A_1A_4, A_2A_3)_{OV}$; somit ist $P \in \mathfrak{V}_U$. Sei nun P ein Punkt aus $\mathfrak{E}$, der auf keiner der Geraden A_iA_j mit $i, j = 1, \ldots, 4$, $i \neq j$, liegt. O.B.d.A. sei $P \neq U, V, O$. Nach der dualen Aussage von Lemma 22 (3) gibt es zu A_1A_3, A_2A_4 genau zwei Mengen $(A_1A_3, A_2A_4)_g$, wobei $g \mathrel{I} O$. Diese sind folglich durch $(A_1A_3, A_2A_4)_{OV}$ und $(A_1A_3, A_2A_4)_{OU}$ gegeben. Damit gilt entweder $OP \in (A_1A_3, A_2A_4)_{OV}$ oder $OP \in (A_1A_3, A_2A_4)_{OU}$. Sei $OP \in (A_1A_3, A_2A_4)_{OV}$. Für VP erhält man analog, daß entweder $VP \in (A_1A_4, A_2A_3)_{VO}$ oder $VP \in (A_1A_4, A_2A_3)_{VU}$ ist. Im Falle $OP \in (A_1A_3, A_2A_4)_{OV}$ und $VP \in (A_1A_4, A_2A_3)_{VO}$ ergibt sich sofort $P \in \mathfrak{V}_U$. Im Falle $OP \in (A_1A_3, A_2A_4)_{OV}$ und $VP \in (A_1A_4, A_2A_3)_{VU}$ schließe man folgendermaßen (s. Abb. 2.4): Man setze $Q = VP \cap A_1A_3$ und $R = VP \cap A_2A_4$. Es bezeichne ζ die Zwischenbeziehung in $\mathfrak{E}_{UV}$. Aus A_1A_4, $A_2A_3 | VU$, VP erhält man $\zeta(A_1, Q, A_3)$ und $\zeta(A_4, R, A_2)$. Also gilt $UA_1, UA_3 | UQ, UV$ und $UA_4, UA_2 | UR, UV$ und damit

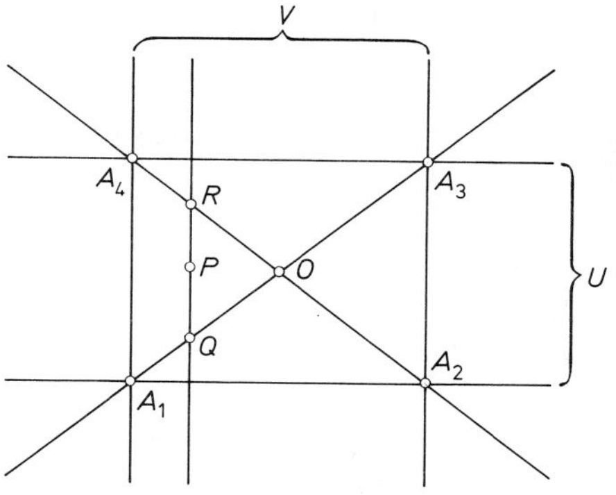

Abb. 2.4

$Q = VP \cap UQ \in \mathfrak{V}_O$ und $R = VP \cap UR \in \mathfrak{V}_O$. Aus OP, $OV|A_1 A_3, A_2 A_4$ ergibt sich $\zeta(Q, P, R)$. Weil $\mathfrak{V}_O$ bezüglich UV konvex ist und $Q, R \in \mathfrak{V}_O$ sind, folgt somit $P \in \mathfrak{V}_O$. □

Es sei g eine Punktreihe einer angeordneten projektiven Ebene. Für drei verschiedene Punkte A, B, C von g nennen wir die Menge $(A, B)_C$ ein (*offenes*) *Intervall* von g und den in der Intervalltopologie von g gebildeten topologischen Abschluß von $(A, B)_C$, also die Menge $(A, B)_C \cup \{A, B\}$, ein *abgeschlossenes Intervall*. Wir bezeichnen dieses mit $[A, B]_C$. Die Punkte A, B heißen die Endpunkte von $[A, B]_C$. Zwei Intervalle (aus eventuell verschiedenen Ebenen) werden *endpunktshomöomorph* genannt, wenn es eine bijektive Abbildung des einen auf das andere gibt, welche Endpunkte auf Endpunkte abbildet und welche einschließlich ihrer Umkehrabbildung bez. der Intervalltopologie stetig ist. Zwei Intervalle der gleichen angeordneten projektiven Ebene sind stets endpunktshomöomorph, weil sich zwei solche Intervalle durch eine Projektivität aufeinander abbilden lassen und Projektivitäten Homöomorphismen sind. Wir zeigen nun:

Lemma 26 (Wyler 1952). *Die mit der Ordnungstopologie versehenen topologischen Räume der Punkte angeordneter projektiver Ebenen sind homöomorph, wenn die beiden Ebenen endpunktshomöomorphe Intervalle besitzen.*

Beweis.
Man zerlege aufgrund des vorhergehenden Lemmas die beiden angeordneten projektiven Ebenen $\mathfrak{E}$ und $\mathfrak{E}'$ in jeweilig drei konvexe Vierecke eines vollständigen Vierecks einschließlich deren Seiten und Ecken. Wir wählen die gleiche Bezeichnung wie in Lemma 25; seien also $\mathfrak{V}_O$, $\mathfrak{V}_U$ und $\mathfrak{V}_V$ die drei konvexen Vierecke in $\mathfrak{E}$ und $\mathfrak{V}'_{O'}$, $\mathfrak{V}'_{U'}$ und $\mathfrak{V}'_{V'}$ jene von $\mathfrak{E}'$. Die Ecken und Seiten dieser konvexen Vierecke von $\mathfrak{E}$ bzw. $\mathfrak{E}'$ seien bijektiv durch Homöomorphismen so aufeinander abgebildet, daß dabei entsprechende Ecken und Seiten einander zugeordnet sind. Unser Beweis ist fertig, wenn wir gezeigt haben, daß wir den auf dem Rand von $\mathfrak{V}_O$ gegebenen Homöomorphismus zu einem Homöomorphismus von $\mathfrak{V}_O$ nach $\mathfrak{V}'_{O'}$ fortsetzen können.

Es bezeichne $\overline{\mathfrak{V}_O}$ den topologischen Abschluß von $\mathfrak{V}_O$ in $\mathfrak{E}$ und $\overline{\mathfrak{V}'_{O'}}$ den von $\mathfrak{V}'_{O'}$ in $\mathfrak{E}'$. Einen Homöomorphismus von $\overline{\mathfrak{V}_O}$ nach $\overline{\mathfrak{V}'_{O'}}$, der die Seiten und Ecken von $\overline{\mathfrak{V}_O}$ auf die entsprechenden von $\overline{\mathfrak{V}'_{O'}}$ abbildet (also A_i auf A'_i, $i = 1, \ldots, 4$, und $[A_1, A_2]_U$ auf $[A'_1, A'_2]_{U'}$, usw), nennen wir einen *randtreuen Homöomorphismus*. Zunächst überlegen wir uns, daß es überhaupt einen randtreuen Homöomorphismus gibt: Sei ψ_1 der gegebene Homöomorphismus von $[A_1, A_2]_U$ nach $[A'_1, A'_2]_{U'}$ und ψ_2 der gegebene Homöomorphismus von $[A_1, A_4]_V$ nach $[A'_1, A'_4]_{V'}$, wobei gelte $\psi_1(A_1) = \psi_2(A_1) = A'_1$. Einen Punkt P aus $\overline{\mathfrak{V}_O}$ können wir darstellen als $P = XV \cap YU$ mit $X = PV \cap A_1 A_2$ und $Y = PU \cap A_1 A_4$. Dann ist durch $P^\varphi = X^{\psi_1} V' \cap Y^{\psi_2} U'$ ein randtreuer Homöomorphismus von $\overline{\mathfrak{V}_O}$ nach $\overline{\mathfrak{V}'_{O'}}$ definiert, der eine Fortsetzung von ψ_1, ψ_2 ist. Wir können deshalb für das folgende $\mathfrak{E} = \mathfrak{E}'$ und $\mathfrak{V}_O = \mathfrak{V}'_{O'}$ voraussetzen.

Es geht uns nun darum, die Existenz eines randtreuen Homöomorphismus von $\overline{\mathfrak{V}_O}$ auf sich nachzuweisen, der auf dem Rande von $\overline{\mathfrak{V}_O}$ mit dem vorgegebenen Homöomorphismus ψ übereinstimmt. Wir können uns darauf beschränken, dies für eine Abbildung ψ zu zeigen, die auf drei Seiten von $\overline{\mathfrak{V}_O}$ die Identität ist; denn die randtreuen Homöomorphismen von $\overline{\mathfrak{V}_O}$ auf sich bilden eine Gruppe, und ein jeder randtreue Homöomorphismus ist ein Produkt von solch speziellen Homöomorphismen. Sei also ψ ein Homöomorphismus von $[A_2, A_3]_V$ auf sich mit $\psi(A_i) = A_i$, $i = 2, 3$. Wir betrachten in $\mathfrak{E}$ den Ternärkörper K bezüglich des Punktequadrupels O, E, U, V mit $E = A_3$. In K haben die Eckpunkte unseres Vierecks dann die Koordinaten $A_1 = (a, a)$, $A_2 = (1, a)$, $A_3 = (1, 1)$ und $A_4 = (a, 1)$ mit $a < 0$, und $\overline{\mathfrak{V}_O}$ ist in Koordinaten durch $\overline{\mathfrak{V}_O} = \{(x, y)\colon a \leqslant x \leqslant 1, a \leqslant y \leqslant 1\}$ gegeben. Für $x \neq 0$ sei y/x in K durch $y = (y/x)\,x$ bestimmt. Wir definieren die Fortsetzung φ von ψ zunächst für eine Teilmenge $\mathfrak{S} = \{(x, y)\colon 0 < x \leqslant 1, a \leqslant y/x \leqslant 1\} \cup \{0\}$ von $\overline{\mathfrak{V}_O}$. Es sei $P^\varphi = PV \cap O(1, y_P/x_P)^\psi$ für $P = (x_P, y_P) \in \mathfrak{S} \setminus \{O\}$ und $O^\varphi = O$. Weil die Abbildungen $P \mapsto x_P$, $P \mapsto y_P$ und $(x, y) \mapsto y/x$ (für $x \neq 0$) in einer topologischen projektiven Ebene bzw. in einem topologischen Ternärkörper stetig sind, ist φ in allen von O verschiedenen Punkten aus $\mathfrak{S}$ stetig. Definieren wir φ für $P \in \overline{\mathfrak{V}_O} \setminus \mathfrak{S}$ durch $P^\varphi = P$, so ist φ also überall in $\overline{\mathfrak{V}_O}$ stetig bis auf eventuell den Punkt O. Um die Stetigkeit von φ im Punkt O zu beweisen, zeigen wir, daß wir in jeder Umgebung von O eine Umgebung finden, die durch φ auf sich abgebildet wird. In einer vorgegebenen Umgebung von O gibt es für geeignet gewählte $u', u \in K$ mit $u' < 0 < u$ eine Umgebung $\mathfrak{U}$ der Form $\mathfrak{U} = \{(x, y)\colon u' < x < u, a\,u < y < u\}$, weil die konvexen Vierecke um O mit festen Bezugspunkten U, V eine Umgebungsbasis für O in der Ordnungstopologie bilden (vgl. hierzu die Ausführungen zu Beginn des Beweises von Satz 24). Wegen $(\mathfrak{S} \cap \mathfrak{U})^\varphi = \mathfrak{S} \cap \mathfrak{U}$ bleibt $\mathfrak{U}$ unter φ fest. Also ist φ auch im Punkte O stetig. φ ist daher eine bijektive und stetige Abbildung von $\overline{\mathfrak{V}_O}$ auf sich, welche die für den Rand von $\overline{\mathfrak{V}_O}$ gegebene Abbildung ψ fortsetzt. Ersetzt man in der Definition von φ die Randabbildung ψ durch ψ^{-1}, so erhält man gerade die Umkehrabbildung φ^{-1} von φ; folglich ist auch diese stetig. Also ist φ der gesuchte Homöomorphismus von $\overline{\mathfrak{V}_O}$ auf sich, der die Randabbildung ψ fortsetzt. Unser Beweis ist damit beendet. □

Es sei nun $\mathfrak{E}$ eine angeordnete projektive Ebene, die wir mit der Ordnungstopologie für die Menge der Punkte und mit der dual dazu erklärten für die Menge der Geraden versehen. Dann läßt sich jedes abgeschlossene Intervall eines Geradenbüschels durch eine Projektivität auf ein Intervall einer Punktreihe so abbilden, daß dabei den Endpunkten des einen die Endpunkte des anderen Intervalls zugeordnet sind; also sind zwei solche Intervalle endpunktshomöomorph. Wendet man daher das gerade bewiesene Lemma auf $\mathfrak{E}$ und die zu $\mathfrak{E}$ duale Ebene an, so erhält man:

Satz 27 (Wyler 1952). *Punkt- und Geradenraum einer mit der Ordnungstopologie versehenen angeordneten projektiven Ebene sind zueinander homöomorph.*

Der vorstehende Satz und Lemma 26 besagen nur etwas über die Existenz einer homöomorphen Abbildung zwischen den Punkträumen projektiver Ebenen. Diese Abbildungen erhalten im allgemeinen keinesfalls die geometrische Struktur der Ebenen; so ist z.B. der Punktraum der am Ende von § 1 gebrachten Moultonebene homöomorph zur reellen projektiven Ebene, wie aus Satz 13, § 3 hervorgeht.

Für eine angeordnete Menge M bilden die Mengen $L_a = \{x \in M\colon x < a\}$ und $R_a = \{x \in M\colon x > a\}$, wobei a die Menge M durchlaufe, eine Subbasis für eine Topologie, die wir im Einklang mit unserer bisherigen Bezeichnung die *Ordnungstopologie* von M nennen. Hat M weder kleinstes noch größtes Element, so bilden die endlichen Intervalle $]a, b[$ mit $a, b \in M$, $a < b$, eine Basis für die Ordnungstopologie. Es sei nun (M, τ) ein beliebiger topologischer Raum. Wir fragen, ob es eine Anordnung auf M gibt, so daß man τ gerade als die durch die Anordnung gegebene Ordnungstopologie erhält. Ist das der Fall, so nennen wir den *topologischen Raum* (M, τ) *ordnungsfähig*. Eine *topologische projektive Ebene* $\mathfrak{E}$ heiße *ordnungsfähig*, wenn sich eine Trennbeziehung auf den Punktreihen von $\mathfrak{E}$ erklären läßt, so daß $\mathfrak{E}$ hiermit eine angeordnete projektive Ebene ist und man die Topologie von $\mathfrak{E}$ als Ordnungstopologie erhält. Wir wollen die Frage untersuchen, wann eine topologische projektive Ebene ordnungsfähig ist. Für zusammenhängende projektive Ebenen können wir hierauf unter Verwendung topologischer Kriterien von Herrlich 1965a und Kowalsky 1961 eine Antwort geben. Für nicht zusammenhängende projektive Ebenen ist diese Frage noch offen; wir zeigen an einem Beispiel, wieviel schwieriger hier die Situation ist. Zunächst bringen wir zwei Lemmata, in welchen wir aus der Analysis bekannte Ergebnisse auf ordnungsfähige Mengen übertragen.

Lemma 28. *Es sei M eine angeordnete Menge, τ die Ordnungstopologie auf M und (M, τ) zusammenhängend. Dann sind die zusammenhängenden Teilmengen von M genau die Intervalle.*

Beweis.
Wir zeigen als erstes, daß eine zusammenhängende Teilmenge X von M ein Intervall ist: O.E. enthalte X wenigstens zwei Elemente. Es ist zu beweisen, daß mit $a, b \in X$, $a < b$, das in M gebildete Intervall $[a, b]$ eine Teilmenge von X ist. Angenommen, das ist nicht der Fall. Dann gibt es also ein $c \in [a, b]$ mit $c \notin X$. Die Mengen $X_1 = \{x \in X\colon x < c\}$ und $X_2 = \{x \in X\colon x > c\}$ sind nicht leer und offen in X, und es ist X die disjunkte Vereinigung von X_1 und X_2, was im Widerspruch dazu steht, daß X zusammenhängend ist. Somit ist $[a, b] \subseteq X$ und X folglich ein Intervall.

Wir zeigen nun, daß ein Intervall von M zusammenhängend ist: Aus einer Darstellung eines Intervalles X von M als $X = A \cup B$ mit in X abgeschlossenen Mengen A, B, für die $A \cap B = \emptyset$ und $a \in A$, $b \in B$, $a < b$ ist, erhält man für das Intervall $[a, b]$ die disjunkte Zerlegung $[a, b] = ([a, b] \cap A) \cup ([a, b] \cap \mathrm{B})$ mit in $[a, b]$ abgeschlossenen, nichtleeren Mengen. Also können wir uns darauf beschränken, den Zusammenhang eines Intervalls von M der Form $[a, b]$ nachzuweisen. Sei also $[a, b] = C \cup D$, wobei C, D disjunkt und abgeschlossen in $[a, b]$ seien. Weil $[a, b]$ abgeschlossen in M ist, sind folglich C, D auch abgeschlossen in M. Wir nehmen an, daß C nicht leer ist. C ist durch b nach oben beschränkt. In einer bezüglich der Ordnungstopolgie zusammenhängenden Menge hat jede nach oben beschränkte nichtleere Menge ein Supremem (s. z.B. Kowalsky 1961, S. 101, 14. III); also existiert $s = \sup C$. Es ist s ein Element der abgeschlossenen Hülle von C, und weil C abgeschlossen ist, ist diese gleich C; folglich ist $s \in C$. Angenommen, es wäre $s < b$. Dann ist $]s, b] \subseteq D$. Wegen $s \in \{x \in M: x < b\}$ gibt es in einem beliebigen offenen Intervall um s ein offenes Intervall J der Form $J =]t_1, t_2[$ oder $J = \{x \in M: x < t_2\}$ mit $t_2 \leqslant b$. Als zusammenhängender Raum ist M in sich dicht geordnet; also existiert zwischen s und t_2 ein Element $d \in M$. Wegen $]s, b] \subseteq D$ ist $d \in D$. Damit ist gezeigt, daß es in jeder Umgebung von s ein Element aus D gibt; folglich ist $s \in \bar{D} = D$. Damit wäre $s \in C \cap D$ im Widerspruch zu $C \cap D = \emptyset$. Also ist die Annahme $s < b$ nicht möglich, und es gilt somit $s = b$. Folglich ist $b \in C$. Aus $C \neq \emptyset$ ist damit auf $b \in C$ geschlossen. Genauso führt die Annahme $D \neq \emptyset$ auf $b \in D$. Damit hätte man $b \in C \cap D$, was wegen $C \cap D = \emptyset$ nicht möglich ist. Also muß eine der beiden Mengen C oder D die leere Menge sein, und $[a, b]$ ist folglich zusammenhängend. □

Lemma 29 („*Zwischenwertsatz*"). *Es sei (X, τ) ein zusammenhängender topologischer Raum, Y eine angeordnete Menge und τ' die Ordnungstopologie auf Y. Dann nimmt eine stetige Abbildung von X nach Y jedes zwischen zwei Bildwerten gelegene Element aus Y als Wert an.*

Beweis.
Es sei $\varphi: X \to Y$ eine stetige Abbildung. Weil X zusammenhängend ist, ist dann auch die Bildmenge X^φ zusammenhängend. Nach dem vorhergehenden Lemma ist X^φ folglich ein Intervall in Y, und das besagt gerade, daß aus $a, b \in X^\varphi$, $c \in Y$ und $a < c < b$ stets $c \in X^\varphi$ folgt. □

Ein angeordneter, bez. der Ordnungstopologie zusammenhängender Körper ist o-isomorph zum Körper der reellen Zahlen. Wir werden in Satz 31 sehen, daß eine ganz entsprechende Aussage auch für Ternärkörper bzw. projektive Ebenen gilt. Der folgende Hilfssatz dient der Vorbereitung dieses Ergebnisses.

Lemma 30. *Der Ternärkörper K einer angeordneten projektiven Ebene sei in der Ordnungstopologie lokalzusammenhängend. Dann ist K lokalkompakt.*

Beweis.
Wir zeigen, daß $x \in K$ eine kompakte Umgebung hat. Sei W eine zusammenhängende Umgebung von x. Nach Lemma 28 ist W ein Intervall. Weil W eine Umgebung von x ist, gibt es in K ein offenes Intervall $]c, d[$ mit $x \in]c, d[\subseteq W$. Also ist x weder kleinstes noch größtes Element von W. Daher gibt es Elemente $a, b \in W$ mit $a < x < b$, und somit ist $x \in [a, b] \subseteq W$. Wir weisen nach, daß $[a, b]$ kompakt ist: Die durch die Ordnungstopologie von K auf $[a, b]$ induzierte Topologie stimmt mit der durch die Anordnung von $[a, b]$ gegebenen Ordnungstopologie überein. Also haben wir zu zeigen, daß die angeordnete Menge $[a, b]$ in ihrer Ordnungstopologie kompakt ist und dafür, daß jede nichtleere nach oben bzw. unten beschränkte Teilmenge von $[a, b]$ ein Supremum bzw. Infimum hat (s. Kowalsky 1961, S. 81, 11. III). Sei $\emptyset \neq A \subseteq [a, b]$. Angenommen, A ist ohne Supremum. Dann gilt also $a' < b$ für jedes $a' \in A$. Die Mengen $A_K = \{k \in K: \underset{a' \in A}{\exists}\ k \leqslant a'\}$ und $B = K \setminus A_K$ sind folglich nicht leer, und es ist $K = A_K \cup B$. Ist $k \in A_K$, so gibt es, weil A ohne Supremum ist, ein $a'' \in A$ mit $k < a''$, und damit liegt mit k auch das offene Intervall $L_{a''} = \{y \in K: y < a''\}$ in A_K; somit ist A_K in K offen. Auch die Menge B ist offen in K, wie sich folgendermaßen ergibt: Sei

$k \in B$. Dann ist $k > a'$ für jedes $a' \in A$, also k eine obere Schranke von A. Es kann k nicht das Supremum von A in K sein, weil sonst $k \leqslant b$ und damit k das Supremum von A in $[a, b]$ wäre, das ausdrücklich als nicht existierend vorausgesetzt wurde. Folglich hat A in K eine obere Schranke k' mit $k' < k$. Dann ist $R_{k'} = \{y \in K: y > k'\}$ eine in B gelegene offene Umgebung von k und somit B offen. Die Darstellung von K als disjunkte Vereinigung der nichtleeren offenen Mengen A_K, B steht aber im Widerspruch dazu, daß K nach Satz 11 zusammenhängend ist. Also ist unsere Annahme, daß A ohne Supremum in $[a, b]$ ist, nicht möglich. Genauso zeigt man, daß jede nichtleere Teilmenge von $[a, b]$ ein Infimum hat. $[a, b]$ ist folglich eine kompakte Umgebung von x. □

Wir bringen nun das Kriterium, wann eine zusammenhängende projektive Ebene ordnungsfähig ist; zuvor erläutern wir kurz einige in dem Satz verwendete Begriffe: Es sei (X, τ) ein topologischer Raum. Ein Element p einer zusammenhängenden Teilmenge A von X heiße *Randelement von* A, falls $A \setminus \{p\}$ zusammenhängend ist. Hat jede zusammenhängende Teilmenge von X höchstens zwei Randelemente, so nennen wir (X, τ) *randendlich*. Unter einer *ebenen projektiven Ebene* verstehen wir eine topologische projektive Ebene, deren affine Punktreihen homöomorph zur reellen Zahlengeraden sind. Wir untersuchen ebene projektive Ebenen im nächsten Paragraphen.

Satz 31 (Einert 1975). *Es sei $\mathfrak{E}$ eine zusammenhängende projektive Ebene. Dann sind die folgenden Aussagen äquivalent:*

(1) *$\mathfrak{E}$ ist ordnungsfähig.*
(2) *Jede affine Punktreihe von $\mathfrak{E}$ ist ordnungsfähig.*
(3) *Jede affine Punktreihe von $\mathfrak{E}$ ist lokalzusammenhängend, und unter je drei verschiedenen, echten, zusammenhängenden Teilmengen einer jeden affinen Punktreihe gibt es stets zwei, die diese nicht überdecken.*
(4) *Jede affine Punktreihe von $\mathfrak{E}$ ist lokalzusammenhängend und randendlich.*
(5) *$\mathfrak{E}$ ist eine ebene projektive Ebene.*

Beweis.
Wir beweisen die folgende Kette von Implikationen: (1) $\Leftrightarrow$ (2) $\Rightarrow$ (3) $\Rightarrow$ (4) $\Rightarrow$ (1) $\Rightarrow$ (5) $\Rightarrow$ (2).

(1) $\Rightarrow$ (2): Durch die Ordnungstopologie einer angeordneten projektiven Ebene wird nach Satz 24 auf einer jeden ihrer Punktreihen die Intervalltopologie induziert. Also ist mit einer topologischen projektiven Ebene eine jede ihrer affinen Punktreihen ordnungsfähig.

(2) $\Rightarrow$ (1): Es sei $\mathfrak{E}_l$ eine affine Ebene von $\mathfrak{E}$. Man versehe jede affine Punktreihe von $\mathfrak{E}_l$ mit einer Anordnung, welche die Topologie dieser Punktreihe erzeugt. Weil nach Lemma 2 und Satz 6 in jeder Umgebung eines Punktes auf einer Geraden unendlich viele Punkte liegen und die Intervalle eine Basis der Topologie auf den affinen Geraden bilden, ist eine jede affine Punktreihe in sich dicht geordnet und enthält damit insbesondere mindestens drei Punkte. Wir zeigen, daß die durch die Anordnung auf den affinen Punktreihen von $\mathfrak{E}_l$ definierte Zwischenbeziehung ζ gegenüber Parallelprojektionen invariant ist: Sei also π eine Parallelprojektion von g nach h, und auf g gelte $\zeta(A, B, C)$, also $B \in]A, C[$. Die Bildpunkte A^π, B^π, C^π sind voneinander verschieden, und daher hat man entweder $\zeta(A^\pi, B^\pi, C^\pi)$ oder $\zeta(B^\pi, A^\pi, C^\pi)$ oder $\zeta(B^\pi, C^\pi, A^\pi)$. Angenommen, es gälte $\zeta(B^\pi, A^\pi, C^\pi)$. Wir gehen von der Zwischenbezie-

hung auf den affinen Punktreihen g, h zu den Anordnungen über und können annehmen, indem wir gegebenenfalls eine Anordnung durch ihre konverse ersetzen, daß $A < B < C$ und $B^\pi < A^\pi < C^\pi$ ist. Nun ist die Einschränkung $\pi|[B, C]$ von π auf das Intervall $[B, C]$ stetig, und $[B, C]$ ist nach Lemma 28 zusammenhängend; also nimmt $\pi|[B, C]$ nach Lemma 29 jeden zwischen B^π und C^π gelegenen Punkt von h als Bildwert an. Danach müßte A^π ein Urbild zwischen B und C haben, was wegen $A < B$ nicht möglich ist. Folglich kann auf h nicht $\zeta(B^\pi, A^\pi, C^\pi)$ gelten. Genauso schließt man auf h die Möglichkeit $\zeta(B^\pi, C^\pi, A^\pi)$ aus. Also gilt $\zeta(A^\pi, B^\pi, C^\pi)$, und damit erhält π die Zwischenbeziehung. $\mathfrak{E}_l$ ist folglich eine angeordnete affine Ebene, und die Anordnung von $\mathfrak{E}_l$ läßt sich nach Satz 8, § 1 zu einer Anordnung von $\mathfrak{E}$ erweitern.

Man hat nun nur noch zu überlegen, daß die durch die Anordnung von $\mathfrak{E}$ gegebene Ordnungstopologie mit der ursprünglichen Topologie von $\mathfrak{E}$ übereinstimmt. Beide Topologien induzieren auf den affinen Punktreihen die durch die offenen Intervalle auf diesen gegebene Topologie. Damit folgt mit den gleichen Schlüssen, wie im Anschluß an Satz 24 ausgeführt, daß die ursprüngliche Topologie von $\mathfrak{E}$ gleich der Ordnungstopologie ist.

(2) $\Rightarrow$ (3): Diese Implikation ist die einfach zu beweisende Richtung des Kriteriums von Kowalsky (Kowalsky 1961, S. 109, Satz 15.5). Mit $\mathfrak{E}$ ist nach Satz 11 auch jede affine Punktreihe zusammenhängend. Weil diese ordnungsfähig sind, bilden die Intervalle eine Basis der Topologie auf den affinen Geraden. Nach Lemma 28 sind die Intervalle auf einer affinen Geraden zusammenhängende Teilmengen von dieser. Also ist eine jede affine Punktreihe von $\mathfrak{E}$ lokalzusammenhängend. Es sei nun $\mathfrak{M}$ eine zusammenhängende Teilmenge der affinen Punktreihe g von $\mathfrak{E}$, die den Punkt P von g nicht enthalte. Dann muß, weil $\mathfrak{M}$ zusammenhängend ist, $\mathfrak{M} \cap \{Q \perp g \colon Q < P\} = \emptyset$ oder $\mathfrak{M} \cap \{Q \perp g \colon Q > P\} = \emptyset$ gelten. Eine echte zusammenhängende Teilmenge von g enthält somit nicht gleichzeitig ein Intervall der Form $\{Q \perp g \colon Q < Q_0\}$, $Q_0 \perp g$, und der Form $\{Q \perp g \colon Q > Q_1\}$, $Q_1 \perp g$. Folglich gibt es unter drei verschiedenen echten zusammenhängenden Teilmengen von g stets zwei, die g nicht überdecken.

(3) $\Rightarrow$ (4): (s. Herrlich 1965a, S. 309, Beweis b) von Satz 1a). Angenommen, die affine Punktreihe g wäre nicht randendlich. Dann gibt es also eine zusammenhängende Teilmenge $\mathfrak{M}$ von g mit wenigstens drei Randelementen P_i, $i = 1, 2, 3$. In $g \setminus \{P_i\}$ sei $\mathfrak{K}_i$ die Zusammenhangskomponente von $\mathfrak{M} \setminus \{P_i\}$. Also ist $\mathfrak{K}_i$ abgeschlossen in $g \setminus \{P_i\}$, und weil $\{P_i\}$ abgeschlossen in g ist, ist $\mathfrak{K}_i \cup \{P_i\}$ auch abgeschlossen in g. Nach (3) ist g lokalzusammenhängend; folglich auch $g \setminus \{P_i\}$; daher ist $\mathfrak{K}_i$ offen in $g \setminus \{P_i\}$ und somit auch in g. Für $i \neq j$ ist $\mathfrak{K}_i \cup \mathfrak{K}_j$ also offen wie abgeschlossen in g. Weil g zusammenhängend ist, ist daher $\mathfrak{K}_i \cup \mathfrak{K}_j = g$ für $i \neq j$. Das steht aber im Widerspruch zu (3). Somit ist g randendlich.

(4) $\Rightarrow$ (1): Jede affine Punktreihe von $\mathfrak{E}$ ist lokalzusammenhängend, randendlich und ein T_1-Raum. Damit ist nach Herrlich 1965a, S. 308, Satz 1 eine jede affine Punktreihe von $\mathfrak{E}$ ordnungsfähig. Also gilt (2). Daß aus (2) die Aussage (1) folgt, wurde bereits gezeigt.

Wir haben somit die Äquivalenz der Bedingungen (1) bis (4) bewiesen.

(1) $\Rightarrow$ (5): Es sei K ein Ternärkörper von $\mathfrak{E}$. Als Punktmenge einer affinen Geraden ist K nach (3) in der Ordnungstopologie von $\mathfrak{E}$ lokalzusammenhängend; also ist K nach Lemma 30 lokalkompakt und nach Satz 12 damit auch $\mathfrak{E}$. Folglich ist $\mathfrak{E}$ eine in der Ordnungstopologie lokalkompakte projektive Ebene. Nach Satz 11, § 3 ist $\mathfrak{E}$ daher eine ebene projektive Ebene.

(5) $\Rightarrow$ (2): Jede affine Gerade von $\mathfrak{E}$ ist zur reellen Zahlengeraden homöomorph; also ist jede affine Punktreihe von $\mathfrak{E}$ ordnungsfähig. □

Im Falle nirgends zusammenhängender projektiver Ebenen kann man im allgemeinen aus der Ordnungsfähigkeit der affinen Punktreihen nicht auf die Ordnungsfähigkeit der topologischen projektiven Ebene schließen. Das liegt daran, daß wir für zusammenhängende projektive Ebenen die Invarianz der auf den affinen Punktreihen erklärten Zwischenbeziehung mit Hilfe des Zwischenwertsatzes (Lemma 29) nachgewiesen hatten, und eine wesentliche Voraussetzung des Zwischenwertsatzes ist der Zusammenhang des Urbildraumes. Wir bringen ein Beispiel (Einert 1975) einer nirgends zusammenhängenden projektiven Ebene, die nicht ordnungsfähig ist, wohl aber ihre affinen Punktreihen: Es sei v_p die p-adische Bewertung des Körpers $\mathbb{Q}$ der rationalen Zahlen, also die durch $v_p(0) = 0$ und $v_p(r) = p^{-\nu_p(r)}$, wobei $0 \neq r$ die Primfaktorenzerlegung $r = \pm \Pi q^{\nu_q(r)}$ hat, definierte Abbildung von $\mathbb{Q}$. Durch $d_p(r,s) = v_p(r-s)$ ist eine Metrik über $\mathbb{Q}$ gegeben, und $\mathbb{Q}$ ist mit dieser Metrik ein topologischer Körper. Die durch $\mathbb{Q}$ koordinatisierte projektive Ebene $\mathfrak{E}$ ist papposch, also erst recht desarguessch, und daher läßt sich die durch d_p gegebene Topologie von $\mathbb{Q}$ zu einer Topologie τ_p von $\mathfrak{E}$ fortsetzen (s. Pickert 1975, 10.1, Satz 5). Es sei $\varepsilon \in \mathbb{R} \setminus \mathbb{Q}$ mit $0 < \varepsilon < 1$. Dann ist $\mathfrak{B}_\varepsilon(0) = \{r \in \mathbb{Q}\colon d_p(0,r) < \varepsilon\} = \overline{\mathfrak{B}_\varepsilon}(0) = \{r \in \mathbb{Q}\colon d_p(0,r) \leqslant \varepsilon\}$. Also ist $\mathfrak{B}_\varepsilon(0)$ eine in $\mathbb{Q}$ gleichzeitig offene und abgeschlossene Menge. Wegen $1 \notin \mathfrak{B}_\varepsilon(0)$ ist $\mathbb{Q} \neq \mathfrak{B}_\varepsilon(0)$ und daher $\mathbb{Q}$ nicht zusammenhängend. $\mathbb{Q}$ trägt auch nicht die diskrete Topologie; denn zu $0 < \gamma \in \mathbb{R}$ gibt es ein $n_\gamma \in \mathbb{N}$ mit $\left(\frac{1}{p}\right)^{n_\gamma} < \gamma$, und damit ist $p^n \in \mathfrak{B}_\gamma(0)$ für alle $n \in \mathbb{N}$ mit $n \geqslant n_\gamma$. Nach Satz 11 sind somit $\mathbb{Q}$ wie $\mathfrak{E}$ bez. der Topologie τ_p nirgends zusammenhängend. Wäre $\mathfrak{E}$ mit der Topologie τ_p nun ordnungsfähig, so insbesondere auch der Körper $\mathbb{Q}$ als Koordinatenstruktur von $\mathfrak{E}$. $\mathbb{Q}$ gestattet als Körper aber nur eine Anordnung, und die durch diese gegebene Topologie von $\mathfrak{E}$ sei τ. Schränkt man τ auf die Menge $\mathbb{Z}$ der ganzen Zahlen ein, so erhält man für diese die diskrete Topologie, während, wie oben mit $p^n \in \mathfrak{B}_\gamma(0)$ gezeigt wurde, die Einschränkung von τ_p auf $\mathbb{Z}$ nicht die diskrete Topologie ist. Also sind die Topologien τ und τ_p verschieden, und das besagt gerade, daß $\mathfrak{E}$ bez. der Topologie τ_p nicht ordnungsfähig ist. Es ist aber jede affine Punktreihe von $\mathfrak{E}$ bez. der Topologie τ_p ordnungsfähig; denn als Punktreihe ist eine solche homöomorph zu $\mathbb{Q}$ mit der durch τ_p induzierten Topologie. Bezüglich dieser Topologie ist $\mathbb{Q}$ metrisch, separabel, nirgends zusammenhängend und nulldimensional und damit nach Lynn 1962 (oder Herrlich 1965b, S. 79, Folgerung 1) ordnungsfähig. $\mathfrak{E}$ mit der Topologie τ_p ist also eine nichtordnungsfähige topologische projektive Ebene, deren sämtliche affine Punktreihen ordnungsfähig sind.

§ 3 Archimedische Anordnung

Ein angeordneter *Ternärkörper* K heißt *archimedisch*, wenn die angeordnete Loop von K archimedisch ist, d.h. also wenn es zu $a, b, a', b' \in K$ mit $0 < a < b$ und $b' < a' < 0$ stets natürliche Zahlen n, n' mit $b < n \cdot a$ und $n' \cdot a' < b'$ gibt, wobei $n \cdot a$ rekursiv durch $0 \cdot a = 0$, $n \cdot a = a + (n-1) \cdot a$, $n \in \mathbb{N}$, definiert ist. Wir nennen eine *projektive Ebene* $\mathfrak{E}$ *archimedisch angeordnet*, wenn jeder Koordinatenternärkörper von $\mathfrak{E}$ bez. der durch $\mathfrak{E}$ gegebenen Anordnung archimedisch ist. Archimedisch angeordnete Gruppen und Körper sind bis auf o-Isomorphismen Untergruppen bzw. Unterkörper des Körpers der reellen Zahlen (Satz 4, § 3, I und Satz 3, § 3, II). Archimedisch angeordnete projetive Ebenen sind ihrer geometrischen Struktur nach im allgemeinen keine Unterstrukturen der reellen projektiven Ebene; sie lassen sich aber zu angeordneten projektiven Ebenen „vervollständigen", welche die gleiche topologische Struktur wie die reelle projektive Ebene tragen. Die Herleitung dieses Charakterisierungssatzes (Satz 13) ist das Ziel dieses Paragraphen.

Die Archimedizität eines angeordneten Körpers läßt sich auch dadurch charakterisieren, daß sein Primkörper, also $\mathbb{Q}$, in ihm ordnungsdicht liegt (vgl. Satz 9, § 3, II. Wir gebrauchen hier „ordnungsdicht" statt „dicht", um den zur Anordnung gehörenden Begriff von dem topologischen unterscheiden zu können.) Wir untersuchen die Übertragung dieses Ergebnisses auf projektive Ebenen: Es sei K ein angeordneter Ternärkörper. Zu jedem $a \in K$ sei a' durch $a + a' = 0$ und im Falle $a \neq 0$ weiter a_r^{-1}, a_l^{-1} durch $a\,a_r^{-1} = 1 = a_l^{-1} a$ bestimmt. Wir betrachten in K für $0 \neq c \in K$ die Teilmenge $S_c = \{n \cdot (m \cdot c)_r^{-1} \colon n \in \mathbb{N}_0,\, m \in \mathbb{N}\}$.

Lemma 1 (Priess-Crampe 1966). *Ein Ternärkörper K ist genau dann archimedisch angeordnet, wenn für ein Element $0 \neq c \in K$ (und dann auch für jedes $0 \neq c \in K$) die Menge $S_c \cup S_{c'}$ in K ordnungsdicht liegt.*

Beweis.
Wir zeigen zunächst, daß in einem archimedisch angeordneten Ternärkörper K für ein $0 < c \in K$ die Menge $S_c \cup S_{c'}$ ordnungsdicht in K ist: Sei also $a, b \in K$ und $0 < a < b$ oder $b < a < 0$. Wir setzen $d = c$ für $a > 0$ und $d = c'$ für $a < 0$. Das durch $b = z + a$ bestimmte Element $z \in K$ ist von Null verschieden und gleichzeitig mit a positiv bzw. negativ. Weil K archimedisch angeordnet ist, gibt es ein $m \in \mathbb{N}$ mit $0 \leqslant (m-1) \cdot c \leqslant z_l^{-1} < m \cdot c$ für $a > 0$ und $0 \geqslant (m-1) \cdot c' \geqslant z_l^{-1} > m \cdot c'$ für $a < 0$ und dann weiter ein $n \in \mathbb{N}$ mit $(n-1) \cdot (m \cdot c)_r^{-1} \leqslant a < n \cdot (m \cdot c)_r^{-1}$ für $a > 0$ und $(n-1) \cdot (m \cdot c')_r^{-1} \geqslant a > n \cdot (m \cdot c')_r^{-1}$ für $a < 0$. Das Element $g = n \cdot (m \cdot d)_r^{-1} \in S_c \cup S_{c'}$ liegt zwischen a und b; denn es ist

$$a < g = (m \cdot c)_r^{-1} + (n-1) \cdot (m \cdot c)_r^{-1} \leqslant (m \cdot c)_r^{-1} + a < z + a = b \quad \text{für } a > 0$$

und

$$a > g = (m \cdot c')_r^{-1} + (n-1) \cdot (m \cdot c')_r^{-1} \geqslant (m \cdot c')_r^{-1} + a > z + a = b \quad \text{für } a < 0.$$

Sei nun für ein $0 < c \in K$ die Menge $S_c \cup S_{c'}$ ordnungsdicht in K; wir zeigen, daß K archimedisch angeordnet ist: Es sei ζ die durch die Anordnung von K gegebene Zwischenbeziehung. Angenommen, K wäre nicht archimedisch angeordnet. Dann existieren in K Elemente a, b mit $\zeta(0, n \cdot a, b)$ für alle $n \in \mathbb{N}$. Es sei wieder $d = c$ für $a > 0$ und $d = c'$ für $a < 0$. Weil $S_c \cup S_{c'}$ ordnungsdicht in K ist, gibt es natürliche Zahlen l, m mit $\zeta(0, l \cdot (m \cdot d)_r^{-1}, a)$; also gilt $\zeta(0, (m \cdot d)_r^{-1}, a)$. Wegen $\zeta(0, n \cdot a, b)$ für alle $n \in \mathbb{N}$ erhält man damit $\zeta(0, n \cdot (m \cdot d)_r^{-1}, b)$ für alle $n \in \mathbb{N}$. Aufgrund der Ordnungsdichte der Menge $S_c \cup S_{c'}$ in K existiert eine Folge $(l_\nu \cdot (s_\nu \cdot d)_r^{-1})_{\nu \in \mathbb{N}}$, so daß für alle $\nu \in \mathbb{N}$ gilt: $l_\nu, s_\nu \in \mathbb{N}$, $\zeta(0, b, l_\nu \cdot (s_\nu \cdot d)_r^{-1})$ und $\zeta(0, l_{\nu+1} \cdot (s_{\nu+1} \cdot d)_r^{-1}, l_\nu \cdot (s_\nu \cdot d)_r^{-1})$. Aus den für alle $n \in \mathbb{N}$ bestehenden Ungleichungen

$$l_\nu \cdot (s_\nu \cdot c)_r^{-1} > b > n \cdot (m \cdot c)_r^{-1} > 0 \quad \text{für } a > 0,$$
$$l_\nu \cdot (s_\nu \cdot c')_r^{-1} < b < n \cdot (m \cdot c')_r^{-1} < 0 \quad \text{für alle } a < 0$$

folgt $\zeta(l_\nu \cdot (s_\nu \cdot d)_r^{-1}, l_\nu \cdot (m \cdot d)_r^{-1}, 0)$, damit $\zeta((s_\nu \cdot d)_r^{-1}, (m \cdot d)_r^{-1}, 0)$, also $\zeta(m \cdot d, s_\nu \cdot d, 0)$, woraus man als Bedingung für die s_ν erhält: $1 \leqslant s_\nu \leqslant m-1$ für alle $\nu \in \mathbb{N}$. Aus der Folge $(l_\nu \cdot (s_\nu \cdot d)_r^{-1})_{\nu \in \mathbb{N}}$ kann man deshalb eine unendliche Teilfolge $(l'_\nu \cdot (s'_\nu \cdot d)_r^{-1})_{\nu \in \mathbb{N}}$ auswählen mit $1 \leqslant s'_\nu = s \leqslant m-1$ und $\zeta(0, l'_{\nu+1} \cdot (s \cdot d)_r^{-1}, l'_\nu \cdot (s \cdot d)_r^{-1})$ für alle $\nu \in \mathbb{N}$. Daher muß für die l'_ν, $\nu \in \mathbb{N}$, gelten, daß $1 \leqslant l'_{\nu+1} < l'_\nu \leqslant l'_1$ ist, was offensichtlich unmöglich ist. Folglich ist K archimedisch angeordnet. □

Betrachtet man die für $c = 1$ gebildete Menge $S_c \cup S_{c'}$, so ergibt sich als Folgerung aus dem gerade bewiesenen Lemma:

Satz 2. *In einem archimedisch angeordneten Ternärkörper liegt der aus* 1 *erzeugte Unterternärkörper ordnungsdicht.*

Wir zeigen mit dem folgenden Beispiel (Prieß-Crampe 1966), daß nicht die Umkehrung dieser Aussage gilt, daß also ein angeordneter Ternärkörper, in dem der aus 1 erzeugte Unterternärkörper ordnungsdicht liegt, im allgemeinen nicht archimedisch angeordnet ist. Es sei $\mathbb{Q}(x)$ eine angeordnete einfache transzendente Erweiterung über dem Körper $\mathbb{Q}$ der rationalen Zahlen mit $x > q$ für alle $q \in \mathbb{Q}$. Wir bilden, wie am Ende von § 1 bei der Konstruktion verallgemeinerter Moultonebenen angegeben, aus dem Körper $\mathbb{Q}(x)$ die Cartesische Gruppe $(C, +, \circ)$, indem wir als Elemente von C die von $\mathbb{Q}(x)$ nehmen, die Addition von $\mathbb{Q}(x)$ unverändert lassen und die Multiplikation $\cdot$ von $\mathbb{Q}(x)$ folgendermaßen durch eine neue Multiplikation $\circ$ ersetzen: Für $a, b \in C$ sei

$$a \circ b = \begin{cases} a \cdot b & \text{für } a \geqslant 0 \text{ oder } b \geqslant 0, \\ p \cdot a \cdot b & \text{für } a < 0,\ b < 0, \end{cases}$$

wobei p ein positives Element aus $\mathbb{Q}(x)$ mit $p > n$ für alle $n \in \mathbb{N}$ sei. Wählt man für C die gleiche Anordnung wie für $\mathbb{Q}(x)$, wo wird C damit zu einer angeordneten Cartesischen Gruppe, wie in Crampe 1959, S. 454, ausgeführt ist. Es sei C_1 der aus 1 erzeugte Unterternärkörper von C. Wir zeigen, daß C_1 nicht archimedisch angeordnet ist: Wegen $1 \in C_1$ ist auch $1' \in C_1$ (es ist $1 + 1' = 0$) und damit $1' \circ 1' = p \in C_1$. Weil $p > n \circ 1$ für alle $n \in \mathbb{N}$ ist, ist C_1 nicht archimedisch angeordnet. Da C_1 in sich selbst ordnungsdicht liegt, hat man mit C_1 also ein Beispiel eines nicht archimedisch angeordneten Ternärkörpers, in dem der aus 1 erzeugte Unterternärkörper ordnungsdicht liegt.

Betrachtet man für einen archimedisch angeordneten Ternärkörper K für ein $0 \neq c \in K$ die Menge $S_c \cup S_{c'}$, so ist diese abzählbar, in sich ordnungsdicht und unbeschränkt und damit nach Hausdorff, Grundzüge der Mengenlehre, S. 99, o-bijektiv zur Menge $\mathbb{Q}$ der rationalen Zahlen. Also gilt:

Satz 3. *In einen archimedisch angeordneten Ternärkörper liegt eine zur Menge der rationalen Zahlen o-bijektive Menge ordnungsdicht.*

Wir können hieraus eine Folgerung für die Ordnungstopologie einer archimedisch angeordneten projektiven Ebene $\mathfrak{E}$ ziehen: Ist K ein Ternärkörper von $\mathfrak{E}$, also die Punktmenge einer affinen Geraden von $\mathfrak{E}$, so liegt in K eine abzählbare Menge dicht. Folglich hat jede affine und damit auch jede projektive Punktreihe von $\mathfrak{E}$ eine abzählbare Basis für die Intervalltopologie. Weil die Punktmenge einer jeden affinen Ebene von $\mathfrak{E}$ homöomorph zum topologischen Produkt zweier affiner Punktreihen ist, hat somit auch $\mathfrak{E}$ bezüglich der Ordnungstopologie eine abzählbare Basis. Nach Satz 9, § 2 ist $\mathfrak{E}$ regulär. Also erhält man (s. z.B. Dugundji, Topology, S. 195, 9.2):

Satz 4. *Die Ordnungstopologie einer archimedisch angeordneten projektiven Ebene ist metrisierbar.*

Es sei $\overline{\mathfrak{E}}$ eine topologische projektive Ebene und $\mathfrak{E}$ eine projektive Unterebene von $\overline{\mathfrak{E}}$, deren Topologie die durch $\overline{\mathfrak{E}}$ induzierte sei. Ist jeder Punkt aus $\overline{\mathfrak{E}}$ Häufungspunkt von Punkten aus $\mathfrak{E}$, so nennen wir $\mathfrak{E}$ *dicht in* $\overline{\mathfrak{E}}$. Ist $\mathfrak{E}$ dicht in $\overline{\mathfrak{E}}$, so ist auch jede Gerade aus $\overline{\mathfrak{E}}$ Häufungselement von Geraden aus $\mathfrak{E}$; denn ist g eine Gerade aus $\overline{\mathfrak{E}}$, so wähle man auf dieser zwei Punkte, und weil diese Häufungspunkte von Punkten aus $\mathfrak{E}$ sind und die Bildung der Verbindungsgeraden stetig ist, gibt es damit in jeder Umgebung von g eine Gerade aus $\mathfrak{E}$.

Lemma 5. *$\mathfrak{E}$ sei eine mit der induzierten Topologie versehene projektive Unterebene der topologischen projektiven Ebene $\overline{\mathfrak{E}}$. Es ist $\mathfrak{E}$ genau dann dicht in $\overline{\mathfrak{E}}$, wenn es in $\overline{\mathfrak{E}}$ eine in der Geradenmenge von $\mathfrak{E}$ enthaltene Gerade g gibt, so daß jeder Punkt von g Häufungspunkt von in $\mathfrak{E}$ liegenden Punkten von g ist.*

Beweis.
Die projektive Ebene $\mathfrak{E}$ sei dicht in $\overline{\mathfrak{E}}$, und g sei eine Gerade aus $\mathfrak{E}$. Zu P auf g wählen wir eine durch P gehende Gerade b aus $\overline{\mathfrak{E}}$ mit $b \neq g$. Weil b Häufungsgerade von Geraden aus $\mathfrak{E}$ ist, gibt es in jeder Umgebung von b eine Gerade aus $\mathfrak{E}$, und deren Schnittpunkt mit g liegt in $\mathfrak{E}$; also ist P Häufungspunkt von in $\mathfrak{E}$ liegenden Punkten von g.

Es sei nun g eine Gerade aus $\mathfrak{E}$, und in $\overline{\mathfrak{E}}$ sei jeder Punkt von g Häufungspunkt von in $\mathfrak{E}$ gelegenen Punkten von g. Sei $\mathfrak{P}$ die Menge der Punkte von $\mathfrak{E}$ und $l \neq g$ eine Gerade aus $\mathfrak{E}$. Es ist $g \cap \mathfrak{P}$ dicht in g, und damit ist auch das topologische Produkt $(g \backslash \{l \cap g\} \cap \mathfrak{P})^2$ dicht im topologischen Produkt $(g \backslash \{l \cap g\})^2$. Also ist die affine Punktmenge von $\mathfrak{E}_l$ dicht in der affinen Punktmenge von $\overline{\mathfrak{E}}_l$, und folglich ist $\mathfrak{E}$ dicht in $\overline{\mathfrak{E}}$. □

Wir betrachten eine archimedisch angeordnete projektive Ebene $\mathfrak{E}$ und in dieser ein Punktequadrupel O, E, U, V. Es sei $\mathfrak{E}_0$ die durch dieses Punktequadrupel in $\mathfrak{E}$ erzeugte projektive Ebene, also jeder Punkt von $\mathfrak{E}_0$ läßt sich in $\mathfrak{E}$ durch eine endliche Aufeinanderfolge in der abwechselnden Bildung von Verbindungsgeraden und Schnittpunkten aus den Punkten O, E, U, V gewinnen. K_0 sei der die Ebene $\mathfrak{E}_0$ bez. O, E, U, V koordinatisierende Ternärkörper und K der zu $\mathfrak{E}$ bez. dieses Quadrupels gehörende Ternärkörper. Nach Satz 2 ist dann K_0 in K ordnungsdicht; also ist jeder in $\mathfrak{E}$ gelegene Punkt von OE Häufungspunkt von Punkten aus $\mathfrak{E}_0$. Damit erhält man nach dem gerade bewiesenen Lemma:

Satz 6. *In einer archimedisch angeordneten projektiven Ebene liegt jede aus einem Quadrupel erzeugte projektive Unterebene dicht.*

Diese Aussage ist stärker als die entsprechende für Ternärkörper in Satz 2. Wir hatten dort durch ein Gegenbeispiel gezeigt, daß die Umkehrung dieser Aussage für Ternärkörper nicht gilt. Ob sich die Aussage des Satzes 6 umkehren läßt, d.h. also, ob eine angeordnete projektive Ebene archimedisch ist, wenn jede aus einem Quadrupel erzeugte projektive Unterebene in ihr dicht ist, ist ungeklärt.

Wir wollen untersuchen, was für Schließungssätze in archimedisch angeordneten projektiven Ebenen gelten. Nach Joussen 1981 läßt sich eine endlich erzeugte freie Ebene archimedisch anordnen; das besagt also, daß allein aus dem Vorhandensein einer archimedischen Anordnung noch keine Schließungssätze für die projektive Ebene folgen. Anders sieht es aus, wenn man gewisse Spezialisierungen des Satzes von Desargues voraussetzt; dann gelten in solchen Ebenen der Satz von Desargues und sogar der Satz von Pappos. Die Ursache hierfür liegt in den Struktureigenschaften der Menge $S_1 \cup S_{1'}$ eines archimedisch angeordneten Ternärkörpers K. Ist diese ein Ternärkörper, so übertragen sich dessen zusätzliche algebraische Eigenschaften aufgrund der Dichte von $S_1 \cup S_{1'}$ in K auf den ganzen Ternärkörper K und damit auch auf die projektive Ebene. Wir führen aus, wie man aus der Gültigkeit von Schließungssätzen in einer dichten Teilebene auf deren Gültigkeit in der gesamten projektiven Ebene schließen kann. Die im folgenden erläuterten Begriffe über Schließungssätze sind in Pickert 1975, 1.4 und Anhang 3 zu finden. Wir setzen Inzidenzstrukturen stets als nicht ausgeartet voraus, d.h. es soll in einer Inzidenzstruktur immer ein Quadrupel geben. Unter einem *Schließungssatz* versteht man die folgende Aussage über die Punkte $X_1, \ldots, X_m$ und die Geraden $g_1, \ldots, g_\mu$ einer Inzidenzstruktur: Für alle $X_1, \ldots, X_n$, $g_1, \ldots, g_\nu$ folgen aus gewissen Ungleichungen $X_i \neq X_{i'}$, $g_k \neq g_{k'}$, gewissen Inzidenzen $X_i \in g_k$ $(i, i' = 1, \ldots, m;\ k, k' = 1, \ldots, \mu;\ i \neq i',\ k \neq k',\ m \geqslant n,\ \mu \geqslant \nu)$ und Verneinungen anderer Inzidenzen dieser Art gewisse Inzidenzen derselben Gestalt. Die Punkte $X_1, \ldots, X_n$ und die Geraden $g_1, \ldots, g_\nu$ heißen *Variable*, die Punkte $X_{n+1}, \ldots, X_m$ und die Geraden $g_{\nu+1}, \ldots, g_\mu$ *Festelemente*.

Ist $m = n$ und $\mu = \nu$, so wird der *Schließungssatz allgemein* genannt. Werden bei einem Schließungssatz Variable zu Festelementen gemacht, zur Voraussetzung noch Ungleichungen, Inzidenzen, Verneinungen von Inzidenzen hinzugefügt oder Gleichsetzungen von Variablen vorgenommen, so bezeichnet man den hierdurch entstehenden Schließungssatz als eine *Spezialisierung* des ursprünglichen. Ist die Voraussetzung eines allgemeinen Schließungssatzes so beschaffen, daß man bei einer nicht im Widerspruch zur Voraussetzung stehenden Gleichsetzung gewisser Elemente stets eine Spezialisierung erhält, so heißt der Schließungssatz *normal*. Im folgenden betrachten wir nur normale und Spezialisierungen normaler Schließungssätze und erwähnen dies nicht jedesmal explizit.

Die aus den Punkten und Geraden und den in der Voraussetzung vorkommenden Inzidenzen eines Schließungssatzes gebildete Inzidenzstruktur bezeichnen wir als *die zu diesem Schließungssatz gehörige Inzidenzstruktur*. Schreibt man alle Punkte und Geraden einer endlichen Inzidenzstruktur in irgendeiner Reihenfolge hintereinander, so erhält man einen *Aufbau* dieser Inzidenzstruktur. Als *Ordnung* $O(E)$ eines Elementes E bezüglich eines gewissen Aufbaues bezeichnet man die Anzahl der vor E stehenden Elemente, mit denen E inzidiert. Eine endliche Inzidenzstruktur heißt *geschlossen*, wenn durch jeden ihrer Punkte mindestens drei Geraden gehen und auf einer jeden ihrer Geraden mindestens drei Punkte liegen. Eine endliche Inzidenzstruktur heißt *offen*, wenn sie keine geschlossene Unterstruktur besitzt. In Pickert 1975, S. 325, ist bewiesen, daß eine Inzidenzstruktur genau dann offen ist, wenn es zu dieser Struktur einen Aufbau gibt, bei dem alle Elemente höchstens die Ordnung 2 haben. Wir nennen einen solchen Aufbau offen. Existiert sogar ein Aufbau, bei dem zuerst die Elemente der Ordnung 0, dann die Elemente der Ordnung 1 und erst nach diesen die Elemente der Ordnung 2 stehen, so heißt die Inzidenzstruktur *konstruierbar*, der aus den Elementen der Ordnung 0 und 1 bestehende erste Teil des Aufbaues *fundamental* und die hierzu gehörende Inzidenzstruktur ein *Fundament*. Ein Schließungssatz mit zugehöriger offener Inzidenzstruktur wird offen und ein Schließungssatz mit zugehöriger konstruierbarer Inzidenzstruktur wird konstruierbar genannt.

Algebraischen Eigenschaften der ternären Verknüpfung eines Ternärkörpers, wie Linearitäts- und Faktorisierbarkeitsbedingung, Distributivität, Assoziativität und Kommutativität der Multiplikation bzw. Addition, entsprechen offene, im allgemeinen sogar konstruierbare Schließungssätze in der zugehörigen projektiven Ebene (s. hierzu Pickert 1975, 3.5 oder Hughes-Piper, Projective Planes, VI).

Satz 7 (Crampe 1960). *Es sei $\bar{\mathfrak{E}}$ eine topologische projektive Ebene. Ein offener Schließungssatz Σ, zu dem es einen offenen Aufbau A_n gibt, so daß alle Festelemente eine nicht größere Ordnung als* 1 *haben, überträgt sich von einer dichten Teilebene $\mathfrak{E}$ auf die projektive Ebene $\bar{\mathfrak{E}}$.*

Beweis.
Jeder Punkt aus $\bar{\mathfrak{E}}$ ist Häufungspunkt von Punkten aus $\mathfrak{E}$ und jede Gerade $\bar{\mathfrak{E}}$ Häufungsgerade von Geraden aus $\mathfrak{E}$. Wir approximieren die Punkte und Geraden einer in $\bar{\mathfrak{E}}$ zu dem Schließungssatz Σ gehörenden Inzidenzstruktur $\mathfrak{J}$ durch Punkte und Geraden aus $\mathfrak{E}$, wobei die Festelemente durch sich selbst approximiert werden. Aus der Gültigkeit von Σ in $\mathfrak{E}$ wird aufgrund der Stetigkeit von Verbinden und Schneiden auf die Gültigkeit von Σ in $\bar{\mathfrak{E}}$ geschlossen.

Wir beweisen zunächst in $\bar{\mathfrak{E}}$ die beiden folgenden Aussagen:

(1) Der Punkt P liege nicht auf der Geraden g. Dann gibt es eine Umgebung $\mathfrak{U}$ von P und eine Umgebung $\mathfrak{V}$ von g, so daß kein Punkt aus $\mathfrak{U}$ mit einer Geraden aus $\mathfrak{V}$ inzidiert.

(2) Der Punkt P liege auf der Geraden g. Dann gibt es in einer beliebigen Umgebung $\mathfrak{U}$ von P einen Punkt Q aus $\mathfrak{E}$ und in einer beliebigen Umgebung $\mathfrak{V}$ von g eine Gerade b aus $\mathfrak{E}$, so daß Q mit b inzidiert.

Zu (1): Wir wählen auf g zwei voneinander verschiedene Punkte P_1, P_2. Da Punkt- und Geradenraum einer topologischen projektiven Ebene nach Satz 9, § 2 hausdorffsch sind, kann man zu P_1, P_2, P drei zueinander paarweise disjunkte Punktumgebungen $\mathfrak{U}_1^*, \mathfrak{U}_2^*, \mathfrak{U}^*$ und zu PP_1, PP_2, g drei zueinander paarweise disjunkte Geradenumgebungen $\mathfrak{V}_1^*, \mathfrak{V}_2^*, \mathfrak{V}^*$ bestimmen. Zu $\mathfrak{V}_1^*, \mathfrak{V}_2^*, \mathfrak{V}^*$ gibt es Umgebungen $\mathfrak{U}_i', \mathfrak{U}_i''$ von P_i, $i = 1, 2$, und Umgebungen $\mathfrak{U}', \mathfrak{U}''$ von P mit $U_1' U' \in \mathfrak{V}_1^*$, $U_2' U'' \in \mathfrak{V}_2^*$ und $U_1'' U_2'' \in \mathfrak{V}^*$ für alle $U_i' \in \mathfrak{U}_i'$, $U_i'' \in \mathfrak{U}_i''$, $i = 1, 2$, und alle $U' \in \mathfrak{U}'$, $U'' \in \mathfrak{U}''$. Wir setzen

$$\begin{aligned}
\mathfrak{U}_i &= \mathfrak{U}_i^* \cap \mathfrak{U}_i' \cap \mathfrak{U}_i'', \quad i = 1, 2,\\
\mathfrak{U} &= \mathfrak{U}^* \cap \mathfrak{U}' \cap \mathfrak{U}'',\\
\mathfrak{V}_i &= \{U_i U \colon U_i \in \mathfrak{U}_i,\ U \in \mathfrak{U}\}, \quad i = 1, 2, \quad \text{und}\\
\mathfrak{V} &= \{U_1 U_2 \colon U_1 \in \mathfrak{U}_1,\ U_2 \in \mathfrak{U}_2\}.
\end{aligned}$$

Nach der dualen Aussage von Satz 3, § 2, sind $\mathfrak{V}$ und $\mathfrak{V}_i$, $i = 1, 2$, Geradenumgebungen von g bzw. PP_i, $i = 1, 2$. Angenommen, es gäbe einen Punkt $Q \in \mathfrak{U}$ und eine Gerade $h \in \mathfrak{V}$ mit $Q \mathrel{I} h$. Wegen $h = U_1 U_2$ mit $U_1 \in \mathfrak{U}_1$, $U_2 \in \mathfrak{U}_2$ wäre dann $h = QU_1 = QU_2$

$\in \mathfrak{V}_1 \cap \mathfrak{V}_2$, was wegen der Disjunktheit von $\mathfrak{V}_1$ und $\mathfrak{V}_2$ nicht möglich ist. Also sind $\mathfrak{U}$ und $\mathfrak{V}$ die gesuchten Umgebungen von P bzw. g.

Zu (2): Wir wählen auf g einen von P verschiedenen Punkt P_1. Zu der Umgebung $\mathfrak{V}$ von g bestimmen wir Umgebungen $\mathfrak{U}'$ und $\mathfrak{U}_1$ von P bzw. P_1 mit $U' U_1 \in \mathfrak{V}$ für alle $U' \in \mathfrak{U}'$, $U_1 \in \mathfrak{U}_1$. Da $\mathfrak{E}$ in $\bar{\mathfrak{E}}$ dicht ist, liegt im Durchschnitt der Umgebung $\mathfrak{U}$ von P mit $\mathfrak{U}'$ ein Punkt Q aus $\mathfrak{E}$ und in $\mathfrak{U}_1$ ein Punkt Q_1 aus $\mathfrak{E}$. Die Gerade $b = QQ_1$ ist aus $\mathfrak{E}$, inzidiert mit Q und liegt in $\mathfrak{V}$.

Mit den Aussagen (1) und (2) gelten in $\bar{\mathfrak{E}}$ auch die zu diesen beiden dualen Aussagen. Wenn wir im folgenden auf (1) und (2) verweisen, so sind die Aussagen selbst oder die zu ihnen dualen gemeint. Weiter werden wir für das folgende zwischen Punkten und Geraden nicht unterscheiden; wir bezeichnen beide mit großen lateinischen Buchstaben. Wir nennen zwei Umgebungen $\mathfrak{U}, \mathfrak{V}$ von Punkten oder Geraden zueinander *fremd*, falls diese gleichzeitig Punkt- (oder Geraden-) Umgebungen und dann disjunkt sind oder falls $\mathfrak{U}$ aus Punkten und $\mathfrak{V}$ aus Geraden besteht und kein Punkt aus $\mathfrak{U}$ mit einer Geraden aus $\mathfrak{V}$ inzidiert.

Es soll die folgende Aussage durch vollständige Induktion bewiesen werden: Zu den Elementen des Aufbaues $A_n = E_0, \ldots, E_n$ kann man Umgebungsbasen $\mathfrak{B}^{(n)}(E_0), \ldots, \mathfrak{B}^{(n)}(E_n)$ mit folgender Eigenschaft angeben: In jeder Umgebung $\mathfrak{U}^{(n)}(E_j) \in \mathfrak{B}^{(n)}(E_j)$ gibt es ein Element $E_j' \in \mathfrak{E}$, $j = 0, \ldots, n$, so daß die beiden Aufbauten $A_n' = E_0', \ldots, E_n'$ und A_n einander isomorph sind, und falls E_j Festelement ist, kann man E_j als E_j' wählen.

Wir folgern aus der Richtigkeit der Aussage für den Aufbau $A_{t-1} = E_0, \ldots, E_{t-1}$, $t \leqslant n$, ihre Richtigkeit für den Aufbau A_t. Der Aufbau A_t entsteht aus A_{t-1} durch Hinzunahme des Elementes E_t. Die Ordnung von E_t kann 0, 1 oder 2 sein, und wir haben daher drei Fälle zu unterscheiden:

1) $O(E_t) = 0$. Wegen (1) und da Punkt- wie Geradenraum einer topologischen projektiven Ebene hausdorffsch sind, gibt es zu den Elementen $E_0, \ldots, E_t$ Umgebungsbasen $\mathfrak{B}_1(E_0), \ldots, \mathfrak{B}_1(E_t)$, so daß jede Menge $\mathfrak{U}_1(E_t) \in \mathfrak{B}_1(E_t)$ zu einer jeden Menge $\mathfrak{U}_1(E_j) \in \mathfrak{B}_1(E_j)$, $j = 0, \ldots, t-1$, fremd ist. Daher können wir $\mathfrak{B}^{(t)}(E_j) = \{\mathfrak{U}'(E_j) \cap \mathfrak{U}_1(E_j)\colon \mathfrak{U}'(E_j) \in \mathfrak{B}^{(t-1)}(E_j), \mathfrak{U}_1(E_j) \in \mathfrak{B}_1(E_j)\}$, $j = 0, \ldots, t-1$, und $\mathfrak{B}^{(t)}(E_t) = \mathfrak{B}_1(E_t)$ setzen. Ist E_t aus $\mathfrak{E}$, so kann man als E_t' stets E_t nehmen.

2) $O(E_t) = 1$. Wir bezeichnen das mit E_t inzidierende Element mit E_i. Wie eben bestimmen wir zu den Elementen E_t und E_j, $j = 0, \ldots, t-1, j \neq i$, Umgebungsbasen $\mathfrak{B}_2(E_t)$, $\mathfrak{B}_2(E_j)$, so daß jede Menge $\mathfrak{U}_2(E_t) \in \mathfrak{B}_2(E_t)$ zu einer jeden Menge $\mathfrak{U}_2(E_j) \in \mathfrak{B}_2(E_j)$, $j = 0, \ldots, t-1, j \neq i$, fremd ist. Nach (2) gibt es in einer jeden Umgebung $\mathfrak{U}^{(t-1)}(E_i) \in \mathfrak{B}^{(t-1)}(E_i)$ und in einer jeden Umgebung $\mathfrak{U}_2(E_t) \in \mathfrak{B}_2(E_t)$ Elemente $E_i', E_t' \in \mathfrak{E}$ mit $E_i' \perp E_t'$; liegt E_i bzw. E_t sogar in $\mathfrak{E}$, so kann man insbesondere E_i als E_i' bzw. E_t als E_t' wählen. Wir können also $\mathfrak{B}^{(t)}(E_j) = \{\mathfrak{U}^{(t-1)}(E_j) \cap \mathfrak{U}_2(E_j)\colon \mathfrak{U}^{(t-1)}(E_j) \in \mathfrak{B}^{(t-1)}(E_j), \mathfrak{U}_2(E_j) \in \mathfrak{B}_2(E_j)\}$, $j = 0, \ldots, t-1$, $j \neq i$, $\mathfrak{B}^{(t)}(E_i) = \mathfrak{B}^{(t-1)}(E_i)$ und $\mathfrak{B}^{(t)}(E_t) = \mathfrak{B}_2(E_t)$ setzen.

3) $O(E_t) = 2$. Wir bezeichnen die mit E_t inzidierenden Elemente mit E_i und E_k. Wegen $O(E_t) = 2$ ist E_t kein Festelement. Durchläuft P eine Umgebung $\mathfrak{U}(E_i)$ von E_i und Q eine Umgebung $\mathfrak{U}(E_k)$ von E_k, so ist nach Satz 3, § 2 (bzw. der hierzu dualen Aussage) die Menge der Schnittpunkte (bzw. Verbindungsgeraden) von P und Q eine Umgebung von E_t; wir bezeichnen diese mit $\mathfrak{U}(E_i) \cup \mathfrak{U}(E_k)$. Folglich ist

$$\mathfrak{B}_3'(E_t) = \{\mathfrak{U}(E_i) \cup \mathfrak{U}(E_k)\colon \mathfrak{U}(E_i) \in \mathfrak{B}^{(t-1)}(E_i),\ \mathfrak{U}(E_k) \in \mathfrak{B}^{(t-1)}(E_k)\}$$

eine Umgebungsbasis von E_t. Zu E_t und E_j, $j = 0, \ldots, t-1$, $j \neq i, k$, bestimmen wir wieder Umgebungsbasen $\mathfrak{B}_3(E_t)$, $\mathfrak{B}_3(E_j)$, so daß kein Element aus einer Menge $\mathfrak{U}_3(E_t) \in \mathfrak{B}_3(E_t)$ mit einem Element aus einer Menge $\mathfrak{U}_3(E_j) \in \mathfrak{B}_3(E_j)$, $j = 0, \ldots, t-1$, $j \neq i, k$, inzidiert. Daher können wir $\{\mathfrak{U}(E_j) \cap \mathfrak{U}_3(E_j)\colon \mathfrak{U}(E_j) \in \mathfrak{B}^{(t-1)}(E_j),\ \mathfrak{U}_3(E_j) \in \mathfrak{B}_3(E_j)\}$ als $\mathfrak{B}^{(t)}(E_j)$, $j = 0, \ldots, t-1$, $j \neq i, k$, weiter $\mathfrak{B}^{(t-1)}(E_i)$ als $\mathfrak{B}^{(t)}(E_j)$, $\mathfrak{B}^{(t-1)}(E_k)$ als $\mathfrak{B}^{(t)}(E_k)$ und $\{\mathfrak{U}'_3(E_t) \cap \mathfrak{U}_3(E_t)\colon \mathfrak{U}'_3(E_t) \in \mathfrak{B}'_3(E_t),\ \mathfrak{U}_3(E_t) \in \mathfrak{B}_3(E_t)\}$ als $\mathfrak{B}^{(t)}(E_t)$ nehmen.

Zu den Elementen E_i aus $\mathfrak{J}$ haben wir also Umgebungsbasen $\mathfrak{B}(E_i) = \mathfrak{B}^{(n)}(E_i)$ mit folgender Eigenschaft angegeben: Zu jedem $E_i \in \mathfrak{J}$ gibt es in einer beliebigen Umgebung $\mathfrak{U}(E_i) \in \mathfrak{B}(E_i)$ ein Element $E'_i \in \mathfrak{E}$, so daß die Elemente $E'_0, \ldots, E'_n$ eine zu $\mathfrak{J}$ isomorphe Inzidenzstruktur $\mathfrak{J}'$ bilden; falls E_i Festelement ist, so kann man E_i als E'_i wählen; für die Inzidenzstruktur $\mathfrak{J}'$ gilt also nach Voraussetzung der Schließungssatz Σ.

Den letzten Teil des Beweises führen wir indirekt: Angenommen, Σ gälte nicht in $\bar{\mathfrak{E}}$. Dann folgen also für gewisse Elemente aus $\mathfrak{J}'$ noch nicht in $\mathfrak{J}'$ bestehende Inzidenzen, von denen mindestens eine Inzidenz $E'_j \mathrel{I} E'_k$ bei dem Isomorphismus $E'_i \to E_i$ nicht erhalten bleibt. Daher kann höchstens eines der beiden Elemente E'_j, E'_k Festelement sein. Nach (1) gibt es zu E_j, E_k zueinander fremde Umgebungen $\mathfrak{U}^*(E_j)$, $\mathfrak{U}^*(E_k)$. Die Elemente E_j, E_k sind aber Elemente des Aufbaues A_n; also lassen sich in einer jeden Menge $\mathfrak{U}(E_j) \in \mathfrak{B}(E_j)$, $\mathfrak{U}(E_k) \in \mathfrak{B}(E_k)$ Elemente aus $\mathfrak{E}$ finden, die zusammen mit weiteren in $\mathfrak{E}$ liegenden Elementen aus $\mathfrak{U}(E_i) \in \mathfrak{B}(E_i)$, $i \neq j, k$, eine zu $\mathfrak{J}'$ und $\mathfrak{J}$ isomorphe Inzidenzstruktur $\mathfrak{J}''$ bilden, für die der Schließungssatz Σ und somit insbesondere $E''_j \mathrel{I} E''_k$ gilt. Die Mengen $\mathfrak{U}^*(E_j)$, $\mathfrak{U}^*(E_k)$ sind Umgebungen von E_j, E_k; daher gibt es in $\mathfrak{B}(E_j)$ eine Menge $\mathfrak{U}'(E_j)$ mit $\mathfrak{U}'(E_j) \subseteq \mathfrak{U}^*(E_j)$ und in $\mathfrak{B}(E_k)$ eine Menge $\mathfrak{U}'(E_k)$ mit $\mathfrak{U}'(E_k) \subseteq \mathfrak{U}^*(E_k)$. Es inzidiert also doch ein Element aus $\mathfrak{U}^*(E_j)$ mit einem Element aus $\mathfrak{U}^*(E_k)$, womit unsere Annahme, Σ gälte nicht in $\bar{\mathfrak{E}}$, zum Widerspruch geführt ist. □

Die am Ende von § 1 beschriebene Moultonebene hat eine archimedisch angeordnete, echte Cartesische Gruppe als Koordinatenstruktur und ist, wie sich aus Satz 13 ergeben wird, ein Beispiel für eine archimedisch angeordnete projektive Ebene, in der nur gewisse Spezialfälle des Satzes von Desargues gelten. Die algebraisch nächst „bessere" Struktur als eine Cartesische Gruppe ist ein Quasikörper. Wir zeigen, daß ein archimedisch angeordneter Quasikörper bereits ein Körper ist: Wie in Hughes-Piper, Projective Planes, S. 159, Theorem 7.2 z.B. bewiesen, ist der Kern

$$A = \{a \in K\colon \underset{r,\, s \in K}{\forall} (rs)a = r(sa) \text{ und } (r+s)a = ra + sa\}$$

eines Quasikörpers K ein Schiefkörper. Nach Lemma 1 liegt in einem archimedisch angeordneten Quasikörper die Teilmenge $S_1 \cup S_{1'}$ ordnungsdicht. Ist also K archimedisch angeordnet, so ist $S_1 \cup S_{1'} \subseteq A$ wegen $0, 1 \in A$, und damit ist $S_1 \cup S_{1'}$ ein zu $\mathbb{Q}$ o-isomorpher Unterkörper K_0 von K, der in K ordnungsdicht ist. Nach Lemma 5 gilt folglich bez. der Ordnungstopologie, daß die zu K_0 als Koordinatenstruktur gehörende projektive Ebene $\mathfrak{E}_0$ dicht in der zu K gehörenden projektiven Ebene $\mathfrak{E}$ ist. Weil K_0 ein Körper ist, ist $\mathfrak{E}_0$ pappossch. Nach Satz 7 überträgt sich der Schließungssatz von Pappos von $\mathfrak{E}_0$ auf $\mathfrak{E}$. Also ist K ein Körper. Wir erhalten somit:

Satz 8. *Ein archimedisch angeordneter Quasikörper ist ein Körper.*

Berücksichtigt man, daß eine Translationsebene (s. Tab. 1, § 5) sich durch einen Quasikörper koordinatisieren läßt, so ergibt sich weiter:

Satz 9. *Eine archimedisch angeordnete Translationsebene ist papposch.*

Es sei K ein angeordneter Ternärkörper. Unter einem *Dedekindschen Schnitt* (S, D) in K verstehen wir wie im Falle von angeordneten Körpern eine Zerlegung von K in zwei disjunkte nichtleere Teilmengen S, D, so daß für alle $s \in S$, $d \in D$ stets $s < d$ und S ohne größtes Element ist. Weiter sagen wir, daß $x \in K$ *den Dedekindschen Schnitt* (S, D) *bestimmt*, wenn x das kleinste Element aus D ist. K ist bezüglich der Addition eine angeordnete Loop; also sind die bijektiven Abbildungen $R_z = a \mapsto a + z\colon K \to K$ und $L_z = a \mapsto z + a\colon K \to K$ ordnungstreu. Wir nennen einen *Dedekindschen Schnitt* (S, D) von K *eigentlich*, wenn es zu jedem $0 < k \in K$ Elemente $s \in S$ und $d \in D$ mit $R_s^{-1} d < k$ gibt. In Übereinstimmung mit dem für Körper bereits definierten Begriff heiße K *stetig abgeschlossen*, wenn jeder eigentliche Dedekindsche Schnitt von K durch ein Element aus K bestimmt wird. Den folgenden Satz zusammen mit Satz 13 kann man als eine Verallgemeinerung der Charakterisierung des Körpers $\mathbb{R}$ durch Dedekindsche Schnitte (Satz 12, III, § 1) betrachten.

Satz 10. *Es sei K ein angeordneter Ternärkörper. Dann sind die folgenden Aussagen äquivalent*:

(1) *K ist stetig abgeschlossen, und jeder Dedekindsche Schnitt in K ist eigentlich.*
(2) *In K hat jede nichtleere, nach oben beschränkte Menge ein Supremum.*
(3) *In K hat jede nichtleere, nach unten beschränkte Menge ein Infimum.*
(4) *K ist archimedisch angeordnet, und jeder Dedekindsche Schnitt in K wird durch ein Element aus K bestimmt.*

Beweis.
(1) $\Rightarrow$ (2): Sei T eine nichtleere, nach oben durch $d \in K$ beschränkte Teilmenge von K. Wir können annehmen, daß T ohne größtes Element ist. Durch $S = \{k \in K\colon \underset{t \in T}{\exists}\ k \leqslant t\}$ und $D = K \setminus S$ ist ein Dedekindscher Schnitt (S, D) in K gegeben. $x \in K$ bestimme diesen Dedekindschen Schnitt; dann ist x das kleinste Element aus D und folglich eine obere Schranke von T. Ist $z \in K$ eine obere Schranke von T, so ist $z \in D$ und daher $x \leqslant z$. Somit ist x das Supremum von T.

(2) $\Leftrightarrow$ (3): Für ein Element $k \in K$ bezeichnen wir mit k' das durch $k + k' = 0$ bestimmte Element aus K. Die Abbildung $k \mapsto k'\colon K \to K$ ist bijektiv und kehrt die Anordnung um, also aus $k_1 < k_2$ folgt $k_2' < k_1'$. Ist T eine nichtleere Teilmenge von K, so sei $T' = \{t'\colon t \in T\}$. Nun ist T genau dann nach unten beschränkt, wenn T' nach oben beschränkt ist, und x' ist genau dann das Supremum der nach oben beschränkten Menge T', wenn x das Infimum der nach unten beschränkten Menge T ist. Folglich sind die Aussagen (2) und (3) äquivalent.

(3) $\Rightarrow$ (4): Wir zeigen als erstes, daß K archimedisch angeordnet ist: Sei also $0 \leqslant a < b$ für $a, b \in K$, und für alle $n \in \mathbb{N}$ gelte $n \cdot a < b$. Dann ist $\{n \cdot a\colon n \in \mathbb{N}\}$ eine nach oben beschränkte Teilmenge von K, und nach (2) existiert daher $\bar{a} = \sup\{n \cdot a\colon n \in \mathbb{N}\}$ in K. Also ist $a + \bar{a}$ eine obere Schranke von $\{a + n \cdot a\colon n \in \mathbb{N}\}$. Aus $c \geqslant a + n \cdot a$ für alle $n \in \mathbb{N}$ erhält man $L_a^{-1} c \geqslant n \cdot a$ für alle $n \in \mathbb{N}$ und damit $L_a^{-1} c \geqslant \bar{a}$, also $c \geqslant a + \bar{a}$; folglich ist $a + \bar{a} = \sup\{a + n \cdot a\colon n \in \mathbb{N}\}$. Wegen $\sup\{n \cdot a\colon n \in \mathbb{N}\} = \sup\{a + n \cdot a\colon n \in \mathbb{N}\}$ ist somit $a + \bar{a} = \bar{a}$ und daher $a = 0$. Völlig analog zeigt man unter Verwendung von (3), daß aus $b < n \cdot a \leqslant 0$ für alle $n \in \mathbb{N}$ stets $a = 0$ folgt. Also ist K archimedisch angeordnet.

Sei nun (S, D) ein Dedekindscher Schnitt in K. Dann ist S nichtleer und nach oben beschränkt; somit existiert nach (2) das Supremum $\bar{s}$ von S in K. Weil S ohne größtes Element ist, ist $\bar{s} \in D$, und weil jedes Element aus D eine obere Schranke von S ist, ist $\bar{s}$ das kleinste Element von D; also bestimmt $\bar{s}$ den Dedekindschen Schnitt (S, D).

(4) $\Rightarrow$ (1): Wir zeigen, daß jeder Dedekindsche Schnitt eigentlich ist. Sei (S, D) ein Dedekindscher Schnitt in K und $0 < k \in K$. Es sei (S, D) durch das Element $z \in K$ bestimmt. Wir wählen $k_1 \in K$ mit $0 < k_1 < k$. Weil z das kleinste Element in D ist, ist $s = L_{k_1}^{-1} z < z$ ein Element aus S. Wegen $z = k_1 + s < k + s = R_s k$ ist $R_s^{-1} z < k$. Also ist der Dedekindsche Schnitt (S, D) eigentlich. □

Die Rolle des Körpers der reellen Zahlen für archimedisch angeordnete Körper oder Gruppen wird bei archimedisch angeordneten projektiven Ebenen von den ebenen projektiven Ebenen übernommen. Wir hatten gegen Ende des vorigen Paragraphen ebene projektive Ebenen als topologische projektive Ebenen definiert, deren affine Punktreihen homöomorph zur reellen Zahlengeraden sind. Wir werden dieser Definition in dem folgenden Satz verschiedene gleichwertige zur Seite stellen. So wird sich ergeben, daß diese Ebenen dadurch charakterisiert sind, daß sie lokalkompakt und topologisch zweidimensional sind. Nach den Sätzen 16 und 17 aus § 2 hat eine lokalkompakte projektive Ebene eine abzählbare Basis und ist metrisierbar; also ist eine lokalkompakte projektive Ebene metrisch und separabel, und damit stimmen die verschiedenen gebräuchlichen Definitionen für die topologische Dimension überein (s. z.B. Hurewicz-Wallman, Dimension theory, Appendix oder Pears, Dimension theory of general spaces).

Satz 11 (Salzmann 1959). *Die folgenden Eigenschaften einer topologischen projektiven Ebene $\mathfrak{E}$ sind äquivalent:*

(1) *$\mathfrak{E}$ ist homöomorph zur reellen projektiven Ebene.*
(2) *$\mathfrak{E}$ ist lokalkompakt und topologisch zweidimensional.*
(3) *Eine Gerade von $\mathfrak{E}$ ist lokalkompakt und topologisch eindimensional.*
(4) *Jede Gerade von $\mathfrak{E}$ ist homöomorph zur reellen Kreislinie.*
(5) *Jede affine Gerade von $\mathfrak{E}$ ist homöomorph zur reellen Zahlengeraden.*
(6) *$\mathfrak{E}$ ist angeordnet und lokalkompakt in der Ordnungstopologie.*
(7) *$\mathfrak{E}$ ist angeordnet und zusammenhängend in der Ordnungstopologie.*

Beweis.
(1) $\Rightarrow$ (2): Die reelle affine Ebene ist lokalkompakt und hat die topologische Dimension 2. Weil die Punktmengen zweier affiner Ebenen einer projektiven Ebene zueinander homöomorph und offen im Punktraum der projektiven Ebene sind, ist folglich auch $\mathfrak{E}$ lokalkompakt und topologisch zweidimensional.

(2) $\Rightarrow$ (3): Als lokalkompakte zweidimensionale projektive Ebene ist $\mathfrak{E}$ (nach Satz 21, § 2) zusammenhängend und lokalzusammenhängend und nach Satz 19, § 2 folglich kompakt; weiter ist $\mathfrak{E}$ (nach Satz 16, § 2) von abzählbarer Basis. Mit $\mathfrak{E}$ haben alle diese Eigenschaften auch die Punktreihen von $\mathfrak{E}$ (Sätze 12 und 21, § 2). Ein kompakter zusammenhängender und lokalzusammenhängender Raum enthält ein homöomorphes Bild eines abgeschlossenen Intervalles reeller Zahlen (s. Kuratowski, Topologie II, S. 184 oder Whyburn, Analytic Topology, S. 36); dieses hat die topologische Dimension 1, also eine projektive Punktreihe mindestens die Dimension 1. We-

gen der Transitivität der Gruppe der Projektivitäten einer Geraden auf sich und weil diese Homöomorphismen sind, haben je zwei Punkte einer Punktreihe ein topologisch gleichartiges Umgebungssystem. Damit haben eine projektive und affine Punktreihe dieselbe topologische Dimension. Wir hatten gesehen, daß eine projektive Punktreihe g das homöomorphe Bild eines abgeschlossenen reellen Intervalls enthält. Weil jedes reelle Intervall ein abgeschlossenes echtes Teilintervall enthält, können wir annehmen, daß es einen Punkt auf g gibt, der nicht zum Bild des reellen Intervalls gehört. Folglich enthält jede affine Punktreihe das homöomorphe Bild eines abgeschlossenen reellen Intervalls. Für separable metrische lokalkompakte Räume X, Y mit $\dim X \geqslant 0$ und $\dim Y = 1$ ist $\dim(X \times Y) = \dim X + \dim Y$ (s. Morita 1953, S. 206 und Stone 1948); daher ist die Dimension der Punktmenge einer affinen Ebene von $\mathfrak{E}$, die homöomorph zum topologischen Produkt zweier affiner Punktreihen ist, mindestens um 1 größer als die Dimension einer affinen Punktreihe. Weil die Punktmenge einer affinen Ebene die Dimension 2 hat und die Dimension einer affinen Punktreihe mindestens 1 ist, muß letztere gleich 1 sein.

(3) $\Rightarrow$ (4): Wegen (3) erhält man wie eben, daß die projektive Ebene $\mathfrak{E}$ und jede ihrer Geraden zusammenhängend, lokalzusammenhängend, kompakt und von abzählbarer Basis ist. Also enthält, wie zuvor gezeigt wurde, eine affine Punktreihe g' ein homöomorphes Bild eines abgeschlossenen reellen Intervalles. Wegen der dreifachen Transitivität der Gruppe der Projektivitäten einer Geraden auf sich kann man die Bilder der Intervallendpunkte auf zwei beliebig vorgegebene Punkte von g' homöomorph abbilden; folglich lassen sich zwei Punkte einer affinen Geraden stets durch eine Kurve (= homöomorphes Bild eines reellen Intervalles) verbinden. Wir zeigen, daß sich zwei Punkte von g' durch genau eine Kurve verbinden lassen. Angenommen, das ist nicht der Fall. Dann gibt es zwei Punkte auf g', die auf zwei verschiedenen Kurven in g' liegen. Nach Weglassen geeigneter Kurvenstücke erhält man somit eine Jordankurve (= homöomorphes Bild der reellen Kreislinie S^1) in g'. Wäre nun $J = g'$, so wäre g' kompakt und damit g' in der zu g' gehörenden projektiven Punktreihe $g = g' \cup \{\infty\}$ abgeschlossen. Also wäre $\{\infty\}$ offen in g, und $\mathfrak{E}$ trüge nach Satz 6, § 2 die diskrete Topologie, was ausgeschlossen wurde. Folglich ist J eine echte Teilmenge von g', und wir können einen Punkt $0 \in g' \setminus J$ wählen. Es sei E ein Punkt aus J. Wir koordinatisieren $\mathfrak{E}$ durch den Ternärkörper K bez. des Punktequadrupels O, E, U, V, wobei die Punkte U, V zu ∞ kollinear gewählt seien. J habe die Darstellung $s \mapsto a(s)$: $S^1 \to J$. Wegen $K = g'$ existiert zu $0, 1 \in K$ eine Kurve $b(t)$, $t \in [0,1] \subseteq \mathbb{R}$, in g'; es sei $0 = b(1)$ und $1 = b(0)$. Dann ist $\Phi(s,t) = a(s)\,b(t)$: $S^1 \times [0,1] \to K$ stetig, weil die Multiplikation in K stetig ist; weiter ist $\Phi(s,0) = a(s)$ und $\Phi(s,1) = 0$; also ist a: $S^1 \to J$ nullhomotop. Es sei φ: $J \to S^1$ die Umkehrabbildung von a: $S^1 \to J$. In g' ist J abgeschlossen, und g' ist topologisch eindimensional; daher hat φ nach Pears, Dimension Theory of General Spaces, S.123, Th. 2.2 (oder nach Hurewicz-Wallman, Dimension Theory, S. 83, Th. VI 4) eine stetige Fortsetzung $\bar{\varphi}$: $g' \to S^1$. Wir betrachten die Abbildung $\bar{\varphi} \circ \Phi$: $S^1 \times [0,1] \to S^1$. Diese Abbildung ist stetig, weiter ist $\bar{\varphi} \circ \Phi(s,0) = \bar{\varphi} \circ a(s) = \mathrm{id}_{S^1}$ und $\bar{\varphi} \circ \Phi(s,1) = \bar{\varphi}(0)$, also $\bar{\varphi} \circ \Phi(s,1)$ die Abbildung auf eine Konstante. Folglich ist id_{S^1}: $S^1 \to S^1$ nullhomotop, was unmöglich ist (s. z.B. Dugundji, Topology, S. 340, Th. 2.1). Je zwei Punkte von g' lassen sich somit durch genau eine Kurve verbinden.

Projektiv formuliert besagt dieses Ergebnis, daß es zu drei Punkten P, Q, R einer projektiven Geraden g genau eine Kurve $\mathfrak{S}$ in g gibt, die P und Q verbindet und R

nicht enthält. Ist S irgendein von P und Q verschiedener Punkt von $\mathfrak{S}$, so existiert auch genau eine Kurve $\mathfrak{L}$ in g mit den Endpunkten P, Q, die S nicht enthält. Dann muß R auf $\mathfrak{L}$ liegen (weil sonst P und Q in der affinen Punktreihe $g \setminus \{R\}$ durch zwei Kurven zu verbinden wären); das gleiche gilt für jeden nicht auf $\mathfrak{S}$ gelegenen Punkt von g. Also ist g die Vereinigungsmenge von $\mathfrak{S}$ und $\mathfrak{L}$. Gibt es nun einen von P, Q verschiedenen Punkt Z, der zu $\mathfrak{S}$ wie $\mathfrak{L}$ gehört, so existiert eine Kurve $\mathfrak{M}$ von P nach Q, die Z nicht enthält; also ist $\mathfrak{M}$ von $\mathfrak{S}$ wie $\mathfrak{L}$ verschieden. Daher muß $\mathfrak{M}$ den Punkt R wie auch den Punkt S enthalten. Durch eine Projektivität, die S mit P und R mit Q vertauscht (man kann sie durch eine Aufeinanderfolge von drei Projektionen konstruieren), wird $\mathfrak{M}$ auf eine Kurve mit den Endpunkten S, R abgebildet, welche die Punkte Q, P enthält. Läßt man die Endstücke dieser Kurve fort, so erhält man eine Kurve mit den Endpunkten P und Q, die weder S noch R enthält, was nicht möglich ist. Also haben $\mathfrak{S}$ und $\mathfrak{L}$ nur die Endpunkte P, Q gemeinsam, und g ist folglich eine Jordankurve, d.h. homöomorph zur reellen Kreislinie.

Der Schluß von (4) auf (5) ist offensichtlich.

(5) $\Rightarrow$ (1): Nach Satz 31, § 2 ist $\mathfrak{E}$ ordnungsfähig, und zwar gibt es nach diesem Satz eine Anordnung von $\mathfrak{E}$, die auf den affinen Punktreihen die übliche von $\mathbb{R}$ ist. Wir können mit Lemma 26, § 2 schließen, daß die Punkträume von $\mathfrak{E}$ und der reellen projektiven Ebene $\mathbb{E}$ homöomorph sind, wenn wir gezeigt haben, daß $\mathfrak{E}$ und $\mathbb{E}$ endpunktshomöomorphe Intervalle haben (vgl. hierzu und zu den folgenden Bezeichnungen die Ausführungen vor Lemma 26, § 2). Es sei g eine Gerade von $\mathfrak{E}$ und o.B.d.A. $\mathbb{R} \cup \{\infty\}$ eine Gerade von $\mathbb{E}$, weiter $[A_1, A_2]_{A_3}$ ein abgeschlossenes Intervall von g und $[B_1, B_2]_{B_3}$ ein abgeschlossenes Intervall von $\mathbb{R} \cup \{\infty\}$. Weil jede affine Punktreihe von $\mathfrak{E}$ die Anordnung von $\mathbb{R}$ trägt, können wir annehmen, daß es eine bijektive Abbildung $\varphi\colon \mathbb{R} \cup \{\infty\} \to g$ gibt, für die $\varphi \,|\, \mathbb{R}$ ordnungstreu ist. Also erhält φ die auf $\mathbb{R} \cup \{\infty\}$ und g gegebenen Trennbeziehungen. Daher bildet die Umkehrabbildung φ^{-1} von φ das Intervall $[B_1, B_2]_{B_3}$ homöomorph auf das Intervall $[B_1^{\varphi^{-1}}, B_2^{\varphi^{-1}}]_{B_3^{\varphi^{-1}}}$ von g ab. Weil die Gruppe der Projektivitäten einer Geraden auf sich dreifach transitiv ist, gibt es eine Projektivität σ mit $A_i^{\sigma} = B_i^{\varphi^{-1}}$, $i = 1, 2, 3$. Als Projektivität erhält σ die Trennbeziehung; also wird $[A_1, A_2]_{A_3}$ durch σ auf $[B_1^{\varphi^{-1}}, B_2^{\varphi^{-1}}]_{B_3^{\varphi^{-1}}}$ abgebildet. Folglich bildet $\varphi \circ \sigma$ das Intervall $[A_1, A_2]_{A_3}$ homöomorph und endpunktstreu auf $[B_1, B_2]_{B_3}$ ab. Nach Lemma 26, § 2 sind daher die Punkträume von $\mathfrak{E}$ und der reellen projektiven Ebene homöomorph.

Wir haben hiermit die Äquivalenz der Aussagen (1) bis (5) bewiesen. Natürlich folgt (6) aus (1). Wir zeigen nun, daß (6) die Aussage (7) und (7) die Aussage (5) impliziert. Damit ist dann die Äquivalenz aller Aussagen bewiesen.

(6) $\Rightarrow$ (7): $\mathfrak{E}$ ist angeordnet und lokalkompakt in der Ordnungstopologie. Durch die Anordnung von $\mathfrak{E}$ ist auf jeder affinen Punktreihe von $\mathfrak{E}$ eine Zwischenbeziehung gegeben, und bezüglich dieser Zwischenbeziehung sind die Punkte einer affinen Geraden in sich dicht geordnet (Satz 2, § 1). Wir zeigen, daß eine affine Punktreihe g' von $\mathfrak{E}$ nicht nulldimensional ist: Weil $\mathfrak{E}$ und damit nach Satz 12, § 2 auch g' lokalkompakt ist, gibt es auf g' ein offenes Intervall $]a, b[$, dessen topologischer Abschluß kompakt ist. Da g' in sich dicht geordnet ist, ist $[a, b]$ der topologische Abschluß von $]a, b[$. Wäre $[a, b]$ nulldimensional, so hätte jeder Punkt aus $[a, b]$ eine Umgebungsbasis von gleichzeitig offenen wie abgeschlossenen Mengen. Sei $\mathfrak{U}$ eine offene wie abgeschlossene

Umgebung von a in $[a,b]$ mit $b \notin \mathfrak{U}$. Dann ist das Komplement von $\mathfrak{U}$ in $[a,b]$ abgeschlossen und als abgeschlossene Teilmenge von $[a,b]$ kompakt. Also gibt es in $[a,b]$ einen ersten Punkt c, der nicht zu $\mathfrak{U}$ gehört. Das Intervall $[a,c[$ gehört zu $\mathfrak{U}$ und ist offen in $[a,b]$. Weil $\mathfrak{U}$ abgeschlossen ist, ist der Abschluß $[a,c]$ von $[a,c[$ eine Teilmenge von $\mathfrak{U}$. Danach wäre $c \in \mathfrak{U}$ im Widerspruch zur Konstruktion von c. Also hat das Intervall $[a,b]$ und damit auch g' eine größere Dimension als 0. Nach Satz 21, § 2 ist $\mathfrak{E}$ daher zusammenhängend.

(7) ⇒ (5): Mit $\mathfrak{E}$ ist auch ein Ternärkörper K von $\mathfrak{E}$ angeordnet und in der Ordnungstopologie zusammenhängend. In einer angeordneten und zusammenhängenden Menge hat jede nichtleere nach oben beschränkte Menge ein Supremum (s. z.B. Kowalsky 1961, S. 101, 14.III); also ist K nach Satz 10 archimedisch angeordnet, und jeder Dedekindsche Schnitt in K wird durch ein Element aus K bestimmt. Nach Satz 3 liegt somit eine zu $\mathbb{Q}$ o-bijektive Menge ordnungsdicht in K, und weil K keine freien Dedekindschen Schnitte enthält, ist K o-bijektiv zur Menge der reellen Zahlen (Hausdorff, Grundzüge der Mengenlehre, S. 101, III). Folglich ist K und damit auch jede affine Punktreihe von $\mathfrak{E}$ homöomorph zur reellen Zahlengeraden. □

Wie gerade im Beweisschritt (7) ⇒ (5) gezeigt wurde, ist jeder Ternärkörper einer ebenen projektiven Ebene archimedisch angeordnet. Also ist eine ebene projektive Ebene archimedisch angeordnet und damit auch jede projektive Unterebene einer ebenen projektiven Ebene. Wir werden zeigen, daß auch die Umkehrung dieser Aussage gilt, daß also eine archimedisch angeordnete projektive Ebene sich als projektive Unterebene einer ebenen projektiven Ebene auffassen läßt. Damit haben wir dann eine Verallgemeinerung des Hölderschen Satzes (Satz 4, § 3, I) auf projektive Ebenen gewonnen. Für den Beweis des angekündigten Satzes brauchen wir eine geometrische Übersetzung der Archimedizität einer projektiven Ebene. Diese wird durch die Aussage des nächsten Hilfssatzes gegeben. Wir verwenden im folgenden die Abbildung sgn. Für die von 0 verschiedenen Elemente eines angeordneten Ternärkörpers ist sgn eine Abbildung in die multiplikative Gruppe $\{1,-1\}$, und sgn ist definiert durch $\operatorname{sgn} x = \begin{cases} 1, & \text{falls } x > 0 \\ -1, & \text{falls } x < 0 \end{cases}$. Im Beweis von Satz 13 gebrauchen wir sgn auch als Abbildung der von 0 verschiedenen Elemente einer angeordneten Menge. sgn ist dann genauso wie eben definiert, wobei der Bildbereich $\{1,-1\}$ nun nur als Menge betrachtet wird.

Hilfssatz 12. *Es seien P_1, P_2, P_3, P_4, P_5 fünf verschiedene Punkte einer archimedisch angeordneten projektiven Ebene $\mathfrak{E}$ mit $P_3 \mathrel{I} P_1P_2$, $P_4 \not\mathrel{I} P_1P_2$ und $P_5 \mathrel{I} P_2P_4$. Durch $S_0 = P_4$, $S_1 = P_5$,*

$$S_{n+1} = (S_n P_3 \cap P_2(P_1P_5 \cap P_3P_4))P_1 \cap P_2P_4 \quad (n \in \mathbb{N})$$

und

$$S_{-n-1} = (S_{-n} P_1 \cap P_2(P_1P_5 \cap P_3P_4))P_3 \cap P_2P_4 \quad (n \in \mathbb{N}_0),$$

wird rekursiv eine Folge $(S_n)_{n\in\mathbb{Z}}$ von Punkten definiert, welche auf der Geraden P_2P_4 liegen (s. Abb. 3.1). *In $\mathfrak{E}$ gilt:*

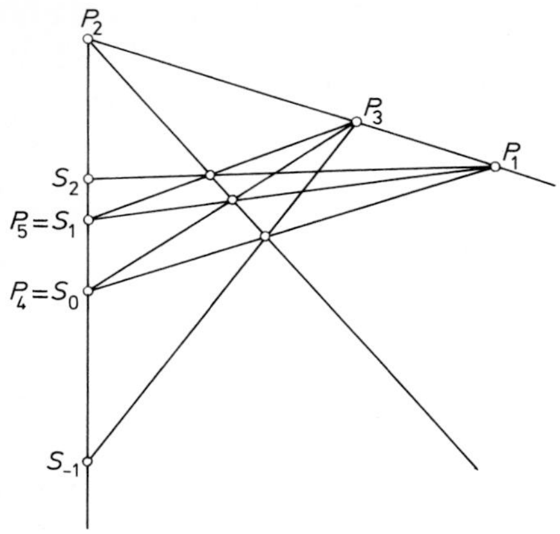

Abb. 3.1

(1) *Zu jedem Punkt Q der Geraden $P_2 P_4$ mit $P_2 P_5 \mid P_4 Q$ oder $P_2 Q \mid P_4 P_5$ und $Q \neq S_m$ für alle $m \in \mathbb{N}$ gibt es ein $n \in \mathbb{N}$ mit $P_2 Q \mid S_{n-1} S_n$.*

(2) *Zu jedem Punkt $Q \neq P_2$ der Geraden $P_2 P_4$ mit $Q \neq S_m$ für alle $m \in \mathbb{Z}$ gibt es ein $n \in \mathbb{Z}$ mit $P_2 Q \mid S_{n-1} S_n$.*

Beweis.
Wir setzen $U = P_1$, $V = P_2$ und $O = P_4$. Auf $P_3 P_4$ wählen wir in $\mathfrak{E}$ einen Punkt $E \neq P_3, P_4$. Das Viereck U, V, O, E ist nicht ausgeartet, da U, V, P_3, O voneinander verschieden sind. K sei Koordinatenternärkörper zu $\mathfrak{E}$ bezüglich des Quadrupels O, E, U, V. Die Punkte P_5, Q liegen auf OV und sind von V verschieden; wir können sie daher mit Koordinaten aus K durch $P_5 = (0, a)$ und $Q = (0, b)$ darstellen, und die Punkte S_n, $n \in \mathbb{N}$, haben damit die Koordinatendarstellung $S_n = (0, n \cdot a)$.

Wir beweisen nun zunächst die Behauptung (1) und dann mit Hilfe von (1) die Aussage (2):

Aus der Voraussetzung „$P_2 P_5 \mid P_4 Q$ oder $P_2 Q \mid P_4 P_5$“, d.h. also „$V(0, a) \mid O(0, b)$ oder $V(0, b) \mid O(0, a)$“, erhält man bei Berücksichtigung des Zusammenhangs zwischen der Anordnung von K und der in $\mathfrak{E}$ erklärten Trennbeziehung $\operatorname{sgn} b = \operatorname{sgn} a$; da K als Ternärkörper von $\mathfrak{E}$ archimedisch angeordnet ist, gilt ferner:

$$\{0\} \cup \{d \in K\colon \operatorname{sgn} d = \operatorname{sgn} a\} = \bigcup_{n=1}^{\infty} [(n-1) \cdot a, n \cdot a];$$

daher gibt es ein $n \in \mathbb{N}$ mit $b \in [(n-1) \cdot a, n \cdot a]$, was wegen $(0, b) = Q \neq S_m = (0, m \cdot a)$ für alle $m \in \mathbb{N}$ besagt: es existiert ein $n \in \mathbb{N}$ mit $P_2 Q \mid S_{n-1} S_n$.

Zu (2): Für einen Punkt Q mit $P_2 P_5 \mid P_4 Q$ oder $P_2 Q \mid P_4 P_5$ folgt die Existenz eines $n \in \mathbb{Z}$ mit $P_2 Q \mid S_{n-1} S_n$ nach (1); es ist also nur noch der Fall $P_2 P_4 \mid Q P_5$ zu untersuchen. Wir setzen $g = P_2(P_1 P_5 \cap P_3 P_4)$. Aus $\begin{cases} 0 < a < 2 \cdot a & \text{im Falle } a > 0 \\ 0 > a > 2 \cdot a & \text{im Falle } a < 0 \end{cases}$ erhält man

$P_4 S_2 \mid S_1 V$ und hieraus aufgrund der Invarianz der Trennbeziehung gegenüber projektiven Abbildungen $P_4 P_1 \cap g$, $S_2 P_1 \cap g \mid S_1 P_1 \cap g$, P_2, damit

$$(P_4 P_1 \cap g) P_3 \cap P_2 P_4,\ (S_2 P_1 \cap g) P_3 \cap P_2 P_4 \mid (S_1 P_1 \cap g) P_3 \cap P_2 P_4, P_2,$$

also $S_{-1}P_5 \mid P_4P_2$, woraus mit $P_2P_4 \mid QP_5$ folgt: es gilt $P_2S_{-1} \mid P_4Q$ oder $P_2Q \mid P_4S_{-1}$.

Die Existenz eines $n \in \mathbb{N}$ mit $P_2Q \mid S_{-n+1}S_{-n}$ ergibt sich nun nach (1), wenn man in der Aussage (1) die Punkte P_1, P_2, P_3, P_4, P_5 der Reihenfolge nach durch $P_3, P_2, P_1, P_4, S_{-1}$ ersetzt und in der definierenden Gleichung für S_{-n-1} berücksichtigt, daß $P_2(P_1P_5 \cap P_3P_4) = P_2(P_3S_{-1} \cap P_1P_4)$ ist. □

Satz 13 (Prieß-Crampe 1967). *Die archimedisch angeordneten projektiven Ebenen sind genau die projektiven Unterebenen der ebenen projektiven Ebenen.*

Beweis.
Wie wir vor Hilfssatz 12 erläutert haben, sind die projektiven Unterebenen von ebenen projektiven Ebenen archimedisch angeordnet. Wir haben damit nur noch zu zeigen, daß man eine archimedisch angeordnete projektive Ebene $\mathfrak{E}$ als Unterebene einer ebenen projektiven Ebene betrachten kann. Der Beweis dieser Aussage ist in Prieß-Crampe 1967 in einer in sich geschlossenen Form dargestellt. Weil er insgesamt recht lang ist, wollen wir hier auf eine vollständige Darstellung verzichten und stattdessen nur die große Linie der Beweisführung erläutern, wobei wir den ersten Teil des Beweises — die Herleitung des Monotoniegesetzes (M 1) (s. § 1, S. 181) — bis ins Detail gehend wiedergeben, um einen Eindruck von der genauen Schlußweise zu vermitteln.

Es sei K Koordinatenternärkörper von $\mathfrak{E}$ bez. des Quadrupels O, E, U, V. Weil K archimedisch angeordnet ist, liegt nach Satz 3 eine zur Menge $\mathbb{Q}$ der rationalen Zahlen o-bijektive Menge S in K ordnungsdicht. Man kann nun K analog dem Vorgehen bei der Vervollständigung der rationalen Zahlen durch Dedekindsche Schnittbildung zu einer angeordneten Menge $\bar{K}$ vervollständigen, deren Anordnung jene von K fortsetzt. Diese Menge $\bar{K}$ ist o-bijektiv zur Menge $\mathbb{R}$ der reellen Zahlen (Hausdorff, Grundzüge der Mengenlehre, S. 101, III). Man kann $\bar{K}$ auch als die Menge der Suprema (bzw. Infima) von nach oben (bzw. unten) beschränkten Mengen von Elementen aus S oder K kennzeichnen. Die Schwierigkeit des Beweises liegt in dem Nachweis, daß $\bar{K}$ ein angeordneter Oberternärkörper von K ist, dessen Anordnung eine Fortsetzung jener von K ist. Weil jedes Element aus $\bar{K}$ Limes einer auf- bzw. absteigenden Folge von Elementen aus K ist, liegt es nahe, die über K erklärte ternäre Verknüpfung T durch geeignete Limesbildung zu einer ternären Verknüpfung $\bar{T}$ über $\bar{K}$ fortzusetzen: Elemente aus K seien im folgenden mit kleinen lateinischen Buchstaben und Elemente aus $\bar{K}$ mit querüberstrichenen lateinischen Buchstaben bezeichnet. Konvergiert die Folge $(u_i)_{i \in \mathbb{N}}$ monoton wachsend (im Sinne von „schwach monoton") gegen $\bar{u}$, so sei das mit $u_i \uparrow \bar{u}$ bezeichnet. Man kann zeigen, daß für $u_i \uparrow \bar{u}$, $x_j \uparrow \bar{x}$, $v_k \uparrow \bar{v}$ der Limes $\lim\limits_i (\lim\limits_j (\lim\limits_k T(u_i, x_j, v_k)))$ existiert, da es sich jeweils um den Limes einer beschränkten und monotonen Folge handelt, die natürlich einen Grenzwert in $\bar{K}$ hat. Weiter ist dieser dreifache Limes von der speziellen Wahl der aufsteigenden Folgen $u_i \uparrow \bar{u}$, $x_j \uparrow \bar{x}$, $v_k \uparrow \bar{v}$ unabhängig. Daher ist es sinnvoll, die Fortsetzung $\bar{T}$ von T durch $\bar{T}(\bar{u}, \bar{x}, \bar{v}) = \lim\limits_i (\lim\limits_j (\lim\limits_k T(u_i, x_j, v_k)))$ zu erklären. Wir werden erst im weiteren Verlauf des Beweises zeigen, daß diese Limesbildung unabhängig von der Reihenfolge und der Eigenschaft ist, daß die approximierenden Folgen monoton wachsend sind. Wir brauchen dafür die Stetigkeit (bez. der durch die Anordnung gegebenen Topologie) von $\bar{T}$ als Abbildung von $\bar{K} \times \bar{K} \times \bar{K} \to \bar{K}$. Im folgenden lassen wir die zur Kennzeichnung der Limesreihenfolge gesetzten Klammern fort und verabreden, daß zuerst der Limes über das dritte, dann der über das zweite und zuletzt der über das erste Argument von $\bar{T}$ bzw. T zu bilden ist. Mit ζ sei die Zwischenbeziehung in $\mathfrak{E}_{UV}$ wie auch die zur Anordnung von $\bar{K}$ gehörende Zwischenbeziehung bezeichnet. Aus der Definition von $\bar{T}$ und den in K geltenden Rechenregeln erhält man sofort:

(1) $\bar{v} = \bar{T}(0, \bar{x}, \bar{v}) = \bar{T}(\bar{u}, 0, \bar{v})$,

(2) $\bar{T}(\bar{u}, 1, 0) = \bar{u}, \quad \bar{T}(1, \bar{x}, 0) = \bar{x}$.

In $(\bar{K}, \bar{T})$ gelten somit die Ternärkörpergesetze (T 4) und (T 5) (s. § 1, S. 180).

Genauso einfach folgen:

(3) $\begin{cases} \bar{u}_1 < \bar{u}_2, & 0 < \bar{x} \Rightarrow \bar{T}(\bar{u}_1, \bar{x}, \bar{v}) \leqslant \bar{T}(\bar{u}_2, \bar{x}, \bar{v}), \\ \bar{u}_1 < \bar{u}_2, & \bar{x} < 0 \Rightarrow \bar{T}(\bar{u}_1, \bar{x}, \bar{v}) \geqslant \bar{T}(\bar{u}_2, \bar{x}, \bar{v}); \end{cases}$

(4) $\begin{cases} \bar{x}_1 < \bar{x}_2, & 0 < \bar{u} \Rightarrow \bar{T}(\bar{u}, \bar{x}_1, \bar{v}) \leqslant \bar{T}(\bar{u}, \bar{x}_2, \bar{v}), \\ \bar{x}_1 < \bar{x}_2, & \bar{u} < 0 \Rightarrow \bar{T}(\bar{u}, \bar{x}_1, \bar{v}) \geqslant \bar{T}(\bar{u}, \bar{x}_2, \bar{v}); \end{cases}$

(5) $\bar{v}_1 < \bar{v}_2 \Rightarrow \bar{T}(\bar{u}, \bar{x}, \bar{v}_1) \leqslant \bar{T}(\bar{u}, \bar{x}, \bar{v}_2)$.

Um z.B. (3) zu beweisen, wählt man Folgen $u_{1,i} \uparrow \bar{u}_1$, $u_{2,l} \uparrow \bar{u}_2$ mit $\bar{u}_1 < u_{2,l}$ für alle $l \in \mathbb{N}$, $x_j \uparrow \bar{x}$ mit $\operatorname{sgn} x_j = \operatorname{sgn} \bar{x}$ für alle $j \in \mathbb{N}$ und $v_k \uparrow \bar{v}$. Nach (M 2), § 1, S. 181 ist dann

$$T(u_{1,i}, x_j, v_k) \begin{cases} < T(u_{2,l}, x_j, v_k) & \text{für } \bar{x} > 0 \\ > T(u_{2,l}, x_j, v_k) & \text{für } \bar{x} < 0 \end{cases}$$

und damit

$$\bar{T}(\bar{u}_1, \bar{x}, \bar{v}) \begin{cases} \leqslant \bar{T}(\bar{u}_2, \bar{x}, \bar{v}) & \text{für } \bar{x} > 0 \\ \geqslant \bar{T}(\bar{u}_2, \bar{x}, \bar{v}) & \text{für } \bar{x} < 0. \end{cases}$$

Man erkennt an dem Beweis von (3), daß für $\bar{x} = x \in K$ und $\bar{v} = v \in K$ die Abbildung $\bar{u} \mapsto \bar{T}(\bar{u}, x, v)$, $x \neq 0$, sogar streng monoton ist. Analog gilt das für die sich aus (4) und (5) ergebenden Abbildungen $\bar{x} \mapsto \bar{T}(u, \bar{x}, v)$, $u \neq 0$, und $\bar{v} \mapsto \bar{T}(u, x, \bar{v})$. Also hat man:

(3′) $\begin{cases} \bar{u}_1 < \bar{u}_2, & 0 < x \Rightarrow \bar{T}(\bar{u}_1, x, v) < \bar{T}(\bar{u}_2, x, v), \\ \bar{u}_1 < \bar{u}_2, & x < 0 \Rightarrow \bar{T}(\bar{u}_1, x, v) > \bar{T}(\bar{u}_2, x, v); \end{cases}$

(4′) $\begin{cases} \bar{x}_1 < \bar{x}_2, & 0 < u \Rightarrow \bar{T}(u, \bar{x}_1, v) < \bar{T}(u, \bar{x}_2, v), \\ \bar{x}_1 < \bar{x}_2, & u < 0 \Rightarrow \bar{T}(u, \bar{x}_1, v) > \bar{T}(u, \bar{x}_2, v); \end{cases}$

(5′) $\bar{v}_1 < \bar{v}_2 \Rightarrow \bar{T}(u, x, \bar{v}_1) < \bar{T}(u, x, \bar{v}_2)$.

Es soll nun die strenge Monotonie von $\bar{v} \mapsto \bar{T}(\bar{u}, \bar{x}, \bar{v})$ nachgewiesen werden: Wir zeigen dafür unter Verwendung des Hilfssatzes 12, also der Archimedizität gewisser Ternärkörper von $\mathfrak{E}$, in (6) und (7) zunächst die strenge Monotonie von $\bar{T}(u, \bar{x}, v)$ und $\bar{T}(\bar{u}, x, v)$ in v und gebrauchen dann darüber hinaus für den weiteren Beweis in (8) bis (11) nur die Definition von $\bar{T}$ und die für T in K geltenden Verknüpfungs- und Monotoniegesetze.

(6) $\quad v_1 < v_2 \Rightarrow \bar{T}(u, \bar{x}, v_1) < \bar{T}(u, \bar{x}, v_2).$

Zu (6): O.B.d.A. kann $u \neq 0$ und $\bar{x} \notin K$ vorausgesetzt werden. Daher gibt es ein $x \in K$ mit $v_2 = T(u, x, v_1)$. Wir wenden Hilfssatz 12 auf $P_1 = U$, $P_2 = (u)$, $P_3 = V$, $P_4 = (0, v_1)$ und $P_5 = (x, T(u, x, v_1))$ an (s. Abb. 3.2): Die Punkte S_n, $n \in \mathbb{Z}$, liegen auf der affinen Geraden $(0, v_1)(u)$ und lassen sich daher durch $S_n = (x_n, T(u, x_n, v_1))$ darstellen; zu jedem $Q \mathrel{I} (0, v_1)(u)$ mit $Q \neq P_2$ und $Q \neq S_m$ für alle $m \in \mathbb{Z}$ gibt es ein $n \in \mathbb{Z}$ mit $P_2 Q \mid S_n S_{n+1}$, also $\zeta(S_n, Q, S_{n+1})$, und es gilt $T(u, x_{n+1}, v_1) = T(u, x_n, v_2)$. Mit $Q = (x_Q, T(u, x_Q, v_1))$ folgt aus $\zeta(S_n, Q, S_{n+1})$ aufgrund der Invarianz von ζ gegenüber Pa-

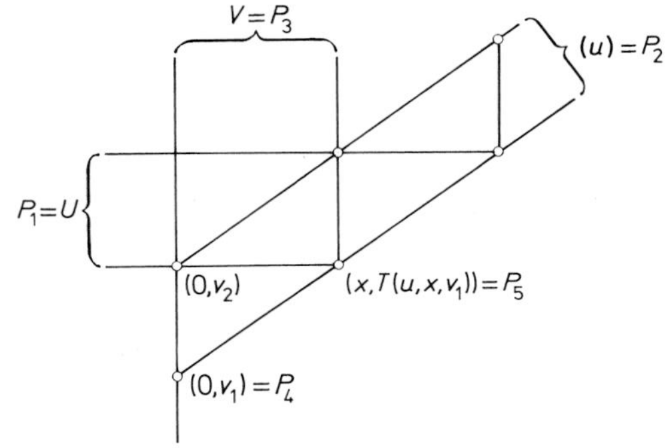

Abb. 3.2

rallelprojektionen $\zeta(x_n, x_Q, x_{n+1})$. Da $x \to (x, T(u, x, v_1))$ eine umkehrbare, die Zwischenbeziehung erhaltende Abbildung von K auf die affine Punktreihe $(0, v_1)(u)$, ferner $\bar{K}$ die Ordnungsvervollständigung von K und $\bar{x} \notin K$, also $\bar{x} \neq x_m$ für alle $m \in \mathbb{Z}$ ist, existiert somit zu $\bar{x}$ ein $n \in \mathbb{Z}$ mit $\zeta(x_n, \bar{x}, x_{n+1})$ und $T(u, x_{n+1}, v_1) = T(u, x_n, v_2)$. Aus $\zeta(x_n, \bar{x}, x_{n+1})$ erhält man nach (4′) die Beziehungen

$$\zeta(T(u, x_n, v_1),\ \bar{T}(u, \bar{x}, v_1),\ T(u, x_{n+1}, v_1))$$

und

$$\zeta(T(u, x_n, v_2),\ \bar{T}(u, \bar{x}, v_2),\ T(u, x_{n+1}, v_2)),$$

aus denen wegen

$$T(u, x_{n+1}, v_1) = T(u, x_n, v_2), \quad T(u, x_n, v_1) < T(u, x_n, v_2)$$

und

$$T(u, x_{n+1}, v_1) < T(u, x_{n+1}, v_2)$$

weiter

$$\begin{aligned} T(u, x_n, v_1) &< \bar{T}(u, \bar{x}, v_1) < T(u, x_{n+1}, v_1) \\ &= T(u, x_n, v_2) < \bar{T}(u, \bar{x}, v_2) < T(u, x_{n+1}, v_2) \end{aligned}$$

und damit $\bar{T}(u, \bar{x}, v_1) < \bar{T}(u, \bar{x}, v_2)$ folgt.

(7) $\quad v_1 < v_2 \Rightarrow \bar{T}(\bar{u}, x, v_1) < \bar{T}(\bar{u}, x, v_2).$

Zu (7): O.B.d.A. kann $\bar{u} \notin K$ und $x \neq 0$ vorausgesetzt werden. Wir wählen ein $x' \in K$ mit $\zeta(0, x, x')$. Dann gibt es ein $u' \in K$ mit $T(u', x', v_2) = v_1$. Es wird Hilfssatz 12 auf

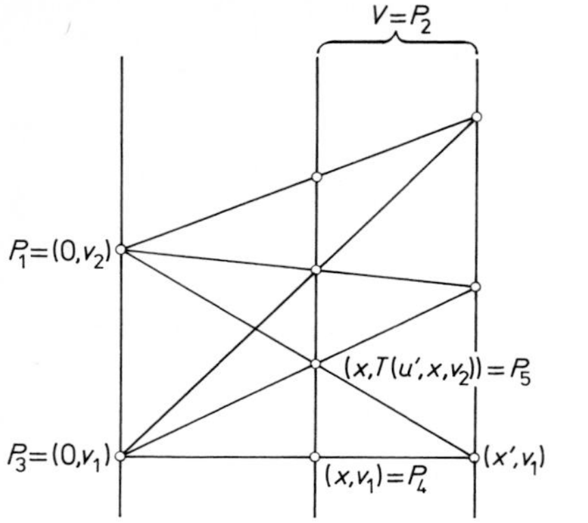

Abb. 3.3

$P_1 = (0, v_2)$, $P_2 = V$, $P_3 = (0, v_1)$, $P_4 = (x, v_1)$ und $P_5 = (x, T(u', x, v_2))$ angewandt (s. Abb. 3.3): Die Punkte S_n, $n \in \mathbb{Z}$, liegen auf der affinen Geraden $(x, v_1)\, V$ und lassen sich daher durch $S_n = (x, T(u_n, x, v_1))$ und $S_n = (x, T(u_n', x, v_2))$ darstellen, wobei u_n, u_n' durch $(u_n) = (0, v_1)\, S_n \cap UV$ und $(u_n') = (0, v_2)\, S_n \cap UV$ bestimmt sind; zu jedem $Q \mathbin{I} (x, v_1)\, V$ mit $Q \neq P_2$ und $Q \neq S_m$ für alle $m \in \mathbb{Z}$ gibt es ein $n \in \mathbb{Z}$ mit $QV \mid S_n S_{n+1}$, und es gilt

$$T(u_{n+1}, x, v_1) = T(u_{n+1}', x, v_2), \quad T(u_{n+1}', x', v_2) = T(u_n, x', v_1).$$

Aus $QV \mid S_n S_{n+1}$ folgt mit $(u_Q) = (0, v_1)\, Q \cap UV$ aufgrund der Invarianz der Trennbeziehung gegenüber projektiven Abbildungen $(u_Q)\, V \mid (u_n)(u_{n+1})$ und bei Berücksichtigung des Zusammenhangs zwischen der Trennbeziehung in $\mathfrak{E}$ und der Zwischenbeziehung ζ in $\mathfrak{E}_{UV}$ also $\zeta(u_n, u_Q, u_{n+1})$. Da $u \to (x, T(u, x, v_1))$ eine umkehrbare, die Zwischenbeziehung erhaltende Abbildung von K auf die affine Punktreihe $(x, v_1)\, V$, weiter $\bar{K}$ die Ordnungsvervollständigung von K und $\bar{u} \notin K$, also $\bar{u} \neq u_m$ für alle $m \in \mathbb{Z}$ ist, existiert daher ein $n \in \mathbb{Z}$ mit $\zeta(u_n, \bar{u}, u_{n+1})$ und

$$T(u_{n+1}, x, v_1) = T(u_{n+1}', x, v_2), \quad T(u_{n+1}', x, v_2) = T(u_n, x', v_1).$$

Aus $\zeta(u_n, \bar{u}, u_{n+1})$ folgt nach (3′) die Beziehung

$$\zeta(T(u_n, x, v_1), \bar{T}(\bar{u}, x, v_1), T(u_{n+1}, x, v_1)),$$

aus

$$v_2 = T(u_{n+1}', 0, v_2) > T(u_n, 0, v_1) = v_1,$$
$$T(u_{n+1}', x', v_2) = T(u_n, x', v_1) \quad \text{und} \quad \zeta(0, x, x')$$

nach (M 2), § 1, S. 181 ferner

$$T(u_{n+1}, x, v_1) = T(u_{n+1}', x, v_2) > T(u_n, x, v_1);$$

es ist also $u_{n+1}' \neq u_n$ und nach (M 2), § 1 gilt daher

$$\begin{cases} 0 > x > x' & \text{im Falle } u_{n+1}' > u_n, \\ 0 < x < x' & \text{im Falle } u_{n+1}' < u_n; \end{cases}$$

nach (M 2) und (3′) erhält man damit

$$\begin{aligned} T(u_n, x, v_1) &< \overline{T}(\bar{u}, x, v_1) < T(u_{n+1}, x, v_1) \\ &= T(u'_{n+1}, x, v_2) < T(u_n, x, v_2) < \overline{T}(\bar{u}, x, v_2), \end{aligned}$$

folglich $\overline{T}(\bar{u}, x, v_1) < \overline{T}(\bar{u}, x, v_2)$.

(8) Es sei $u_1 \neq u_2$ und x_s durch $T(u_1, x_s, v_1) = T(u_2, x_s, v_2)$ bestimmt. Dann gilt:

$$\overline{T}(u_1, \bar{x}, v_1) < \overline{T}(u_2, \bar{x}, v_2) \Leftrightarrow \begin{cases} u_1 < u_2, \ x_s < \bar{x} & \text{oder} \\ u_1 > u_2, \ x_s > \bar{x}. \end{cases}$$

Zu (8): Es wird ein $x \in K$ mit $\zeta(x_s, x, \bar{x})$ gewählt. Zu x, u_2, $T(u_1, x, v_1)$ existiert ein $v \in K$ mit $T(u_1, x, v_1) = T(u_2, x, v)$. Es sei $(x_i)_{i \in \mathbb{N}}$ eine Folge mit $x_i \uparrow \bar{x}$ und $x < x_i$ für alle $i \in \mathbb{N}$, falls $x < \bar{x}$. Für alle $i \in \mathbb{N}$ gilt dann: $T(u_1, x_i, v_1) < T(u_2, x_i, v)$, wenn

$$\begin{cases} u_1 < u_2 & \text{und} \quad x_2 < \bar{x} \quad \text{oder} \\ u_1 > u_2 & \text{und} \quad x_s > \bar{x} \end{cases}$$

und damit

$$(*) \qquad \overline{T}(u_1, \bar{x}, v_1) \leqslant \overline{T}(u_2, \bar{x}, v), \quad \text{wenn} \begin{cases} u_1 < u_2, \ x_s < \bar{x} & \text{oder} \\ u_1 > u_2, \ x_s > \bar{x}. \end{cases}$$

Aus $T(u_1, x, v_1) = T(u_2, x, v)$ und $\zeta(x_s, x, \bar{x})$ erhält man $T(u_2, x_s, v) < T(u_1, x_s, v_1)$, wegen $T(u_1, x_s, v_1) = T(u_2, x_s, v_2)$ also $T(u_2, x_s, v) < T(u_2, x_s, v_2)$, und aus dieser Ungleichung folgt $v < v_2$. Mit (6) und bei Berücksichtigung von (∗) ergibt sich damit

$$\overline{T}(u_1, \bar{x}, v_1) \leqslant T(u_2, \bar{x}, v) < \overline{T}(u_2, \bar{x}, v_2), \quad \text{wenn} \begin{cases} u_1 < u_2, \ x_s < \bar{x} & \text{oder} \\ u_1 > u_2, \ x_s > \bar{x} \end{cases}$$

und folglich

$$\overline{T}(u_1, \bar{x}, v_1) < \overline{T}(u_2, \bar{x}, v_2) \Leftrightarrow \begin{cases} u_1 < u_2, \ x_s < \bar{x} & \text{oder} \\ u_1 > u_2, \ x_s > \bar{x}. \end{cases}$$

$$(9) \qquad \overline{T}(\bar{u}_1, \bar{x}, v) < \overline{T}(\bar{u}_2, \bar{x}, v) \quad \Leftrightarrow \begin{cases} \bar{u}_1 < \bar{u}_2, \ 0 < \bar{x} & \text{oder} \\ \bar{u}_1 > \bar{u}_2, \ 0 > \bar{x}. \end{cases}$$

Zu (9): Für Elemente $u_1, u_2 \in K$ mit $\zeta(\bar{u}_1, u_1, \bar{u}_2)$, $\zeta(\bar{u}_1, u_2, \bar{u}_2)$ und $\zeta(\bar{u}_1, u_1, u_2)$ folgt nach (8)

$$\overline{T}(u_1, \bar{x}, v) < \overline{T}(u_2, \bar{x}, v), \quad \text{wenn} \begin{cases} \bar{u}_1 < \bar{u}_2, \ 0 < \bar{x} & \text{oder} \\ \bar{u}_1 > \bar{u}_2, \ 0 > \bar{x}. \end{cases}$$

Man wähle Folgen $(u_{1,i})_{i \in \mathbb{N}}$, $(u_{2,i})_{i \in \mathbb{N}}$ mit $u_{1,i} \uparrow \bar{u}_1$, $u_{2,i} \uparrow \bar{u}_2$ und $\zeta(u_{1,i}, u_1, u_2)$, $\zeta(u_1, u_2, u_{2,i})$ für alle $i \in \mathbb{N}$.

Dann gilt nach (8) für alle $i, l \in \mathbb{N}$:

$$\overline{T}(u_{1,i}, \bar{x}, v) < \overline{T}(u_1, \bar{x}, v) < \overline{T}(u_2, \bar{x}, v) < \overline{T}(u_{2,l}, \bar{x}, v),$$

wenn

$$\begin{cases} \bar{u}_1 < \bar{u}_2, \ 0 < \bar{x} & \text{oder} \\ \bar{u}_1 > \bar{u}_2, \ 0 > \bar{x}. \end{cases}$$

Also folgt

$$\bar{T}(\bar{u}_1, \bar{x}, v) \leqslant \bar{T}(u_1, \bar{x}, v) < \bar{T}(u_2, \bar{x}, v) \leqslant \bar{T}(\bar{u}_2, \bar{x}, v),$$

wenn

$$\begin{cases} \bar{u}_1 < \bar{u}_2, \ 0 < \bar{x} & \text{oder} \\ \bar{u}_1 > \bar{u}_2, \ 0 > \bar{x} \end{cases}$$

und damit

$$\bar{T}(\bar{u}_1, \bar{x}, v) < \bar{T}(\bar{u}_2, \bar{x}, v) \Leftrightarrow \begin{cases} \bar{u}_1 < \bar{u}_2, \ 0 < \bar{x} & \text{oder} \\ \bar{u}_1 > \bar{u}_2, \ 0 > \bar{x}. \end{cases}$$

(10) $\quad v_1 < v_2 \Rightarrow \bar{T}(\bar{u}, \bar{x}, v_1) < \bar{T}(\bar{u}, \bar{x}, v_2).$

Zu (10): O.B.d.A. kann $\bar{x} \neq 0$ vorausgesetzt werden. Wir wählen ein $x \in K$ mit $\zeta(0, \bar{x}, x)$. Nach (7) gilt $\bar{T}(\bar{u}, x, v_1) < \bar{T}(\bar{u}, x, v_2)$. Daher gibt es ein $y \in K$ mit $\bar{T}(\bar{u}, x, v_1) < y < \bar{T}(\bar{u}, x, v_2)$. Zu y werden Elemente $u_1, u_2 \in K$ mit $y = T(u_2, x, v_1) = T(u_1, x, v_2)$ bestimmt. Es folgt damit

$$\bar{T}(\bar{u}, x, v_1) < T(u_2, x, v_1) = T(u_1, x, v_2) < \bar{T}(\bar{u}, x, v_2).$$

Nach (9) erhält man hieraus $u_1 < \bar{u} < u_2$ für $\bar{x} > 0$ und $u_1 > \bar{u} > u_2$ für $\bar{x} < 0$. Daher ergibt sich für $\bar{x} > 0$ wie $\bar{x} < 0$ nach (8) und (9):

$$\bar{T}(\bar{u}, \bar{x}, v_1) < \bar{T}(u_2, \bar{x}, v_1) < \bar{T}(u_1, \bar{x}, v_2) < \bar{T}(\bar{u}, \bar{x}, v_2).$$

(11) $\quad \bar{T}(\bar{u}, \bar{x}, \bar{v}_1) < \bar{T}(\bar{u}, \bar{x}, \bar{v}_2) \Leftrightarrow \bar{v}_1 < \bar{v}_2.$

Zu (11): Es sei $\bar{v}_1 < \bar{v}_2$. Zu $\bar{v}_1, \bar{v}_2$ wählen wir Elemente $v_1, v_2 \in K$ mit $\bar{v}_1 < v_1 < v_2 < \bar{v}_2$. Nach (10) gilt dann $\bar{T}(\bar{u}, \bar{x}, v_1) < \bar{T}(\bar{u}, \bar{x}, v_2)$ und wegen

$$\bar{T}(\bar{u}, \bar{x}, \bar{v}_\mu) = \lim_i \lim_j \lim_k T(u_i, x_j, v_{\mu k}) \quad \text{für } u_i \uparrow \bar{u},\ x_j \uparrow \bar{x},\ v_{\mu k} \uparrow \bar{v}_\mu \quad (\mu = 1, 2)$$

ferner

$$\bar{T}(\bar{u}, \bar{x}, \bar{v}_1) \leqslant \bar{T}(\bar{u}, \bar{x}, v_1) \quad \text{und} \quad \bar{T}(\bar{u}, \bar{x}, \bar{v}_2) \geqslant \bar{T}(\bar{u}, \bar{x}, v_2),$$

also

$$\bar{T}(\bar{u}, \bar{x}, \bar{v}_1) \leqslant \bar{T}(\bar{u}, \bar{x}, v_1) < \bar{T}(\bar{u}, \bar{x}, v_2) \leqslant \bar{T}(\bar{u}, \bar{x}, \bar{v}_2).$$

Die Herleitung des Monotoniegesetzes (M 2) ist sehr viel mühsamer, denn (M 2) enthält eine Existenzaussage über den Schnittpunkt zweier Geraden. Für deren Nachweis wie für den Beweis der anderen fehlenden Ternärkörpereigenschaften (T 1), (T 2) und (T 3) (aus § 1, S. 180) brauchen wir die Stetigkeit von $\bar{T}$ als Abbildung von $\bar{K} \times \bar{K} \times \bar{K}$ nach $\bar{K}$. Die Menge $\bar{K}$ ist in sich dicht geordnet. Daher erhält man mit den offenen Intervallen von $\bar{K}$ als Basis eine Topologie über $\bar{K}$, die nicht die diskrete ist. Weil K in $\bar{K}$ ordnungsdicht ist, kann man sich hierbei auf Intervalle aus $\bar{K}$ mit Intervallgrenzen in K beschränken. Die Einschränkung dieser Topologie auf K ist gerade die durch die Ordnungstopologie von $\mathfrak{E}$ auf K induzierte. Wir zeigen als erstes, daß $\bar{T}$ eine stetige Abbildung von $\bar{K}$ in sich liefert, wenn man zwei der Argumente von $\bar{T}$ fest aus K wählt. Die hierfür erforderlichen Überlegungen erläutern wir am Nachweis der Stetigkeit von $\bar{v} \mapsto \bar{T}(u,x,\bar{v})$: $\bar{K} \to \bar{K}$. Sei also eine Umgebung von $\bar{T}(u,x,\bar{v}_0)$ in $\bar{K}$ in der Form $a < \bar{T}(u,x,\bar{v}_0) < b$ gegeben. Weil K in $\bar{K}$ ordnungsdicht ist, gibt es Elemente $y_1, y_2 \in K$ mit $a < y_1 < \bar{T}(u,x,\bar{v}_0) < y_2 < b$. Zu y_i, $i = 1, 2$, sei $v_i \in K$ durch $y_i = T(u,x,v_i)$ bestimmt. Damit gilt $T(u,x,v_1) < \bar{T}(u,x,\bar{v}_0) < T(u,x,v_2)$, woraus man mit (5′) oder (11) die Ungleichung $v_1 < \bar{v}_0 < v_2$ erhält. Für $\bar{v} \in]v_1, v_2[\subseteq \bar{K}$ folgt somit nach (5′) $a < T(u,x,v_1) < \bar{T}(u,x,\bar{v}) < \bar{T}(u,x,v_2) < b$. Also ist $]v_1, v_2[$ eine Umgebung von $\bar{v}_0$, die durch $\bar{v} \mapsto \bar{T}(u,x,\bar{v})$ in die Umgebung $]a,b[$ von $\bar{T}(u,x,\bar{v}_0)$ abgebildet wird. Wir wählen nun nur ein Argument von $\bar{T}$ fest aus K. Damit liefert $\bar{T}$ eine Abbildung von $\bar{K} \times \bar{K} \to \bar{K}$. Wir versuchen, den Beweis von eben auf diesen Fall zu übertragen und beschränken uns bei der Ausführung auf die Abbildung $(\bar{x},\bar{v}) \mapsto \bar{T}(u,\bar{x},\bar{v})$. Weil die Stetigkeit dieser Abbildung für $u = 0$ trivialerweise nach (1) gilt, können wir für das weitere $u \neq 0$ voraussetzen. Sei $]a,b[$ mit $a, b \in K$ eine Umgebung von $\bar{c} = \bar{T}(u,\bar{x}_0,\bar{v}_0)$ in $\bar{K}$. Wir fragen nun nach Elementen $v_1, v_2 \in K$ mit $a < \bar{T}(u,\bar{x}_0,v_1) < \bar{c} < \bar{T}(u,\bar{x}_0,v_2) < b$. Angenommen, es gäbe diese. Dann können wir folgendermaßen weiterschließen: Weil die Abbildung $\bar{x} \mapsto T(u,\bar{x},v)$ nach dem zuvor Bewiesenen stetig ist, existiert eine Umgebung $\mathfrak{X}$ von $\bar{x}_0$, so daß für alle $\bar{x} \in \mathfrak{X}$ gilt $a < \bar{T}(u,\bar{x},v_1) < \bar{c}$ und $\bar{c} < \bar{T}(u,\bar{x},v_2) < b$. Für $(\bar{x},\bar{v}) \in \mathfrak{X} \times]v_1, v_2[$ erhält man damit nach (5) $a < \bar{T}(u,\bar{x},v_1) \leqslant \bar{T}(u,\bar{x},\bar{v}) \leqslant \bar{T}(u,\bar{x},v_2) < b$. Also wird die Umgebung $\mathfrak{X} \times]v_1, v_2[$ von $(\bar{x}_0,\bar{v}_0)$ in $\bar{K} \times \bar{K}$ durch $(\bar{x},\bar{v}) \mapsto \bar{T}(u,\bar{x},\bar{v})$ in die Umgebung $]a,b[$ von $\bar{T}(u,\bar{x}_0,\bar{v}_0)$ abgebildet. Die Stetigkeit von $(\bar{x},\bar{v}) \mapsto \bar{T}(u,\bar{x},\bar{v})$ ist somit bewiesen, wenn wir gezeigt haben, daß die Menge $\{\bar{T}(u,\bar{x},v)$: $v \in K\}$ in $\bar{K}$ dicht liegt. Dieser Nachweis erfolgt in (12) mit Hilfe des Hilfssatzes 12, also unter Verwendung der Archimedizität gewisser Ternärkörper von $\mathfrak{E}$.

(12) Zu $a, b \in K$ mit $a < b$ und $u, \bar{x}$ gibt es ein $v \in K$ mit $a < \bar{T}(u,\bar{x},v) < b$.

Zu (12): Es sei $u \neq 0$ und $x \in K$ zu b, u, a durch $b = T(u,x,a)$ bestimmt. Wir wenden Hilfssatz 12 auf $P_1 = V$, $P_2 = U$, $P_3 = (u)$, $P_4 = (0,a)$ und $P_5 = (x,a)$ an (s. Abb. 3.4):

Die Punkte S_n, $n \in \mathbb{Z}$, liegen auf der affinen Geraden $(0,a)\,U$ und lassen sich daher durch $S_n = (x_n, a)$ darstellen; zu jedem $Q \mathrel{I} (0,a)\,U$ mit $Q \neq U$ und $Q \neq S_m$ für alle $m \in \mathbb{Z}$ gibt es ein $n \in \mathbb{Z}$ mit $P_2 Q \,|\, S_n S_{n+1}$, also $\zeta(S_n, Q, S_{n+1})$, und ein v_n mit $a = T(u, x_n, v_n)$ und $b = T(u, x_{n+1}, v_n)$. Aufgrund der Invarianz von ζ gegenüber Parallelprojektionen folgt mit $Q = (x_Q, a)$ aus $\zeta(S_n, Q, S_{n+1})$ die Beziehung $\zeta(x_n, x_Q, x_{n+1})$. Da $x \to (x,a)$ eine umkehrbare, die Zwischenbeziehung erhaltende Abbildung von K auf die affine Punktreihe $(0,a)\,U$ und $\bar{K}$ die Ordnungsvervollständigung von K ist, existiert also zu $\bar{x}$ (es ist $\bar{x} \notin K$, folglich $\bar{x} \neq x_m$ für alle $m \in \mathbb{Z}$) ein $n \in \mathbb{Z}$ mit $\zeta(x_n, \bar{x}, x_{n+1})$ und ein v mit $a = T(u, x_n, v)$ und $b = T(u, x_{n+1}, v)$. Aus $\zeta(x_n, \bar{x}, x_{n+1})$ erhält man nach (4′) $\zeta(T(u,x_n,v),\ \bar{T}(u,\bar{x},v),\ T(u,x_{n+1},v))$ und hieraus bei Berücksichtigung von $a = T(u,x_n,v) < T(u,x_{n+1},v) = b$ also $a < \bar{T}(u,\bar{x},v) < b$.

Es liegt nahe, einen ähnlichen Beweisansatz wie in den beiden behandelten Spezialfällen für den Nachweis der Stetigkeit von $\bar{T}$ als Abbildung von $\bar{K} \times \bar{K} \times \bar{K}$ nach $\bar{K}$ zu versuchen. Wir betrachten also eine Umgebung $]a,b[$ von $\bar{c} = \bar{T}(\bar{u}_0,\bar{x}_0,\bar{v}_0)$ in $\bar{K}$ und fragen nach Elementen $v_1, v_2 \in K$ mit $a < T(\bar{u}_0,\bar{x}_0,v_1) < \bar{c} < \bar{T}(\bar{u}_0,\bar{x}_0,v_2) < b$. Setzt

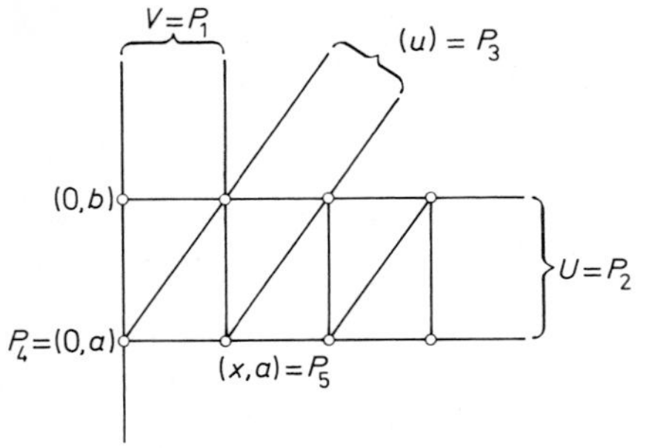

Abb. 3.4

man deren Existenz voraus, so erhält man aufgrund der Stetigkeit von $(\bar{u},\bar{x}) \mapsto \bar{T}(\bar{u},\bar{x},v)$ eine Umgebung $\mathfrak{U}$ von $(\bar{u}_0,\bar{x}_0)$, so daß für $(\bar{u},\bar{x}) \in \mathfrak{U}$ stets $a < \bar{T}(\bar{u},\bar{x},v_1) < \bar{c}$ und $\bar{c} < \bar{T}(\bar{u},\bar{x},v_2) < b$ ist. Damit ist für $(\bar{u},\bar{x}) \in \mathfrak{U}$ und $\bar{v} \in]v_1, v_2[$ nach (11) also

$$a < \bar{T}(\bar{u},\bar{x},v_1) < \bar{T}(\bar{u},\bar{x},\bar{v}) < \bar{T}(\bar{u},\bar{x},v_2) < b.$$

Folglich wird die Umgebung $\mathfrak{U} \times]v_1, v_2[$ von $(\bar{u}_0,\bar{x}_0,\bar{v}_0)$ durch $\bar{T}$ in die Umgebung $]a,b[$ von $\bar{T}(\bar{u}_0,\bar{x}_0,\bar{v}_0)$ abgebildet, und $\bar{T}$: $\bar{K} \times \bar{K} \times \bar{K} \to \bar{K}$ ist daher stetig. Der Nachweis, daß $\{\bar{T}(\bar{u},\bar{x},v)$: $v \in K\}$ dicht in $\bar{K}$ liegt, ist komplizierter als die entsprechende Aussage für die Menge $\{\bar{T}(u,\bar{x},v)$: $v \in K\}$. Man betrachtet statt $\bar{u}$ zunächst ein Element $u \in K$ mit $\zeta(0,\bar{u},u)$; nach (12) gibt es für dieses zu $a < b$, $a,b \in K$, ein $v^* \in K$ mit $a < \bar{T}(u,\bar{x},v^*) < b$. Durch Anwendung eines Spezialfalles des Monotoniegesetzes (M 2) wie eines Sonderfalles von (T 2) (s. § 1, S. 180) für $\bar{K}$, deren Gültigkeit man also zuvor zu beweisen hat, gelingt für das durch $a = \bar{T}(\bar{u},x,\bar{v})$ bestimmte Element $\bar{v} \in \bar{K}$ die Abschätzung $a < \bar{T}(\bar{u},\bar{x},\bar{v}) < b$ (s. Prieß-Crampe 1967, S. 336, Hilfssatz 4.18). Somit gibt es zu $a < c < b$ Elemente $\bar{v}_1, \bar{v}_2 \in \bar{K}$ mit $a < \bar{T}(\bar{u},\bar{x},\bar{v}_1) < c < \bar{T}(\bar{u},\bar{x},\bar{v}_2) < b$. Nach (11) folgt hieraus $\bar{v}_1 < \bar{v}_2$, und für ein $v \in K$ mit $\bar{v}_1 < v < \bar{v}_2$ gilt daher nach (11) $a < \bar{T}(\bar{u},\bar{x},\bar{v}) < b$.

Aufgrund der Stetigkeit von $\bar{T}$ in seinen drei Argumenten ist man nun nicht mehr daran gebunden, die drei die Elemente $\bar{u},\bar{x},\bar{v}$ approximierenden Folgen monoton wachsend zu wählen und eine feste Reihenfolge in der Limesbildung einzuhalten bei der Berechnung von $\bar{T}$ als einen dreifachen Limes der Werte von T für die Folgenelemente. Die restlichen Ternärkörpereigenschaften (T 1), (T 2), (T 3) (aus § 1, S. 180) werden für $\bar{K}$ so nachgewiesen, daß die gegebenen Elemente aus $\bar{K}$ durch solche Folgen von Elementen aus K approximiert werden, daß man die gesuchten Elemente dann jeweilig als Limites von nach oben (oder unten) beschränkten monoton wachsenden (oder fallenden) Folgen erhält. Um das monotone Verhalten der die gesuchten Elemente approximierenden Folgen zu erkennen und Schranken für die Folgenelemente zu haben, arbeitet man mit dem Monotoniegesetz (11) und speziellen Formen des Monotoniegesetzes (M 2) für $\bar{K}$. Die Herleitung des Monotoniegesetzes (M 2) in voller Allgemeinheit macht eine erneute Anwendung des Hilfssatzes 12, also den Rückgriff auf die Archimedizität weiterer Ternärkörper von $\mathfrak{E}$, notwendig. Um die Art der Beweise bei der Herleitung der Ternärkörpereigenschaften (T 1), (T 2), (T 3) zu beschreiben, führen wir aus, wie man (T 2) für $\bar{K}$ gewinnt, also die Aussage

(13) Zu $\bar{y},\bar{u},\bar{x} \in \bar{K}$ gibt es genau ein $\bar{v} \in \bar{K}$ mit $\bar{y} = \bar{T}(\bar{u},\bar{x},\bar{v})$.

Diese Aussage läßt sich als einzige der noch fehlenden ohne eine Erweiterung des Monotoniegesetzes (M 2) auf $\bar{K}$, allein mit den Ergebnissen, die wir bis jetzt hergeleitet haben, beweisen.

Zu (13): Die Eindeutigkeit eines solchen Elementes $\bar{v}$ folgt nach (11); somit ist nur noch die Existenz zu beweisen. Im Falle $\bar{u} = 0$ oder $\bar{x} = 0$ kann man (wegen (1)) $\bar{v} = \bar{y}$ wählen. Daher kann für das folgende $\bar{u} \neq 0$ und $\bar{x} \neq 0$ vorausgesetzt werden.
Es sei $\bar{y} = \lim_i y_i$, $\bar{u} = \lim_i u_i$ und $\bar{x} = \lim_i x_i$, die Folge $(y_i)_{i \in \mathbb{N}}$ sei monoton wachsend und durch $y' \in K$ nach oben beschränkt, die Folgen $(u_i)_{i \in \mathbb{N}}$, $(x_i)_{i \in \mathbb{N}}$ seien streng monoton (als angeordneter Ternärkörper ist K in sich dicht und man kann jedes Element aus $\bar{K}$ deshalb als Limes einer streng monotonen Folge darstellen), und für alle $i \in \mathbb{N}$ gelte ferner $\operatorname{sgn} \bar{u} = \operatorname{sgn} u_i$, $\operatorname{sgn} \bar{x} = \operatorname{sgn} x_i$, $\operatorname{sgn} \bar{y} = \operatorname{sgn} y_i$, $y_i < y'$. Durch $y_i = T(u_i, x_i, v_i)$ werden Elemente $v_i \in K$ $(i \in \mathbb{N})$ bestimmt. Wir werden solche Folgen $(u_i)_{i \in \mathbb{N}}$, $(x_i)_{i \in \mathbb{N}}$ und zu diesen Folgen obere oder untere Schranken u', x' wählen, daß $(v_i)_{i \in \mathbb{N}}$ monoton wachsend ist und das durch $y' = T(u', x', v')$ bestimmte Element v' als obere Schranke hat; es werden deshalb die folgenden Fallunterscheidungen getroffen: 1) $\bar{u} > 0$, $\bar{x} > 0$, 2) $\bar{u} < 0$, $\bar{x} < 0$, 3) $\bar{u} > 0$, $\bar{x} < 0$ und 4) $\bar{u} < 0$, $\bar{x} > 0$.

In diesen Fällen gelte jeweils

1) $x_i \downarrow \bar{x}$, $u_i \downarrow \bar{u}$ und $x' < x_i$, $u' < u_i$ für alle $i \in \mathbb{N}$,
2) $x_i \uparrow \bar{x}$, $u_i \uparrow \bar{u}$ und $x' > x_i$, $u' > u_i$ für alle $i \in \mathbb{N}$,
3) $x_i \downarrow \bar{x}$, $u_i \uparrow \bar{u}$ und $x' < x_i$, $u' > u_i$ für alle $i \in \mathbb{N}$,
4) $x_i \uparrow \bar{x}$, $u_i \downarrow \bar{u}$ und $x' > x_i$, $u' < u_i$ für alle $i \in \mathbb{N}$.

Wir bestimmen $x_{ij} \in K$ für $i < j$ durch $T(u_i, x_{ij}, v_i) = T(u_j, x_{ij}, v_j)$. Aus $\operatorname{sgn} u_i$ und der Größenbeziehung zwischen x_i und x_j erhält man für jeden der vier Fälle

$$T(u_i, x_j, v_i) < T(u_i, x_i, v_i) = y_i \leqslant y_j = T(u_j, x_j, v_j)$$

und damit wegen (M 2)

$$\begin{cases} x_j < x_{ij} & \text{in den Fällen 1), 4)} \\ x_i > x_{ij} & \text{in den Fällen 2), 3),} \end{cases}$$

also $0 < x_{ij}$, falls $u_j < u_i$, und $x_{ij} < 0$, falls $u_i < u_j$. Daher gilt nach (M 2)

$$v_i = T(u_i, 0, v_i) < T(u_j, 0, v_j) = v_j,$$

d.h. $(v_i)_{i \in \mathbb{N}}$ ist monoton wachsend. Bestimmt man x_i' durch $T(u_i, x_i', v_i) = T(u', x_i', v')$ $(i \in \mathbb{N})$ und ersetzt dann im Nachweis der Monotonie von $(v_i)_{i \in \mathbb{N}}$ die Elemente u_j, x_j, y_j, v_j, x_{ij} durch u', x', y', v', x_i', so ergibt sich $v_i < v'$ für alle $i \in \mathbb{N}$. Die Folge $(v_i)_{i \in \mathbb{N}}$ ist also auch beschränkt, und daher existiert

$$\bar{v} = \lim_i v_i.$$

Aufgrund der Stetigkeit von $\bar{T}$ erhält man

$$\bar{y} = \lim_i y_i = \lim_i T(u_i, x_i, v_i) = \bar{T}(\bar{u}, \bar{x}, \bar{v}).$$

Zu Beginn des Beweises hatten wir gezeigt, daß $\bar{K}$ zur Menge $\mathbb{R}$ der reellen Zahlen o-bijektiv ist. Also ist eine affine Gerade der zu $\bar{K}$ gehörenden projektiven Ebene $\bar{\mathfrak{E}}$ zur reellen Zahlengeraden homöomorph, und damit ist $\bar{\mathfrak{E}}$ nach Satz 11 eine ebene projektive Ebene.

Um einen Eindruck zu vermitteln, wie stark von der Archimedizität der gesamten projektiven Ebene $\mathfrak{E}$ beim Beweis Gebrauch gemacht wird, stellen wir abschließend die verschiedenen, von uns im hier skizzierten Beweis bisher nicht gebrachten Anwendungen des Hilfssatzes 12 zusammen: Wir geben in einer Zeichnung jeweilig die Lage der Punkte P_1, P_2, P_3, P_4, P_5 in $\mathfrak{E}_{UV}$ an (s. Abb. 3.5).

Man braucht den Hilfssatz 12 beim Nachweis der Stetigkeit der durch $\bar{T}$ gegebenen Abbildung von $\bar{K} \times \bar{K}$ nach $\bar{K}$ mit der durch (*), (**) und (***) gegebenen Lage der Punkte P_i, $i = 1, \ldots, 5$ und beim Beweis des Monotoniegesetzes (M 2) für $\bar{K}$ mit der durch (****) gegebenen Lage. □

Aufgrund des gerade bewiesenen Satzes erhält man über Beispiele ebener projektiver Ebenen automatisch Beispiele für archimedisch angeordnete projektive Ebenen. Die Klasse der ebenen projektiven Ebenen ist sehr reichhaltig. Hierher gehören alle projektiven Ebenen, die dadurch entstehen, daß man die Geraden der reellen projekti-

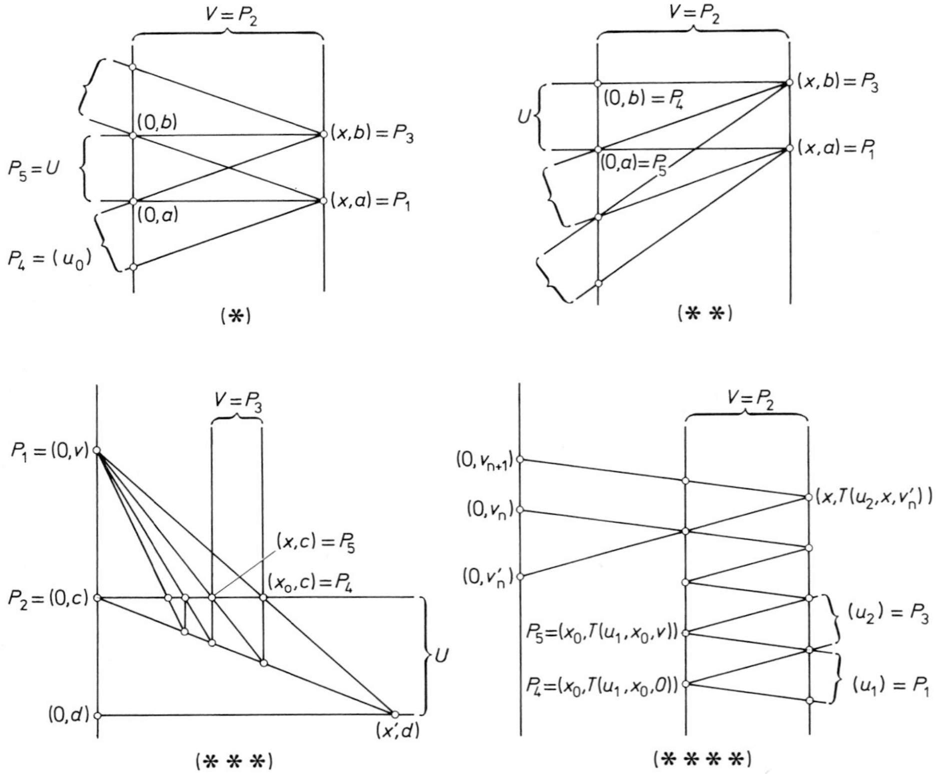

Abb. 3.5

ven Ebene durch geeignet geknickte oder gekrümmte Linien ersetzt (s. Salzmann 1962, § 1, S. 403). Die meisten der Beispiele unendlicher nichtdesarguesscher projektiver Ebenen sind in ihrer ursprünglichen Formulierung ebene projektive Ebenen. Man findet zahlreiche Literaturangaben hierzu in Salzmann 1962, § 1. Weiter ist von Salzmann bewiesen, daß es kontinuierlich viele nicht isomorphe Typen ebener projektiver Ebenen gibt. (In Salzmann 1963, S. 239, Satz 2.7 oder Salzmann 1967, S. 28, Th. 4.8 ist gezeigt, daß Moultonebenen mit Knickungsfaktor $k > 1$ paarweise nicht isomorph sind; einen allgemeineren Beweis findet man in Salzmann 1964, S. 157 oder Salzmann 1967, S. 40, Th. 5.13.)

Als eine einfache Folgerung aus Satz 13 erhält man:

Satz 14. *Die duale Ebene einer archimedisch angeordneten projektiven Ebene ist archimedisch angeordnet.*

Beweis.
Die zu einer angeordneten projektiven Ebene duale Ebene ist angeordnet, und nach Satz 27, § 2 sind Punkt- und Geradenraum einer mit der Ordnungstopologie versehenen projektiven Ebene zueinander homöomorph. Also ist die duale Ebene einer projektiven Unterebene einer ebenen projektiven Ebene wieder eine projektive Unterebene einer ebenen projektiven Ebene. □

Einen elementaren Beweis von Satz 14, der keinen Gebrauch von der topologischen Charakterisierung archimedisch angeordneter projektiver Ebenen macht, findet man in Pickert 1955, S. 241.

Wir wollen noch ein wichtiges Ergebnis über archimedisch angeordnete projektive Ebenen von Joussen bringen. Mit Überlegungen aus der Theorie der Ordnungsfunktionen hat Joussen zeigen können:

Satz 15 (Joussen 1981). *Jede endlich erzeugte freie Ebene läßt sich archimedisch anordnen.*

Weil für den Beweis eingehende Kenntnisse über Ordnungsfunktionen erforderlich sind, verzichten wir hier auf seine Wiedergabe. Unter Berücksichtigung von Satz 13 läßt sich dieses Ergebnis von Joussen auch folgendermaßen formulieren:

Satz 16 (Joussen 1981). *Jede endlich erzeugte freie Ebene ist eine projektive Unterebene einer ebenen projektiven Ebene.*

Wir haben in diesem Paragraphen versucht, die kennzeichnenden Eigenschaften archimedischer Körper für archimedisch angeordnete projektive Ebenen herauszuarbeiten. Für Körper sind diese in Satz 9, § 3, II und Satz 12, § 1, III zusammengestellt. Vergleicht man die Aussagen dieser Sätze mit unseren Ergebnissen, so erläutern Lemma 1 und die Sätze 2, 3 und 6 die Äquivalenzen (1) $\Leftrightarrow$ (2) $\Leftrightarrow$ (3) von Satz 9, § 3, II und Satz 13 ist eine Übertragung der Äquivalenz (1) $\Leftrightarrow$ (5) von Satz 9, § 3, II. Die Ergebnisse von Satz 12, § 1, III sind für projektive Ebenen in den Sätzen 10 und 13 erläutert. Ein archimedisch angeordneter Körper hat als ordnungsverträgliche Bewertung nur die triviale. Dieses Ergebnis wird für projektive Ebenen durch Satz 15 im nächsten Paragraphen wiedergegeben.

§ 4 Homomorphismen projektiver Ebenen

Der Begriff der Stelle für Körper führt über seine geometrische Übersetzung zum Begriff des Homomorphismus für projektive Ebenen. Die Ergebnisse der Bewertungstheorie für Körper lassen sich auch über Stellen beschreiben. Daher wird man diese Theorie für projektive Ebenen in einer Homomorphismentheorie projektiver Ebenen wiederfinden. Bisher liegt an Ergebnissen hierüber erst sehr wenig vor. Wir beschränken uns deshalb im folgenden nicht auf ordnungstreue Homomorphismen (den ordnungsverträglichen Bewertungen entsprechend), sondern bringen einmal grundlegende Ergebnisse und ferner solche, die für weitere Untersuchungen über Homomorphismen projektiver Ebenen wesentlich erscheinen.

Es seien $\mathfrak{E} = (\mathfrak{P}, \mathfrak{G}, \mathrel{I})$ und $\mathfrak{E}' = (\mathfrak{P}', \mathfrak{G}', \mathrel{I}')$ zwei projektive Ebenen. Wir bezeichnen hierbei mit $\mathfrak{P}$ die Menge der Punkte und mit $\mathfrak{G}$ die Menge der Geraden von $\mathfrak{E}$, und $\mathrel{I} \subseteq \mathfrak{P} \times \mathfrak{G}$ ist die zwischen Punkten und Geraden von $\mathfrak{E}$ erklärte Inzidenz. Unter einem *Homomorphismus* π von $\mathfrak{E}$ in $\mathfrak{E}'$ versteht man ein Paar von Abbildungen π_1, π_2, wobei π_1 eine Abbildung von $\mathfrak{P}$ in $\mathfrak{P}'$ und π_2 eine Abbildung von $\mathfrak{G}$ in $\mathfrak{G}'$ ist, und weiter für alle $P \in \mathfrak{P}$, $g \in \mathfrak{G}$ aus $P \mathrel{I} g$ stets $P^{\pi_1} \mathrel{I}' g^{\pi_2}$ folgt. Zur Vereinfachung schreiben wir auch für die beiden Abbildungen π_1, π_2 im folgenden nur π. Wir verlangen von einem Homomorphismus einer projektiven Ebene ferner stets, daß die Bildebene nicht ausgeartet ist, also ein (echtes) Quadrupel enthält. Wie auch sonst gebräuchlich, nennen wir einen surjektiven Homomorphismus einen *Epimorphismus* und einen bijektiven einen *Isomorphismus*; diese letztere Bezeichnung ist gerechtfertigt, da für einen bijektiven Homomorphismus die Umkehrabbildung π^{-1} inzidenzerhaltend ist. Es sei π ein Epimorphismus von $\mathfrak{E}$ auf $\mathfrak{E}'$. Wir wählen ein Quadrupel O', E', U', V' in $\mathfrak{E}'$ und zu diesem Urbilder O, E, U, V in $\mathfrak{E}$, die dann natürlich ein Quadrupel in $\mathfrak{E}$ bilden. K sei Koordinatenternärkörper von $\mathfrak{E}$ bez. O, E, U, V und K' Koordinatenternärkörper von $\mathfrak{E}'$ bez. O', E', U', V'. Den Punkt $OE \cap UV$ in $\mathfrak{E}$ bzw. den Punkt $O'E' \cap U'V'$ in $\mathfrak{E}'$ bezeichnen wir mit ∞. Der Epimorphismus π liefert als Restriktion eine Abbildung von K nach $K' \cup \{\infty\}$; wir nennen diese eine *Stelle* von K nach K' und bezeichnen sie wieder mit π. Wir werden eine algebraische Charakterisierung einer solchen Stelle geben; zuvor haben wir einige Bezeichnungen zu erläutern: $K \setminus \{0\}$ bildet bez. der Multiplikation $ax = T(a, x, 0)$ eine Loop. In dieser sei für $0 \neq a \in K$ die Abbildung $x \mapsto ax$ mit L_a und die Abbildung $x \mapsto xa$ mit R_a bezeichnet. Beschreiben wir die Geraden von $\mathfrak{E}$ durch Koordinaten in K, so unterscheiden wir zwei Sorten von Geraden, nämlich für $a, b, c \in K$ die Punktmengen $g_{a,b} = \{(x, y) : y = T(a, x, b), x \in K\}$ und $g_c = \{(c, y) : y \in K\}$. Statt $g_{a,b}$ schreiben wir einfach $[a, b]$ und statt g_c im folgenden $[c]$. Den Punkt V und die Gerade UV bezeichnen wir mit (∞) bzw. $[\infty]$. Eine analoge Bezeichnung verwenden wir für K' bzw. $\mathfrak{E}'$. Die folgende algebraische Charakterisierung einer Stelle liefert für den Fall eines Körpers gerade den Begriff einer Stelle im bewertungstheoretischen Sinn (s. § 4, II), wie aus Satz 11 hervorgehen wird.

Satz 1 (Skornjakov 1957). *(K, T) und (K', T') seien Ternärkörper. Eine surjektive Abbildung π: $K \to K' \cup \{\infty\}$ ist genau dann eine Stelle von K nach K', wenn für sie die folgenden Eigenschaften gelten:*

(S 1) $0^\pi = 0, 1^\pi = 1.$

(S 2) $a^\pi, x^\pi, b^\pi \neq \infty \Rightarrow (T(a, x, b))^\pi = T'(a^\pi, x^\pi, b^\pi).$

(S 3) $x^\pi = \infty,\ b^\pi \neq \infty,\ (T(a,x,b))^\pi \neq \infty \Rightarrow a^\pi = 0.$

(S 4) $a^\pi = \infty,\ b^\pi \neq \infty,\ (T(a,x,b))^\pi \neq \infty \Rightarrow x^\pi = 0.$

(S 5) $b^\pi = \infty,\ (T(a,x,b))^\pi \neq \infty \Rightarrow a^\pi = \infty$ oder $x^\pi = \infty.$

(S 6) $y = T(a,x,b) = T(a_0,x,0),\ x^\pi = y^\pi = \infty,\ b^\pi \neq \infty \Rightarrow a^\pi = a_0^\pi.$

(S 7) $a^\pi = b^\pi = \infty,\ (T(a,x,b))^\pi \neq \infty,\ T(a,x_0,b) = 0 \Rightarrow x^\pi = x_0^\pi.$

(S 8) $y = T(a,x,b) = T(a_0,x,0),\ T(a,x_0,b) = 0,\ a^\pi = b^\pi = x^\pi = y^\pi = \infty$
$\Rightarrow a_0^\pi = \infty$ oder $x_0^\pi = \infty.$

Der durch ein solches π erzeugte Epimorphismus von $\mathfrak{E}$ auf $\mathfrak{E}'$ läßt sich folgendermaßen beschreiben:

(a) *eigentliche Punkte von $\mathfrak{E}_{UV}$:*

$$(x,y)^\pi = \begin{cases} (x^\pi, y^\pi) & \textit{für } x^\pi, y^\pi \neq \infty, \\ ((R_x^{-1}\, y)^\pi) & \textit{für } x^\pi = y^\pi = \infty, \\ (\infty) = V' & \textit{für } x^\pi \neq \infty,\ y^\pi = \infty, \\ (0) = U' & \textit{für } x^\pi = \infty,\ y^\pi \neq \infty; \end{cases}$$

(b) *uneigentliche Punkte von $\mathfrak{E}_{UV}$:*

$(a)^\pi = (a^\pi)$ *für* $a \in K,$

$(\infty)^\pi = (\infty);$

(c) *eigentliche Geraden von $\mathfrak{E}_{UV}$, die nicht parallel zu OV sind:*

$$[a,b]^\pi = \begin{cases} [a^\pi, b^\pi] & \textit{für } a^\pi, b^\pi \neq \infty, \\ [x_0^\pi] & \textit{für } a^\pi = b^\pi = \infty \textit{ und } x_0 \textit{ gegeben durch } T(a,x_0,b) = 0, \\ [\infty] = U'V' & \textit{für } a^\pi \neq \infty,\ b^\pi = \infty, \\ [0] \ = O'V' & \textit{für } a^\pi = \infty,\ b^\pi \neq \infty; \end{cases}$$

(d) *zu OV in $\mathfrak{E}_{UV}$ parallele Geraden und UV:*

$[c]^\pi = [c^\pi]$ *für* $c \in K,$

$[\infty]^\pi = [\infty].$

Beweis.

1) Die Abbildung $\pi\colon K \to K' \cup \{\infty\}$ habe die Eigenschaften (S 1) bis (S 8). Dann ist durch die Vorschriften (a) bis (d) eine Abbildung zwischen den Punktmengen von $\mathfrak{E}$ und $\mathfrak{E}'$ wie auch eine Abbildung zwischen den Geradenmengen von $\mathfrak{E}$ und $\mathfrak{E}'$ gegeben. Man rechnet unter Benutzung von (S 1) bis (S 8) nach, daß hierbei die Inzidenz erhalten bleibt. Also ist die durch (a) bis (d) definierte Abbildung π ein Homomorphismus: $\mathfrak{E} \to \mathfrak{E}'$. Wegen

$$(x,x)^\pi = \begin{cases} (x^\pi, x^\pi) & \text{für } x^\pi \neq \infty \\ (1) = O'E' \cap U'V' & \text{für } x^\pi = \infty \end{cases}$$

liefert die Restriktion dieses Homomorphismus eine Abbildung der affinen Punkte von OE auf $O'E'$, und bei Berücksichtigung der Identifizierung $(x,x) \mapsto x$, $O'E' \cap U'V' \mapsto \infty$ erweist sich diese als die Ausgangsabbildung $\pi\colon K \to K' \cup \{\infty\}$; also ist diese eine Stelle.

2) Sei nun umgekehrt π: $\mathfrak{E} \to \mathfrak{E}'$ ein Epimorphismus. Die durch π von K nach K' induzierte Abbildung bezeichnen wir wieder mit π; wir weisen für diese die Eigenschaften (S 1) bis (S 8) nach: (S 1) gilt wegen $O^\pi = O'$ und $E^\pi = E'$. Für den Nachweis der weiteren Eigenschaften müssen wir auf die geometrische Definition der ternären Verknüpfung zurückgreifen. Wie in § 1 (auf S. 180) ausgeführt, ist $T(a,x,b)$ für $a,x,b \in K$ durch

$$(*) \qquad T(a,x,b) = OE \cap U[xV \cap ((bU \cap OV) \cup (UV \cap O(aU \cap EV)))]$$

erklärt.

Mit (a) $= (EV \cap aU)O \cap UV$ und $(0,b) = bU \cap OV$ kann man $(*)$ umformen in

$$(**) \qquad T(a,x,b) = OE \cap UP, \; P = xV \cap (0,b)(a).$$

Berücksichtigt man wieder die Identifizierung von $(x,x) \mapsto x$ und damit $(x,x)^\pi \mapsto x^\pi$, so erhält man für a^π, b^π, $x^\pi \neq \infty$ nach $(*)$

$$(T(a,x,b))^\pi = O'E' \cap U'[x^\pi\, V' \cap ((b^\pi U' \cap O'V') \cup (U'V' \cap O'(a^\pi U' \cap E'V')))].$$

Die rechte Seite dieser Gleichung ist gerade $T'(a^\pi, x^\pi, b^\pi)$. Damit gilt (S 2). Aus (a) $= (EV \cap aU)O \cap UV$ und $(0,b) = bU \cap OV$ berechnet man

$$(a)^\pi = ((EV \cap aU)O \cap UV)^\pi = (E'V' \cap a^\pi U')O' \cap U'V' = \begin{cases} V' & \text{für } a^\pi = \infty \\ (a^\pi) & \text{für } a^\pi \neq \infty \end{cases}$$

und

$$(0,b)^\pi = (bU \cap OV)^\pi = b^\pi U' \cap O'V' = \begin{cases} V' & \text{für } b^\pi = \infty \\ (0,b^\pi) & \text{für } b^\pi \neq \infty \end{cases},$$

also

$$(***) \qquad (a)^\pi = \begin{cases} V' & \text{für } a^\pi = \infty \\ (a^\pi) & \text{für } a^\pi \neq \infty \end{cases},$$

$$(0,b)^\pi = \begin{cases} V' & \text{für } b^\pi = \infty \\ (0,b^\pi) & \text{für } b^\pi \neq \infty \end{cases}.$$

Zu (S 3): Es ist $x^\pi = \infty$ und daher $x^\pi V' = U'V'$. Angenommen, es wäre $a^\pi \neq 0$. Dann ist (nach $(***)$) $(a)^\pi \neq (0) = U'$ und wegen $b^\pi \neq \infty$ ist $(0,b)^\pi = (0,b^\pi)$, somit nach $(**)$

$$P^\pi = (xV \cap (0,b)\,(a))^\pi = x^\pi V^\pi \cap (0,b)^\pi (a)^\pi = U'V' \cap (0,b^\pi)(a)^\pi = (a)^\pi$$

und damit

$$(T(a,x,b))^\pi = (OE \cap UP)^\pi = O'E' \cap U'(a)^\pi = O'E' \cap U'V' = \infty,$$

was nicht sein soll; also ist $a^\pi = 0$.

Zu (S 4): Wegen $a^\pi = \infty$, $b^\pi \neq \infty$ ist nach (∗∗∗) $(a)^\pi = V'$ und $(0, b)^\pi = (0, b^\pi)$. Wäre $x^\pi \neq 0$, so wäre

$$P^\pi = (x\,V \cap (0,b)(a))^\pi = x^\pi\,V' \cap (0,b)^\pi(a)^\pi = x^\pi\,V' \cap (0,b^\pi)\,V' = V'$$

und damit $(T(a,x,b))^\pi = (OE \cap UP)^\pi = O'E' \cap U'V' = \infty$ im Widerspruch zur Voraussetzung; folglich ist $x^\pi = 0$.

Zu (S 5): Für $b^\pi = \infty$ ist $(0, \mathrm{b})^\pi = V'$. Wäre nun $a^\pi \neq \infty$ wie auch $x^\pi \neq \infty$, so erhielte man

$$(a)^\pi = (a^\pi) \neq V' \quad \text{und} \quad P^\pi = (xV \cap (0,b)\,(a))^\pi = x^\pi\,V' \cap V'(a^\pi) = V',$$

also

$$(T(a,x,b))^\pi = (OE \cap UP)^\pi = O'E' \cap U'V' = \infty,$$

was laut Vorausetzung nicht der Fall ist. Folglich gilt $a^\pi = \infty$ oder $x^\pi = \infty$.

Zu (S 6): Für $P = (0,b)\,(a) \cap x\,V$ ist $P^\pi \mathrel{I} (x\,V)^\pi = U'V'$ wegen $x^\pi = \infty$. Die beiden Geraden $(0,b)(a)$ und $O\,(a_0)$ schneiden sich in P wegen $T(a,x,b) = T(a_0,x,0)$. Aus $b^\pi \neq \infty$ folgt nach (∗∗∗) $(0,b)^\pi = (0,b^\pi)$. Also ist $(0,b)^\pi \neq (a)^\pi$. Damit gilt

$$P^\pi = ((0,b)\,(a) \cap O\,(a_0))^\pi = (0,b^\pi)\;(\mathrm{a})^\pi \cap O'\,(a_0)^\pi.$$

Folglich ist

$$P^\pi = U'V' \cap (0,b^\pi)\,(a)^\pi = (a)^\pi \quad \text{und} \quad P^\pi = U'V' \cap O'\,(a_0)^\pi = (a_0)^\pi$$

und somit $(a)^\pi = (a_0)^\pi$, also nach (∗∗∗) $a^\pi = a_0^\pi$.

Zu (S 7): Für $y = T(\mathrm{a},\mathrm{x},\mathrm{b})$ und $P = (x, y)$ ist $P \mathrel{I} y\,U$ und somit $P^\pi \mathrel{I} y^\pi\,U' \neq U'V'$, also $P^\pi \mathrel{\not{I}} U'V'$. Wegen $(x_0, 0) \mathrel{I} OU$ ist $(x_0,0)^\pi \mathrel{I} O'U'$ und daher $(x_0,0)^\pi \neq V'$. Damit erhält man

$$\begin{aligned} x_0^\pi &= (OE \cap V(x_0,0))^\pi = O'E' \cap V'\,(x_0,0)^\pi = O'E' \cap (a)^\pi\,(x_0,0)^\pi \\ &= O'E' \cap ((a)\;(x_0,0))^\pi = O'E' \cap ((a)\,P)^\pi = O'E' \cap (a)^\pi\,P^\pi = O'E' \cap V'\,P^\pi \\ &= (OE \cap VP)^\pi = x^\pi. \end{aligned}$$

Zu (S 8): Sei $x_0^\pi \neq \infty$ und $P = (x, y)$. Wegen $P \mathrel{I} x\,V$ ist $P^\pi \mathrel{I} x^\pi\,V' = U'V'$, also $P^\pi \mathrel{\not{I}} U'V'$. Es ist

$$(x_0,0)^\pi = (x_0\,V \cap OU)^\pi = x_0^\pi\,V' \cap O'U' = (x_0^\pi, 0) \mathrel{I} U'V'.$$

Damit erhält man

$$P^\pi = ((a)\;(x_0,0) \cap x\,V)^\pi = V'\,(x_0^\pi,0) \cap x^\pi\,V' = V'(x_0^\pi,0) \cap U'V' = V',$$

somit $P^\pi = V'$. Folglich ist

$$(a_0)^\pi = (OP \cap UV)^\pi = O'P^\pi \cap U'V' = O'V' \cap U'V' = V'$$

und nach (∗∗∗) daher $a_0^\pi = \infty$.

Daß der Epimorphismus π: $\mathfrak{E} \to \mathfrak{E}'$ nun durch die Vorschriften (a) bis (d) beschrieben werden kann, ergibt sich aufgrund der Darstellung der Punkte und Geraden von $\mathfrak{E}$ bzw. $\mathfrak{E}'$ durch Koordinaten aus K bzw. K'. □

Aus dem gerade bewiesenen Satz erhält man, daß sich eine Stelle eines Ternärkörpers K auch homomorph bezüglich der in K erklärten Addition und Multiplikation verhält. Es gilt nämlich:

Satz 2. *Es sei π eine Stelle des Ternärkörpers K auf den Ternärkörper K'. Dann gilt für $a, b \in K$:*

(1) $(a+b)^\pi = a^\pi + b^\pi$, *falls* $a^\pi, b^\pi \neq \infty$.
(2) $(a\,b)^\pi = a^\pi \cdot b^\pi$, *falls* $a^\pi, b^\pi \neq \infty$.
(3) $(a+b)^\pi = (b+a)^\pi = \infty$, *falls* $a^\pi \neq \infty$, $b^\pi = \infty$.
(4) $(a\,b)^\pi = (b\,a)^\pi = \infty$, *falls* $a^\pi \neq 0$, $b^\pi = \infty$.

Beweis.
Wegen $T(1,a,b) = a+b$ und $T(a,b,0) = a\,b$ und den entsprechenden Beziehungen in K' erhält man (1) und (2) aus den Bedingungen (S 2) und (S 1) des vorigen Satzes.

Zu (3): Wäre $(a+b)^\pi \neq \infty$, so auch $(T(1,a,b))^\pi \neq \infty$ und damit nach (S 5) $a^\pi = \infty$ im Widerspruch zur Voraussetzung. Folglich ist $(a+b)^\pi = \infty$. Aus der Annahme $(b+a)^\pi \neq \infty$ erhielte man $(T(1,b,a))^\pi \neq \infty$, woraus wegen $b^\pi = \infty$, $a^\pi \neq \infty$ nach (S 3) $1^\pi = 0$ und somit nach (S 1) $1^\pi = 1 = 0$ folgen würde. Also ist auch $(b+a)^\pi = \infty$.

Zu (4): Wäre $(a\,b)^\pi = (T(a,b,0))^\pi \neq \infty$, so wäre wegen $b^\pi = \infty$ nach (S 3) $a^\pi = 0$ im Widerspruch zur Voraussetzung. Aus $(b\,a)^\pi \neq \infty$, also $(T(b,a,0))^\pi \neq \infty$ erhielte man wegen $b^\pi = \infty$ nach (S 4) analog einen Widerspruch zu $a^\pi \neq 0$. Folglich ist $(a\,b)^\pi = \infty = (b\,a)^\pi$. □

Ein endlicher Körper hat nur die triviale Bewertung, und das besagt: jede Stelle eines endlichen Körpers ist injektiv. Wir werden jetzt zeigen, daß eine hierzu analoge Aussage für endliche projektive Ebenen gilt.

Lemma 3. *Es seien $\mathfrak{E} = (\mathfrak{P}, \mathfrak{G}, I)$ und $\mathfrak{E}' = (\mathfrak{P}', \mathfrak{G}', I)$ projektive Ebenen und $\pi = (\pi_1, \pi_2)$ mit π_1: $\mathfrak{P} \to \mathfrak{P}'$ und π_2: $\mathfrak{G} \to \mathfrak{G}'$ ein Epimorphismus von $\mathfrak{E}$ nach $\mathfrak{E}'$. Dann ist π_1: $\mathfrak{P} \to \mathfrak{P}'$ genau dann bijektiv, wenn π_2: $\mathfrak{G} \to \mathfrak{G}'$ bijektiv ist.*

Beweis.
Aus Dualitätsgründen können wir uns darauf beschränken zu zeigen, daß π_2 bijektiv ist, wenn π_1 es ist. Angenommen, es sei nur π_1 bijektiv. Dann gibt es in $\mathfrak{E}$ zwei Geraden g und h mit $g \neq h$ und $g^{\pi_2} = h^{\pi_2}$. Es sei P ein weder auf g noch h gelegener Punkt aus $\mathfrak{E}$. Wir wählen einen vom Schnittpunkt von g und h verschiedenen Punkt Q auf h. Es sei R der Schnittpunkt von $P\,Q$ mit g. Wegen $Q \neq R$ ist $Q^{\pi_1} \neq R^{\pi_1}$. Aus $P \mathrel{I} Q\,R$ folgt daher $P^{\pi_1} \mathrel{I} (Q\,R)^{\pi_2}$, also $P^{\pi_1} \mathrel{I} Q^{\pi_1} R^{\pi_1}$. Nun ist $Q^{\pi_1} \mathrel{I} h^{\pi_2}$ und $R^{\pi_1} \mathrel{I} g^{\pi_2} = h^{\pi_2}$ und somit $Q^{\pi_1} R^{\pi_1} = h^{\pi_2}$. Folglich ist $P^{\pi_1} \mathrel{I} h^{\pi_2}$. Damit würde jeder Punkt aus $\mathfrak{E}$ durch π_1 auf einen Punkt der Geraden h^{π_2} abgebildet im Widerspruch dazu, daß das Bild $\mathfrak{E}'$ von $\mathfrak{E}$ ein echtes Quadrupel enthalten muß. □

Lemma 4. *Es seien $\mathfrak{E}$ und $\mathfrak{E}'$ projektive Ebenen und π ein nicht injektiver Epimorhismus: $\mathfrak{E} \to \mathfrak{E}'$. Dann gibt es auf einer jeden Geraden aus $\mathfrak{E}$ und zu einem beliebigen auf dieser vorgegebenen Punkt unendlich viele Punkte mit gleichem Bildpunkt unter π.*

Beweis.
Nach Lemma 3 gibt es zwei Punkte P, V in $\mathfrak{E}$ mit $P \neq V$ und $P^\pi = V^\pi$. Wir wählen einen Punkt O auf $g = PV$ und Punkte E, U in $\mathfrak{E}$, so daß O, E, U, V und $O^\pi, E^\pi, U^\pi, V^\pi$ jeweils ein Quadrupel bilden. (Es gibt einen Punkt O auf g mit $O^\pi \neq V^\pi$; denn sonst würde jeder Punkt von g auf V^π abgebildet, und damit ginge jede Gerade von $\mathfrak{E}'$ durch V^π, was nicht möglich ist.) K bzw. K' seien Ternärkörper von $\mathfrak{E}$ bzw. $\mathfrak{E}'$ zu diesen Quadrupeln. π induziert eine Stelle von K nach K'. Es ist $y = PU \cap OE \in K$, und wegen $P^\pi = V^\pi = V'$ ist $y^\pi = (PU \cap OE)^\pi = V'U' \cap O'E' = \infty$. Also ist $S = \{t \in K\colon t^\pi = \infty\} \neq \emptyset$. Es sei $M = \{t \in K\colon t^\pi = 0\}$. Für $0 \neq t \in K$ sei mit $1/t$ das Linksinverse zu t bezeichnet, also das durch $(1/t) \cdot t = 1$ bestimmte Element. Weil $K \backslash \{0\}$ eine Loop ist, ist die Abbildung $t \mapsto 1/t\colon K \backslash \{0\} \to K \backslash \{0\}$ bijektiv. Aus $t^\pi = \infty$ erhält man nach (4) von Satz 2, daß $(1/t)^\pi = 0$ ist. Daher ist durch $t \mapsto 1/t$ eine bijektive Abbildung von S auf $M \backslash \{0\}$ gegeben. Für die Mächtigkeiten von S und M gilt folglich $\operatorname{card} M = \operatorname{card} S + 1$. Für ein $s \in S$ und $m \in M$ ist nach (3) von Satz 2 $(s + m)^\pi = s^\pi = \infty$. Also ist $m \mapsto s + m$ eine (injektive) Abbildung von M nach S und somit $\operatorname{card} M \leqslant \operatorname{card} S$. Das ergibt mit der zuvor bewiesenen Beziehung $\operatorname{card} S + 1 \leqslant \operatorname{card} S$, woraus $\operatorname{card} S = \infty$ folgt. Wegen $\operatorname{card} M = \operatorname{card} S + 1$ ist dann natürlich auch $\operatorname{card} M = \infty$. Da für O irgendein Punkt auf g genommen werden konnte, für den $O^\pi \neq V^\pi$ gilt, gibt es somit zu jedem Punkt auf g unendlich viele andere Punkte mit demselben Bildpunkt. Sei nun h eine weitere Gerade von $\mathfrak{E}$. Weil $\mathfrak{E}'$ eine projektive Ebene ist, gibt es in $\mathfrak{E}$ einen Punkt R, so daß R^π weder auf g^π noch h^π liegt. Sei S ein Punkt von h und $P = SR \cap g$. Wir wählen auf g zu P einen Punkt Q mit $Q \neq P$ und $Q^\pi = P^\pi$. Dann ist $T = RQ \cap h$ ein von S verschiedener Punkt auf h mit $S^\pi = T^\pi$. Also gibt es zu S unendlich viele Punkte auf h, die durch π auf denselben Punkt wie S abgebildet werden. □

Unter einem nicht injektiven Epimorphismus einer projektiven Ebene hat also jeder Bildpunkt unendlich viele Urbildpunkte. Daher kann eine endliche projektive Ebene nur injektive Epimorphismen, also Isomorphismen, haben. Wir formulieren dieses Ergebnis:

Satz 5 (Dembowski 1959, Hughes 1960, Corbas 1964). *Jeder Epimorphismus einer endlichen projektiven Ebene auf eine projektive Ebene ist ein Isomorphismus.* *)

Wir wollen untersuchen, wie man die Stelle eines Ternärkörpers beschreiben kann, wenn zusätzliche algebraische Eigenschaften für diesen — wie Linearitätsbedingung, Assoziativ-, Distributiv- oder Kommutativgesetze — vorhanden sind. Dafür zeigen wir zunächst, daß sich diese algebraischen Eigenschaften von dem Ternärkörper (K, T) unter einer Stelle π auf sein Bild (K', T') übertragen. Wir untersuchen die Linearitätsbedingung (s. § 1): Es ist zu zeigen, daß für $a', b', c' \in K'$ stets $T'(a', b', c') = a'b' + c'$ gilt. Zu a', b', c' wählen wir Elemente $a, b, c \in K$ mit $a^\pi = a'$, $b^\pi = b'$ und $c^\pi = c'$. Dann hat man für diese $T(a, b, c) = ab + c$. Nach (S 2) aus Satz 1 ist $(T(a, b, c))^\pi = T'(a^\pi, b^\pi, c^\pi)$, und nach Satz 2 gilt $(ab + c)^\pi = a^\pi b^\pi + c^\pi$. Also ist $T'(a', b', c') = a'b' + c'$, d.h. (K', T') ist linear.

---

*) Wir haben hier den Beweis aus André 1969 gebracht. Ein sehr kurzer, rein geometrischer Beweis steht in Mortimer 1975.

Ganz entsprechend beweist man die Übertragung der weiteren oben angeführten algebraischen Eigenschaften von (K, T) auf (K', T'). Wir erhalten somit:

Satz 6 (André 1969). *Es sei π eine Stelle von einem Ternärkörper (K, T) auf einen Ternärkörper (K', T'). Ist (K, T) linear oder eine Cartesische Gruppe oder ein Quasikörper oder ein Schiefkörper oder ein Körper, so überträgt sich jede dieser Eigenschaften von (K, T) auf (K', T').*

Die hier genannten algebraischen Eigenschaften eines Ternärkörpers lassen sich in der zugehörigen projektiven Ebene durch die Gültigkeit gewisser Schließungssätze charakterisieren (s. z. B. Hughes-Piper, Projective Planes, S. 154). Damit ergibt sich als geometrische Übersetzung des eben gebrachten Satzes:

Satz 7. *Es sei π ein Epimorphismus der projektiven Ebene $\mathfrak{E}$ auf die projektive Ebene $\mathfrak{E}'$. Mit $\mathfrak{E}$ ist dann auch $\mathfrak{E}'$ eine Translationsebene oder desarguessch oder papposch.*

Eine andere Möglichkeit, Satz 7 zu beweisen, besteht darin, daß man die Gültigkeit gewisser Sonderfälle des Satzes von Desargues von einer projektiven Ebene auf ihr epimorphes Bild überträgt, indem man die Gleichwertigkeit des (C, g)-Desargues in einer projektiven Ebene $\mathfrak{E}$ mit der (C, g)-Transitivität von $\mathfrak{E}$ verwendet (s. hierzu § 5 und Hughes-Piper, Projective Planes oder Pickert 1975). Wir bringen dafür in Satz 9 ein Kriterium (Hughes 1960), wann durch eine (C, g)-Kollineation der projektiven Ebene $\mathfrak{E}$ eine zentrale Kollineation im epimorphen Bild von $\mathfrak{E}$ induziert wird. Für die Herleitung dieses Kriteriums folgen wir einem von Row 1971a gegebenen Beweis und zeigen zunächst:

Satz 8 (Row 1971a). *Es seien π_1 und π_2 Epimorphismen der projektiven Ebene $\mathfrak{E}$. Gilt für einen Punkt A von $\mathfrak{E}$, daß die Menge der Urbildpunkte von A^{π_1} unter π_1 gleich der Menge der Urbildpunkte von A^{π_2} unter π_2 ist, so sind $\mathfrak{E}^{\pi_1}$ und $\mathfrak{E}^{\pi_2}$ isomorph.*

Beweis.
Für einen Punkt P aus $\mathfrak{E}$ bezeichne $[P]_i$, $i = 1, 2$, die Menge der Urbilder von P^{π_i} unter π_i.

Nach Voraussetzung ist $[A]_1 = [A]_2$; wir setzen deshalb $[A] = [A]_1$. Sei B ein Punkt aus $\mathfrak{E}$ mit $B \notin [A]$. Wir wollen zeigen, daß $[B]_1 = [B]_2$ ist. Wegen $A^{\pi_1} \neq B^{\pi_1}$ gibt es einen Punkt C auf $A\,B$ mit $C \notin [A]$, $C \notin [B]_1$. Es sei b eine mit B inzidierende Gerade und $L \in b \cap [B]_1$. Dann ist $(LC)^{\pi_1} = (B\,C)^{\pi_1} = (A\,B)^{\pi_1}$ und daher $LC \cap [A] \neq \emptyset$. Folglich ist $(LC)^{\pi_2} = (A\,C)^{\pi_2} = (A\,B)^{\pi_2}$. Ist $b \cap [A] = \emptyset$, so ist $b^{\pi_2} \neq (A\,B)^{\pi_2}$ und damit $L^{\pi_2} = (LC)^{\pi_2} \cap b^{\pi_2} = (A\,B)^{\pi_2} \cap b^{\pi_2} = B^{\pi_2}$. Folglich gilt:

$$(*) \qquad b \cap [B]_1 \subseteq b \cap [B]_2, \text{ falls } b \text{ eine Gerade durch } B \text{ mit } b \cap [A] = \emptyset \text{ ist.}$$

Sei nun b eine Gerade durch B mit $b \cap [A] \neq \emptyset$. Wir wählen einen Punkt D in $\mathfrak{E}$ mit $D^{\pi_2} \not\mathrel{I} B^{\pi_2}A^{\pi_2}$ und setzen $d = DB$. Dann ist $d \cap [A] = \emptyset$, $B \mathrel{I} d$ und $D \notin [B]_2$; nach $(*)$ ist somit $D \notin [B]_1$. Es gibt eine Gerade b' durch B, deren Bild unter π_1 weder A^{π_1} noch D^{π_1} enthält. Also läßt sich jeder Punkt von $b \cap [B]_1$ durch die Perspektivität mit dem Zentrum D auf einen Punkt aus $b' \cap [B]_1$ abbilden. Wegen $b' \cap [A] = \emptyset$ ist nach (*) $b' \cap [B]_1 \subseteq b' \cap [B]_2$. Für $L \in b \cap [B]_1$ ist daher $L = b \cap LD = b \cap L'D$ mit $L' \in b' \cap [B]_1 \subseteq b' \cap [B]_2$ und folglich $L^{\pi_2} = b^{\pi_2} \cap (L'D)^{\pi_2} = b^{\pi_2} \cap B^{\pi_2}D^{\pi_2} = B^{\pi_2}$; also ist $L \in b \cap [B]_2$, und (*) gilt somit auch für Geraden b durch B mit $b \cap [A] \neq \emptyset$.

Wegen $[B]_i = \bigcup_{b \mathrel{I} B} ([B]_i \cap b)$, $i = 1, 2$, erhält man daher $[B]_1 \subseteq [B]_2$, und indem man die Rollen von π_1 und π_2 vertauscht, ergibt sich $[B]_1 = [B]_2$.

Die beiden Epimorphismen π_1 und π_2 liefern folglich die gleiche Klasseneinteilung in der Menge der Punkte von $\mathfrak{E}$. Für zwei Punkte P, Q von $\mathfrak{E}$ mit $[P] \neq [Q]$ ist $[PQ]_1 = \{P'Q' \colon P' \in [P],\ Q' \in [Q]\} = [PQ]_2$; also stimmen auch die durch π_1, π_2 gegebenen Klasseneinteilungen in der Menge der Geraden von $\mathfrak{E}$ überein. Durch $P^{\pi_1} \mapsto P^{\pi_2}$, $g^{\pi_1} \mapsto g^{\pi_2}$ ist folglich eine Abbildung der Punkte bzw. Geraden von $\mathfrak{E}^{\pi_1}$ nach $\mathfrak{E}^{\pi_2}$ definiert, und diese ist ein Isomorphismus. □

Satz 9 (Hughes 1960). *Es sei π ein Epimorphismus der projektiven Ebene $\mathfrak{E}$ auf die projektive Ebene $\mathfrak{E}'$ und σ eine (C, g)-Kollineation von $\mathfrak{E}$. Dann induziert $\sigma\pi$ genau dann eine zentrale Kollineation in $\mathfrak{E}'$, wenn es in $\mathfrak{E}$ Punkte B und B^σ gibt, für die B^π, $B^{\sigma\pi} \neq C^\pi$ und B^π, $B^{\sigma\pi} \mathrel{\not\!I} g^\pi$ ist.*

Beweis (Row 1971a).
Die eine Richtung des im Satz formulierten Kriteriums gilt trivialerweise. Wir setzen deshalb nun voraus, daß B und B^σ Punkte aus $\mathfrak{E}$ mit den oben angegebenen Eigenschaften sind, und führen aus, daß dann durch $\sigma\pi$ eine zentrale Kollineation in $\mathfrak{E}^\pi$ induziert wird. Wir zeigen dafür, daß für $\pi_1 = \pi$ und $\pi_2 = \sigma\pi$ (mit der Bezeichnung des vorhergehenden Satzes) für einen Punkt A von $\mathfrak{E}$ gilt: $[A]_1 = [A]_2$. Es sei A ein Punkt von g mit $A^\pi \mathrel{\not\!I} (BC)^\pi$. Für $L \in [A]_1$ sei $A' = LB \cap g$. Dann ist $A'^\pi = L^\pi B^\pi \cap g^\pi = A^\pi B^\pi \cap g^\pi = A^\pi$, also $A'^\pi = L^\pi$. Folglich ist $L^{\sigma\pi} = (CL \cap A'B)^{\sigma\pi} = (CL)^{\sigma\pi} \cap (A'B)^{\sigma\pi} = (CL)^\pi \cap A'^\pi B^{\sigma\pi} = (CL)^\pi \cap (LB^\sigma)^\pi = L^\pi = A^\pi = A^{\sigma\pi}$ und somit $L \in [A]_2$. Damit hat man $[A]_1 \subseteq [A]_2$. Weil $A^\pi \mathrel{I} (BC)^\pi$ genau dann gilt, wenn $A^{\sigma\pi} \mathrel{\not\!I} (BC)^{\sigma\pi}$ ist, ergibt sich völlig analog wie eben $[A]_2 \subseteq [A]_1$. Aufgrund des Satzes 8 gilt daher $[P]_1 = [P]_2$ für jeden Punkt von $\mathfrak{E}$, und es ist durch $P^\pi \to P^{\sigma\pi}$ eine (C^π, g^π)-Kollineation von $\mathfrak{E}^\pi$ gegeben. □

Wir fahren fort in der Beschreibung der Stellen für Ternärkörper, in denen gewisse zusätzliche algebraische Eigenschaften erfüllt sind. Eine Stelle einer Cartesischen Gruppe (s. § 1) läßt sich algebraisch folgendermaßen charakterisieren:

Satz 10 (André 1969). *Es seien K und K' Cartesische Gruppen. Eine surjektive Abbildung $\pi\colon K \to K' \cup \{\infty\}$ ist genau dann eine Stelle von K nach K', wenn für sie die folgenden Bedingungen erfüllt sind:*

(S 1′) $0^\pi = 0,\ 1^\pi = 1$.

(S 2′) $a^\pi, b^\pi \neq \infty \Rightarrow (a+b)^\pi = a^\pi + b^\pi,\ (ab)^\pi = a^\pi b^\pi$.

(S 3′) $a^\pi \neq \infty,\ b^\pi = \infty \Rightarrow (a+b)^\pi = (b+a)^\pi = \infty$.

(S 4′) $a^\pi \neq 0,\ b^\pi = \infty \Rightarrow (ab)^\pi = (ba)^\pi = \infty$.

(S 5′) $(-ax + a_0 x)^\pi \neq \infty,\ x^\pi = \infty \Rightarrow a^\pi = a_0^\pi$.

(S 6′) $(ax - ax_0)^\pi \neq \infty,\ a^\pi = \infty \Rightarrow x^\pi = x_0^\pi$.

(S 7′) $a_0 x + a x_0 = ax,\ a^\pi = x^\pi = (a_0 x)^\pi = (a x_0)^\pi = \infty \Rightarrow a_0^\pi = \infty$ *oder* $x_0^\pi = \infty$.

Beweis.

1) Es sei π eine Stelle von K nach K'. Dann erfüllt π die Bedingungen (S 1) bis (S 8) aus Satz 1. Wir zeigen, daß aus diesen die Bedingungen (S 1′) bis (S 7′) folgen: (S 1′) stimmt mit (S 1) überein. (S 2′), (S 3′) und (S 4′) erhält man nach Satz 2. Wir leiten (S 5′) aus (S 6) (und (S 1′) bis (S 4′)) her: Es sei $b = -ax + a_0 x$ und $y = ax + b = a_0 x$. Dann ist nach Voraussetzung $b^\pi \neq \infty$; und falls $y^\pi = \infty$, folgt (S 5′) nach (S 6). Ist $y^\pi \neq \infty$, so ist $(a_0 x)^\pi \neq \infty$, und nach (S 2′) ist $(ax)^\pi = (y-b)^\pi = (y)^\pi + (-b)^\pi \neq \infty$; denn wegen $b + (-b) = 0$, $b^\pi \neq \infty$, $0^\pi = 0$ ist nach (S 3′) $(-b)^\pi \neq \infty$. Aus $x^\pi = \infty$, $(a_0 x)^\pi \neq \infty$ und $(ax)^\pi \neq \infty$ erhält man nach (S 4′) $a_0^\pi = 0$ und $a^\pi = 0$; also gilt auch in diesem Falle (S 5′). Ähnlich ergibt sich (S 6′) aus (S 7): Es sei $b = -a x_0$ und $y = ax + b = ax - a x_0$. Dann ist aufgrund der Voraussetzung von (S 6′) $y^\pi \neq \infty$, und für $b^\pi = \infty$ folgt nach (S 7), daß $x^\pi = x_0^\pi$ ist. Ist $b^\pi \neq \infty$, so ist auch $(-b)^\pi = (a x_0)^\pi \neq \infty$ und weiter nach (S 2′) $(ax)^\pi = (y-b)^\pi = y^\pi + (-b)^\pi \neq \infty$. Aus $a^\pi = \infty$ und $(a x_0)^\pi \neq \infty$ wie $(ax)^\pi \neq \infty$ erhält man nach (S 4′) $x^\pi = x_0^\pi = 0$. Die Bedingung (S 7′) folgt aus (S 8): Wir setzen dafür $y = a_0 x$ und $b = -ax + y$. Dann ist aufgrund der Voraussetzung von (S 7′) $a x_0 + b = (-a_0 x + ax) + b = -y + (ax + b) = -y + y = 0$. Die weiteren Voraussetzungen von (S 8) erhält man aus denen von (S 7′); denn es ist $a^\pi = x^\pi = \infty$ und $y^\pi = (a_0 x)^\pi = \infty$, und wegen $b = -a x_0$ ist auch $b^\pi = \infty$. Damit gilt nach (S 8) $a_0^\pi = \infty$ oder $x_0^\pi = \infty$.

2) Wir setzen nun die Eigenschaften (S 1′) bis (S 7′) für die surjektive Abbildung π: $K \to K' \cup \{\infty\}$ voraus und leiten für diese die Bedingungen (S 1) bis (S 8) von Satz 1 her, wobei wir davon Gebrauch machen, daß K und K′ Cartesische Gruppen sind, also die ternären Verknüpfungen T, T' von K bzw. K' linear und die Additionen assoziativ sind. Aus (S 2′) ergibt sich $(T(a,x,b))^\pi = (ax + b)^\pi = a^\pi x^\pi + b^\pi = T'(a^\pi, x^\pi, b^\pi)$ für $a^\pi, x^\pi, b^\pi \neq \infty$, somit (S 2). Ist $x^\pi = \infty$, $b^\pi \neq \infty$ und $(ax + b)^\pi \neq \infty$, so ist wegen (S 3′) $(ax)^\pi \neq \infty$ und daher nach (S 4′) $a^\pi = 0$; folglich gilt (S 3). Genauso zeigt man (S 4). Aus $b^\pi = \infty$ und $(ax + b)^\pi \neq \infty$ erhält man wegen (S 3′) $(ax)^\pi = \infty$; nach (S 2′) muß somit $a^\pi = \infty$ oder $x^\pi = \infty$ sein; also gilt (S 5). Aus (S 5′) folgt wegen $b = -ax + a_0 x$ die Bedingungen (S 6), und aus (S 6′) erhält man wegen $ax + b = ax - a x_0$ (S 7). Die Bedingung (S 8) ergibt sich aus (S 7′), indem man $a x_0 = -b$ und $a_0 x = ax + b$ setzt. □

Die eine Stelle auf einer Cartesischen Gruppe beschreibenden Bedingungen (S 1′) bis (S 7′) lassen sich für einen Schiefkörper noch weiter vereinfachen, wie wir in dem folgenden Satz zeigen.

Satz 11 (André 1969). *Es seien K und K′ Schiefkörper. Eine surjektive Abbildung π: $K \to K' \cup \{\infty\}$ ist genau dann eine Stelle von K nach K′, wenn π die Bedingungen* (S 1′) *bis* (S 4′) *aus Satz* 8 *erfüllt.*

Beweis.

Wir zeigen, daß für einen Schiefkörper K die Bedingungen (S 5′) bis (S 7′) aus (S 1′) bis (S 4′) folgen: Sei in Übereinstimmung mit den Voraussetzungen von (S 5′) $x^\pi = \infty$ und $(-ax + a_0 x)^\pi \neq \infty$. Wegen $-ax + a_0 x = (-a + a_0)x$ ist dann $((-a + a_0)x)^\pi \neq \infty$ und $x^\pi = \infty$, woraus nach (S 4′) $(-a + a_0)^\pi = 0$ und damit für $a_0 = a + (-a + a_0)$ nach (S 2′) bzw. (S 3′) im Falle $a^\pi = \infty$ weiter $a_0^\pi = a^\pi$ folgt, womit (S 5′) hergeleitet ist. Entsprechend ergibt sich (S 6′) mit Hilfe des anderen Distributivgesetzes. Seien nun die Voraussetzungen von (S 7′) erfüllt, also $a_0 x + a x_0 = ax$ und $a^\pi = x^\pi = (a_0 x)^\pi$

$= (a x_0)^\pi = \infty$. Wir nehmen an, (S 7′) gälte nicht, dann ist somit $a_0^\pi \neq \infty$ und $x_0^\pi \neq \infty$. Wegen $a^\pi = \infty$, $x^\pi = \infty$ ist $a \neq 0$, $x \neq 0$, also existieren a^{-1} und x^{-1}, und nach (S 1′) und (S 4′) folgt aus $a a^{-1} = 1$ bzw. $x x^{-1} = 1$, daß $(a^{-1})^\pi = 0$ und $(x^{-1})^\pi = 0$ ist. Dann ist nach (S 2′) $(a^{-1} a_0)^\pi = (a^{-1})^\pi a_0^\pi = 0$ und $(x_0 x^{-1})^\pi = x_0^\pi (x^{-1})^\pi = 0$. Aufgrund der Distributivgesetze und der Assoziativität der Multiplikation ist $a^{-1}(a_0 x + a x_0) x^{-1} = a^{-1} a_0 + x_0 x^{-1}$. Folglich gilt nach (S 2′)

$$(a^{-1}(a_0 x + a x_0) x^{-1})^\pi = (a^{-1} a_0 + x_0 x^{-1})^\pi = (a^{-1} a_0)^\pi + (x_0 x^{-1})^\pi = 0.$$

Andererseits ist wegen $a_0 x + a x_0 = a x$ aber $a^{-1}(a_0 x + a x_0) x^{-1} = 1$ und daher nach (S 1′) $(a^{-1}(a_0 x + a x_0) x^{-1})^\pi = 1^\pi = 1$, womit wir die Annahme $a_0^\pi \neq \infty$ und $x_0^\pi \neq \infty$ zum Widerspruch geführt und (S 7′) bewiesen haben. □

Im Falle eines Körpers sind (S 1′) bis (S 4′) gerade die eine (surjektive) Stelle im bewertungstheoretischen Sinne charakterisierenden Bedingungen (s. § 4, II). Mit Satz 1 ist dann also gezeigt, daß man die Bewertungen von Körpern durch Epimorphismen der zugehörigen projektiven Ebenen beschreiben kann. Dieser Zusammenhang ist bereits in Klingenberg 1956 dargestellt. Für Schiefkörper ist die Situation anders als für Körper: Die in der Krullschen Bewertungstheorie übliche Definition der Stelle (s. Schilling, The Theory of Valuations) ist hier spezieller als der Begriff der Stelle, den man über die Epimorphismen desarguesscher projektiver Ebenen erhält. (Man vgl. hierzu Radó 1970 und Mathiak 1977).

Wir beschäftigen uns nun mit Epimorphismen angeordneter projektiver Ebenen, fragen also nach einer Verallgemeinerung von ordnungsverträglichen Bewertungen. Es seien $\mathfrak{E}$ und $\mathfrak{E}'$ angeordnete projektive Ebenen. Ein *Homomorphismus* π: $\mathfrak{E} \to \mathfrak{E}'$ heiße *ordnungstreu* oder *o-Homomorphismus*, wenn für Punkte A, B, C, D aus $\mathfrak{E}$ mit verschiedenen Bildpunkten aus $AB \mid CD$ stets $A^\pi B^\pi \mid C^\pi D^\pi$ folgt. Weiter nennen wir für angeordnete Ternärkörper K, K' eine *Stelle* π: $K \to K' \cup \{\infty\}$ *ordnungstreu*, wenn für alle $a, b \in K$ gilt:

(OS 1) Aus $a^\pi, b^\pi \neq \infty$ und $a < b$ folgt $a^\pi \leqslant b^\pi$.

(OS 2) Aus $0 < a < b$ und $a^\pi = \infty$ folgt $b^\pi = \infty$.

Für eine ordnungstreue Stelle π: $K \to K' \cup \{\infty\}$ gilt ferner:

(OS 2′) Aus $b < a < 0$ und $a^\pi = \infty$ folgt $b^\pi = \infty$.

Man leitet diese Beziehung her, indem man in K Elemente a_1, b_1 mit $a + a_1 = 0$ und $b + b_1 = 0$ bestimmt; für diese ist dann $0 < a_1 < b_1$; wegen $a + a_1 = 0$ ist nach Satz 2 $a_1^\pi = \infty$, nach (OS 2) also $b_1^\pi = \infty$ und damit nach Satz 2 $b^\pi = \infty$.

Daß sich o-Epimorphismen und ordnungstreue Stellen gerade gegenseitig (wie in Satz 1 angegeben) induzieren, zeigt der folgende Satz.

Satz 12 (Kuhn 1976). *Es seien $\mathfrak{E}$ und $\mathfrak{E}'$ angeordnete projektive Ebenen und π: $\mathfrak{E} \to \mathfrak{E}'$ ein Epimorphismus. K' sei Koordinatenternärkörper von $\mathfrak{E}'$ bez. des Quadrupels O', E', U', V' und K Koordinatenternärkörper von $\mathfrak{E}$ bez. eines Quadrupels von Urbildern O, E, U, V zu O', E', U', V'. Die Ternärkörper K und K' seien mit den durch $\mathfrak{E}$ bzw. $\mathfrak{E}'$ gegebenen Anordnungen versehen. Dann ist π: $\mathfrak{E} \to \mathfrak{E}'$ genau dann ordnungstreu, wenn die durch π induzierte Stelle von K nach K' ordnungstreu ist.*

Beweis.
Mit ζ wird die durch die Anordnung von K bzw. K' gegebene Zwischenbeziehung wie auch die durch die Trennbeziehung in $\mathfrak{E}_{UV}$ bzw. $\mathfrak{E}'_{U'V'}$ definierte Zwischenbeziehung bezeichnet.

1) Wir setzen voraus, daß $\pi\colon \mathfrak{E} \to \mathfrak{E}'$ ein o-Epimorphismus ist. Durch π ist, wie in Satz 1 beschrieben, eine Stelle von K nach K' gegeben; wir bezeichnen diese ebenfalls mit π. Wir haben zu zeigen, daß für $\pi\colon K \to K' \cup \{\infty\}$ die Bedingungen (OS 1) und (OS 2) erfüllt sind.

Zunächst beweisen wir die beiden folgenden Behauptungen:

(∗) Sind für $a, b, c \in K$ die Bilder a^π, b^π, c^π aus K' und diese voneinander verschieden, so folgt aus $\zeta(a,b,c)$ stets $\zeta(a^\pi, b^\pi, c^\pi)$.

(∗∗) Sind für $a, b, c \in K$ die Bilder a^π, b^π, c^π aus K' und wenigstens zwei von diesen voneinander verschieden, so folgt aus $\zeta(a,b,c)$ stets $a^\pi \neq c^\pi$.

Zu (∗): Aus $\zeta(a,b,c)$ erhält man $ac\,|\,bW$ mit $W = OE \cap UV$ in $\mathfrak{E}$. Wegen $W^\pi = O'E' \cap U'V' = \infty \in K'$ gilt daher $a^\pi c^\pi \,|\, b^\pi \infty$, also $\zeta(a^\pi, b^\pi, c^\pi)$.

Zu (∗∗): Angenommen, es wäre $a^\pi = c^\pi$. Dann ist $a^\pi \neq b^\pi$. Wir wählen in K' ein Element d' mit $\zeta(a^\pi, d', b^\pi)$. Sei $d \in K$ ein Urbild zu d' unter π. Aus $\zeta(a^\pi, d^\pi, b^\pi)$ erhält man nach (∗) $\zeta(a,d,b)$ und wegen $a^\pi = c^\pi$ auch $\zeta(c,d,b)$. Nach Voraussetzung gilt $\zeta(a,b,c)$, was zusammen mit $\zeta(a,d,b)$ also $\zeta(d,b,c)$ im Widerspruch zu der bereits hergeleiteten Beziehung $\zeta(c,d,b)$ steht. Folglich gilt $a^\pi \neq c^\pi$.

Wir weisen die Bedingung (OS 1) für $\pi\colon K \to K' \cup \{\infty\}$ nach: Für die Elemente $a, b \in K$ sei $a < b$, $a^\pi, b^\pi \neq \infty$ und $a^\pi \neq b^\pi$. Je nachdem, ob eines oder keines der beiden Elemente gleich Null ist, unterscheiden wir drei Fälle:

α) $0 = a < b$: Dann ist $b^\pi \neq 0$. Wäre $b^\pi < 0$, so erhielte man $\zeta(b^\pi, 0, 1)$, und hieraus nach (∗) $\zeta(b, 0, 1)$, wegen $0 < 1$ somit $b < 0$ im Widerspruch zur Voraussetzung. Also ist $a^\pi = 0 < b^\pi$.

β) $a < b = 0$: Es ist $a < b < 1$, somit gilt $\zeta(a, b, 1)$. Wegen $b^\pi = 0 \neq 1 = 1^\pi$ folgt nach (∗∗) $a^\pi \neq 1$. Damit sind die Elemente a^π, b^π und 1^π voneinander verschieden, und es ergibt sich nach (∗) $\zeta(a^\pi, b^\pi, 1^\pi)$ und hieraus wegen $b^\pi = 0 < 1 = 1^\pi$ weiter $a^\pi < b^\pi$.

γ) $a \neq 0, b \neq 0$: Für $a < b < 0$ erhält man wegen $a^\pi \neq b^\pi$ nach (∗∗) $a^\pi \neq 0^\pi = 0$. Dann ist nach β) $a^\pi < 0^\pi = 0$; für $b^\pi = 0$ folgt hieraus direkt $a^\pi < b^\pi$, und für $b^\pi \neq 0$ sind a^π, b^π und 0^π voneinander verschieden, also gilt nach (∗) $\zeta(a^\pi, b^\pi, 0)$ und somit ebenfalls $a^\pi < b^\pi$.

Ist $a < 0 < b$, so erhält man nach α), β), daß $a^\pi \leqslant 0 \leqslant b^\pi$ ist; wegen $a^\pi \neq b^\pi$ folgt hieraus $a^\pi < b^\pi$.

Für $0 < a < b$ ist wegen $a^\pi \neq b^\pi$ nach (∗∗) $b^\pi \neq 0$. Ist $a^\pi = 0$, so ergibt sich $a^\pi < b^\pi$ nach α); ist $a^\pi \neq 0$, so sind 0^π, a^π, b^π voneinander verschieden, und man kann mit (∗) auf $\zeta(0^\pi, a^\pi, b^\pi)$ schließen, woraus wegen $0 < a^\pi$ (nach α)) dann $0 < a^\pi < b^\pi$ folgt.

Es geht nun um den Nachweis der Eigenschaft (OS 2) für $\pi\colon K \to K' \cup \{\infty\}$: Sei $0 < a < b$ für $a, b \in K$ und $a^\pi = \infty$. Wir betrachten die Bildpunkte 0^π, 1^π, a^π, b^π und nehmen als erstes an, diese wären alle voneinander verschieden. Weil $\pi\colon \mathfrak{E} \to \mathfrak{E}'$ ordnungstreu ist und $W = OE \cap UV$ durch π auf denselben Punkt wie a abgebildet wird, steht a zu den Elementen 0, 1, b in der gleichen Trennbeziehung wie W. Damit gelten also gleichzeitig $0\,b\,|\,1\,a$ und $0\,b\,|\,1\,W$ bzw. $0 1\,|\,b\,a$ und $0 1\,|\,b\,W$ oder $1\,b\,|\,0\,a$ und $1\,b\,|\,0\,W$. Übersetzt man die Trennbeziehung der Geraden OE in die Zwischenbeziehung von K, so erhält man die Möglichkeiten $0\,b\,|\,1\,a$ und $\zeta(0,1,b)$ bzw. $0 1\,|\,b\,a$ und $\zeta(0,b,1)$ oder $\zeta(1,0,b)$ und $1\,b\,|\,0\,a$. Jede dieser Möglichkeiten führt zu einem Widerspruch; denn aus $\zeta(0,1,b)$ und $0\,b\,|\,1\,a$ ergibt sich $0 < 1 < b$ und damit $0 < 1 < b < a$, aus $\zeta(0,b,1)$ und $0 1\,|\,b\,a$ folgt $0 < b < 1$ und somit $0 < b < 1 < a$, und der Fall $\zeta(1,0,b)$ ist wegen $0 < b$ auszuschließen. b^π muß also mit einem der Bildpunkte 0^π, 1^π, a^π übereinstimmen. Wir nehmen an, es wäre $b^\pi = 0^\pi$, also $b^\pi = 0$. Wegen (**) muß dann $0 < b < 1$ sein; somit gilt $0 < a < b < 1$. Wir wählen ein $c' \in K'$ mit $c' < 0$ und zu diesem ein $c \in K$ mit $c^\pi = c'$. Nach (OS 1) ist $c < 0$ und damit $c < a < b < 1$. Also gilt $c\,b\,|\,a\,1$; weiter sind die Bildpunkte c^π, b^π, a^π, 1^π voneinander verschieden, und es folgt daher $c^\pi\,b^\pi\,|\,a^\pi\,1^\pi$ aus der Ordnungstreue von $\pi\colon \mathfrak{E} \to \mathfrak{E}'$. Wegen $a^\pi = \infty$ bedeutet das $\zeta(c^\pi, 1^\pi, b^\pi)$, woraus man wegen $b^\pi = 0 < 1 = 1^\pi$ somit $0 < 1 < c^\pi = c'$ im Widerspruch zur Wahl von c' erhält. Also ist $b^\pi \neq 0^\pi$. Wir untersuchen, ob $b^\pi = 1^\pi$ gelten kann: Sei also $b^\pi = 1^\pi$. Wir wählen wieder ein Element $c' \in K'$ mit $c' < 0$ und zu diesem ein $c \in K$ mit $c^\pi = c'$. Dann ist $c < 0$ und somit $c < 0 < a < b$. Also gilt $0\,b\,|\,c\,a$. Weil die Elemente 0^π, b^π, c^π, a^π voneinander verschieden sind, folgt hieraus $0^\pi\,b^\pi\,|\,c^\pi\,a^\pi$ und daher $\zeta(0^\pi, c^\pi, b^\pi)$, d.h. $\zeta(0, c', 1)$, was mit $0 < 1$ und $c' < 0$ nicht verträglich ist. Also bleibt für b^π nur die Möglichkeit $b^\pi = a^\pi$. Damit ist (OS 2) bewiesen. Folglich ist die durch den o-Epimorphismus $\pi\colon \mathfrak{E} \to \mathfrak{E}'$ induzierte Stelle $\pi\colon K \to K' \cup \{\infty\}$ ordnungstreu.

2) Wir setzen nun voraus, daß $\pi\colon K \to K' \cup \{\infty\}$ ordnungstreu ist, und wollen daraus auf die Ordnungstreue des durch π gegebenen Epimorphismus $\pi\colon \mathfrak{E} \to \mathfrak{E}'$ schließen. Es seien A_i, $i = 1, \ldots, 4$, vier kollineare Punkte aus $\mathfrak{E}$, deren Bilder unter π verschieden seien. Für die Punkte A_i, $i = 1, \ldots, 4$, gelte die Trennbeziehung $A_1\,A_2\,|\,A_3\,A_4$. Wir unterscheiden drei Fälle, je nachdem, ob keiner, genau einer oder alle vier der Bildpunkte A_i^π, $i = 1, \ldots, 4$, auf der Geraden $U'V'$ liegen.

1. Fall: $A_i^\pi \not\mathrel{I} U'V'$ für $i = 1, \ldots, 4$.

Also ist auch $A_i \not\mathrel{I} UV$ für $i = 1, \ldots, 4$ und mit $A_i = (x_i, y_i)$, $x_i, y_i \in K$, ist nach Satz 1 $A_i^\pi = (x_i^\pi, y_i^\pi)$, $i = 1, \ldots, 4$. Weil die Punkte A_i^π, $i = 1, \ldots, 4$, voneinander verschieden sind, sind ihre x-Koordinaten oder ihre y-Koordinaten voneinander verschieden. Wir nehmen das erstere an. Dann sind auch die x-Koordinaten der Punkte A_i, $i = 1, \ldots 4$, voneinander verschieden. Indem man $A_1\,A_2$ vom Zentrum V aus auf OE abbildet, erhält man aus $A_1\,A_2\,|\,A_3\,A_4$ wegen Invarianz der Trennbeziehung gegenüber Perspektivitäten $x_1\,x_2\,|\,x_3\,x_4$. Weil π eine o-Stelle ist, folgt hieraus $x_1^\pi\,x_2^\pi\,|\,x_3^\pi\,x_4^\pi$, und durch perspektive Abbildung von V' auf $A_1^\pi A_2^\pi$ ergibt dies $A_1^\pi\,A_2^\pi\,|\,A_3^\pi\,A_4^\pi$. Ganz ähnlich schließt man, wenn die y-Koordinaten der Punkte A_i^π, $i = 1, \ldots, 4$, voneinander verschieden sind.

2. Fall: Genau einer der Bildpunkte A_i^π, $i = 1, \ldots, 4$, inzidiere mit $U'V'$. Sei dies der Punkt A_4^π.

Es ist $A_4^\pi \neq V'$ oder $A_4^\pi \neq U'$. Wir setzen das erstere voraus. $A_1^\pi\,A_2^\pi$ werde perspektiv von V' aus auf die Punktreihe $O'E'$ abgebildet; es sei hierbei x_i' der Bildpunkt von A_i^π, $i = 1, \ldots, 4$. Entsprechend bilden wir $A_1 A_2$ perspektiv von V aus auf OE ab, und es sei x_i der Bildpunkt von A_i, $i = 1, \ldots, 4$. Weil π ein Homomorphismus von $\mathfrak{E}$ auf $\mathfrak{E}'$ ist, ist $x_i^\pi = (OE \cap VA_i)^\pi = O'E' \cap V'A_i^\pi = x_i'$, $i = 1, \ldots, 4$. Aus $A_1\,A_2\,|\,A_3\,A_4$ erhält man $x_1\,x_2\,|\,x_3\,x_4$. Wegen $A_i^\pi \not\mathrel{I} U'V'$ für $i = 1, 2, 3$ ist $x_i^\pi \not\mathrel{I} U'V'$, also $x_i^\pi \neq \infty$, für $i = 1, 2, 3$, und somit auch $x_i \in K$ für $i = 1, 2, 3$; wegen $A_4^\pi \mathrel{I} U'V'$ kann jedoch

$A_4 \mathrel{I} UV$, also $x_4 = \infty$, gelten. Ist $x_4 = \infty$, so erhält man aus $x_1 x_2 | x_3 x_4$ die Beziehung $\zeta(x_1, x_3, x_2)$. Ist $x_4 \neq \infty$, so folgt aus $x_1 x_2 | x_3 x_4$ zunächst $\zeta(x_1, x_3, x_2)$ oder $\zeta(x_1, x_4, x_2)$. Aus $\zeta(x_1, x_4, x_2)$ ergibt sich wegen $x_4^\pi = \infty$ nach (OS 2) oder (OS 2') aber der Widerspruch $x_1^\pi = \infty$ oder $x_2^\pi = \infty$. Also erhält man auch für $x_4 \neq \infty$ die Beziehung $\zeta(x_1, x_3, x_2)$. Nach (OS 1) ergibt sich hieraus $\zeta(x_1^\pi, x_3^\pi, x_2^\pi)$. Wegen $x_4^\pi = \infty$ gilt daher $x_1^\pi x_2^\pi | x_3^\pi x_4^\pi$, woraus durch Anwendung einer Perspektivität $A_1^\pi A_2^\pi | A_3^\pi A_4^\pi$ folgt.

Wir hatten für diesen Beweisteil $A_4^\pi \neq V'$ vorausgesetzt. Ist $A_4^\pi = V'$, so schließt man völlig analog, nur, daß man die Perspektivitäten mit den Zentren V' bzw. V durch Perspektivitäten mit den Zentren U' bzw. U ersetzt.

3. Fall: $A_i^\pi \mathrel{I} U'V'$ für $i = 1, \ldots, 4$.

Wir wählen in $\mathfrak{E}'$ einen Punkt S', der weder auf $U'V'$ noch auf $E'A_4^\pi$ liegt. S sei ein Urbildpunkt zu S' unter π. Wir bilden die Punktreihe $A_1^\pi A_4^\pi = U'V'$ perspektiv von S' aus auf $E'A_4^\pi$ ab und die Punktreihe $A_1 A_4$ von S aus perspektiv auf EA_4. Dann gilt für die Bilder B_i' bzw. B_i von A_i^π bzw. A_i, $i = 1, \ldots, 4$, unter diesen Perspektivitäten $B_i' = B_i^\pi$, $i = 1, \ldots, 4$, und wegen Invarianz der Trennbeziehung gegenüber Perspektivitäten besteht zwischen den Punkten B_i, $i = 1, \ldots, 4$, bzw. B_i^π, $i = 1, \ldots, 4$, genau die gleiche Trennbeziehung wie zwischen den Punkten A_i, $i = 1, \ldots, 4$, bzw. A_i^π, $i = 1, \ldots, 4$. Damit ist dieser Fall auf den gerade behandelten zurückgeführt. □

Es seien K und K' angeordnete Ternärkörper und π eine ordnungsverträgliche Stelle von K nach K'. Wir untersuchen in Analogie zum Bewertungsring die Struktur der Menge $A = \{k \in K: k^\pi \neq \infty\}$. Zunächst ist A konvex in K; denn für $k, k' \in K$ folgt aus $a' < k' < 0 < k < a$ und $a', a \in A$ nach (OS 2) bzw. (OS 2'), daß $k^\pi \neq \infty$ wie $k'^\pi \neq \infty$, also $k, k' \in A$ ist. Weiter ist A nach Satz 2 bez. der Addition wie Multiplikation von K abgeschlossen. A ist sogar eine Unterloop der additiven Loop von K, wie man nach Satz 2 (3) erhält. Sei nun $a \notin A$, und seien die Elemente $a_l^{-1}, a_r^{-1} \in K$ durch $a_l^{-1} a = a a_r^{-1} = 1$ bestimmt. Wegen $a^\pi = \infty$ und $1^\pi \neq \infty$ folgt nach Satz 2 (4), daß $(a_l^{-1})^\pi = (a_r^{-1})^\pi = 0$ ist; also ist $a_l^{-1} \in A$ und $a_r^{-1} \in A$. Wir fassen die für A hergeleiteten Eigenschaften zusammen:

Satz 13 (Kuhn 1976). *Es seien K und K' angeordnete Ternärkörper und π eine ordnungsverträgliche Stelle von K nach K'. Dann ist die Menge $A = \{k \in K: k^\pi \neq \infty\}$ eine konvexe Unterloop von $(K, +)$, die abgeschlossen bez. der Multiplikation ist, und für die für jedes Element $k \in K$ gilt, daß k oder sein Links- und Rechtsinverses (bez. der Multiplikation) in A liegen.*

Ein archimedisch angeordneter Körper hat als ordnungsverträgliche Bewertung nur die triviale. Formuliert man dieses Ergebnis für Stellen, so ist also jede ordnungsverträgliche Stelle eines archimedischen Körpers injektiv. Wir zeigen, daß ein entsprechendes Ergebnis auch für Ternärkörper gilt:

Satz 14 (Kuhn 1976). *Jede ordnungsverträgliche Stelle eines archimedisch angeordneten Ternärkörpers ist injektiv.*

Beweis.

Es seien K und K' Ternärkörper, K archimedisch angeordnet und π eine ordnungsverträgliche Stelle von K nach K'. Sei $A = \{k \in K: k^\pi \neq \infty\}$. Natürlich sind $0, 1$ aus A und damit nach Satz 13 auch das durch $1 + 1' = 0$ bestimmte Element $1'$. Nach Satz 13 gilt somit $n \cdot 1 \in A$ und $n \cdot 1' \in A$ für jedes $n \in \mathbb{N}$. Aufgrund der Archimedizität von K und der Konvexität von A in K ist daher $A = K$. Also gibt es kein Element in K, das durch π auf ∞ abgebildet wird. Aus $0 \neq k \in K$ und $k^\pi = 0$ erhält man nach Satz 2 (2) für $k_l^{-1} \in K$ mit $k_l^{-1} k = 1$, daß $(k_l^{-1})^\pi = \infty$ ist. Folglich besteht der Kern von π nur aus der Null, und π ist somit injektiv. ▯

Ins Geometrische übersetzt ergibt der gerade bewiesene Satz:

Satz 15 (Kuhn 1976). *Jeder o-Epimorphismus einer archimedisch angeordneten projektiven Ebene ist ein o-Isomorphismus.*

Betrachtet man größtmögliche archimedisch angeordnete projektive Ebenen, also ebene projektive Ebenen (vgl. Satz 13, § 3), so läßt sich die folgende Verschärfung von Satz 15 beweisen:

Satz 16 (Salzmann 1959b). *Jeder Homomorphismus einer ebenen projektiven Ebene in eine angeordnete projektive Ebene ist bezüglich irgendeiner vorgegebenen Anordnung der ebenen projektiven Ebene ordnungstreu und injektiv.*

Beweis.
Es sei $\mathfrak{E}$ eine angeordnete ebene projektive Ebene und $\mathfrak{E}'$ eine angeordnete projektive Ebene, weiter π ein Homomorphismus von $\mathfrak{E}$ nach $\mathfrak{E}'$. Wir wählen drei kollineare Punkte O, E, W in $\mathfrak{E}$, deren Bilder unter π voneinander verschieden seien. Weil $\mathfrak{E}^\pi$ nicht ausgeartet ist, gibt es zu O, E, W zwei Punkte U, V, so daß $W = OE \cap UV$ ist und die Bildpunkte O^π, E^π, U^π, V^π ein Quadrupel bilden.

Es sei K Koordinatenternärkörper von $\mathfrak{E}$ bez. O, E, U, V und K' Koordinatenternärkörper von $\mathfrak{E}'$ bez. O', E', U', V'. Die durch π induzierte Stelle von K in K' bezeichnen wir wieder mit π; diese Stelle ist also nicht notwendig surjektiv. In $\mathfrak{E}$ bezeichne ∞ den Punkt W und in $\mathfrak{E}'$ den Punkt W^π. Weiter sei $\bar{1}$ die Lösung der Gleichung $x + 1 = 0$ in K wie auch in K'.

Wir zeigen als erstes, daß das Intervall $[0, \infty]_1$ der projektiven Geraden OE von $\mathfrak{E}$ durch π in das Intervall $[0, \infty]_{\bar{1}}$ der Geraden $O'E'$ abgebildet wird (zur Bezeichnung vgl. § 2, S. 211): Es ist $[0, \infty]_{\bar{1}} = \{k \in K\colon 0 \leqslant k\} \cup \{\infty\}$. Offensichtlich ist $0^\pi = 0$ und $\infty^\pi = \infty$. Sei nun $0 < k \in K$. Dann ist aufgrund der Monotoniegesetze in K also $0 = 0 \cdot 0 < k < 1 + k < (1 + k) \cdot (1 + k)$. Nach den Sätzen 7 und 24 von § 2 ist die Abbildung $x \mapsto x \cdot x\colon K \to K$ stetig (bez. der durch die Ordnungstopologie von $\mathfrak{E}$ auf K induzierten Topologie), und nach Satz 11, § 3 ist K und damit auch $]0, k + 1[$ zusammenhängend. Folglich gibt es nach dem Zwischenwertsatz (= Lemma 29, § 2) ein Element $s \in]0, k + 1[$ mit $s \cdot s = k$. Also ist aufgrund der Monotoniegesetze in K' dann $k^\pi = s^\pi \cdot s^\pi \geqslant 0$. Das Intervall $[O, W]_{\bar{1}}$ der Geraden OE wird durch π somit in das Intervall $[O^\pi, W^\pi]_{\bar{1}}$ der Geraden $O^\pi E^\pi$ abgebildet. Macht man sich von der speziellen Wahl der Punkte O, E, W unabhängig, so läßt sich dieses Ergebnis folgendermaßen formulieren:

(∗) Sind A, B, C drei verschiedene Punkte einer Geraden g in $\mathfrak{E}$, deren Bilder unter π paarweise verschieden sind, so werden die Intervalle, in welche die Gerade durch die drei Punkte eingeteilt wird, durch π in die entsprechenden Intervalle der Bildgeraden abgebildet.

Wir zeigen nun, daß $x^\pi \neq \infty^\pi$ für jedes $x \in K$ gilt: Weil K archimedisch angeordnet ist, können wir K darstellen als

$$K = \bigcup_{n \in \mathbb{N}_0} [n \cdot 1, (n+1) \cdot 1] \cup \bigcup_{n \in \mathbb{N}_0} [n \cdot \bar{1}, (n+1) \cdot \bar{1}].$$

Es ist $(n+1) \cdot 1 = 1 + n \cdot 1$ und $(n+1) \cdot \bar{1} = \bar{1} + n \cdot \bar{1}$, $n \in \mathbb{N}_0$, und damit $((n+1) \cdot 1)^\pi = 1^\pi + (n \cdot 1)^\pi \neq \infty$ wie $((n+1) \cdot \bar{1})^\pi = \bar{1}^\pi + (n \cdot \bar{1})^\pi \neq \infty$, $n \in \mathbb{N}_0$. Also ist $\infty \notin K^\pi$, und wegen $\infty^\pi = \infty$ heißt das: $x^\pi \neq \infty^\pi$ für jedes $x \in K$. Die Wahl von $W = \infty$ war keinerlei Einschränkung unterworfen, weil man jeden Punkt aus $\mathfrak{E}$ zu einem kollinearen Tripel mit verschiedenen Bildern unter π ergänzen kann. Folglich ist π injektiv. Mit (∗) war gezeigt, daß π die Punktreihen von $\mathfrak{E}$ ordnungstreu auf die von $\mathfrak{E}^\pi$ abbildet. Also ist π ein injektiver o-Homomorphismus von $\mathfrak{E}$ nach $\mathfrak{E}'$. □

Der in Satz 16 betrachtete Homomorphismus einer angeordneten ebenen projektiven Ebene $\mathfrak{E}$ in eine angeordnete projektive Ebene $\mathfrak{E}'$ bildet also die Punktreihen von $\mathfrak{E}$ homöomorph auf die von $\mathfrak{E}^\pi$ ab. Weil die Punktmenge einer affinen Ebene homöomorph zum topologischen Produkt zweier affiner Punktreihen (Satz 5, § 2) und weiter eine offene Punktmenge in der topologischen projektiven Ebene ist, ist π eine stetige Abbildung von $\mathfrak{E}$ nach $\mathfrak{E}^\pi$. Nach den Sätzen 11, § 3 und 19, § 2 ist $\mathfrak{E}$ kompakt, als stetiges Bild von $\mathfrak{E}$ folglich auch $\mathfrak{E}^\pi$. Ist nun $\mathfrak{E}'$ eine ebene projektive Ebene, so liegt nach Satz 6, § 3 jede aus einem Quadrupel erzeugte Unterebene in $\mathfrak{E}'$ dicht; somit ist $\mathfrak{E}^\pi$ dicht in $\mathfrak{E}'$. Als kompakte Teilmenge in einem hausdorffschen Raum ist $\mathfrak{E}^\pi$ abgeschlossen in $\mathfrak{E}'$. Weil $\mathfrak{E}^\pi$ außerdem dicht in $\mathfrak{E}'$ ist, ist daher $\mathfrak{E}^\pi = \mathfrak{E}'$. Wir haben damit bewiesen:

Satz 17 (Salzmann 1959b). *Ein Homomorphismus von einer ebenen projektiven Ebene in eine ebene projektive Ebene ist ein stetiger Isomorphismus, und er ist ordnungstreu bez. irgendwelcher vorgegebenen Anordnungen der beiden Ebenen.*

Als Folgerung ergibt sich daher:

Satz 18. *Eine ebene projektive Ebene läßt sich bis auf o-Isomorphie auf genau eine Weise anordnen.*

Ein Homomorphismus einer ebenen projektiven Ebene ist nicht immer injektiv; eine für die Injektivität wesentliche Voraussetzung ist, daß es sich um einen Homomorphismus in eine angeordnete projektive Ebene handelt. Wir untersuchen in den folgenden Sätzen echte (= nicht injektive) Epimorphismen von Moultonebenen. Indem man von echten Stellen des Körpers $\mathbb{R}$ ausgeht, erhält man mit Satz 20 dann Beispiele für echte Epimorphismen von ebenen projektiven Ebenen.

Wir verweisen für die Definition einer Moultonebene bzw. verallgemeinerten Moultonebene auf die Ausführungen gegen Ende von § 1. Es sei also K ein angeordneter Schiefkörper und aus K sei die angeordnete Cartesische Gruppe C_k gebildet, die als angeordnete additive Gruppe mit $(K, +, \leqslant)$ übereinstimmt und deren Multiplikation $\circ$ folgendermaßen mit Hilfe eines Elementes $0 < k \in K$, $k \neq 1$, durch die Multiplikation von K gegeben ist: Für $a, b \in C_k$ sei

$$a \circ b = \begin{cases} akb & \text{für } a, b < 0 \\ ab & \text{sonst.} \end{cases}$$

Die zu C_k gehörende projektive Ebene ist eine verallgemeinerte Moultonebene und im Falle eines archimedisch angeordneten Körpers als Ausgangskörper (den man wegen Satz 3, § 3, II als Unterkörper von $\mathbb{R}$ betrachten kann) eine Moultonebene. Diese ist nach Yaqub 1961 vom Lenz-Barlotti-Typ III_2 (s. hierzu § 5), d.h. es gibt in ihr eine Gerade u und einen Punkt $U \notin u$, so daß die Ebene (U, u)- und (P, PU)-transitiv für alle $P \mathrel{I} u$ ist und weitere (Q, l)-Transitivitäten nicht vorhanden sind (zum Begriff der (Q, l)-Transitivität s. Pickert 1975 oder Hughes-Piper 1973). Wir betrachten im folgenden echte Epimorphismen von Moultonebenen und zwar nur solche, für die das Bild von U nicht mit dem Bild von u inzidiert; wir nennen sie *M-Epimorphismen*. In Satz 20 bringen wir eine Übersicht über alle M-Epimorphismen. Eine allgemeiner gültige Teilaussage dieses Satzes beweisen wir vorweg.

Satz 19 (André 1969). *Es sei K ein angeordneter Schiefkörper und die Cartesische Gruppe C_k wie oben angegeben definiert. π sei eine Stelle auf K mit $k^\pi = 1$. Dann ist π eine echte Stelle auf C_k, und der Bildbereich C' ist ein Schiefkörper.*

Beweis.
Wir haben zu zeigen, daß für $\pi\colon C_k \to C' \cup \{\infty\}$ die Bedingungen (S 1′) bis (S 7′) von Satz 10 erfüllt sind. Die Multiplikation in C_k bezeichnen wir mit $\circ$, und für die Multiplikationen in K und C' setzen wir kein Zeichen. Die Aussage (S 1′) gilt für $\pi\colon C_k \to C' \cup \{\infty\}$, weil sie für $\pi\colon K \to C' \cup \{\infty\}$ gilt. Wegen $k^\pi = 1$ ist $(a \circ b)^\pi = a^\pi b^\pi$ für alle $a, b \in C_k$ mit $a^\pi, b^\pi \neq \infty$. Weil ferner die Additionen von C_k und K übereinstimmen, erhält man somit (S 2′) für π als Abbildung von C_k. Dasselbe gilt für (S 3′). Die Bedingung (S 4′) brauchen wir nur für $a, b < 0$ nachzuprüfen: Da π eine Stelle auf K und $k^\pi = 1$ ist, ist $(ak)^\pi \neq 0$ genau dann, wenn $a^\pi \neq 0$ ist. Damit erhält man mit (S 4′) für K, daß aus $a^\pi \neq 0$ und $b^\pi = \infty$ stets $(a \circ b)^\pi = ((ak)\, b)^\pi = \infty$, also (S 4′) für C_k, folgt. Die Bedingung (S 5′) ist nur für die Fälle zu untersuchen, in denen die Multiplikation von C_k nicht mit der von K übereinstimmt, somit für $x < 0$ und $a < 0$ oder $a_0 < 0$: Für $x < 0$ und $a < 0$, $a_0 < 0$ erhält man aus $x^\pi = \infty$ und

$$(-a \circ x + a_0 \circ x)^\pi = (-akx + a_0 kx)^\pi = ((-ak + a_0 k)\, x)^\pi \neq \infty$$

nach (S 5′) für π als Stelle auf K, daß $(ak)^\pi = (a_0 k)^\pi$ und wegen $k^\pi = 1$ somit $a^\pi = a_0^\pi$ ist. Im Falle $x < 0$ und $a > 0$, $a_0 < 0$ ist

$$(-a \circ x + a_0 \circ x)^\pi = (-ax + a_0 kx)^\pi = ((-a + a_0 k)\, x)^\pi,$$

und hieraus folgt für $x^\pi = \infty$ nach (S 5′) für K, daß $a^\pi = (a_0 k)^\pi$ und wegen $k^\pi = 1$ also $a^\pi = a_0^\pi$ ist. Genauso verfährt man im Fall $x < 0$ und $a < 0$, $a_0 > 0$. Also gilt (S 5′) für π als Abbildung von C_k. Die Aussage (S 6′) für C_k beweist man völlig analog. Damit ist nur noch (S 7′) für C_k nachzuweisen: Seien die Voraussetzungen von (S 7′) erfüllt. Also ist $a_0 \circ x + a \circ x_0 = a \circ x$, und wegen $a^\pi = x^\pi = \infty$ existieren in K die Inversen a^{-1} und x^{-1}. Durch Multiplikation mit diesen in K erhalten wir $a^{-1} a_0 k_1 + k_2 x_0 x^{-1} = k_3$, wobei k_1, k_2, k_3 je nach den Vorzeichenkombinationen von a_0, x bzw. a, x_0 und a, x den Wert 1 oder k haben. Wir nehmen an, es wäre $a_0^\pi \neq \infty$ und $x_0^\pi \neq \infty$. Wegen $a^\pi = x^\pi = \infty$ ist $(a^{-1})^\pi = (x^{-1})^\pi = 0$. Damit ist $(a^{-1} a_0 k_1)^\pi = 0$ und $(k_2 x_0 x^{-1})^\pi = 0$ und folglich $(a^{-1} a_0 k_1 + k_2 x_0 x^{-1})^\pi = 0 = k_3^\pi$, was wegen $k_3 = 1$ oder $k_3 = k$ unmöglich ist. Also gilt $a_0^\pi = \infty$ oder $x_0^\pi = \infty$, und wir haben (S 7′) für C_k

hergeleitet. π ist folglich eine Stelle auf C. Der Bildbereich C' ist ein Schiefkörper, weil das für C' als Bereich der endlichen Bilder von K gilt. □

Satz 20 (André 1969). *Sei K ein archimedisch angeordneter Körper und die Cartesische Gruppe C_k wie vor Satz 19 angegeben definiert. Eine Abbildung π: $C_k \to C' \cup \{\infty\}$ ist genau dann eine echte Stelle auf C_k, wenn π eine Stelle auf K und $k^\pi = 1$ ist. Der Bildbereich C' ist ein Körper.*

Beweis.
Wegen Satz 19 haben wir nur noch die eine Richtung der Aussage zu beweisen, nämlich daß π eine Stelle auf K mit $k^\pi = 1$ ist, wenn π eine echte Stelle auf C_k ist. Nach Lemma 4 besteht die Menge $M = \{c \in C_k\colon c^\pi = 0\}$ nicht nur aus 0, und mit c gehört auch $-c$ zu M; also enthält M sowohl positive wie auch negative Elemente. Sei $c' \in C'$. Dann gibt es positive und negative Urbilder unter π zu c'; denn sei $c_0 \in C$ mit $c_0^\pi = c'$ und $0 < d \in M$; aufgrund der Archimedizität von K existiert ein $n \in \mathbb{N}$ mit $c_0 + nd > 0$ und $c_0 - nd < 0$; also ist $(c_0 + nd)^\pi = (c_0 - nd)^\pi = c_0^\pi = c'$. Wir wählen nun ein $c \in C_k$ mit $c < 0$ und $c^\pi = 1$. Die Multiplikationen in K und C' schreiben wir wieder ohne Zeichen und die von C_k mit $\circ$. Wir erhalten in C' die folgende Beziehung:

$$\begin{aligned} k^\pi &= 1\,k^\pi = c^\pi k^\pi = (c \circ k)^\pi = (ck)^\pi = -(-ck)^\pi = -(ck(-1))^\pi \\ &= -(c \circ (-1))^\pi = -c^\pi(-1)^\pi = -c^\pi(-1) = c^\pi = 1; \end{aligned}$$

also ist $k^\pi = 1$. Um zu zeigen, daß π eine Stelle auf K ist, weisen wir für π: $K \to C' \cup \{\infty\}$ die Bedingungen (S 1′) bis (S 4′) von Satz 9 nach: Die Multiplikation in K stellt sich durch die Multiplikation $\circ$ dar als

$$(*) \qquad ab = \begin{cases} a \circ k^{-1} \circ b & \text{für } a, b < 0 \\ a \circ b & \text{sonst.} \end{cases}$$

Offensichtlich gilt für K (S 1′), und (S 2′) für K erhält man aus (S 2′) für C_k und $(k^{-1})^\pi = 1$. Die Aussage (S 3′) stimmt für K mit der für C_k überein, und (S 4′) für K ergibt sich aus (S 4′) für C_k und $(*)$. Also ist π eine Stelle auf K. □

Wir fassen nun C_k und C', so wie vor Satz 19 dargestellt, als Koordinatenstrukturen einer projektiven Ebene $\mathfrak{E}$ bzw. $\mathfrak{E}'$ auf. Dann ist $\mathfrak{E}$ eine Moultonebene und $\mathfrak{E}'$ mit einem Körper als Koordinatenbereich papposch. Die Stelle π: $C_k \to C' \cup \{\infty\}$ liefert (gemäß Satz 1) einen M-Epimorphismus von $\mathfrak{E}$ auf $\mathfrak{E}'$. Also erhält man nach dem gerade bewiesenen Satz:

Satz 21 (André 1969). *Das Bild einer Moultonebene unter einem echten M-Epimorphismus ist eine pappossche projektive Ebene.*

Panella 1974 hat bewiesen, daß jedes epimorphe Bild einer (archimedisch angeordneten) Moultonebene auch ein M-epimorphes Bild dieser Ebene ist. Satz 21 gilt daher für beliebige echte Epimorphismen von Moultonebenen. In Fortführung der Andréschen Ergebnisse untersucht Bartolozzi 1974 die M-epimorphen Bilder von verallgemeinerten Moutonebenen, und Bartolone 1978 bringt eine vollständige Klassifizierung der epimorphen Bilder verallgemeinerter Moultonebenen ohne die Beschränkung auf M-Epimorphismen. Er zeigt, daß verallgemeinerte Moultonebenen durchaus epimorphe Bilder haben können, die sich nicht durch M-Epimorphismen erhalten lassen, aber daß das Bild einer verallgemeinerten Moultonebene unter solch einem Epimorphismus stets desarguessch ist.

Wir bringen noch einige Folgerungen aus Satz 20 für spezielle archimedische Körpererweiterungen von $\mathbb{Q}$: Es sei K eine endliche reelle Erweiterung von $\mathbb{Q}$ ($=$ endliche Erweiterung, die ein Unterkörper von $\mathbb{R}$ ist). Für jede echte Stelle π auf der zu K gebildeten Cartesischen Gruppe C_k gilt $k^\pi = 1$, also $(k-1)^\pi = 0$. Daher entsprechen die echten Stellen von C_k denen von K mit $(k-1)^\pi = 0$. Das sind somit die Stellen von K, für die $k-1$ im zugehörigen Bewertungsideal liegt. Ist S der ganze Abschluß von $\mathbb{Z}$ in K und hat in S das Ideal $(k-1)S$ die Primidealzerlegung

$$(**) \qquad (k-1)S = \prod_{i=1}^{n} \mathfrak{p}_i^{\nu_i}, \quad \nu_i \in \mathbb{Z}\setminus\{0\},$$

so sind das gerade die Bewertungen von K, für die der Durchschnitt des Bewertungsideals mit S gleich einem der Primideale $\mathfrak{p}_i$ aus (**) ist, für die der Exponent ν_i positiv (>0) ist (s. z.B. Hasse, Zahlentheorie). Das ist nur für endlich viele der ν_i der Fall. Also gilt:

Satz 22 (André 1969). *Ist K eine endliche reelle Erweiterung des rationalen Zahlkörpers, so hat C_k nur endlich viele echte Stellen. Sie gehören zu den Primidealen in der Zerlegung (**), die positive Exponenten haben.*

Es gibt genau dann keine echte Stelle auf C_k, wenn alle Exponenten in der Zerlegung negativ sind oder $(k-1)$ eine Einheit in S ist. Damit folgt:

Satz 23 (André 1969). *Sei K eine endliche Körpererweiterung von $\mathbb{Q}$. Genau dann hat C_k keine echte Stelle, wenn $(k-1)^{-1}$ ganz algebraisch ist.*

Für $K = \mathbb{Q}(k)$ mit $0 < k \in \mathbb{R}$, $k \neq 1$, läßt sich weiter zeigen:

Satz 24 (André 1969). *Ist $K = \mathbb{Q}(k)$, so hat C_k genau dann nur endlich viele Stellen, wenn k eine algebraische Zahl ist.*

Beweis.
Ist k eine algebraische Zahl, so ist K ein endlicher reeller Erweiterungskörper von $\mathbb{Q}$, und die Behauptung ergibt sich aus Satz 22.

Wir zeigen, daß C_k unendlich viele Stellen hat, wenn k über $\mathbb{Q}$ transzendent ist. Mit k ist auch $t = k-1$ transzendent über $\mathbb{Q}$, und $K = \mathbb{Q}(t)$ ist isomorph zum Körper aller rationalen Funktionen über $\mathbb{Q}$. Die Stellen von $\mathbb{Q}$ sind durch die den Primzahlen p entsprechenden Stellen $\lambda_p\colon \mathbb{Q} \to \mathbb{Z}/p\mathbb{Z} \cup \{\infty\}$ gegeben (Lang, Introduction to Algebraic Geometry, S. 5ff), wobei λ_p die rationale Zahl $\frac{m}{n}$ mit $m, n \in \mathbb{Z}$, $\mathrm{ggT}(m,n) = 1$ auf $\frac{\bar{m}}{\bar{n}}$ abbildet (mit $\bar{m}, \bar{n}$ als den zu m und n gehörenden Restklassen mod p). Jedes $a \in K$ läßt sich in der Form

$$a = \frac{b_0 + b_1 t + \ldots + b_r t^r}{c_0 + c_1 t + \ldots + c_s t^s}$$

mit $b_i, c_i \in \mathbb{Z}$ darstellen, und durch Kürzen mit einer geeigneten Potenz von t kann man erreichen, daß b_0 und c_0 nicht beide verschwinden. Wir definieren π_p durch

$$a^{\pi_p} = \begin{cases} \left(\dfrac{b_0}{c_0}\right)^{\lambda_p} & \text{für } c_0 \neq 0 \\ \infty & \text{für } c_0 = 0. \end{cases}$$

Man bestätigt durch Nachrechnen, daß π_p eine Stelle auf K mit $t^{\pi_p} = 0$ ist. Also ist π_p eine echte Stelle auf C_k. Da es unendlich viele Stellen λ_p auf $\mathbb{Q}$ gibt und die Restriktion von π_p auf $\mathbb{Q}$ (π_p als Stelle von K aufgefaßt) λ_p ist, gibt es somit auch unendlich viele Stellen auf C_k. □

Wir wollen zum Abschluß dieses Paragraphen noch einige Ergebnisse und Arbeiten über Homomorphismen von projektiven Ebenen anführen, auf deren Darstellung wir hier nicht weiter eingehen. In Rink 1978 ist der folgende Satz über Epimorphismen von Translationsebenen bewiesen:

Satz 25 (Rink 1978). *Ist q eine Primzahlpotenz, so gibt es eine unendliche Translationsebene $\mathfrak{A}$ mit der Eigenschaft, daß jede Translationsebene der Ordnung q homomorphes Bild von $\mathfrak{A}$ ist.*

Für spezielle Translationsebenen, nämlich verallgemeinerte André-Ebenen (s. Hughes-Piper 1973), gilt weiter:

Satz 26 (Rink 1977). *Zu jeder Primzahlpotenz $q = p^r$ und zu vorgegebenem $k \in \{0, p\}$ gibt es eine unendliche verallgemeinerte André-Ebene der Charakteristik k, die man auf jede verallgemeinerte André-Ebene der Ordnung q homomorph abbilden kann.*

Die „unendlichen Urbildebenen" von Satz 25 und Satz 26 sind projektive Ebenen über Quasikörpern, die aus lokalen Körpern gebildet wurden. Eine ausführliche Untersuchung der Stellen solcher „spezieller Quasikörper" erfolgt in Rink 1981, dort ist z.B. bewiesen, daß man alle Stellen „spezieller Quasikörper" mit endlichem Bildbereich durch die entsprechenden Stellen der zugrundeliegenden Körper beschreiben kann. Dugas 1979 bringt ein Kriterium für die Existenz von Epimorphismen von verallgemeinerten André-Ebenen auf projektive Hjelmslev-Ebenen. In Hughes-Piper, Projective Planes, S. 232 ist der folgende Satz über Homomorphismen freier Ebenen bewiesen:

Satz 27. *Jede projektive Ebene ist das homomorphe Bild einer freien Ebene.*

Weitere Ergebnisse über Homomorphismen projektiver Ebenen findet man in Row 1971 b (es werden projektive Ebenen mit Epimorphismen konstruiert, die gewisse scharf transitive Kollineationsgruppen von der Ausgangsebene auf die Bildebene übertragen), Maroscia 1973 (für projektive Ebenen über Körpern), Havel 1966 (zu der durch einen Epimorphismus zwischen Ternärkörpern gegebenen Klasseneinteilung im Ternärkörper der Urbilder), Mathiak 1967 und Radó 1970 (für desarguessche projektive Ebenen), Dress 1964 b (für projektiv-metrische Ebenen) und Garner 1972 (ein kategorientheoretischer Vergleich zwischen Körpern und Stellen mit papposschen projektiven Ebenen und Homomorphismen). Bewertungen von Fastkörpern betrachtet Zemmer 1973 und Bewertungen von Schiefkörpern Mathiak 1977. In

Corbas 1965 wird bewiesen, daß jeder Epimorphismus zwischen affinen Ebenen ein Isomorphismus ist (dieses Ergebnis folgt z. B. auch aus Satz 8). André 1972 untersucht Homomorphismen für verallgemeinerte Translationsstrukturen, und Davis 1973 bringt ein Beispiel eines Epimorphismus einer echten Pseudoebene (im Sinne von Sandler 1966) auf eine pappossche projektive Ebene. An Literatur über Homomorphismen von Hjelmslev-Ebenen und verwandte Gebiete nennen wir die folgenden Arbeiten: Artmann 1969, Cronheim 1976, Klingenberg 1956, Machala 1974/75, 1975, 1977, Mathiak 1972, Radó 1969 und Törner 1974, 1975.

§ 5 Lenz-Barlotti-Klassifizierung angeordneter projektiver Ebenen

Eine Kollineation einer projektiven Ebene heißt eine (C, g)-*Kollineation*, wenn sie jede Gerade durch den Punkt C und jeden Punkt der Geraden g auf sich abbildet. C heißt das *Zentrum* und g die *Achse* der Kollineation. Die projektive Ebene $\mathfrak{E}$ wird (C, g)-*transitiv* genannt, wenn es in $\mathfrak{E}$ zu zwei von C verschiedenen und nicht mit g inzidierenden Punkten P, P' mit $CP = CP'$ stets eine (C, g)-Kollineation gibt, die P auf P' abbildet. In Baer 1942 ist bewiesen, daß $\mathfrak{E}$ genau dann (C, g)-transitiv ist, wenn in $\mathfrak{E}$ der (C, g)-Desargues gilt; hierbei wird unter der „Gültigkeit des (C, g)-Desargues" die Gültigkeit aller Desargues-Schließungssätze mit Zentrum C und Achse g verstanden. Die Klasse der projektiven Ebenen ist von Lenz 1954 nach vorhandenen (C, g)-Transitivitäten mit $C \,\mathrm{I}\, g$ eingeteilt worden. Bezeichnet $\mathfrak{F}$ die Menge der Paare (C, g), $C \,\mathrm{I}\, g$, für die in der projektiven Ebene $\mathfrak{E}$ (C, g)-Transitivität vorhanden ist, so bestehen nach Lenz für $\mathfrak{F}$ die folgenden Möglichkeiten (s. z.B. Pickert 1975, S. 70): (Mit P, X sind im folgenden Punkte und mit l, x, y, a Geraden der projektiven Ebene $\mathfrak{E}$ bezeichnet.)

I $\mathfrak{F} = \emptyset$.
II $\mathfrak{F} = \{(P, l)\}$, wobei $P \,\mathrm{I}\, l$.
III $\mathfrak{F} = \{(X, XP)\colon X \,\mathrm{I}\, l\}$, wobei $P \not\mathrm{I}\, l$.
IV a) $\mathfrak{F} = \{(X, l)\colon X \,\mathrm{I}\, l\}$,
b) ist dual zu a).
V $\mathfrak{F} = \{(X, l)\colon X \,\mathrm{I}\, l\} \cup \{(P, x)\colon x \,\mathrm{I}\, P\}$, wobei $P \,\mathrm{I}\, l$.
VI a) $\mathfrak{F} = \{(X, g)\colon g \,\mathrm{I}\, X \,\mathrm{I}\, a\}$ für eine Gerade a aus $\mathfrak{E}$.
b) ist dual zu a).
VII $\mathfrak{F} = \{(X, g)\colon X \,\mathrm{I}\, g$ und g durchläuft alle Geraden von $\mathfrak{E}\}$.

Von Barlotti 1957 ist diese Einteilung verfeinert worden, indem er zu jeder Lenzklasse noch alle Möglichkeiten von (C, g)-Transitivitäten mit $C \not\mathrm{I}\, g$ betrachtet hat. Diese Klassen von Barlotti werden durch arabische Ziffern als Indices an der jeweiligen römischen Zahl der Lenzklasse bezeichnet. Ebenen der Klasse H_i haben genau die für diese Klasse angegebenen Transitivitäten und nicht noch weitere. Wir stellen in der folgenden Tabelle die für projektive Ebenen möglichen Lenz-Barlotti-Klassen zusammen; hierbei lassen wir die Klassen gleich fort, für die bewiesen ist, daß es keine projektiven Ebenen dieses Typs gibt (s. Yaqub 1967, S. 160). Mit $\mathfrak{F}$ sei für jede Klasse die Menge der Punkt-Geradenpaare (C, g) bezeichnet, für welche die projektive Ebene

Tabelle 1. Lenz-Barlotti-Klassifizierung

Klasse	Transitivitäten	Ternärkörper K bez. U, V, O, E
I_1	$\mathfrak{F} = \emptyset$	keine zusätzlichen Eigenschaften
I_2	$\mathfrak{F} = \{(U, OV)\}$	Linearitätsbedingung, assoziative Multiplikation
I_3	$\mathfrak{F} = \{(U, OV), (V, OU)\}$	Linearitätsbedingung, assoziative Multiplikation, $a(b+c) = ab+ac$
I_4	$\mathfrak{F} = \{(U, OV), (V, OU), (O, UV)\}$	Linearitätsbedingung, assoziative Multiplikation, beide Distributivgesetze
I_6	$\mathfrak{F} = \{(X, X^\Theta): X \mathbin{\text{I}} UV, X \neq V\}$, wobei Θ eine bij. Abb. der Menge der Punkte $\neq V$ von UV auf die Menge der Geraden $\neq UV$ des Geradenbüschels durch V ist.	Linearitätsbedingung, assoziative Multiplikation und weitere spezielle Eigenschaften
II_1	$\mathfrak{F} = \{(V, UV)\}$	Cartesische Gruppe
II_2	$\mathfrak{F} = \{(V, UV), (U, OV)\}$	Cartesische Gruppe, assoziative Multiplikation
III_1	$\mathfrak{F} = \{(X, XU): X \mathbin{\text{I}} OV\}$	Cartesische Gruppe mit speziellen Eigenschaften
III_2	$\mathfrak{F} = \{(X, XU): X \mathbin{\text{I}} OV\} \cup \{(U, OV)\}$	Cartesische Gruppe mit speziellen Eigenschaften, assoziative Multiplikation
IVa_1	$\mathfrak{F} = \{(X, UV): X \mathbin{\text{I}} UV\}$ Translationsebene	Rechtsquasikörper $(a(b+c) = ab+ac)$
IVa_2	$\mathfrak{F} = \{(U, g): g \mathbin{\text{I}} V\} \cup \{(V, h): h \mathbin{\text{I}} U\} \cup \{(X, UV): X \mathbin{\text{I}} UV\}$	Fastkörper
IVa_3	$\mathfrak{F} = \{(X, x): X \mathbin{\text{I}} UV, X^\Theta \mathbin{\text{I}} x\}$, wobei Θ eine involutorische bijektive fixpunktfreie Abb. der Punktreihe UV auf sich ist.	eindeutig bestimmter Fastkörper von 9 Elementen
IVb_{1-3}	dual zu IVa_{1-3}	dual zu IVa_{1-3}
V	$\mathfrak{F} = \{(X, UV: X \mathbin{\text{I}} UV\} \cup \{(V, x): x \mathbin{\text{I}} V]$	(beidseitig) distributiver Quasikörper
VII_1	$\mathfrak{F}$ ist die Menge aller inzidenten Punkt-Geradenpaare	Alternativkörper
VII_2	$\mathfrak{F}$ ist die Menge aller Punkt-Geradenpaare	Schiefkörper

$\mathfrak{E}$ (C, g)-transitiv ist. Weil sich Spezialfälle des Desarguesschen Satzes auch durch algebraische Eigenschaften eines Koordinatenternärkörpers der projektiven Ebene beschreiben lassen, bringen wir diese — falls sie nicht zu kompliziert sind — neben der jeweiligen Lenz-Barlotti-Klasse: es handelt sich dabei jeweils im allgemeinen nur um notwendige Bedingungen. Wir bezeichnen das zu dem Ternärkörper gehörende Quadrupel stets mit U, V, O, E und geben die (C, g)-Transitivität der Ebene in bezug auf diese Punkte an. Als Literatur über die Lenz-Barlotti-Klassifizierung sei auf Dembowski 1968, S. 123 ff, Pickert 1975, S. 334–344 und den Übersichtsartikel von Yaqub in Proc. Proj. Geom. Conf. Chicago 1967 verwiesen. Wir untersuchen in diesem Paragraphen die Lenz-Barlotti-Klassifizierung angeordneter und archimedisch angeordneter projektiver Ebenen unter Verwendung der allgemein für projektive Ebenen hierüber bereits bekannten Ergebnisse. (Eine Übersicht über die Lenz-Barlotti-Typen angeordneter projektiver Ebenen findet man auch in Jagannathan 1972.)

Die in der Tabelle angeführte Klasseneinteilung diskutieren wir nun für angeordnete projektive Ebenen, indem wir mit den Klassen höchster Lenzstufe beginnen, dann jeweilig Klassen mit weniger Transitivitäten betrachten, bis wir schließlich die Lenzklasse I erreichen. Wir zeigen, daß die Klasse VII_1 für angeordnete projektive Ebenen leer ist: Unter einem *Alternativkörper* versteht man einen (beidseitig) distributiven Quasikörper (§ 1, S. 188), in dem jeder aus zwei Elementen erzeugte Unterring assoziativ ist. Es seien a, b, c Elemente aus einem Alternativkörper. Man nennt $[a, b] = ab - ba$ den *Kommutator* der Elemente a, b und $[a, b, c] = (ab)c - a(bc)$ den *Assoziator* der Elemente a, b, c. Durch einfache Rechnung ergeben sich zwischen dem Kommutator und Assoziator die folgenden Beziehungen (s. z.B. Pickert 1975, S. 159 und S. 163):

$$(*) \qquad [ab, c] = a[b, c] + [a, c]b + 3[a, b, c],$$

$$(**) \qquad [[a, b, c], a, b] = [a, b][a, b, c] = -[a, b, c][a, b].$$

Aus $[a + b, a + b, c] = 0$ berechnet man weiter

$$(***) \qquad [a, b, c] = -[b, a, c].$$

Daß es keine angeordneten projektiven Ebenen der Klasse VII_1 gibt, erhält man aus dem folgenden Satz:

Satz 1 (Bruck-Kleinfeld 1951, Skornjakov 1950). *Ein angeordneter Alternativkörper ist ein Schiefkörper.*

Beweis (Pickert 1955).
Es sei K ein angeordneter Alternativkörper. Weil die additive Gruppe von K eine angeordnete Gruppe ist, hat jedes von 0 verschiedene Element aus K unendliche Ordnung; somit hat K die Charakteristik 0. Wir nehmen an, K wäre ein echter Alternativkörper, also kein Schiefkörper. Dann gibt es in K drei Elemente a, b, c mit $[a, b, c] \neq 0$. Für diese können nicht alle drei Kommutatoren $[a, b]$, $[b, c]$ und $[a, c]$ gleich Null sein; denn sonst wäre nach $(*)$

$$3[a, b, c] = [ab, c] - a[b, c] - [a, c]b = [ab, c] = [ba, c] = 3[b, a, c],$$

und wegen $[a, b, c] = -[b, a, c]$ (nach $(***)$) folgt hieraus $6[a, b, c] = 0$, woraus man $[a, b, c] = 0$ wegen Char $K = 0$ erhielte. Also können wir $[a, b] \neq 0$ annehmen. Aufgrund der Anordnung von K ist $[a, b][a, b, c]$ genau dann (streng) positiv, wenn $[a, b, c][a, b]$ es ist; das steht aber im Widerspruch zu $(**)$. □

In projektiven Ebenen der Klasse VII_2 gilt der (C, g)-Desargues für jeden Punkt und jede Gerade g der Ebene; also besteht diese Klasse aus den desarguesschen

Ebenen. Für projektive Ebenen der Klasse VII_1 gilt der (C,g)-Desargues nur für inzidente Punkt-Geradenpaare. Man sagt, in diesen Ebenen gelte der *kleine Satz von Desargues* und nennt solche Ebenen *Moufangebenen*. Als geometrische Übersetzung des soeben bewiesenen Satzes erhält man damit:

Satz 2. *Eine angeordnete Moufangebene ist desarguessch.*

Wählt man einen angeordneten bzw. archimedisch angeordneten Körper als Koordinatenternärkörper einer projektiven Ebene, so erhält man Beispiele für angeordnete bzw. archimedisch angeordnete projektive Ebenen der Klasse VII_2. Natürlich sind alle diese Ebenen auch papposch. Weil archimedisch angeordnete Translationsebenen nach Satz 9, § 3 bereits papposch sind, sind für archimedisch angeordnete projektive Ebenen die Klassen IVa_1 bis VII_1 leer, und es gibt insbesondere keine desarguesschen, nicht papposschen archimedisch angeordneten projektiven Ebenen. Man hat jedoch Beispiele nicht archimedisch angeordneter echter Schiefkörper, und mit diesen als Koordinatenbereichen erhält man angeordnete desarguessche, nicht pappossche projektive Ebenen der Klasse VII_2. Wir bringen ein auf Hilbert 1899 zurückgehendes Beispiel eines angeordneten echten Schiefkörpers (s. auch Pickert 1955, S. 240): Es sei $\mathbb{Z}^*$ die dual zur gewöhnlichen Anordnung der ganzen Zahlen angeordnete Gruppe der ganzen Zahlen und K ein angeordneter Körper. Mit $H(\mathbb{Z}^*,K)$ sei die angeordnete Gruppe der formalen Potenzreihen auf $\mathbb{Z}^*$ über K bezeichnet (s. § 5, II). Die Definition einer Multiplikation auf $H(\mathbb{Z}^*,K)$ wird nun etwas allgemeiner als für Körper von formalen Potenzreihen gefaßt. Für $f=\sum_{j=n_f}^{\infty} f_j t^j$, $g=\sum_{k=n_g}^{\infty} g_k t^k \in H(\mathbb{Z}^*,K)$ sei $fg=h=\sum_{i=n_h}^{\infty} h_i t^i$ mit $n_h=n_f+n_g$ und $h_i=\sum_{j+k=i} f_j (g_k)^{\sigma^j}$, wobei σ ein nicht identischer, ordnungserhaltender Automorphismus von K ist. Man rechnet nach, daß $H(\mathbb{Z}^*,K)$ mit dieser Multiplikation ein angeordneter, echter Schiefkörper ist. Ähnlich gewinnt man ein Beispiel für eine angeordnete projektive Ebene der Klasse V: Man geht von der gleichen angeordneten Gruppe $H(\mathbb{Z}^*,K)$ von formalen Potenzreihen auf $\mathbb{Z}^*$ über K aus und erreicht durch eine Abänderung der Multiplikation, daß diese nichtassoziativ wird. Für $f=\sum_{j=n_f}^{\infty} f_j t^j$, $g=\sum_{k=n_g}^{\infty} g_k t^k \in H(\mathbb{Z}^*,K)$ sei $fg=h=\sum_{i=n_h}^{\infty} h_i t^i$ mit $n_h=n_f+n_g$ und $h_i=\sum_{j+k=i} f_j g_k c_{jk}$, wobei $c_{12}=c_{21}=c\in K$, $1\neq c>0$, und sonst $c_{jk}=1$ sei. In Bruck 1944 ist ausgeführt, daß $H(\mathbb{Z}^*,K)$ mit dieser Multiplikation ein kommutativer und distributiver Quasikörper ist. $H(\mathbb{Z}^*,K)$ ist nicht assoziativ; denn es ist zum Beispiel $t(tt^2)=ct^4$ und $(tt)t^2=t^4$. Offensichtlich ist der Positivbereich von $H(\mathbb{Z}^*,K)$ gegenüber der Multiplikation abgeschlossen, so daß $H(\mathbb{Z}^*,K)$ ein angeordneter Ring (Satz 1, § 1, II) und somit auch ein angeordneter distributiver Quasikörper ist.

Wir untersuchen nun angeordnete projektive Ebenen der Klasse IV: Als Koordinatenstrukturen erhalten wir hier Quasikörper oder Fastkörper. Unter einem *Fastkörper* (in Kerby 1968, „projektiver Fastkörper") versteht man einen assoziativen Quasikörper; ein distributiver Fastkörper ist also ein Schiefkörper. Projektive Ebenen der Lenz-Barlotti-Klasse IVa_3 haben nach Pickert 1959b einen bis auf Isomorphie eindeutig bestimmten Fastkörper von 9 Elementen als Ternärkörper, sind also endlich und lassen sich daher nicht anordnen. Beispiele für angeordnete Koordinatenbereiche projektiver Ebenen der Klasse IVa_2, also angeordnete Fastkörper, die keine Schiefkörper sind, kann man wieder von Hilbertschen Potenzreihen ausgehend konstruieren: Es sei $H(\mathbb{Z}^*, K)$ die angeordnete Gruppe der formalen Potenzreihen auf $\mathbb{Z}^*$ über dem angeordneten Körper K. Weiter sei φ eine Abbildung von $\mathbb{Z} \times \mathbb{Z}$ nach $K^>$, dem Positivbereich von K, welche die Bedingungen

$$(x,y)^\varphi (x+x',y')^\varphi = (x,y+y')^\varphi (x',y')^\varphi, \quad (0,0)^\varphi = 1$$

erfüllt und zu der es ganze Zahlen p, q, r mit $(p,r)^\varphi \neq (q,r)^\varphi$ gibt. Für φ kann man zum Beispiel die Abbildung $(x,y) \mapsto d^{xy}$ nehmen, wobei d ein fest gewähltes (streng) positives Element aus K ist. Mittels φ wird nun eine Multiplikation über $H(\mathbb{Z}^*, K)$ erklärt: Für $f = \sum_{j=n_f}^{\infty} f_j t^j$, $g = \sum_{k=n_g}^{\infty} g_k t^k \in H(\mathbb{Z}^*, K)$ mit $n_f = \underset{(\text{in } \mathbb{Z}^*)}{\mathrm{Max}} \{j: f_j \neq 0\}$ sei $fg = h = \sum_{i=n_h}^{\infty} h_i t^i$ mit $n_h = n_f + n_g$ und $h_i = \sum_{j+k=i} f_j g_k (n_f, k)^\varphi$. In Pickert 1955, S. 238 ist skizziert, daß $H(\mathbb{Z}^*, K)$ mit dieser Multiplikation ein angeordneter Fastkörper, aber kein Schiefkörper ist.

Eine weitere Klasse von angeordneten, echten Fastkörpern ist in Kerby 1968 beschrieben: Man betrachtet die gleiche angeordnete Gruppe $H(\mathbb{Z}^*, K)$ von formalen Potenzreihen wie eben und definiert hierüber folgendermaßen eine Multiplikation: Für $f = \sum_{j=n_f}^{\infty} f_j t^j$, $g = \sum_{k=n_g}^{\infty} g_k t^k \in H(\mathbb{Z}^*, K)$ mit $n_f = \underset{(\text{in } \mathbb{Z}^*)}{\mathrm{Max}} \{j: f_j \neq 0\}$ sei $fg = h = \sum_{i=n_h}^{\infty} h_i t^i$ mit $n_h = n_f + n_g$ und $h_i = \sum_{j+k=i} f_j (g_k)^{\sigma^{n_f}}$, wobei σ ein nicht identischer, ordnungstreuer Automorphismus des angeordneten Körpers K ist, und σ^{n_f} in der Automorphismengruppe von K gebildet ist. Mit dieser Multiplikation ist $H(\mathbb{Z}^*, K)$ ein angeordneter, echter Fastkörper und weiter ein Beispiel für einen angeordneten projektiven Dicksonschen Fastkörper (Kerby 1968). Koordinatenstrukturen von projektiven Ebenen der Klasse IVa_1 sind einseitig distributive — und zwar rechtsdistributive — Quasikörper. Beispiele für angeordnete projektive Ebenen dieser Klasse erhält man also durch angeordnete, echte Rechtsquasikörper.

Die Andréschen Quasikörper (André 1954) lassen sich nicht anordnen, weil man, um einen angeordneten Quasikörper zu erhalten, für die Definition der Multiplikation des Quasikörpers ordnungstreue Automorphismen des Grundkörpers betrachten müßte; diese können jedoch wegen ihrer unendlichen Ordnung nicht Elemente einer endlichen Automorphismengruppe des Grundkörpers sein (Müller 1978). Man erhält Beispiele angeordneter, echter Quasikörper, indem man auf der angeordneten Gruppe $H(\mathbb{Z}^*, K)$ eine Multiplikation definiert, die eine Zusammensetzung aus der Multiplikation für die distributiven Quasikörper der Klasse V mit der Multiplikation der zuerst gebrachten Fastkörper der Klasse IVa_2 ist. Es sei also φ eine Abbildung von $\mathbb{Z} \times \mathbb{Z}$ in den Positivbereich $K^>$ von K mit den oben angegebenen Eigenschaften, und für $(j,k) \in \mathbb{Z} \times \mathbb{Z}$ sei

$$c_{jk} = \begin{cases} c, & \text{falls } (j,k) = (1,2) \text{ oder } (j,k) = (2,1) \\ 1, & \text{sonst,} \end{cases}$$

wobei c ein Element aus K mit $1 \neq c > 0$ sei. Die Multiplikation auf $H(\mathbb{Z}^*, K)$ wird folgendermaßen definiert: Für $f = \sum_{j=n_f}^{\infty} f_j t^j$, $g = \sum_{k=n_g}^{\infty} g_k t^k \in H(\mathbb{Z}^*, K)$ mit $n_f = \underset{(\text{in } \mathbb{Z}^*)}{\mathrm{Max}} \{j:$

$f_j \neq 0\}$ sei $fg = h = \sum_{i=n_h}^{\infty} h_i t^i$ mit $n_h = n_f + n_g$, $h_i = \sum_{j+k=i} f_j g_k (n_f, k)^{\varphi} c_{jk}$. In Müller 1978 ist ausgeführt, daß $H(\mathbb{Z}^*, K)$ mit dieser Multiplikation ein angeordneter, nicht assoziativer und nicht distributiver Rechtsquasikörper ist.

Die projektiven Ebenen der Klasse IVb_i, $i = 1, 2, 3$, sind dual zu denen der Klasse IVa_i, $i = 1, 2, 3$. Weil die duale Ebene einer angeordneten projektiven Ebene wieder angeordnet und im Falle einer archimedischen Anordnung nach Satz 14, § 3 auch eine archimedisch angeordnete projektive Ebene ist, übertragen sich die Aussagen und Beispiele für die Klassen $\mathrm{IVa}_1 - \mathrm{IVa}_3$ auf die der Klassen $\mathrm{IVb}_1 - \mathrm{IVb}_3$. Beispiele für angeordnete projektive Ebenen der Klassen III_1 und III_2 erhält man über Moultonebenen. Die Definition einer verallgemeinerten Moultonebene ist gegen Ende von § 1 angegeben. Eine solche Ebene wird durch eine angeordnete Cartesische Gruppe $C_k = (K, +, \circ)$ koordinatisiert, deren Addition mit der eines angeordneten Schiefkörpers $(K, +, \cdot)$ übereinstimmt, und deren Multiplikation folgendermaßen durch die des Schiefkörpers mit Hilfe eines Elementes $0 < k \in K$, $k \neq 1$, erklärt ist: Für $a, b \in K$ ist

$$a \circ b = \begin{cases} akb, & \text{falls } a, b < 0 \\ ab, & \text{sonst.} \end{cases}$$

In Yaqub 1961 ist bewiesen, daß eine verallgemeinerte Moultonebene vom Typ III_2 ist, falls k im Zentrum des Schiefkörpers $(K, +, \cdot)$ liegt, und daß die Ebene andernfalls vom Lenz-Barlotti-Typ III_1 ist. Also sind verallgemeinerte Moultonebenen Beispiele für angeordnete projektive Ebenen der Klassen III_1 und III_2. Ist der Schiefkörper $(K, +, \cdot)$ archimedisch angeordnet, so ist er ein Körper und zwar bis auf o-Isomorphie ein Unterkörper von $\mathbb{R}$ (Satz 3, II, § 3). Damit gilt dann für jedes $0 < k \in K$, daß es aus dem Zentrum von K ist. Die zur Cartesischen Gruppe C_k als Koordinatenternärkörper gehörende projektive Ebene ist somit stets vom Typ III_2, und nach Satz 13, § 3 ist diese Ebene archimedisch angeordnet. Weil man bisher keine anderen projektiven Ebenen der Klassen $\mathrm{III}_{1,2}$ als verallgemeinerte Moultonebenen kennt, und auch nicht bewiesen ist, daß es nur diese gibt (Yaqub 1967, S. 139), ist ebenfalls ungeklärt, ob es archimedisch angeordnete projektive Ebenen vom Typ III_1 gibt. In Salzmann 1963, Hauptsatz 2.6 ist bewiesen, daß die ebenen projektiven Ebenen der Klasse III_2 genau die aus der reellen Ebene gebildeten Moultonebenen sind. Weil nach Satz 13, § 3 eine archimedisch angeordnete projektive Ebene $\mathfrak{E}$ eine projektive Unterebene einer ebenen projektiven Ebene $\bar{\mathfrak{E}}$ ist und sich die Transitivitäten von $\mathfrak{E}$ — ähnlich wie das für Schließungssätze mit Festelementen aus $\mathfrak{E}$ in Satz 7, § 3 ausgeführt ist — auf $\bar{\mathfrak{E}}$ übertragen lassen, folgt aus dem Satz von Salzmann, daß die archimedisch angeordneten projektiven Ebenen der Klasse III_2 genau die Moultonebenen sind.

Projektive Ebenen der Lenzklasse II haben (bez. des Punktequadrupels U, V, O, E) Cartesische Gruppen als Koordinatenstrukturen und zwar Cartesische Gruppen, die nicht die zusätzlichen Eigenschaften der Klasse III haben. Es gibt angeordnete wie auch archimedisch angeordnete projektive Ebenen der Klassen $\mathrm{II}_{1,2}$. Wir bringen zuerst einige Beispiele vom Typ II_1: In Spencer 1960, S. 256 findet man das folgende Beispiel einer Cartesischen Gruppe $C = (\mathbb{R}, +, \circ)$, die eine projektive Ebene vom Typ II_1 koordinatisiert: Als additive Gruppe stimmt C mit der additiven Gruppe des Körpers $(\mathbb{R}, +, \cdot)$ der reellen Zahlen überein, und die Multiplikation $\circ$ von C ist folgendermaßen durch die Multiplikation von $(\mathbb{R}, +, \cdot)$ erklärt:

$$a \circ x = \begin{cases} a \cdot x & \text{für } a \cdot x \geqslant 0, \\ a^2 \cdot x & \text{für } a > 0,\ x < 0, \\ a \cdot x^2 & \text{für } a < 0,\ x > 0. \end{cases}$$

Man rechnet nach, daß C mit der Anordnung von $(\mathbb{R}, +, \cdot)$ eine angeordnete Cartesische Gruppe ist. Also ist die zu C gehörende projektive Ebene angeordnet, und weil ihre affinen Geraden homöomorph $\mathbb{R}$ sind, ist die Ebene nach Satz 11, § 3 eine ebene projektive Ebene und damit insbesondere archimedisch angeordnet.

Eine überabzählbare Menge von Beispielen ebener projektiver Ebenen der Klasse II_1 erhält man nach Salzmann 1964, S. 157 (oder Salzmann 1967, S. 39): Aus dem Körper $(\mathbb{R}, +, \cdot)$ der reellen Zahlen wird für (reelle) Parameter $k, \varrho, \sigma, \tau > 0$ mit $\tau = \varrho + \sigma - 1$ eine Cartesische Gruppe $C = C(k, \varrho, \sigma) = (\mathbb{R}, +, \circ)$ gewonnen, indem man als Addition für C die von $(\mathbb{R}, +, \cdot)$ wählt und die Multiplikation von $\mathbb{R}$ folgendermaßen durch eine neue Multiplikation $\circ$ ersetzt: Für $a, x \in \mathbb{R}$ sei

$$a \circ x = \begin{cases} a \cdot x & \text{für } 0 \leqslant a, x \\ a \cdot x^{\varrho^{-1}} & \text{für } a < 0 < x, \\ a^{\sigma^{-1}} \cdot x & \text{für } x < 0 < a, \\ k \cdot (-a)^{\sigma\tau^{-1}} \cdot (-x)^{\sigma\tau^{-1}} & \text{für } a, x < 0. \end{cases}$$

Nach Salzmann 1967, Th. 5.13, S. 40 bestimmen die Cartesischen Gruppen $C(k, \varrho, \sigma)$, $0 < k$, $\varrho, \sigma \in \mathbb{R}$, $\sigma < 1$, eine von diesen Parametern abhängige Schar ebener projektiver Ebenen, die für $(\varrho, \sigma) \neq (1, 1)$ vom Typ II, und wie man leicht nachrechnet, dann vom Typ II_1 sind. Also sind diese Ebenen Beispiele für archimedisch angeordnete projektive Ebenen der Klasse II_1.

Weitere Beispiele von ebenen projektiven Ebenen vom Typ II_1 (mit „Schiefparabeln" als Geraden) findet man in Salzmann 1967, Th. 5.16, S. 42 (s. auch Yaqub 1967, S. 140).

Ersetzt man in der Konstruktion der verallgemeinerten Moultonebenen (s. Beispiele zu $\mathrm{III}_{1,2}$, S. 266) den zugrundeliegenden angeordneten Schiefkörper durch einen angeordneten echten Fastkörper, so erhält man angeordnete Cartesische Gruppen mit assoziativer Multiplikation, die angeordnete projektive Ebenen der Klasse II_2 koordinatisieren (Yaqub 1967, S. 140). Weil es keine archimedisch angeordneten, echten Fastkörper gibt, sind diese projektiven Ebenen nicht archimedisch angeordnet. In Jónsson 1963, S. 290 ist jedoch ein auf Salzmann zurückgehendes Beispiel einer ebenen projektiven Ebene vom Typ II_2 zu finden; also ist dies auch ein Beispiel für eine archimedisch angeordnete projektive Ebene der Klasse II_2: Man geht wieder aus vom Körper $(\mathbb{R}, +, \cdot)$ der reellen Zahlen, übernimmt Addition und Anordnung von diesem und definiert eine neue Multiplikation $\circ$ für $s, x \in \mathbb{R}$ durch: $s \circ x = (s^\alpha \cdot x^\alpha)^{\alpha^{-1}}$, wobei α als bijektive Abbildung von $\mathbb{R}$ durch

$$x^\alpha = \begin{cases} x & \text{für } |x| < 1 \\ \frac{1}{2}(x + \operatorname{sgn} x) & \text{für } |x| \geqslant 1 \end{cases}$$

erklärt ist.

Wir untersuchen die projektiven Ebenen der Lenzklasse I: Eine projektive Ebene vom Typ I_6 wird durch einen Ternärkörper K koordinatisiert, in dem die Linearitätsbedingung erfüllt ist, der eine assoziative Multiplikation hat und in dem die Beziehung $a + a^{-1} = 1$ für $a \in K$, $a \neq 0, 1$ gilt (Pickert 1959a, S. 100). Wie bereits in Pickert 1959a, S. 101 bewiesen, lassen sich projektive Ebenen dieser Klasse nicht anordnen; denn für ein $a \in K$ mit $0 < a < 1$ ist $a^{-1} > 1$, damit $a + a^{-1} > a + 1 > 1$ und folglich die Bedingung $a + a^{-1} = 1$ verletzt (s. hierzu auch Jagannathan 1970).

Die *Naumann-Ebenen* (Naumann 1954) sind angeordnete projektive Ebenen vom Typ I_4; sie sind folgendermaßen definiert (Yaqub 1967, S. 140): Es sei $(K, +, \cdot)$ ein angeordneter (nicht notwendig echter) Schiefkörper. Wir wählen für eine neue Struktur über K die Multiplikation des Schiefkörpers und erklären eine neue Addition $\oplus$ mittels eines Elementes k aus dem Zentrum von K mit $0 < k$, $1 \neq k$ durch

$$a \oplus b = \begin{cases} a + b & \text{für } a \cdot b \geqslant 0, \\ k \cdot a + b & \text{für } a \cdot b < 0 \text{ und } |k \cdot a| \leq |b|, \\ a + k^{-1} \cdot b & \text{für } a \cdot b < 0 \text{ und } |k \cdot a| > |b|. \end{cases}$$

Dann ist K mit der ternären Verknüpfung $T(u, x, v) = u \cdot x \oplus v$ ein Ternärkörper, der eine projektive Ebene vom Typ I_4 koordinatisiert (Naumann 1954). Man rechnet nach, daß $(K, \oplus, \cdot)$ mit der Anordnung des Schiefkörpers K ein angeordneter Ternärkörper ist. Also sind die Naumann-Ebenen angeordnete projektive Ebenen der Klasse I_4. Ist der zugrundeliegende Schiefkörper ein archimedisch angeordneter Körper, so erhält man auf diese Weise eine archimedisch angeordnete projektive Ebene vom Typ I_4.

Um eine angeordnete projektive Ebene der Klasse I_3 zu erhalten, muß man in der gerade konstruierten Struktur $(K, \oplus, \cdot)$ das linksseitige Distributivgesetz zerstören. Dies erreicht man, indem man bei der oben angegebenen Konstruktion statt von einem angeordneten Schiefkörper von einem angeordneten, echten Fastkörper ausgeht und k aus dem Zentrum dieses Fastkörpers wählt (Yaqub 1961b). Weil es keine archimedisch angeordneten, echten Fastkörper gibt, erhält man auf diese Weise keine archimedisch angeordneten projektiven Ebenen der Klasse I_3. Wir können sogar zeigen:

Satz 3. *Es gibt keine archimedisch angeordneten projektiven Ebenen der Lenz-Barlotti-Klasse* I_3.

Beweis.
Die projektive Ebene $\mathfrak{E}$ sei archimedisch angeordnet und habe mindestens die Transitivitäten der Klasse I_3. Wir zeigen, daß $\mathfrak{E}$ dann auch die Transitivitäten der Klasse I_4 hat. K sei Koordinatenternärkörper zu $\mathfrak{E}$ bez. U, V, O, E. Aufgrund der Transitivitätseigenschaften von $\mathfrak{E}$ ist die multiplikative Loop $K^{\cdot} = K \setminus \{0\}$ von K eine Gruppe, weiter ist die ternäre Verknüpfung T von K linear, und es gilt das rechtsseitige Distributivgesetz, also $a(b + c) = ab + ac$, in K (s. Tabelle 1, S, 262). $\mathfrak{E}$ hat mindestens die Transitivitäten von I_4, wenn in K auch das linksseitige Distributivgesetz gilt.

Wir zeigen dafür, daß $K^{\cdot}$ abelsch ist, und überlegen uns hierfür als erstes, daß die Untergruppe $K^{>}$ der positiven Elemente von $K^{\cdot}$ archimedisch angeordnet ist: Seien $a, b \in K^{>}$ und $1 < a < b$. Wir bestimmen $v \in K$ mit $a + v = a^2$ und rekursiv $a_n \in K$,

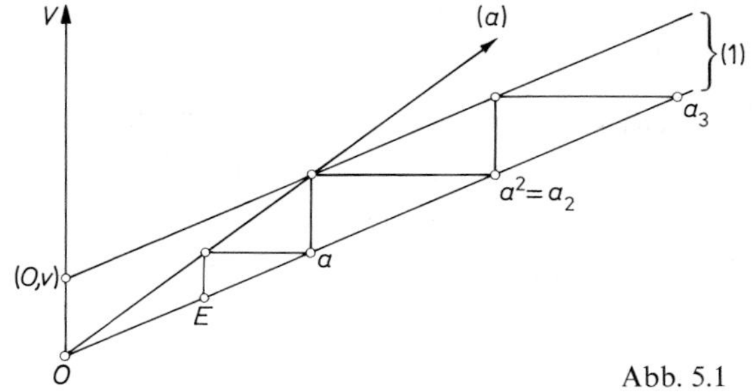

Abb. 5.1

$n \in \mathbb{N}$, durch $a_1 = a$, $a_{n+1} = a_n + v$ (s. Abb. 5.1). Wegen $1 < a$ ist $a < a^2$ und somit $0 < v$. Wendet man Hilfssatz 12, § 3 mit $P_1 = U$, $P_2 = (1)$, $P_3 = V$, $P_4 = (a, a)$ und $P_5 = (a^2, a^2)$ an, so erhält man wegen der Archimedizität von $\mathfrak{E}$ ein $n_0 \in \mathbb{N}$, $1 < n_0$, für das $b < a_{n_0}$ ist. Weil — wie wir gleich ausführen werden —

$$(*) \qquad a_n < a^n \quad \text{für } n \geqslant 3$$

ist, gilt somit $b < a^{n_0+1}$, und $K^>$ ist folglich archimedich angeordnet. Die Ungleichung $(*)$ erhält man mit Hilfe der Ungleichung

$$(**) \qquad a^n + v < a^{n+1} \quad \text{für } n \geqslant 2,$$

die wir deshalb zuerst herleiten: Wegen $1 < a$ und $0 < v$ ist $v < av$ und somit

$$a^2 + v < a^2 + av = a(a + v) = a \cdot a^2 = a^3,$$

d.h. es gilt $(**)$ für $n = 2$; aus $a^n + v < a^{n+1}$ für $n \geqslant 2$ folgt mit ähnlichen Schlüssen

$$a^{n+1} + v < a^{n+1} + av = a(a^n + v) < a \cdot a^{n+1} = a^{n+2};$$

damit ist $(**)$ bewiesen.

Offensichtlich gilt $(*)$ für $n = 3$, und aus $a_n < a^n$, $n \geqslant 3$, erhalten wir nach $(**)$ $a_{n+1} = a_n + v < a^n + v < a^{n+1}$, womit $(*)$ bewiesen ist.

Als archimedisch angeordnete Gruppe ist $K^>$ (nach Satz 3, I, § 3) abelsch. Also ist $K^>$ eine kommutative Untergruppe von $K^{\cdot}$. Aus den Monotoniegesetzen der Multiplikation von K folgt, daß $K^>$ ein Normalteiler von $K^{\cdot}$ und $[K^{\cdot}:K^>] = 2$ ist. Für ein $b \in K^{\cdot} \setminus K^>$ gilt daher $K^{\cdot} = K^> \cup b \cdot K^>$. Die Abbildung $\beta = k \mapsto b^{-1}kb$: $K^> \to K^>$ ist ein o-Automorphismus von $K^>$. Wegen $b^{-2}, b^2 \in K^>$ ist $\beta^2 = \mathrm{id}$. Wäre nun $\beta \neq \mathrm{id}$, so gäbe es ein $k \in K^>$ mit $k \neq k^\beta$, woraus sich im Falle $k < k^\beta$ der Widerspruch $k < k^\beta < k^{\beta^2} = k$ und im Falle $k > k^\beta$ der Widerspruch $k > k^\beta > k^{\beta^2} = k$ ergäbe. Also ist $\beta = \mathrm{id}$ und somit $kb = bk$ für jedes $k \in K^>$. Aus $K^{\cdot} = K^> \cup b \cdot K^>$ berechnet man damit, daß $K^{\cdot}$ kommutativ ist. Weil in K das rechtsseitige Distributivgesetz gilt, folgt daher für K auch das linksseitige Distributivgesetz. Also hat $\mathfrak{E}$ mindestens die Transitivitätseigenschaften der Klasse I_4 (s. Tabelle 1, S. 262). □

Ein weiteres Beispiel einer archimedisch angeordneten projektiven Ebene der Klasse I_4 stammt von Salzmann 1957: Über dem Körper $(\mathbb{R}, +, \cdot)$ der reellen Zahlen definiert man eine neue Addition $\oplus$ durch

$$a \oplus b = \begin{cases} a + \frac{1}{2} \cdot b & \text{für } b^{-1} \cdot a \leqslant -\frac{3}{2} \text{ oder } b^{-1} \cdot a \geqslant 1, \\ \frac{1}{2} \cdot a + b & \text{für } -\frac{2}{3} \leqslant b^{-1} \cdot a \leqslant 1, \\ 2 \cdot a + 2 \cdot b & \text{für } -\frac{3}{2} \leqslant b^{-1} \cdot a \leqslant -\frac{2}{3}, \\ a & \text{für } b = 0. \end{cases}$$

$\mathbb{R}$ bildet mit der ternären Verknüpfung $T(u, x, v) = u \cdot x \oplus v$ einen Ternärkörper, der eine projektive Ebene vom Typ I_4 koordinatisiert. Bezüglich der Anordnung der reellen Zahlen ist dieser Ternärkörper angeordnet und die zugehörige projektive Ebene folglich eine ebene projektive Ebene, also archimedisch angeordnet.

Ein Beispiel einer archimedisch angeordneten projektiven Ebene der Klasse I_2 findet man in Spencer 1960, S. 256: Man übernimmt für eine neue Struktur über $\mathbb{R}$ die Multiplikation des Körpers $(\mathbb{R}, +, \cdot)$ der reellen Zahlen und definiert eine neue Addition durch

$$a \oplus b = \begin{cases} a + b & \text{für } a \cdot b \geqslant 0, \\ a + (\operatorname{sgn} b) \cdot b^2 & \text{für } a \cdot b < 0 \text{ und } |a| > b^2, \\ (\operatorname{sgn} a)\sqrt{|a|} + b & \text{für } a \cdot b < 0 \text{ und } |a| \leqslant b^2. \end{cases}$$

Mit der Anordnung von $(\mathbb{R}, +, \cdot)$ und der ternären Verknüpfung $T(u, x, v) = u \cdot x \oplus v$ bildet $\mathbb{R}$ einen angeordneten Ternärkörper, der eine archimedisch angeordnete projektive Ebene vom Typ I_2 koordinatisiert.

Weil in freien Ebenen kein Schließungssatz gilt (s. z. B. Pickert 1975, S. 28) und sich endlich erzeugte freie Ebenen nach Joussen 1981 archimedisch anordnen lassen, sind endlich erzeugte freie Ebenen Beispiele für archimedisch angeordnete projektive Ebe-

Tabelle 2. Lenz-Barlotti-Klassen angeordneter projektiver Ebenen

Klasse	Angeord. proj. Ebene existiert	Archimedisch angeord. proj. Ebene existiert
I_1	ja	ja
I_2	ja	ja
I_3	ja	nein
I_4	ja	ja
I_6	nein	nein
II_1	ja	ja
II_2	ja	ja
III_1	ja	?
III_2	ja	ja
IVa_1	ja	nein
IVa_2	ja	nein
IVa_3	nein	nein
IVb_1–b_3	wie für IVa_1–a_3	nein
V	ja	nein
VII_1	nein	nein
VII_2	ja	ja (aber nur pappossche)

nen der Klasse I_1. (Die Anordnungsfähigkeit beliebiger freier Ebenen, also nicht notwendig endlich erzeugter, hat Joussen 1966 bewiesen.) Andersartige Beispiele archimedisch angeordneter projektiver Ebenen vom Typ I_1 findet man in Mohrmann 1922. Die dort angegebenen Hilbertschen und Beltramischen Liniensysteme sind ebene projektive Ebenen der Klasse I_1.

Wir fassen die Ergebnisse über die Lenz-Barlotti-Klassen angeordneter und archimedisch angeordneter projektiver Ebenen in einer Tabelle zusammen (s. S. 270).

Literaturverzeichnis

Albert, A. A. (1940) On ordered algebras. Bull. Amer. Math. Soc. **46**, 521–522.

Albert, A. A. (1957) A property of ordered rings. Proc. Amer. Math. Soc. **8**, 128–129.

Alling, N. L. (1960) On ordered divisible groups. Trans. Amer. Math. Soc. **94**, 498–514.

Alling, N. L. (1961) A characterization of abelian η_α-groups in terms of their natural valuation. Proc. Nat. Acad. Sci. U.S.A. **47**, 711–713.

Alling, N. L. (1962a) On the existence of real-closed fields that are η_α-sets of power $\aleph_\alpha$. Trans. Amer. Math. Soc. **103**, 341–352.

Alling, N. L. (1962b) On exponentially closed fields. Proc. Amer. Math. Soc. **13**, 706–711.

André, J. (1954) Über nicht-Desarguessche Ebenen mit transitiver Translationsgruppe. Math. Z. **60**, 156–186.

André, J. (1955) Projektive Ebenen über Fastkörpern. Math. Z. **62**, 137–160.

André, J. (1969) Über Homomorphismen projektiver Ebenen. Abh. Math. Sem. Univ. Hamburg **34**, 98–114.

André, J. (1972) Über verallgemeinerte Translationsstrukturen und ihre Homomorphismen. Arch. Math. **23**, 198–205.

Antonovskij, M. Y.; Chudnovsky, D. V.; Chudnovsky, G. V.; Hewitt, E. (1981) Rings of Real-Valued Continuous Functions. II. Math. Z. **176**, 151–186.

Artin, E. (1924) Kennzeichnung des Körpers der reellen algebraischen Zahlen. Abh. Math. Sem. Univ. Hamburg **3**, 319–323.

Artin, E.; Schreier, O. (1927a) Algebraische Konstruktion reeller Körper. Abh. Math. Sem. Univ. Hamburg **5**, 85–99.

Artin, E.; Schreier, O. (1927b) Eine Kennzeichnung der reell abgeschlossenen Körper. Abh. Math. Sem. Univ. Hamburg **5**, 225–231.

Artmann, B. (1969) Hjelmslev-Ebenen mit verfeinerten Nachbarschaftsrelationen Math. Z. **112**, 163–180.

Ax, J. (1971) A metamathematical approach to some problems in number theory. In: 1969 Number Theory Institute (Proc. Sympos. Pure Math; Vol. XX, State Univ. New York, Stony Brook, N.Y., 1969), 161–190. Amer. Math. Soc., Providence, R.I.; 1971.

Baer, R. (1927) Über nicht-Archimedisch geordnete Körper. Sitzungsber. Heidelb. Akad. Wiss. Math.-Natur. Kl. **8**, 3–13.

Baer, R. (1929) Zur Topologie der Gruppen. J. Reine Angew. Math. **160**, 208–226.

Baer, R. (1942) Homogeneity of projective planes. Amer. J. Math. **64**, 137–152.

Baer, R. (1970a) Dichte, Archimedizität und Starrheit geordneter Körper. Math. Ann. **188**, 165–205.

Baer, R. (1970b) Die Automorphismengruppe eines algebraisch abgeschlossenen Körpers der Charakteristik 0. Math. Z. **117**, 7–17.

Banaschewski, B. (1956) Totalgeordnete Moduln. Arch. Math. **7**, 430–440.

Banaschewski, B. (1957) Über die Vervollständigung geordneter Gruppen. Math. Nachr. **16**, 51–71.

Barlotti, A. (1957) Le possibili configurazioni del sistema delle coppie puntoretta (A, a) per cui un piano grafico risulta A-a transitivo. Boll. Un. Mat. Ital. **12**, 212–226.

Bartolone, C. (1978) Le immagini epimorfe di un M-piano. Rend. Accad. Sci. Fis. Mat. Napoli. IV.Ser. **44** (1977), 53–67 (1978).

Bartolozzi, F. (1974) Le immagini M-epimorfe di un M-piano. Ann. Mat. Pura Appl. **100**, 307–325.

Basarab, S. (1980) Towards a general theory of formally p-adic fields. man. math. **30**, 279–327.
Becker, E. (1974) Euklidische Körper und Euklidische Hüllen von Körpern. J. Reine Angew. Math. **268/269**, 41–52.
Becker, E. (1978) Hereditarily Phythagoreon Fields and Orderings of Higher Level. Instituto de Matematica Pura e Aplicada – Lecture notes. No 29. Rio de Janeiro.
Becker, E. (1979a) Summen n-ter Potenzen in Körpern. J. Reine Angew. Math. **307/308**, 8–30.
Becker, E. (1979b) Partial orders on a field and valuation rings. Comm. Algebra **7** (18), 1933–1976.
Becker, E.; Spitzlay, K. J. (1975) Zum Satz von Artin-Schreier über die Eindeutigkeit des reellen Abschlusses eines angeordneten Körpers. Comment. Math. Helv. **50**, 81–87.
Betten, D. (1972) 4-dimensionale Translationsebenen. Math. Z. **128**, 129–151.
Bigard, A.; Keimel, K.; Wolfenstein, S. (1977) Groupes et Anneaux Réticulés. (Lecture Notes in Mathematics 608). New York/Heidelberg/Berlin: Springer.
Bredihin, S. V.; Eršov, Ju. L.; Kal'nei, V. E. (1970) Fields with two total orderings. [Russisch]. Mat. Zametki **7**, 525–536. (Englische Übersetzung in Math. Notes **7** (1970), 319–325.)
Breitsprecher, S. (1971) Projektive Ebenen, die Mannigfaltigkeiten sind. Math. Z. **121**, 157–174.
Brown, R. (1971) Real places and ordered fields. Rocky Mountain J. Math. **1**, no. 4, 633–636.
Bruck, R. H. (1944) Some results in the theory of linear non-associative algebras. Trans. Amer. Math. Soc. **56**, 141–199.
Bruck, R. H. (1958) A Survey of Binary Systems. Berlin/Göttingen/Heidelberg: Springer.
Bruck, R. H.; Kleinfeld, E. (1951) The structure of alternative division rings. Proc. Amer. Math. Soc. **2**, 878–890.
Cartan, H. (1939) Un théorème sur les groupes ordonnés. Bull. Sci. Math. **63**, 201–205.
Chang, C. C.; Keisler, H. J. (1973) Model Theory. Amsterdam/London: North Holland Publishing Company.
Chehata, C. G. (1958) On a theorem on ordered groups. Proc. Glasgow Math. Assoc. **4**, 16–21.
Chehata, C. G. (1964) On a relation on ordered groups. Proc. Math. Phys. Soc. U.A.R. (Egypt) No **25** (1961), 79–82 (1964).
v.Chossy, R.; Priess-Crampe, S. (1975) Ordnungsverträgliche Bewertungen eines angeordneten Körpers. Arch. Math. **26**, 372–387.
Clifford, A. H. (1954) Note on Hahn's theorem on ordered abelian groups. Proc. Amer. Math. Soc. **5**, 860–863
Cohen, L. W.; Goffman, C. (1949) The topology of ordered abelian groups. Trans. Amer. Math. Soc. **67**, 310–319.
Cohen, L. W.; Goffman, C. (1950) On completeness in the sense of Archimedes. Amer. J. Math. **72**, 747–751.
Conrad, P. (1953) Embedding theorems for Abelian groups with valuations. Amer. J. Math. **75**, 1–29.
Conrad, P. (1954) On ordered division rings. Proc. Amer. Math. Soc. **5**, 323–328.
Conrad, P. (1955) Extensions of ordered groups. Proc. Amer. Math. Soc. **6**, 516–528.
Conrad, P. (1958) A note on valued linear spaces. Proc. Amer. Math. Soc. **9**, 646–647.
Conrad, P. (1966) Archimedean extensions of lattice-ordered groups. J. Indian Math. Soc. **30**, 131–160.
Conrad, P.; Dauns, J. (1969) An embedding theorem for lattice-ordered fields. Pac. J. Math. **30**, 385–397.
Conrad, P.; Harvey, J.; Holland, C. (1963) The Hahn embedding theorem for lattice-ordered groups. Trans. Amer. Math. Soc. **108**, 143–169.
Corbas, V. (1964) Omomorfismi fra piani proiettivi, I. Rend. Mat. **23**, 316–330.
Corbas, V. (1965) La non esistenza di omomorfismi fra piani affini. Rend. Mat. e Appl. (5) **24**, 373–376.
Coxeter, H. S. M. (1949) The Real Projective Plane. New York/Toronto/London: Mc Graw-Hill Book Company, Inc. 1949.
Crampe, S. (1958) Angeordnete projektive Ebenen. Math. Z. **69**, 435–462.
Crampe, S. (1960) Schließungssätze in projektiven Ebenen und dichten Teilebenen. Arch. Math. **11**, 136–145.
Cronheim, A. (1976) Cartesian groups, formal power series and Hjelmslev-planes. Arch. Math. **27**, 209–220.

Davis, E. H. (1973) A homomorphism of a pseudoplane onto a projective plane. Rocky Mountain J. Math. **3**, 515–519.

Dembowski, P. (1959) Homomorphismen von λ-Ebenen. Arch. Math. **10**, 46–50.

Dembowski, P. (1968) Finite Geometries. (Erg. d. Math. u. ihrer Grenzgeb.). Berlin/Heidelberg/New York: Springer.

Dieudonné, J. (1974) Sur les automorphismes des corps algébriquement clos. Bol. Soc. Brasil. Math. **5**, 123–126.

Diller, J.; Dress, A. (1965) Zur Galoistheorie pythagoreischer Körper. Arch. Math. **16**, 148–152.

Dress, A. (1964a) Eine Charakterisierung desarguesscher Ebenen mit bewertetem Koordinatenkörper. Abh. Math. Sem. Univ. Hamburg **27**, 199–205.

Dress, A. (1964b) Metrische Ebenen und projektive Homomorphismen. Math. Z. **85**, 116–140.

Dugas, M. (1979) Verallgemeinerte André-Ebenen mit Epimorphismen auf Hjelmslev-Ebenen. Geometriae Dedicata **8**, 105–123.

Einert, D. (1975) Die Charakterisierung der Ordnungstopologie einer projektiven Ebene. Diplomarbeit München.

Erdös, P.; Gillman, L.; Henriksen, M. (1955) An isomorphism theorem for real-closed fields. Annals of Math. **61**, 542–554.

Everett, C. J.; Ulam, S. (1945) On ordered groups. Trans. Amer. Math. Soc. **57**, 208–216.

Felgner, U. (1976) Das Problem von Souslin für geordnete algebraische Strukturen. In: Proc. of the 2nd Conf. on Set Theory and Recursion Theory. Bierutowicze 1975. Lecture Notes in Mathematics. Springer 1976.

Fleischer, I. (1953) Sur les corps topologiques et les valuations. C. R. Acad Sci. Paris **236**, 1320–1322.

Fleischer, I. (1958) Maximality and ultracompleteness in normed modules. Proc. Amer. Math. Soc. **9**, 151–157.

Fleischer, I. (1963) A characterization of lexicographically ordered η_α-sets. Proc. Nat. Acad. Sci. U.S.A. **59**, 1107–1108.

Fuchs, L. (1950) The extension of partially ordered groups. Acta Math. Acad. Sci. Hungar. **1**, 118–124.

Fuchs, L. (1958) Note on ordered groups and rings. Fund. Math. **46**, 167–174.

Fuchs, L. (1961) On the ordering of quotient rings and quotient semigroups. Acta. Sci. Math. (Szeged) **22**, 42–45.

Fuchs, L. (1966) Teilweise geordnete algebraische Strukturen. Göttingen: Vandenhoeck & Ruprecht.

Garner, L. E. (1972) Fields and projective planes: a category equivalence. Rocky Mountain J. Math. **2**, 605–610.

Gerstenhaber, M.; Yang, C. T. (1960) Division rings containing a real-closed field. Duke Math. J. **27**, 461–465.

Gillman, L. (1956) Some remarks on η_α-sets. Fund. Math. **43**, 77–82.

Gillman, L.; Jerison, M. (1960) Rings of Continous Functions. New York/Cincinnati/Toronto/London/Melbourne: van Nostrand 1960. (Nachdruck: Springer 1976).

Gravett, K. (1955) Valued linear spaces. Quart. J. Math. Oxford **6**, 309–315.

Gravett, K. (1956) Orderd abelian groups. Quart. J. Math. Oxford **7**, 57–63.

Greither, C. (1979a) The isomorphism classes of maximal fields with valuations. Preprint.

Greither, C. (1979b) Struktur und Transzendenzgrad von $\eta_{\alpha+1}$-Körpern und Ultrapotenzen von Körpern. J. Algebra **58**, 70–93.

Gross, H.; Hafner, P. (1969) Über die Eindeutigkeit des reellen Abschlusses eines angeordneten Körpers. Comment. Math. Helv. **44**, 491–494.

Hähl, H. (1978) Zur Klassifikation von 8- und 16-dimensionalen lokalkompakten Translationsebenen nach ihren Kollineationsgruppen. Math. Z. **159**, 259–294.

Hähl, H. (1979) Lokalkompakte zusammenhängende Translationsebenen mit großen Sphärenbahnen auf der Translationsachse. Result. Math. **2**, 62–87.

Hafner, P.; Mazzola, G. (1971) The cofinal character of uniform spaces and ordered fields. Z. Math. Logik Grundlagen Math. **17**, 377–384.

Hahn, H. (1907) Über die nichtarchimedischen Größensysteme. S.-B. Akad. Wiss. Wien, math.-naturw. Kl. Abt. IIa, **116**, 601–655.

Hall, M. (1943) Projective Planes. Trans. Amer. Math. Soc. **54**, 229–277.

Harrison, D. K.; Warner, H. D. (1973) Infinite primes of fields and completions. Pac. J. Math. **45**, 201–216.

Hartmann, P. (1981) Ein Beweis des Henselschen Lemmas für maximal bewertete Körper. Arch. Math. **37**, 163–168.

Harzheim, E. (1963) Beiträge zur Theorie der Ordnungstypen, insbesondere der η_α-Mengen. Math. Ann. **154**, 116–134.

Harzheim, E. (1965) Einbettungssätze für totalgeordnete Mengen. Math. Ann. **158**, 90–108.

Harzheim, E. (1967) Einbettung totalgeordneter Mengen in lexikographische Produkte. Math. Ann. **170**, 245–252.

Hausner, M.; Wendel, J. G. (1952) Ordered vector spaces. Proc. Amer. Math. Soc. **3**, 977–982.

Hauschild, K. (1966) Über die Konstruktion von Erweiterungskörpern zu nichtarchimedisch angeordneten Körpern mit Hilfe von Hölderschen Schnitten. Wiss. Z. Humboldt-Univ. Berlin Math.-Natur. Reihe **15**, 685–686.

Hauschild, K. (1967) Cauchyfolgen höheren Typus in angeordneten Körpern. Z. Math. Logik Grundlagen Math. **13**, 55–66.

Hauschild, K.; Pollák, G. (1965) Über ein Problem von L. Rédei. Acta Sci. Math. (Szeged), Fasc. III-IV **26**, 231–232.

Havel, V. (1966) Homomorphisms of ternary rings. Monatsh. Math. **70**, 223–228.

Herrlich, H. (1965a) Ordnungsfähigkeit zusammenhängender Räume. Fund. Math. **57**, 305–311.

Herrlich, H. (1965b) Ordnungsfähigkeit total-diskontinuierlicher Räume. Math. Ann. **159**, 77–80.

Heyting, A. (1963) (1980) Axiomatic Projective Geometry. sec. ed. Amsterdam: North-Holland Publishing Company 1980 (first ed. 1963).

Hilbert, D. (1899) Grundlagen der Geometrie. Leipzig und Berlin: Teubner. (9. Auflage Stuttgart 1962; herausgeg. von P. Bernays.)

Hion, A. B. (1954) Archimedisch geordnete Ringe. [Russisch]. Uspechi Mat. Nauk **9:4**, 237–242.

Hölder, O. (1901) Die Axiome der Quantität und die Lehre vom Maß. Ber. Verh. Kgl. sächs. Ges. Wiss. Leipzig, math.-phys. Kl. **53**, 1–64.

Hofmann, K. H. (1959) Über archimedisch angeordnete, einseitig distributive Doppelloops. Arch. Math. **10**, 348–355.

Holland, Ch. (1963) Extension of ordered groups and sequence completion. Trans. Amer. Math. Soc. **107**, 71–82.

Holland, S. S. (1977) Orderings and Square Roots in *-fields. J. Algebra **46**, 207–219.

Holland, S. S. (1980) *-valuations and ordered *-fields. Trans. Amer. Math. Soc. **262**, 219–243.

Hüper, H. J. (1977) Über ordnungsverträglich bewertete, angeordnete Körper. Dissertation München.

Hughes, D. R. (1955) Planar division neo-rings. Trans. Amer. Math. Soc. **80**, 502–527.

Hughes, D. R. (1960) On homomorphisms of projective planes. Proc. Symp. Appl. Math. **10**, 45–52.

Iséki, K. (1951a) Structure of special ordered loops. Portugal. Math. **10**, 81–83.

Iséki, K. (1951b) On simply ordered groups. Portugal. Math. **10**, 85–88.

Iwasawa, K. (1948) On linearly ordered groups. J. Math. Soc. Japan **1**, 1–9.

Jaeger, A. (1952) Adjunction of subfield closures to ordered division rings. Trans. Amer. Math. Soc. **73**, 35–39.

Jagannathan, T. V. S. (1970) The Lenz-Barlotti Class I_6. Math. Z. **115**, 350–356.

Jagannathan, T. V. S. (1972) Ordered projective planes. J. Indian Math. Soc. **36**, 65–78.

Jarden, M.; Roquette, P. (1980) The Nullstellensatz over p-adically closed fields. J. Math. Soc. Japan **32**, 425–460.

Johnson, N. L. (1972) Homomorphisms of Free Planes. Math. Z. **125**, 255–263.

Jónsson, W. J. (1963) Transitivität und Homogenität projektiver Ebenen. Math. Z. **80**, 269–292.

Jousson, J. (1966) Die Anordnungsfähigkeit der freien Ebenen. Abh. Math. Sem. Univ. Hamburg **29**, 137–184.

Jousson, J. (1981) Konstruktion archimedischer Anordnungen von freien Ebenen. Result. Math. **4**, 55–74.

Junkers, W. (1971) Mehrwertige Ordnungsfunktionen. Hamburger Math. Einzelschriften. N. F. Heft 3. Göttingen: Vandenhoeck & Ruprecht.

Kalman, J. A. (1960) Triangle inequality in l-groups. Proc. Amer. Math. Soc. **11**, 395.

Kaplansky, I. (1942) Maximal fields with valuations. Duke Math. J. **9**, 303–321.

Kaplansky, I. (1945) Maximal fields with valuations II. Duke Math. J. **12**, 243–248.

Kaplansky, I. (1947) Topological methods in valuation theory. Duke Math. J. **14**, 527–530.

Karzel, H. (1980) Gedenkkolloquium E. Sperner 1980. Selbstverlag der Universität Bayreuth.

Kerby, W. (1966) Anordnungsfragen in Fastkörpern. Dissertation Hamburg.

Kerby, W. (1968) Angeordnete Fastkörper. Abh. Math. Sem. Univ. Hamburg **32**, 135–146.

Klingenberg, W. (1956) Projektive Geometrien mit Homomorphismen. Math. Ann. **132**, 180–200.

Knebusch, M. (1972) On the uniqueness of real closures and the existence of real places. Comment. Math. Helv. **47**, 260–269.

Knebusch, M. (1973a) Real closures of semilocal rings and extension of real places. Bull. Amer. Math. Soc. **79**, 78–81.

Knebusch, M. (1973b) On the extension of real places. Comment. Math. Helv. **48**, 354–369.

Knebusch, M. (1975a) Generalization of a theorem of Artin-Pfister to arbitrary semilocal rings and related topics. J. Algebra **36**, 46–67.

Knebusch, M. (1975b) Real closures of commutative rings I. J. Reine Angew. Math. **247/275**, 61–89.

Knebusch, M. (1976) Real closures of commutative rings II. J. Reine Angew. Math. **286/287**, 280–321.

Knebusch, M. (1980) Signaturen, reelle Stellen und reduzierte quadratische Formen. Jber. Deutsch. Math.-Verein. **82**, 109–128

Knebusch, M.; Rosenberg, A.; Ware, R. (1973) Signatures on semilocal rings. J. Algebra **26**, 208–250.

Knebusch, M.; Wright, M. (1976) Bewertungen mit reeller Henselisierung. J. Reine Angew. Math. **286/287**, 314–321.

Kochen, S. (1967) Integer valued rational functions over the p-adic numbers: A p-adic analogue of the theory of real fields. In: Number Theory (Proc. Sympos. Pure Math., Vol. XII, Houston, Tex., 1967), 57–73.

Kokorin, A. I. (1966) G-fully orderable and relatively convex subgroups of orderable groups. [Russisch]. Sibirsk. Math. Ž. **7**, 713–717.

Kokorin, A. I.; Kopytov, V. M. (1974) Fully Ordered Groups. New York – Toronto: John Wiley & Sons.

Kolmogorov, A. N. (1932) Zur Begründung der projektiven Geometrie. Ann. Math. **33**, 175–176.

Kowalsky, H. J. (1961) Topologische Räume. Basel und Stuttgart: Birkhäuser.

Kowalsky, H. J.; Dürbaum, H. (1953) Arithmetische Kennzeichnung von Körpertopologien. J. Reine Angew. Math. **191**, 135–152.

Krull, W. (1932) Allgemeine Bewertungstheorie. J. Reine Angew. Math. **167**, 160–196.

Kürschak, J. (1913) Über Limesbildung und allgemeine Körpertheorie. J. Reine Angew. Math. **142**, 211–253.

Kuhn, K. (1976) mündliche Mitteilung.

Lam, T. Y. (1980) The theory of ordered fields. In: Proceedings of the Algebra and Ring Theory Conference. University of Oklahoma.

Lam, T. Y. (1983) Orderings, Valuations and Quadratic Forms. CBMS Lecture Notes Series. Amer. Math. Soc. Providence, Rhode Island.

Lang, S. (1953) The theory of real places. Ann. of Math. **57**, 378–391.

Leicht, J. B. (1966) Zur Charakterisierung reell abgeschlossener Körper. Monatsh. Math. **70**, 452–453.

Lenz, H. (1954) Kleiner Desarguesscher Satz und Dualität in projektiven Ebenen. Jber. Deutsch. Math.-Verein. **57**, 381–387.

Levi, F. W. (1913) Arithmetische Gesetze im Gebiete diskreter Gruppen. Rend. Circ. Math. Palermo **35**, 225–236.

Levi, F. W. (1942) Ordered groups. Proc. Indian Acad. Sci. Sect. A. **16**, 256–263.

Levi, F. W. (1943) Contributions to the theory of ordered groups. Proc. Indian Acad. Sci. Sect. A. **17**, 199–201.
Löwen, R. (1974) Vierdimensionale stabile Ebenen. Geometriae Dedicata **5**, 239–294.
Löwen, R. (1980) Central collineations and the parallel axiom in stable planes. Geometriae Dedicata, (im Druck).
Longwitz, A. (1979) Zur Axiomatik angeordneter affiner Ebenen. J. Geometry **13**, 191–196.
Loonstra, F. (1946) Ordered groups. Nederl. Akad. Wetensch. Proc. **49**, 41–46.
Loonstra, F. (1950) The classes of ordered groups. Proc. Internat. Congr. Math. Cambridge 1950, Bd I.
Loonstra, F. (1951) The classes of partially ordered groups. Compositio Math. **9**, 130–140.
Lorenzen, P. (1949) Über halbgeordnete Gruppen. Arch. Math. **2**, 66–70.
Los, J. (1954) On the existence of linear order in a group. Bull. Acad. Polon. Sci. Cl. III **2**, 21–23.
Lynn, I. L. (1961) Linearly orderable subspaces of the real line. Notices Amer. Math. Soc. **8**, 161.
Lynn, I. L. (1962) Linearly orderable spaces. Proc. Amer. Math. Soc. **13**, 454–456.
Machala, F. (1974/75) Desarguessche affine Ebenen mit Homomorphismus. Geometriae Dedicata **3**, 493–509.
Machala, F. (1975) Projektive Abbildungen projektiver Räume mit Homomorphismus. Czechoslovak Math. J. **25**, 214–226.
Machala, F. (1977) Koordinatisation projektiver Ebenen mit Homomorphismus. Czechoslovak Math. J. **27** (102), 573–590.
Mac Lane, S. (1938) The uniqueness of the power series representation of certain fields with valuations. Ann. of Math. **39**, 370–382.
Mac Lane, S. (1939a) The universality of formal power series fields. Bull. Amer. Math. Soc. **45**, 888–890.
Mac Lane, S. (1939b) Subfields and automorphism groups of p-adic fields. Ann. of Math. **40**, 423–442.
Mal'cev, A. I. (1948) Über die Einbettung der Gruppenalgebren in Divisionsalgebren. [Russisch]. Dokl. Akad. Nauk SSSR **60**, 1499–1501.
Mal'cev, A. I. (1949) On ordered groups. [Russisch]. Izv. Akad. Nauk SSSR, Ser. Math. **13**, 473–482.
Mal'cev, A. I. (1951) Über ordnungsfähige Gruppen. [Russisch]. Trudy Math. Inst. Steklov **38**, 173–175.
Mal'cev, A. I. (1955) Analytic Loops. [Russisch]. Math. Sb. **36**, 569–576.
Maroscia, P. (1973) Omomorfismi tra piani proiettivi e posti. Rend. Math. (6), **6**, 399–417.
Massaza, C. (1968) Sugli ordinamenti di un campo estensione puramente trascendente di un campo ordinato. Rend. Math. **1**, 202–218.
Massaza, C. (1969/70) Sul completamento dei campi ordinati. Rend. Sem. Math. Univ. e Politec. Torino **29**, 329–348.
Massaza, C. (1970/71) On the completion of ordered fields. Prakt. Akad. Athēnōn **45**, 174–178.
Massaza, C. (1975) Sulle valutazioni che inducono la topologia di un ordinamento non archimedeo. Atti Accad. Sci. Torino Cl. Sci. Fis. Mat. Natur. **109**, no 3–4, 343–359.
Mathiak, K. (1967) Eine geometrische Kennzeichnung von Homomorphismen desarguesscher projektiver Ebenen. Math. Z. **98**, 259–267.
Mathiak, K. (1972) Homomorphismen projektiver Räume und Hjelmslevsche Geometrie. J. Reine Angew. Math. **254**, 41–73.
Mathiak, K. (1977) Bewertungen nichtkommutativer Körper. J. Algebra **48**, 217–235.
Meisters, G. H.; Monk, J. D. (1973) Constcructions of the reals via ultrapowers. Rocky Mountain J. Math. **3**, 141–158.
Mohrmann, H. (1922) Hilbertsche und Beltramische Liniensysteme. Math. Ann. **85**, 177–183.
Morita, K. (1953) On the dimension of product spaces. Amer. J. Math. **75**, 205–223.
Mortimer, B. (1975) A geometric proof of a theorem of Hughes on homomorphisms of projective planes. Bull. London Math. Soc. **7**, 267–268.
Moufang, R. (1937) Einige Untersuchungen über geordnete Schiefkörper. J. Reine Angew. Math. **176**, 202–223.
Moulton, F. R. (1902) A simple non-desarguesian plane geometry. Trans. Amer. Math. Soc. **3**, 192–195.

Müller, I. (1978) Lenz-Barlotti-Klassifizierung angeordneter Ebenen. Zulassungsarbeit München.

Mura, R. B.; Rhemtulla, A. (1977) Orderable Groups. (Lecture notes in pure and applied mathematics 27). New York & Basel: Dekker.

Nagata, N. (1975) Some remarks on ordered fields. Japan. J. Math. **1**, 1–4.

Naumann, H. (1954) Stufen der Begründung der ebenen affinen Geometrie. Math. Z. **60**, 120–141.

Neumann, B. H. (1949a) On ordered groups. Amer. J. Math. **71**, 1–18.

Neumann, B. H. (1949b) On ordered division rings. Trans. Amer. Math. Soc. **66**, 202–252.

Neumann, B. H. (1954) An embedding theorem for algebraic systems. Proc. London Math. Soc. **4**, 138–153.

Ohnishi, M. (1952) Linear-order on a group. Osaka J. Math. **4**, 17–18.

Ostrowski, A. (1935) Untersuchungen zur arithmetischen Theorie der Körper. Math. Z. **39**, 269–404.

Panek, D. (1979) Einbettbarkeit angeordneter Körper in Körper von formalen Potenzreihen. Diplomarbeit München.

Panella, G. (1974) Le immagini epimorfe di un M-piano archimedeo. Riv. Mat. Univ. Parma (3) **3**, 189–200.

Pickert, G. (1951) Einführung in die Höhere Algebra. Göttingen: Vandenhoeck & Ruprecht.

Pickert, G. (1955) (1975) Projektive Ebenen. 2. Auflage Berlin/Heidelberg/New York: Springer 1975. (1. Auflage 1955).

Pickert, G. (1959a) Eine Kennzeichnung desarguesscher Ebenen. Math. Z. **71**, 99–108.

Pickert, G. (1959b) Gemeinsame Kennzeichnung zweier projektiver Ebenen der Ordnung 9. Abh. Math. Sem. Univ. Hamburg **23**, 69–74.

Pontrjagin, L. (1932) Über stetige algebraische Körper. Ann. Math. **33**, 163–174.

Prestel, A. (1975) Lectures on Formally Real Fields. Instituto de Matematica Pura e Aplicada – Lecture notes. No 22. Rio de Janeiro.

Prestel, A.; Ziegler, M. (1978) Model theoretic methods in the theory of topological fields. J. Reine Angew. Math. **299/300**, 318–341.

Priess-Crampe, S. (1966) Archimedisch angeordnete Ternärkörper. Math. Z. **94**, 61–65.

Priess-Crampe, S. (1967) Archimedisch angeordnete projektive Ebenen. Math. Z. **99**, 305–348.

Priess-Crampe, S. (1970) Archimedische Klassen von Kommutatoren in angeordneten Gruppen. Arch. Math. **21**, 362–365.

Priess-Crampe, S. (1973) Zum Hahnschen Einbettungssatz für angeordnete Körper. Arch. Math. **24**, 607–614.

Radó, F. (1969) Darstellung nicht-injektiver Kollineationen eines projektiven Raumes durch verallgemeinerte semilineare Abbildungen. Math. Z. **110**, 153–170.

Radó, F. (1970) Non-injective collineations on some sets in Desarguesian projective planes and extension of noncommutative valuations. Aequationes Math. **4**, 307–321.

Rayner, F. J. (1976) Ordered fields. Séminaire de Théorie des Nombres 1975–1976 (Univ. Bordeaux I, Talence), Exp. No 1, 8 pp. Lab. Théorie des Nombres, Centre Nat. Recherche Sci., Talence, 1976.

Ribenboim, P. (1957) Sur les groupes totalement ordonnés. An. Acad. Brasil. Ci. **29**, 201–224.

Ribenboim, P. (1958) Sur les groupes totalement ordonnés et l'arithmétique des anneaux de valuation. Summa Brasil. Math. **4**, 1–64.

Ribenboim, P. (1964) Théorie des groupes ordonnés. Bahia Blanca.

Ribenboim, P. (1965) On the existence of totally ordered abelian groups which are η_α-sets. Bull. Acad. Polon. Sci. **13**, 545-548.

Ribenboim, P. (1969) On Orderable Fields. Math. Nachr. **40**, 343–355.

Rieger, L. S. (1946) On the ordered and cyclically ordered groups I-III [Tschech.] Věstnik Král. České Spol. Nauk. **6**, 1–31 (1946); **1**, 1–33 (1947); **1**, 1–26 (1948).

Rink R. (1977) Eine Klasse unendlicher verallgemeinerter André-Ebenen. Geometriae Dedicata **6**, 55–80.

Rink R. (1978) Homomorphismen von Translationsebenen. Math. Z. **158**, 265–273.

Rink R. (1981) Spezielle Translationsebenen und ihre Homomorphismen. Geometriae Dedicata. **11**, 147–175.

Roquette, P. (1971) Bemerkungen zur Theorie der formal p-adischen Körper. Wiss. Beiträge Martin-Luther-Univ. Halle-Wittenberg **M3**, 177–193.

Roquette, P. (1973) Principal ideal theorems for holomorphy rings in fields. J. Reine Angew. Math. **262/263**, 361–374.

Roquette, P. (1977) A criterion for rational places over local fields. J. Reine Angew. Math. **292**, 90–108.

Roquette, P. (1978) On the Riemann p-space of a field. The p-adic analogue of Weierstrass' approximation theorem and related problems. Abh. Math. Sem. Univ. Hamburg **47**, 236–259.

Row, D. (1971a) A homomorphism theorem for projective planes. Bull. Austral. Math. Soc. **4**, 155–158.

Row, D. (1971b) Homomorphisms of sharply transitive projective planes. Bull. Austral. Math. Soc. **4**, 361–366.

Rychlik, K. (1924) Zur Bewertungstheorie der algebraischen Körper. J. Reine Angew. Math. **153**, 94–107.

Sacks G. E. (1972) Saturated Model Theory. (Mathematics Lecture Note Series). Reading, Massachusetts: W. A. Benjamin, Inc. 1972.

Salzmann H. (1955) Über den Zusammenhang in topologischen projektiven Ebenen. Math. Z. **61**, 489–494.

Salzmann H. (1957) Topologische projektive Ebenen. Math. Z. **67**, 436–466.

Salzmann H. (1959a) Topologische Struktur zweidimensionaler projektiver Ebenen. Math. Z. **71**, 408–413.

Salzmann H. (1959b) Homomorphismen topologischer projektiver Ebenen. Arch. Math. **10**, 51–55.

Salzmann H. (1962) Kompakte zweidimensionale projektive Ebenen. Math. Ann. **145**, 401–428.

Salzmann H. (1963) Zur Klassifikation topologischer Ebenen. Math. Ann. **150**, 226–241.

Salzmann H. (1964) Zur Klassifikation topologischer Ebenen II. Abh. Math. Sem. Univ. Hamburg **27**, 145–166.

Salzmann H. (1967) Topological Planes. Advances in Math. **2**, 1–60.

Salzmann H. (1973a) Zahlbereiche. Teil I, II, III. Vorlesungsausarbeitungen Tübingen (SS 1971, WS 1971/72). Tübingen 1973, Mathem. Institut.

Salzmann H. (1973b) Kompakte, vier-dimensionale projektive Ebenen mit 8-dimensionaler Kollineationsgruppe. Math. Z. **130**, 235–247.

Salzmann H. (1975) Homogene kompakte projektive Ebenen. Pacific J. Math. **60**, 217–234.

Salzmann H. (1979) Compact 8-dimensional projective planes with large collineation groups. Geometriae Dedicata **8**, 139–161.

Sandler, R. (1966) Pseudo planes and pseudo ternaries. J. Algebra **4**, 300–316.

Schimbirewa, E. P. (1947) Über die Theorie von teilweise geordneten Gruppen. [Russisch] Math. Sb. **20**, 145–178.

Schwartz, N. (1978) η_α-Strukturen. Math. Z. **158**, 147–155.

Scott, D. (1967) On Completing Ordered Fields. In: Applications of Model Theory to Algebra, Analysis and Probability (Internat. Sympos., Pasadena, Calif., 1967), 274–278. New York: Holt, Rinehart and Winston 1969.

Serre, J. P. (1949) Extensions de corps ordonnés. C. R. Acad. Sci. Paris **229**, 576–577.

Sierpinski, W. (1949) Sur une propriété des ensembles ordonnés. Fund. Math. **36**, 56–67.

Sklifos, P. I. (1970) Ordered loops. [Russisch]. Algebra i Logika **9**, 714–730.

Sklifos, P. I. (1971) A system of convex subloops of a linearly ordered loop. [Russisch]. Algebra i Logika **10**, 45–60.

Skornjakov, L. A. (1950) Alternativkörper. [Russisch]. Ukrain. Math. Ž. **2**, 70–85.

Skornjakov, L. A. (1954) Topologische projektive Ebenen. [Russisch]. Trudy Moskov. Math. Obšč. **3**, 347–373.

Skornjakov, L. A. (1957) Über Homomorphismen projektiver Ebenen und T-Homomorphismen von Ternaren. [Russisch]. Math. Sb. **43**, 285–294.

Spencer, J. C. D. (1960) On the Lenz-Barlotti-Classification of Projective Planes. Quart. J. Math. Oxford **11**, 241–257.

Stone, A. H. (1948) Paracompactness and product spaces. Bull. Amer. Math. Soc. **54**, 977–988.

Strambach, K. (1970) Salzmann-Ebenen mit punkttransitiver dreidimensionaler Kollineationsgruppe. Indag. Math. **32**, 253–267.
Strambach, K. (1977) Der von Staudtsche Standpunkt in lokalkompakten Geometrien. Math. Z. **155**, 11–21.
Szele, T. (1952) On ordered skew fields. Proc. Amer. Math. Soc. **3**, 410–413.
Tallini, G. (1955) Sui sistemi a doppia composizione ordinati archimedei. Atti Acad. Naz. Lincei **18**, 367–373.
Törner, G. (1974) Über Homomorphismen projektiver Hjelmslev-Ebenen. J. Geometry **5**, 1–13.
Törner, G. (1975) Homomorphismen von affinen Hjelmslev-Ebenen. Math. Z. **141**, 159–167.
Transier, R. (1977) Untersuchungen zu einer allgemeinen Theorie formal p-adischer Körper. Dissertation Heidelberg.
Transier, R. (1983?) Verallgemeinerte formal p-adische Körper. Arch. Math.
Vaida, D. (1959) Sur les corps partiellement ordonnés. Com. Acad. Roumaine **9**, 1243–1248.
Vinogradov, A. A. (1969) Ordered Algebraic Systems. In: Progress in Mathematics. Vol. **5**: Algebra. Edited by R. V. Gamkrekidze. Translated from the Russian by N. H. Choksy. New York, London: Plenum Press 1969.
Viswanathan, T. M. (1969) Generalization of Hölder's theorem to ordered modules. Canad. J. Math. **21**, 149–157.
Viswanathan, T. M. (1971) Hahn valuations and (locally) compact rings. J. Algebra **17**, 94–109.
Viswanathan, T. M. (1977) Ordered fields and sign-changing polynomials. J. Reine Angew. Math. **296**, 1–9.
Wagner, W. (1937) Über die Grundlagen der Geometrie und allgemeine Zahlensysteme. Math. Ann. **113**, 528–567.
Ware, R. (1975) Extending orderings on formally real fields. Arch. Math. **26**, 611–614.
Weber, H. (1979) Charakterisierung der lokalbeschränkten Ringtopologien auf globalen Körpern. Math. Ann. **239**, 193–205.
Whaples, G. (1957) Algebraic extensions of arbitrary fields. Duke Math. J. **24**, 201–204.
Wieslaw, W. (1974) On topological fields. Colloq. Math. **29**, 119–146, 159.
Wolfenstein, S. (1966) Sur les groupes réticulés archimédiennement complets. C. R. Acad. Sci. Paris **262**, 813–816.
Wright, F. B. (1957) Hölder groups. Duke Math. J. **24**, 567–571.
Wyler, O. (1952) Order and topology in projective planes. Amer. J. Math. **74**, 656–666.
Wyler, O. (1953) Order in projective and descriptive geometry. Comp. Math. **11**, 60–70.
Yaqub, J. C. D. (1961a) On projective planes of class III. Arch. Math. **12**, 146–150.
Yaqub, J. C. D. (1961b) The Existence of Projective Planes of Class I_3. Arch. Math. **12**, 374–381.
Yaqub, J. C. D. (1967) The Lenz-Barlotti classification. In: Proceedings of the Projective Geometry Conference. Chicago 1967, 129–162.
Zelinsky, D. (1948a) Topological characterization of fields with valuations. Bull. Amer. Math. Soc. **54**, 1145–1150.
Zelinsky, D. (1948b) On ordered loops. Amer. J. Math. **70**, 681–697.
Zelinsky, D. (1948c) Non associative valuations. Bull. Amer. Math. Soc. **54**, 175–183.
Zemmer, J. (1973) Valuation near-rings. Math. Z. **130**, 175–188.
Zervos, S. P. (1961a) Une Propriété des Corps Commutatifs de Caractéristique Zéro. Prakt. Akad. Athēnōn **36**, 139–143.
Zervos, S. P. (1961b) Sur les rapports entre la complétion et la clôture algébrique des corps commutatifs de caractéristique zéro. C. R. Acad. Sci. Paris **252**, 2053–2055.

B) Allgemeine Literatur:

Bourbaki, N. Topologie générale, Chap. 2. Paris: Hermann ab 1951. Algèbre Commutative, Chap. 5, Chap. 6. Paris: Hermann 1964.
Dugundji, J. Topology. Boston: Allyn and Bacon, Inc. 1966.
Endler, O. Valuation Theory. (Universitext). Berlin/Heidelberg/New York: Springer 1972.
Franz, W. Topologie I. (Sammlung Göschen Band 1181). Berlin: Walter de Gruyter & Co 1960.

Fuchs, L. Infinite Abelian Groups. (Pure and Applied Mathematics Vol. 36). New York and London: Academic Press 1970.

Hasse, H. Zahlentheorie. Berlin: Akademie-Verlag 1949.

Hausdorff, F. Grundzüge der Mengenlehre. 1. Auflage 1914. Nachdruck New York: Chelsea Publishing Company 1978.

Hughes, D. R.; Piper, F. C. Projective Planes. (Graduate Texts in Mathematics). New York/Heidelberg/Berlin: Springer 1973.

Hurewicz, W.; Wallman, H. Dimension Theory. Princeton: University Press 1948.

Jacobson, N. Lectures in Abstract Algebra. Vol. III: The Theory of Fields and Galois Theory. Princeton/Toronto/London/ New York: D. van Nostrand Company, Inc. 1964. (2. Druck: Springer 1976).

Kuratowski, K. Topologie II. 2. Auflage Warschau: Monografie Matematyczne 1952.

Kuratowski, K.; Mostowski, A. Set Theory. (Studies in Logic and the Foundations of Mathematics). Warszawa: Polish Scientific Publisher; Amsterdam: North-Holland Publishing Company 1968.

Kurosch, A. G. Gruppentheorie I, II. 2. (deutsche) Auflage. Berlin: Akademie–Verlag 1970/72.

Kurosch, A. G. Vorlesungen über allgemeine Algebra. Zürich und Frankfurt/Main: Harri Deutsch 1964.

Lang, S. Introduction to Algebraic Geometry. Reading, Massachusetts: Addison-Wesley Publishing Company 1973. (4th printing).

Pears, A. R. Dimension Theory of General Spaces. Cambridge: University Press 1975.

Ribenboim, P. Théorie des Valuations. Montréal: Les Presses de l'Université de Montréal 1965.

Schilling, O. The Theory of Valuations. (Mathematical Surveys Numb. IV). Providence, Rhode Island: Amer. Math. Soc. 1950.

van der Waerden, B. L. Algebra I. (Heidelberger Taschenbücher 12). Berlin/Heidelberg/New York: Springer 1966.

Whyburn, G. T. Analytic Topology. (Amer. Math. Soc. Colloquium Publications 28). Providence, Rhode Island: Amer. Math. Soc. 1942.

Sachverzeichnis